CAD/CAM 职场技能高手视频教程

UG NX 11.0 基础、进阶、高手一本通

云杰漫步科技 CAX 教研室

张云杰　郝利剑　编著

電子工業出版社

Publishing House of Electronics Industry

北京 • BEIJING

内容简介

Siemens NX 是 Siemens 公司出品的一个产品工程解决方案，广泛应用于通用机械、模具、家电、汽车及航空航天领域。本书针对 NX 11 的工程设计和数控加工等功能，按照基础、进阶和高手进行讲解，详细介绍了其基本操作、草绘设计、特征设计、特征操作和编辑、曲面设计和曲面编辑、装配设计、工程图设计、钣金设计、模具设计和数控加工等内容，并着重讲解了应用于不同领域的实用综合案例。本书配备交互式多媒体网络教学资源，通过对实用案例进行视频讲解，帮助读者学习。

本书结构严谨、内容翔实、知识全面、可读性强，设计案例专业性强、步骤明确，是广大读者快速掌握 NX 的自学指导书，同时更适合作为职业培训学校和大专院校计算机辅助设计课程的教材，也可供上述领域的工程技术人员、企业研发人员，特别是从事应用计算的人员学习。

图书在版编目（CIP）数据

UG NX 11.0基础、进阶、高手一本通 / 张云杰，郝利剑编著. —北京：电子工业出版社，2018.3
CAD/CAM职场技能高手视频教程
ISBN 978-7-121-33670-6

Ⅰ. ①U… Ⅱ. ①张… ②郝… Ⅲ. ①计算机辅助设计—应用软件—教材 Ⅳ. ①TP391.72

中国版本图书馆CIP数据核字（2018）第026274号

策划编辑：许存权（QQ：76584717）
责任编辑：许存权　　特约编辑：谢忠玉 等
印　　刷：北京七彩京通数码快印有限公司
装　　订：北京七彩京通数码快印有限公司
出版发行：电子工业出版社
　　　　　北京市海淀区万寿路173信箱　邮编 100036
开　　本：787×1 092　1/16　印张：34.75　字数：890 千字
版　　次：2018 年3月第 1 版
印　　次：2023 年9月第 3 次印刷
定　　价：89.00 元

凡所购买电子工业出版社图书有缺损问题，请向购买书店调换。若书店售缺，请与本社发行部联系，联系及邮购电话：（010）88254888，88258888。

质量投诉请发邮件至 zlts@phei.com.cn，盗版侵权举报请发邮件至 dbqq@phei.com.cn。

本书咨询联系方式：（010）88254484，xucq@phei.com.cn。

Preface/前 言

本书是“CAD/CAM 职场技能高手视频教程”丛书中的一本，云杰漫步科技 CAX 教研室通过长期和多家公司进行培训方面的合作，继承和发展了其内部培训方法，并吸收和细化了其在培训过程中客户需求的经典案例，从而推出这套丛书。本书拥有完善的知识体系和教学套路，采用阶梯式学习方法，对 NX 软件的构架、命令操作以及应用案例都进行了详尽地讲解，循序渐进地提高读者的使用能力。

Siemens NX 是 Siemens 公司出品的一个产品工程解决方案，它为用户的产品设计及加工过程提供了数字化造型和验证手段，广泛应用于通用机械、模具、家电、汽车及航空航天领域。目前 Siemens 公司推出了 NX 11，本书针对 NX 11 的工程设计和数控加工等功能，按照基础、进阶和高手进行讲解，介绍了其基本操作、草绘设计、特征设计、特征操作和编辑、曲面设计和曲面编辑、装配设计、工程图设计、钣金设计、模具设计和数控加工等内容，并着重讲解了应用于不同领域的实用综合案例，帮助读者在实际应用中有所提高。另外，本书还配备了交互式多媒体网络教学资源，便于读者学习。本书结构严谨、内容翔实、知识全面、可读性强，设计实例专业性强、步骤明确，是广大读者快速掌握 UG NX 11 的自学指导书，也可作为大专院校计算机辅助设计课程的教材。书中的每个案例都是作者独立设计的真实作品，每个案例都提供了独立、完整的设计制作过程，每个操作步骤都有详细的文字说明和精美的图例展示。

本书配备的交互式多媒体网络教学资源，将案例操作过程制作为多媒体视频进行讲解，由从教多年的专业讲师全程多媒体语音视频跟踪教学，便于读者学习使用。同时还提供了所有实例的源文件，以便读者练习使用。关于多媒体教学资源的使用方法，读者可以参看使用说明。另外，本书还提供了网络的免费技术支持，欢迎大家登录云杰漫步多媒体科技的网上技术论坛进行交流：http://www.yunjiework.com/bbs。论坛分为多个专业的设计板块，可以为读者提供实时的软件技术支持，解答读者问题。另外，读者也可以加入云杰漫步科技论坛群（QQ 群号：37122921），进行技术咨询和下载配套资源。

本书由云杰漫步科技 CAX 教研室主编，参加编写工作的有张云杰、靳翔、尚蕾、张云静、郝利剑、贺安、刁晓永、郑晔、朱怡然、李筱琴、乔建军、马军、周益斌、马永健、贺秀亭等。书中的设计范例、多媒体效果均由北京云杰漫步多媒体科技公司设计制作，同时感谢电子工业出版社的编辑和老师们的大力协助。

由于本书编写时间紧张，编写人员的水平有限，因此本书尚有不足之处，在此，编写人员对广大用户表示歉意，望广大用户不吝赐教，对书中的不足之处给予指正。

编　者

Contents/目 录

第 1 章　UG NX 11 基础和草绘设计

本章导读

Siemens NX 是 Siemens 公司出品的一个产品工程解决方案，它为用户的产品设计及加工过程提供了数字化造型和验证手段。三维造型生成之前需要绘制草图，草图绘制完成以后，可以用拉伸、旋转或扫掠等命令生成实体造型，草图对象和拉伸、旋转或扫掠生成的实体造型相关。所以草图绘制是创建零件模型的基础部分，当草图修改以后，实体造型也发生相应的变化。因此对于需要反复修改的实体造型，使用草图绘制功能以后，修改起来非常方便快捷。

本章主要介绍 Siemens NX 11 的基本情况，包括界面和文件基本操作、系统参数设置、视图和工作图层设置，之后介绍了草绘设计的方法，并结合范例介绍了这些内容的操作。

学习要求	学习目标 知识点	了解	理解	应用	实践
	熟悉 NX11 软件	√			
	掌握 NX11 软件的基本操作		√	√	√
	掌握设置软件的基本方法		√	√	√
	掌握平面草绘方法		√	√	√

1.1 UG NX 11 基础

1.1.1 界面和文件操作

1. 软件界面

下面介绍一下界面主要组成部分。

（1）标题栏

标题栏用来显示 NX 的版本、进入的功能模块名称和用户当前正在使用的文件名，如图 1-1 所示，标题栏中显示的 NX 版本为“NX 11”，进入的功能模块为“建模”。用户当前使用的文件名为“_model1.prt”。

提示

如果用户想进入其他的功能模块，通过选择【文件】下拉菜单【应用模块】中的命令，即可进入相应的模块。

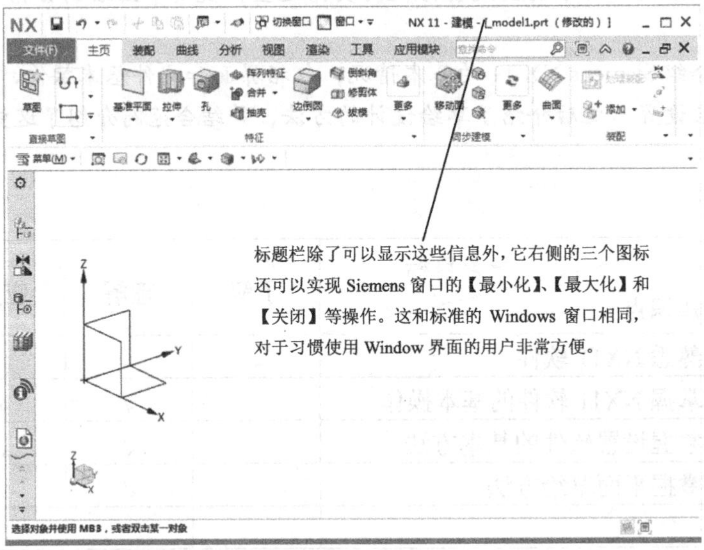

图 1-1　标题栏

（2）菜单栏

菜单栏中显示用户经常使用的一些菜单命令，它们包括【文件】、【编辑】、【视图】、【插入】、【格式】、【工具】、【装配】、【信息】、【分析】、【首选项】、【窗口】、【GC 工具箱】和【帮助】这些菜单命令，如图 1-2 所示。

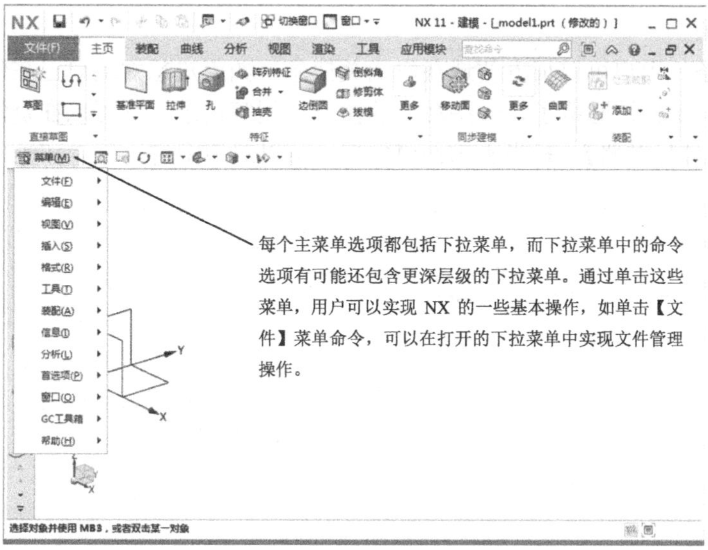

图 1-2　菜单栏

（3）工具条

工具条中的按钮是各种常用操作的快捷方式，用户只要在工具条中单击相应的按钮即可方便地进行相应的操作。

（4）提示栏

提示栏在用户进行各种操作时特别有用，特别是对初学者或者对某一不熟悉的操作来说，根据系统的提示，往往可以很顺利地完成一些操作。

（5）绘图区

绘图区以图形的形式显示模型的相关信息，它是用户进行建模、编辑、装配、分析和渲染等操作的区域。绘图区不仅显示模型的形状，还显示模型的位置。如图 1-3 所示。

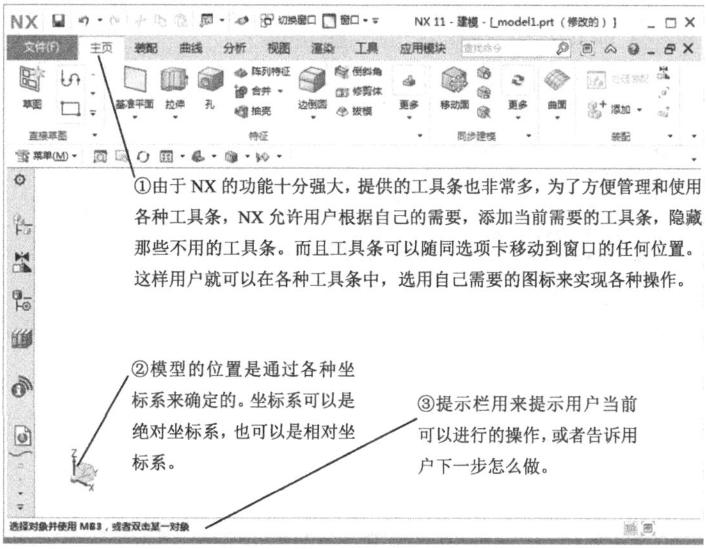

图 1-3　工具条、提示栏和绘图区

（6）资源条

通过资源条，用户可以很方便地获取相关信息。如用户想知道自己在创建过程中用了哪些操作、哪些部件被隐藏了、一些命令的操作过程等信息，都可以在资源条获得，如图 1-4 所示是【部件导航器】，相当于部件模型树，可以对模型进行查看和操作。

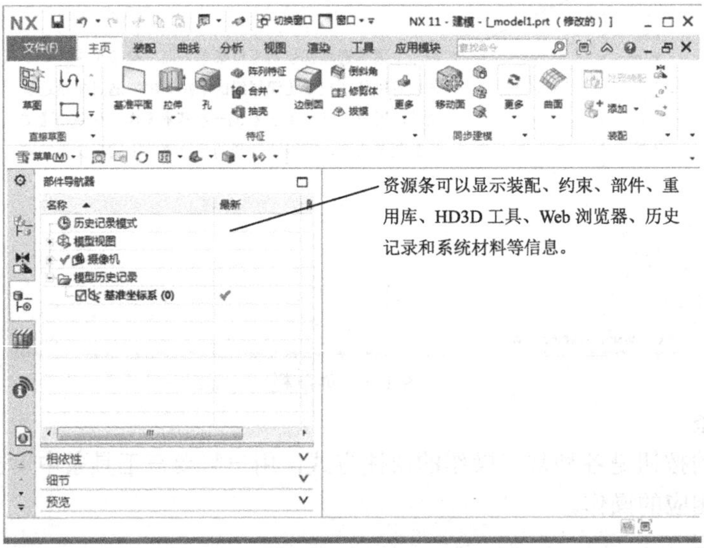

图 1-4　部件导航器

2. 文件操作

选择【文件】菜单命令，打开如图 1-5 所示的【文件】菜单。文件管理包括新建文件、打开文件、保存文件、关闭文件、查看文件属性、打印文件、导入文件、导出文件和退出系统等操作。下面将介绍一些常用的文件操作命令。

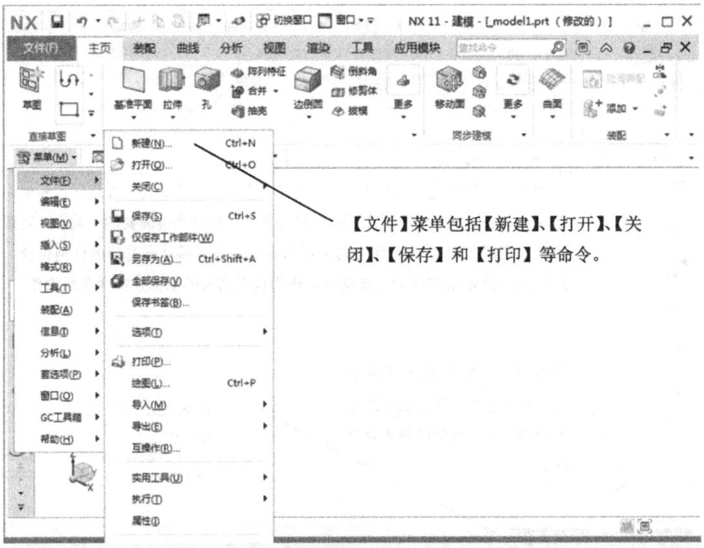

图 1-5　【文件】菜单

（1）新建

【新建】命令用来重新创建一个文件。选择【文件】|【新建】菜单命令，打开如图 1-6 所示的【新建】对话框，对话框顶部有【模型】、【图纸】、【仿真】以及【加工】等选项卡。

图 1-6 【新建】对话框

（2）打开

【打开】命令用来打开一个已经创建好的文件。选择【文件】|【打开】菜单命令，打开【打开】对话框，如图 1-7 所示，它和大多数软件的打开文件对话框相似，这里不再详细介绍了。

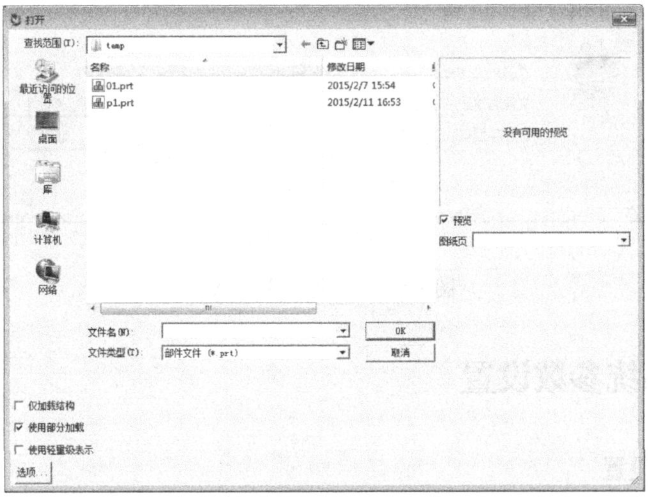

图 1-7 【打开】对话框

（3）保存

保存文件的方式有两种，一种是直接保存，另一种是另存为其他类型。

直接保存是选择【文件】|【保存】菜单命令或者在【快速访问工具条】中直接单击【保存】按钮都可以执行该命令。执行该命令后，文件将自动保存在创建该文件的保存目录下，文件名称和创建时的名称相同。

另存为其他类型是选择【文件】|【保存】|【另存为】菜单命令。执行该命令后，将打开【另存为】对话框，如图 1-8 所示，用户指定存放文件的目录和【保存类型】后，再输入文件名称即可。

提示

存放目录可以和创建文件时的目录相同，但是如果存放目录和创建文件时的目录相同，则文件名不能相同，否则不能保存文件。

图 1-8 【另存为】对话框

1.1.2 系统参数设置

1. 对象参数设置

在【上边框条】中选择【菜单】|【首选项】|【对象】命令，打开如图 1-9 和图 1-10 所示的【对象首选项】对话框，系统提示用户设置对象首选项。

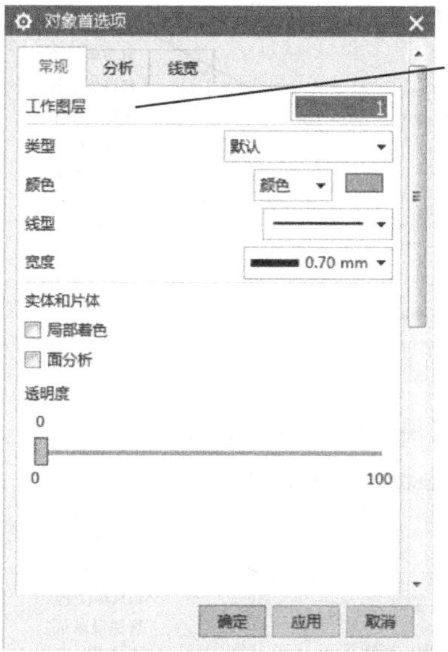

在【常规】选项卡中，用户可以设置工作图层、线的类型、线在绘图区的显示颜色、线型和线宽。还可以设置实体或者片体的局部着色、面分析和透明度等参数，用户只要在相应的选项中选择参数即可。

图 1-9 【常规】选项卡

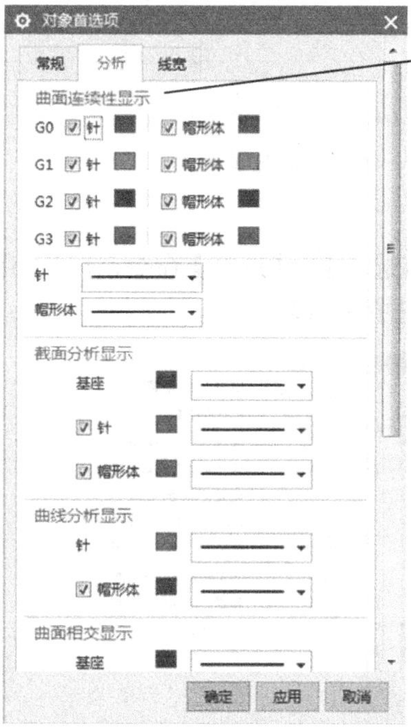

在【分析】选项卡中，用户可以设置曲面连续性的显示颜色。用户单击复选框后面的颜色小块，系统打开【颜色】对话框。用户可以在【颜色】对话框选择一种颜色作为曲面连续性的显示颜色。此外，用户还可以在【分析】选项卡中设置截面分析显示、偏差度量显示和高亮线的显示颜色。

图 1-10 【分析】选项卡

2. 用户界面参数设置

在【上边框条】中选择【菜单】|【首选项】|【用户界面】命令，打开【用户界面首选项】对话框，如图 1-11 和图 1-12 所示。【主题】选项卡、【资源条】选项卡和【接触】选项卡用户可以自己切换，这里不再介绍。

图 1-11 【用户界面首选项】对话框

图 1-12 【布局】选项卡

3. 选择参数设置

在【上边框条】中选择【菜单】|【首选项】|【选择】命令，打开如图 1-13 所示的【选择首选项】对话框，系统提示用户设置选择首选项。

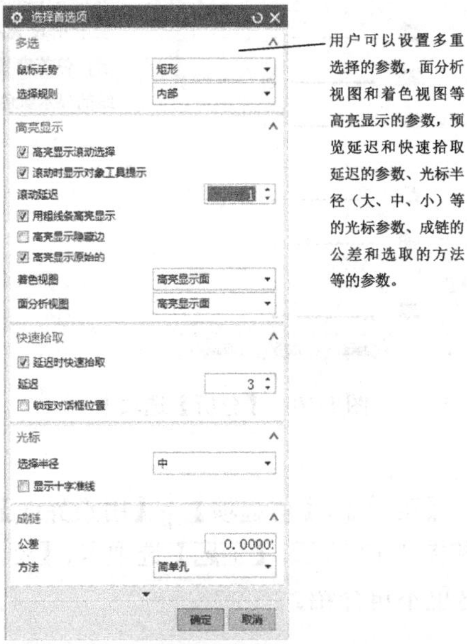

图 1-13 【选择首选项】对话框

4. 可视化参数设置

在【上边框条】中选择【菜单】|【首选项】|【可视化】命令，打开如图 1-14 所示的【可视化首选项】对话框，系统提示用户设置可视化首选项。

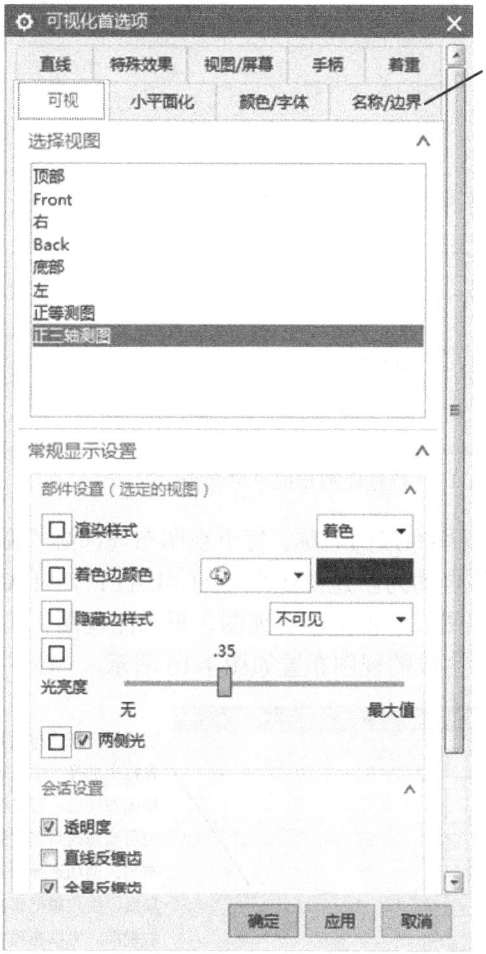

【可视化首选项】对话框中包含【名称/边界】、【直线】、【特殊效果】、【视图/屏幕】、【可视】、【小平面化】、【手柄】和【颜色/字体】等 9 个标签。用户单击不同的标签就可以切换到不同选项卡中设置相关的参数。

图 1-14 【可视化首选项】对话框

1.1.3 视图布局和工作图层设置

1. 视图布局

下面将介绍视图布局的一些设置方法。

（1）新建视图布局

在【上边框条】中选择【菜单】|【视图】|【布局】|【新建】命令，如图 1-15 所示，打开【新建布局】对话框，系统提示用户选择新布局中的视图。

图 1-15　新建视图布局菜单命令

【名称】文本框用来指定新建视图布局的名称。每个视图布局都必须命名。如果用户不指定新建视图布局的名称，系统将自动为新建视图命名为“LAY1”，“LAY2”等，后面的自然数依次递增。基本视图有俯视图、前视图、右视图、正二测视图、正等测视图、仰视图和左视图，这些基本视图组合后生成的视图布置如图 1-16 所示。

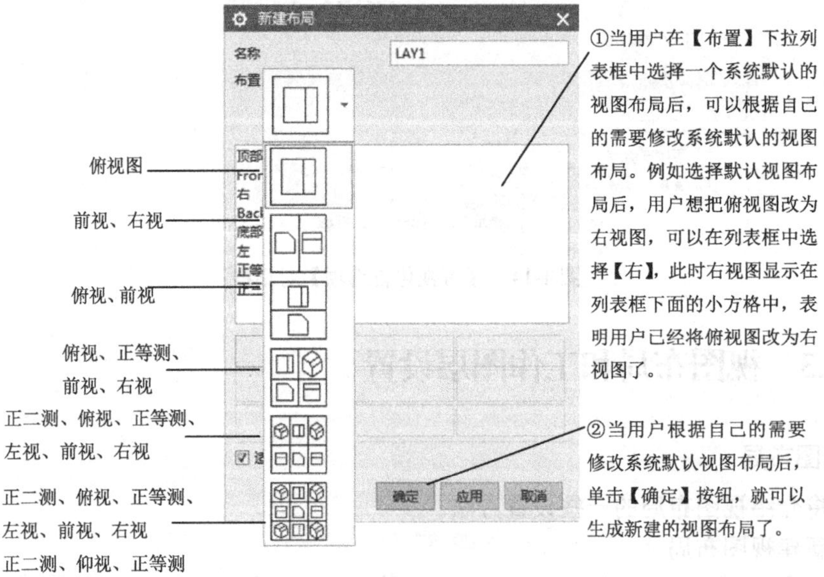

图 1-16　【新建布局】对话框

（2）替换视图布局

在【上边框条】中选择【菜单】|【视图】|【布局】|【替换视图】命令，打开如图 1-17 所示的【视图替换为...】对话框。系统提示用户选择放在布局中的视图。用户在视图

列表框中选择自己需要的视图，然后单击【确定】按钮即可替换视图布局。

图 1-17 【视图替换为...】对话框

（3）删除视图布局

视图布局创建以后，如果用户不再使用它，还可以删除视图布局。在【上边框条】中选择【菜单】|【视图】|【布局】|【删除】菜单命令，打开如图 1-18 所示的【删除布局】对话框。

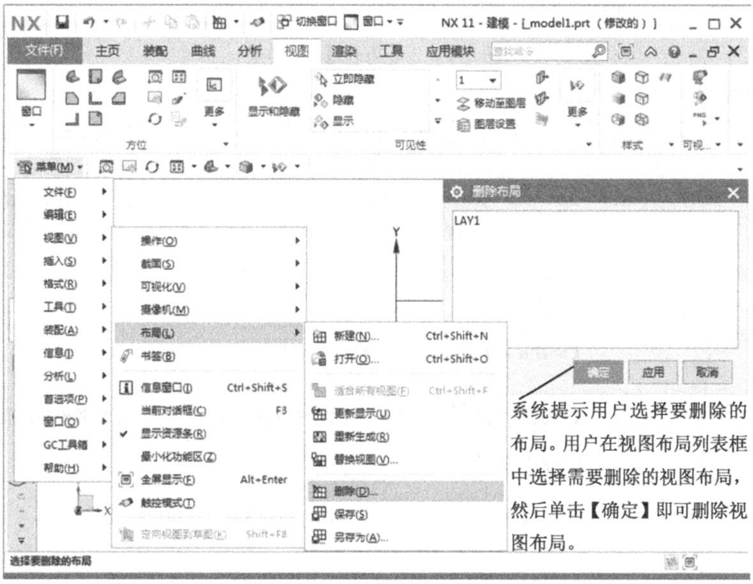

图 1-18 【删除布局】对话框

（4）定向视图

在设计 3D 实体模型的过程中，为了能够让用户很方便地在计算机屏幕上用各种视角来观察实体，NX 提供了多种控制观察方式以及三维视角的功能，包括定向视图、视图操作、渲染样式、背景和布局等。

【视图】选项卡中的定向视图按钮位于【方位】工具条中，如图 1-19 所示。利用【方位】工具条上的按钮，可以设置零件的前视、上视、右视等常用视角，并通过保存视图来保存这些视角。视角的设置方法就是在零件上依序指定“两个互相垂直的面”作为第一参考面及第二参考面，而参考面的方位包括【俯视图】、【前视图】、【右视图】、【正三轴测图】、【正等测图】、【仰视图】、【后视图】和【左视图】8 种。

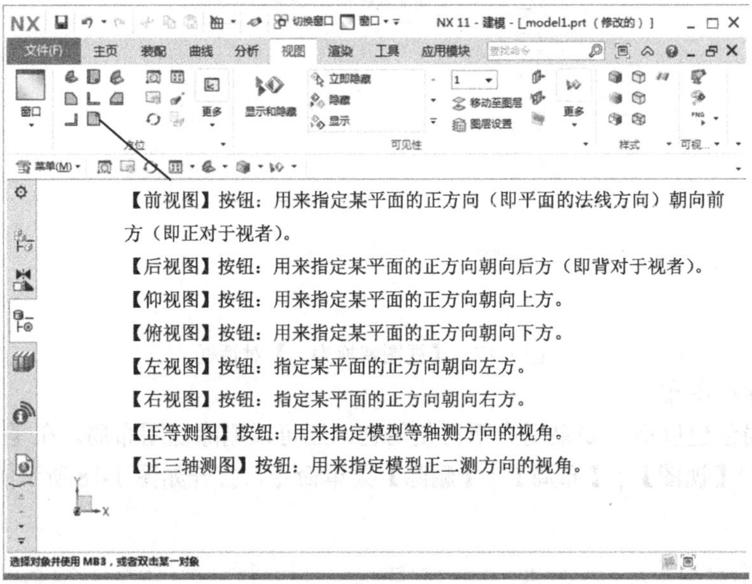

图 1-19 【方位】工具条

（5）视图操作

零件或装配件可利用【方位】工具条上的按钮进行模型视图的操作，如图 1-20 所示。

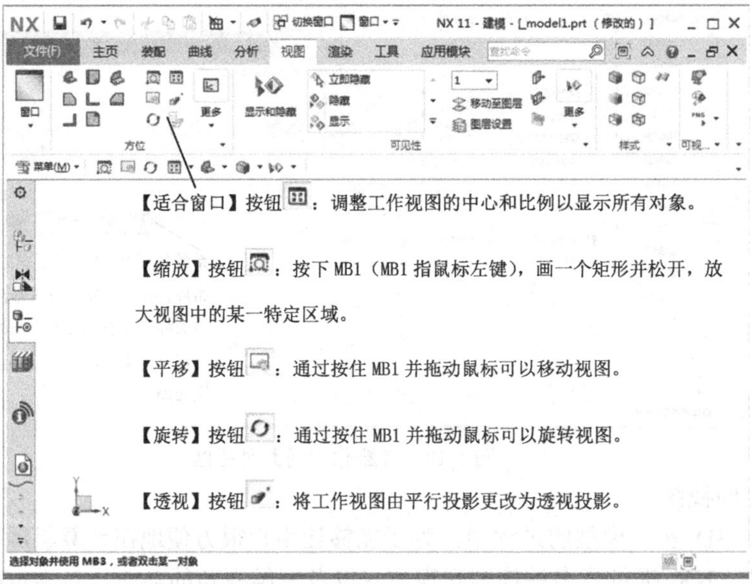

图 1-20 【方位】工具条上的模型视图按钮

2. 工作图层设置

（1）图层的设置

在【上边框条】中选择【菜单】|【格式】|【图层设置】命令，打开如图 1-21 所示的

【图层设置】对话框，系统提示用户选择图层或者类别。

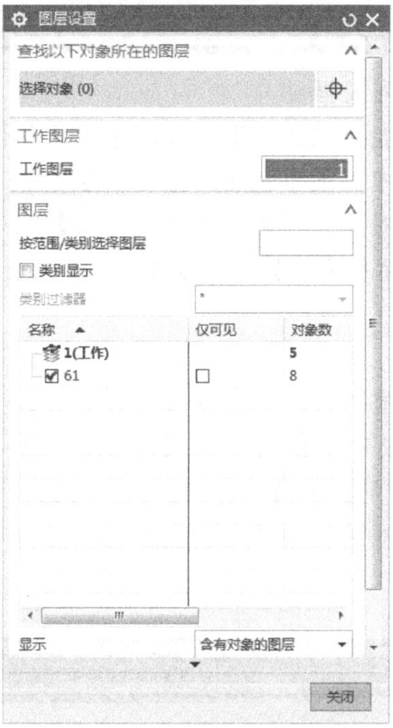

图 1-21 【图层设置】对话框

图层设置方法说明如下：

①查找来自对象的图层

在绘图区选择对象，系统自动判断对象所对应的图层。

②工作图层

用户直接在文本框中输入需要成为工作层的图层号即可。例如“图层 1”为工作层。

③图层

系统默认的【类别过滤器】方式为显示所有图层，不过用户还可以设置图层集的编号来过滤图层。一个图层集可以包含很多图层，用户输入一个图层集的编号后，系统将自动在该图层集内查找用户需要的图层。

④【显示】下拉列表框

下拉列表框用来指定【图层】列表框中显示的图层范围。用户可以指定【图层】列表框中只显示包含对象的图层，也可以设置【图层】列表框中只显示可选的对象，还可以设置【图层】列表框中显示所有的图层。如果用户设置显示所有的图层，则【图层】列表框中显示部件的 256 个图层。

⑤图层控制

一个图层的状态有四种，它们是【设为可选】、【设为工作层】、【设为不可见】和【设为仅可见】。用户在【图层/状态】列表框中选择一个图层后，【可选】、【不可见】和【只可见】三个按钮被激活，用户根据自己的需要，只要单击相应的按钮即可设置选择图层为可选的、不可见的或者只可见的。

（2）移动至图层

有时用户需要把某一图层的对象移动到另一个图层中去，就需要用到【移动至图层】命令。在【上边框条】中选择【菜单】|【格式】|【移动至图层】命令，系统打开如图 1-22 所示的【类选择】对话框。用户在绘图区选择需要移动的对象后，单击【确定】按钮，打开如图 1-23 所示的【图层移动】对话框，系统提示用户选择要放置已选对象的图层，进行设置。

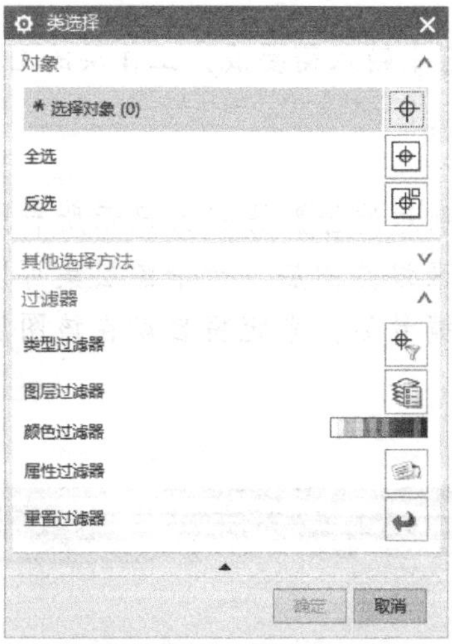

图 1-22 【类选择】对话框

①在【目标图层或类别】文本框中输入目标图层或者目标类别的编号，指定目标图层或者类别。

②为了确认移动的对象准确无误，用户可以单击【重新高亮显示对象】按钮，此时用户选取的对象将高亮度显示在绘图区。

③如果用户需要另外选择移动的对象，可以单击【选择新对象】按钮，系统重新打开【类选择】对话框，提示用户选择对象。

图 1-23 【图层移动】对话框

1.1.4 基础应用案例

本案例完成文件：ywj/01/1-1.prt

多媒体教学路径：多媒体教学→第 1 章→第 1 节

1.1.4.1 案例分析

本案例是进入 NX 软件，创建一个新的零件模型，之后进行参数设置，有可视化、背景颜色等，最后演示视图的操作。

1.1.4.2 案例操作

Step1 新建模型

① 单击【主页】工具条中的【新建】按钮，创建新的 NX 模型，如图 1-24 所示。

② 在弹出的【新建】对话框中，选择【模型】选项，如图 1-25 所示。

③ 设置新文件的名称。

④ 在【新建】对话框中，单击【确定】按钮。

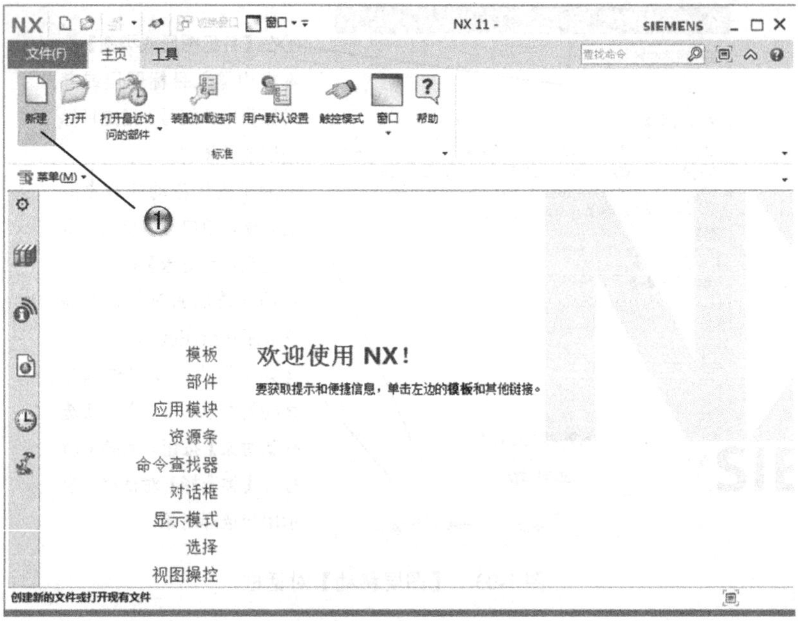

图 1-24　新建模型

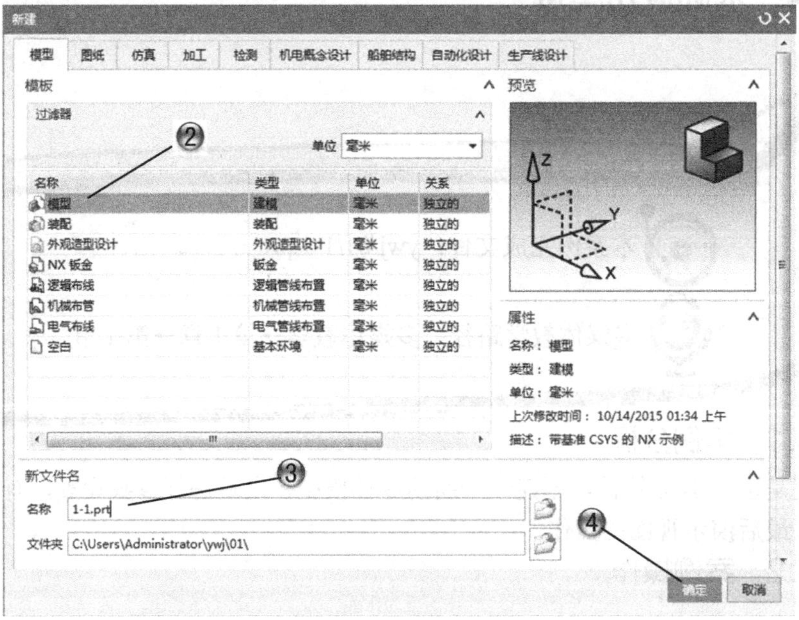

图 1-25　设置名称

Step2 设置首选项

①在菜单栏中，选择【首选项】|【可视化】命令，如图 1-26 所示。

②在弹出的【可视化首选项】对话框中，选择【颜色/字体】选项卡，如图 1-27 所示。

③设置【几何体】颜色。

④选择【视图/屏幕】选项卡，如图 1-28 所示。

⑤在【可视化首选项】对话框中，选择【显示视图三重轴】选项。

⑥在【可视化首选项】对话框中，单击【确定】按钮，完成首选项的设置。

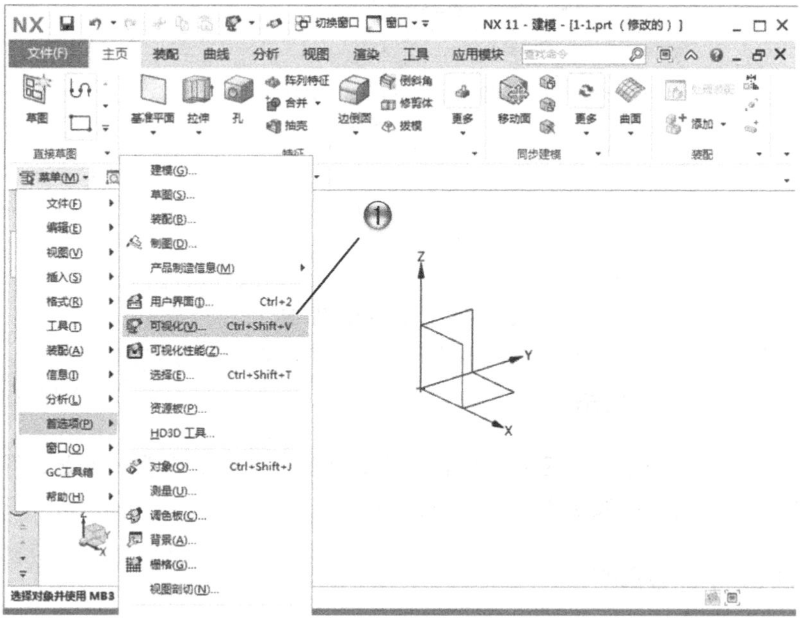

图 1-26　选择【可视化】命令

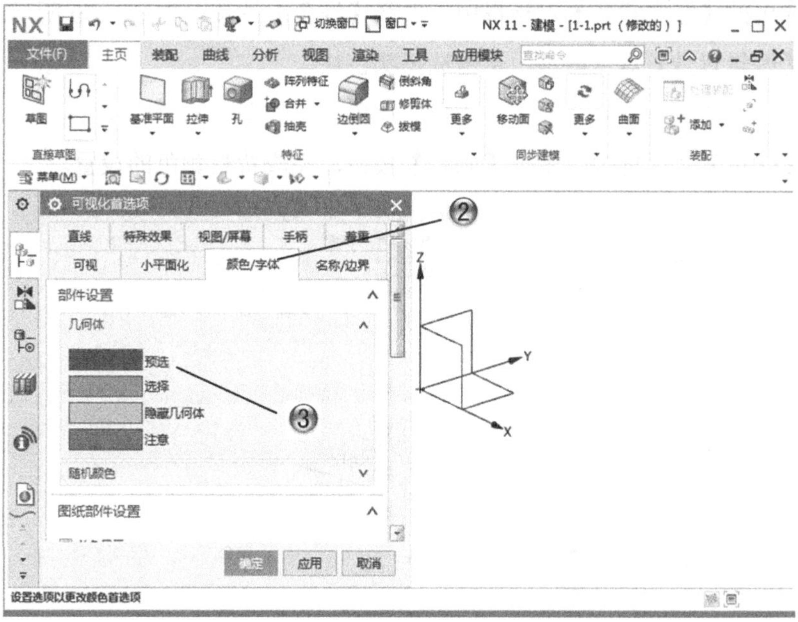

图 1-27　设置颜色

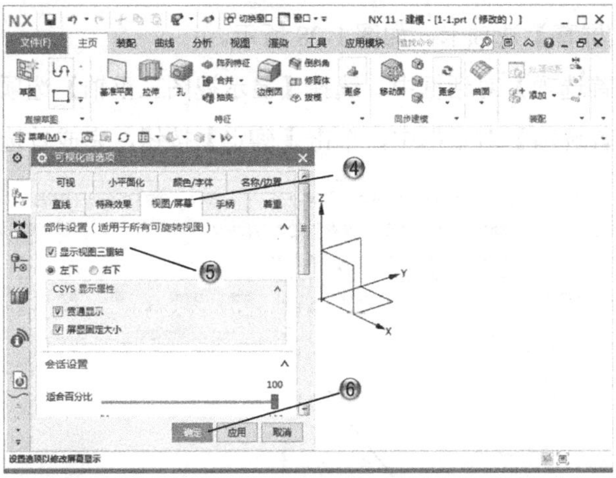

图 1-28　设置视图/屏幕

提示

可以在【可视化首选项】对话框中设置需要的参数，得到的结果都是为了方便绘图。

Step3 设置背景颜色

① 在菜单栏中，选择【首选项】|【背景】命令，如图 1-29 所示。

② 在弹出的【编辑背景】对话框中，选择【纯色】选项，如图 1-30 所示。

③ 在【编辑背景】对话框中，单击选择颜色块。

④ 在弹出的【颜色】对话框中，选择白色色块，如图 1-31 所示。

⑤ 在【颜色】对话框中，单击【确定】按钮，完成背景颜色的设置。

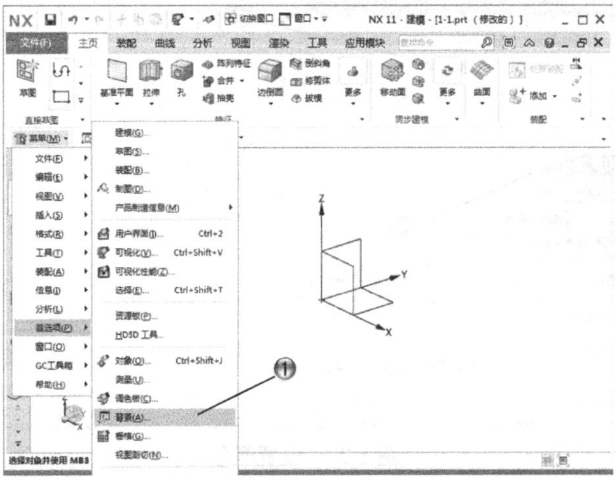

图 1-29　选择【背景】命令

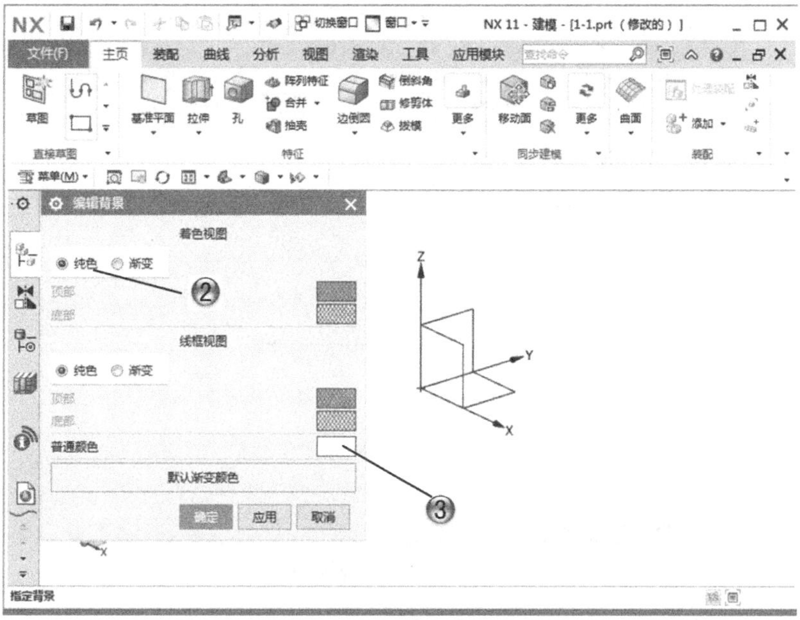

图 1-30　设置【纯色】选项

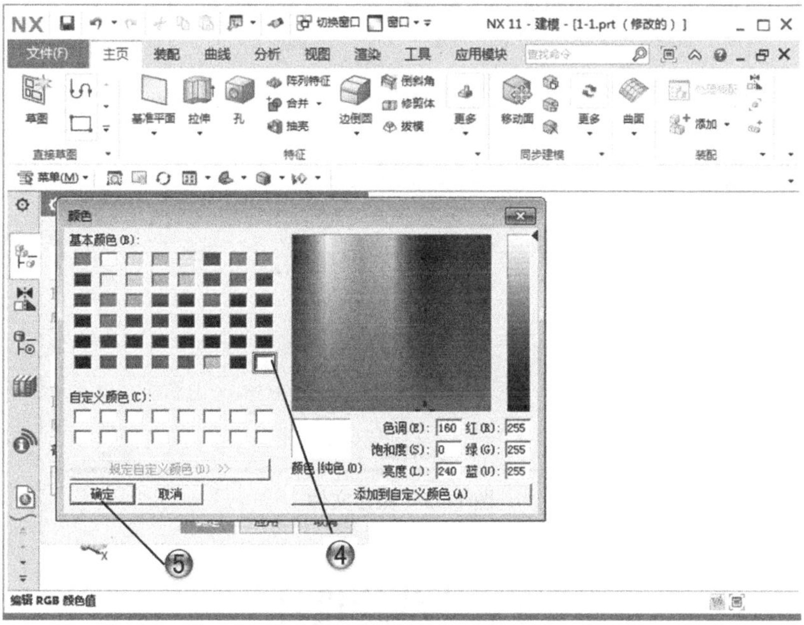

图 1-31　选择颜色

Step4 设置视图并保存

① 单击【视图】工具条中的【俯视图】按钮，显示俯视图视图，如图 1-32 所示。

② 单击【快速访问工具条】中的【保存】按钮，保存文件，如图 1-33 所示。

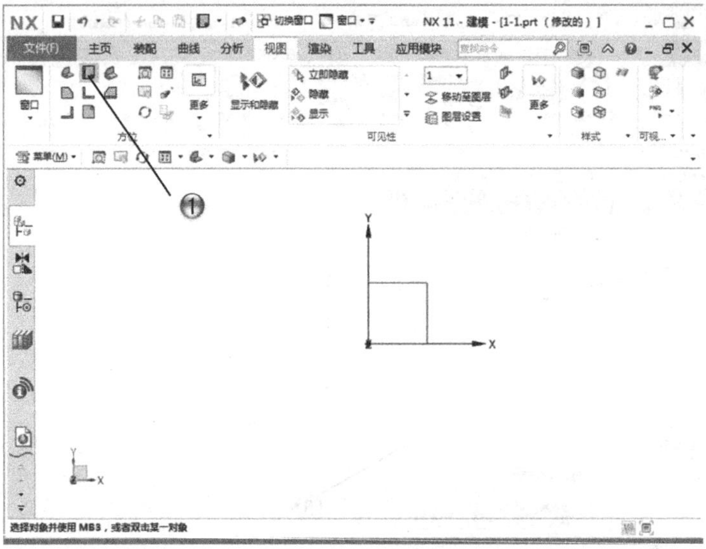

图 1-32　创建俯视图

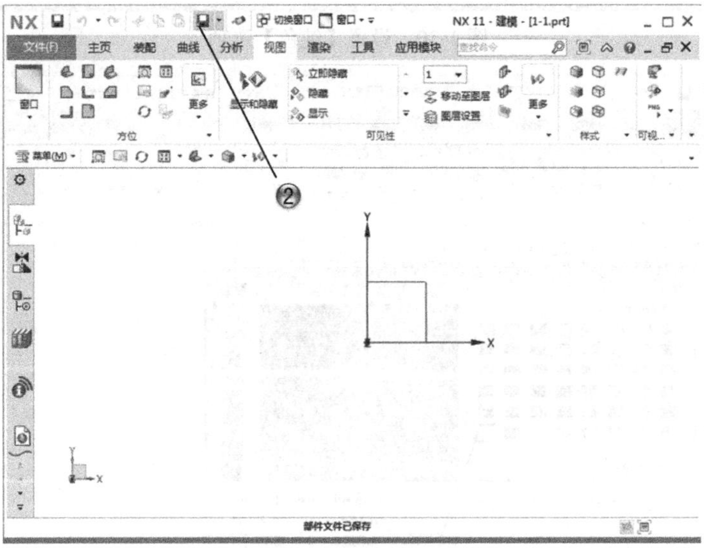

图 1-33　保存文件

1.2　草绘设计

1.2.1　草图工作平面

1. 指定草绘平面

下面将详细介绍在创建草图对象之前，指定草绘平面的方法。

在【直接草图】工具条中单击【草图】按钮，弹出如图 1-34 所示的【创建草图】对话框。此时系统提示用户“选择对象作为草绘平面或双击要定向的轴”，同时在绘图区显示绘图平面和 X、Y、Z 三个坐标轴。

①在【草图类型】下拉列表框中，包含两个选项，分别是【在平面上】和【基于路径】，用户可以选择其中的一种作为新建草图的类型。系统默认的草图类型为在平面上的草图。

②【草图平面】选项组用来指定实体平面为草绘平面。它有 4 种类型，分别是【自动判断】、【现有平面】、【创建平面】和【创建基准坐标系】。

③【草图方向】：用来设置草图轴的方向，它包含两个选项：【水平】和【竖直】。

④【草图原点】：指定草图的原点，单击相应的按钮，在绘图区指定原点。

⑤选择【创建中间基准 CSYS】选项，会在草图上创建基准坐标系。选择【关联原点】选项，会将原点与模型特征进行关联。选择【投影工作部件原点】选项，不会将坐标系原点设置在选择的平面上。

图 1-34 【创建草图】对话框

提示

当部件中既没有实体平面，也没有基准平面时，用户可以指定坐标平面为草绘平面。当指定某一坐标平面为草绘平面后，该坐标在绘图区高亮度显示，同时高亮度显示三个坐标轴的方向。如果用户需要修改坐标轴的方向，只要双击三个坐标轴中的一个即可。

2. 重新附着草图

如果用户需要修改草图的附着平面，就需要重新指定草绘平面。NX 为用户提供了重新附着工具，可以很方便地修改草绘平面。

在草图绘制环境中，选择【菜单】|【工具】|【重新附着草图】命令，可打开如图 1-35 所示的【重新附着草图】对话框，重新选择草绘平面。

图 1-35 【重新附着草图】对话框

3. 基准平面创建

在 NX 软件使用中，创建基准平面是经常要用到的重要操作。平面的构造是通过在【特征】工具条中单击【基准平面】按钮，打开【基准平面】对话框，如图 1-36 所示。

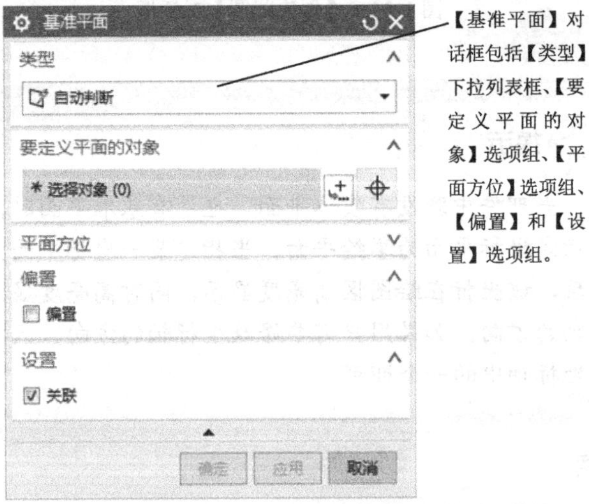

图 1-36 【基准平面】对话框

【基准平面】对话框中的【类型】下拉列表框，如图 1-37 所示，它们表示平面的构造类型，默认情况为自动判断。

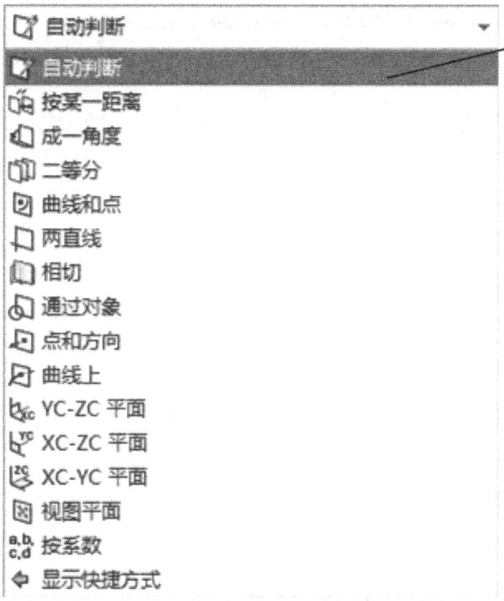

图 1-37　【类型】下拉列表框

1.2.2　草绘设计

1. 绘制点和直线

（1）绘制点

单击【直接草图】工具条中的【点】按钮 ＋，弹出【草图点】对话框，如图 1-38 所示。在【草图点】对话框的下拉列表中可以选择 9 种不同类型的画点方式。

单击【草图点】对话框中的【点对话框】按钮，弹出【点】对话框，如图 1-39 所示，可以设置点的坐标，从而确定点的位置。

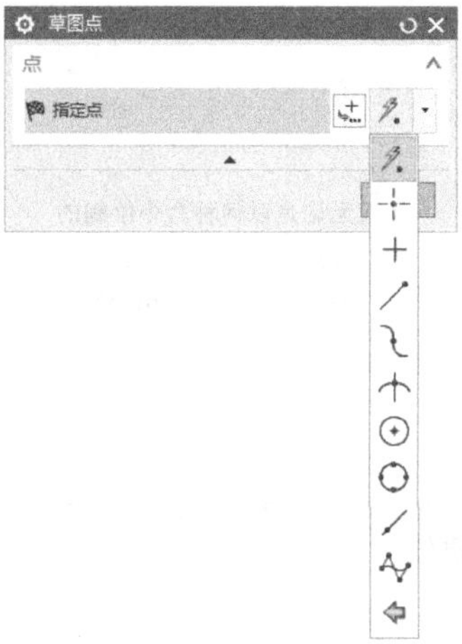

图 1-38　【草图点】对话框

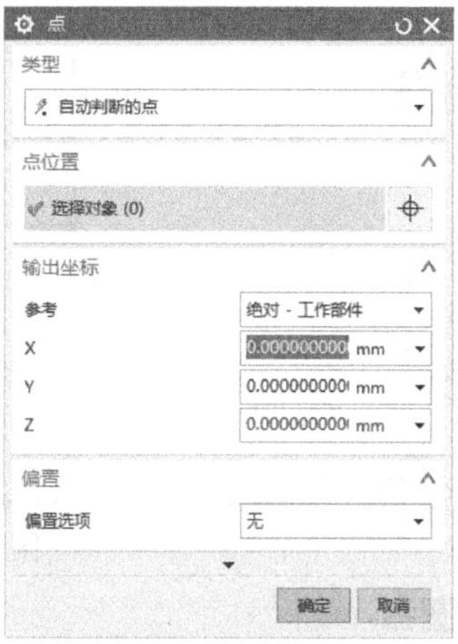

图 1-39　【点】对话框

在草图当中，绘制的点会有弱尺寸的位置标注，如图 1-40 所示。

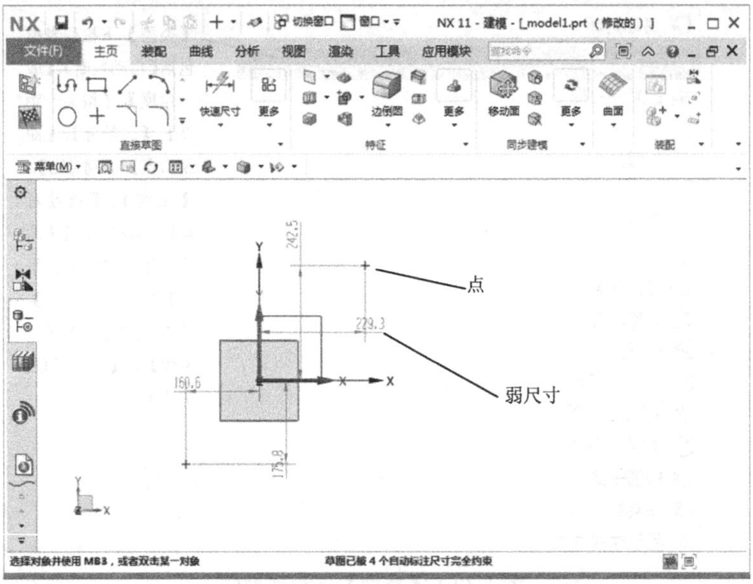

图 1-40　点的弱尺寸位置

（2）绘制直线

在【直接草图】工具条中，单击【直线】按钮，出现【直线】对话框和坐标栏。在视图中单击鼠标即可绘制出直线。如果单击【输入模式】中的【参数模式】按钮，即可显示另一种绘制直线的参数模式，如图 1-41 所示。

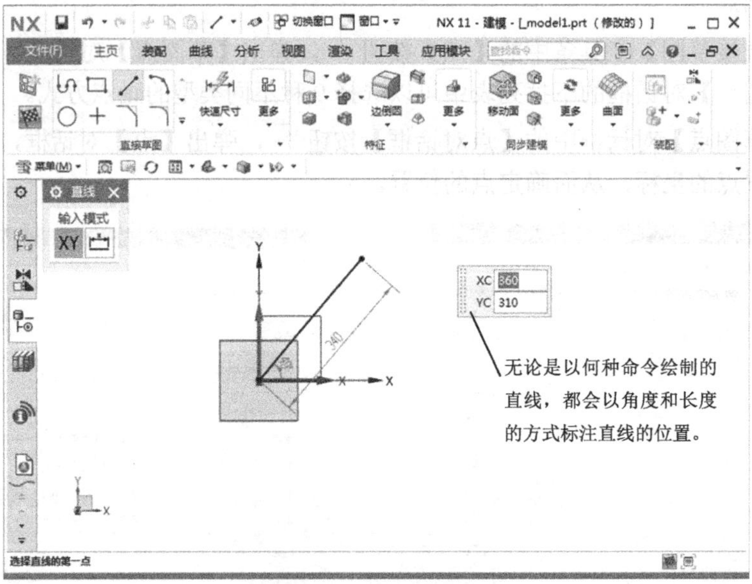

图 1-41　绘制直线

2. 圆和圆弧

（1）绘制圆

在【直接草图】工具条中，单击【圆】按钮，弹出【圆】对话框，如图 1-42 所示。

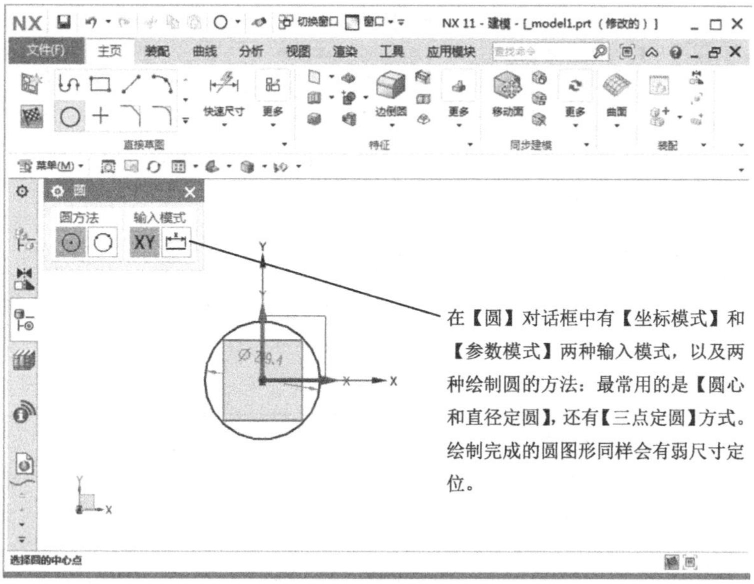

图 1-42　绘制圆

（2）绘制圆弧

在【直接草图】工具条中，单击【圆弧】按钮，弹出【圆弧】对话框，如图 1-43 所示。

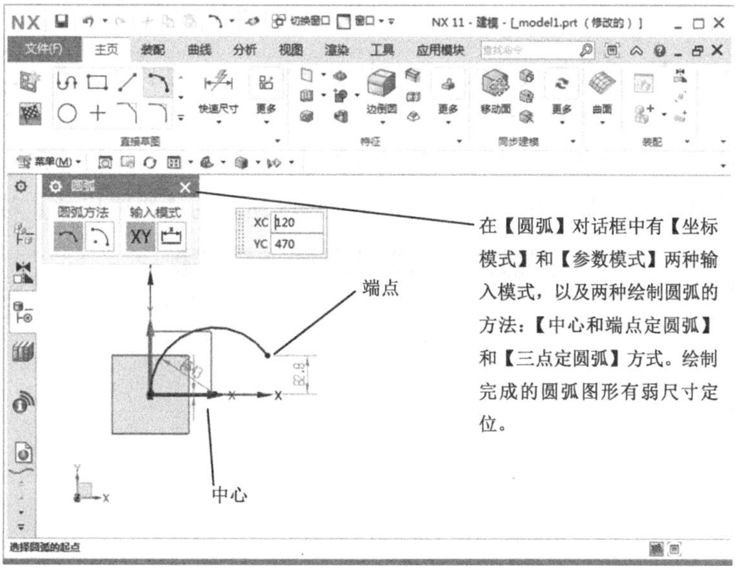

图 1-43　绘制圆弧

3. 绘制矩形

在【直接草图】工具条中，单击【矩形】按钮，弹出【矩形】对话框，进行各种形式矩形的创建。矩形输入模式同样有两种，如图 1-44 所示。

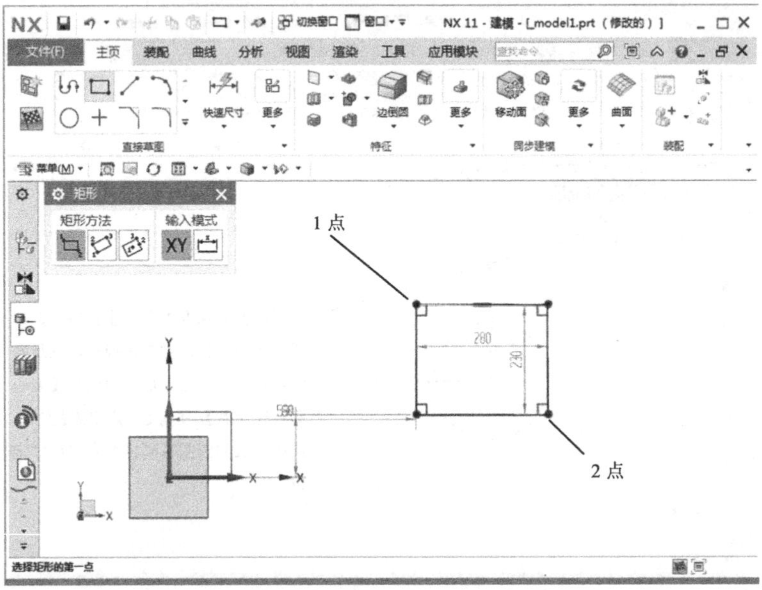

图 1-44　绘制矩形

1.2.3　草图约束与定位

1. 尺寸约束

尺寸约束用来确定曲线的尺寸大小，包括水平长度、竖直长度、平行长度、两直线之间的角度、圆的直径、圆弧的半径等。

在【直接草图】工具条中单击【快速尺寸】按钮，打开【快速尺寸】下拉列表，在列表中单击【快速尺寸】按钮，打开如图 1-45 所示的【快速尺寸】对话框。

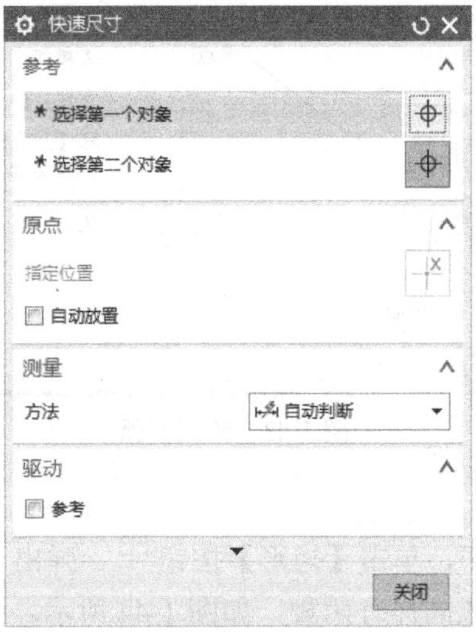

图 1-45　【快速尺寸】对话框

在【直接草图】工具条中，NX 为用户提供了 5 种尺寸约束类型，如图 1-46 所示。在【快速尺寸】下拉列表中，共有 5 种尺寸约束类型，它们分别是【快速尺寸】、【线性尺寸】、【径向尺寸】、【角度尺寸】、【周长尺寸】按钮。选择对象参考，单击即可放置尺寸。

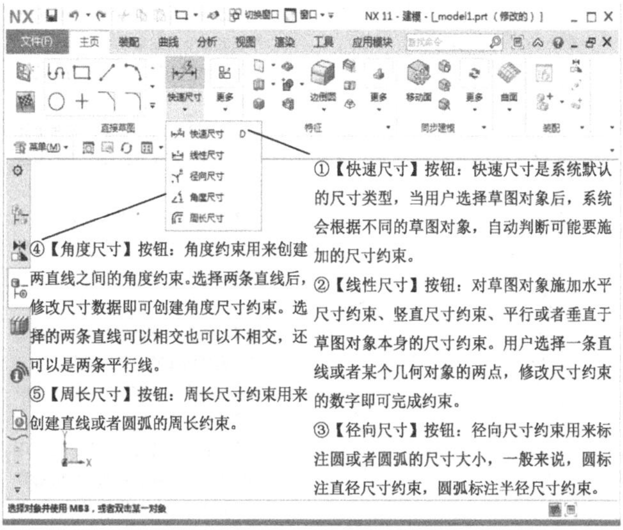

图 1-46　5 种尺寸约束类型

2. 几何约束

（1）施加几何约束的方法

施加几何约束的方法有两种，一种是手动施加几何约束，另一种是自动施加几何约束。

在【直接草图】工具条中单击【几何约束】按钮，系统提示用户选择需要创建约束的曲线。当选择一条或者多条曲线后，系统将在绘图区显示曲线可以创建的【几何约束】对话框，而且选择的曲线高亮度显示在绘图区，如图 1-47 所示。

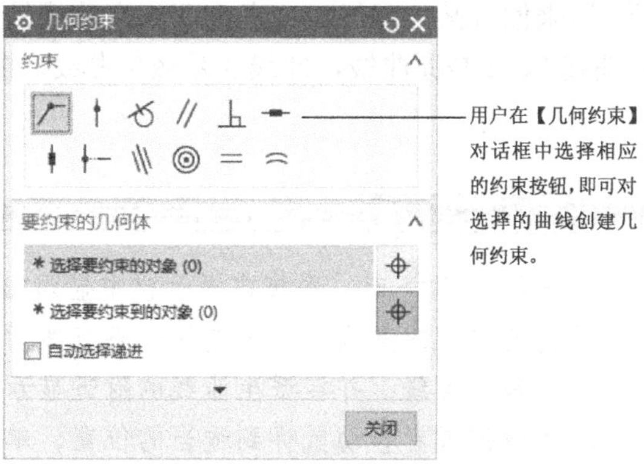

图 1-47　【几何约束】对话框

自动施加几何约束是指用户选择一些几何约束后，系统根据草图对象自动施加合适的几何约束。在【直接草图】工具条中单击【连续自动标注尺寸】按钮，打开的【几何约束】对话框如图 1-48 所示。NX 为用户提供了多种可以选用的几何约束，当用户选择需要创建几何约束的曲线后，系统自动根据用户选择的曲线显示几个可以创建的几何按钮。

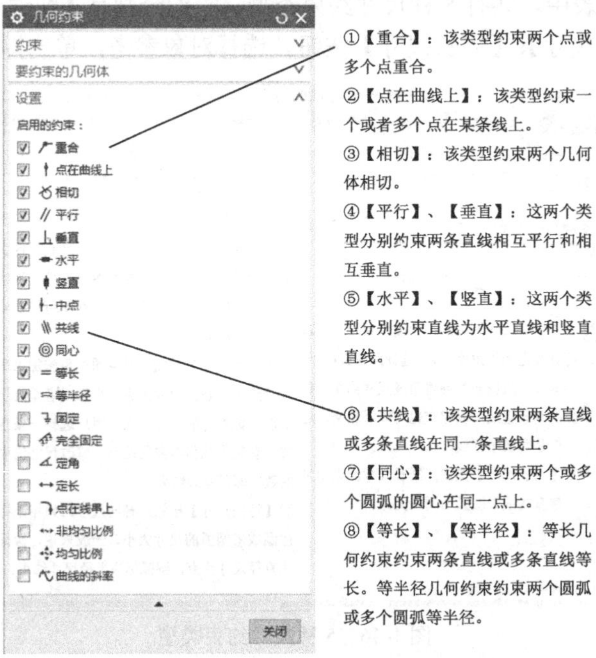

图 1-48 【几何约束】对话框

3. 修改图形

【编辑曲线】和【更多曲线】工具条上的命令按钮可以对各种草图对象进行操作，包括对称、派生曲线、投影曲线、编辑定义截面、快速修剪和延伸、制作拐角等。

下面将详细介绍这些草图操作的方法。

（1）派生直线

【派生直线】按钮用来偏置某一直线，或者在两相交曲线的交点处派生出一条角平分线。如图 1-49 所示，曲线 1、2 是原曲线，曲线 3 是派生曲线，曲线 4 是曲线 1、2 的角平分线。

当单击【派生直线】按钮时，系统在提示栏中显示“选择参考直线”字样，提示用户选择需要派生的直线。用户选择一条直线后，系统自动派生出一条平行于选择曲线的直线，并在派生曲线的附近显示偏置距离。在长度文框中输入适当的数据或者移动鼠标到适当的位置，单击鼠标左键，即可生成一条偏置曲线。如果用户选择一条直线后，再选择另外一条与第一条直线相交的直线，系统将在两条直线的交点处派生出一条角平分线。

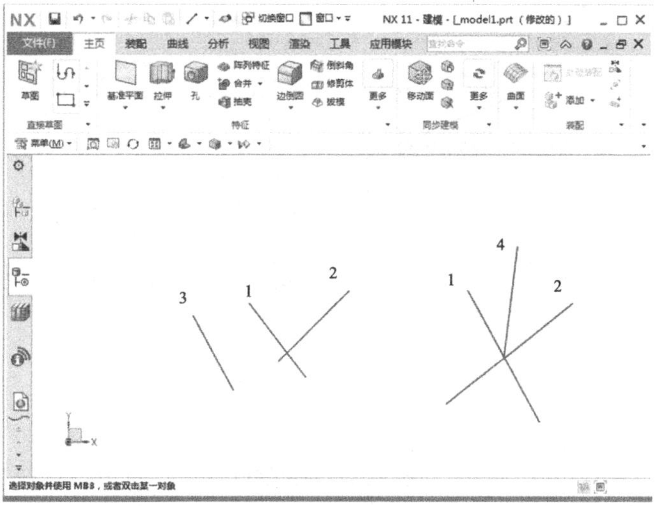

图 1-49　派生曲线

（2）投影曲线

投影曲线是把选取的几何对象，沿着垂直于草绘平面的方向投影到草图中来。这些几何对象可以是在建模环境中创建的点、曲线或者边缘，也可以是草图中的几何对象，还可以是由一些曲线组成的线串。在【更多直线】工具条中单击【投影曲线】按钮，打开如图 1-50 所示的【投影曲线】对话框。

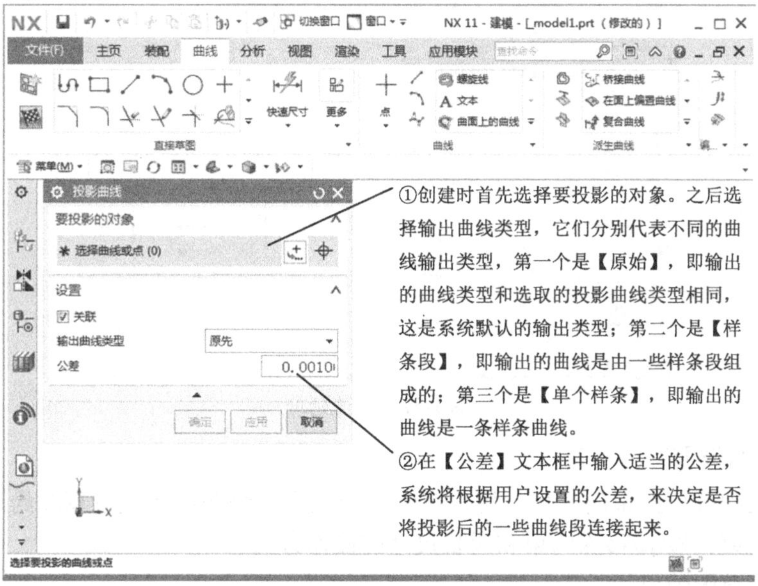

图 1-50　【投影曲线】对话框

（3）快速修剪

【快速修剪】按钮用来快速擦除曲线分段。单击按钮后，弹出【快速修剪】对话框，如图 1-51 所示，当按住鼠标左键不放拖动，光标经过右侧的小直角三角形时，留下了拖动痕迹，与拖动痕迹相交的曲线就被擦除了，原来的大直角三角形变成了一个梯形。

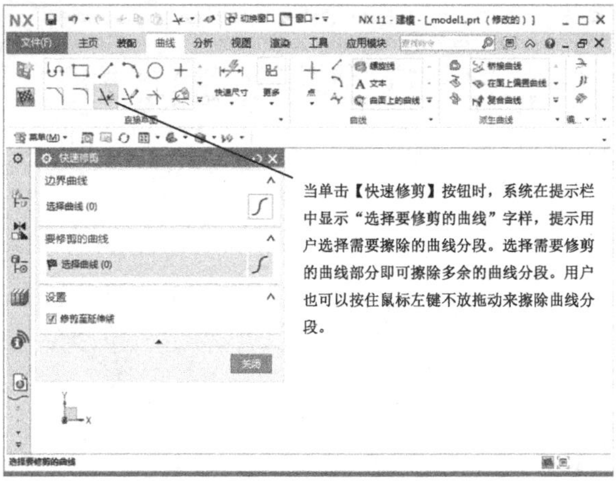

图 1-51　快速修剪

（4）快速延伸和制作拐角

【快速延伸】按钮用来快速延伸一条曲线，使之与另外一条曲线相交。【制作拐角】按钮是将未相交曲线进行延伸以制作拐角，它们的操作方法与【快速修剪】按钮类似，这里不再赘述，如图 1-52 所示。

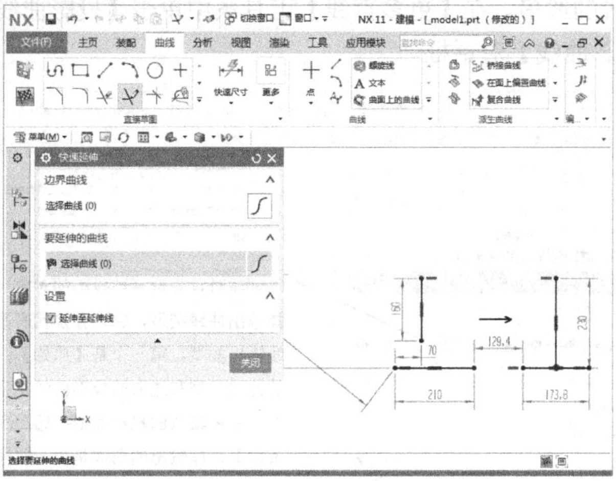

图 1-52　快速延伸

4. 修改草图约束

尺寸约束和几何约束创建后，用户有时可能还需要修改或者查看草图约束。下面将介绍显示草图约束、显示/移除约束和周长尺寸的操作方法。

（1）显示草图约束

在【直接草图】工具条中单击【显示草图约束】按钮，选择一条曲线后，系统将显示所有和该曲线相关的草图约束。单击鼠标左键选择一个草图约束后，系统在提示栏中会显示约束类型和全部选中的约束个数。

（2）显示/移除约束

在【直接草图】工具条中单击【显示/移除约束】按钮，弹出【显示/移除约束】对话框，取消约束的显示。

（3）周长尺寸

周长尺寸是指用户用来创建直线或者圆弧的周长约束。

在【直接草图】工具条中单击【周长尺寸】按钮，打开如图 1-53 所示的【周长尺寸】对话框。

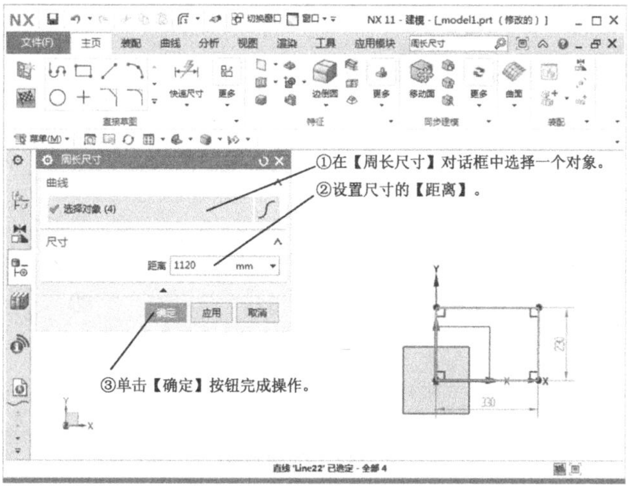

图 1-53　【周长尺寸】对话框

1.2.4　草图设计应用案例

本案例完成文件：ywj/01/1-1.prt

多媒体教学路径：多媒体教学→第 1 章→第 2 节

1.2.4.1　案例分析

本案例是绘制一个轴零件的平面草图，草图由矩形和直线构成，在完成上半部分绘制后，进行镜像，最后绘制槽。

1.2.4.2　案例操作

Step1 创建草图

① 打开模型，单击【直接草图】工具条中【草图】按钮，创建草图，如图 1-54 所示。

②在弹出的【创建草图】对话框中，单击【指定 CSYS】选项，指定草绘平面。
③在【创建草图】对话框中，单击【确定】按钮。

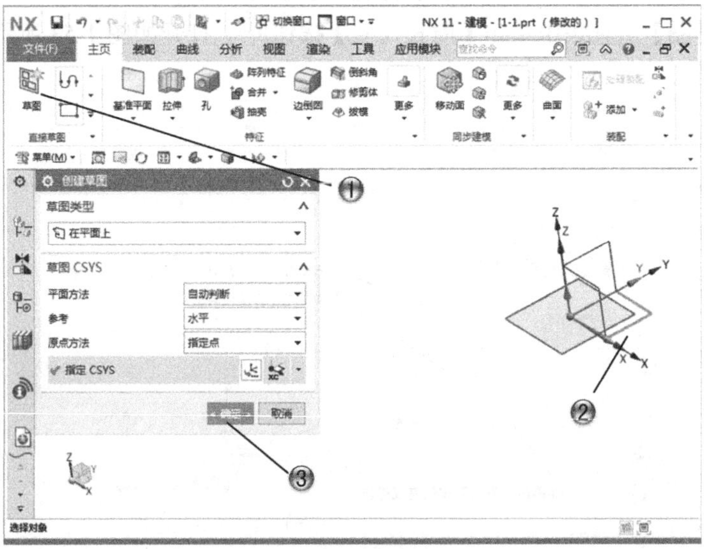

图 1-54　创建草图

Step2 绘制矩形

①单击【直接草图】工具条中的【矩形】按钮，绘制矩形，如图 1-55 所示。
②选择两点，绘制矩形。
③单击【直接草图】工具条中的【快速尺寸】按钮，标注尺寸，如图 1-56 所示。
④依次设置矩形的边长尺寸。

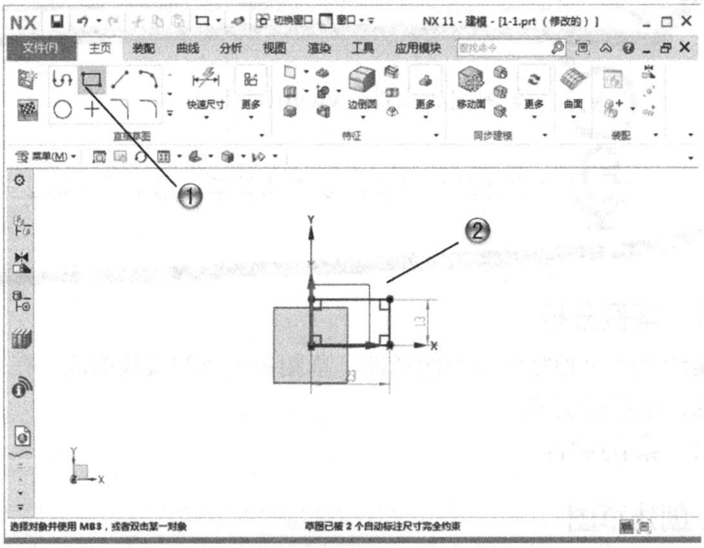

图 1-55　绘制矩形

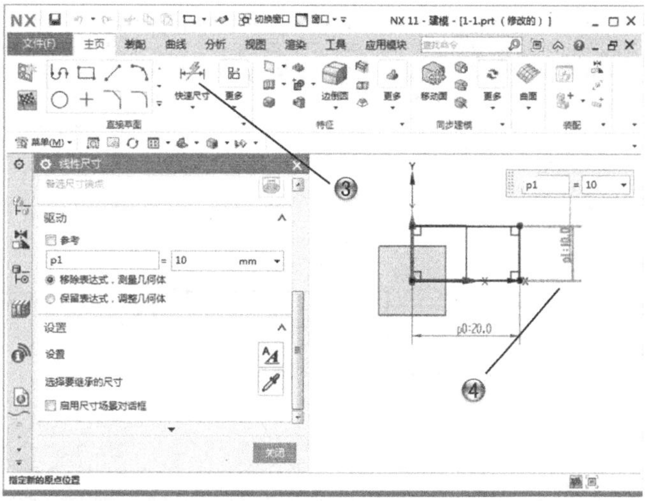

图 1-56 设置尺寸参数

提示

矩形当然也可以使用直线命令绘制。在草图绘制中使用自己熟练掌握的命令即可。

Step3 绘制直线

①单击【直接草图】工具条中的【直线】按钮 ，绘制直线，如图 1-57 所示。

②选择两点，绘制直线 1。

③依次选择两点，绘制直线 2，如图 1-58 所示。

④选择两点，绘制直线 3。

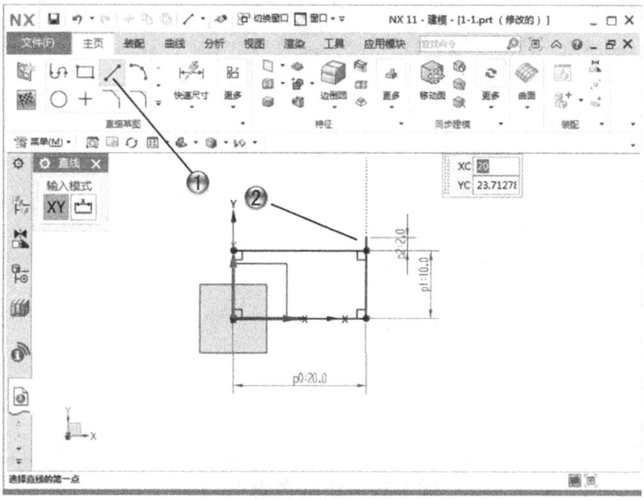

图 1-57 绘制直线 1

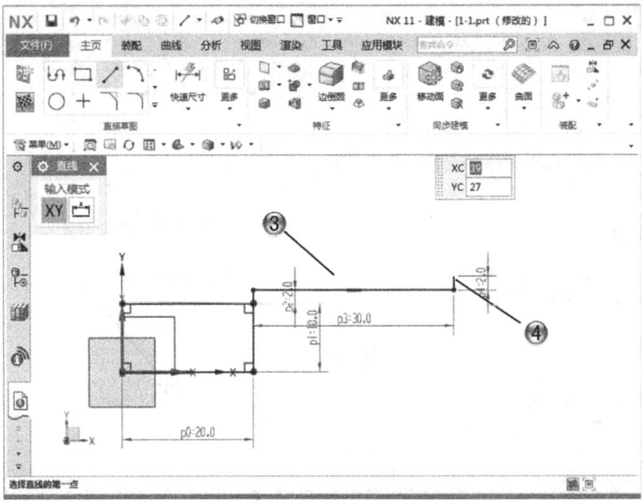

图 1-58　绘制直线 2、3

Step4 绘制直线

① 单击【直接草图】工具条中的【直线】按钮，绘制直线，如图 1-59 所示。

② 选择两点，绘制直线 4。

③ 依次选择两点，绘制直线 5。

④ 选择两点，绘制直线 6，如图 1-60 所示。

⑤ 依次选择两点，绘制直线 7。

⑥ 选择两点，绘制直线 8，如图 1-61 所示。

⑦ 选择两点，绘制直线 9。

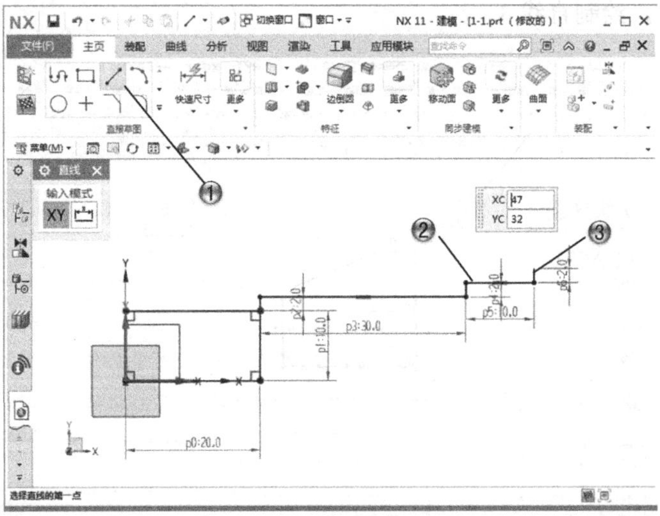

图 1-59　绘制直线 4、5

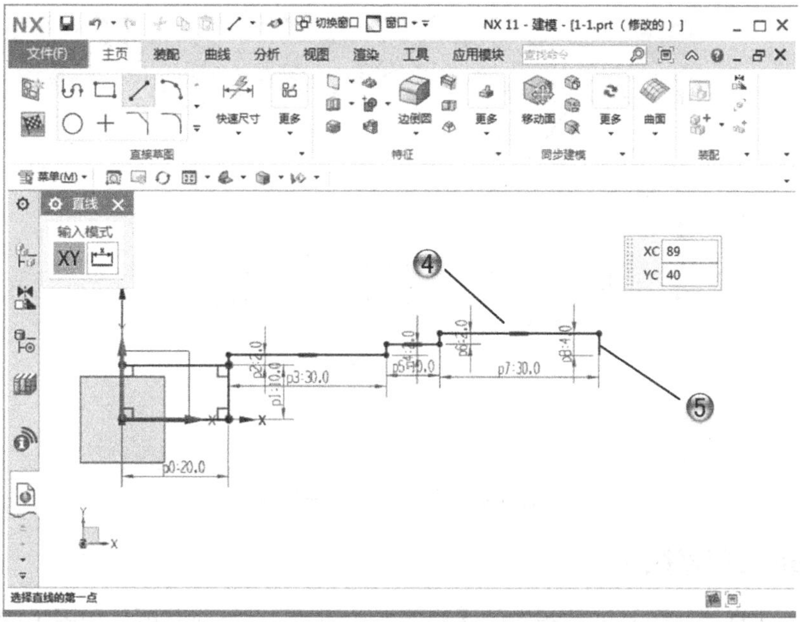

图 1-60　绘制直线 6、7

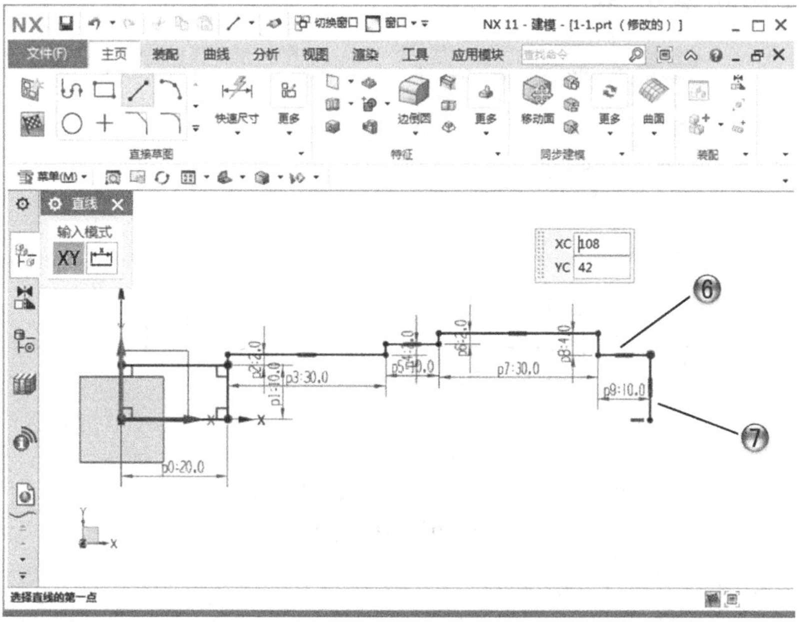

图 1-61　绘制直线 8、9

Step5 绘制连接线

① 单击【直接草图】工具条中的【直线】按钮 ，绘制直线，如图 1-62 所示。

② 依次选择两点，绘制连接线。

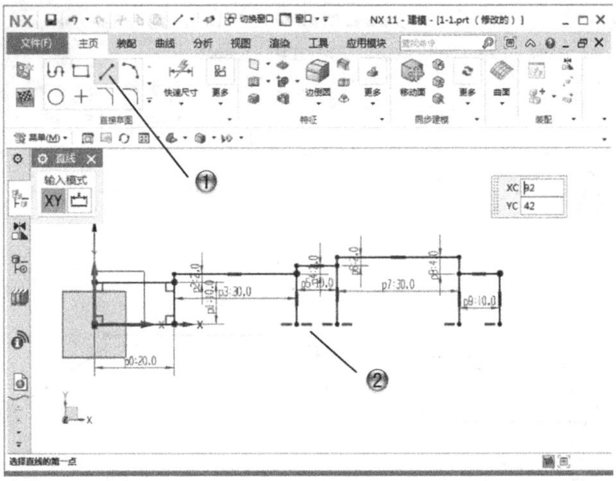

图 1-62　绘制中间的连接线

Step6 修剪直线

① 单击【直接草图】工具条中的【修剪】按钮，修剪草图，如图 1-63 所示。

② 划过草图，修剪直线。

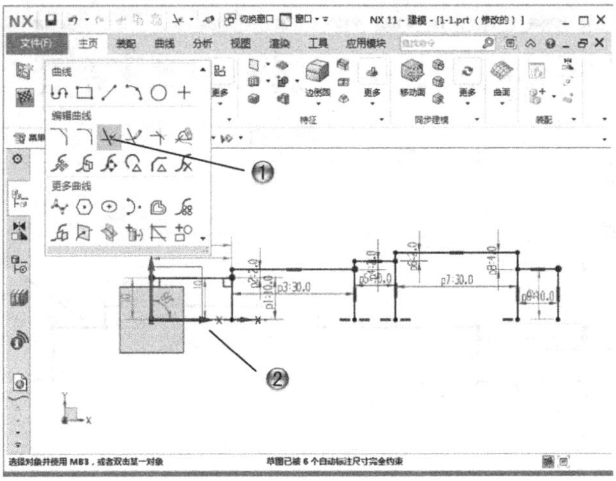

图 1-63　修剪直线

提示

使用修剪命令时，直接按住鼠标左键，在需要去掉的曲线上划过即可完成修剪。

Step7 镜像草图

① 单击【直接草图】工具条中的【镜像曲线】按钮，镜像草图，如图 1-64 所示。

② 单击选择要镜像的曲线，如图 1-65 所示。

③ 单击选择中心线。

④ 单击【镜像曲线】对话框中的【确定】按钮。

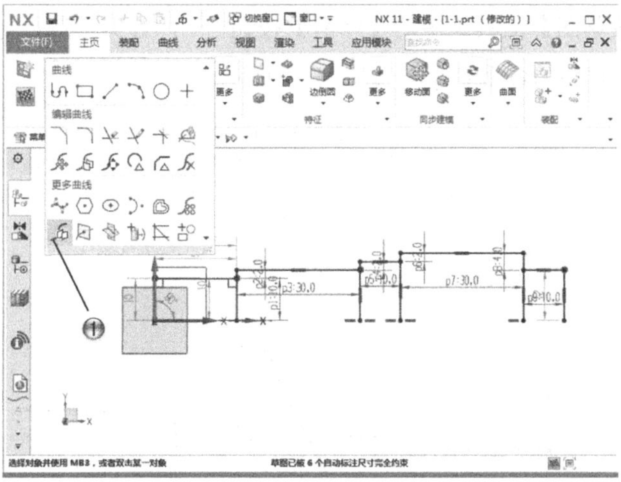

图 1-64　镜像草图

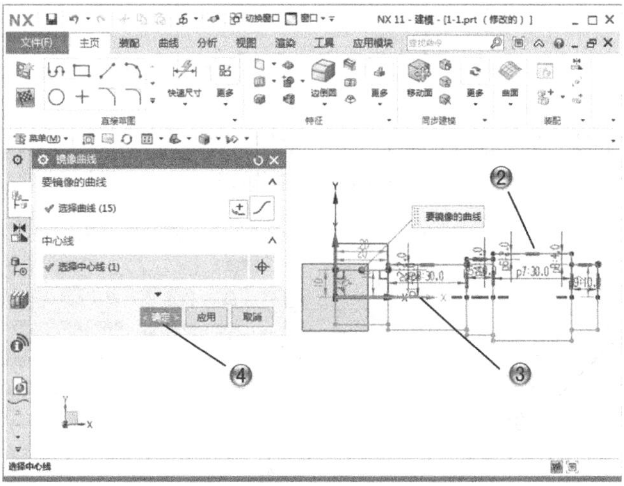

图 1-65　　选择镜像曲线和中心线

提示

使用镜像命令，必须的条件是有中心线，要镜像的曲线是沿着中心线对称复制的。中心线也可以选择原始基准线。

Step8 绘制槽

① 单击【直接草图】工具条中的【矩形】按钮□，绘制矩形，如图 1-66 所示。

②选择两点，绘制矩形。

③单击【直接草图】工具条中的【圆形】按钮，绘制圆形，如图 1-67 所示。

④选择两点，绘制两个圆形。

⑤单击【直接草图】工具条中的【修剪】按钮，修剪草图，如图 1-68 所示。

⑥划过草图，修剪直线和圆弧，如图 1-69 所示。

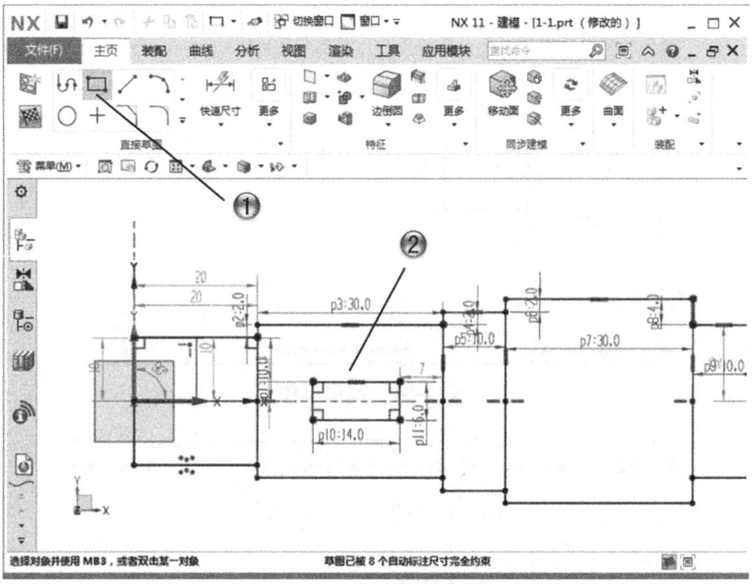

图 1-66　绘制矩形

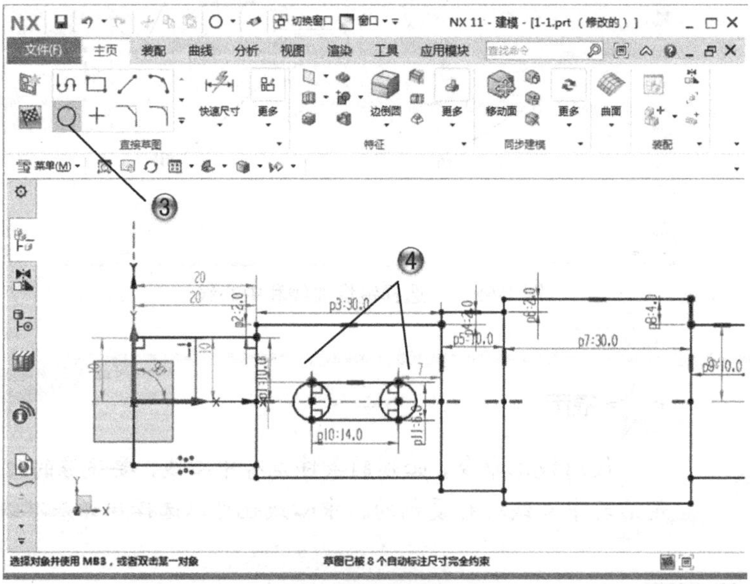

图 1-67　绘制圆形

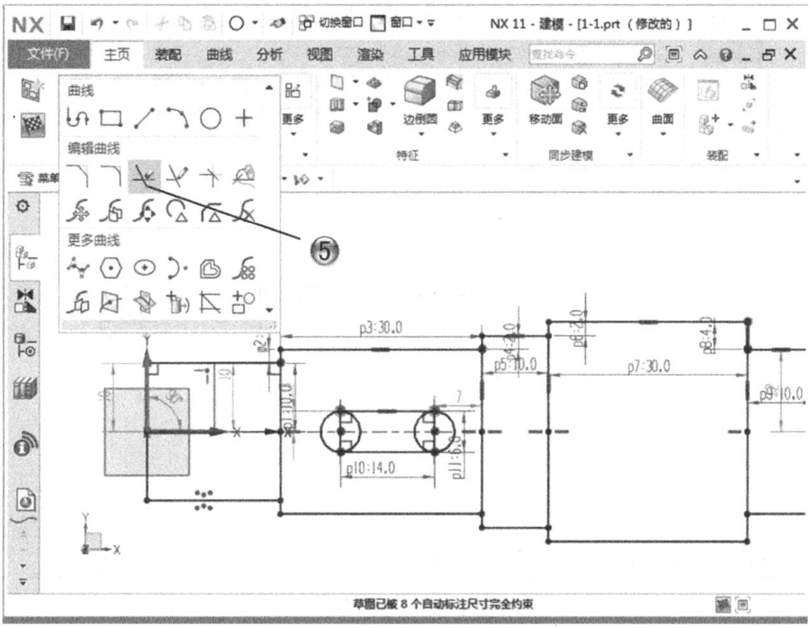

图 1-68　选择修剪命令

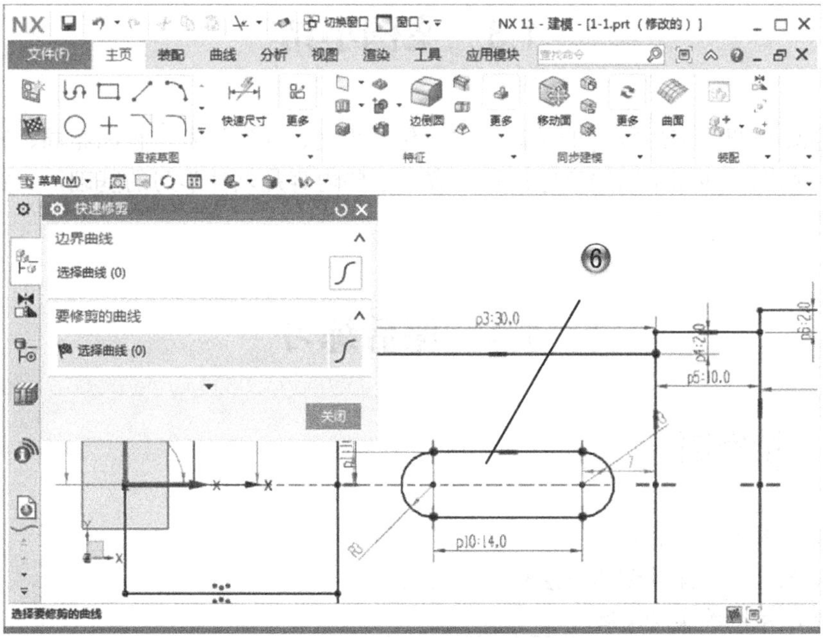

图 1-69　修剪草图

Step9 退出草图

① 单击【直接草图】工具条中的【退出草图】按钮，退出草绘，如图 1-70 所示。

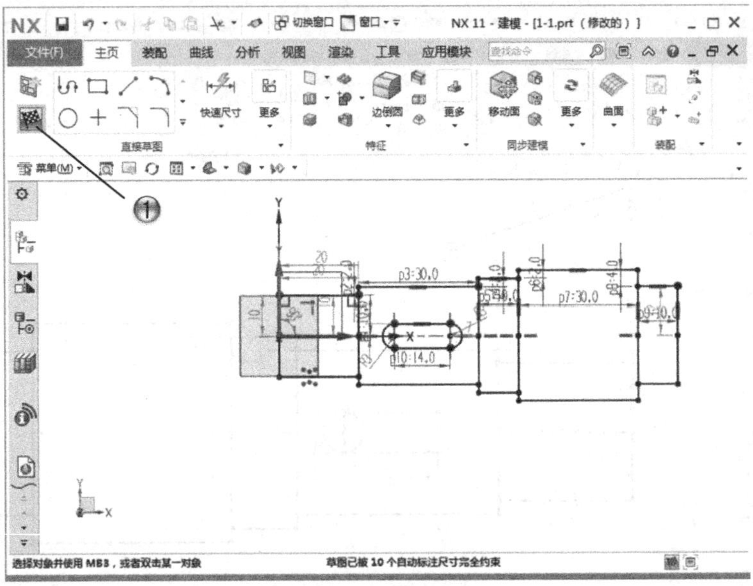

图 1-70 退出草图

1.3 案例小结

本章主要介绍了 NX 软件的基础知识，包括界面、参数设置、视图布局、图层设置、草绘设计、草图平面和草图约束定位等内容。这些内容是软件学习的基础，一定要结合练习学会使用。

1.4 课后练习

1.4.1 填空题

（1）文件的保存种类有_____种。
（2）草图工作平面的创建方法有_____种。
（3）常用草图约束种类有______________。

答案：

（1）2 种。
（2）3 种。
（3）尺寸约束、几何约束和修改约束。

1.4.2 问答题

（1）如何创建新的视图？
（2）新建草图的方法是怎样的？
（2）修改草图的命令有哪些？

答案：

（1）使用【菜单】|【视图】|【布局】|【新建】命令，进行创建。
（2）使用【直接草图】工具条中的【草图】按钮，选择放置平面，并设置参数。
（3）修剪、延伸、镜像、偏移等。

1.4.3 操作题

如图 1-71 所示，使用本章学过的知识来创建轴零件的草图，尺寸按照比例即可。

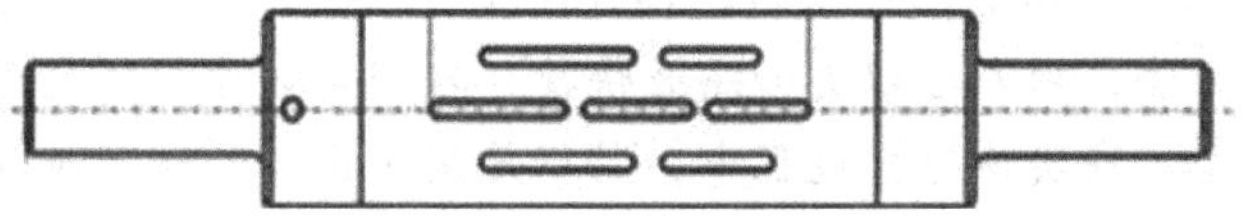

图 1-71　轴零件图纸

练习内容：

（1）创建零件模型。
（2）绘制中心线。
（3）绘制轴体上部。
（4）镜像草图。

第 2 章　特征设计

本章导读

通过 NX 的特征设计功能，可以创建各种实体特征，如凸台、型腔、垫块和键槽等。使用这些特征设计方法，用户可以更加高效快捷、轻松自如地按照自己的设计意图来创建出所需要的零件模型。在实体建模过程中，特征是用于模型的细节添加。特征的添加过程可以看成是模拟零件的加工过程，它包括孔、凸台、腔体、垫块、键槽、开槽等。应该注意的是，只能在实体上创建特征。

本章主要讲解零件模型中的特征设计方法，包括【孔】、【凸台】、【腔体】、【垫块】、【键槽】和【槽】等命令的使用，读者需要接合零件范例，学习掌握零件设计的过程和方法。

学习要求	学习目标 知识点	了解	理解	应用	实践
	掌握拉伸和旋转特征		√	√	√
	掌握凸台和孔的位置设置方法		√	√	√
	掌握槽特征的参数设置		√	√	√
	掌握腔体和垫块特征参数设置		√	√	√

2.1 基本特征

2.1.1 拉伸体

拉伸体是截面线圈沿指定方向拉伸一段距离所创建的实体。在【特征】工具条中单击【拉伸】按钮，或在【上边框条】中选择【菜单】|【插入】|【设计特征】|【拉伸】命令，打开如图 2-1 所示的【拉伸】对话框。

①【曲线】按钮：选择要拉伸的截面线圈。【绘制截面】按钮：单击此按钮可以进入草图环境，绘制草图截面来作为截面线圈。

②【方向】选项组：方向类型下拉菜单：确定拉伸方向。【反向】按钮：单击此按钮能够对选择好的矢量方向进行反向操作。

③【限制】选项组：确定拉伸的开始值和终点值。

④【布尔】选项组：实现拉伸扫掠所创建的实体与原有实体的布尔运算。

⑤【拔模】选项组：启用它可以在拉伸时拔模，下拉列表框中包含 6 种拔模角起始位置类型。

⑥【预览】选项组：启用其中的复选框可以在拉伸扫掠过程中预览。

图 2-1 【拉伸】对话框

创建拉伸体的操作结果，如图 2-2 所示。

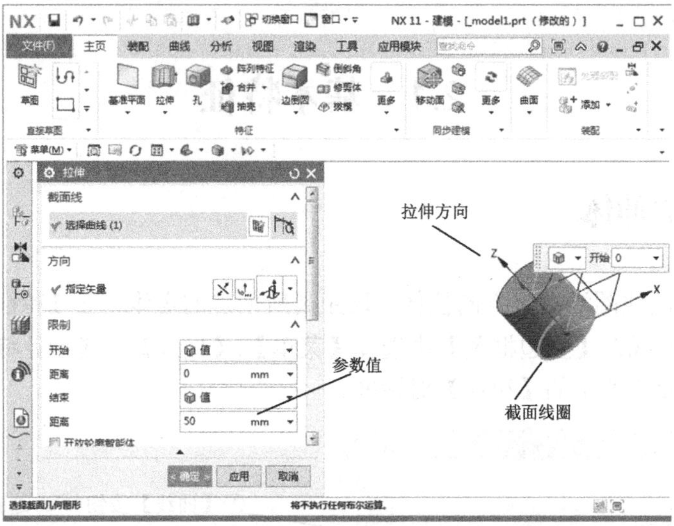

图 2-2　拉伸体

2.1.2　旋转体

旋转体是指截面线圈绕一轴线旋转一定角度所形成的特征体。在【特征】工具条中单击【旋转】按钮，或在【上边框条】中选择【菜单】|【插入】|【设计特征】|【旋转】命令，打开如图 2-3 所示的【旋转】对话框。此对话框与【拉伸】对话框非常类似，功能也一样，不同的是它没有【拔模】和【方向】选项组，但是有【轴】选项组。

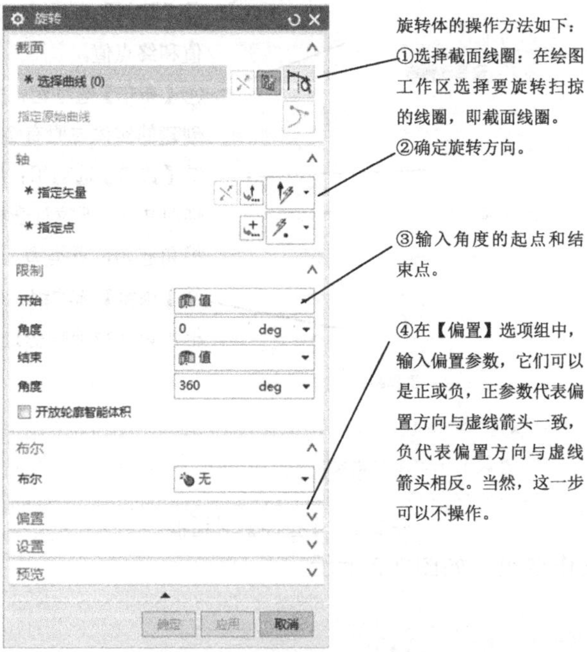

图 2-3　【旋转】对话框

创建旋转体的操作结果，如图 2-4 所示。

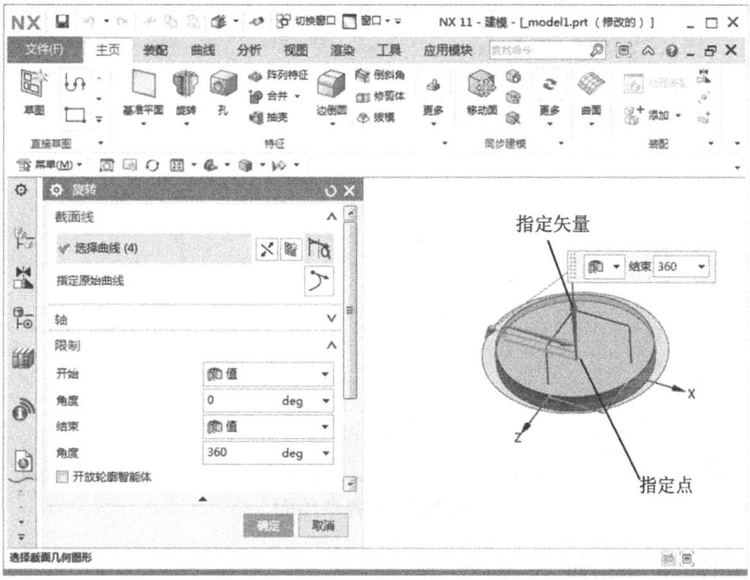

图 2-4　旋转体

2.1.3　基本特征应用案例

本案例完成文件：ywj/02/2-1.prt

多媒体教学路径：多媒体教学→第 2 章→第 1 节

2.1.3.1　案例分析

本案例是创建定位块零件的基础部分，使用拉伸命令创建主体，再使用旋转命令创建切除特征。

2.1.3.2　案例操作

Step1 创建草图

① 新建模型后，单击【草图】按钮，如图 2-5 所示。

② 在弹出的【创建草图】对话框中，单击【指定 CSYS】选项，指定草绘平面。

③ 在【创建草图】对话框中，单击【确定】按钮。

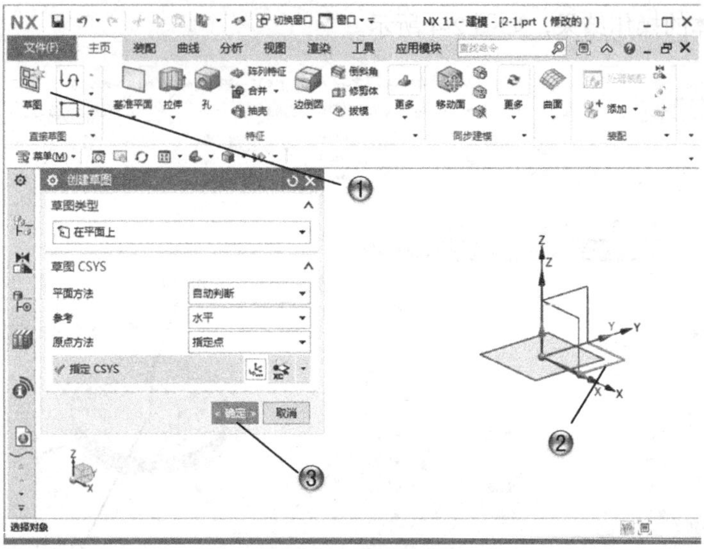

图 2-5　选择草绘面

Step2 创建拉伸特征

① 单击【直接草图】工具条中的【矩形】按钮，绘制矩形，如图 2-6 所示。

② 选择两点，绘制矩形。

③ 单击【特征】工具条中的【拉伸】按钮，创建拉伸特征，如图 2-7 所示。

④ 在绘图区，选择草图。

⑤ 在弹出的【拉伸】对话框中，设置拉伸参数。

⑥ 单击【拉伸】对话框中的【确定】按钮，完成拉伸特征。

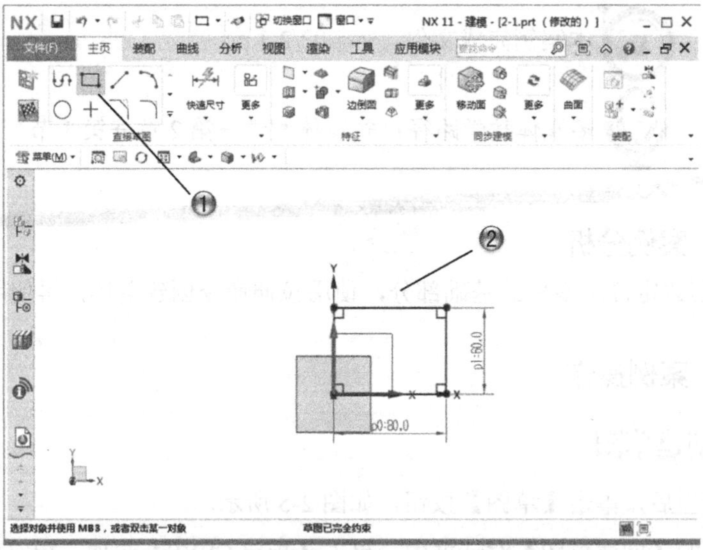

图 2-6　绘制矩形

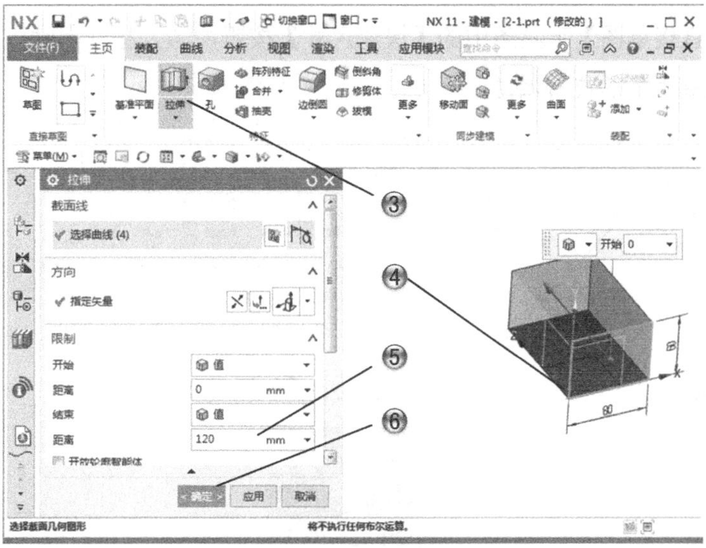

图 2-7　创建拉伸特征

Step3 创建草图

①单击【直接草图】工具条中的【草图】按钮，创建草图，如图 2-8 所示。

②在弹出的【创建草图】对话框中，单击【指定 CSYS】选项，指定草绘平面。

③在【创建草图】对话框中，单击【确定】按钮。

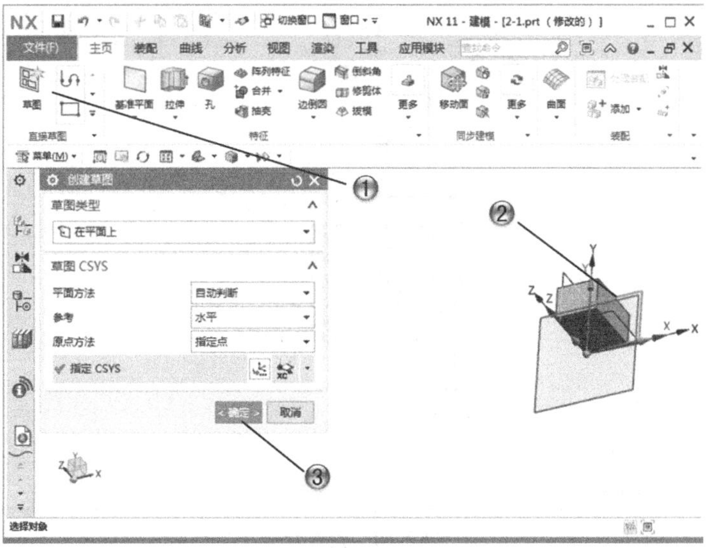

图 2-8　选择草绘面

Step4 绘制矩形

①单击【直接草图】工具条中的【矩形】按钮，绘制矩形，如图 2-9 所示。

②选择两点，绘制矩形。

③单击【直接草图】工具条中的【快速尺寸】按钮，标注尺寸，如图 2-10 所示。

④依次设置矩形的位置尺寸。

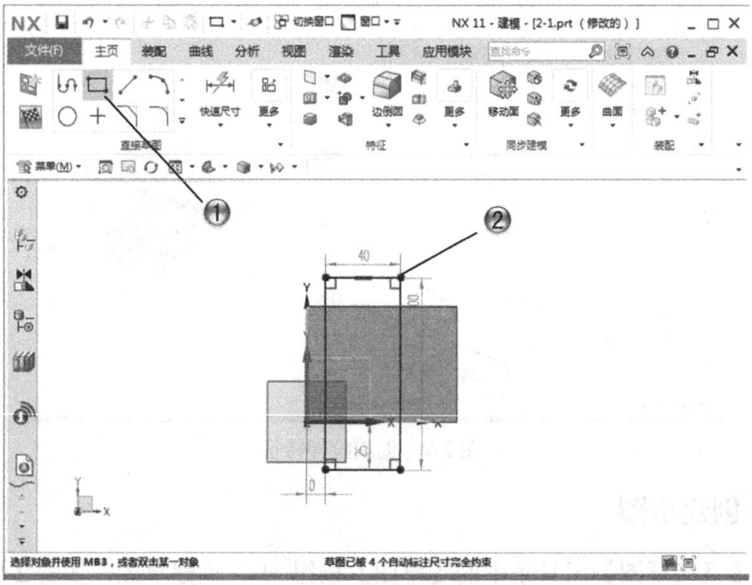

图 2-9 绘制矩形

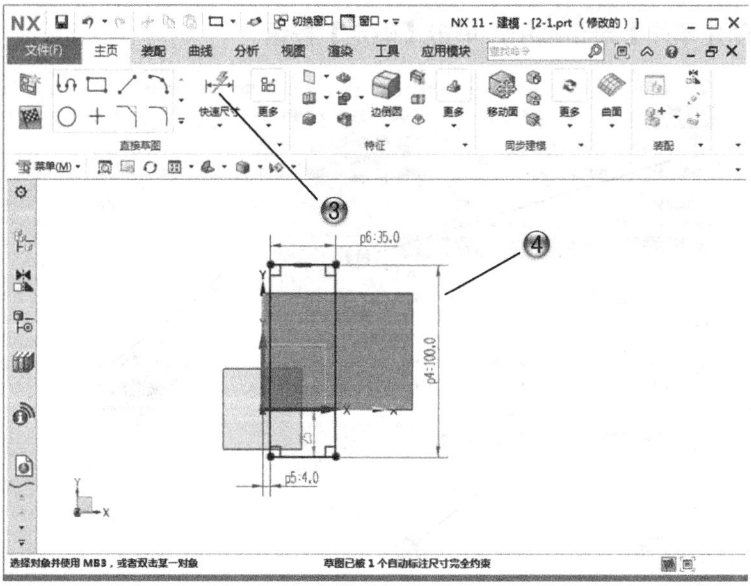

图 2-10 设置尺寸

Step5 创建旋转特征

①单击【特征】工具条中的【旋转】按钮，创建旋转特征，如图 2-11 所示。

②在绘图区，选择截面草图。

③在弹出的【旋转】对话框中，单击【矢量对话框】按钮。

④在弹出的【矢量】对话框中，选择两个点，如图 2-12 所示。

⑤在【矢量】对话框中，单击【确定】按钮。

⑥在【旋转】对话框中，设置旋转参数，如图 2-13 所示。

⑦单击【旋转】对话框中的【确定】按钮，完成旋转特征，结果如图 2-14 所示。

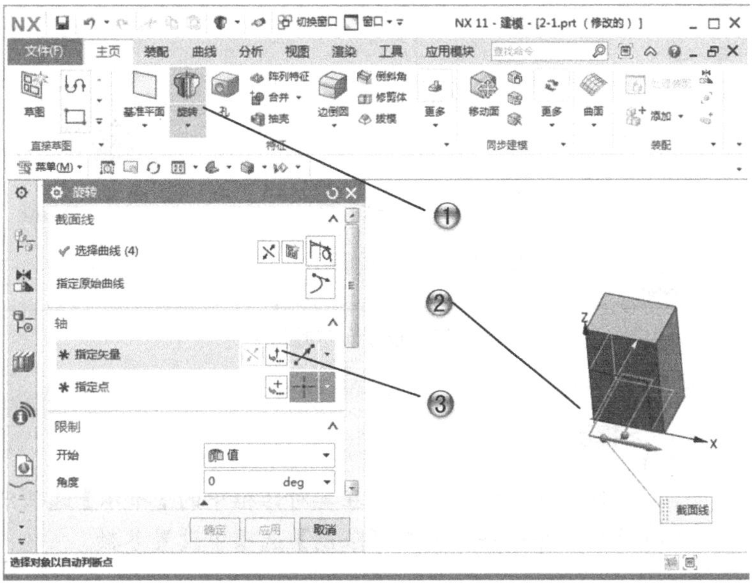

图 2-11　创建旋转特征

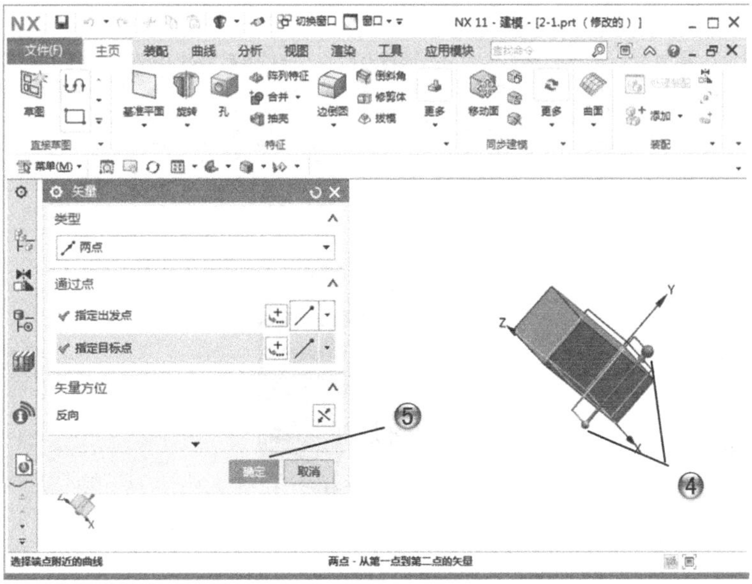

图 2-12　选择轴

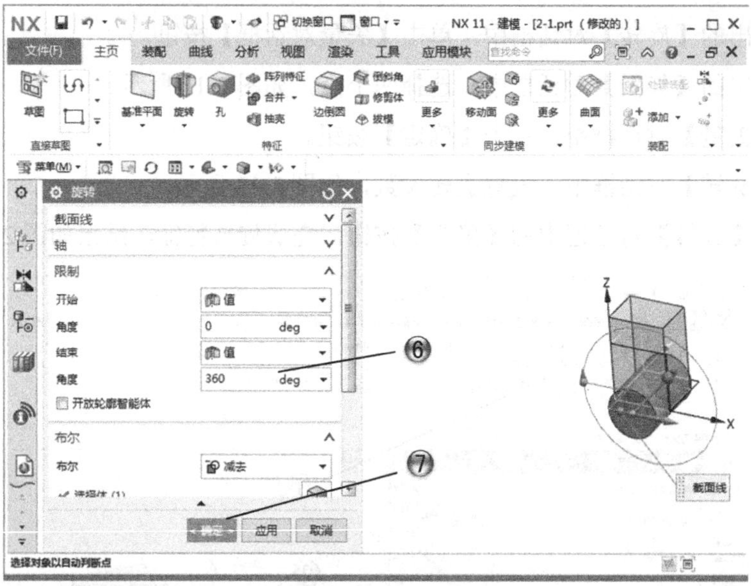

图 2-13　设置布尔减运算

提示

拉伸和切除特征都可以在其对话框中的【布尔】选项中进行设置，并根据需要在【限制】选项中设置参数。

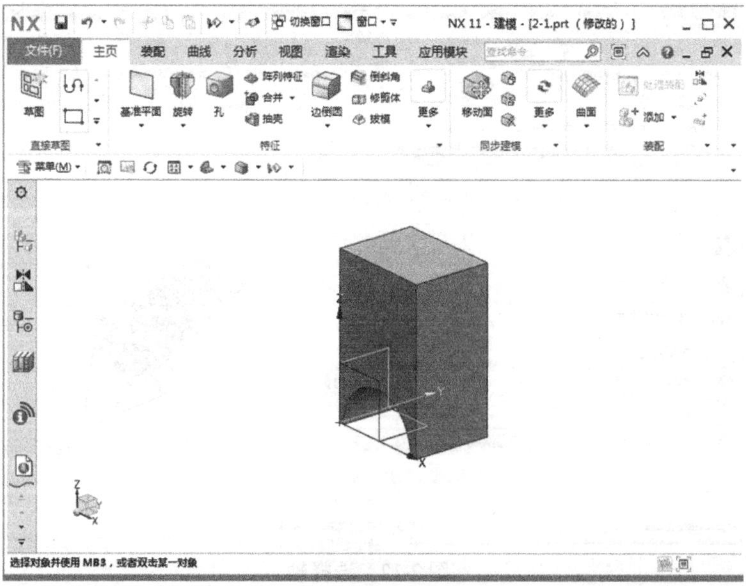

图 2-14　完成零件主体

2.2 凸台特征和孔特征

2.2.1 凸台特征

凸台命令可以创建一个圆柱形特征，此特征可以指定高度和拔模锥度。凸台特征操作方法如下。

在【特征】工具条中单击【凸台】按钮，打开【凸台】对话框，如图 2-15 所示。

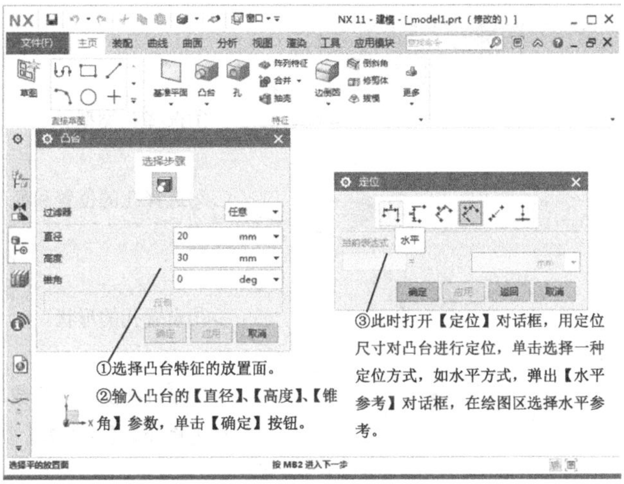

图 2-15 【凸台】对话框

完成定位之后，软件界面如图 2-16 所示，完成凸台特征。

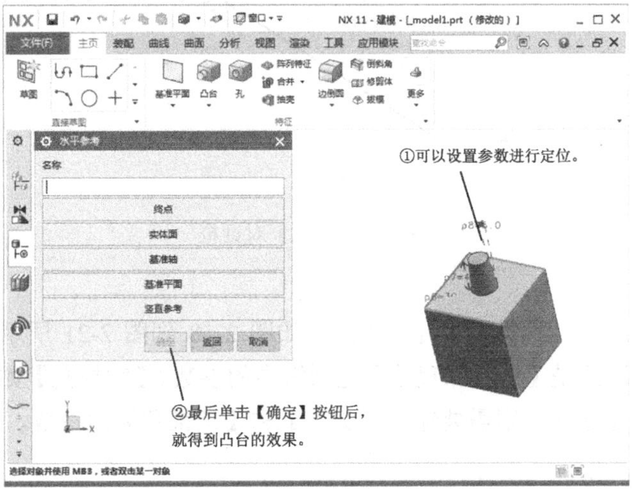

图 2-16 创建的凸台

2.2.2 孔特征

孔是指圆柱形的内表面或外表面，也包括其他内表面中由单一尺寸确定的部分。孔是特征里较常用的特征之一。可以通过沉头孔、埋头孔和螺纹孔选项，向部件或装配中的一个或多个实体添加孔。

1. 操作方法

孔特征的操作方法如下。

在【特征】工具条中单击【孔】按钮，打开【孔】对话框，如图 2-17 所示。

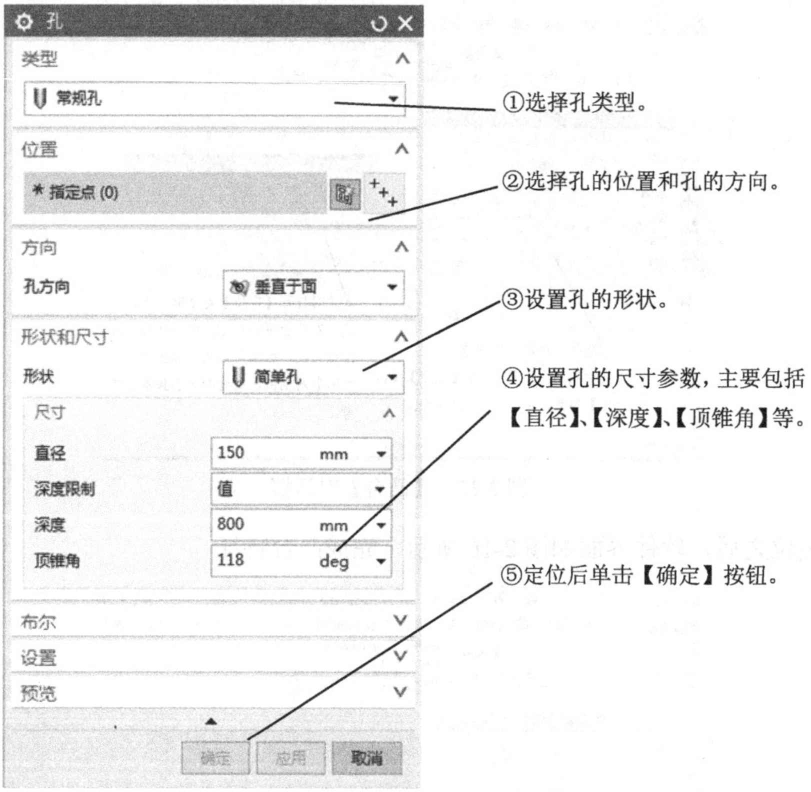

图 2-17　【孔】对话框

2. 孔的类型

下面简单介绍一下几种类型的孔的设置，如图 2-18 到图 2-21 所示。几种类型的孔的操作方法相同，不同的是【形状和尺寸】选项组中的参数。【常规孔】如果是通孔，则指定通孔位置。如果不是通孔，则需要输入【深度】和【顶锥角】两参数。

【钻形孔】：其【尺寸】要设置的选项有【深度限制】、【深度】和【顶锥角】。

图 2-18 【钻形孔】特征参数

【螺钉间隙孔】：增加了【螺钉类型】和【螺钉尺寸】下拉列表。

图 2-19 【螺钉间隙孔】特征参数

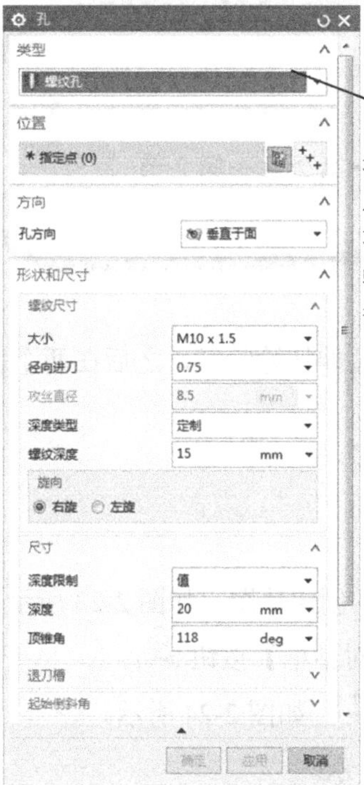

【螺纹孔】：增加了【螺纹尺寸】参数选项，需要设置螺纹的相关参数。

图 2-20 【螺纹孔】特征参数

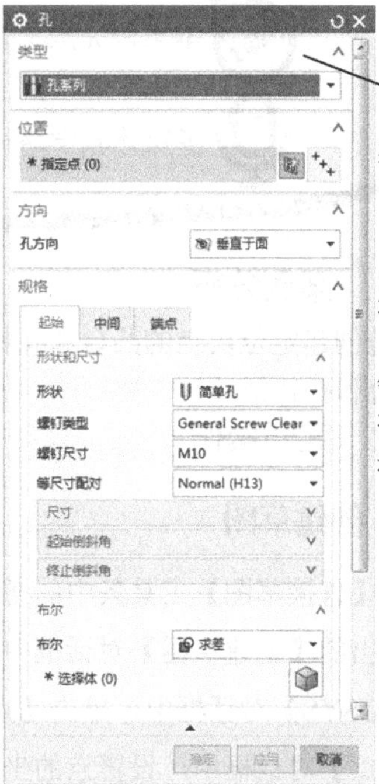

【孔系列】：增加【起始】、【中间】和【端点】选项卡，对【简单孔】等一系列孔的参数进行设置。

图 2-21 【孔系列】特征参数

【常规孔】类型的【形状】共有 4 种，如图 2-22 所示，是这些类型的孔的形状示意图。

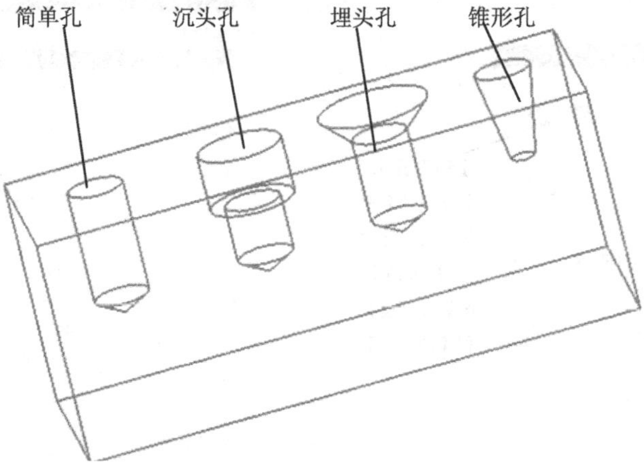

图 2-22　4 种形状的孔

2.2.3　凸台和孔特征应用案例

本案例完成文件：ywj/02/2-1.prt

多媒体教学路径：多媒体教学→第 2 章→第 2 节

2.2.3.1　案例分析

本案例是创建定位块上的凸台和孔特征，首先创建拉伸切除特征，之后在两个斜面上分别创建凸台和孔特征。

2.2.3.2　案例操作

Step1 创建草图

① 单击【直接草图】工具条中的【草图】按钮，创建草图，如图 2-23 所示。

② 在弹出的【创建草图】对话框中，单击【CSYS 对话框】按钮。

③ 在【CSYS】对话框中，单击【点对话框】按钮，如图 2-24 所示。

④ 在【点】对话框中，设置点的坐标，如图 2-25 所示。

⑤ 单击【点】对话框中的【确定】按钮。

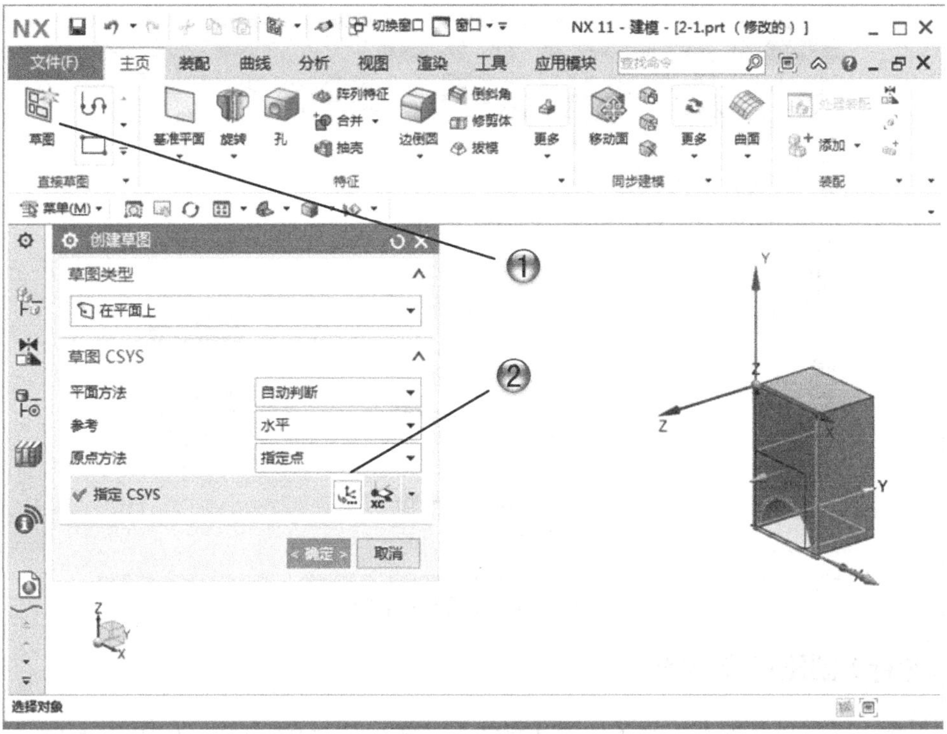

图 2-23　创建草图

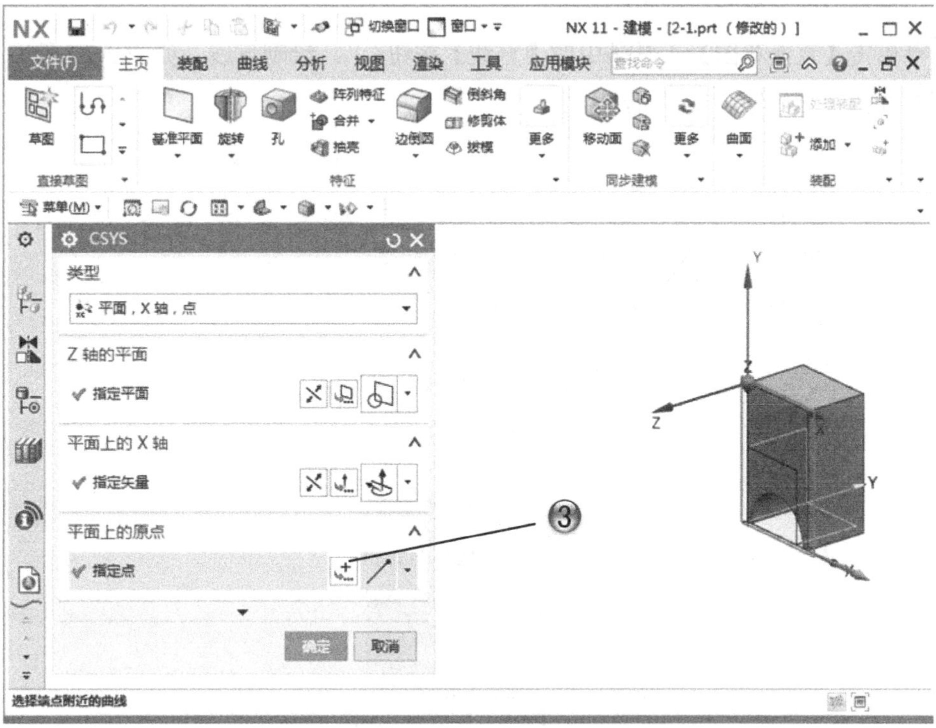

图 2-24　指定点

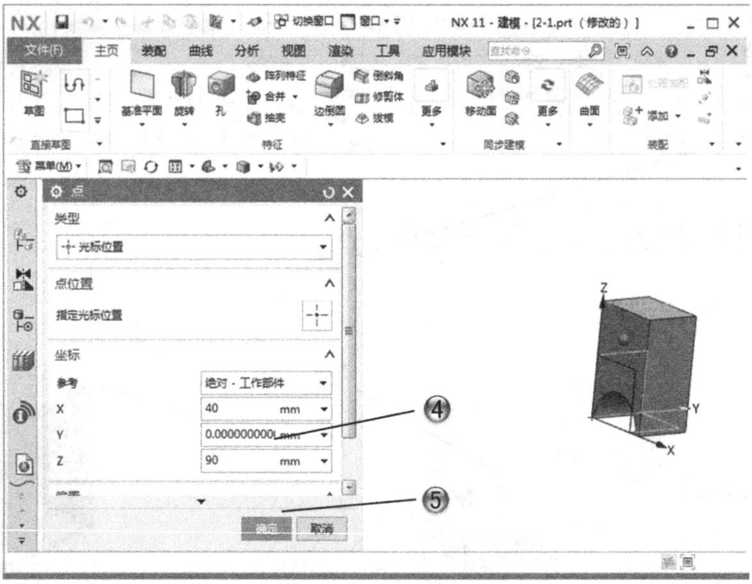

图 2-25　设置点的坐标

Step2 创建直线草图

①单击【直接草图】工具条中的【直线】按钮，绘制直线，如图 2-26 所示。

②选择两点，绘制两条斜线。

③单击【直接草图】工具条中的【直线】按钮，绘制直线，如图 2-27 所示。

④选择两点，绘制水平直线。

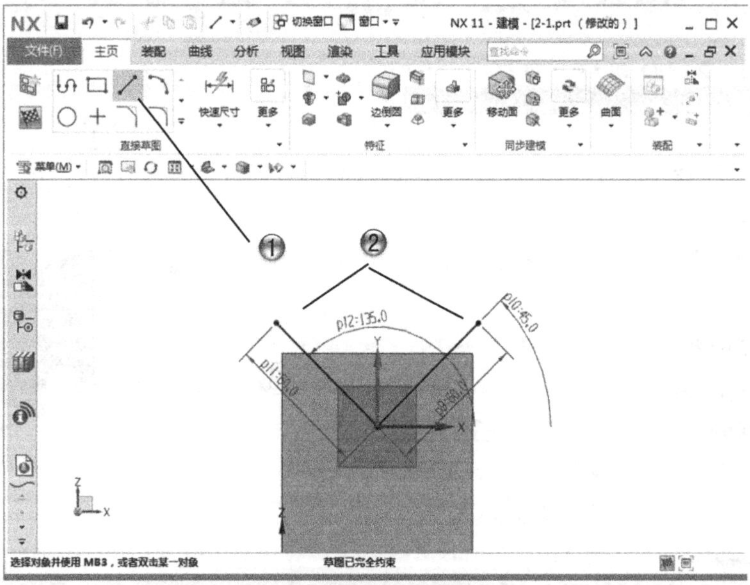

图 2-26　绘制斜线

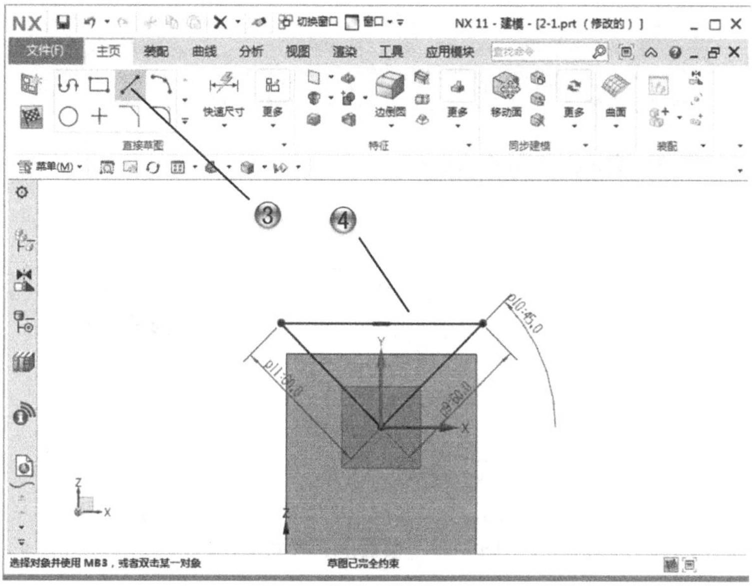

图 2-27　绘制水平线

Step3 创建拉伸切除特征

①单击【特征】工具条中的【拉伸】按钮，创建拉伸特征，如图 2-28 所示。

②在图形区选择草图。

③在【拉伸】对话框中，设置拉伸的参数。

④在【拉伸】对话框中，设置布尔减运算，如图 2-29 所示。

⑤单击【拉伸】对话框中的【确定】按钮，完成拉伸特征。

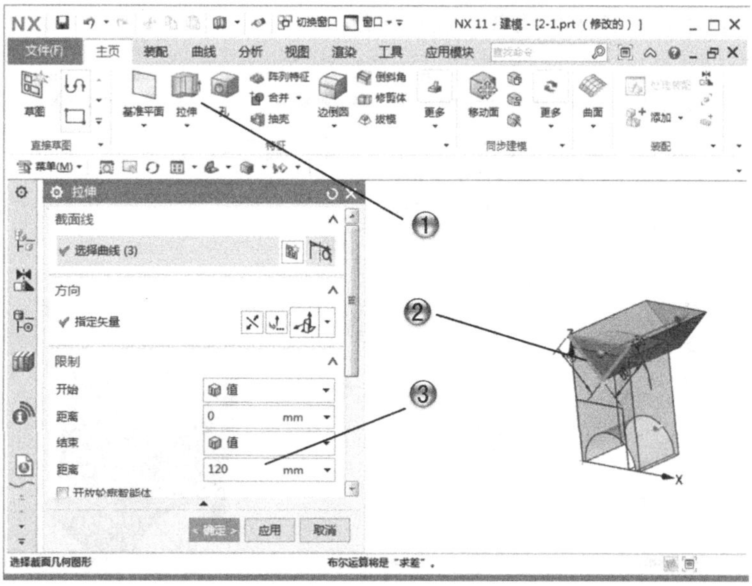

图 2-28　创建拉伸特征

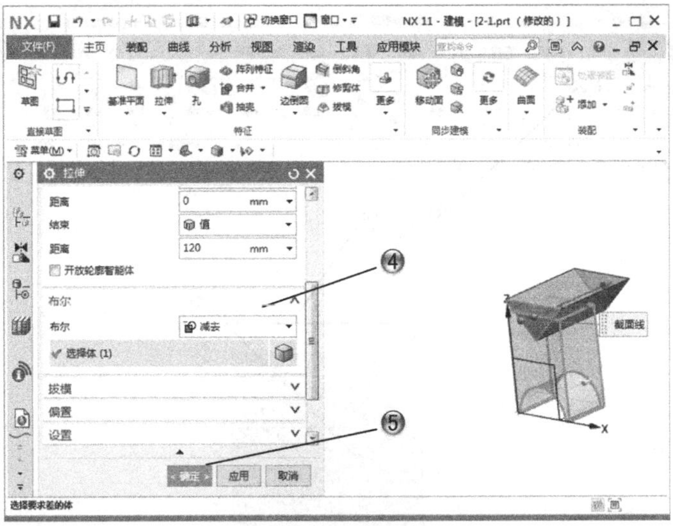

图 2-29　设置布尔减运算

Step4 创建凸台特征

①单击【特征】工具条中的【凸台】按钮，创建凸台特征，如图 2-30 所示。

②在【支管】对话框中，设置凸台的参数。

③在图形区中，选择凸台放置面。

④在【定位】对话框中，单击【垂直】按钮，如图 2-31 所示。

⑤在图形区中，选择定位边线，设置参数。

⑥在【定位】对话框中，单击【垂直】按钮，如图 2-32 所示。

⑦在图形区中，选择定位边线，设置参数。

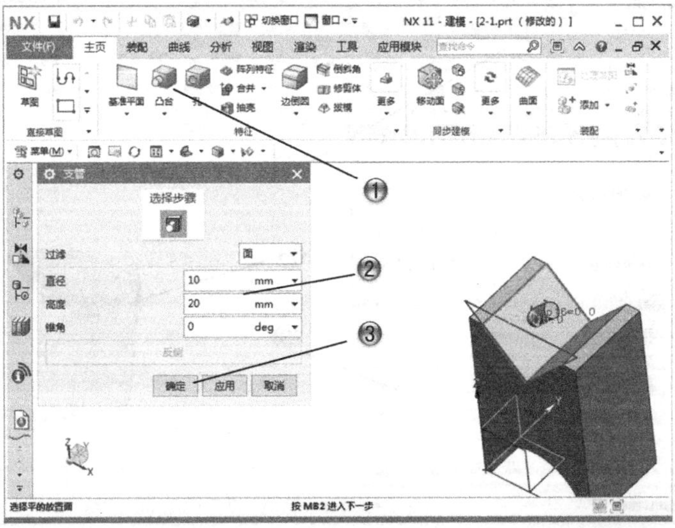

图 2-30　创建凸台

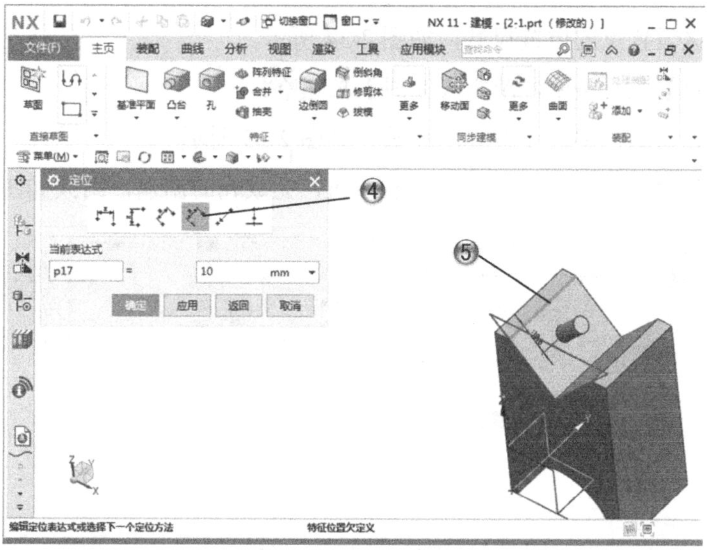

图 2-31　选择垂直边线

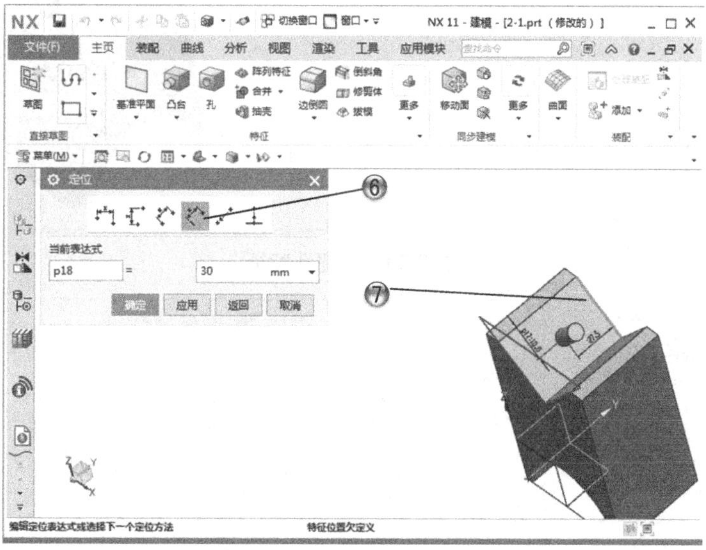

图 2-32　选择另一条垂直边线

提示

凸台是固定特征，主要是设置其位置参数，之后指定大小尺寸即可。

Step5 创建孔特征

① 单击【特征】工具条中的【孔】按钮，创建孔特征，如图 2-33 所示。

② 在图形区中，单击选择孔的放置面。

③在绘图区设置点的位置尺寸，如图 2-34 所示。

④在【主页】工具条中，单击【完成】按钮。

⑤在【孔】对话框中，设置孔的参数，如图 2-35 所示。

⑥在【孔】对话框中，单击【确定】按钮，完成孔的创建，结果如图 2-36 所示。

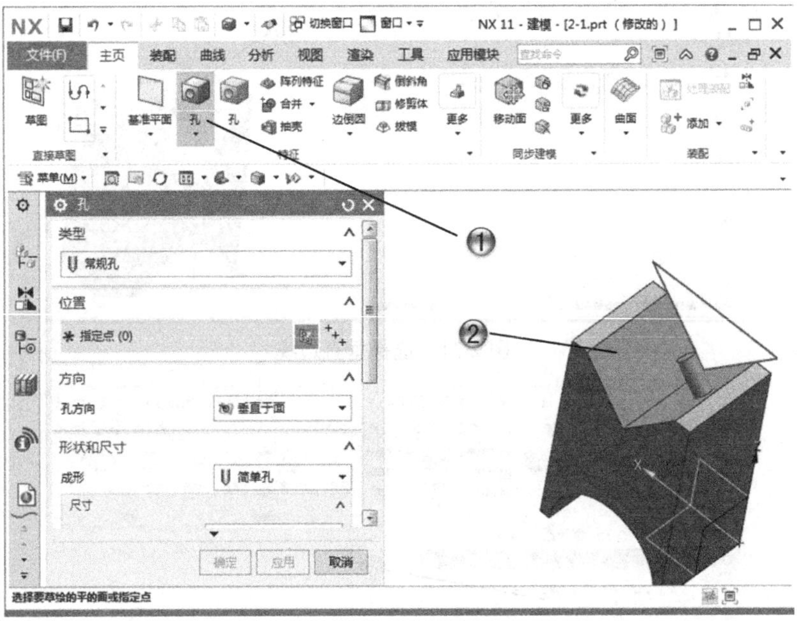

图 2-33　创建孔特征

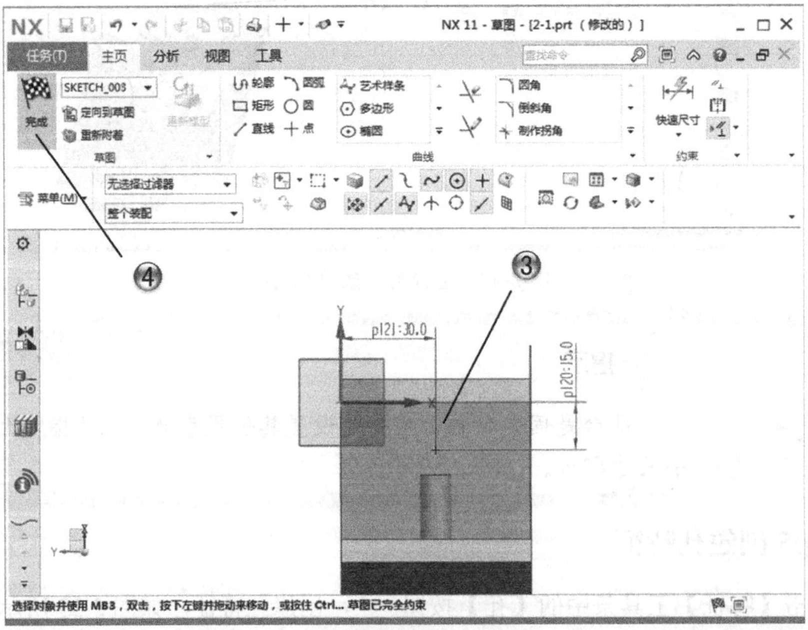

图 2-34　设置孔位置

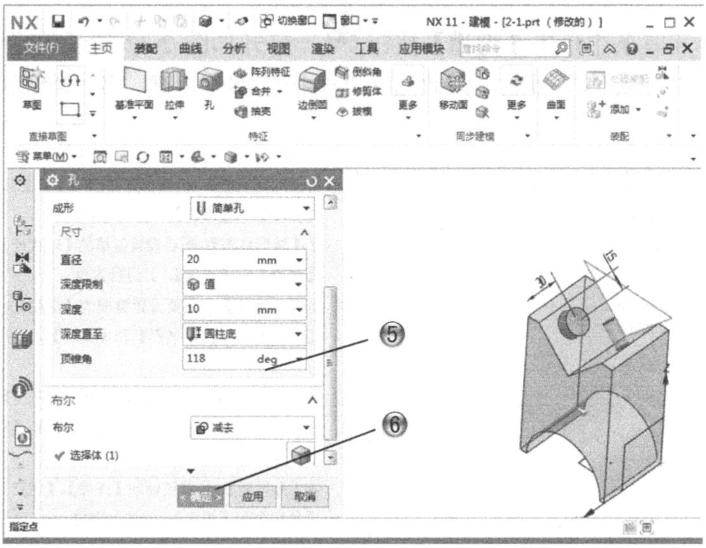

图 2-35　设置孔参数

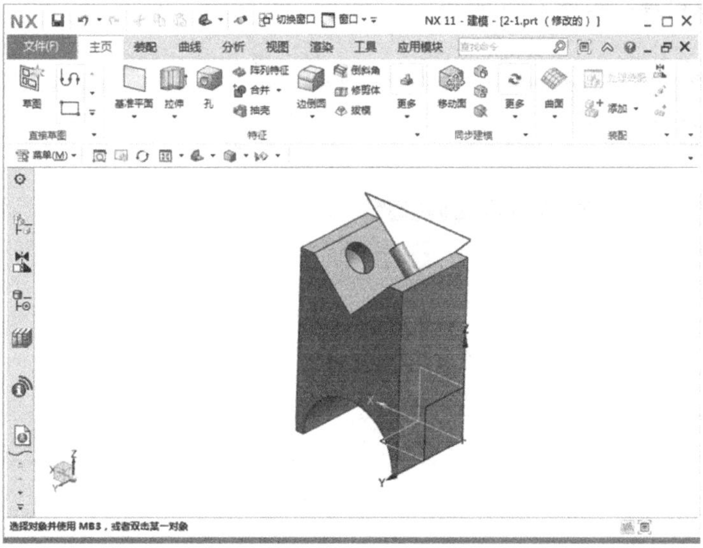

图 2-36　完成特征

2.3　键槽特征和槽特征

2.3.1　键槽特征

键槽是指在实体上通过去除一定形状的材料，从而形成槽形的特征。包括五种类型：矩形键槽、球形端键槽、U 形键槽、T 型键槽、燕尾键槽。所有类型的深度值都是垂直于安放平面测量的。

在【特征】工具条中单击【键槽】按钮，打开如图 2-37 所示的【键槽】对话框。由于键槽只能建立在实体平面上，因此当在非平面的实体上建立键槽特征时，必须先建立基准面。

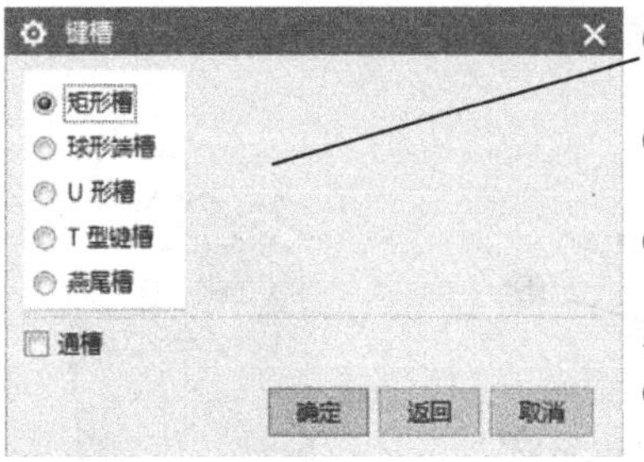

①【矩形键槽】：需要设置键槽的【长度】、【宽度】和【深度】，并进行定位。

②【球形端槽】：需要设置键槽的【球直径】、【深度】和【长度】，并进行定位。

③【U 形槽】：需要设置键槽的【深度】、【宽度】、【拐角半径】和【长度】，并进行定位。

④【T 型键槽】：需要设置键槽的【顶部深度】、【顶部宽度】、【底部宽度】、【长度】和【底部深度】，并进行定位。

⑤【燕尾槽】：设置键槽的【深度】、【宽度】、【角度】和【长度】，并进行定位。

图 2-37 【键槽】对话框

键槽的参数设置，如图 2-38 所示。

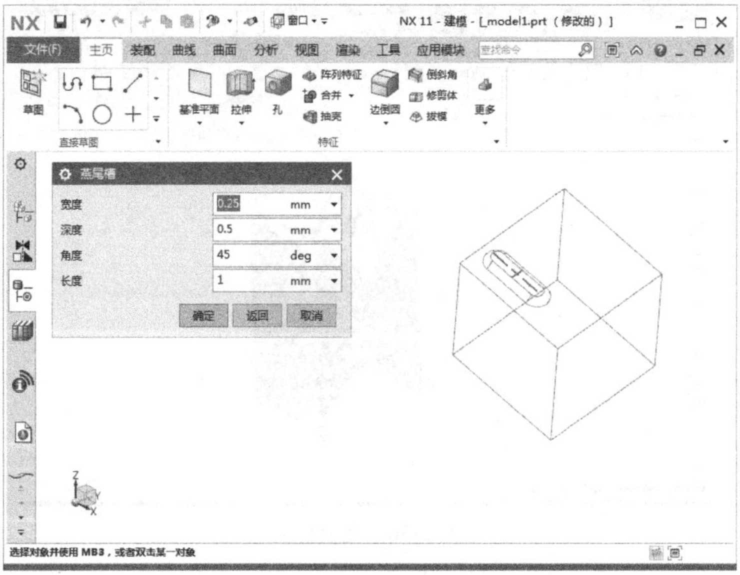

图 2-38 【燕尾槽】参数对话框及其实例

2.3.2 槽特征

槽是专门应用于圆柱或圆锥的特征功能，创建槽的选项仅操作在柱形或锥形表面上，旋转轴就是旋转表面的轴。

在【特征】工具条中单击【槽】按钮，打开如图 2-39 所示的【槽】对话框。槽特征只适用于圆柱或圆锥表面。

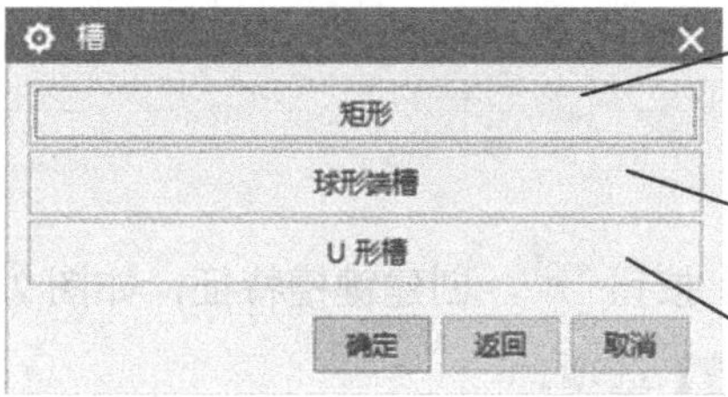

图 2-39　【槽】对话框

U 形槽的参数设置，如图 2-40 所示。

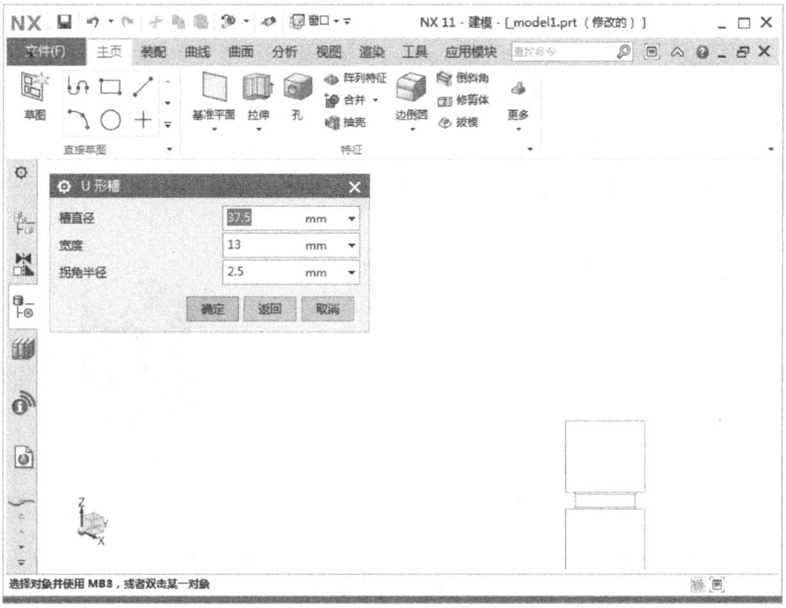

图 2-40　【U 形槽】对话框及其实例

2.3.3　键槽和槽特征应用案例

本案例完成文件：ywj/02/2-1.prt

多媒体教学路径：多媒体教学→第 2 章→第 3 节

2.3.3.1　案例分析

本案例是创建定位块零件的键槽特征，键槽特征有固定的形状，只需要设置相应的参数和位置参数即可。

2.3.3.2 案例操作

Step1 创建键槽特征

① 单击【特征】工具条中的【键槽】按钮，创建键槽特征，如图 2-41 所示。

② 在【槽】对话框中，选择【U 形槽】选项。

③ 弹出【U 形槽】对话框，选择放置面，如图 2-42 所示。

④ 弹出【水平参考】对话框，选择参考边线。

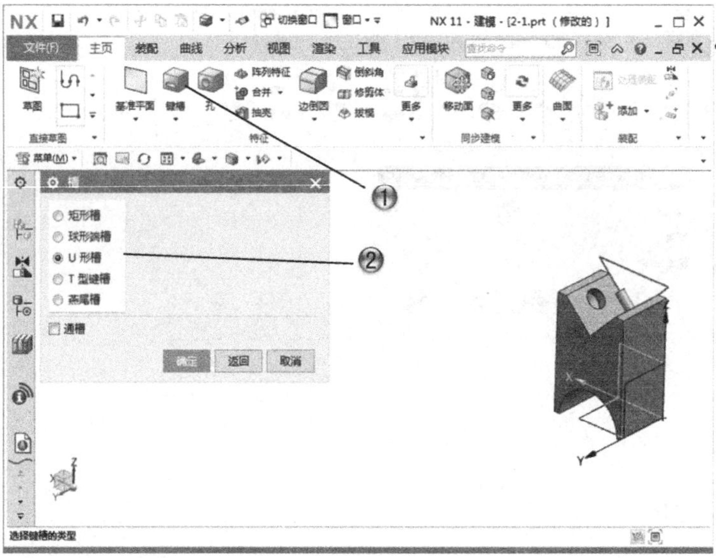

图 2-41　创建槽特征

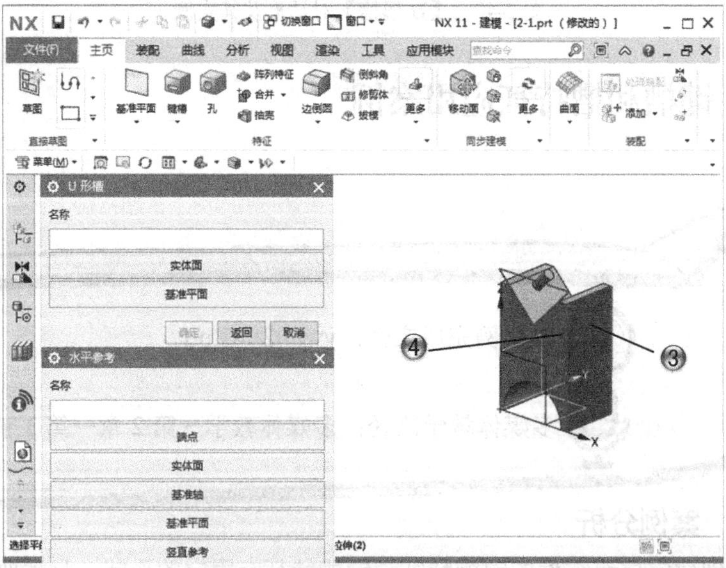

图 2-42　选择放置面和水平参考

Step2 设置键槽参数

① 在弹出的【U 形键槽】对话框中，设置键槽参数，如图 2-43 所示。

② 在【U 形键槽】对话框中，单击【确定】按钮。

③ 在弹出的【定位】对话框中，单击【竖直】按钮，如图 2-44 所示。

④ 在绘图区，选择两条参考边线。

⑤ 在弹出的【创建表达式】对话框中，设置参数。

⑥ 在弹出的【定位】对话框中，单击【水平】按钮，如图 2-45 所示。

⑦ 在绘图区，选择两条参考边线。

⑧ 在弹出的【创建表达式】对话框中，设置参数，得到结果如图 2-46 所示。

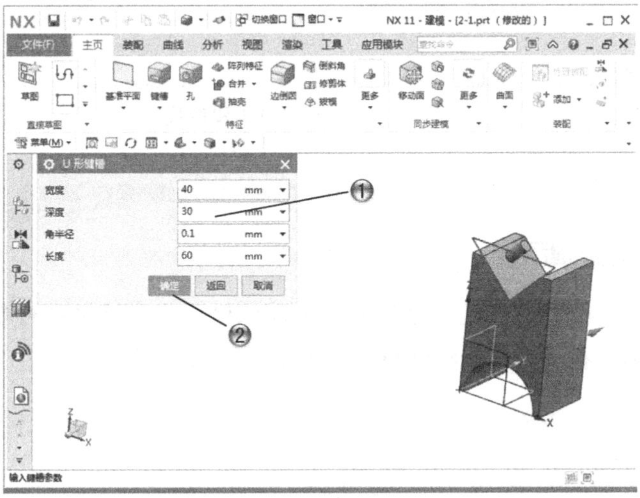

图 2-43　设置槽的参数

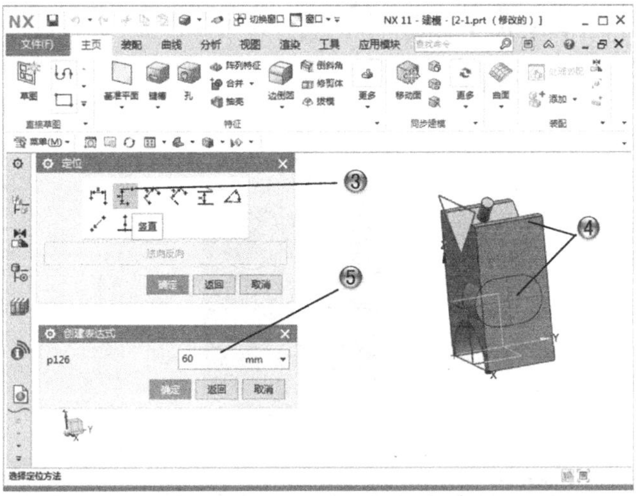

图 2-44　选择定位边线和参数

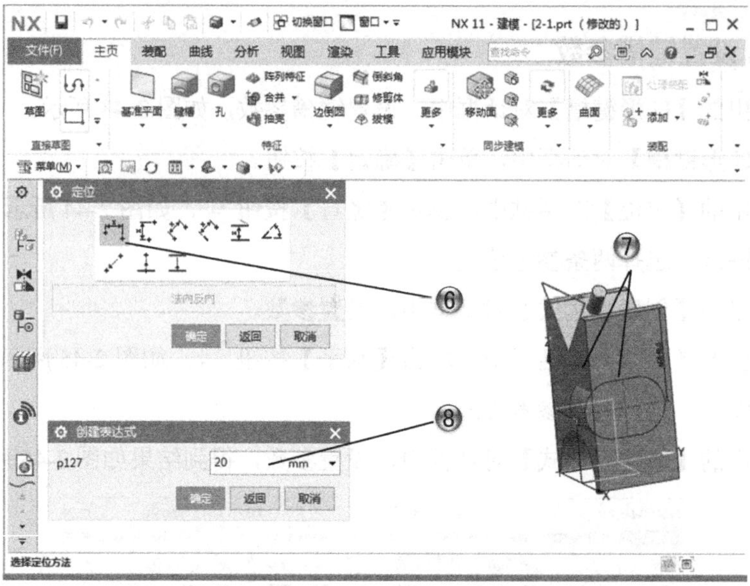

图 2-45　选择定位边线和参数

提示

键槽的位置尺寸设置，可以根据需要选择相应的参考对象，在【定位】对话框中灵活选择类型按钮。

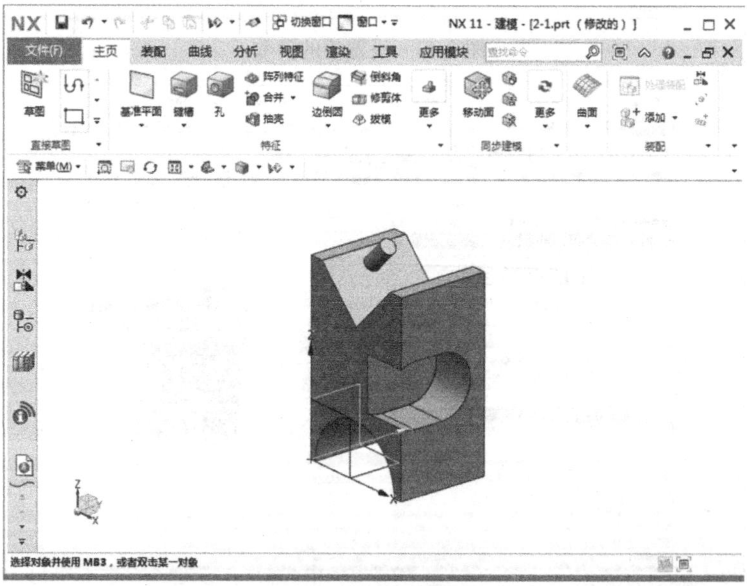

图 2-46　完成的零件

2.4 腔体特征和垫块特征

2.4.1 腔体特征

腔体特征是指从实体内部移除材料，或用沿矢量对截面进行投影生成的面来修改片体。腔体类型有三种：圆柱形、矩形和常规。选择【腔体】命令后，设置腔体参数，之后进行定位，完成腔体特征。

在【特征】工具条中单击【腔体】按钮，打开【腔体】对话框，如图 2-47 所示。腔体特征包括 3 种类型的按钮，【圆柱坐标系】、【矩形】和【常规】。

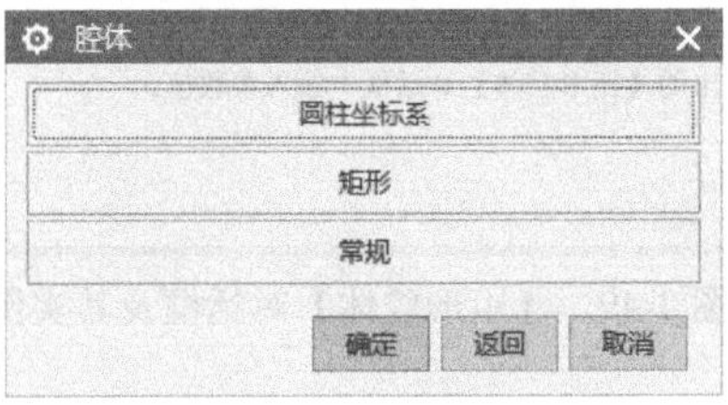

图 2-47 【腔体】对话框

1. 圆柱形腔体

创建圆柱腔体的操作步骤，如图 2-48 所示。

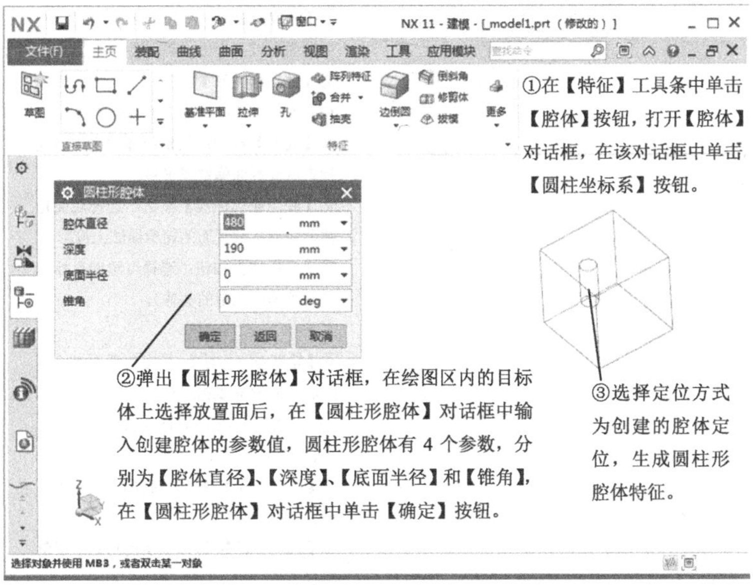

图 2-48 【圆柱形腔体】对话框及其实例

2. 矩形腔体

矩形腔体的操作，如图 2-49 所示。

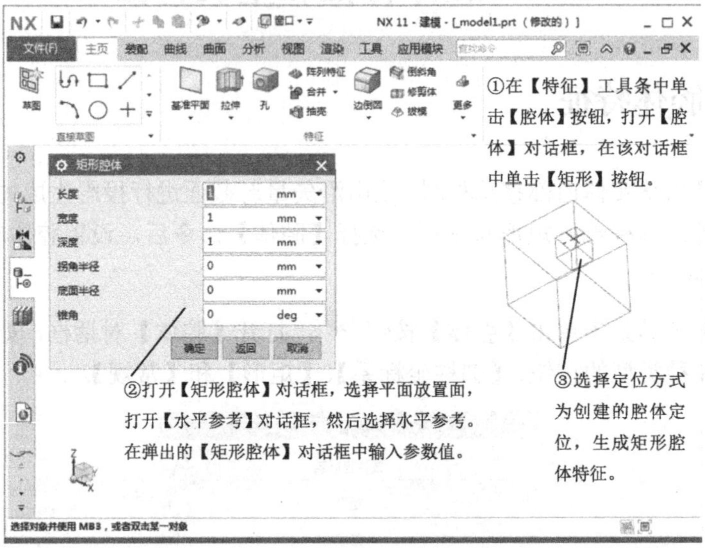

图 2-49　【矩形腔体】对话框及其实例

3. 常规腔体

常规腔体在尺寸和位置方面比圆柱和矩形腔体具有更多的灵活性。【常规腔体】对话框中的参数，如图 2-50 所示。

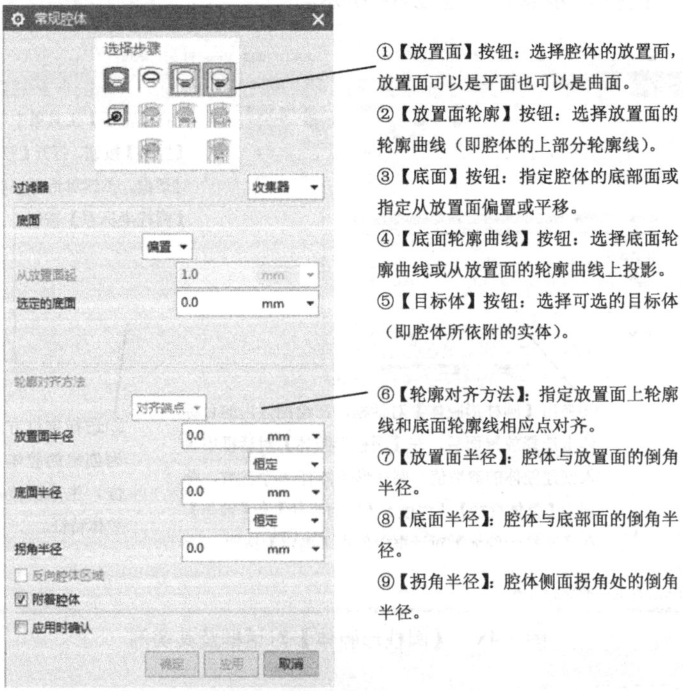

图 2-50　【常规腔体】对话框

2.4.2 垫块特征

垫块特征操作是在实体上添加一定形状的材料，在实际生产中，垫块指的是增加高度的填塞物。

在【特征】工具条中单击【垫块】按钮，打开【垫块】对话框，如图 2-51 所示。垫块分为两类，矩形垫块和常规垫块，前者比较简单有规则，后者复杂但灵活。

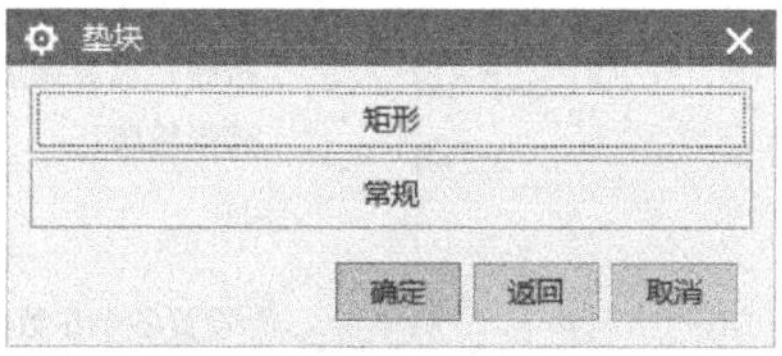

图 2-51 【垫块】对话框

1. 矩形垫块

选择【矩形】垫块后，需要输入五个参数，如图 2-52 所示的【矩形垫块】对话框。

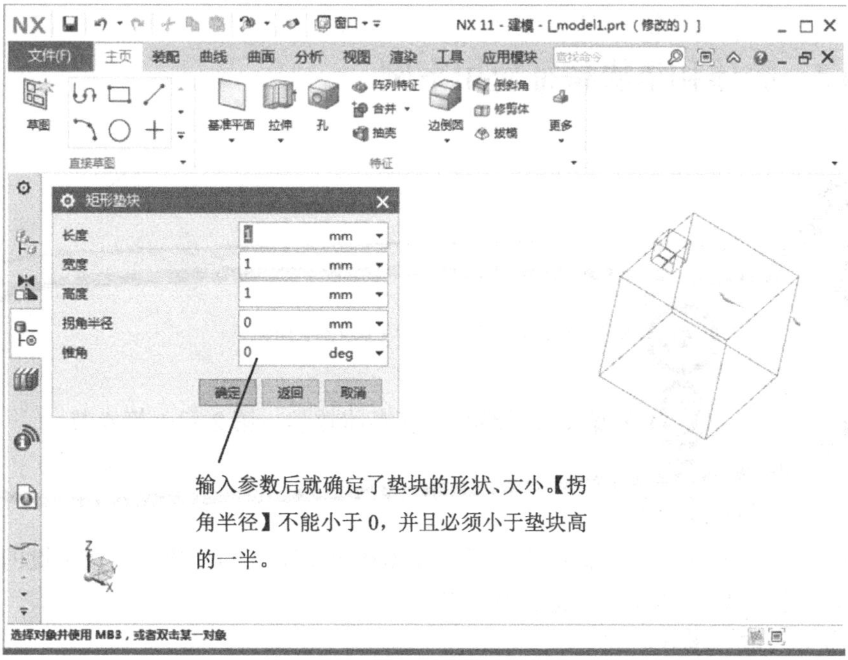

图 2-52 【矩形垫块】对话框及其实例

2. 常规垫块

常规垫块在尺寸和位置方面比矩形垫块具有更多的灵活性。选择【常规】垫块后，弹出【常规垫块】对话框。常规垫块的创建过程如图 2-53 所示。

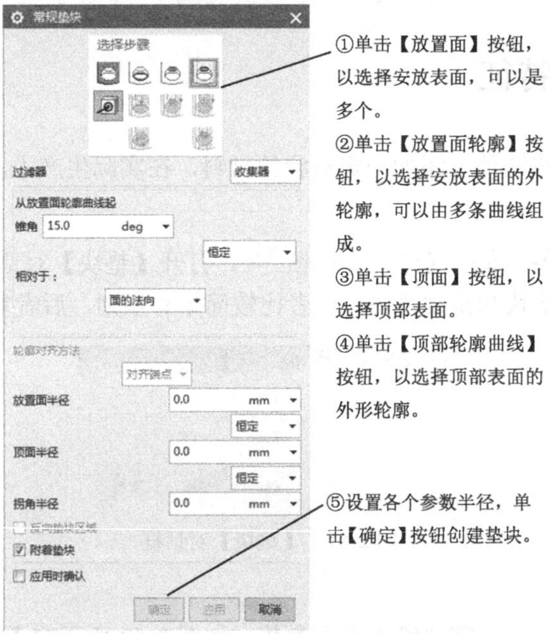

图 2-53　【常规垫块】对话框

2.4.3　腔体和垫块特征应用案例

本案例完成文件：ywj/02/2-1.prt

多媒体教学路径：多媒体教学→第 2 章→第 4 节

2.4.3.1　案例分析

本案例是创建零件的腔体和垫块特征，腔体和垫块特征的创建，比较关键的是位置尺寸的设置，特征参数的设置在创建过程中进行设置。

2.4.3.2　案例操作

Step1 创建垫块特征

① 单击【特征】工具条中的【垫块】按钮，创建垫块特征，如图 2-54 所示。

② 在【垫块】对话框中，单击【矩形】按钮。

③ 弹出【矩形垫块】对话框，选择放置面，如图 2-55 所示。

④弹出【水平参考】对话框，选择参考边线。

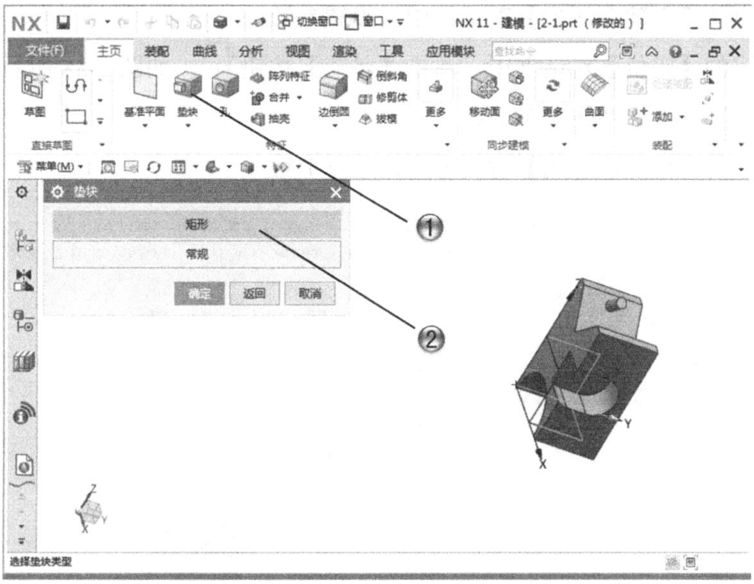

图 2-54　创建垫块

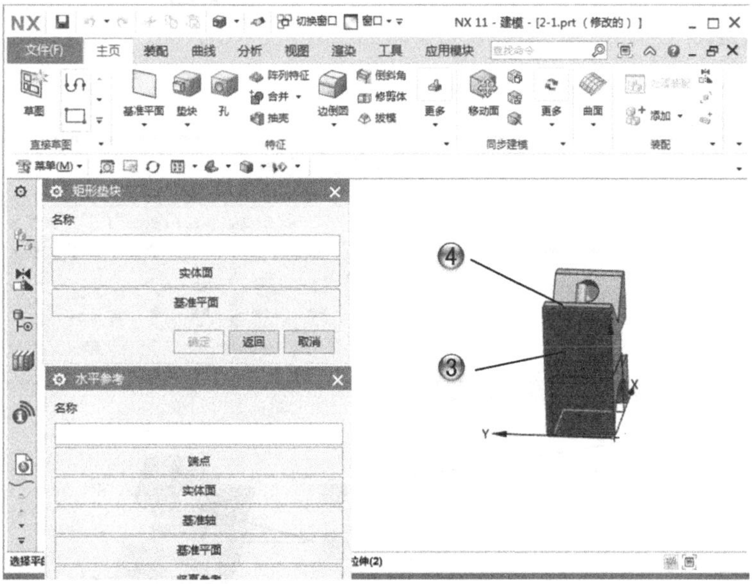

图 2-55　设置放置面和水平参考

Step2 设置垫块参数

①在弹出的【矩形垫块】对话框中，设置垫块参数，如图 2-56 所示。

②在【矩形垫块】对话框中，单击【确定】按钮。

③在弹出的【定位】对话框中，单击【水平】按钮，如图 2-57 所示。

④在绘图区，选择两条参考边线。

⑤在弹出的【创建表达式】对话框中，设置参数。

⑥在弹出的【定位】对话框中，单击【竖直】按钮，如图 2-58 所示。

⑦在绘图区，选择两条参考边线。

⑧在弹出的【创建表达式】对话框中，设置参数。

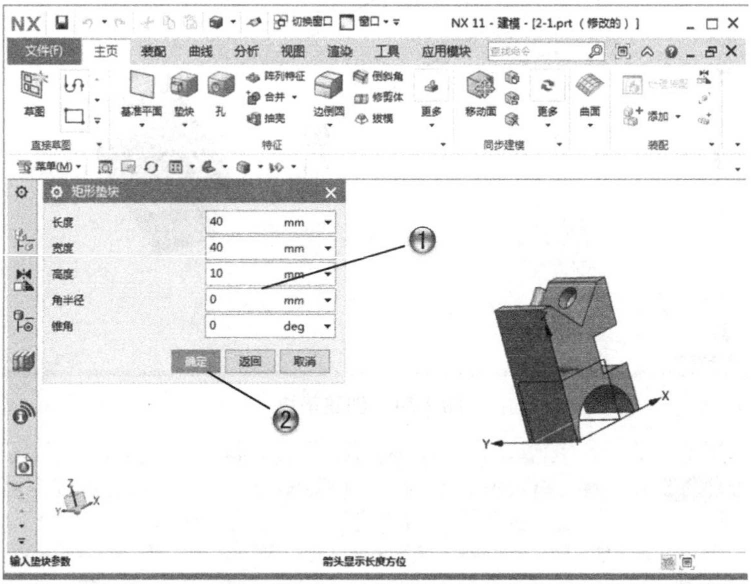

图 2-56　设置垫块参数

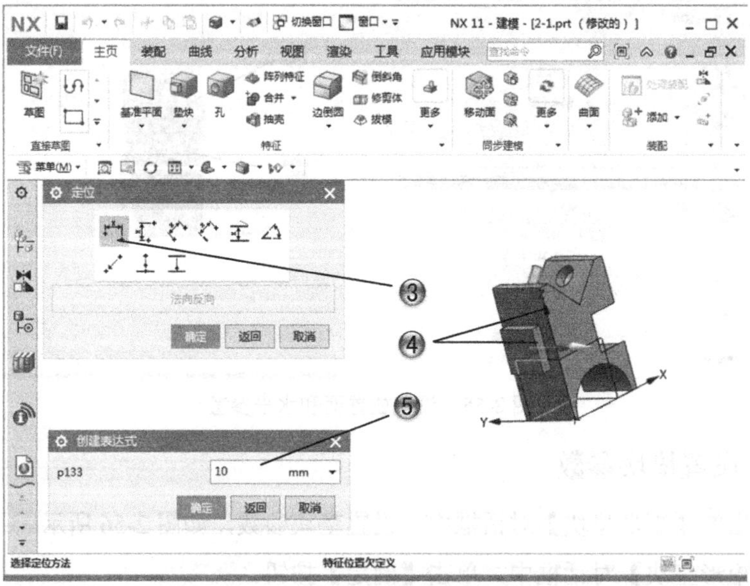

图 2-57　设置定位参数

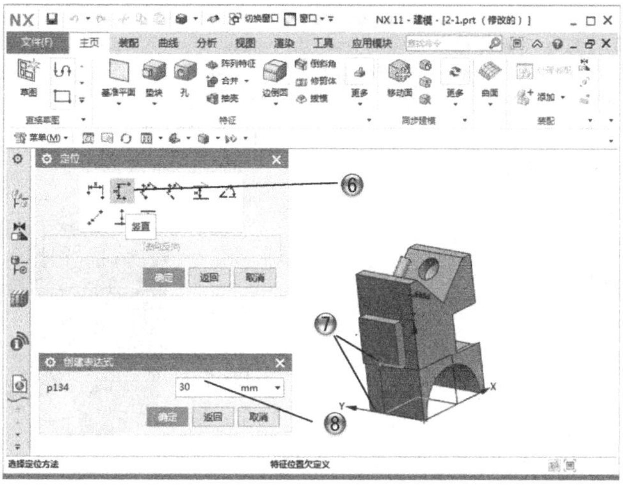

图 2-58　设置另一个定位参数

提示

垫块、腔体和槽的定位方式相似，主要使用【定位】对话框中提供的方式进行设置。

Step3 创建腔体特征

① 单击【特征】工具条中的【腔体】按钮，创建腔体特征，如图 2-59 所示。

② 在【腔】对话框中，单击【圆柱形】按钮。

③ 弹出【圆柱腔】对话框，选择放置面，如图 2-60 所示。

④ 在绘图区，选择参考面。

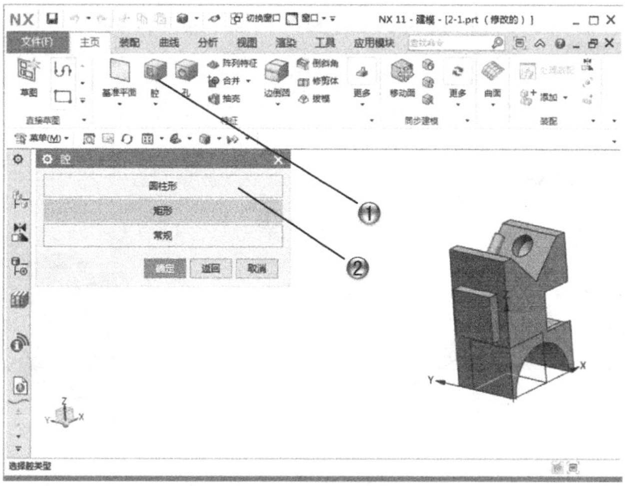

图 2-59　创建腔体

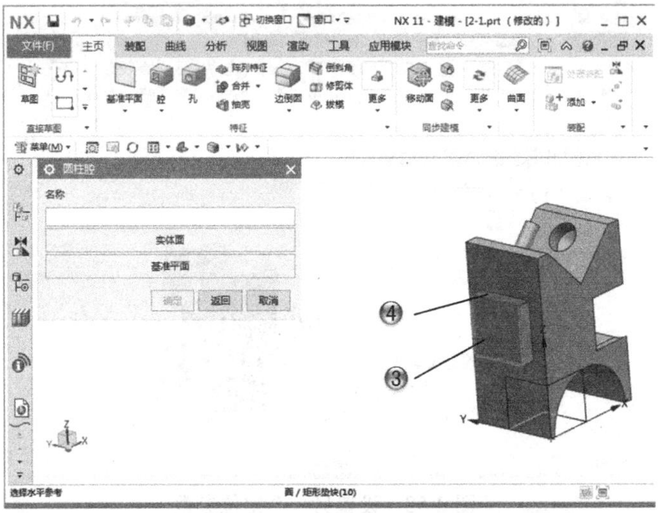

图 2-60　选择放置面和参考面

Step4 设置腔体参数

① 在弹出的【矩形腔】对话框中，设置垫块参数，如图 2-61 所示。
② 在【矩形腔】对话框中，单击【确定】按钮。
③ 在弹出的【定位】对话框中，单击【水平】按钮，如图 2-62 所示。
④ 在绘图区，选择两条参考边线。
⑤ 在弹出的【创建表达式】对话框中，设置参数。
⑥ 在弹出的【定位】对话框中，单击【竖直】按钮，如图 2-63 所示。
⑦ 在绘图区，选择两条参考边线。
⑧ 在弹出的【创建表达式】对话框中，设置参数。结果如图 2-64 所示。

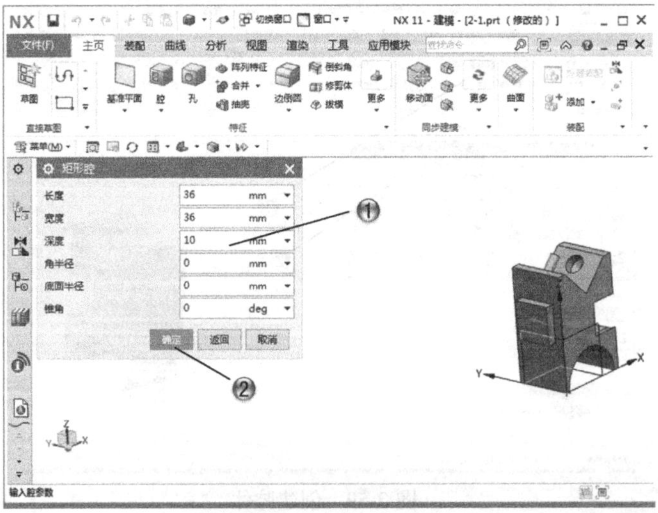

图 2-61　设置腔体参数

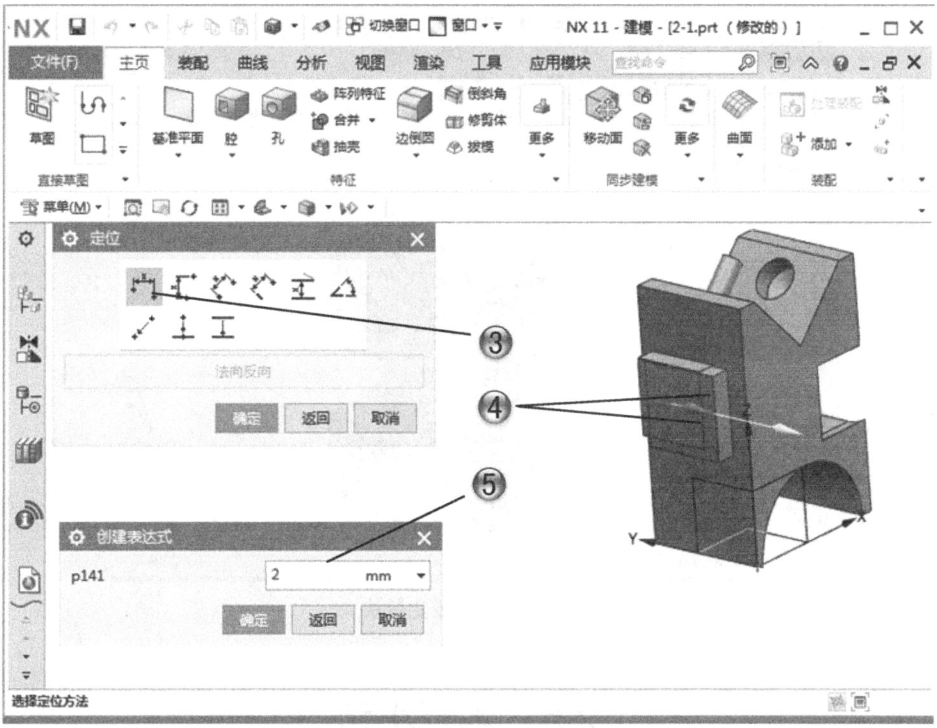

图 2-62　设置定位参数

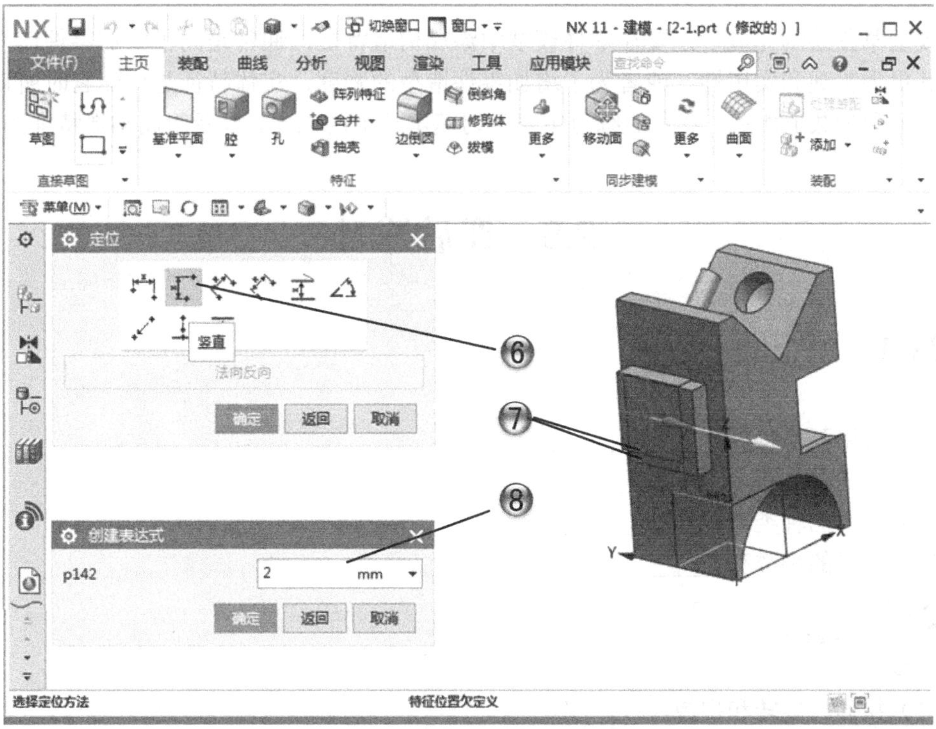

图 2-63　设置另一个定位参数

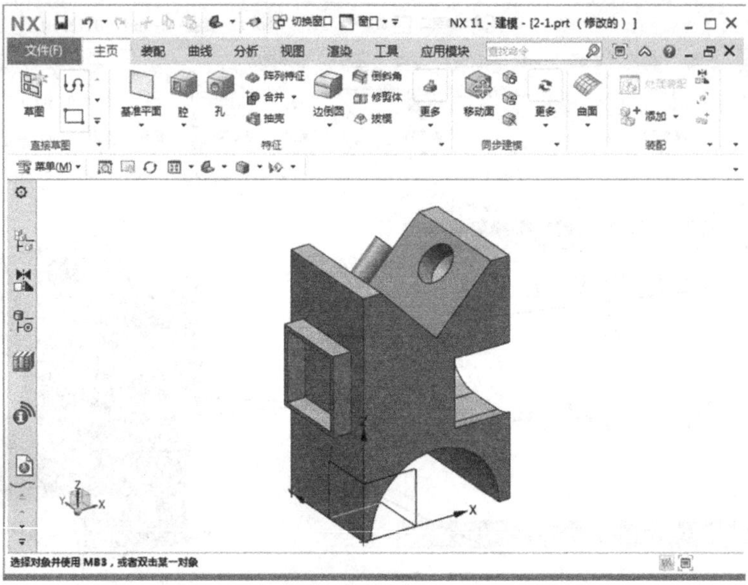

图 2-64　完成定位块

2.5　本章小结

模型草图绘制完成后，要在零件模型中添加构造特征，通常是为了增加零件造型的变化使其更为美观和实用性，或者为了增加零件造型的强度，实体特征与构建它时所使用的几何图形和参数值相关。本章的练习主要学习基本特征的创建，以及附属构造特征的设计。

2.6　课后练习

2.6.1　填空题

（1）常用基本特征有＿＿＿＿＿＿＿＿。

（2）槽的种类有＿＿＿＿＿＿＿＿＿。

（3）腔体的种类有＿＿＿＿＿＿＿＿。

（4）垫块的种类有＿＿＿＿＿＿＿＿。

答案：

（1）拉伸、旋转和扫掠。

（2）矩形、球形和 U 形槽。

（3）圆柱、矩形和常规腔体。

（4）矩形和常规垫块。

2.6.2 问答题

（1）凸台和拉伸的区别是什么？
（2）孔定位的方法是怎样的？

答案：

（1）拉伸是由草图拉伸形成，凸台是由固定形状生成，设置参数和位置即可。
（2）在创建孔的特征时，在草图界面进行尺寸约束。

2.6.3 操作题

本章练习如图 2-65 所示，创建接头模型。

图 2-65　接头模型

练习内容：

（1）绘制拉伸草图。
（2）创建拉伸特征。
（3）绘制拉伸切除草图。
（4）创建拉伸切除特征。

第3章　特征的操作和编辑

本章导读

模型完成之后，很多情况下还没有完成最终的设计，这时就要用到特征的操作。特征的操作就是用于修改已存在的各种实体模型或特征。在NX模型完成之后，很多情况下模型的参数不符合实际要求，所以还需要对设计进行修改，这时就要用到特征的编辑。NX特征编辑是对已创建的特征进行参数更改，以符合设计要求。因此特征的编辑就是用于修改各种实体模型或特征的参数。

特征的操作是由【特征】工具条中的命令按钮完成的。使用这个工具条可以完成主要的特征高级操作，本章将对倒斜角、倒圆角、抽壳、阵列和编辑特征的操作进行详细说明。

学习要求	学习目标 知识点	了解	理解	应用	实践
	掌握特征操作命令的使用方法		√	√	√
	掌握编辑特征的方法		√	√	√
	掌握特征表达式		√	√	√

3.1 特征操作

3.1.1 倒斜角

特征操作就是用【特征】工具条中的各类命令按钮，把简单的实体特征修改成复杂的模型。【特征】工具条用来进行拔模、倒角和打孔等特征操作。当在功能区选项中启用【特征】选项后，NX 界面显示【特征】工具条。

用户可以通过在【上边框条】中选择【菜单】|【插入】|【细节特征】|【倒斜角】命令，或在【特征】工具条中单击【倒斜角】按钮，打开【倒斜角】对话框，参数设置如图 3-1 所示。

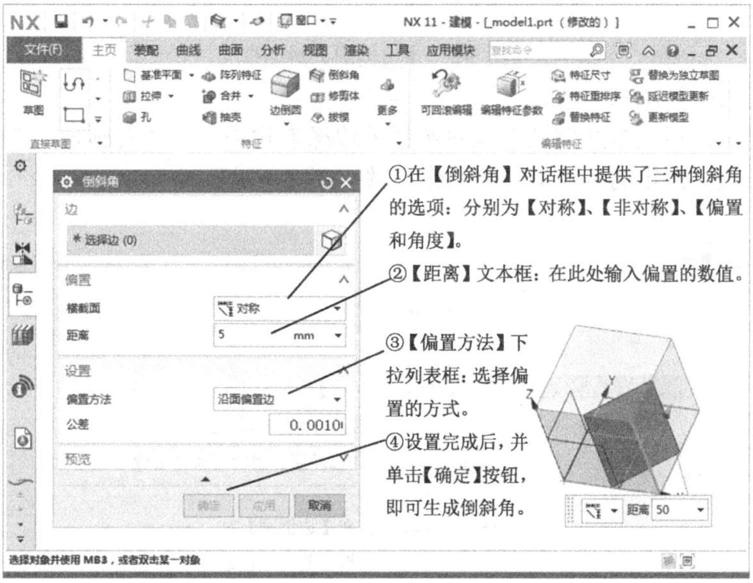

图 3-1　倒斜角

3.1.2 倒圆

1. 边倒圆

（1）边倒圆操作

用户可以通过在【上边框条】中选择【菜单】|【插入】|【细节特征】|【边倒圆】命令，或在【特征】工具条中单击【边倒圆】按钮，打开【边倒圆】对话框，如图 3-2 所示。下面介绍一下其中的参数。

图 3-2 【边倒圆】对话框

（2）恒定的半径倒圆

用户可以运用恒定半径倒圆功能对选择的边缘创建同一半径的圆角，选择的边可以是一条边或多条边。恒定的半径倒圆的操作步骤如图 3-3 所示。

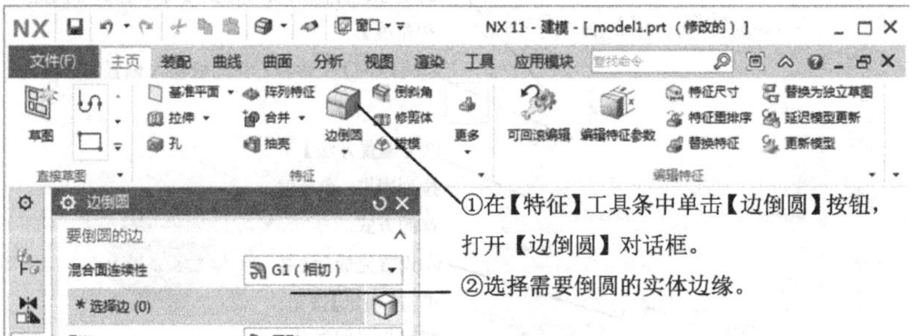

图 3-3 恒定的半径倒圆

（3）变半径倒圆

用户可以运用【可变半径点】功能对选择的边缘创建不同半径的圆角，选择的边可以是一条边或多条边。变半径倒圆的设置，如图 3-4 所示。

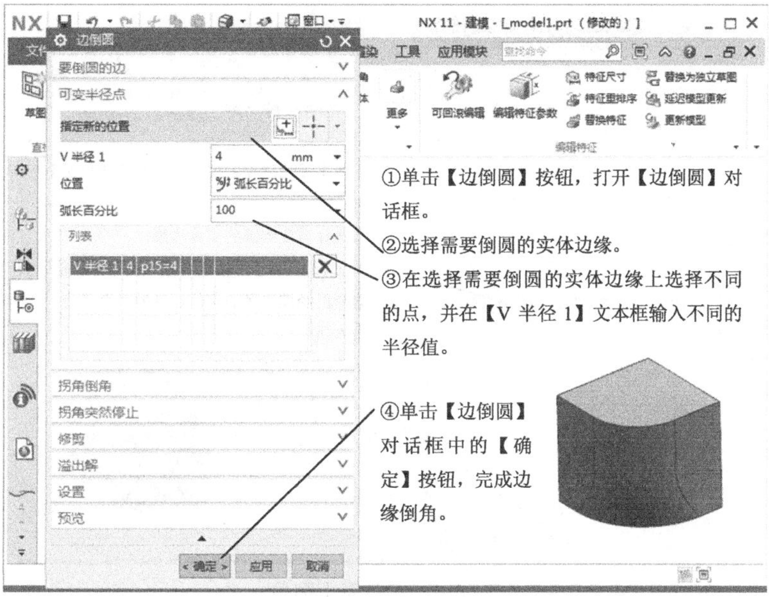

图 3-4　变半径倒圆

（4）拐角倒角

用户可以运用拐角倒角功能在实体三条边缘的相交部分，创建光滑过渡的圆角。拐角倒角的操作步骤如图 3-5 所示。

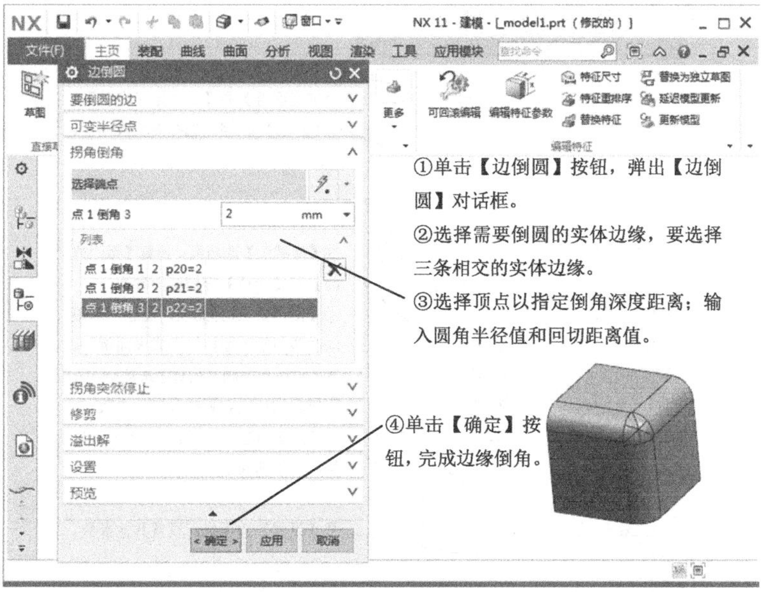

图 3-5　拐角倒角

（5）拐角突然停止

用户可以运用拐角突然停止功能，可以对选择的实体边缘的一部分创建圆角。拐角突然停止的操作步骤如图 3-6 所示。

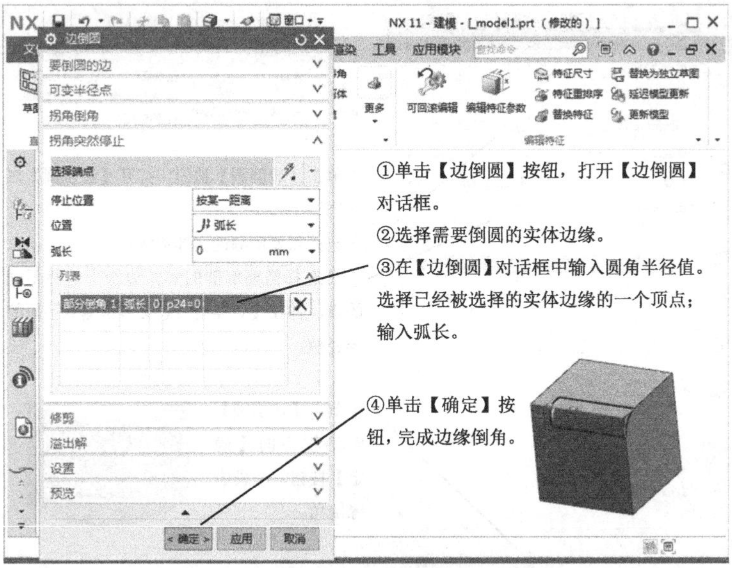

图 3-6 拐角停止倒角

2. 面倒圆

用户可以通过在【上边框条】中选择【菜单】|【插入】|【细节特征】|【面倒圆】命令，或在【特征】工具条中单击【面倒圆】按钮，打开【面倒圆】对话框，这其中可以选择两种类型方式，如图 3-7 所示。

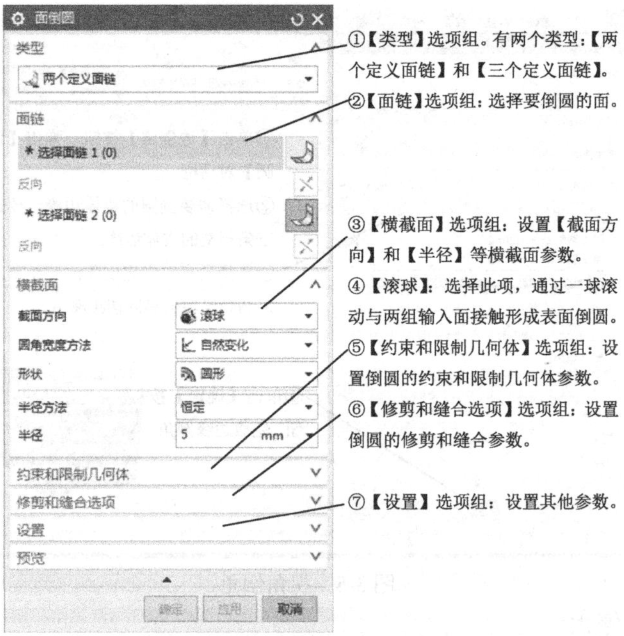

图 3-7 【面倒圆】对话框

用户可以运用扫掠截面功能，使一个横截面沿一个指定的脊曲线扫掠，生成表面圆角。利用扫掠截面功能对面进行倒圆的操作步骤如下，如图 3-8 所示。

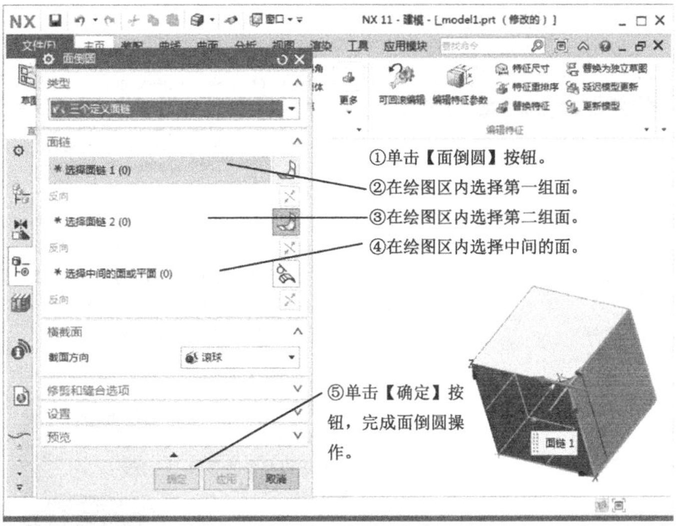

图 3-8　面倒圆

3. 软倒圆

用户可以通过在【特征】工具条中单击【软倒圆】按钮，打开【软倒圆】对话框，如图 3-9 所示。设置完成后，单击【确定】按钮，完成软倒圆操作。

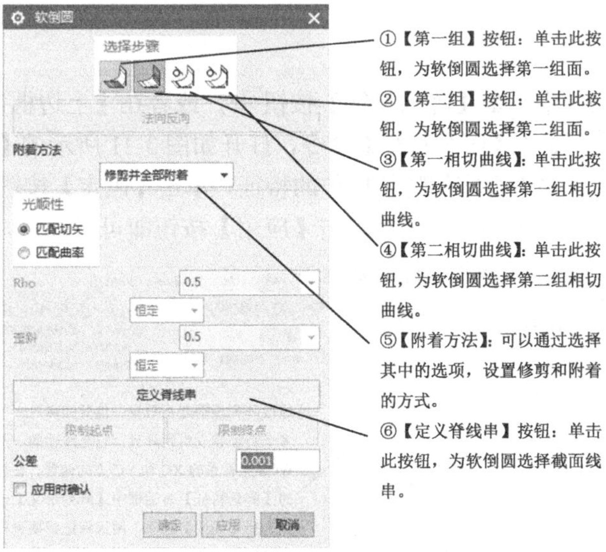

图 3-9　【软倒圆】对话框

3.1.3　抽壳

用户可以通过在【上边框条】中选择【菜单】|【插入】|【偏置/缩放】|【抽壳】命令，或在【特征】工具条中单击【抽壳】按钮，打开【抽壳】对话框，如图 3-10 所示。在该对话框中提供了运用【抽壳】功能的操作步骤，包括选择类型、要穿透的面，输入壁壳的

厚度值等。

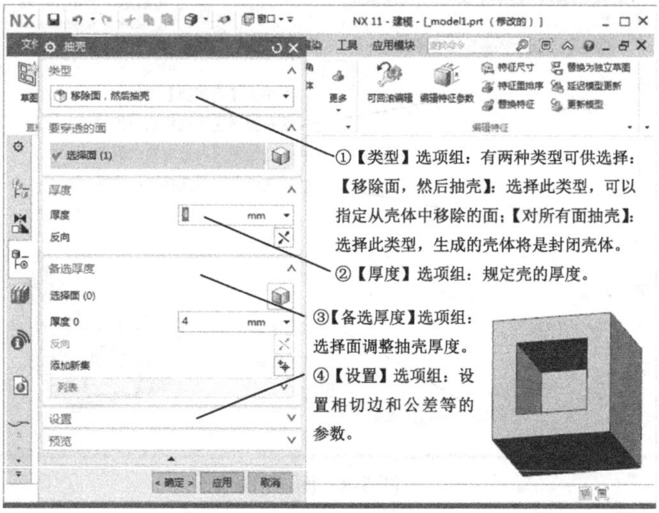

图 3-10　抽壳设置及效果

3.1.4　阵列

1. 线性阵列

在【特征】工具条中单击【阵列特征】按钮，或者在【上边框条】中选择【菜单】|【插入】|【关联复制】|【阵列特征】命令，打开如图 3-11 所示的【阵列特征】对话框，选择特征布局，再选择要进行实例特征操作的特征，单击【确定】按钮，输入一系列参数，如复制特征数量、偏置距离等等，最后单击【应用】按钮即可。

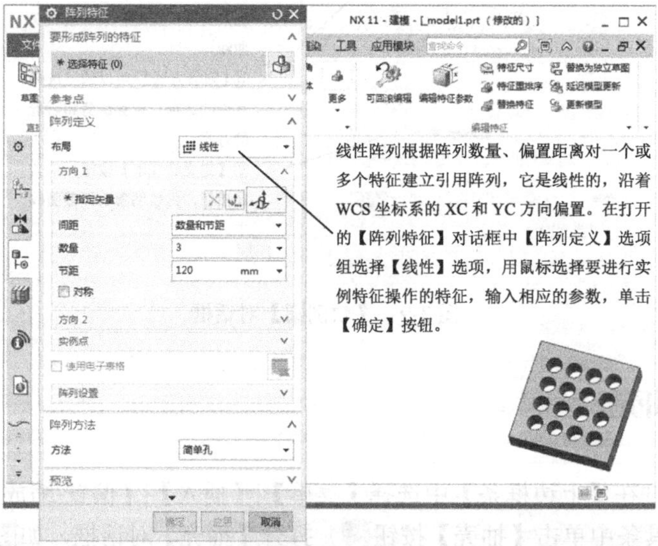

图 3-11　矩形阵列

2. 圆形阵列

圆形阵列是将选择的特征建立圆形的引用阵列，它根据指定的数量、角度和旋转轴线来生成引用阵列。建立引用阵列时，必须保证阵列特征能在目标实体上完成布尔运算，圆形阵列如图 3-12 所示。

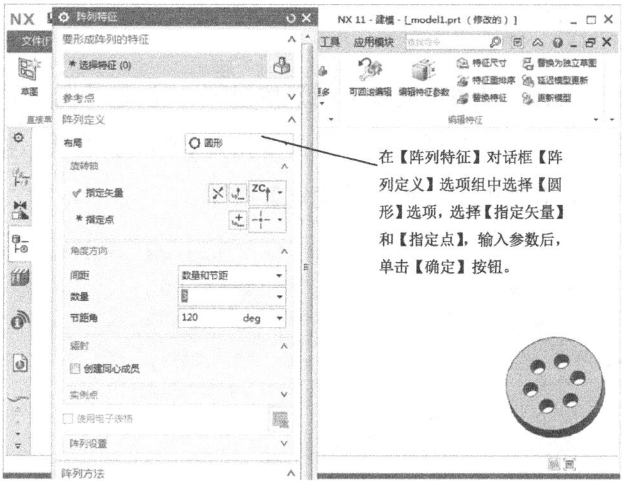

图 3-12　圆形阵列

提示

对阵列特征进行修改时，只需编辑与引用相关特征的参数，相关的阵列特征会自动修改；如果要改变阵列的形式、个数、偏置距离或偏置角度，需要编辑阵列特征的参数；由于阵列特征的可重复性，可以对阵列特征进行再引用，形成新的阵列特征。

3.1.5　特征操作应用案例

本案例完成文件：ywj/03/3-1.prt

多媒体教学路径：多媒体教学→第 3 章→第 1 节

3.1.5.1 案例分析

本案例是创建夹紧块零件的基础部分，使用拉伸命令创建主体，再使用特征操作命令创建细节特征。

3.1.5.2 案例操作

Step1 创建草图

① 单击【直接草图】工具条中的【草图】按钮，创建草图，如图 3-13 所示。

② 在弹出的【创建草图】对话框中，单击【指定 CSYS】选项，指定草绘平面。

③ 在【创建草图】对话框中，单击【确定】按钮。

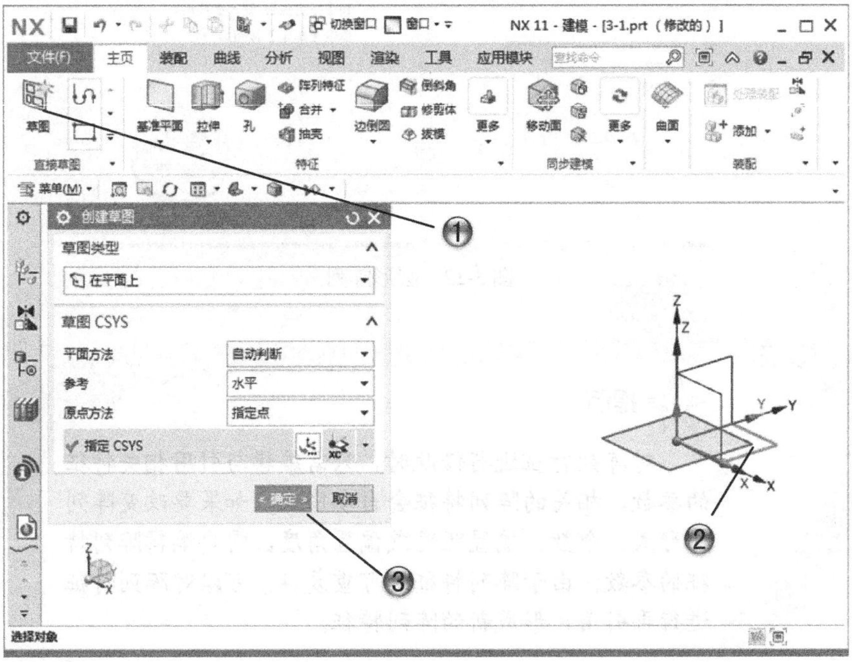

图 3-13 创建草图

Step2 创建拉伸特征

① 单击【直接草图】工具条中的【矩形】按钮，绘制矩形，如图 3-14 所示。

② 选择两点，绘制矩形。

③ 单击【特征】工具条中的【拉伸】按钮，创建拉伸特征，如图 3-15 所示。

④ 在绘图区，选择草图。

⑤ 在弹出的【拉伸】对话框中，设置拉伸参数。

⑥ 单击【拉伸】对话框中的【确定】按钮，完成拉伸特征。

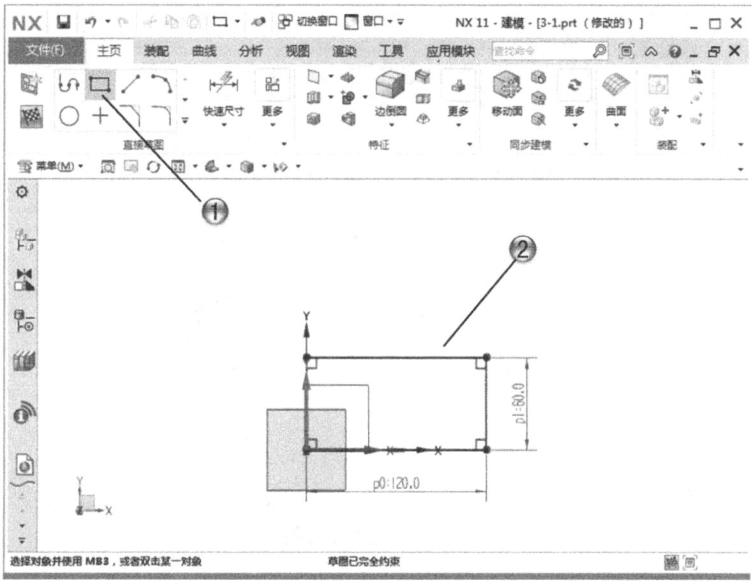

图 3-14　绘制矩形

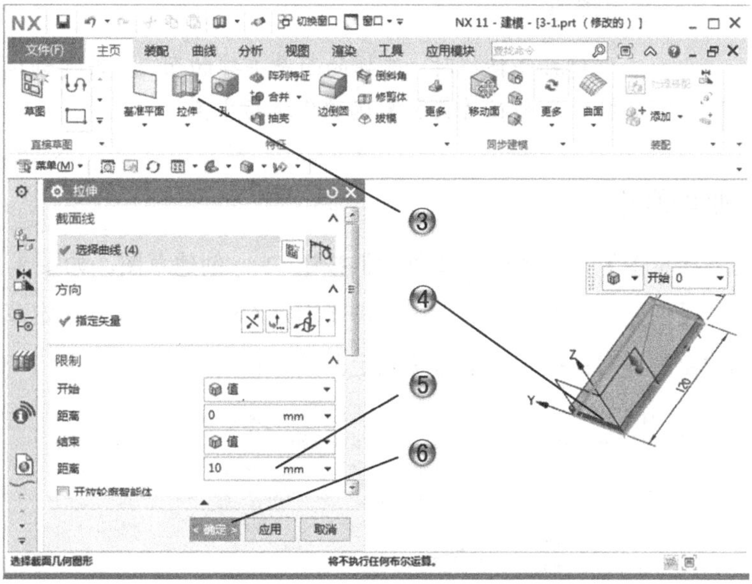

图 3-15　设置拉伸参数

Step3 创建抽壳特征

① 单击【特征】工具条中的【抽壳】按钮，创建抽壳特征，如图 3-16 所示。

② 在绘图区，选择去掉的面。

③ 在弹出的【抽壳】对话框中，设置壳体参数。

④ 单击【抽壳】对话框中的【确定】按钮，完成抽壳特征。

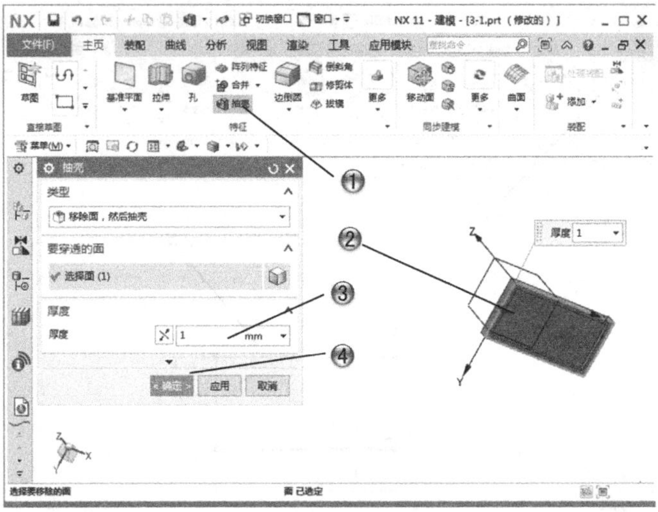

图 3-16　创建抽壳特征

提示

创建抽壳特征时，选择的面是去掉的面，如果要创建中空的特征，则在【类型】选项中进行设置。

Step4 创建草图

① 单击【直接草图】工具条中的【草图】按钮，创建草图，如图 3-17 所示。

② 在弹出的【创建草图】对话框中，单击【指定 CSYS】选项，指定草绘平面。

③ 在【创建草图】对话框中，单击【确定】按钮。

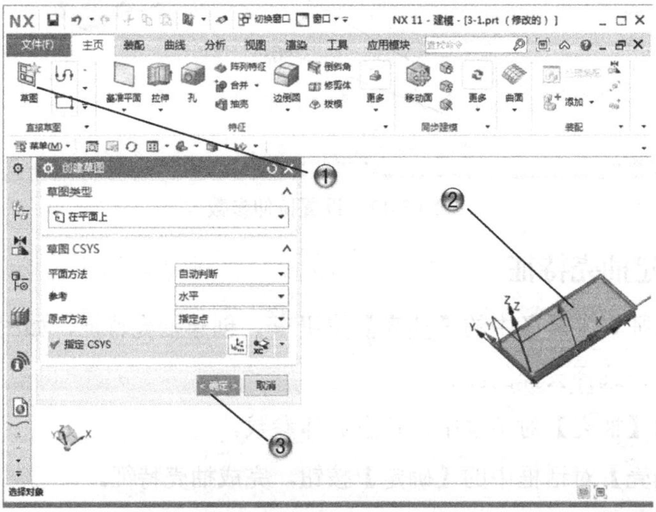

图 3-17　创建草图

Step5 创建拉伸特征

① 单击【直接草图】工具条中的【矩形】按钮，绘制矩形，如图 3-18 所示。
② 选择两点，绘制矩形。
③ 单击【特征】工具条中的【拉伸】按钮，创建拉伸特征，如图 3-19 所示。
④ 在绘图区，选择草图。
⑤ 在弹出的【拉伸】对话框中，设置拉伸参数。
⑥ 单击【拉伸】对话框中的【确定】按钮，完成拉伸特征。

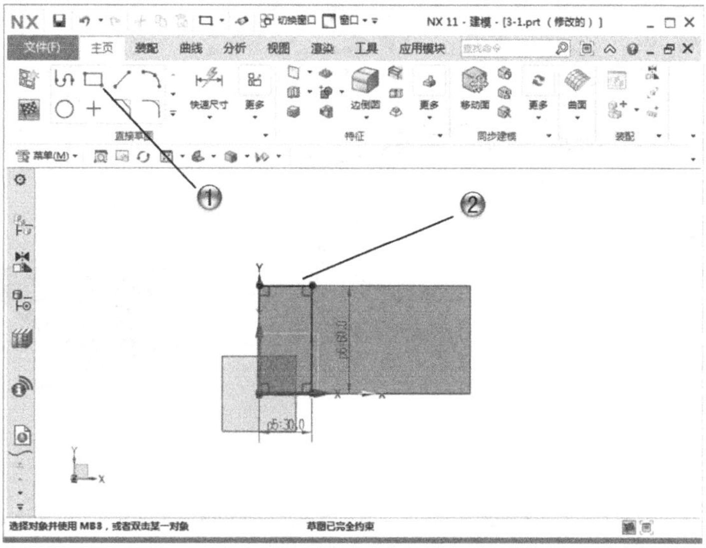

图 3-18 绘制矩形

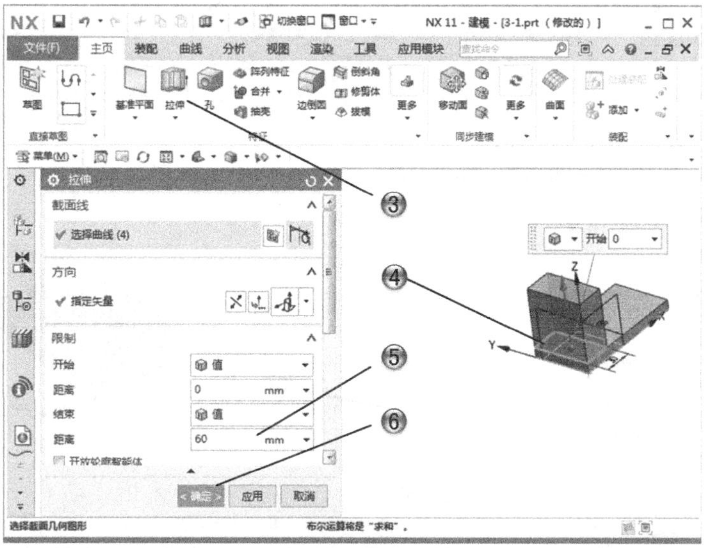

图 3-19 设置拉伸参数

Step6 创建草图

①单击【直接草图】工具条中的【草图】按钮，创建草图，如图 3-20 所示。

②在弹出的【创建草图】对话框中，单击【CSYS 对话框】按钮。

③在【CSYS】对话框中，单击【点对话框】按钮，如图 3-21 所示。

④在【点】对话框中，设置点的坐标，如图 3-22 所示。

⑤单击【点】对话框中的【确定】按钮。

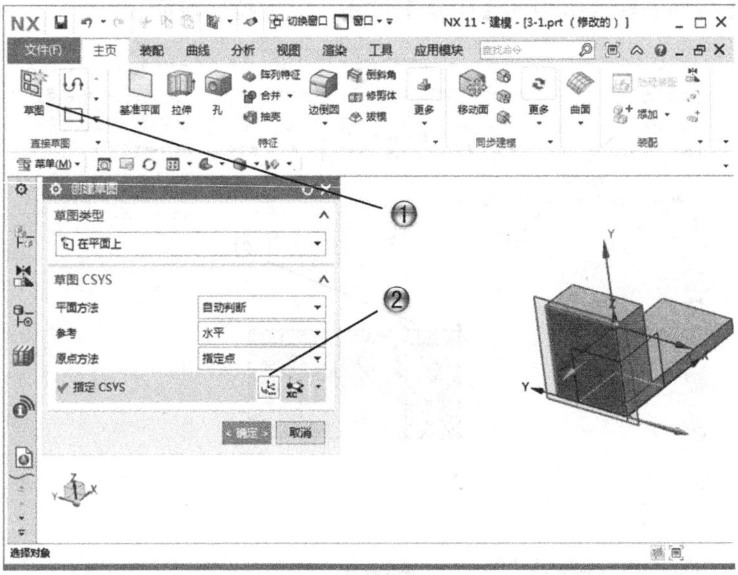

图 3-20　创建草图

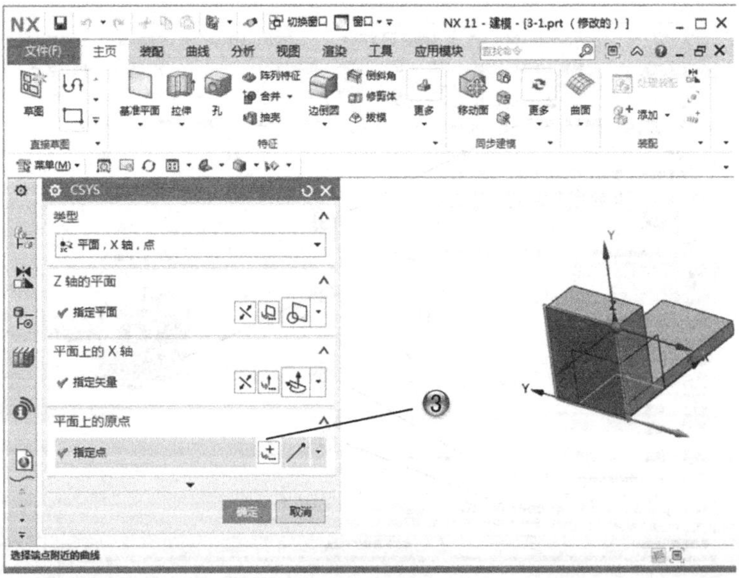

图 3-21　指定点

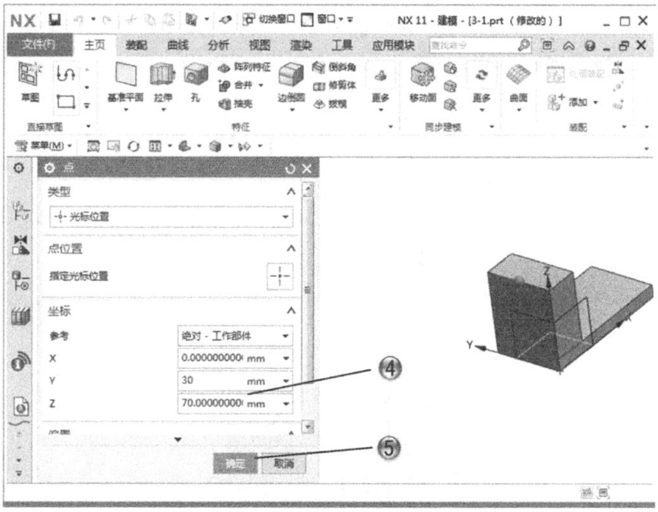

图 3-22　设置点的坐标

Step7 绘制拉伸切除草图

① 单击【直接草图】工具条中的【矩形】按钮，绘制矩形，如图 3-23 所示。

② 选择两点，绘制矩形。

③ 单击【直接草图】工具条中的【快速尺寸】按钮，标注尺寸，如图 3-24 所示。

④ 依次设置矩形的位置尺寸。

⑤ 单击【直接草图】工具条中的【圆形】按钮，绘制圆形，如图 3-25 所示。

⑥ 选择两点，绘制圆形。

⑦ 单击【直接草图】工具条中的【修剪】按钮，修剪草图，如图 3-26 所示。

⑧ 划过草图，修剪直线和圆弧。

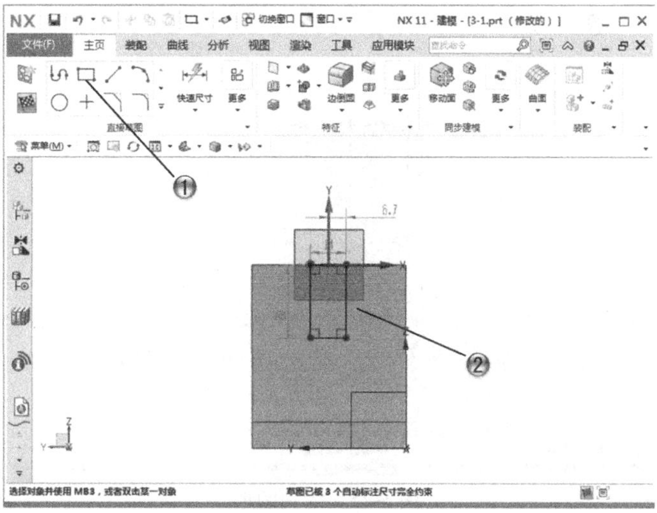

图 3-23　绘制矩形

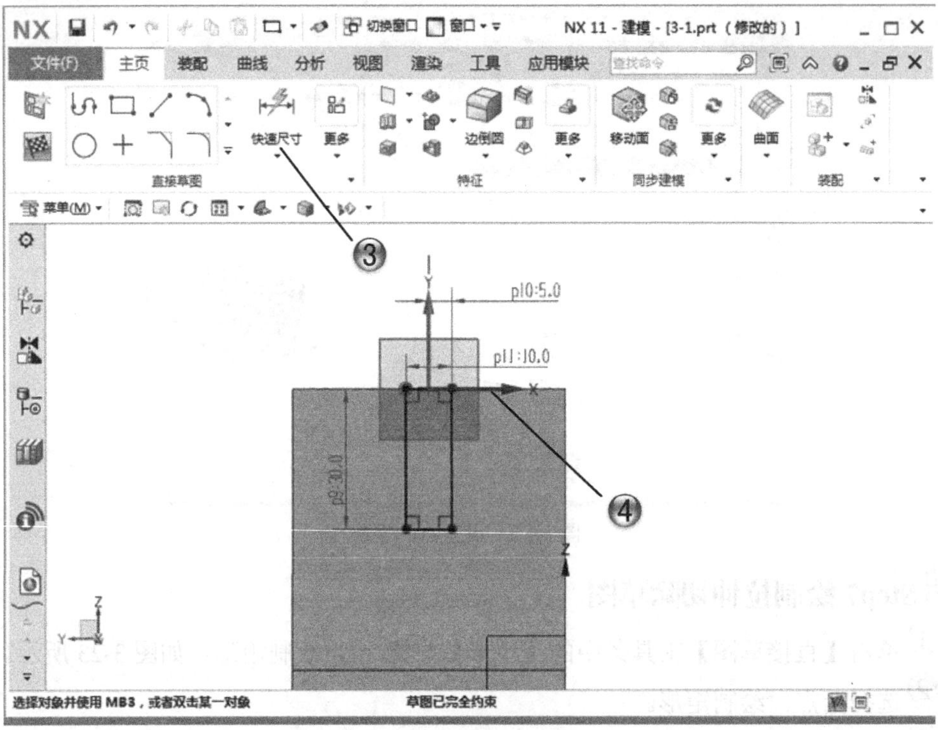

图 3-24　设置矩形尺寸

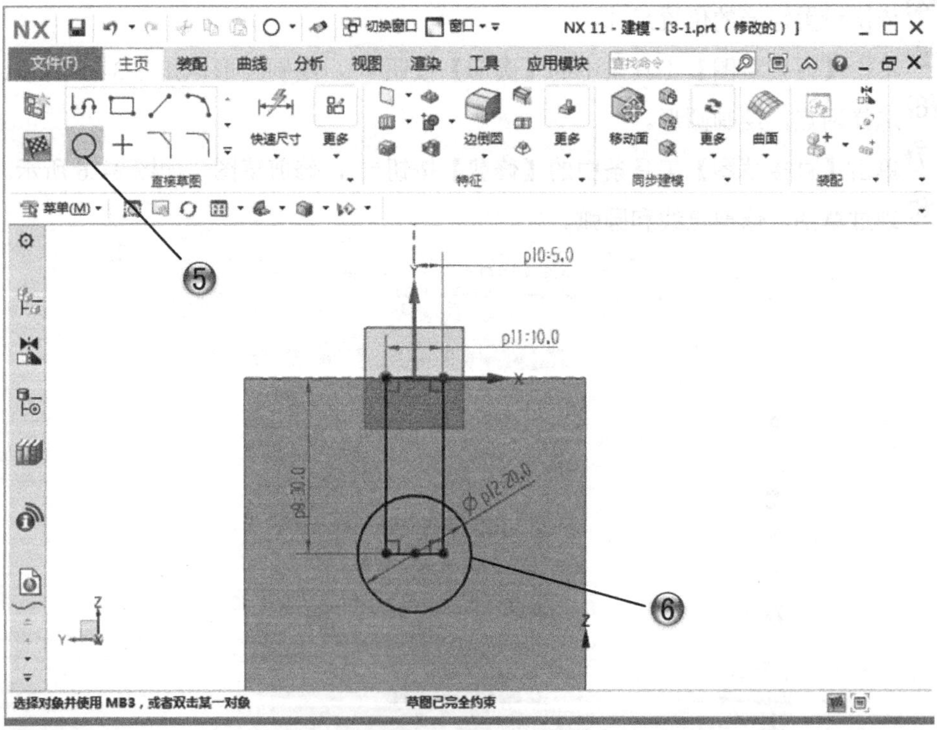

图 3-25　绘制圆形

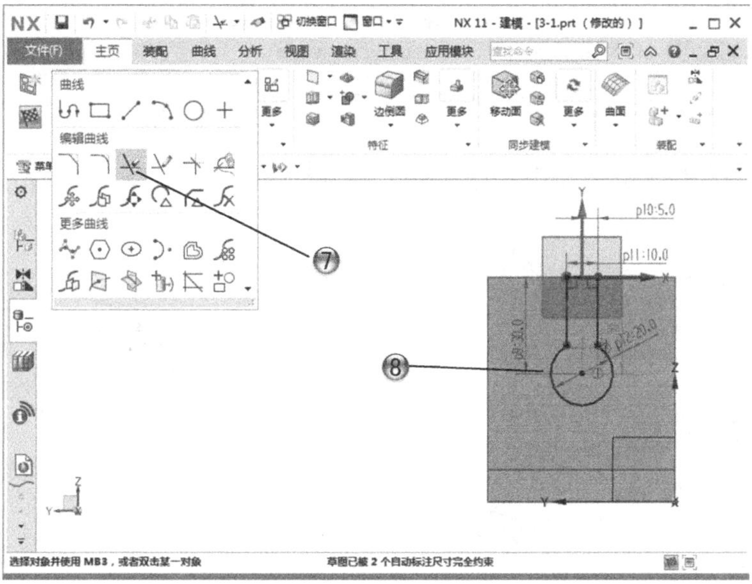

图 3-26　修剪草图

Step8 创建拉伸特征

① 单击【特征】工具条中的【拉伸】按钮，创建拉伸特征，如图 3-27 所示。

② 在绘图区，选择草图。

③ 在弹出的【拉伸】对话框中，设置拉伸参数和布尔减运算，如图 3-28 所示。

④ 单击【拉伸】对话框中的【确定】按钮，完成拉伸特征。

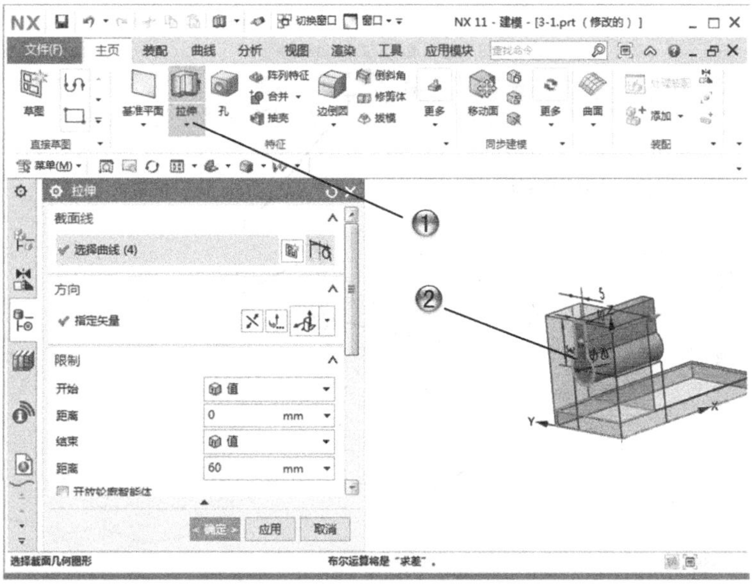

图 3-27　创建拉伸特征

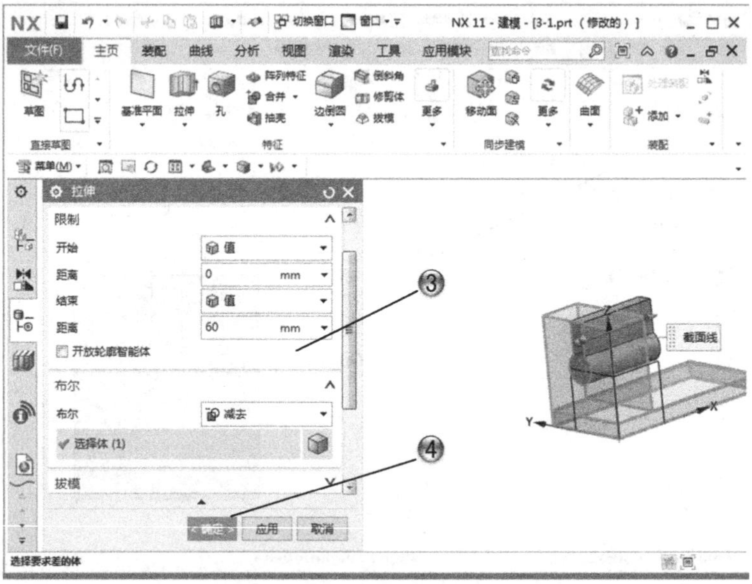

图 3-28　设置布尔运算

Step9 创建倒斜角特征

① 单击【特征】工具条中的【倒斜角】按钮，创建倒斜角特征，如图 3-29 所示。

② 在绘图区，选择倒角的边线。

③ 在弹出的【倒斜角】对话框中，设置偏置参数。

④ 单击【倒斜角】对话框中的【确定】按钮，完成倒斜角特征。

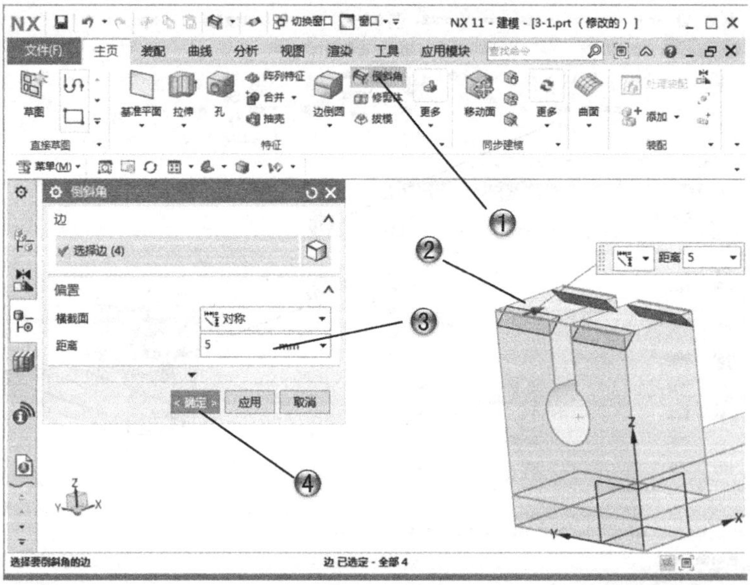

图 3-29　创建倒斜角

提示

倒斜角命令也可以创建不对称的斜角特征，无论是倒角还是圆角，都是选择在边线上进行创建。

Step10 创建边倒圆特征

① 单击【特征】工具条中的【边倒圆】按钮，创建边倒圆特征，如图 3-30 所示。

② 在绘图区，选择倒角的边线。

③ 在弹出的【边倒圆】对话框中，设置圆角参数。

④ 单击【边倒圆】对话框中的【确定】按钮，完成边倒圆特征，结果如图 3-31 所示。

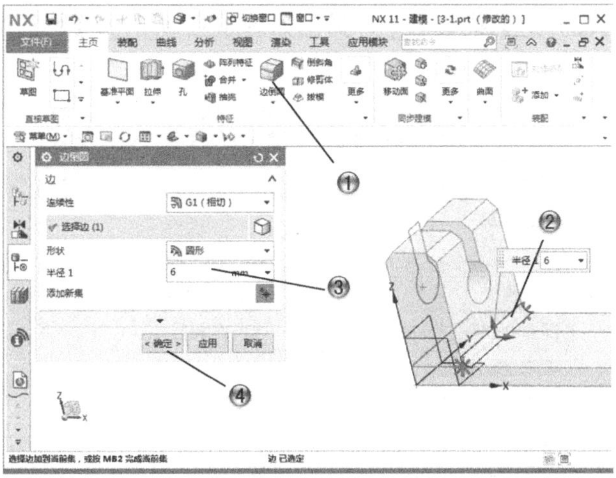

图 3-30　创建边倒圆

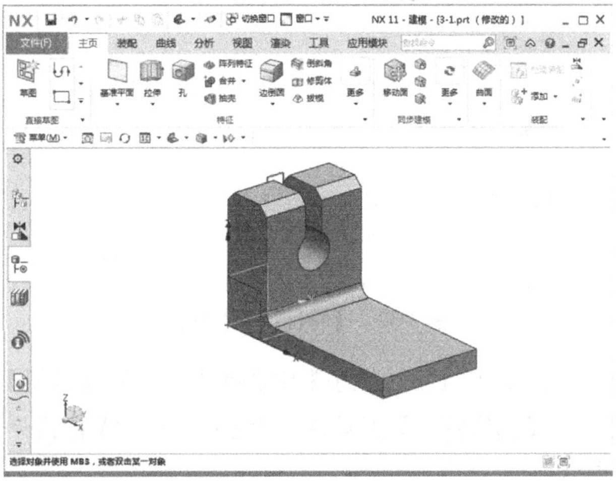

图 3-31　完成零件

3.2 特征编辑

3.2.1 参数编辑操作

编辑特征的种类有编辑特征尺寸、编辑位置、移动特征、替换特征、抑制特征等。编辑特征参数是修改已存在的特征参数，它的操作方法很多，最简单的是直接双击目标体，单击【编辑特征】工具栏中的【编辑特征参数】按钮，弹出【编辑参数】对话框。选择特征进行编辑。有许多特征的参数编辑同特征创建时的对话框一样，这样就可以直接修改参数，同新建特征一样，如长方体、孔、边倒圆、面倒圆等。

当模型中有多个特征时，就需要选择要编辑的特征。在【上边框条】中选择【菜单】|【格式】|【组】|【特征分组】菜单命令，弹出如图 3-32 所示的【特征组】对话框，可以对部件特征进行分组。

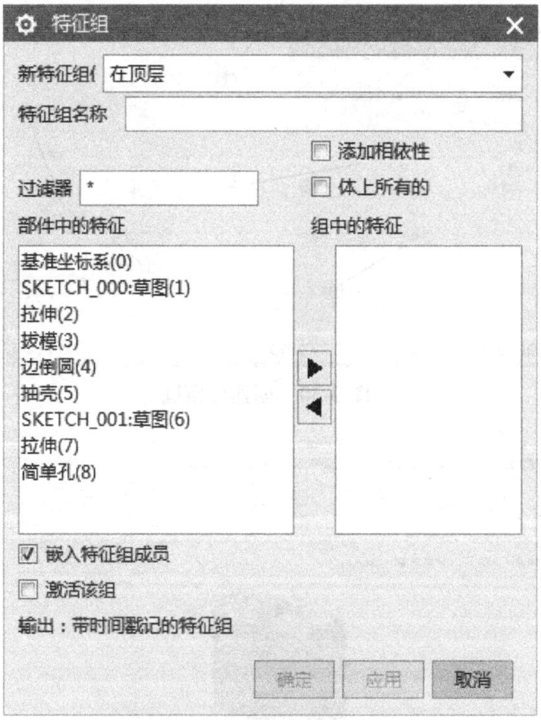

图 3-32 【特征组】对话框

修改特征尺寸时，还可以在【上边框条】中选择【菜单】|【编辑】|【特征】|【特征尺寸】菜单命令，或者单击【编辑特征】工具栏中的【特征尺寸】按钮，弹出【特征尺寸】对话框，如图 3-33 所示。

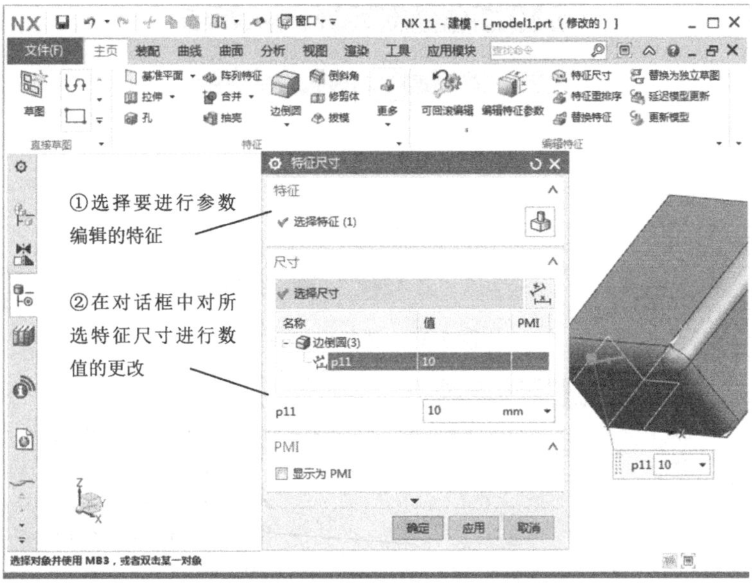

图 3-33 【特征尺寸】对话框

3.2.2 特征编辑

1. 编辑位置

在【编辑特征】工具条中单击【编辑位置】按钮，或在【上边框条】中选择【菜单】|【编辑】|【特征】|【编辑位置】命令，选择要编辑位置的目标特征体，打开【编辑位置】对话框，可以对特征增加定位约束，添加定位尺寸，如图 3-34 所示。

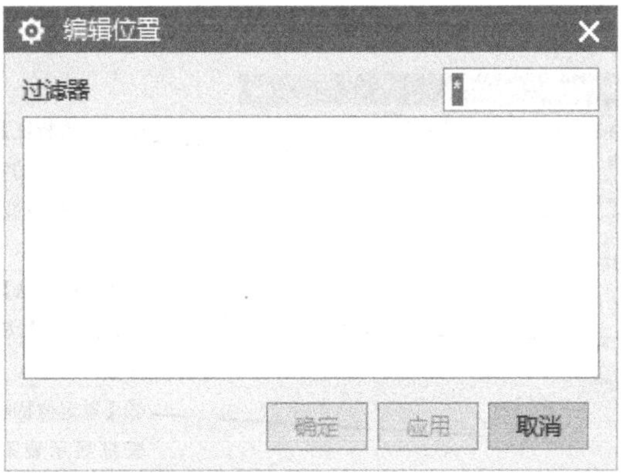

图 3-34 【编辑位置】对话框

2. 移动特征

在【编辑特征】工具条中单击【移动特征】按钮，或在【上边框条】中选择【菜单】|【编辑】|【特征】|【移动】命令，打开【移动特征】对话框，选择坐标系，如图 3-35 所示。选择移动特征操作的目标特征体，进行定位，如图 3-36 所示。

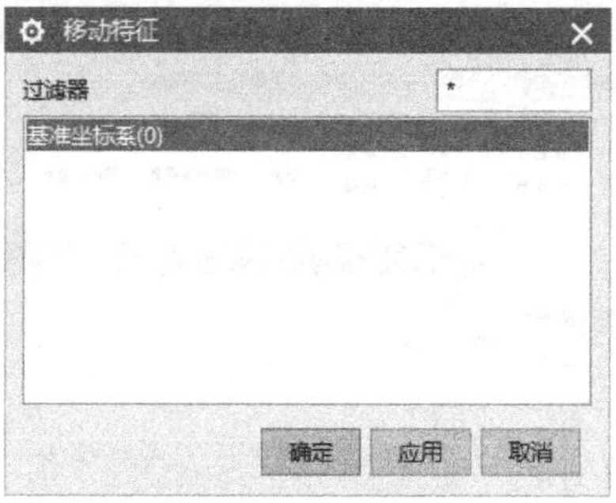

图 3-35　选择坐标系

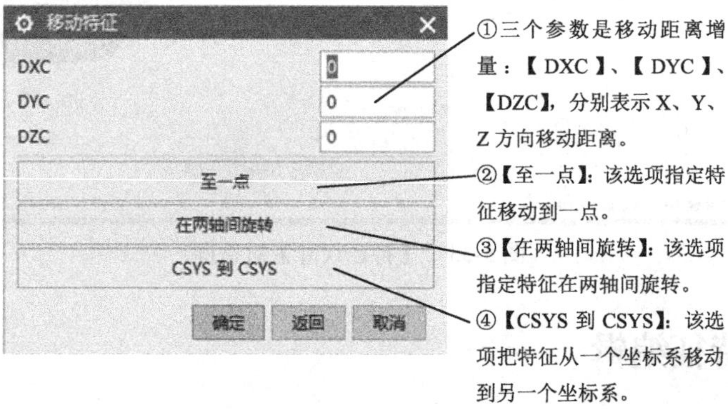

图 3-36　【移动特征】对话框

3. 特征重排序

在【编辑特征】工具条中单击【特征重排序】按钮，打开【特征重排序】对话框，如图 3-37 所示。

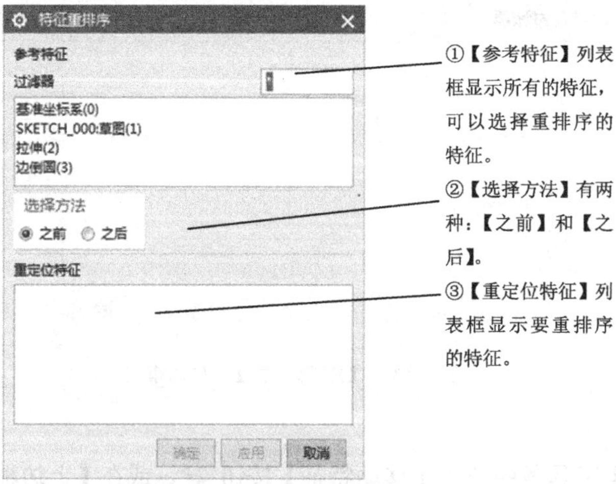

图 3-37　【特征重排序】对话框

4. 特征抑制与取消抑制特征

在【编辑特征】工具条中单击【抑制特征】按钮或者【取消抑制特征】按钮，打开【抑制特征】对话框，如图 3-38 所示，或者打开【取消抑制特征】对话框，如图 3-39 所示。当选择抑制的特征含有子特征时，它们一起选择抑制，取消时也是一样。

图 3-38 【抑制特征】对话框

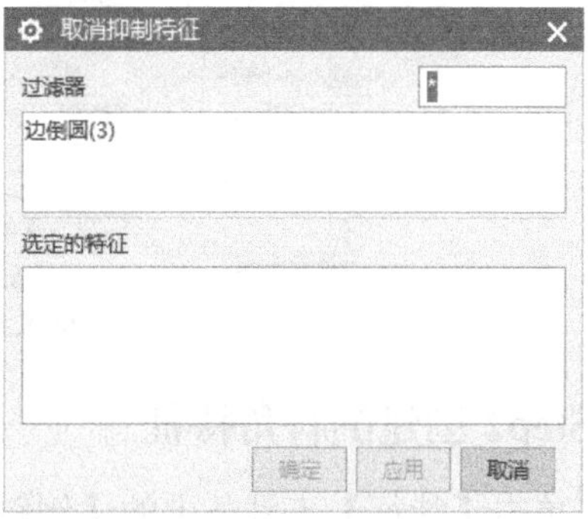

图 3-39 【取消抑制特征】对话框

3.2.3 特征编辑应用案例

本案例完成文件：ywj/03/3-1.prt

多媒体教学路径：多媒体教学→第 3 章→第 2 节

3.2.3.1 案例分析

本案例是创建定位块零件的对称，使用阵列命令创建，再对特征参数进行编辑。

3.2.3.2 案例操作

Step1 创建阵列特征

① 单击【特征】工具条中的【阵列特征】按钮，创建阵列特征，如图 3-40 所示。

② 在绘图区，选择阵列特征。

③ 在弹出的【阵列特征】对话框中，设置阵列参数。

④ 单击【阵列特征】对话框中的【确定】按钮，完成阵列特征。

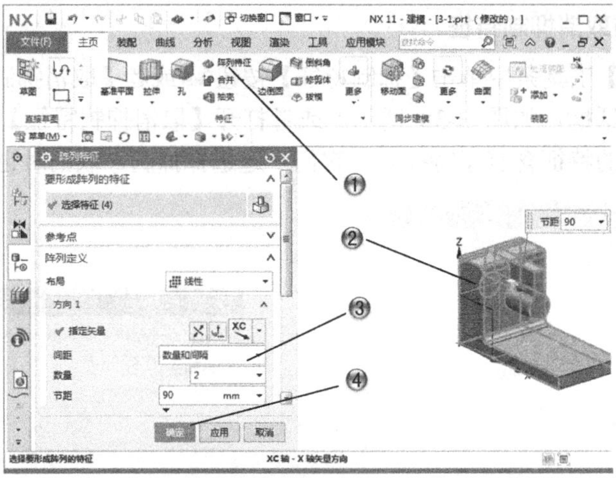

图 3-40　创建阵列特征

Step2 创建倒斜角特征

① 单击【特征】工具条中的【倒斜角】按钮，创建倒斜角特征，如图 3-41 所示。
② 在绘图区，选择倒角的边线。
③ 在弹出的【倒斜角】对话框中，设置偏置参数。
④ 单击【倒斜角】对话框中的【确定】按钮，完成倒斜角特征。

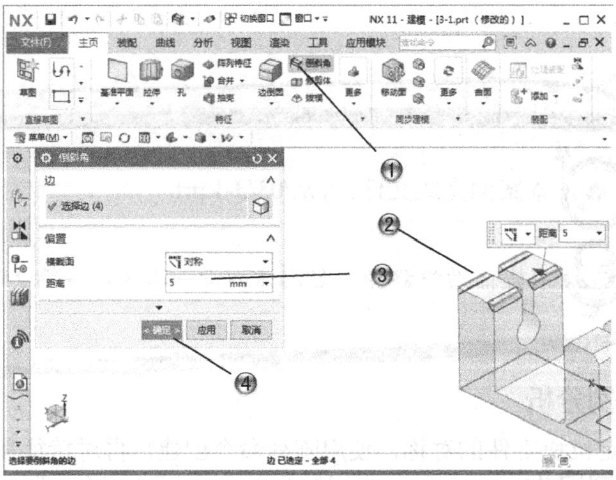

图 3-41　创建倒斜角

Step3 创建边倒圆特征

① 单击【特征】工具条中的【边倒圆】按钮，创建边倒圆特征，如图 3-42 所示。
② 在绘图区，选择倒角的边线。
③ 在弹出的【边倒圆】对话框中，设置圆角参数参数。
④ 单击【边倒圆】对话框中的【确定】按钮，完成边倒圆特征。

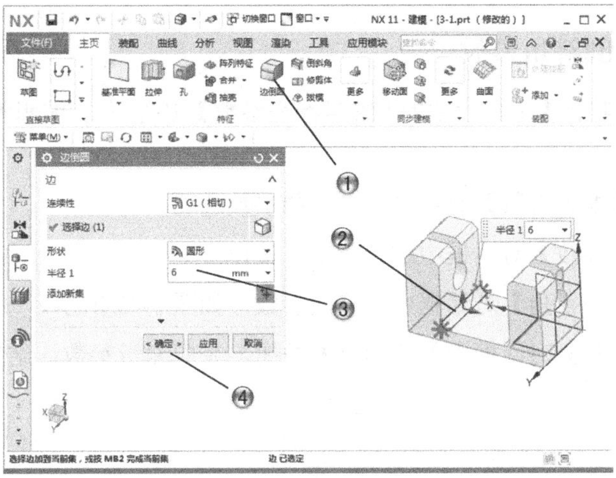

图 3-42　创建边倒圆

Step4 修改特征尺寸

① 单击【编辑特征】工具栏中的【特征尺寸】按钮，修改特征尺寸，如图 3-43 所示。

② 在绘图区，选择特征。

③ 在弹出的【特征尺寸】对话框中，修改尺寸参数。

④ 单击【特征尺寸】对话框中的【确定】按钮，完成特征尺寸的修改。

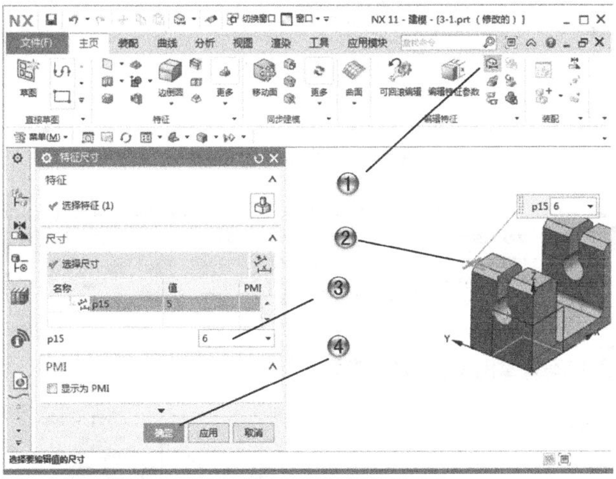

图 3-43　修改特征尺寸

提示

【编辑特征】工具条中有多种修改特征参数的命令，可以根据需要进行选择，但是设置不尽相同。

Step5 编辑倒斜角参数

① 单击【编辑特征】工具栏中的【编辑特征参数】按钮，编辑特征参数，如图 3-44 所示。

② 在弹出的【编辑参数】对话框中，选择参数选项。

③ 单击【编辑参数】对话框中的【确定】按钮。

④ 在弹出的【倒斜角】对话框中，修改参数，如图 3-45 所示。

⑤ 单击【倒斜角】对话框中的【确定】按钮，完成编辑参数，结果如图 3-46 所示。

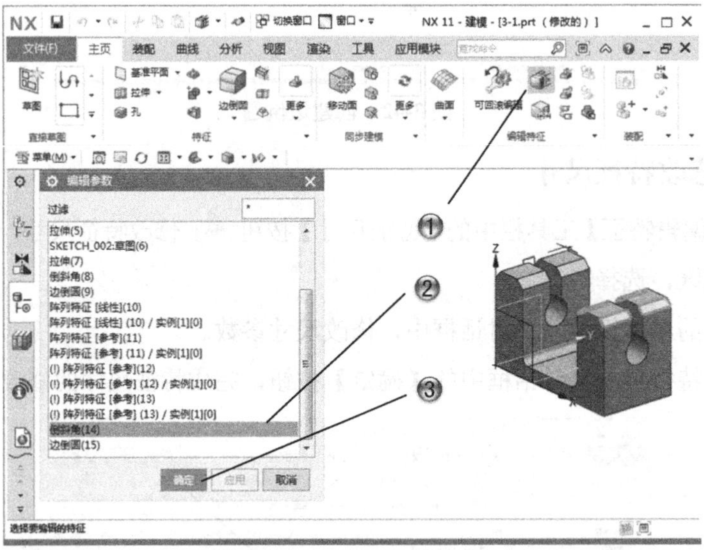

图 3-44　编辑特征参数

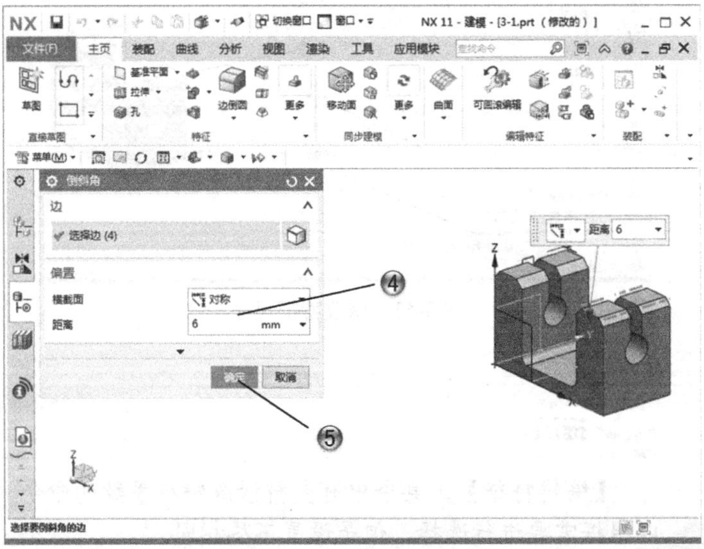

图 3-45　编辑倒斜角参数

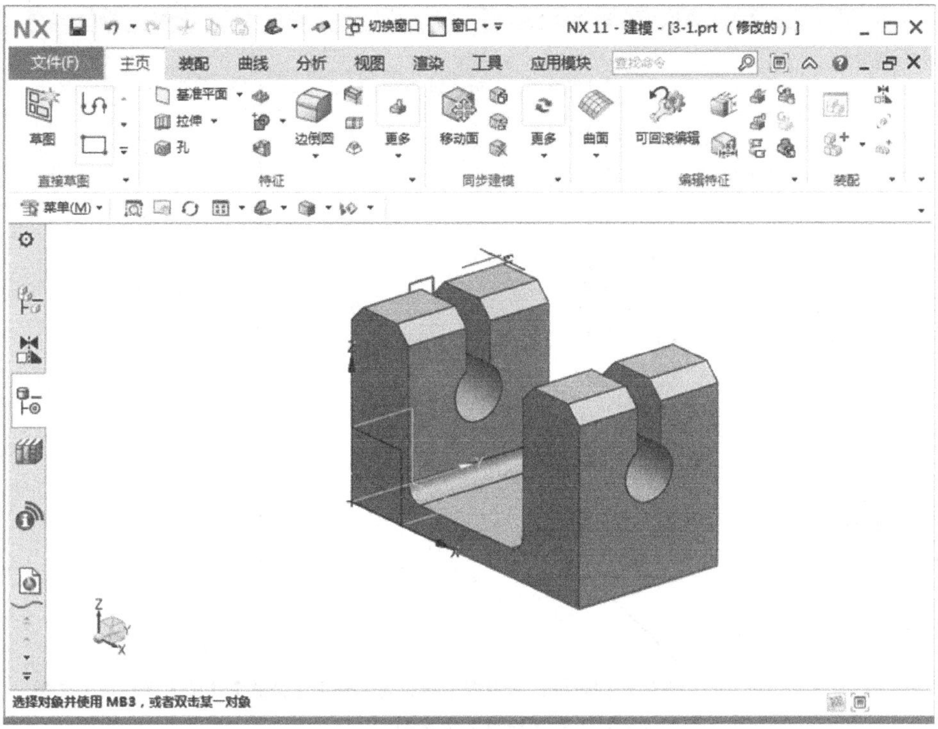

图 3-46　完成零件

3.3　特征表达式设计

3.3.1　创建表达式

表达式是 Siemens NX 参数化建模的重要工具，是定义特征的算术或条件公式语句。表达式记录了所有参数化特征的参数值，可以在建模的任意时刻，通过修改表达式的值对模型进行修改。

表达式的一般形式为：A＝B+C，其中 A 为表达式变量，又称为表达式名，B+C 赋值给 A，在其他表达式中通过引用 A 来引用 B+C 的值。所有表达式都有一个单一的、唯一的名字和一个字符串或公式，它们通常包含变量、函数、数字、运算符和符号的组合。

在【上边框条】中选择【菜单】|【工具】|【表达式】菜单命令，打开【表达式】对话框，如图 3-47 所示，利用该对话框可以显示和编辑系统定义的表达式，也可以建立自定义表达式。

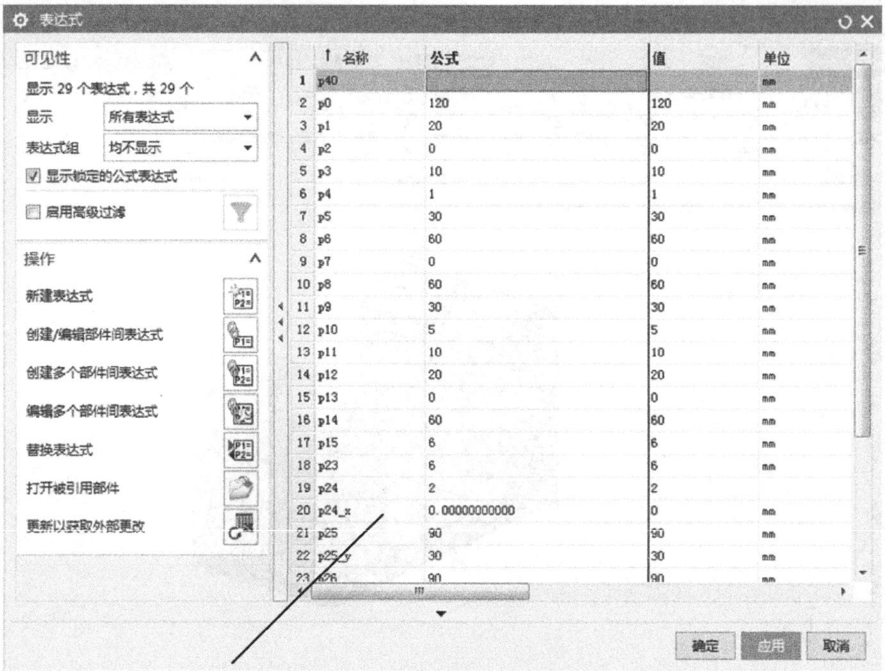

①表达式列表框：列表框中包括【名称】、【公式】、【值】、【单位】、【类型】、【附注】和【检查】等参数。

②【名称】文本框：输入表达式的名称。

③【公式】：可以含有数字、函数、运算符和其他表达式名的组合。

图 3-47 【表达式】对话框

提示

当正在编辑时，在列表框中的表达式高亮显示，指示已进入编辑模式。

3.3.2 编辑表达式

用户可以通过【表达式】对话框编辑表达式的操作。

在【上边框条】中选择【菜单】|【工具】|【表达式】命令，打开【表达式】对话框，单击【创建/编辑部件间表达式】按钮，弹出【创建单个部件间表达式】对话框，在其中设置特征表达式，如图 3-48 所示。

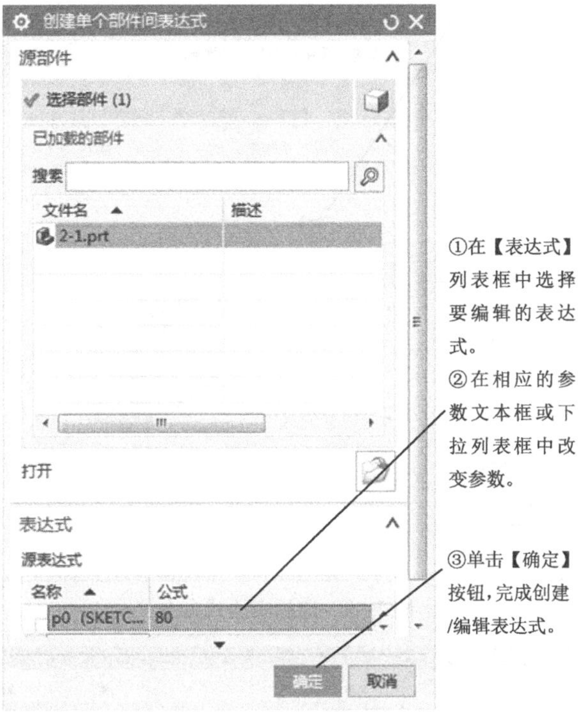

图 3-48　编辑特征表达式

3.3.3　特征表达式应用案例

本案例完成文件：ywj/03/3-1.prt

多媒体教学路径：多媒体教学→第 3 章→第 3 节

3.3.3.1　案例分析

本案例是修改定位块零件的某一参数，在【表达式】对话框中进行值的修改，完成零件模型。

3.3.3.2　案例操作

① 选择【菜单】|【工具】|【表达式】命令，如图 3-49 所示。

② 在弹出的【表达式】对话框中，选择 p1 选项并修改其值，如图 3-50 所示。

③ 单击【表达式】对话框中的【确定】按钮，完成表达式修改，结果如图 3-51 所示。

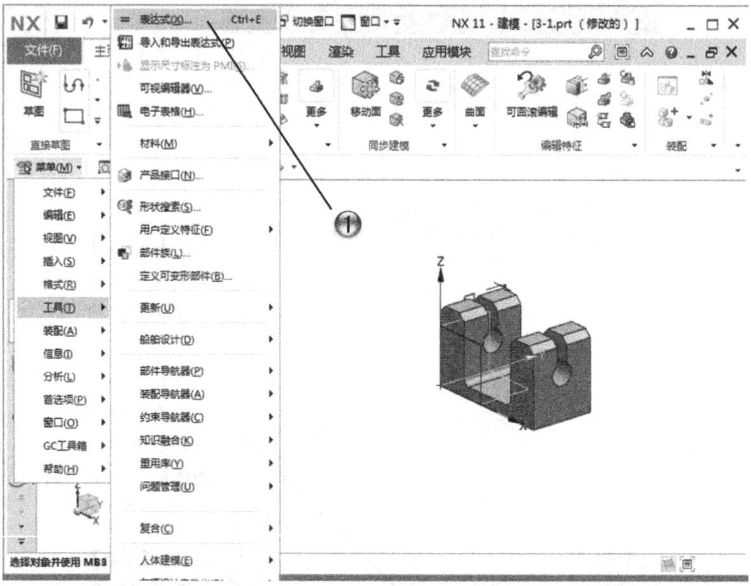

图 3-49　选择表达式命令

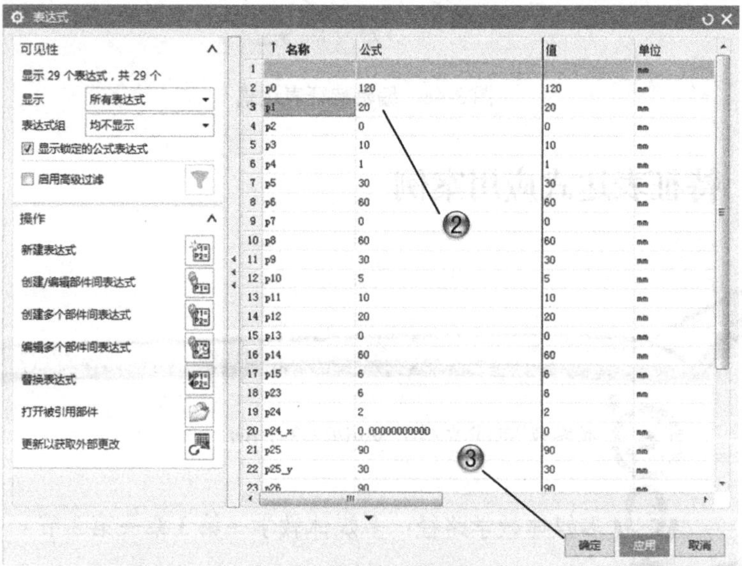

图 3-50　修改 p1 参数值

提示

表达式命令主要是创建参数化模型，使用较多的是【新建表达式】按钮。

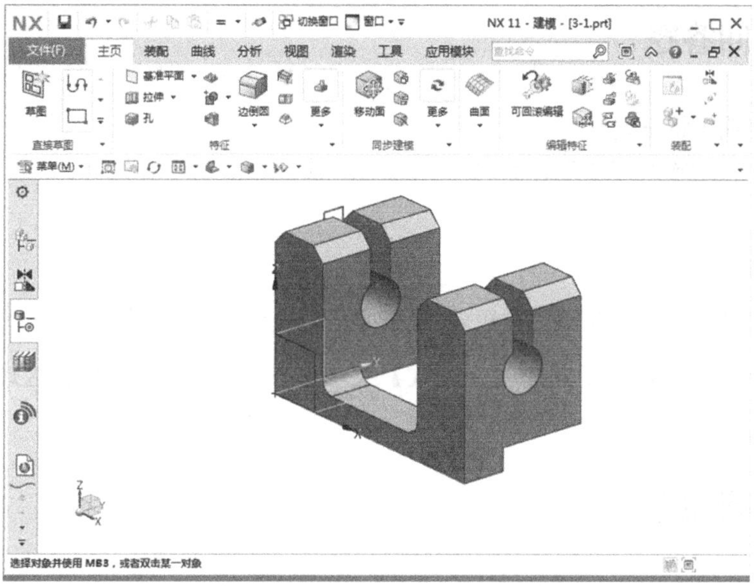

图 3-51　完成零件

3.4　本章小结

本章主要介绍特征操作和编辑特征。特征操作是在已有特征基础上进行的。编辑特征是在特征建立后，能快速对其进行修改而采用的操作命令，它包括编辑特征参数、编辑位置、移动特征、特征重排序、特征替换、特征抑制与取消等。特征的操作是由【编辑特征】工具条中的命令按钮完成的，使用这些命令可以完成主要的特征高级操作。

3.5　课后练习

3.5.1　填空题

（1）倒角操作命令有________种。
（2）特征编辑的作用是________。
（3）特征表达式的作用________。

答案：

（1）2 种。
（2）修改已存在的特征参数。
（3）用于参数化建模。

3.5.2 问答题

（1）如何编辑特征？

（2）新建表达式的方法是怎样的？

答案：

（1）使用【编辑特征参数】按钮或者【特征尺寸】按钮。

（2）选择【菜单】|【工具】|【表达式】菜单命令，再选择【新建表达式】按钮进行创建。

3.5.3 操作题

如图 3-52 所示，使用本章学过的知识来创建一个螺钉模型，注意其细节特征的创建。

图 3-52　螺钉模型

练习内容：

（1）拉伸创建基体。

（2）创建切除特征。

（3）创建螺旋特征。

（4）创建倒角和圆角特征。

第 4 章　曲面设计

本章导读

在曲面零件建模的前期，需要用到曲线的构造和编辑功能，来创建实体模型的轮廓截面曲线，以便后期的实体特征操作。特征建模中常常要用到曲线作为重要的辅助线。Siemens NX 的辅助曲线命令包括直线和艺术样条、螺旋线、偏置曲线等。

曲面的创建方法多种多样，其中通过曲线组曲面创建曲面的方法，可以选择很多条截面线串（最多可以选择 150 条截面线串），而且截面线之间可以线性连接，也可以非线性连接。通过曲线网格创建曲面的方法，也具有非常强大的曲面设计功能，可以满足复杂曲面的设计要求。它不仅可以选择主截面线串，而且可以选择交叉截面线串，从而为曲面设计提供更多选择。

学习要求	学习目标 / 知识点	了解	理解	应用	实践
	掌握曲线的创建方法		√	√	√
	掌握曲面的创建方法		√	√	√
	掌握编辑曲面的方法		√	√	√

4.1 曲线设计

4.1.1 根据点构造自由曲线

自由曲线可以分为基本曲线和规律曲线等。基本曲线包括直线、圆弧和圆等，规律曲线包括二次曲线、方程曲线和螺旋线等。曲线设计指的是曲线的构造、编辑和其他操作方法。

根据点构造自由曲线最基本的一个特点是，在构造自由曲线时需要选择定义点，例如在构造直线时选择两个定义点。基准曲面的创建有时也是不可缺少的。

1. 点集的创建

点的创建是通过【点集】对话框来实现的，在【上边框条】中选择【菜单】|【插入】|【基准/点】|【点集】命令就可以打开【点集】对话框，如图 4-1 所示。

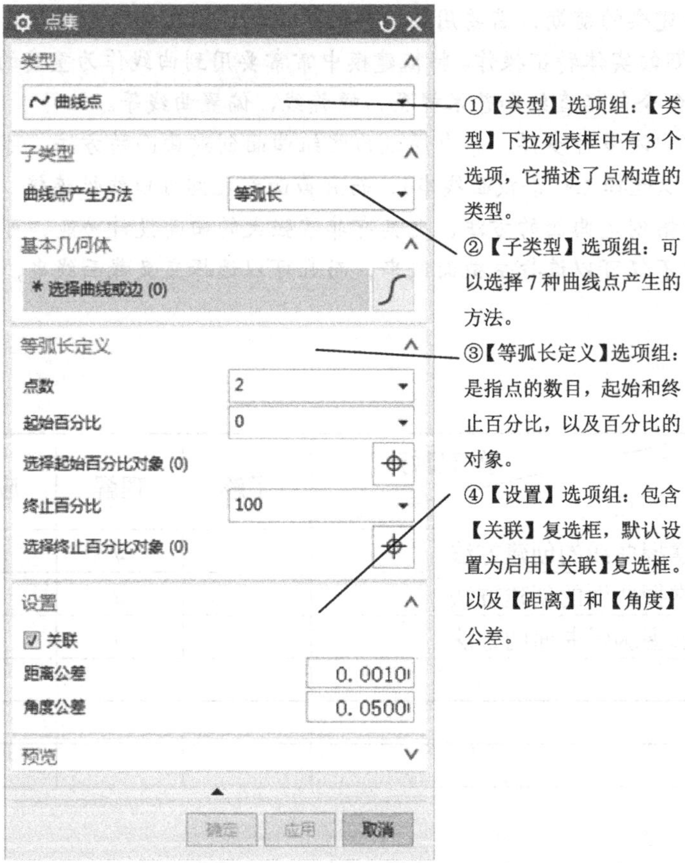

图 4-1 【点集】对话框

2. 直线

在【曲线】工具条中单击【直线】按钮，弹出【直线】对话框，如图 4-2 所示。

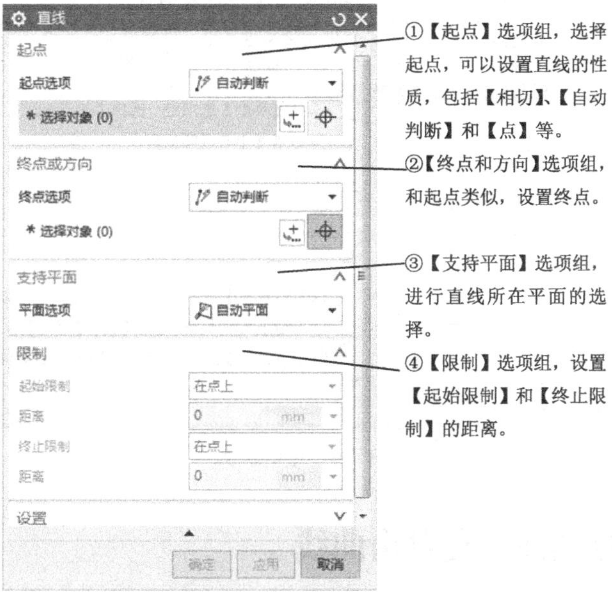

图 4-2 【直线】对话框

绘制直线的操作，如图 4-3 所示。

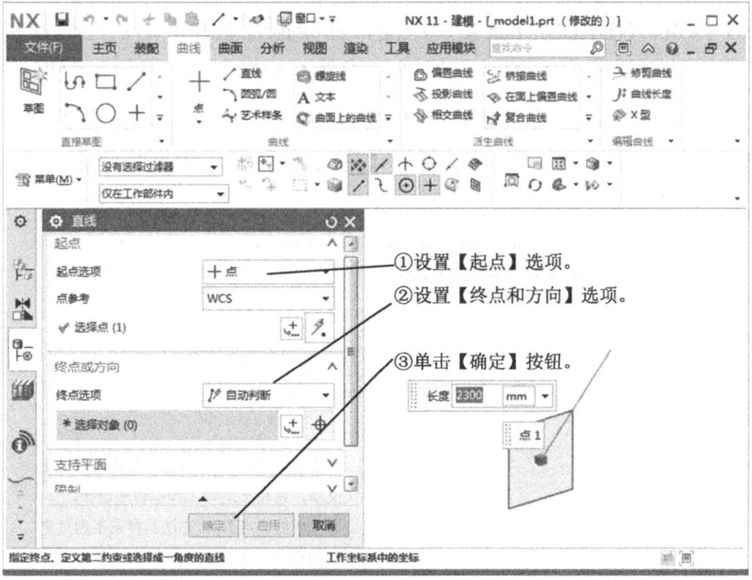

图 4-3 绘制直线

3. 圆弧/圆

在【曲线】工具条中单击【直线和圆弧】按钮，弹出【圆弧/圆】对话框，参数设置如图 4-4 所示。

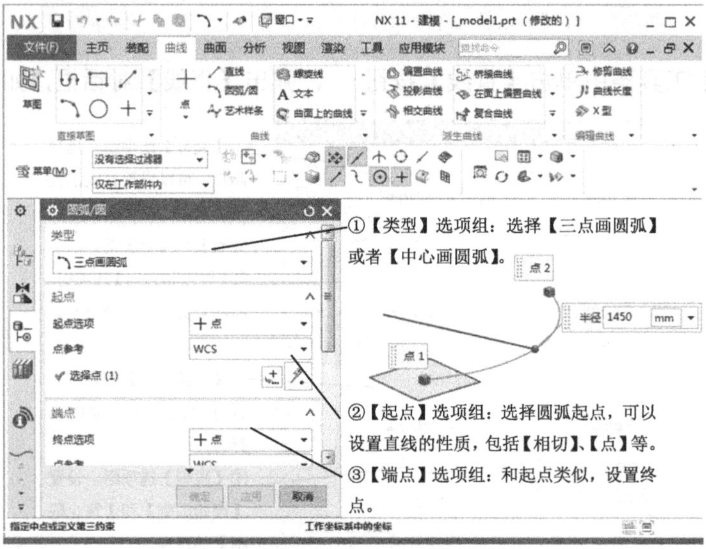

图 4-4　绘制圆弧

4.1.2　根据曲线构造自由曲线

1. 样条曲线

样条曲线在 NX 软件曲线设计中起着非常巨大的作用。样条曲线种类很多，NX 软件主要采用 NURBS 样条。NURBS 样条使用广泛，曲线拟合逼真，形状控制方便，能够满足绝大部分实际产品的设计要求。NURBS 已经成为当前 CAD/CAM 领域描述曲线和曲面的标准。

在【曲线】工具条中单击【艺术样条】按钮，打开【艺术样条】对话框，如图 4-5 所示。样条曲线的构造方法有 2 种，分别是【通过点】和【根据极点】。

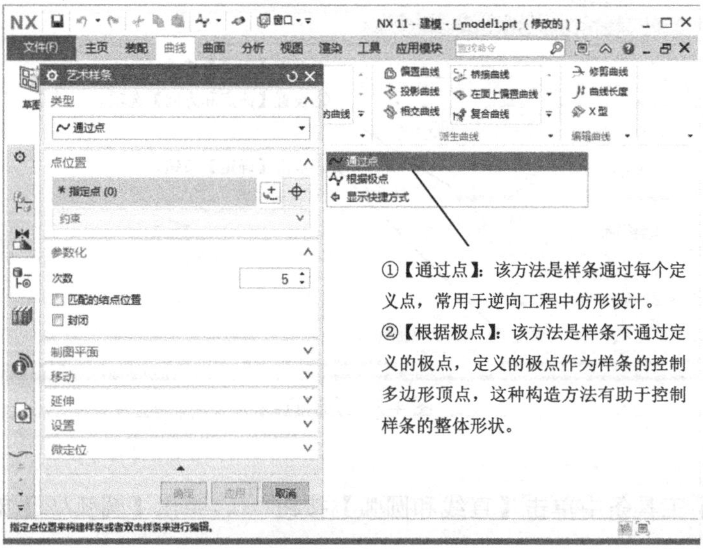

图 4-5　【艺术样条】对话框

2. 偏置曲线

偏置曲线是对空间曲线进行偏移的操作命令。【偏置曲线】方法可以偏置直线、圆弧、二次曲线、样条曲线、边缘曲线和草图曲线。偏置的类型有四种，分别是距离偏置、拔模方向偏置、规律控制偏置和 3D 轴向偏置。

在【曲线】工具条中单击【偏置曲线】按钮，打开【偏置曲线】对话框，选择【偏置类型】和【曲线】，依次输入偏置参数，单击【确定】按钮，如图 4-6 所示。

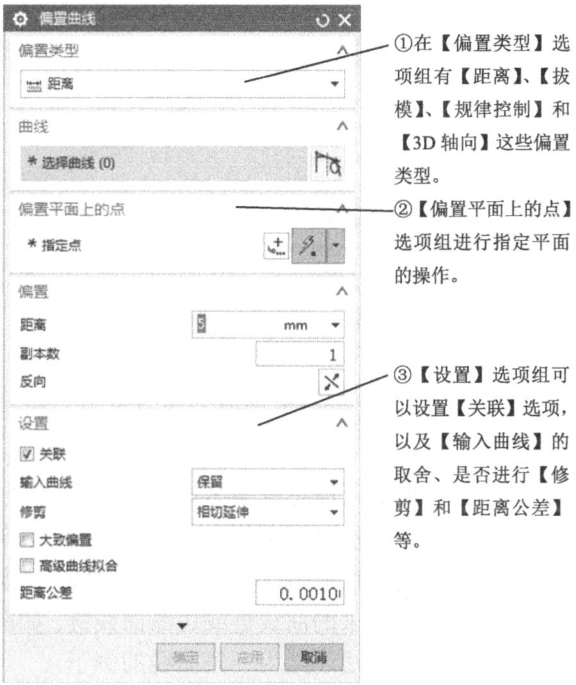

图 4-6 【偏置曲线】对话框

4.1.3 根据曲线构造自由曲线

根据曲线构造自由曲线最基本的一个特点，是在构造自由曲线时需要选择曲线，例如在构造连接曲线时需要选择曲线作为连结对象。根据曲线构造自由曲线的方法包括【桥接曲线】、【圆形圆角曲线】、【连结曲线】、【镜像曲线】和【投影曲线】等，位于菜单栏的【派生曲线】菜单选项下。

1. 桥接曲线

【桥接】曲线方法可以在两个曲面中间，沿着曲面的等参数或者非等参数方向创建桥接曲线，可以在一个面和点、曲线、边缘之间创建桥接曲线，也可以垂直于曲面边缘、曲面上的曲线或者其他任意曲线创建桥接曲线。

2. 圆形圆角曲线

【圆形圆角曲线】方法可以在两个三维曲线或者边缘曲线之间创建一条光滑的圆角曲

线，圆角曲线将与两条三维曲线或者边缘曲线相切，如图 4-7 所示。

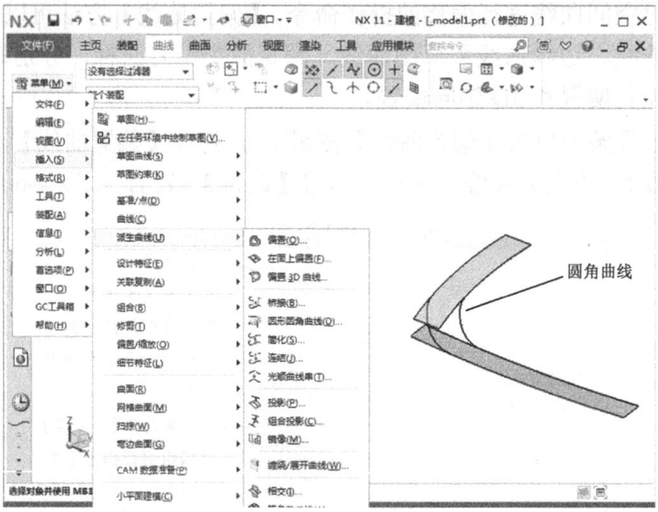

图 4-7　圆形圆角曲线

3. 连结曲线

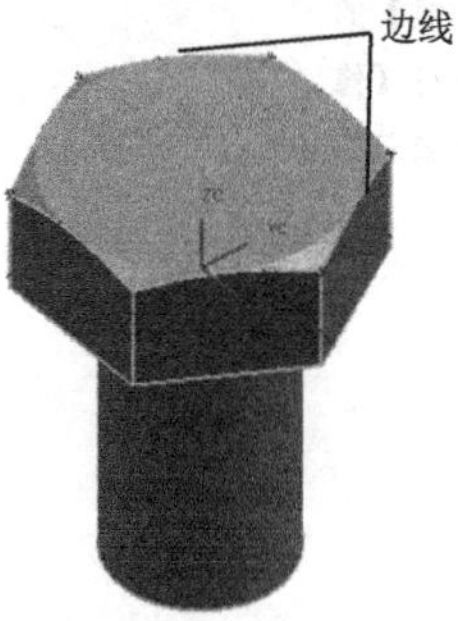

图 4-8　连结曲线

【连结】曲线方法可以把一些曲线链或边缘曲线链连接在一起，成为一条简单的 B 样条曲线。简单的 B 样条曲线可能是一条多项式样条曲线，多项式样条曲线将尽可能地接近原来的曲线链或边缘曲线链。简单的 B 样条曲线也可能是一条一般样条曲线，一般样条曲线将精确地代替原来的曲线链或边缘曲线链。如图 4-8 所示为把 6 个边缘曲线连结为一条曲线的例子。

4. 镜像曲线

【镜像】曲线方法可以根据用户指定的曲线，利用镜像平面得到曲线。用户需要指定要镜像的曲线和镜像平面，然后就可以得到和原曲线相关或者不相关的镜像曲线，如图 4-9 所示为根据镜像平面得到镜像曲线的一个例子。

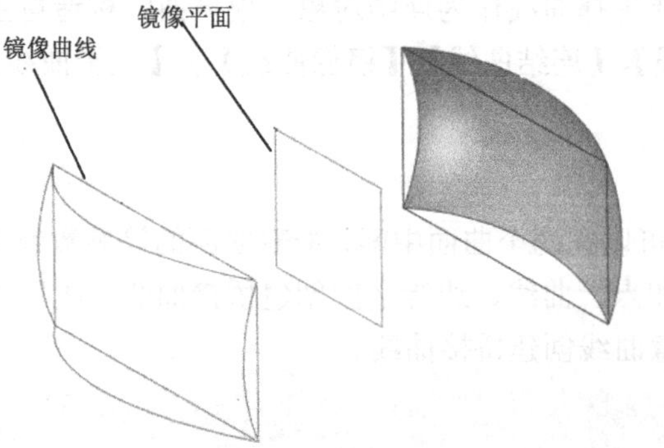

图 4-9　镜像曲线

5. 投影曲线

【投影】曲线方法可以把点、曲线和边缘曲线根据投影方向投影到片体、曲面和基准平面上。投影方向可以是矢量，也可以是与失量成一定的角度，还可以是面的方向。

如图 4-10 所示为选择需要投影的曲线后，沿着投影方向把曲线投影到一个基准平面的例子。

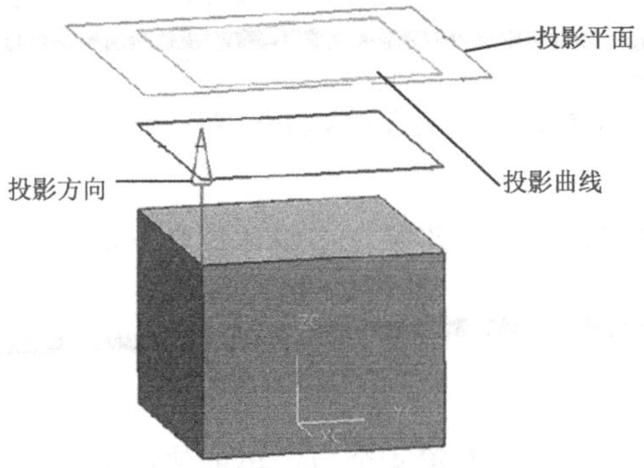

图 4-10　投影曲线

6. 相交曲线

根据曲面构造自由曲线最基本的一个特点，是在构造自由曲线时需要选择曲面，例如在构造截面曲线时需要选择一个截面。根据曲线构造自由曲线的方法包括【相交曲线】、【截面曲线】和【抽取曲线】。

如图 4-11 所示为选择第一组曲面和第二组曲面后构造的相交曲线。

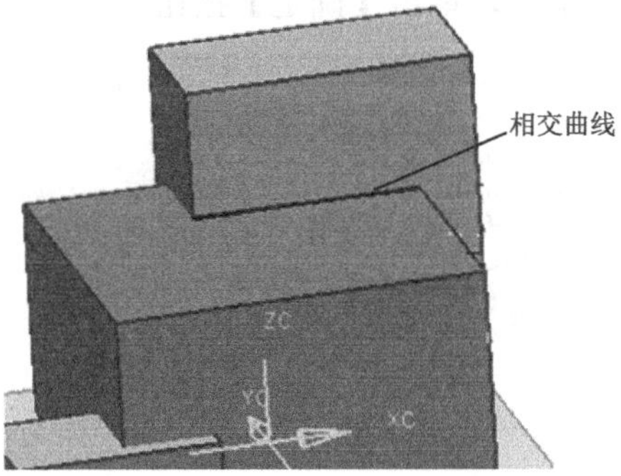

图 4-11　相交曲线

提示

【相交曲线】方法可以在两组曲面之间构造相交曲线，当曲面组更新以后，构造的相交曲线也随着曲面组更新。在一个曲面组中可以选择多个曲面。

4.1.4 曲线设计应用案例

本案例完成文件：ywj/04/4-1.prt

多媒体教学路径：多媒体教学→第 4 章→第 1 节

4.1.4.1 案例分析

本案例是创建空间曲线，首先创建 4 个点，再创建连接直线，并合并 3 条直线。

4.1.4.2 案例操作

Step1 创建草图

① 单击【直接草图】工具条中的【草图】按钮，创建草图，如图 4-12 所示。

② 在弹出的【创建草图】对话框中，单击【指定 CSYS】选项，指定草绘平面。

③ 在【创建草图】对话框中，单击【确定】按钮。

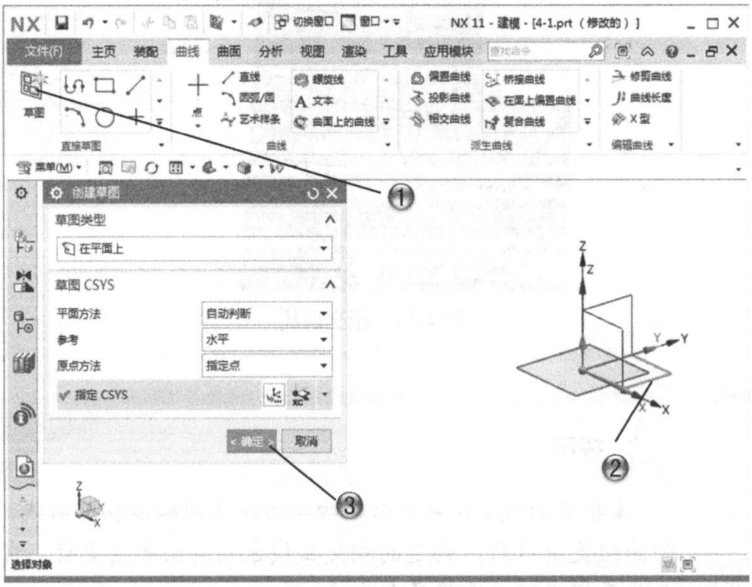

图 4-12 创建草图

Step2 创建点

① 单击【曲线】工具条中的【点】按钮+，绘制点，如图 4-13 所示。

② 选择 4 点，绘制点。

③ 单击【直接草图】工具条中的【快速尺寸】按钮，标注尺寸，如图 4-14 所示。

④ 依次设置点的位置尺寸。

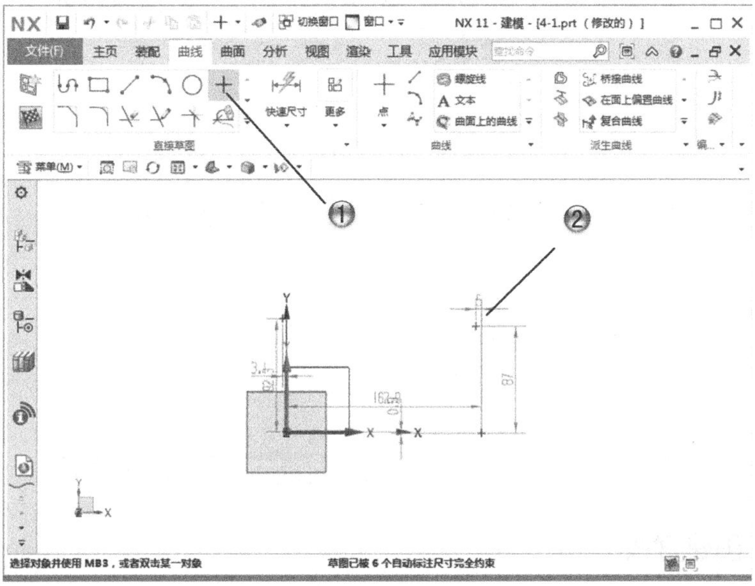

图 4-13 创建点

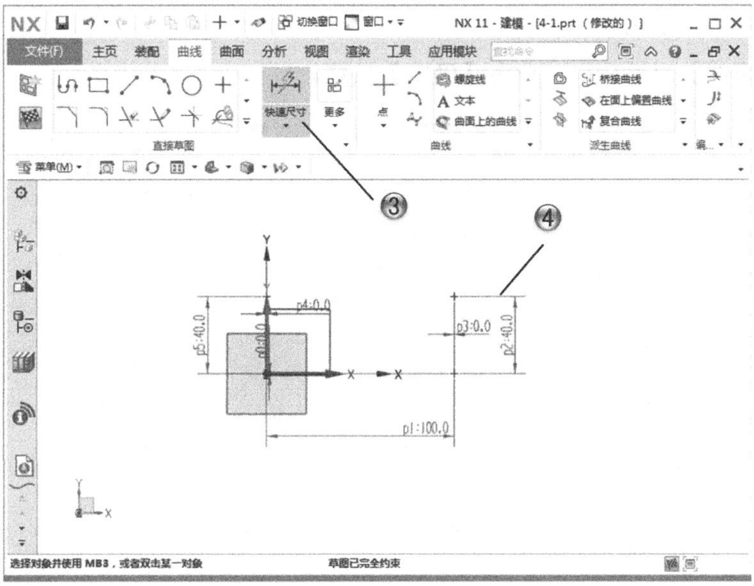

图 4-14 标注点的尺寸

Step3 创建直线

① 单击【曲线】工具条中的【直线】按钮 ，绘制直线，如图 4-15 所示。
② 选择两点，绘制直线。
③ 在【直线】对话框中，单击【确定】按钮。

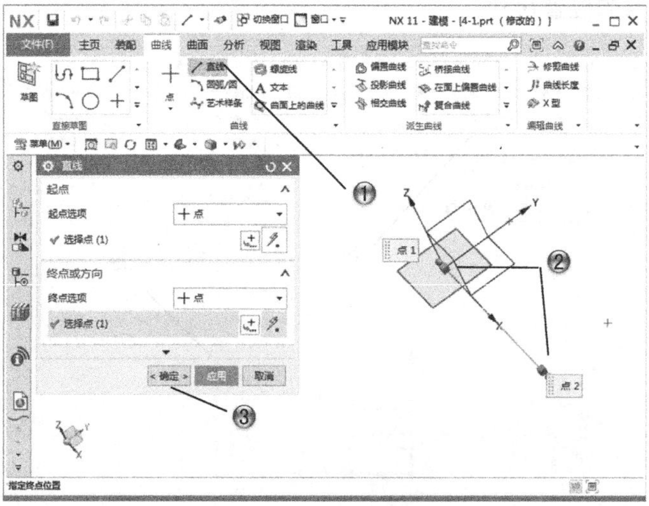

图 4-15　创建直线 1

Step4 创建直线

① 单击【曲线】工具条中的【直线】按钮 ，绘制直线，如图 4-16 所示。
② 选择两点，绘制直线。
③ 在【直线】对话框中，单击【确定】按钮。

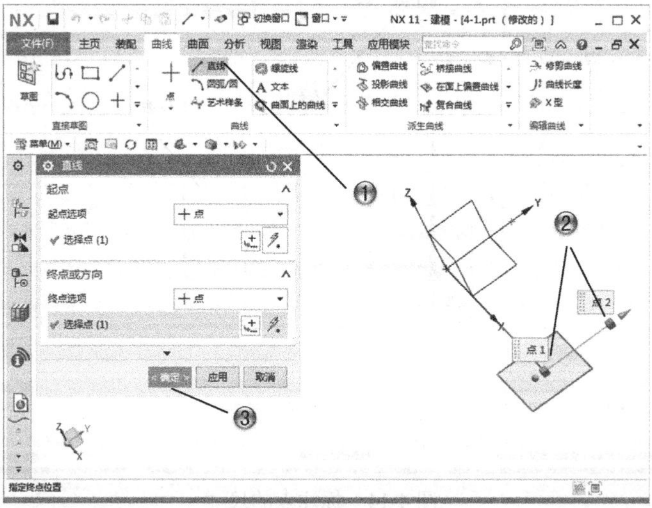

图 4-16　创建直线 2

Step5 创建直线

① 单击【曲线】工具条中的【直线】按钮 ，绘制直线，如图 4-17 所示。

② 选择两点，绘制直线。

③ 在【直线】对话框中，单击【确定】按钮。

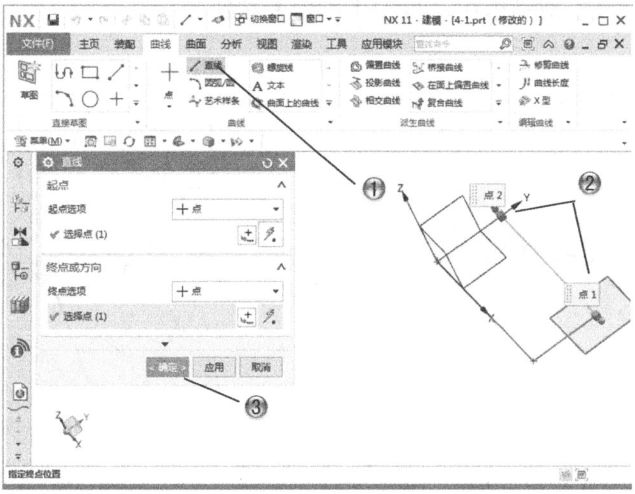

图 4-17　创建直线 3

Step6 创建直线

① 单击【曲线】工具条中的【直线】按钮 ，绘制直线，如图 4-18 所示。

② 选择两点，绘制直线。

③ 在【直线】对话框中，单击【确定】按钮。

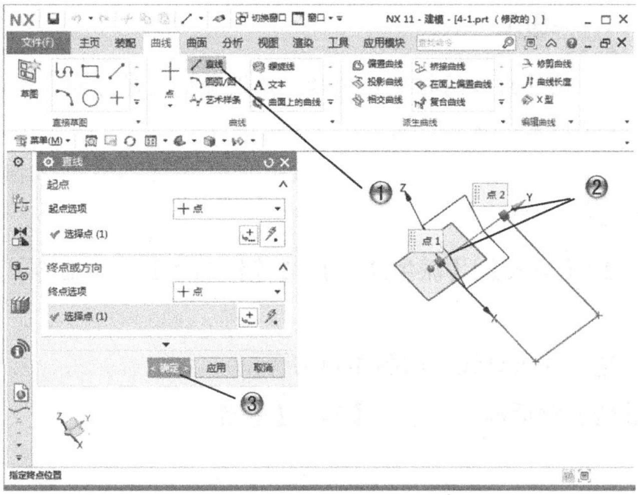

图 4-18　创建直线 4

Step7 创建偏置曲线

①单击【曲线】工具条中的【偏置曲线】按钮，创建偏置曲线，如图 4-19 所示。

②在绘图区，选择直线。

③在弹出的【偏置曲线】对话框中，设置偏置参数。

④在【偏置曲线】对话框中，单击【确定】按钮。

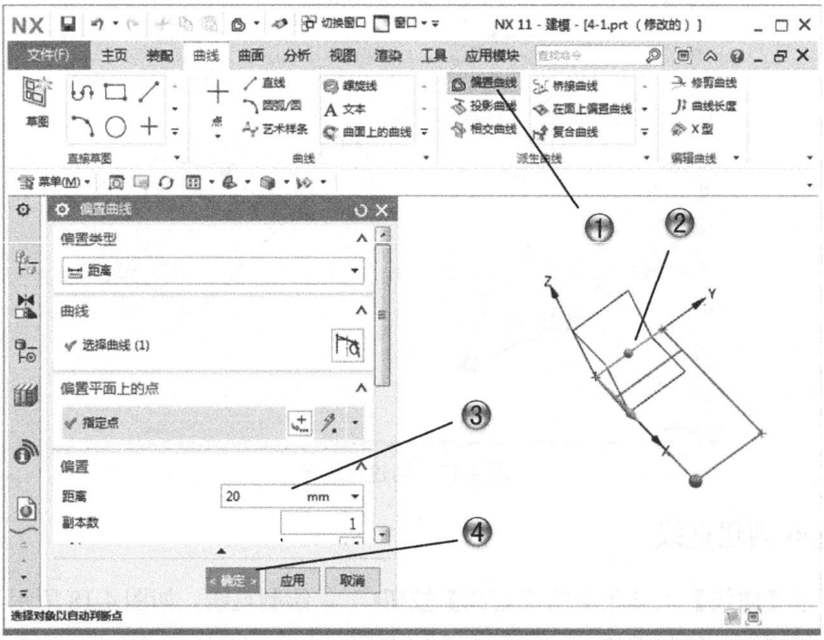

图 4-19　创建偏置曲线

提示

偏置曲线的指定点选项，是设置偏置的方向，也可以选择坐标系提供的方向。

Step8 创建连结曲线

①选择【菜单】|【插入】|【派生曲线】|【连结曲线】菜单命令，创建连结曲线，如图 4-20 所示。

②在绘图区，选择 3 条直线，如图 4-21 所示。

③在【连结曲线】对话框中，单击【确定】按钮。

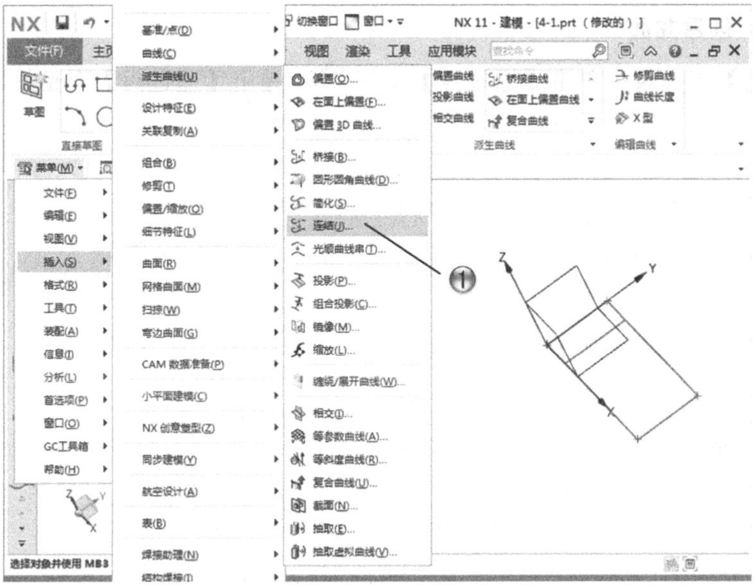

图 4-20　选择连结命令

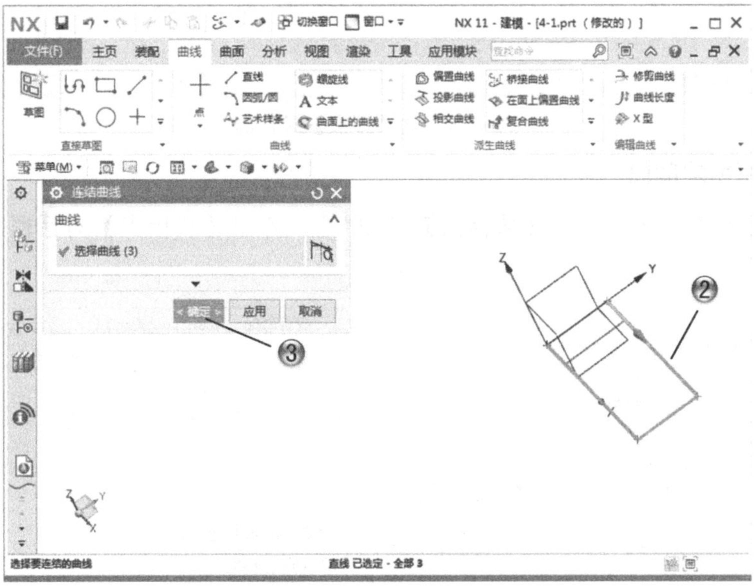

图 4-21　选择连结曲线

4.2　通过点创建曲面和直纹面

4.2.1　通过点创建曲面

通过点创建曲面的方法，是通过输入已有的点参数数据，完成曲面的创建。

1. 通过点创建曲面

在【曲面】工具条中单击【通过点】按钮，弹出【通过点】对话框，设置参数如图 4-22 所示。

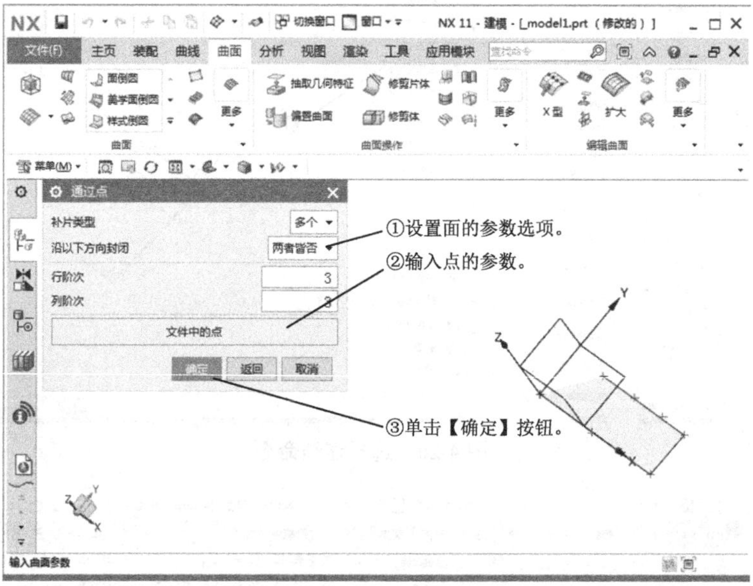

图 4-22 【通过点】对话框

2. 从极点创建曲面

在【曲面】工具条中单击【从极点】按钮，弹出【从极点】对话框，设置参数如图 4-23 所示。

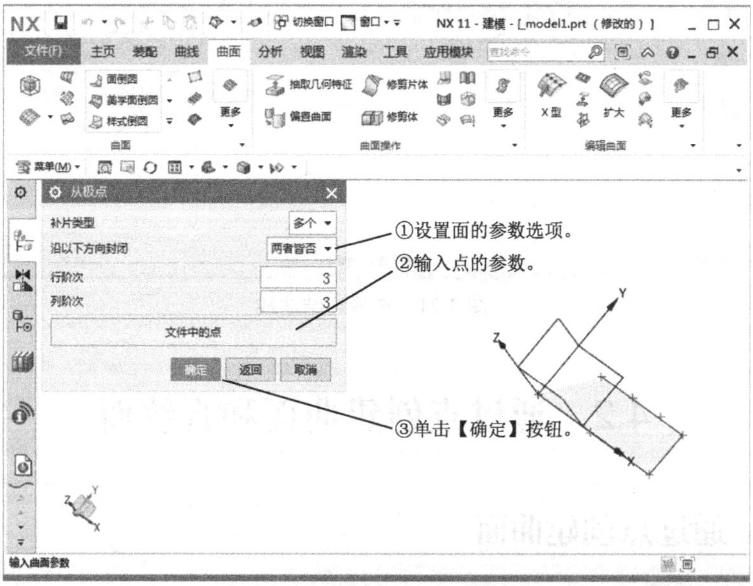

图 4-23 【从极点】对话框

4.2.2 直纹面

直纹面一般由延伸得到，延伸包括规律延伸曲面和延伸曲面两种方式。

1. 规律延伸曲面

在【曲面】工具条中单击【规律延伸】按钮，弹出如图 4-24 所示的【规律延伸】对话框。

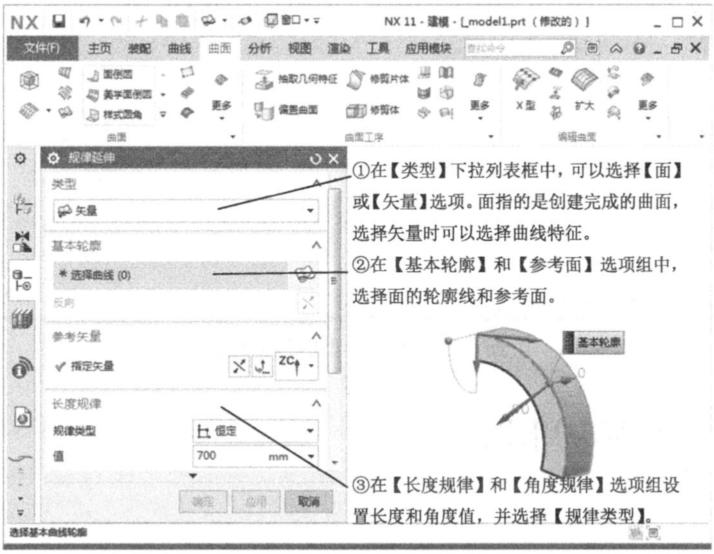

图 4-24　规律延伸曲面

2. 延伸曲面

在【曲面】工具条中单击【延伸曲面】按钮，打开如图 4-25 所示的【延伸曲面】对话框。

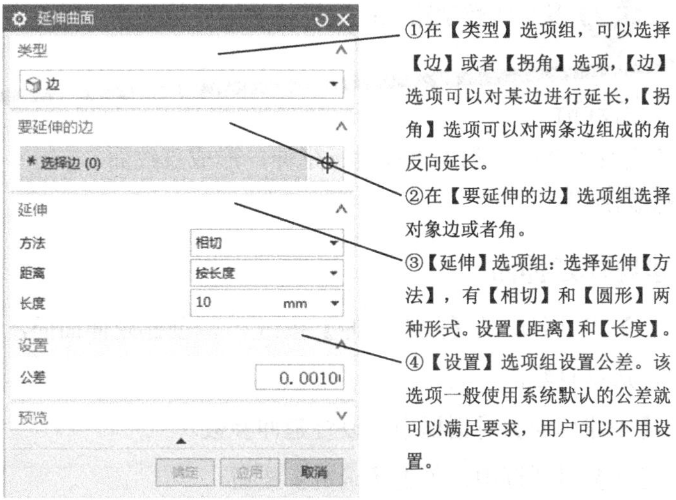

图 4-25　【延伸曲面】对话框

创建的不同【类型】的延伸曲面，如图 4-26 所示。

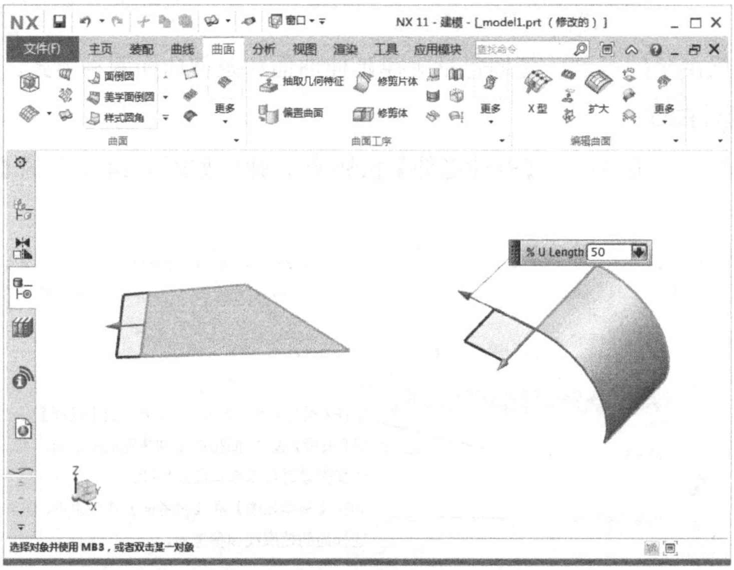

图 4-26　不同类型的延伸曲面

4.2.3　直纹面应用案例

本案例完成文件：ywj/04/4-1.prt

多媒体教学路径：多媒体教学→第 4 章→第 2 节

4.2.3.1　案例分析

本案例是创建直纹面特征，利用直线进行延伸，形成直纹面。

4.2.3.2　案例操作

Step1 创建规律延伸面

① 单击【曲面】工具条中的【规律延伸】按钮，创建延伸曲面，如图 4-27 所示。

② 在绘图区，选择直线。

③ 在弹出的【规律延伸】对话框中，设置延伸参数。

④ 在【规律延伸】对话框中，单击【确定】按钮。

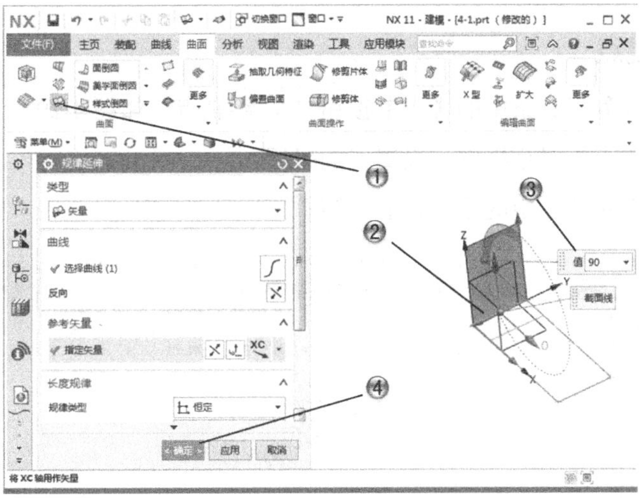

图 4-27　创建规律延伸 1

Step2 创建规律延伸面

① 单击【曲面】工具条中的【规律延伸】按钮，创建延伸曲面，如图 4-28 所示。

② 在绘图区，选择直线。

③ 在弹出的【规律延伸】对话框中，设置延伸参数。

④ 在【规律延伸】对话框中，单击【确定】按钮。

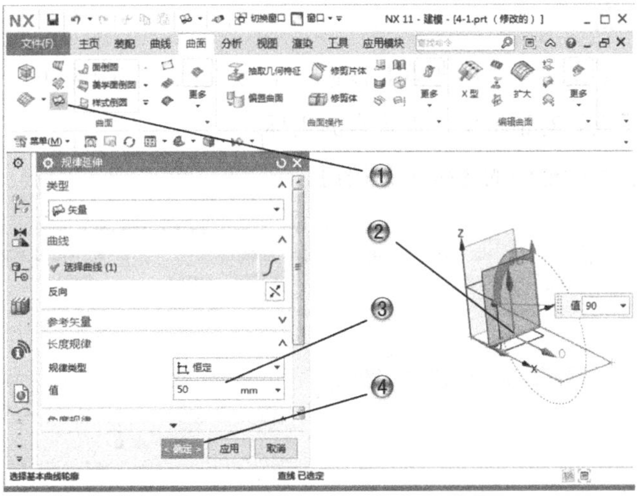

图 4-28　创建规律延伸 2

提示

规律延伸面的矢量直接选择 X、Y、Z 轴的方向，或者选择模型边线也可以。

Step3 创建点

① 单击【曲线】工具条中的【点】按钮┼，绘制点，如图 4-29 所示。

② 在弹出的【点】对话框中，设置点的坐标。

③ 单击【点】对话框中的【确定】按钮。

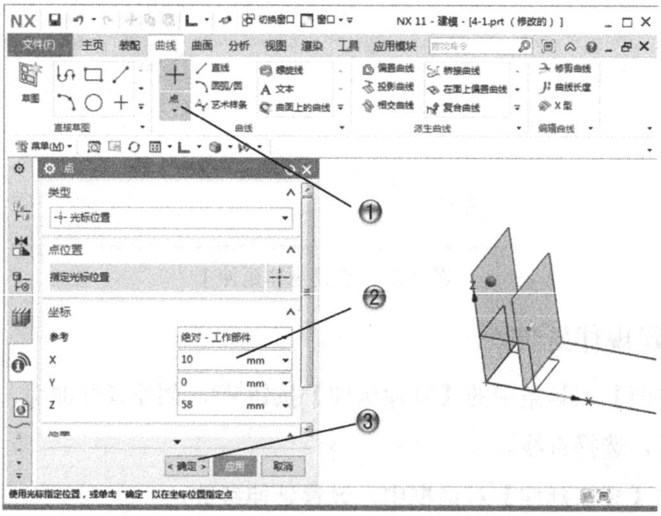

图 4-29　创建点 1

Step4 创建点

① 单击【曲线】工具条中的【点】按钮┼，绘制点，如图 4-30 所示。

② 在弹出的【点】对话框中，设置点的坐标。

③ 单击【点】对话框中的【确定】按钮。

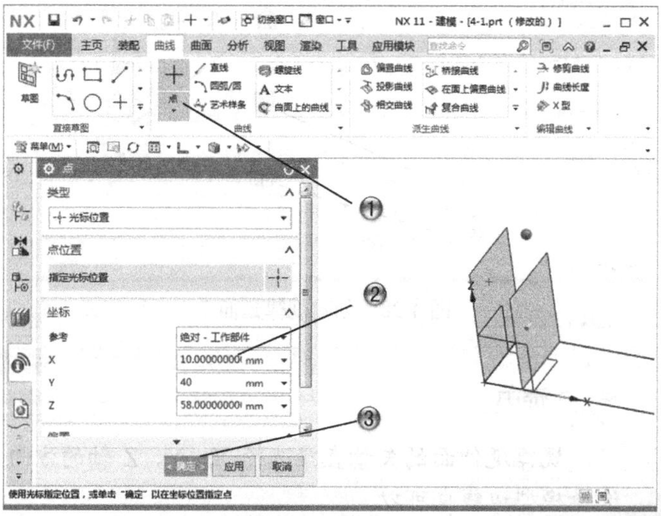

图 4-30　创建点 2

Step5 创建样条曲线

① 单击【曲线】工具条中的【艺术样条】按钮，绘制曲线，如图 4-31 所示。

② 在绘图区中，选择 3 个点。

③ 单击【艺术样条】对话框中的【确定】按钮。

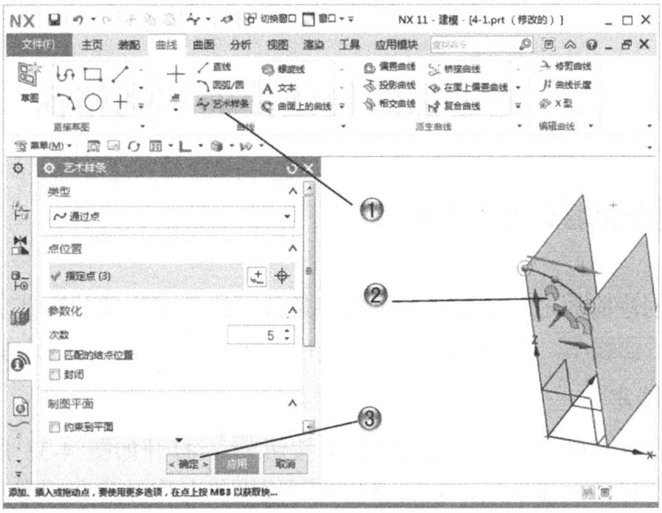

图 4-31　创建样条线 1

Step6 创建样条曲线

① 单击【曲线】工具条中的【艺术样条】按钮，绘制曲线，如图 4-32 所示。

② 在绘图区中，选择 3 个点。

③ 单击【艺术样条】对话框中的【确定】按钮。

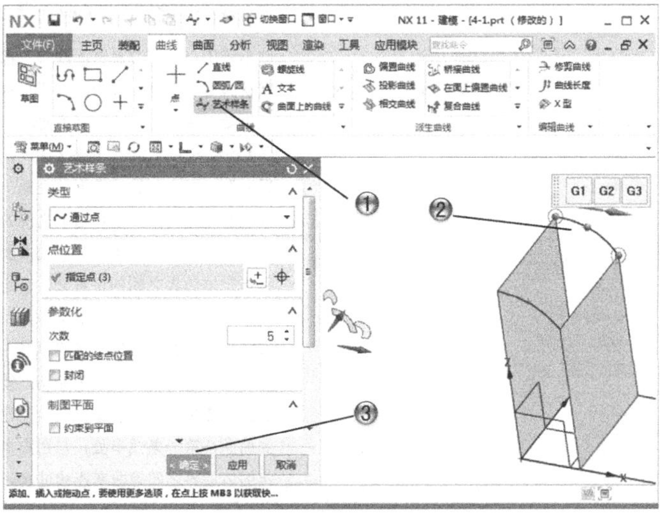

图 4-32　创建样条线 2

提示

样条曲线的参数一般选用默认设置，当然曲线的阶次可以根据情况修改。

4.3 通过曲线创建曲面和网格面

4.3.1 通过曲线创建曲面

通过曲线组创建曲面是依据用户选择的多条截面线串来生成片体或者实体。用户最多可以选择 150 条截面线串。截面线之间可以线性连接，也可以非线性连接。

1. 选择截面线串

在【曲面】工具条中单击【通过曲线组】按钮，打开如图 4-33 所示的【通过曲线组】对话框。在选择截面线串后，被选择的截面线串的名称显示在【截面】选项组的【列表】框中。

图 4-33 【通过曲线组】对话框

提示

截面线串的箭头方向对生成曲面的形状将产生非常重要的影响。一般来说，选择的几条截面曲线应该保证箭头方向基本一致，否则将生成扭曲的曲面或者根本无法生成曲面。

2. 选择对齐方式

【通过曲线组】对话框中的对齐方式，如图 4-34 所示。

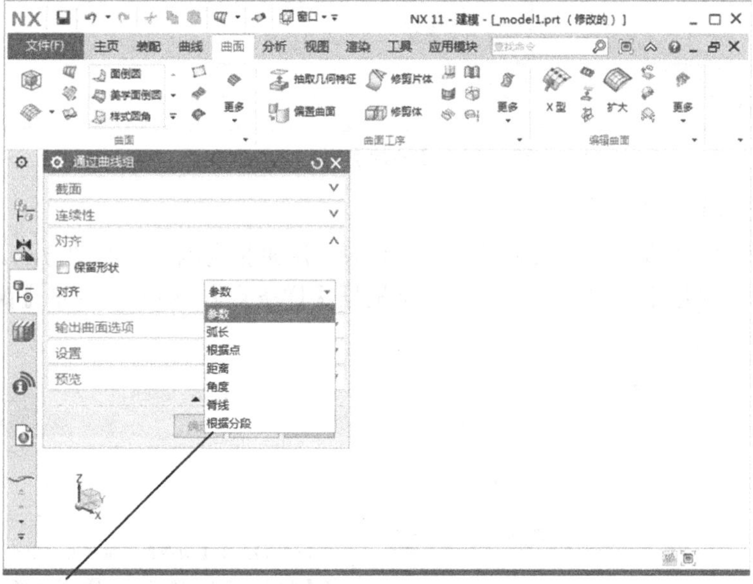

①【参数】：该选项可以使曲面按照自身参数进行对齐。

②【弧长】：该选项指定连接点在用户指定的截面线串上等弧长分布。

③【根据点】：在截面线串上指定一点，连接曲面按照此点进行对齐。

④【距离】：在【对齐】下拉列表框中选择该选项，用户可以设置【指定矢量】，定义一个矢量作为对齐轴的方向。

⑤【角度】：选择该选项，打开【定义轴线】对话框，可以通过【指定矢量】和【指定点】两种方法定义一条轴线。

⑥【脊线】：【脊线】对齐方式是指系统根据用户指定的脊线来生成曲面，此时曲面的大小由脊线的长度来决定。

⑦【根据分段】：【根据分段】对齐方式是指系统根据样条曲线上的分段来对齐创建曲面。

图 4-34　【对齐】下拉列表框

3. 指定补片类型

下面介绍指定补片类型的方法。

补片的类型有 3 种，如图 4-35 所示。

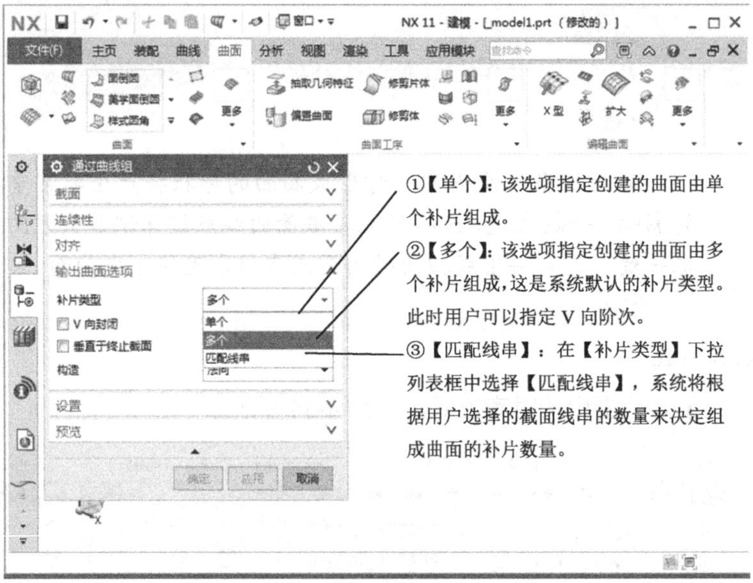

图 4-35 【补片类型】下拉列表框

4. 指定构造方法

【输出曲面选项】选项组【构造】下拉列表框用来指定构造曲面的方法。构造曲面的方法有 3 种，一种是【法向】构造，一种是根据【样条点】，还有一种是【简单】构造，如图 4-36 所示。

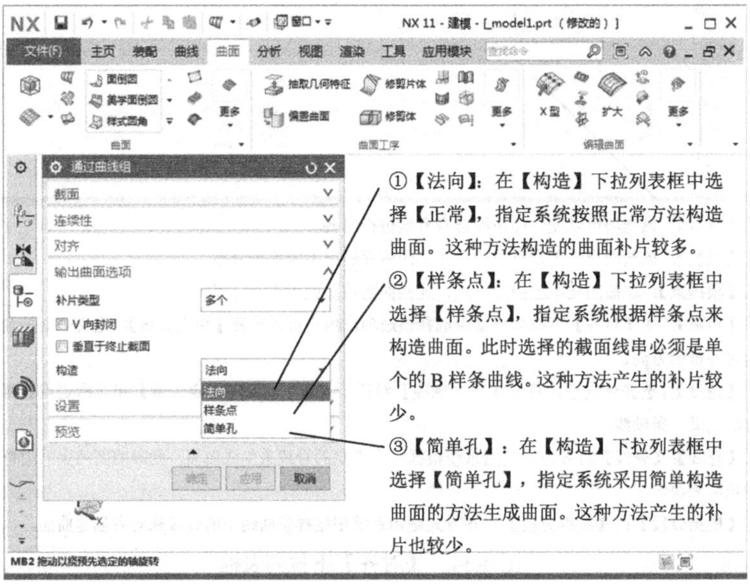

图 4-36 【构造】下拉列表框

5. 设置构建方式和阶次

构建曲面的方式有三种，包括【无】、【次数和公差】和【自动拟合】3 个选项，如图 4-37 所示。

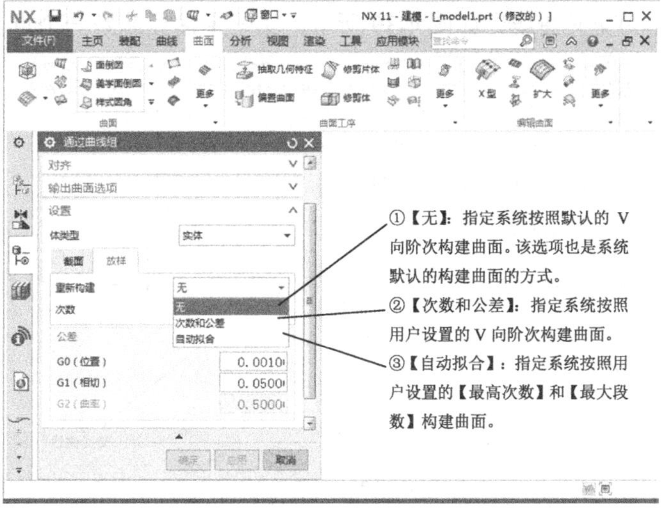

图 4-37 【重新构建】下拉列表框

4.3.2 网格面

通过曲线网格创建曲面的方法，是依据用户选择的两组截面线串来生成片体或者实体。

在【曲面】工具条中单击【通过曲线网格】按钮，打开如图 4-38 所示的【通过曲线网格】对话框。

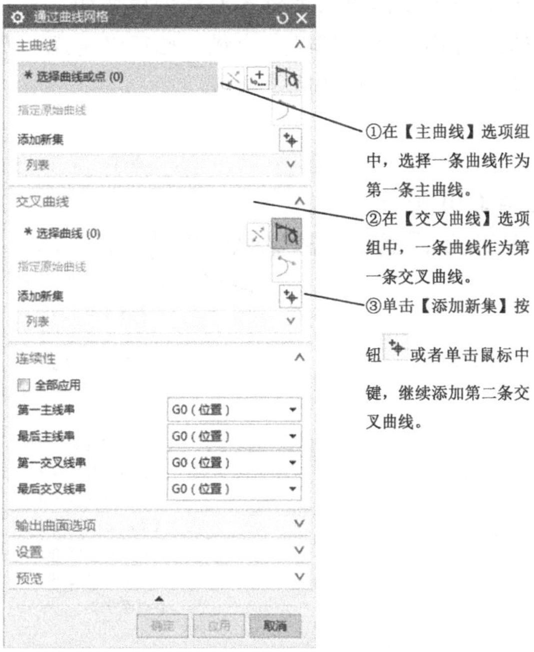

图 4-38 【通过曲线网格】对话框

当用户选择的几何对象中有点时，只能把与点大致平行的一些曲线作为主曲线，而把其他的一些曲线作为交叉曲线，如图 4-39 所示，第一主曲线就是一个点。

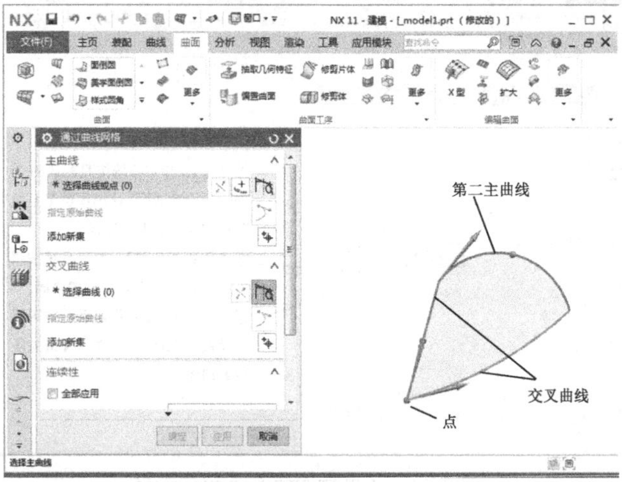

图 4-39　网格曲面

提示：

选取的几条主曲线的箭头方向应该大致相同，选取的几条交叉曲线的箭头方向也应该大致相同，否则创建的曲面将发生扭曲或者根本无法创建曲面。另外，主曲线选择的几何对象可以是曲线，也可以是点，而交叉曲线选择的几何对象只能是曲线。

曲面连续方式，如图 4-40 所示。

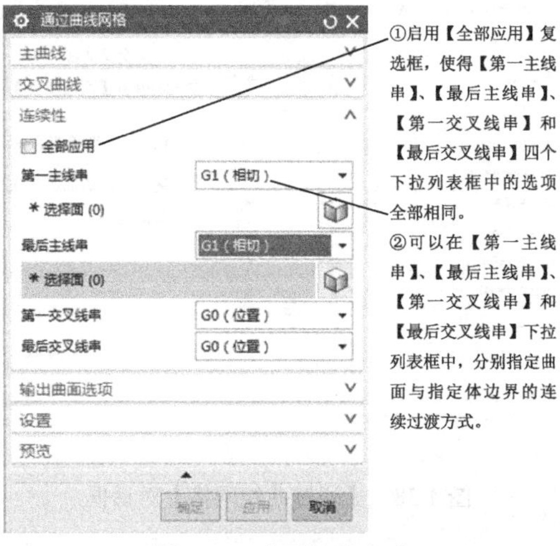

图 4-40　曲面连续方式

4.3.3 网格面应用案例

本案例完成文件：ywj/04/4-1.prt

多媒体教学路径：多媒体教学→第 4 章→第 3 节

4.3.3.1 案例分析

本案例是创建网格侧面，首先创建短的直线，和其余线条组成网格面。

4.3.3.2 案例操作

Step1 创建直线

① 单击【曲线】工具条中的【直线】按钮 ，绘制直线，如图 4-41 所示。

② 选择两点，绘制直线。

③ 在【直线】对话框中，单击【确定】按钮。

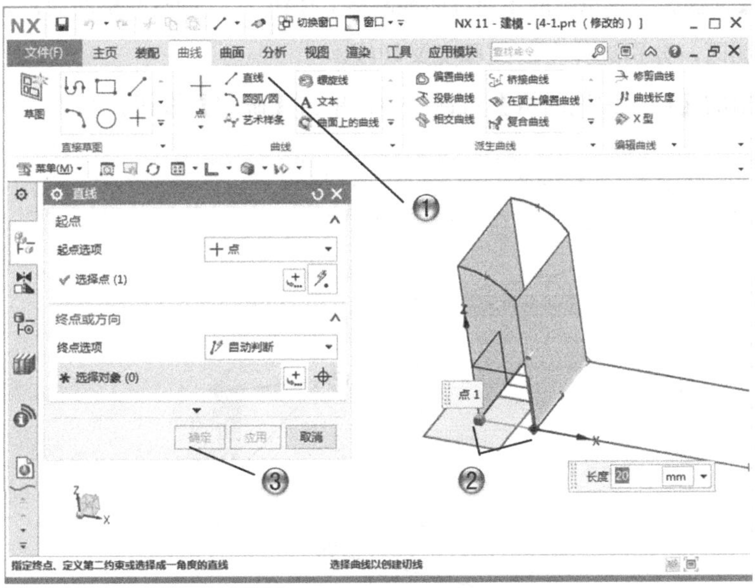

图 4-41 创建直线 1

Step2 创建直线

① 单击【曲线】工具条中的【直线】按钮 ，绘制直线，如图 4-42 所示。

② 选择两点，绘制直线。

③ 在【直线】对话框中，单击【确定】按钮。

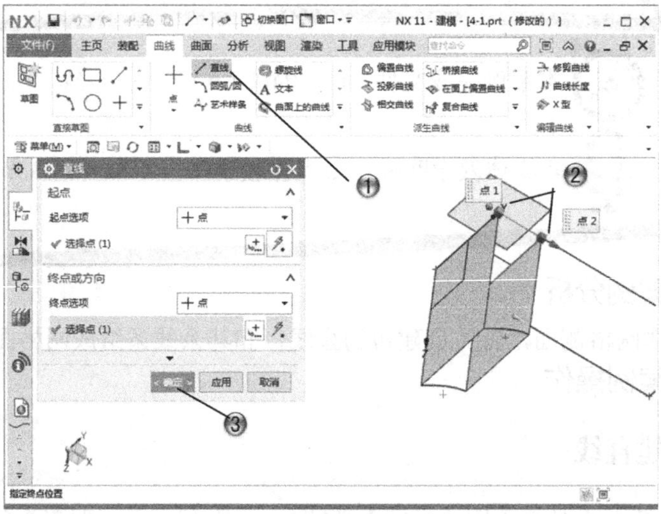

图 4-42 创建直线 2

Step3 创建网格面

① 单击【曲面】工具条中的【通过曲线网格】按钮 ，创建网格曲面，如图 4-43 所示。

② 在绘图区，分别选择主曲线和交叉切线。

③ 在弹出的【通过曲线网格】对话框中，单击【确定】按钮。

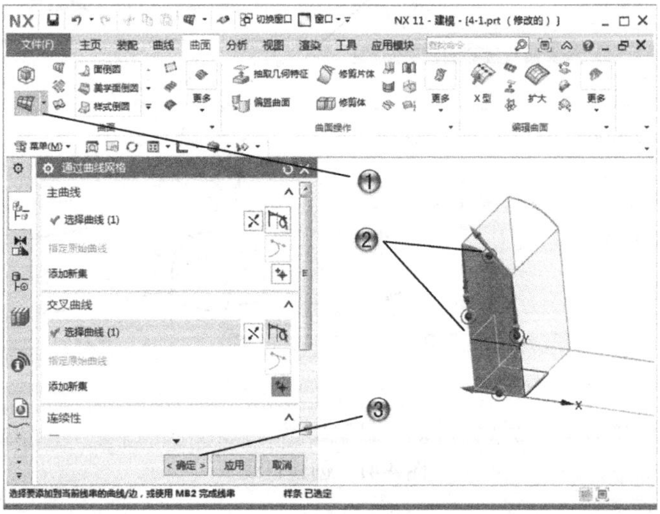

图 4-43 创建曲线网格 1

Step4 创建网格面

① 单击【曲面】工具条中的【通过曲线网格】按钮，创建网格曲面，如图 4-44 所示。

② 在绘图区，分别选择主曲线和交叉曲线。

③ 在弹出的【通过曲线网格】对话框中，单击【确定】按钮。

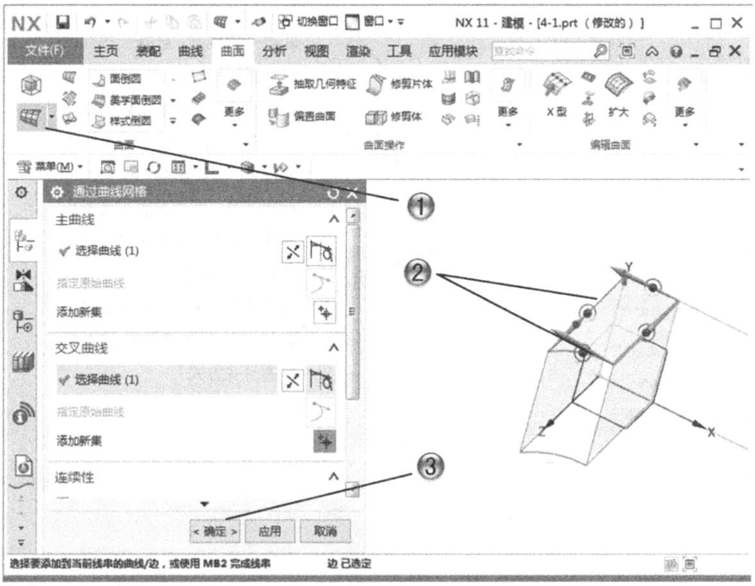

图 4-44　创建曲线网格 2

提示

创建网格面时，主曲线和交叉曲线的选择，需要在每次选择新曲线时单击【添加新集】按钮。

4.4　扫掠曲面

4.4.1　扫掠曲面

创建扫掠曲面是根据截面线串和引导线串创建曲面的一种方法，它是除基本曲面（如延伸曲面、通过曲线曲面和通过网格曲线曲面）之外，最常用的一种根据曲线创建曲面的方法。

1. 扫掠曲面的参数设置

扫掠曲面最基本的几何要素是截面线串和引导线串，其次是对齐方法、缩放方法和定位方法等截面选项。

在【曲面】工具条中单击【扫掠】按钮，打开如图 4-45 所示的【扫掠】对话框。

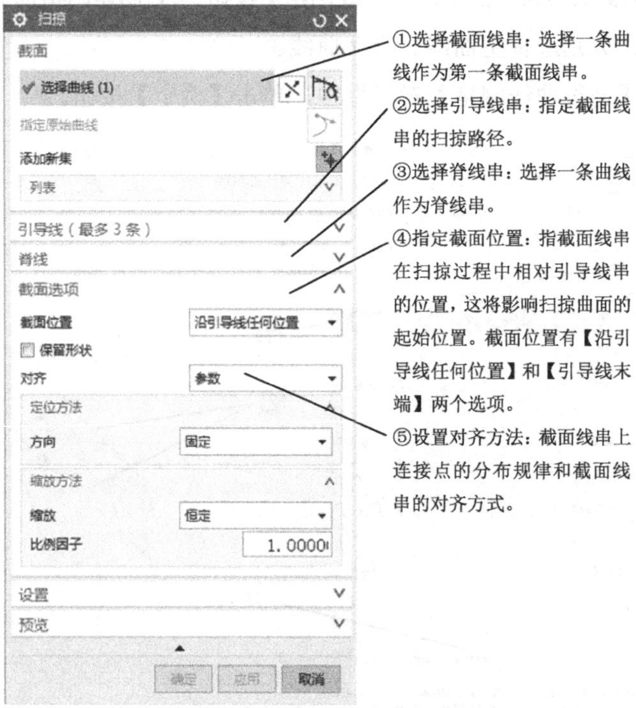

图 4-45　【扫掠】对话框

2. 扫掠曲面引导线串

根据用户选择引导线串数目的不同，扫掠曲面的缩放方式和扫掠曲面的方位控制，大致可以分为以下三类：

（1）一条引导线串

当用户选择一条引导线串时，用户需要指定扫掠曲面的缩放方式和扫掠曲面的方位控制。如图 4-46 所示为选择一条引导线串生成的扫掠曲面。

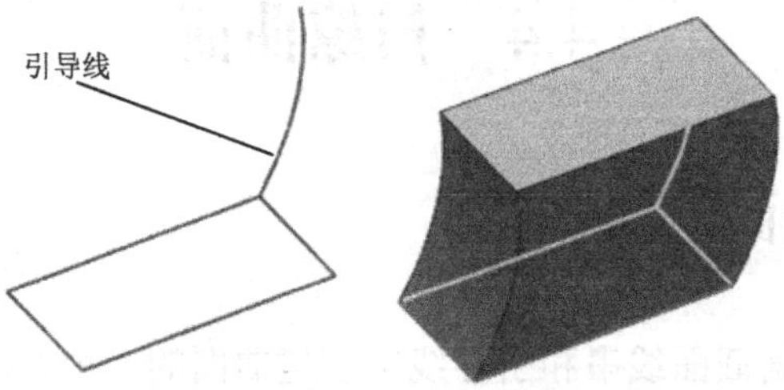

图 4-46　一条引导线串

（2）两条引导线串

当用户选择两条引导线串时，用户只需要指定扫掠曲面的缩放方式，而不需要指定扫掠曲面的方位控制。如图 4-47 所示为选择两条引导线串生成的扫描曲面。

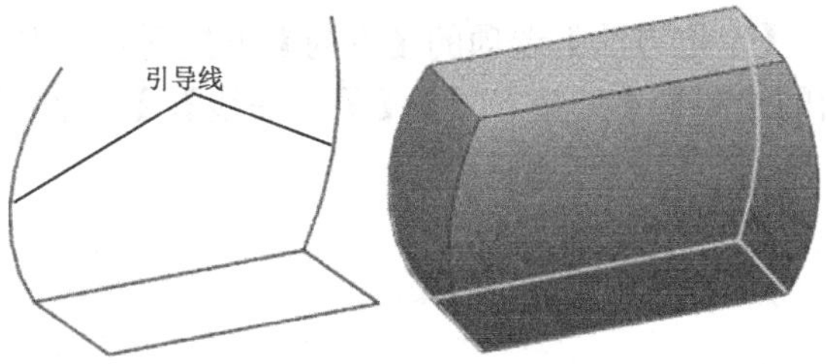

图 4-47　两条引导线串

（3）三条引导线串

当用户选择三条引导线串时，用户既不需要指定扫掠曲面的方位控制，也不需要扫掠曲面的缩放方式。这时因为，当用户选择三条引导线串后，截面线串在沿引导线串扫掠过程中的截面形状已经可以完全控制。

3. 扫掠曲面的缩放方式

缩放方式是指扫描曲面尺寸大小的变化规律或者控制扫描曲面大小的方式，如图 4-48 所示，在【缩放方法】选项中，扫掠曲面的缩放方式包括【恒定】、【倒圆功能】、【另一曲线】、【一个点】、【面积规律】和【周长规律】6 种方法。

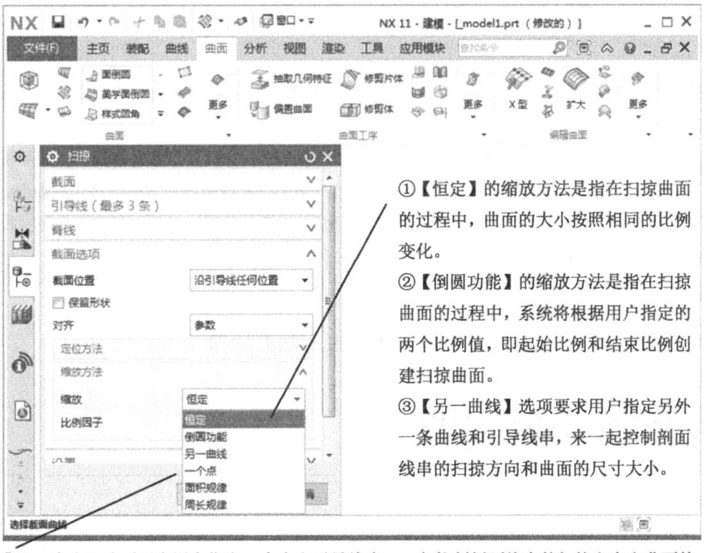

④【一个点】选项要求用户指定一个点和引导线串，一起控制剖面线串的扫掠方向和曲面的尺寸大小。该点可以是已经存在的点，也可以是用户重新构造的点。

⑤【面积规律】选项可以按照某种函数、方程或者脊线来控制曲面的尺寸大小。

⑥【周长规律】选择的截面线串可以不是封闭曲线，因为不封闭的截面线串同样具有一定的周长，系统只是根据截面线串周长的变化来控制扫描曲面，而截面线串的面积没有关系。

图 4-48　【缩放方法】选项组

4. 扫掠曲面的方位控制

当用户只选择一条引导线串时，截面线串的方位还不能得到完全控制，系统需要用户指定其他的一些几何对象（如曲线和矢量等）或者变化规律（如角度变化规律和强制方向等）来控制截面线串的方位。

如图 4-49 所示，在【定位方法】选项的【方向】下拉列表框中，控制截面线串的方位方法包括【固定】、【面的法向】、【矢量方向】、【另一曲线】、【一个点】、【角度规律】和【强制方向】7 种方法。

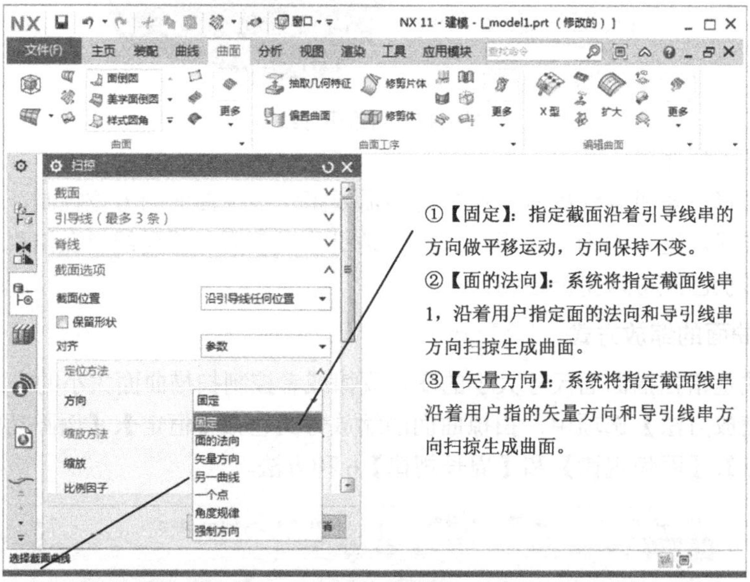

④【另一曲线】：选择一条曲线后，系统将指定截面线串，沿着用户选择的曲线和导引线串方向扫掠生成曲面。

⑤【一个点】：选择一个对象或者单击【点对话框】按钮，打开【点】对话框，在该对话框中构造一个点后，系统将指定截面线串沿着用户指的点和导引线串方向扫掠生成曲面。

⑥【角度规律】：其中的【规律类型】下拉列表框中包括 7 种规律类型，都是用来控制扫掠曲面过程中角度的变化规律的，即截面线串在扫掠轨迹中的角度变化规律。

⑦【强制方向】：选择对象以自动判断矢量。

图 4-49 【定位方法】选项

4.4.2 扫掠曲面应用案例

本案例完成文件：ywj/04/4-1.prt

多媒体教学路径：多媒体教学→第 4 章→第 4 节

4.4.2.1 案例分析

本案例是创建扫掠曲面，利用扫掠路径直线和之前合并的 3 条直线，组成扫掠曲面。

4.4.2.2 案例操作

Step1 创建点

① 单击【曲线】工具条中的【点】按钮十，绘制点，如图 4-50 所示。

② 在弹出的【点】对话框中，设置点的坐标。

③ 在【点】对话框中，单击【确定】按钮。

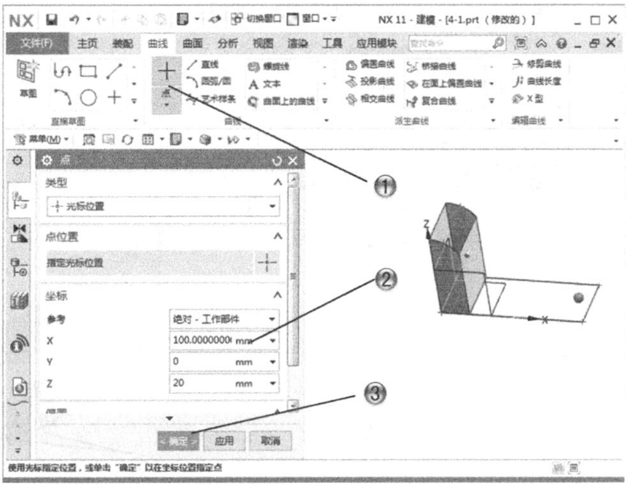

图 4-50 创建空间点

Step2 创建直线

① 单击【曲线】工具条中的【直线】按钮，绘制直线，如图 4-51 所示。

② 选择起点和终点矢量。

③ 在【直线】对话框中，单击【确定】按钮。

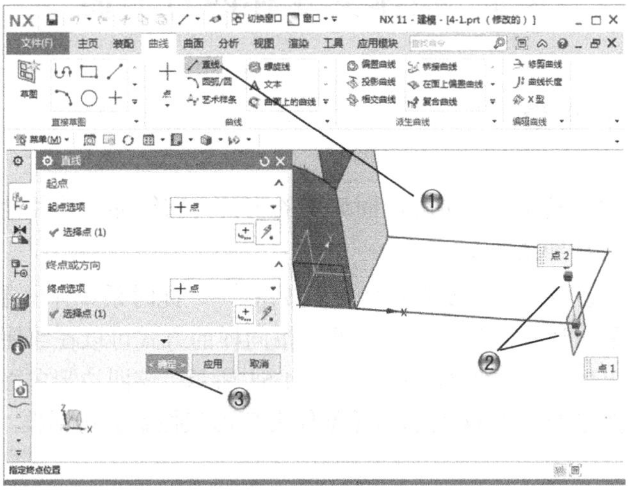

图 4-51 创建直线

Step3 创建扫掠面

① 单击【曲面】工具条中的【扫掠】按钮，创建扫掠面，如图 4-52 所示。

② 在绘图区，分别选择截面曲线和引导线。

③ 在弹出的【扫掠】对话框中，单击【确定】按钮。

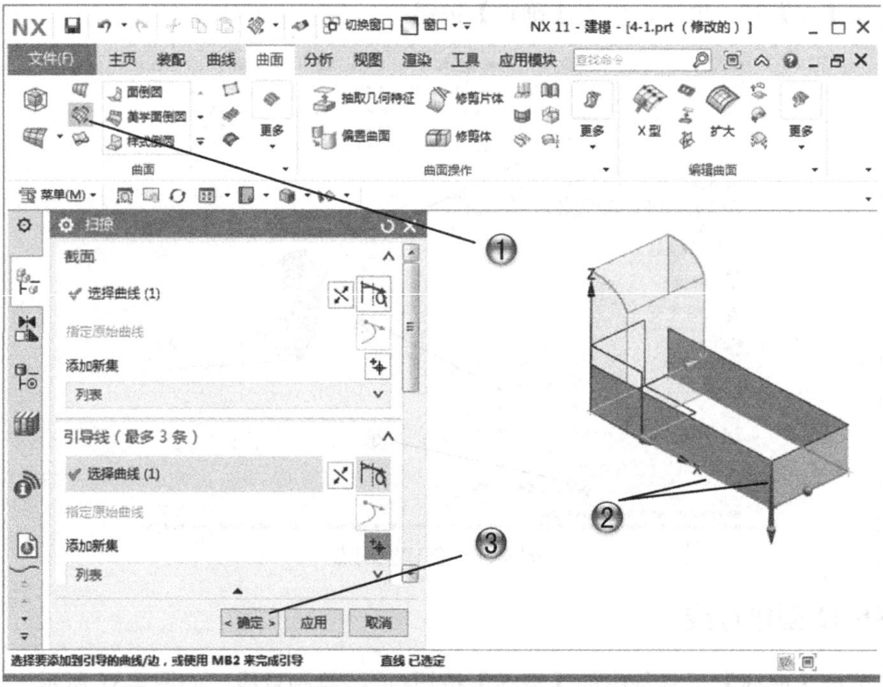

图 4-52　创建扫掠面

4.5　整体突变和四点曲面

4.5.1　整体突变

整体突变是一种生成曲面和进行曲面编辑的工具，它能够快速并动态地生成曲面、曲面成形和编辑光顺的 B 曲面。

在【曲面】工具条中，单击【整体突变】按钮，此时系统弹出【点】对话框。在绘图区内，通过【点】对话框创建一点。接着，按同样的方式可以在绘图区内创建第二点。此时在绘图区内将出现一个四边形曲面，如图 4-53 所示。该四边形曲面已经设置了水平和垂直方向。同时，弹出如图 4-54 所示的【整体突变形状控制】对话框。

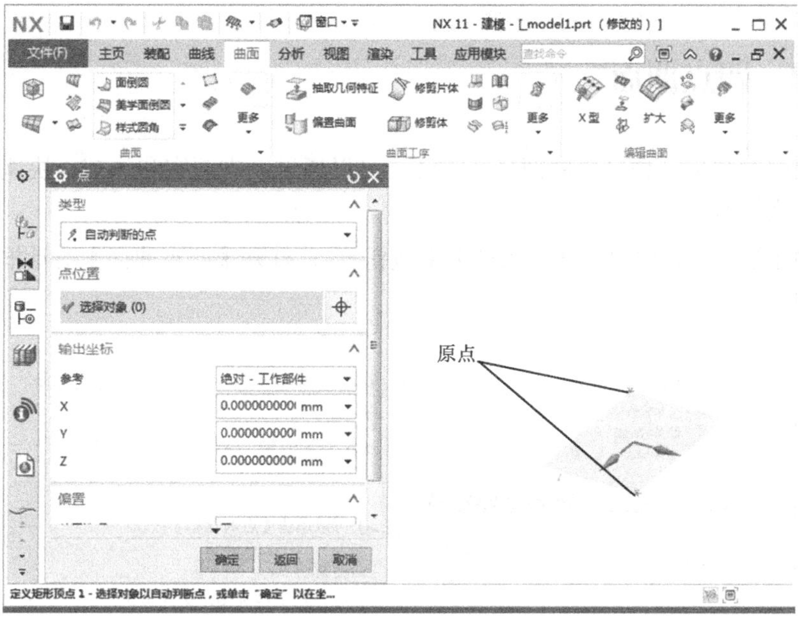

图 4-53　四边形曲面

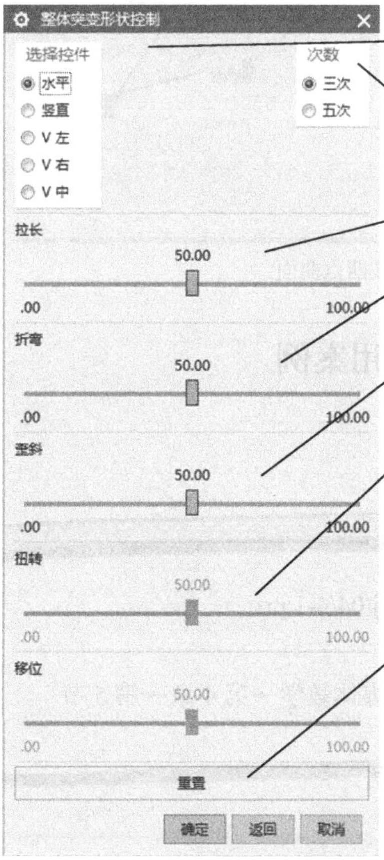

①【选择控件】选项组：在该选项组中，可以设置自由曲面的参考位置和参考方向。

②【次数】选项组：可以设置曲面的次数为【三次】或【五次】。

③【拉长】：通过滑动杆上的滑块来控制曲面的拉伸程度以生成曲面。

④【折弯】：通过移动滑动杆上的滑块来控制曲面的折弯程度，生成符合要求的曲面。

⑤【歪斜】：通过移动滑动杆上的滑块来控制曲面的歪斜程度，即可以调节曲面靠近起始点位置的程度。

⑥【扭转】：通过移动滑动杆上的滑块来改变曲面的扭转程度。

⑦【移位】：该控制量可以控制滑块位置设置曲面的偏移程度。

⑧【重置】按钮：可以取消所有的设置数值，可以将曲面的改变取消，从而使曲面返回到原始状态。

图 4-54　【整体突变形状控制】对话框

4.5.2　四点曲面

四点曲面同样是一种自由曲面形状方法，可以通过动态观察和调节，快速生成符合一定结构和形状的 B 曲面。

在【曲面】工具条中单击【四点曲面】按钮，打开【四点曲面】对话框，参数设置如图 4-55 所示。

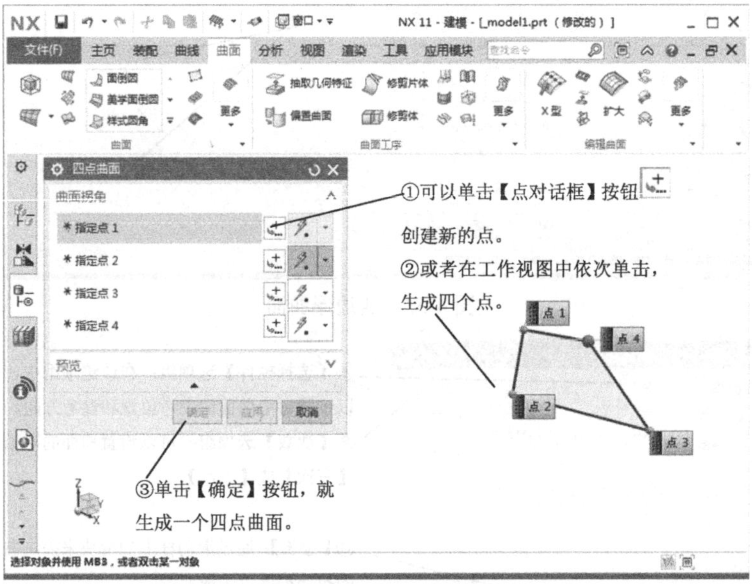

图 4-55　生成四点曲面

4.5.3　整体突变和四点曲面应用案例

本案例完成文件：ywj/04/4-1.prt

多媒体教学路径：多媒体教学→第 4 章→第 5 节

4.5.2.1　案例分析

本案例是创建两个曲面，分别是四点曲面和整体突变曲面，这些曲面都可以进行变形。

4.5.2.2 案例操作

Step1 创建四点曲面

① 单击【曲面】工具条中的【四点曲面】按钮，创建四点曲面，如图 4-56 所示。

② 在绘图区，分别选择 4 个点，如图 4-57 所示。

③ 在弹出的【四点曲面】对话框中，单击【确定】按钮。

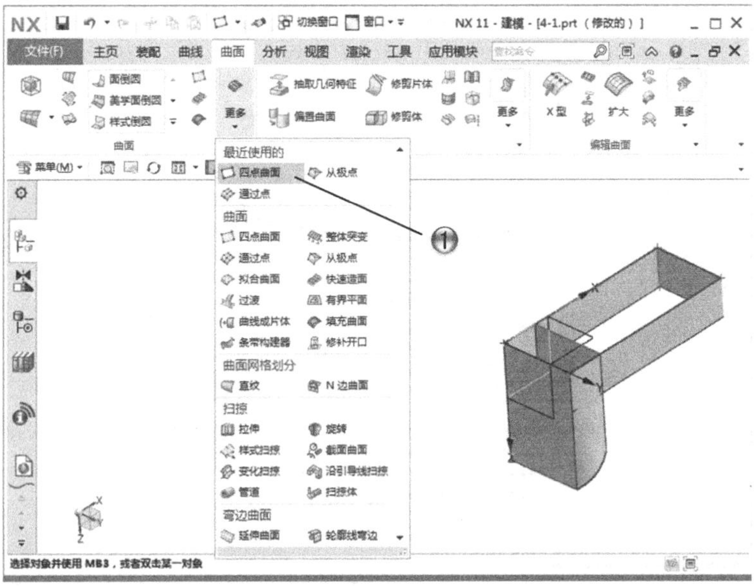

图 4-56 选择四点曲面命令

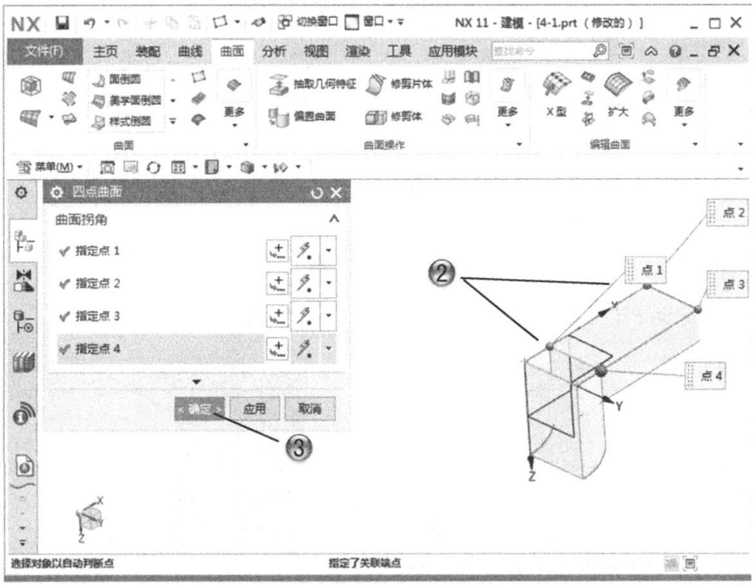

图 4-57 创建四点曲面

Step2 创建整体突变曲面

① 单击【曲面】工具条中的【整体突变】按钮，创建整体突变曲面，如图 4-58 所示。

② 在绘图区，分别选择 2 个点，如图 4-59 所示。

③ 在弹出的【整体突变形状控制】对话框中，设置形变参数，如图 4-60 所示。

④ 在【整体突变形状控制】对话框中，单击【确定】按钮。

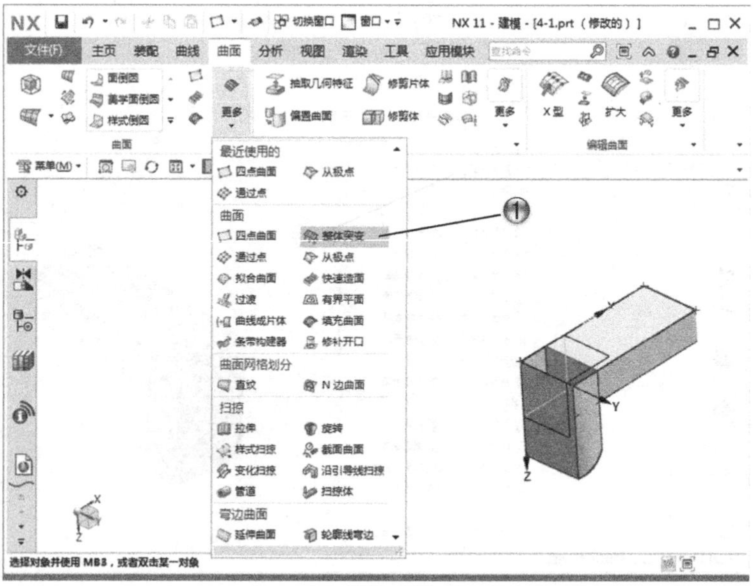

图 4-58 选择整体突变命令

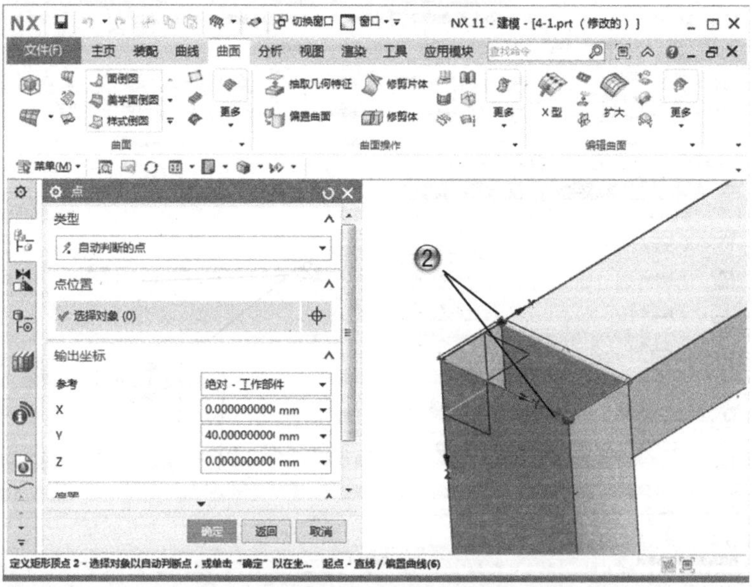

图 4-59 创建曲面

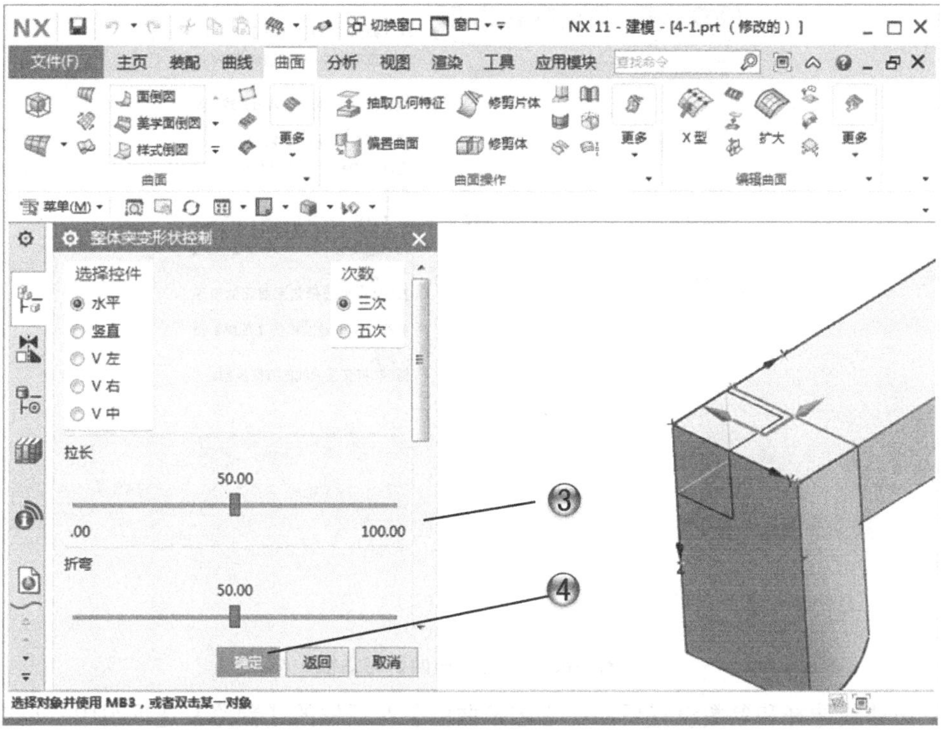

图 4-60　设置曲面形状

提示

整体突变创建的也是四边形曲面，不过其形状可以通过【拉长】和【折弯】选项进行修改。

4.6　艺术曲面

4.6.1　艺术曲面

艺术曲面可以通过预先设置的曲面构造方式来生成，能够快速简洁地生成曲面。艺术曲面命令可以通过【上边框条】中的【菜单】栏进行选择，选择【菜单】|【插入】|【网格曲面】|【艺术曲面】菜单命令，或者直接单击【曲面】工具条中的【艺术曲面】按钮，系统弹出如图 4-61 所示的【艺术曲面】对话框。

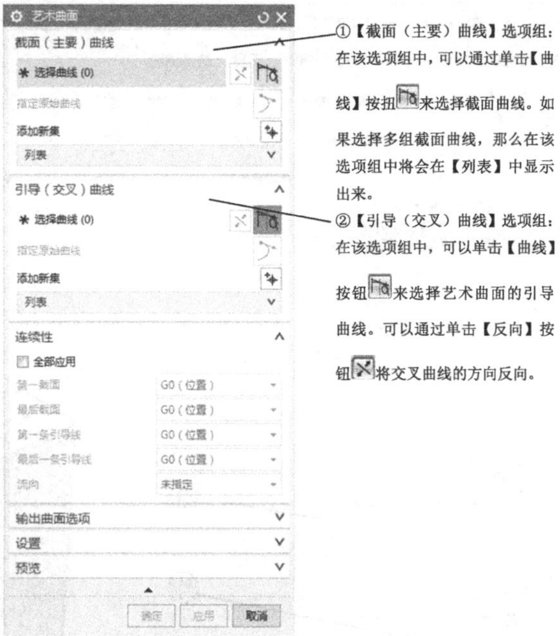

图 4-61 【艺术曲面】对话框

完成曲线选择和参数设置后，在【艺术曲面】对话框的【预览】选项组中，可以设置是否在生成艺术曲面的过程中，对生成的曲面进行预览。艺术曲面的效果如图 4-62 所示。

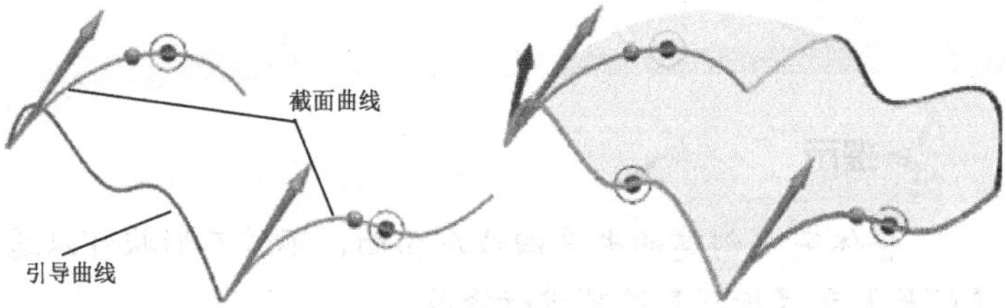

图 4-62 艺术曲面的效果

4.6.2 艺术曲面应用案例

本案例完成文件：ywj/04/4-1.prt

多媒体教学路径：多媒体教学→第 4 章→第 6 节

4.6.2.1 案例分析

本案例是创建艺术曲面，艺术曲面和网格曲面类似，同样是选择截面和引导曲线。

4.6.2.2 案例操作

Step1 创建艺术曲面

① 单击【曲面】工具条中的【艺术曲面】按钮，创建艺术曲面，如图 4-63 所示。

② 在绘图区，分别选择截面曲线和引导曲线。

③ 在弹出的【艺术曲面】对话框中，单击【确定】按钮。

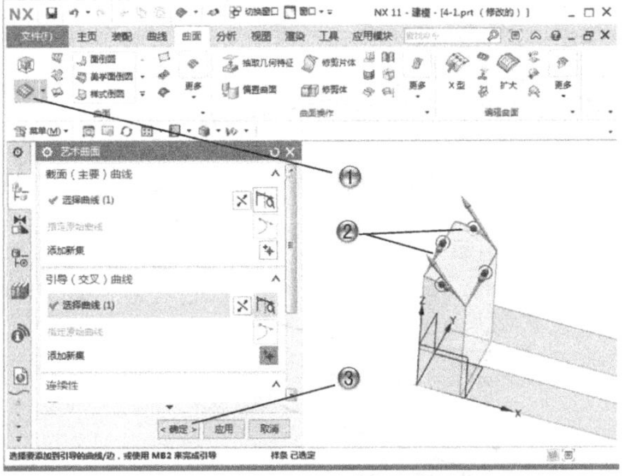

图 4-63 创建艺术曲面

Step2 创建直线

① 单击【曲线】工具条中的【直线】按钮，绘制直线，如图 4-64 所示。

② 选择起点，再设置终止限制。

③ 在【直线】对话框中，单击【确定】按钮。

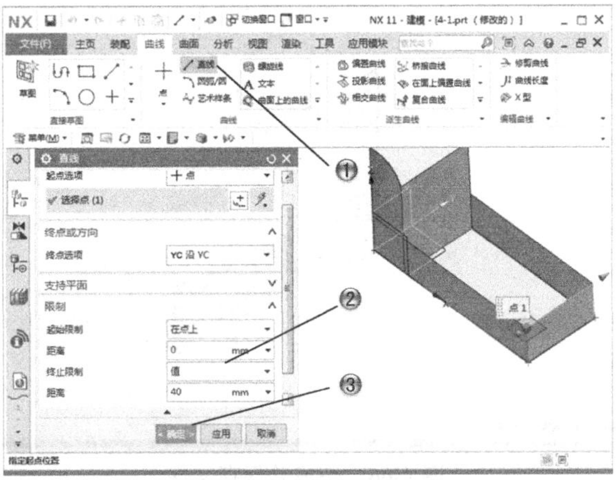

图 4-64 创建直线

Step3 创建规律延伸面

① 单击【曲面】工具条中的【规律延伸】按钮，创建延伸曲面，如图 4-65 所示。

② 在绘图区，选择直线。

③ 在弹出的【规律延伸】对话框中，设置延伸参数。

④ 在【规律延伸】对话框中，单击【确定】按钮，结果如图 4-66 所示。

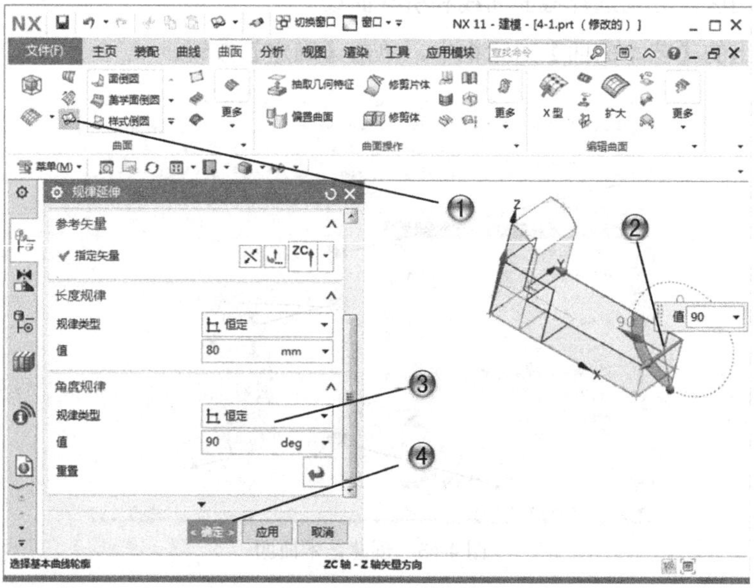

图 4-65　创建延伸曲面

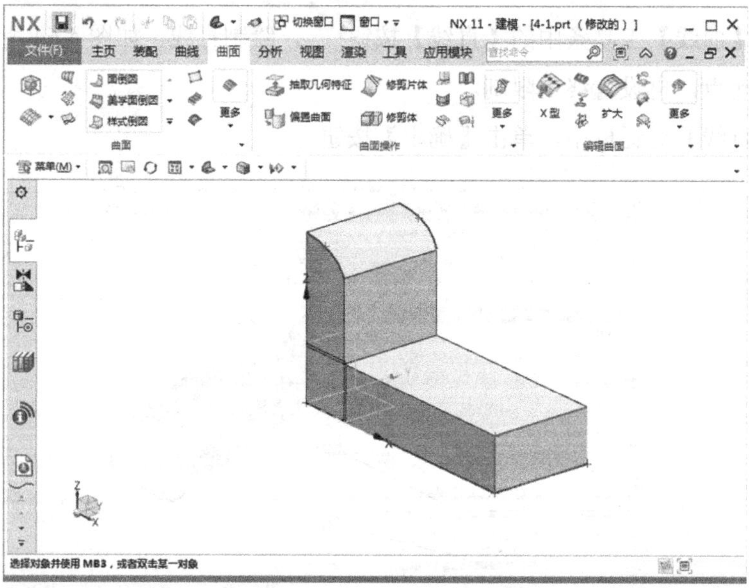

图 4-66　完成并保存文件

4.7 本章小结

本章首先概述了曲线和曲面设计的基础，用户可以通过延伸创建曲面，也可以通过曲线创建曲面，还可以通过扫掠创建曲面，这些创建曲面的方法大多具有参数化设计的特点，修改曲线后，曲线会自动更新。曲面设计中最基本的创建曲面的命令，是延伸曲面、通过曲线曲面、网格曲面、扫掠、整体突变和四点曲面。这几种方法具有各自的特点，可以满足一些复杂曲面设计的要求。同时，这几种方法都具有参数化设计的特点，方便用户随时修改曲面。

4.8 课后练习

4.8.1 填空题

（1）创建曲线命令有_____种。

（2）延伸曲面的方法是_____、_____。

（3）使用曲线创建曲面的方法是_____、_____。

答案：

（1）3 种。

（2）规律延伸和延伸曲面。

（3）通过曲线组创建曲面和网格面。

4.8.2 问答题

（1）整体突变曲面的作用是什么？

（2）扫掠曲面的创建步骤是什么？

答案：

（1）动态地生成曲面、曲面成形和编辑光顺的 B 曲面。

（2）先创建截面和扫掠路径，之后进行扫掠创建。

4.8.3 操作题

如图 4-67 所示，使用本章学过的知识来创建一个勺子的曲面模型。

图 4-67 勺子模型

练习内容：

（1）绘制空间曲线。
（2）创建手柄曲面。
（3）创建勺子曲面。

第 5 章　曲面操作和曲面编辑

本章导读

创建基本曲面后，要进行编辑，一般都要用到曲面操作和编辑内容中的命令。在 Siemens NX 中，通过自由曲面形状功能，可以更加方便地完成自由曲面的形状和设计工作。可以利用 NX 提供的命令功能轻松完成自由曲面的形状，并通过另外一些自由曲面形状操作完成任务。“轮廓线弯边”创建曲面的方法将在用户指定基本面后，在指定边缘按照长度和角度（或者圆的半径值）生成轮廓线弯边曲面；“偏置曲面”创建曲面的方法较为简单，指定基本面和偏置距离后即可生成一个偏置曲面，“修剪片体”是对曲面的修剪操作。而曲面编辑是对已有曲面的重新修改。

学习要求	知识点 \ 学习目标	了解	理解	应用	实践
	掌握曲面操作的命令		√	√	√
	掌握曲面编辑的命令		√	√	√

5.1 曲面操作

5.1.1 轮廓线弯边

“轮廓线弯边”创建曲面的原理，是用户指定基本边作为轮廓线弯边，指定一个曲面作为基面，指定一个矢量作为轮廓线弯边的方向，系统将根据这些基本线、基本面和矢量方向，并按照一定的弯边规律生成轮廓线弯边曲面。

【轮廓线弯边】创建曲面的操作说明如下。

在【曲面】工具条中单击【轮廓线弯边】按钮，打开如图 5-1 所示的【轮廓线弯边】对话框，提示用户选择曲线和基本面。轮廓线弯边的类型有【基本尺寸】、【绝对差】和【视觉差】3 种。

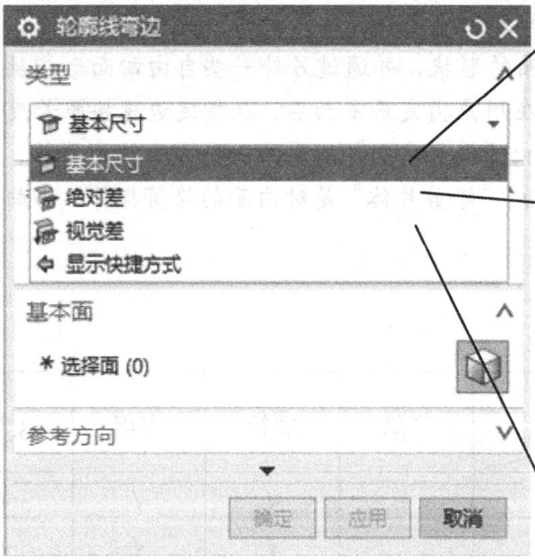

①【基本尺寸】：该类型的轮廓线弯边曲面是最常用的，也是最基本的。用户需要指定基本曲线、基本面、参考方向和长度角度变化规律等，来生成轮廓线弯边曲面。

②【绝对差】：该类型的轮廓线弯边曲面，是以基本类型的轮廓线弯边曲面为基础，然后在此基础上，生成一个和基本轮廓线弯边曲面具有一定间隙的轮廓线弯边曲面。用户需要指定已有轮廓线弯边曲面、基本面、参考方向和长度角度变化规律等，来生成轮廓线弯边曲面。

③【视觉差】：该类型的轮廓线弯边曲面与绝对差类型的轮廓线弯边曲面类似，不同的是该类型的曲面必须以一个矢量为基础来创建。

图 5-1 【轮廓线弯边】对话框

在【轮廓线弯边】对话框中，单击【曲线】按钮，系统提示用户选择曲线或者边。用户在绘图区选择一条曲线或者边，作为轮廓线弯边的基本曲线，系统将根据该曲线或者边生成曲面，如图 5-2 所示。

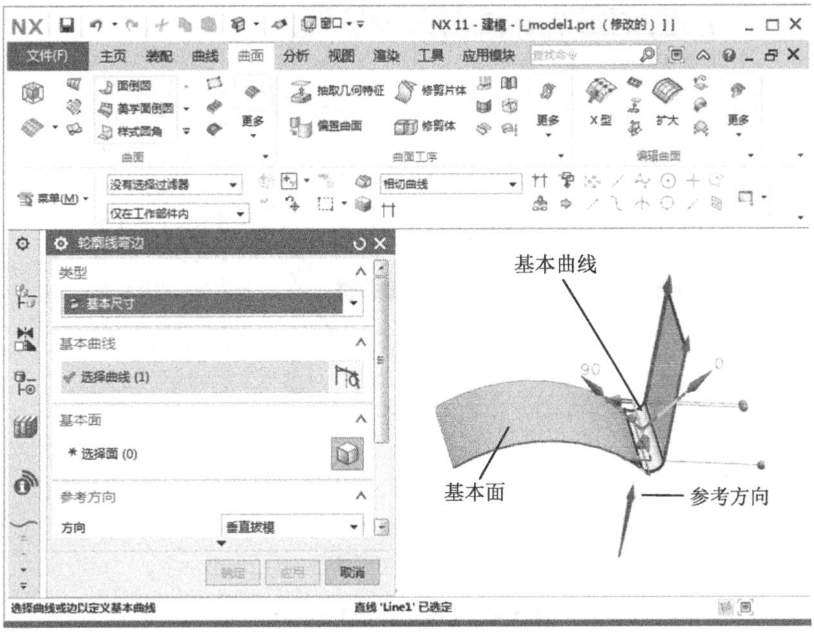

图 5-2　基本曲线、基本面和参考方向

在【轮廓线弯边】对话框中，【方向】下拉列表框如图 5-3 所示。【参考方向】有 4 种类型，它们分别是【面法向】、【矢量】、【垂直拔模】和【矢量拔模】。

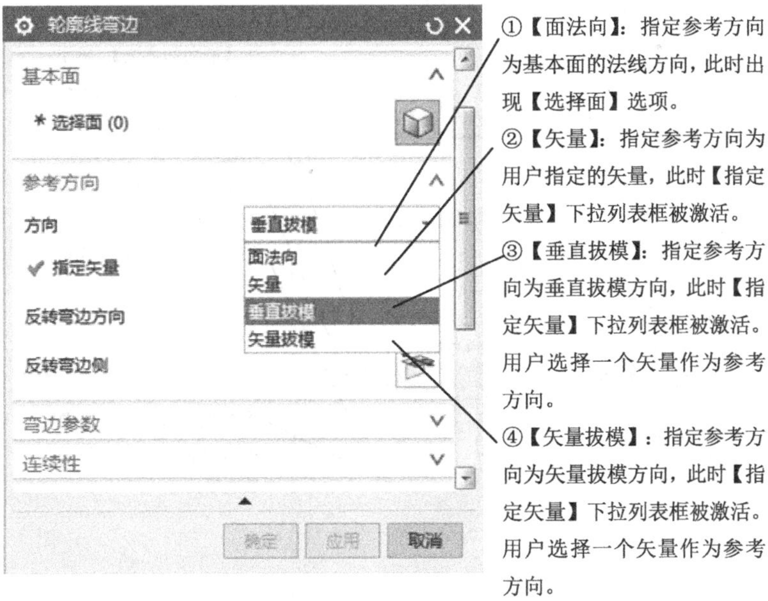

图 5-3　弯边参考方向

在【弯边参数】选项组中共有【半径】、【长度】和【角度】三个选项组，这三个选项组的参数设置，如图 5-4 所示。

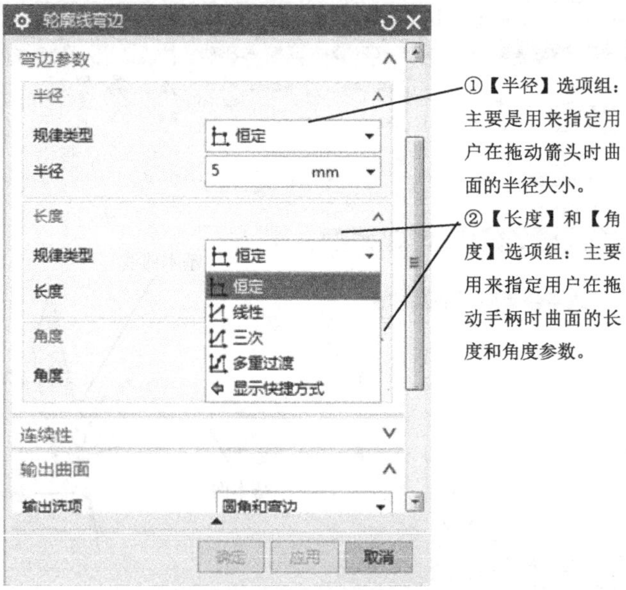

图 5-4　【弯边参数】选项组

【连续性】选项组主要用来设置弯边曲面的连续性方式和参数值，如图 5-5 所示。在【输出选项】下拉列表框中有【圆角和弯边】、【仅管道】和【仅弯边】3 个选项。

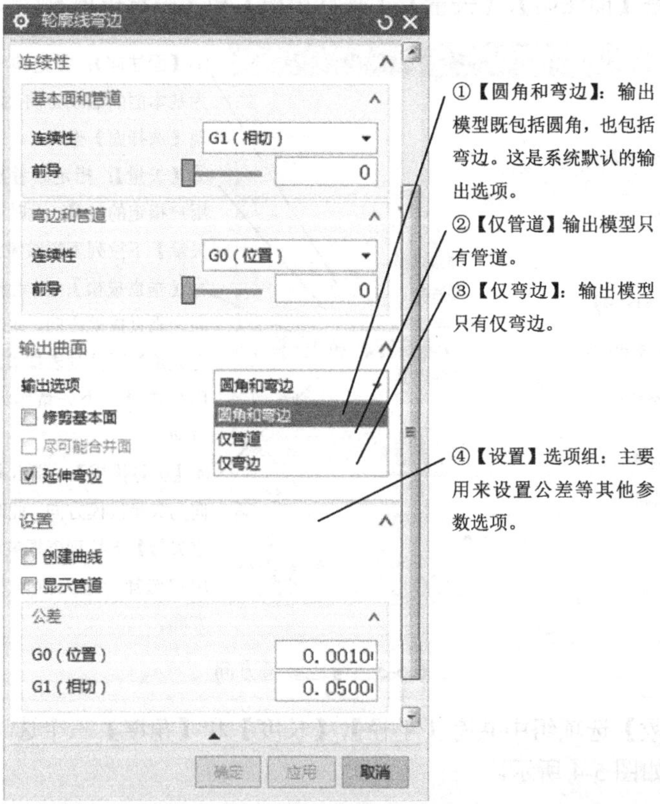

图 5-5　【连续性】选项组

5.1.2 偏置曲面

创建偏置曲面的操作方法是用户指定某个曲面作为基面，然后指定偏置的距离后，系统将沿着基面的法线方向偏置基面的方法。

偏置曲面创建曲面的操作方法如下。

在【曲面工序】工具条中单击【偏置曲面】按钮，打开如图 5-6 所示的【偏置曲面】对话框，提示用户为新集合选择面。

提示

当用户在绘图区选择一个面后，该面出现在【要偏置的面】选项组【列表】框中，同时该基面在绘图区高亮度显示，面上还出现一个箭头，显示面的正法线方向。此外，在箭头附近还显示了一个【偏置 1】文本框，该文本框用来显示偏置距离。

图 5-6　设置偏置距离

在【特征】选项组【输出】下拉列表框中有 2 个选项，分别是【每个面对应一个特征】

和【所有面对应一个特征】；在【面的法向】下拉列表框有 2 个选项，分别是【使用现有的】和【从内部点】，如图 5-7 所示。

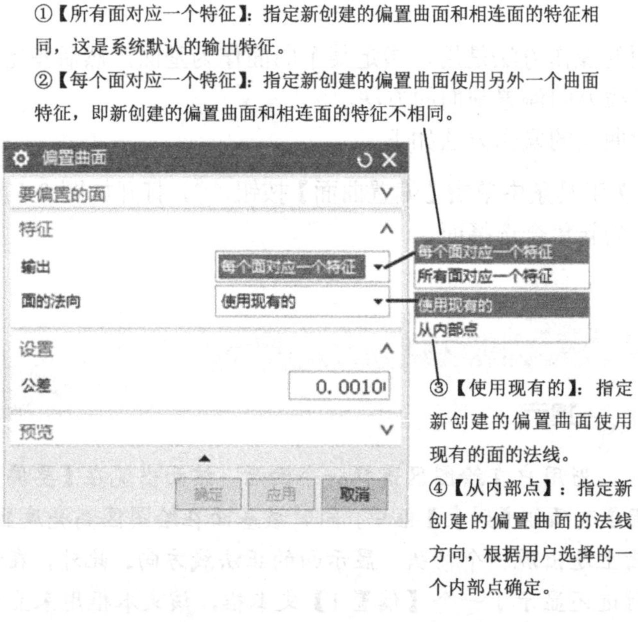

图 5-7 【输出】和【面的法向】下拉列表框

设置其他选项包括设置创建偏置曲面的相切边和公差等。设置偏置曲面的公差较为简单，用户直接在【公差】文本框内输入公差值即可指定偏置曲面的公差。如图 5-8 所示是创建的不同偏置距离的曲面。

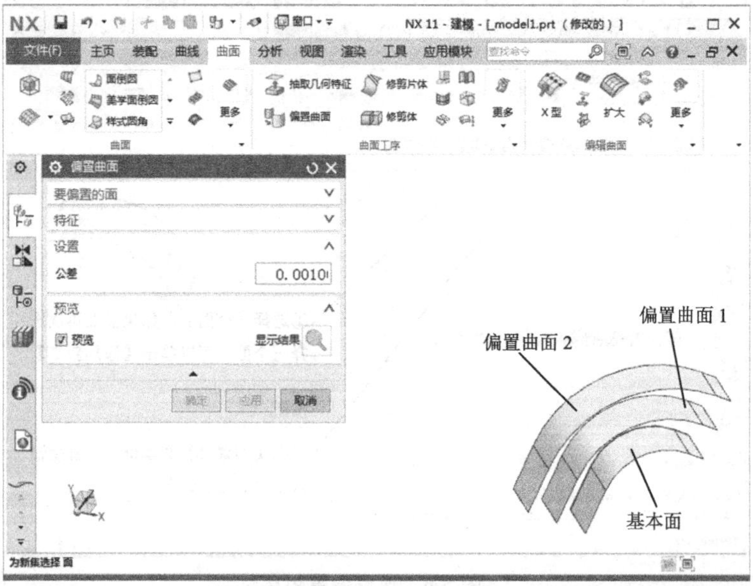

图 5-8 偏置曲面

5.1.3 修剪片体

“修剪片体”创建曲面的方法是指用户指定修剪边界和投影方向后，系统把修剪边界按照投影方向投影到目标面上，裁剪目标面得到新曲面的方法。

【修剪片体】创建曲面的操作方法如下。

在【曲面工序】工具条中单击【修剪片体】按钮，打开如图 5-9 所示的【修剪片体】对话框，提示用户“选择要修剪的片体”。

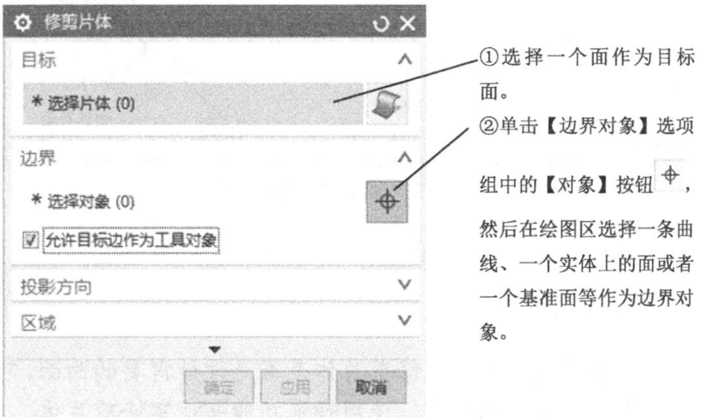

图 5-9 【修剪片体】对话框

完成目标面和边界对象的选择后，接下来需要指定投影方向。【修剪片体】对话框中的【投影方向】下拉列表框内有 3 个选项，分别是【垂直于面】、【垂直于曲线平面】和【沿矢量】，如图 5-10 所示。

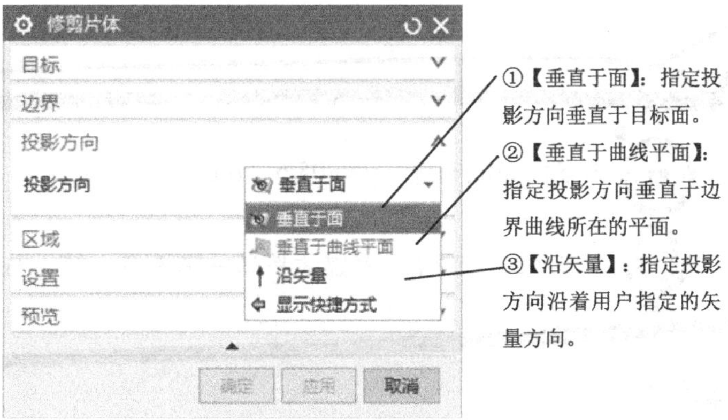

图 5-10 【投影方向】选项

完成目标面、边界对象的选择和投影方向的指定后，还需要选择保留区域，即裁剪目标面的哪一部分，保留目标面的哪一部分。【修剪片体】对话框的【区域】选项组中有 2 个单选按钮，分别是【保留】和【舍弃】，如图 5-11 所示。

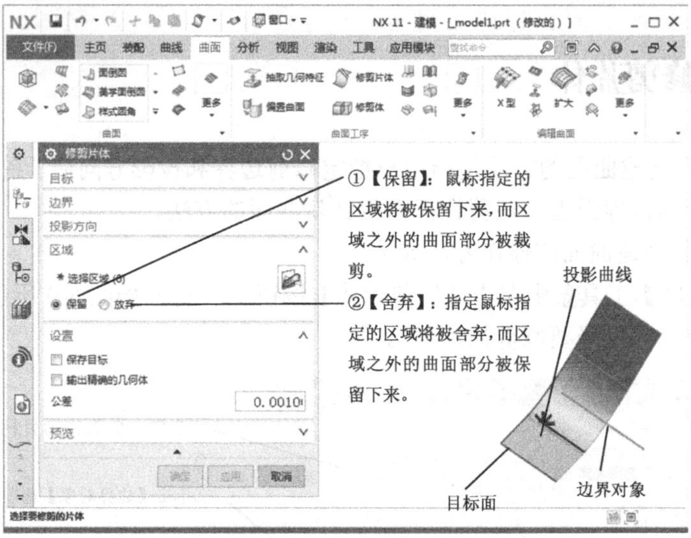

图 5-11　曲面的投影边界

提示

为了进一步确认修剪片体是否是设计需要的曲面，可以在生成修剪片体之前，使用预览功能来观察修剪片体。

5.1.4　曲面操作应用案例

本案例完成文件：ywj/05/5-2.prt

多媒体教学路径：多媒体教学→第 5 章→第 1 节

5.1.4.1　案例分析

本案例是在已有曲面的基础上，进行新曲面的创建，包括延伸曲面和偏置曲面。

5.1.4.2　案例操作

Step1 创建草图

① 单击【直接草图】工具条中的【草图】按钮，创建草图，如图 5-12 所示。

②在弹出的【创建草图】对话框中，单击【指定 CSYS】选项，指定草绘平面。

③在【创建草图】对话框中，单击【确定】按钮。

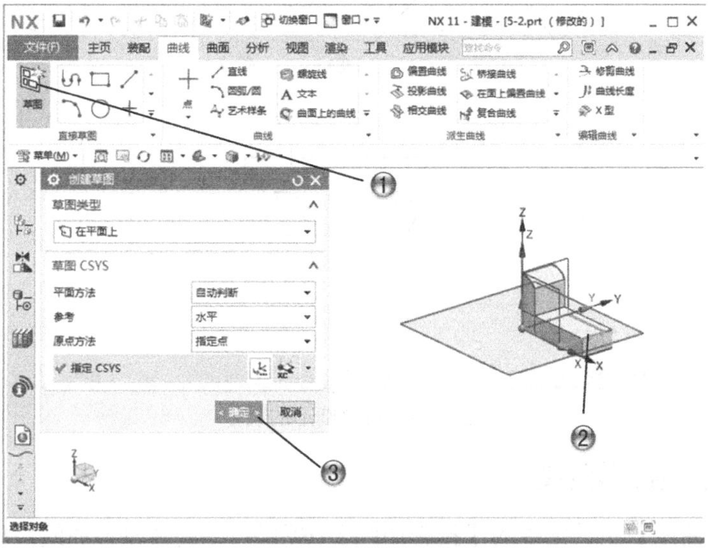

图 5-12　创建草图

Step2 创建圆形

①单击【直接草图】工具条中的【圆形】按钮，绘制圆形，如图 5-13 所示。

②选择两点，绘制两个圆形。

③单击【直接草图】工具条中的【快速尺寸】按钮，标注尺寸，如图 5-14 所示。

④依次设置圆形的位置尺寸。

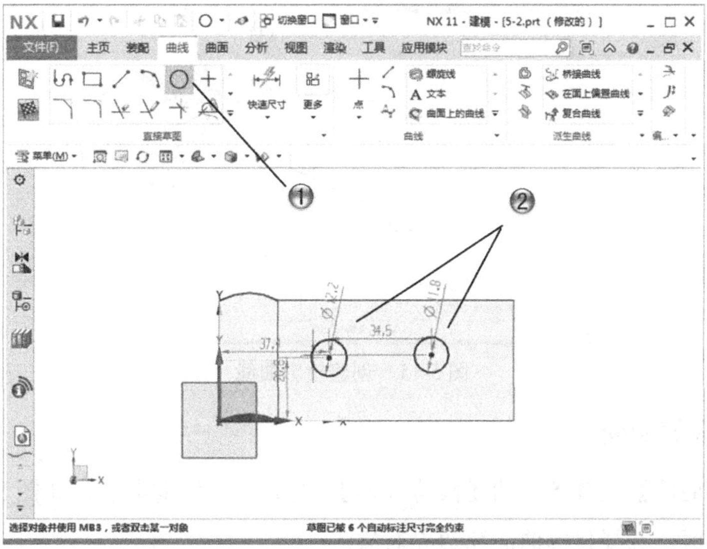

图 5-13　绘制圆形

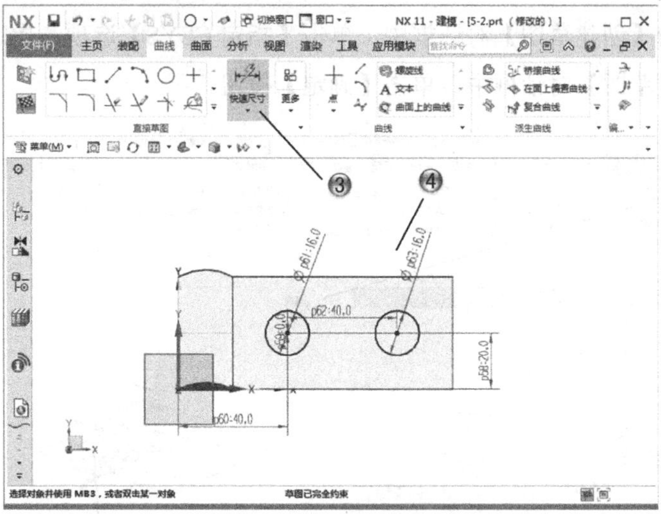

图 5-14　设置圆形的尺寸

Step3 创建投影曲线

① 单击【曲线】工具条中的【投影曲线】按钮，创建投影曲线，如图 5-15 所示。

② 在绘图区，选择要投影的曲线和投影平面。

③ 在弹出的【投影曲线】对话框中，设置投影矢量。

④ 在【投影曲线】对话框中，单击【确定】按钮。

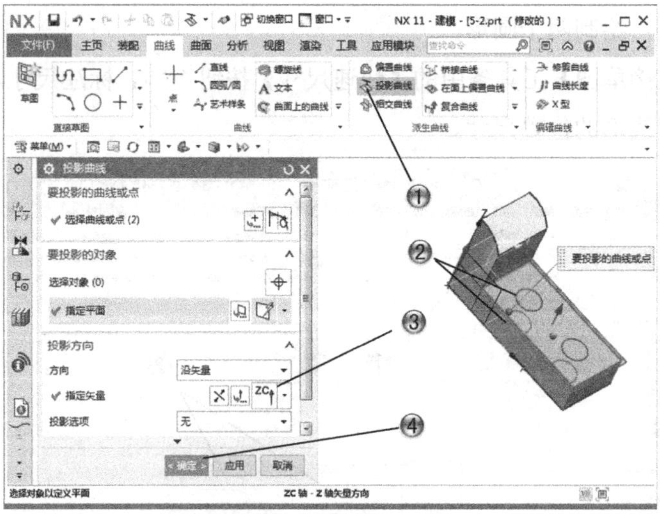

图 5-15　创建投影曲线

Step4 修剪曲面

① 单击【曲面】工具条中的【修剪片体】按钮，修剪曲面，如图 5-16 所示。

② 在绘图区，选择目标曲面和边界对象。

③在【修剪片体】对话框中，单击【确定】按钮。

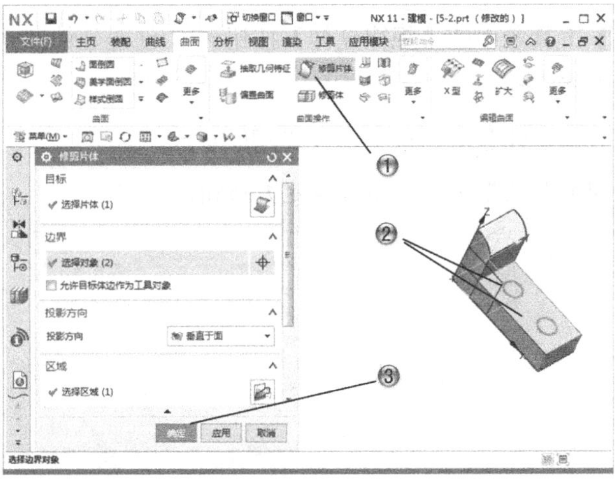

图 5-16　修剪曲面

提示

修剪曲面时，目标需要选择曲面，边界可以选择曲线或者面即可。

Step5 创建规律延伸面

①单击【曲面】工具条中的【规律延伸】按钮，创建延伸曲面，如图 5-17 所示。

②在绘图区，选择直线。

③在弹出的【规律延伸】对话框中，设置延伸参数。

④在【规律延伸】对话框中，单击【确定】按钮。

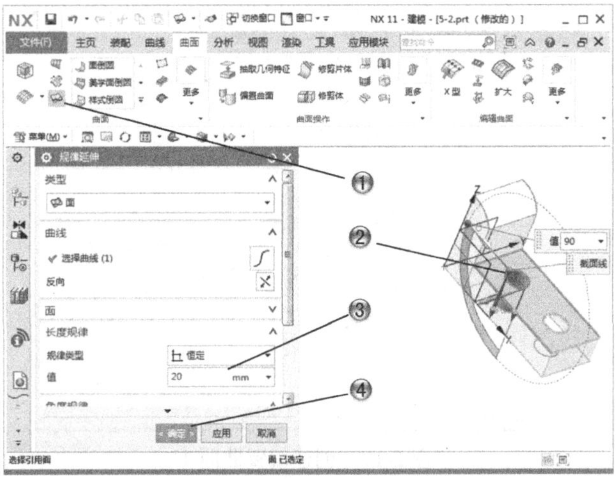

图 5-17　创建延伸曲面 1

Step6 创建规律延伸面

① 单击【曲面】工具条中的【规律延伸】按钮，创建延伸曲面，如图 5-18 所示。

② 在绘图区，选择直线。

③ 在弹出的【规律延伸】对话框中，设置延伸参数。

④ 在【规律延伸】对话框中，单击【确定】按钮。

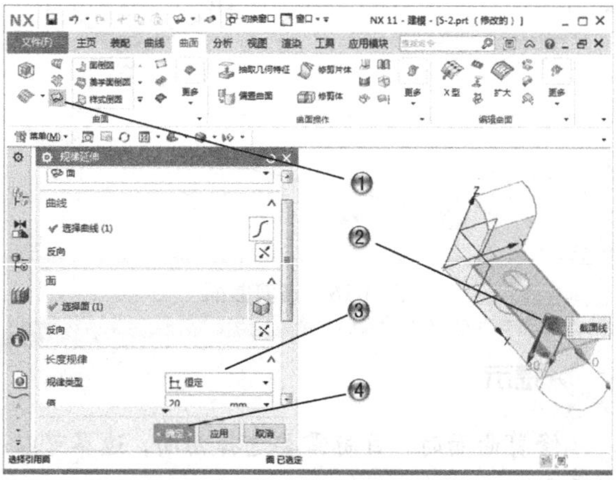

图 5-18　创建延伸曲面 2

Step7 创建偏置曲面

① 单击【曲面】工具条中的【偏置曲面】按钮，创建偏置曲面，如图 5-19 所示。

② 在绘图区，选择面。

③ 在弹出的【偏置曲面】对话框中，设置偏置参数。

④ 在【偏置曲面】对话框中，单击【确定】按钮。

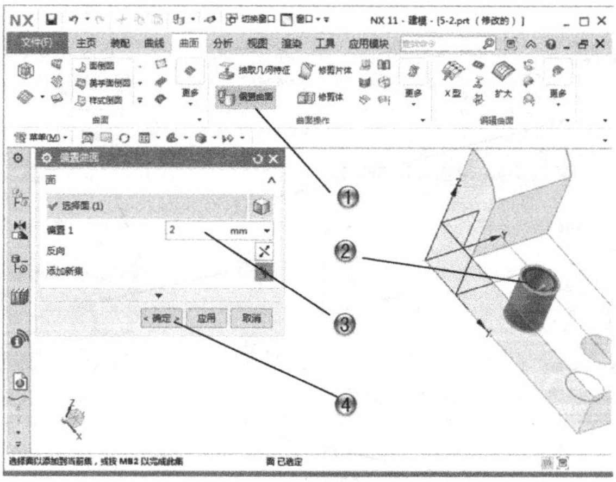

图 5-19　创建偏置曲面 1

Step8 创建偏置曲面

① 单击【曲面】工具条中的【偏置曲面】按钮，创建偏置曲面，如图 5-20 所示。
② 在绘图区，选择面。
③ 在弹出的【偏置曲面】对话框中，设置偏置参数。
④ 在【偏置曲面】对话框中，单击【确定】按钮。

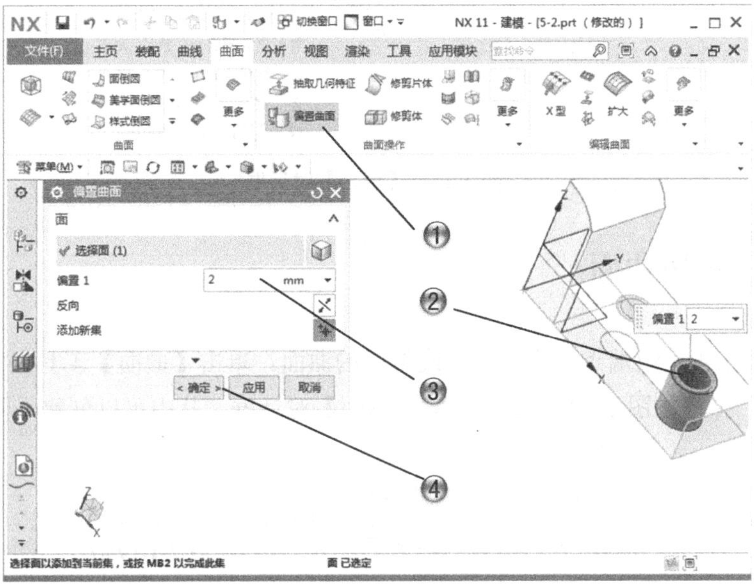

图 5-20　创建偏置曲面 2

提示

在创建偏置曲面时，可以使用【反向】按钮使偏置的方向发生变化。

5.2　曲面编辑

5.2.1　缝合曲面

缝合曲面功能可以把一组多个曲面缝合在一起，生成一个曲面。

在【曲面】工具条中单击【缝合】按钮，弹出【缝合】对话框，其中可以设定以下参数和选项，如图 5-21 所示。

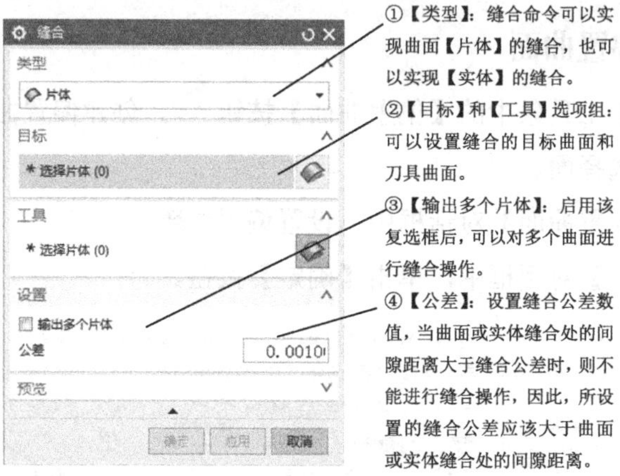

图 5-21 【缝合】对话框

5.2.2 *N*边曲面

N 边曲面是由一组端点相连，且曲线封闭的曲面。单击【曲面】工具条中的【N 边曲面】按钮，弹出如图 5-22 所示的【N 边曲面】对话框，从中可以创建不同种类的 *N* 边曲面。

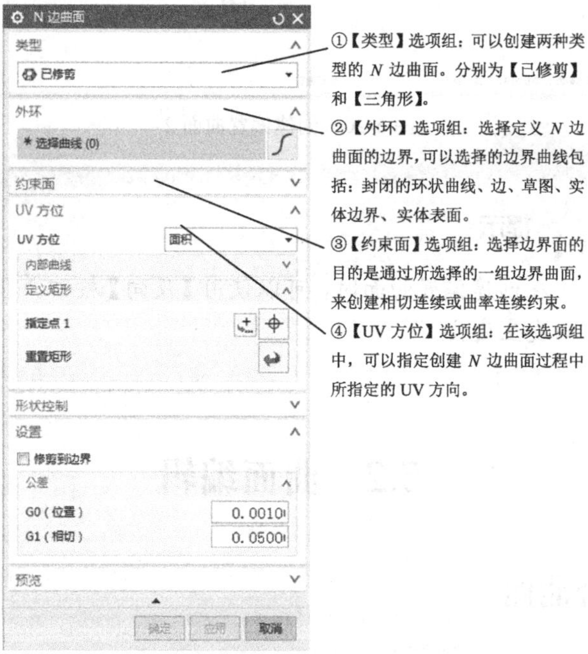

图 5-22 【N 边曲面】对话框

设置完成后，单击【确定】按钮，就可以创建出 *N* 边曲面，结果如图 5-23 所示。

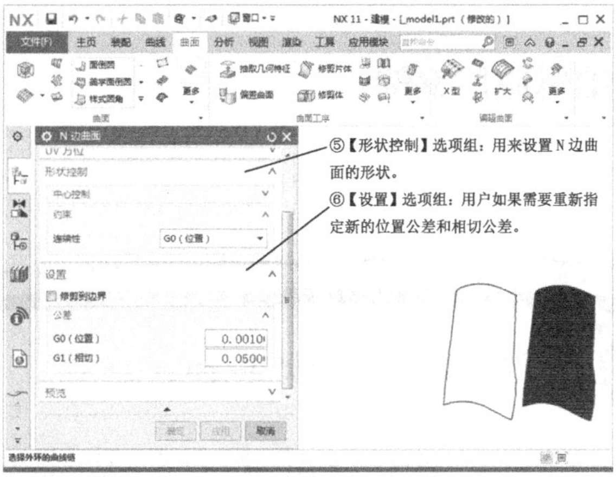

图 5-23　N 边曲面

提示

"N 边曲面"功能可以创建一个或多个面来覆盖光顺的、简单的环的区域，这个操作不会总是成功，这取决于该环的形状和外部约束。如果此功能失败，可以先尝试创建曲面而不指定任何的外部边界面约束，还可以尝试简化封闭环。

5.2.3　过渡曲面

过渡命令能够在两个或更多截面形状的交点创建曲面特征。单击【曲面】工具条中的【过渡】按钮，弹出【过渡】对话框。在【过渡】对话框中，主要包括以下一些设置选项，如图 5-24 所示。

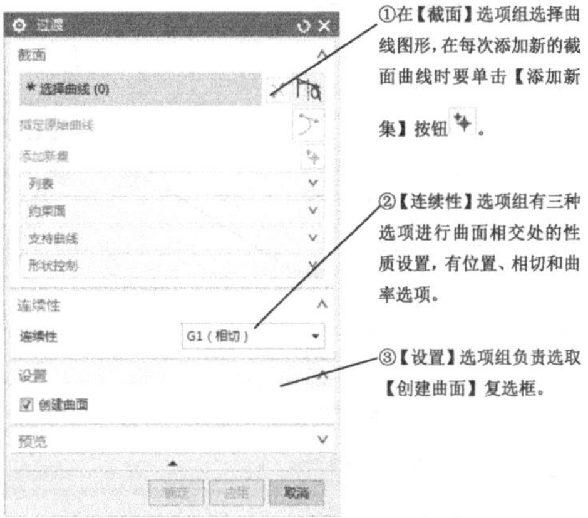

图 5-24　【过渡】对话框

5.2.4 曲面编辑应用案例

本案例完成文件：ywj/05/5-2.prt

多媒体教学路径：多媒体教学→第 5 章→第 2 节

5.2.4.1 案例分析

本案例是在曲面零件上，创建 *N* 边曲面，之后对完成的曲面进行修剪和缝合。

5.2.4.2 案例操作

Step1 创建 N 边曲面

① 单击【曲面】工具条中的【N 边曲面】按钮，创建 *N* 边曲面，如图 5-25 所示。

② 在绘图区选择外环曲线，如图 5-26 所示。

③ 在弹出的【N 边曲面】对话框中，设置【修剪到边界】选项，如图 5-27 所示。

④ 在【N 边曲面】对话框中，单击【确定】按钮。

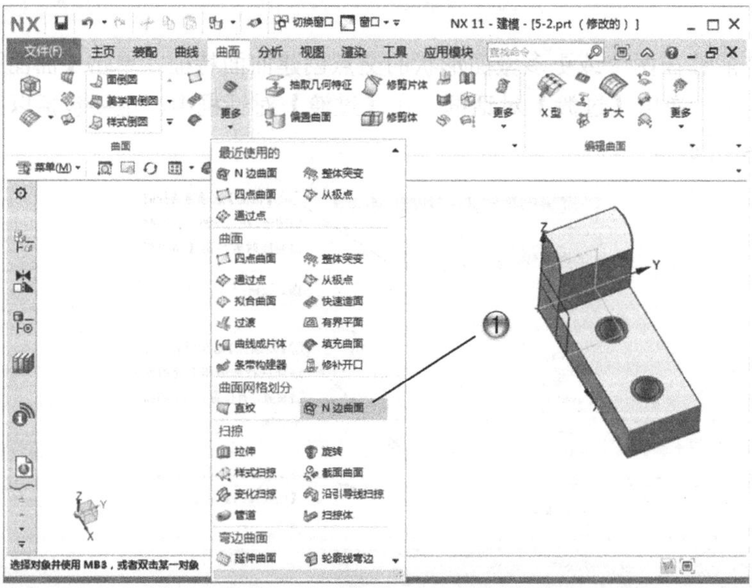

图 5-25　选择 N 边曲面命令

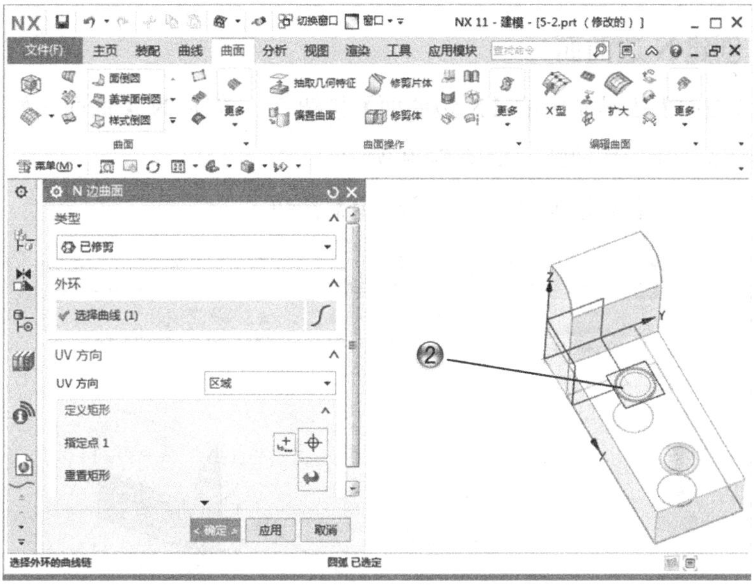

图 5-26　选择对象曲线

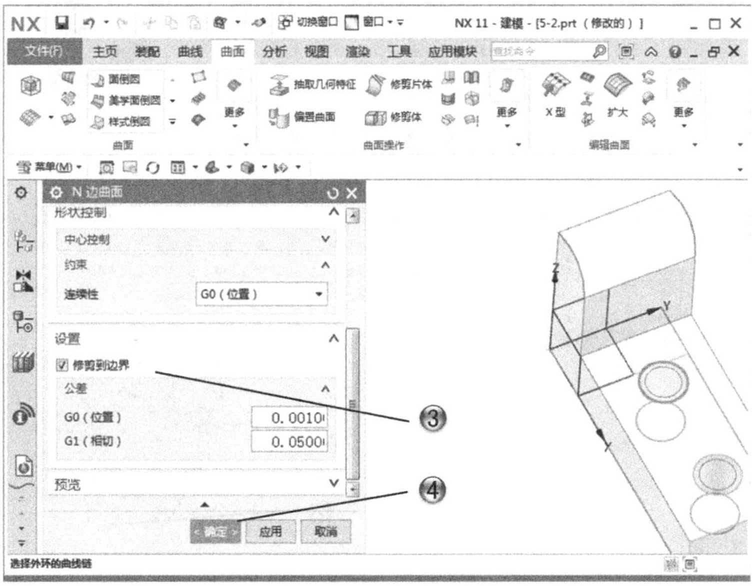

图 5-27　设置修剪参数

提示

N 边曲面的创建，需要设置形状控制，有时候也需要设置公差参数。

Step2 创建 N 边曲面

① 单击【曲面】工具条中的【N 边曲面】按钮，创建 N 边曲面，如图 5-28 所示。

② 在绘图区选择外环曲线，如图 5-29 所示。

③ 在【N 边曲面】对话框中，单击【确定】按钮。

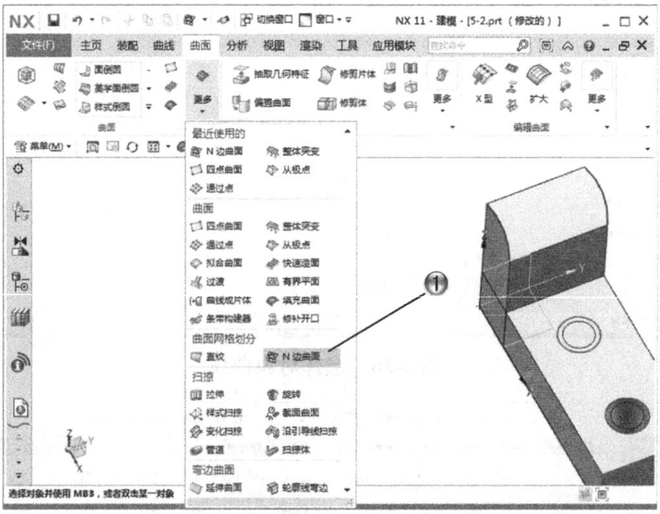

图 5-28　选择 N 边曲面命令

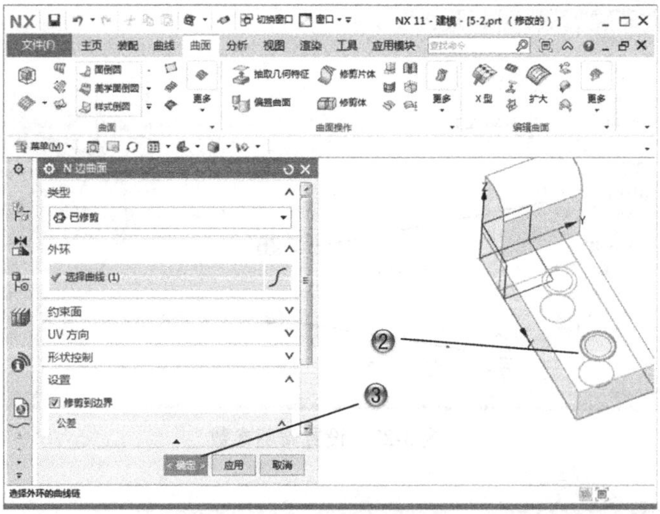

图 5-29　设置修剪参数

Step3 修剪曲面

① 单击【曲面】工具条中的【修剪片体】按钮，修剪曲面，如图 5-30 所示。

② 在绘图区，选择目标曲面和边界对象。

③ 在【修剪片体】对话框中，单击【确定】按钮。

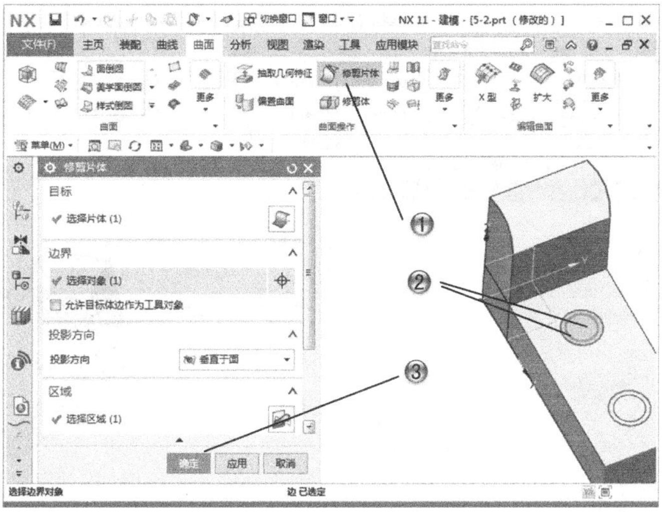

图 5-30　修剪曲面

Step4 修剪曲面

① 单击【曲面】工具条中的【修剪片体】按钮，修剪曲面，如图 5-31 所示。

② 在绘图区，选择目标曲面和边界对象。

③ 在【修剪片体】对话框中，单击【确定】按钮。

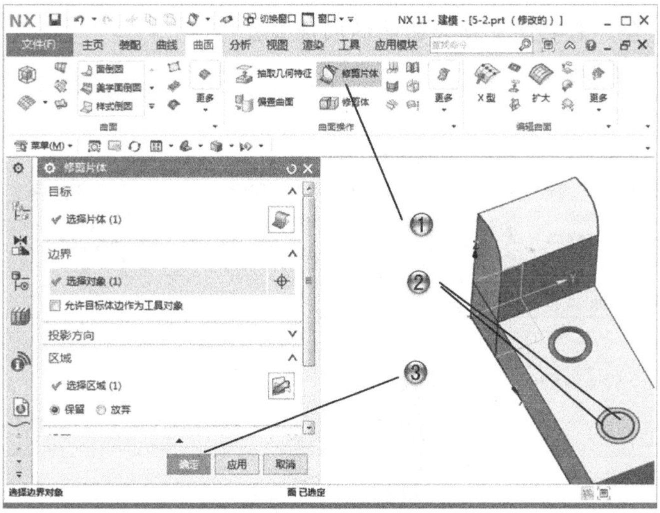

图 5-31　修剪曲面

Step5 缝合曲面

① 单击【曲面】工具条中的【缝合】按钮，缝合曲面，如图 5-32 所示。

② 在绘图区，选择缝合曲面。

③ 在【缝合】对话框中，单击【确定】按钮，结果如图 5-33 所示。

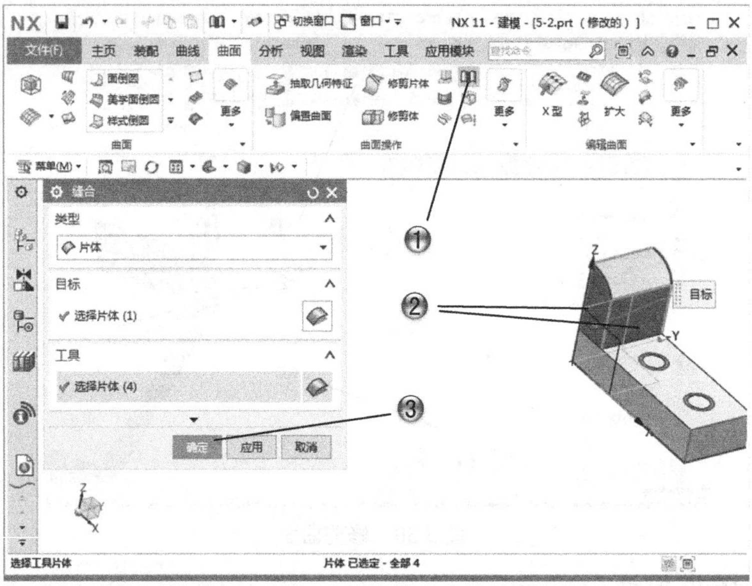

图 5-32　缝合曲面

提示

缝合曲面有一定的限制，不是任何曲面都可以进行缝合，需要设置缝合曲面的间隙公差。

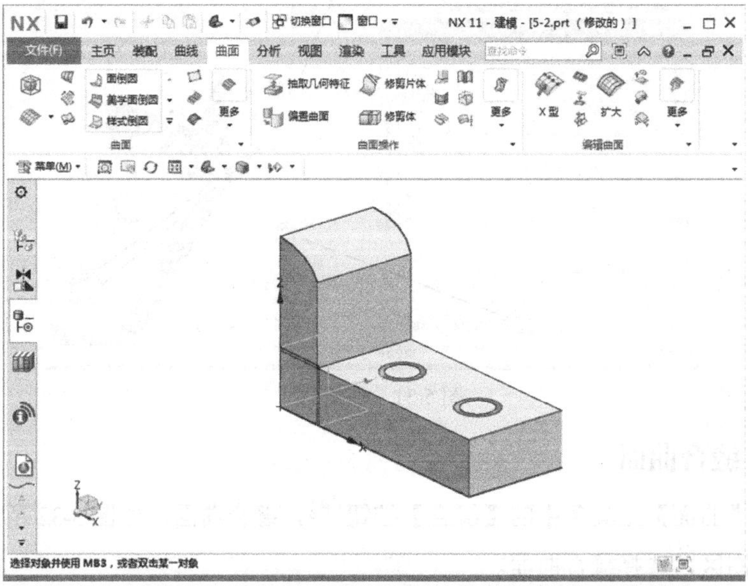

图 5-33　完成文件

5.3　本章小结

本章将对主要的自由曲面形状及一些操作功能进行介绍，主要包括轮廓线弯边、偏置曲面和修剪片体等。之后介绍这些曲面的操作和编辑，分别是缝合、*N* 边曲面、过渡曲面等，这些曲面的基本操作都需要选择一个基本面。

5.4　课后练习

5.4.1　填空题

（1）曲面操作有_____。

（2）曲面编辑的方法是_____。

答案：

（1）轮廓线弯边、偏置曲面和修剪片体等。

（2）缝合曲面、*N* 边曲面和过渡曲面等。

5.4.2　问答题

（1）轮廓线弯边的 3 个要素是哪些？

（2）组合曲面的命令有哪些？

答案：

（1）基本曲线、基本面和矢量方向。

（2）缝合曲面或者过渡曲面。

5.4.3　操作题

如图 5-34 所示，使用本章学过的知识来创建一个水龙头曲面模型。

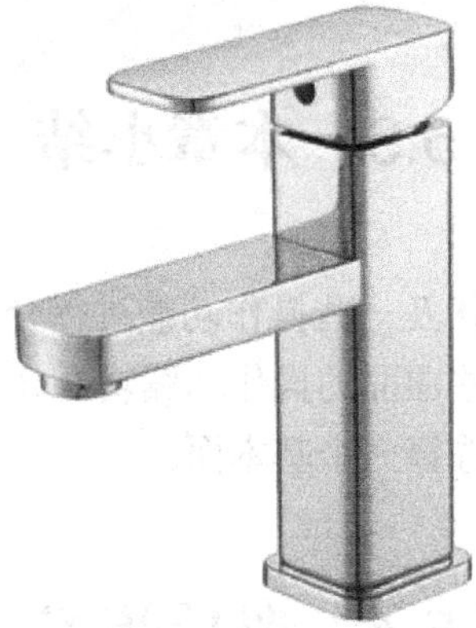

图 5-34　水龙头模型

练习内容：

（1）绘制空间曲线。
（2）创建基体曲面。
（3）创建出水部分的网格曲面。
（4）创建手柄部分的网格曲面。

第 6 章　装配设计

本章导读

装配设计的过程是把零件组装成部件或产品模型，通过配对条件在各部件之间建立约束关系、确定其位置关系、建立各部件之间链接关系的过程。NX 装配模块不仅能快速组合零部件成产品，而且在装配中可参照其他部件进行部件关联设计，即当对某部件进行修改时，其装配体中部件显示为修改后的部件。并可对装配模型进行间隙分析、重量管理等操作。装配模型生成后，可建立爆炸图，并可将其引入到装配工程图中。

学习要求	学习目标 / 知识点	了解	理解	应用	实践
	掌握两种装配方法		√	√	√
	掌握编辑和约束装配体的方法		√	√	√
	掌握爆炸图的创建方法		√	√	√
	掌握装配约束的方法		√	√	√

6.1 自底向上装配

6.1.1 自底向上装配

自底向上装配是指首先创建部件的几何模型，再组合成子装配，最后生成装配部件。在这种装配设计方法中，在零件级别上对部件进行的改变会自动更新到装配件中。

1. 添加组件

自底向上装配的具体方法如下。

首先新建一个装配部件文件。选择【文件】|【新建】菜单命令，弹出如图 6-1 所示的【新建】对话框。

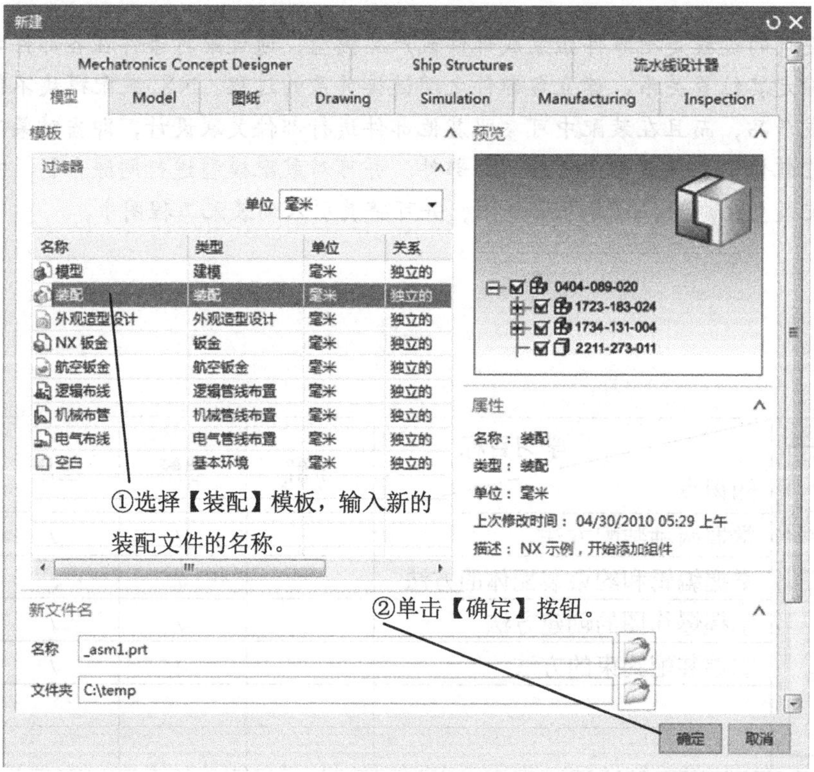

图 6-1 【新建】对话框

这时进入装配界面，单击【装配】工具条中的【添加组件】按钮，打开【添加组件】对话框，如图 6-2 所示，进入添加组件的操作过程。

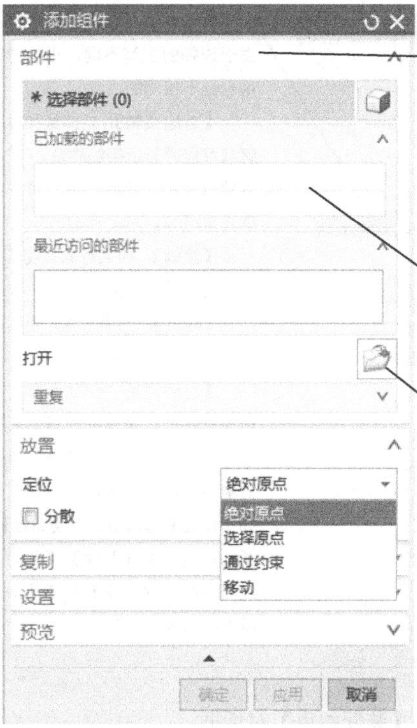

①【添加组件】对话框主要包括【部件】选项组的【选择部件】选项、【已加载的部件】列表框，【放置】选项组的【定位】下拉列表框，【设置】选项组的【图层选项】下拉列表框等。

②【已加载部件】列表框中显示的部件为原先装配操作的加载过的部件，而没加载的部件不能显示在列表中。

③其中选择部件可以单击【打开】按钮在文件中选择，也可以在【已加载的部件】框中选择。

图 6-2 【添加组件】对话框

提示

在新建的装配文件中添加组件时，第一个添加的组件只能是采用绝对方式定位，因为此时装配文件中没有任何可以作为参考的原有组件。当装配文件中已经添加了组件后，就可以采用配对方式进行定位。

2. 装配约束

装配约束用来限制装配组件的自由度，包括线性自由度和旋转自由度，如图 6-3 所示。根据配对约束限制自由度的多少，可以分为完全约束和欠约束两类。

为了在装配件中实现对组件的参数化定位、确定组件在装配部件中的相对位置，在装配过程中，通常采用装配约束的定位方式来指定组件之间的定位关系。装配约束由一个或一组配对约束组成，规定了组件之间通过一定的约束关系装配在一起。装配约束的创建过程比较复杂，具体如下。

当添加已存在部件作为组件到装配部件时，在【装配】工具条中单击【添加组件】按钮，打开【添加组件】对话框，在【已加载的部件】列表框中选择部件，在【定位】下拉列表中选择【通过约束】，单击【确定】按钮，打开【装配约束】对话框，进入装配约束的创建环境，按用户要求创建组件的装配约束。

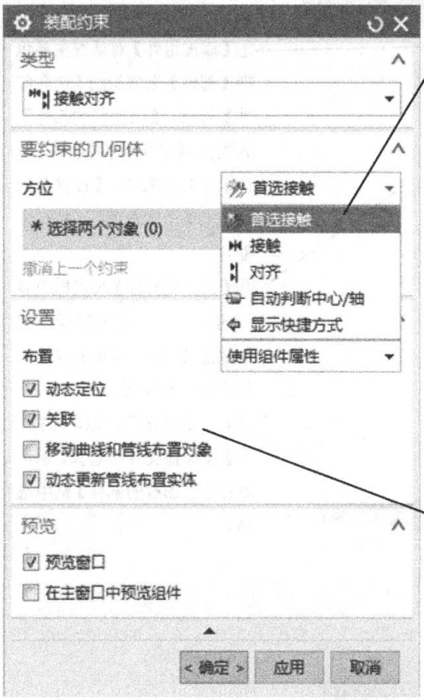

①【要约束的几何体】选项组：由于选择的类型不同，出现的选项也是不相同的。

【首选接触】：当接触和对齐解都可能时显示接触约束。（在大多数模型中，接触约束比对齐约束更常用。）

【接触】：约束对象，使其曲面法向在反方向上。

【对齐】：约束对象，使其曲面法向在相同的方向上。

【自动判断中心/轴】：指定在选择圆柱面、圆锥面或球面或圆形边界时，NX 将自动使用对象的中心或轴作为约束。

②【设置】选项组：有【布置】、【动态定位】、【关联】、【移动曲线和管线布置对象】和【动态更新管线布置实体】。

图 6-3 【装配约束】对话框

在【装配约束】对话框中，装配约束类型包括【接触对齐】、【同心】、【距离】、【固定】、【平行】、【垂直】、【对齐/锁定】、【等尺寸配合】、【胶合】、【中心】和【角度】等，如图 6-4 所示。

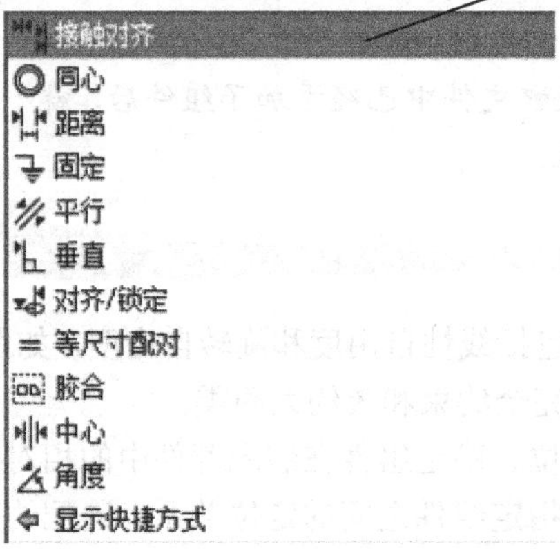

①【接触对齐】约束：可约束两个组件，使其彼此接触或对齐。

②【同心】方式：即圆弧或圆同轴。

③【距离】方式：配对类型是约束组件对象之间最小距离。

④【固定】方式：固定某一组件的位置。

⑤【平行】方式：该约束类型是装配约束组件的方向矢量平行。

⑥【垂直】方式：该约束类型是装配约束组件的方向矢量垂直。

⑦【对齐/锁定】方式：该约束类型是对齐某两个面或者使某一个组件固定。

⑧【等尺寸配对】方式：该约束类型是对两个组件相同的尺寸特征进行约束。

⑨【胶合】方式：两个特征相接触并固定位置。

⑩【中心】方式：几何中心相重合。

⑪【角度】方式：该约束类型是定义配对装配约束组件之间的角度尺寸。

图 6-4 【类型】下拉列表框

6.1.2 自底向上装配应用案例

本案例完成文件：ywj/06/6-1.prt、6-2.prt、6-3.prt

多媒体教学路径：多媒体教学→第 6 章→第 1 节

6.1.2.1 案例分析

本案例是创建合页的装配模型，首先创建两个合页，再创建装配模型，最后进行定位约束。

6.1.2.2 案例操作

Step1 创建草图

① 单击【直接草图】工具条中的【草图】按钮，创建草图，如图 6-5 所示。

② 在弹出的【创建草图】对话框中，单击【指定 CSYS】选项，指定草绘平面。

③ 在【创建草图】对话框中，单击【确定】按钮。

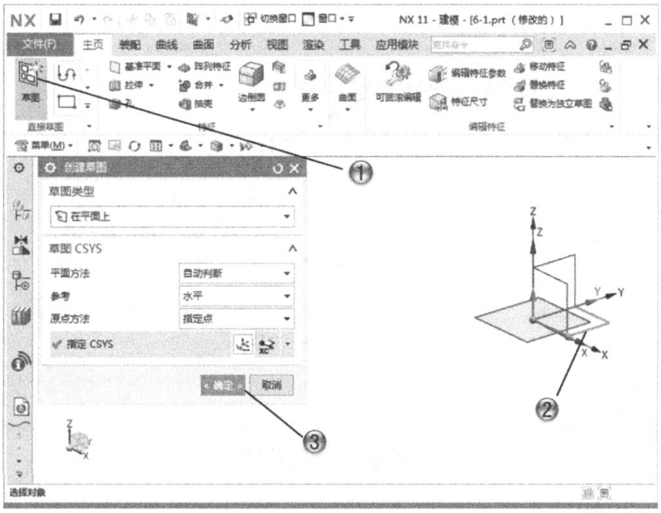

图 6-5 创建草图

Step2 在创建拉伸特征

① 单击【直接草图】工具条中的【矩形】按钮，绘制矩形，如图 6-6 所示。

② 选择两点，绘制矩形。

③ 单击【特征】工具条中的【拉伸】按钮，创建拉伸特征，如图 6-7 所示。

④ 在绘图区，选择草图。

⑤ 在弹出的【拉伸】对话框中，设置拉伸参数。

⑥ 单击【拉伸】对话框中的【确定】按钮，完成拉伸特征。

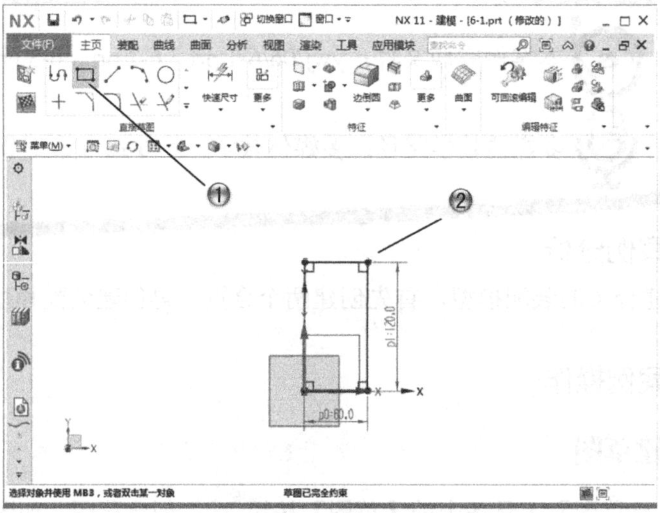

图 6-6　绘制矩形

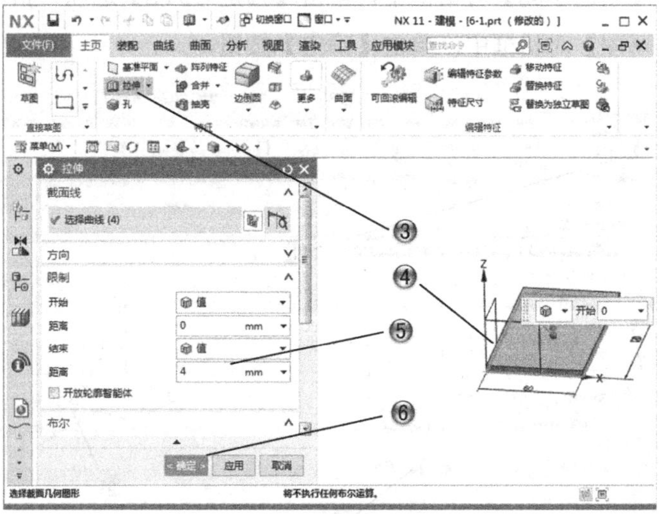

图 6-7　创建拉伸

Step3 创建草图

① 单击【直接草图】工具条中的【草图】按钮，创建草图，如图 6-8 所示。

② 在弹出的【创建草图】对话框中，单击【指定 CSYS】选项，指定草绘平面。

③在【创建草图】对话框中，单击【确定】按钮。

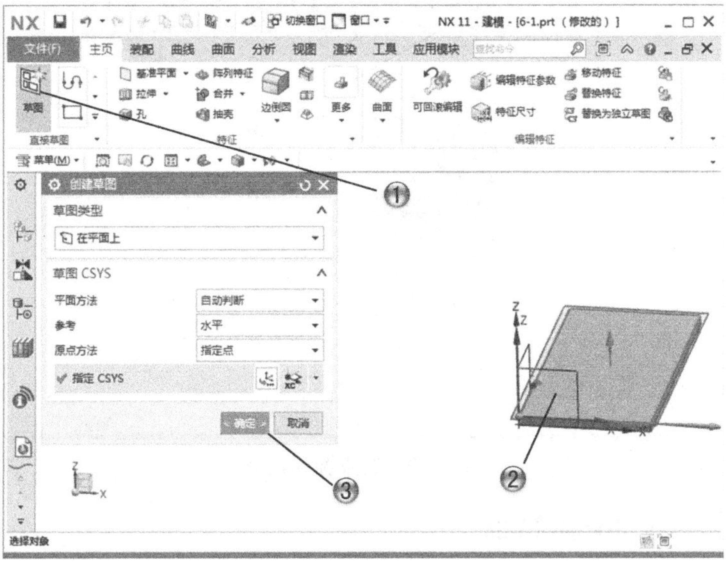

图 6-8 创建草图

Step4 绘制圆形草图

①单击【直接草图】工具条中的【圆形】按钮，绘制圆形，如图 6-9 所示。
②选择两点，绘制两个圆形。
③单击【直接草图】工具条中的【快速尺寸】按钮，标注尺寸，如图 6-10 所示。
④依次设置圆形的位置尺寸。

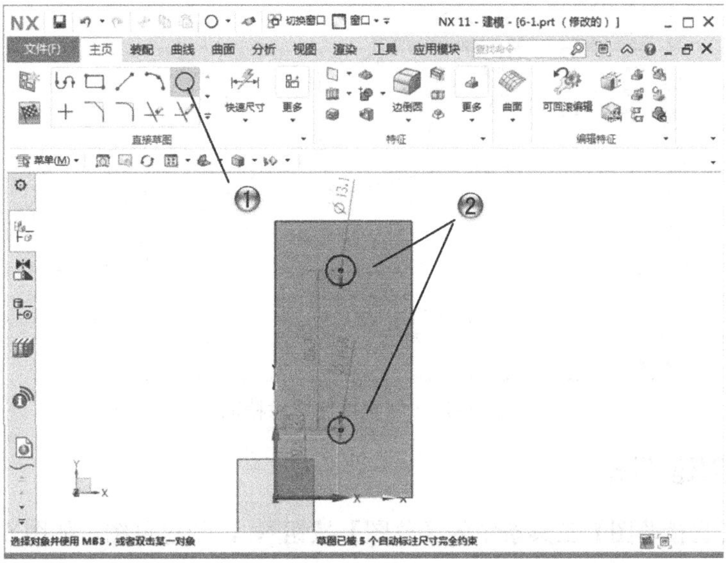

图 6-9 绘制圆形

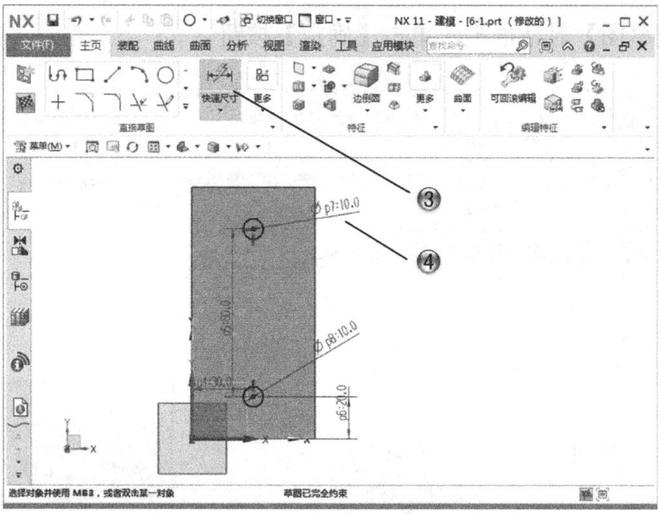

图 6-10　约束圆形尺寸

Step5 创建拉伸切除特征

① 单击【特征】工具条中的【拉伸】按钮，创建拉伸特征，如图 6-11 所示。

② 在绘图区，选择草图。

③ 在弹出的【拉伸】对话框中，设置拉伸参数和布尔减运算。

④ 单击【拉伸】对话框中的【确定】按钮，完成拉伸切除特征。

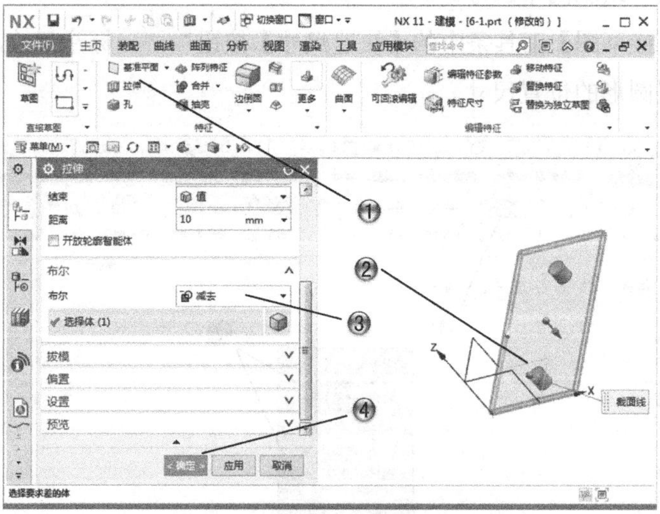

图 6-11　创建拉伸切除特征

Step6 创建草图

① 单击【直接草图】工具条中的【草图】按钮，创建草图，如图 6-12 所示。

② 在弹出的【创建草图】对话框中，单击【指定 CSYS】选项，指定草绘平面。

③在【创建草图】对话框中，单击【确定】按钮。

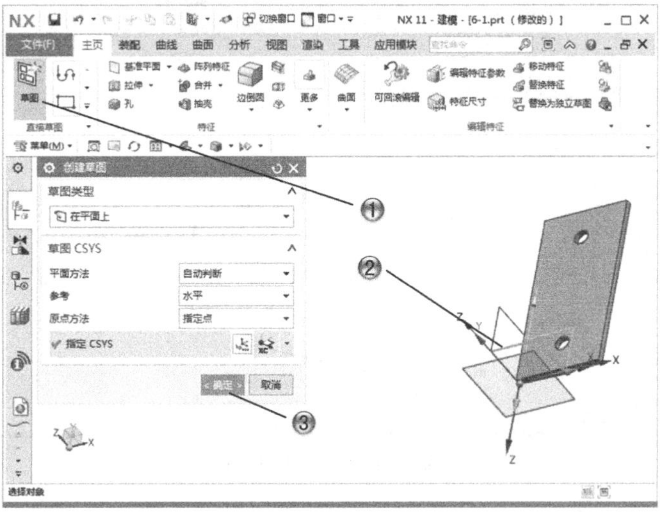

图 6-12　创建草图

Step7 创建拉伸特征

①单击【直接草图】工具条中的【圆形】按钮，绘制圆形，如图 6-13 所示。

②选择两点，绘制圆形。

③单击【特征】工具条中的【拉伸】按钮，创建拉伸特征，如图 6-14 所示。

④在绘图区，选择草图。

⑤在弹出的【拉伸】对话框中，设置拉伸参数。

⑥单击【拉伸】对话框中的【确定】按钮，完成拉伸特征。

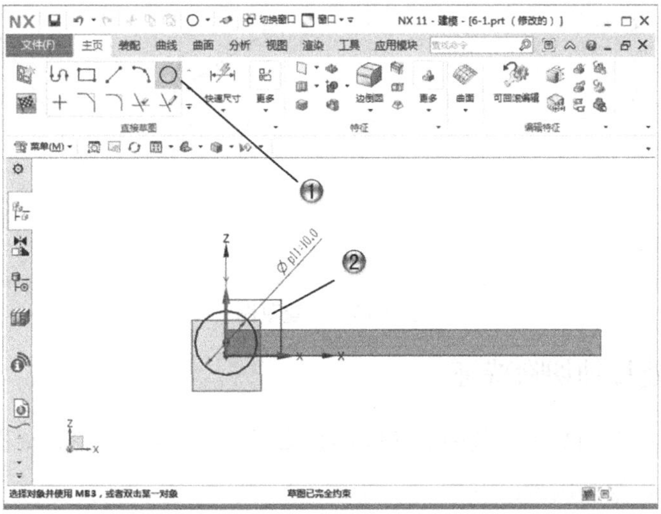

图 6-13　绘制圆形

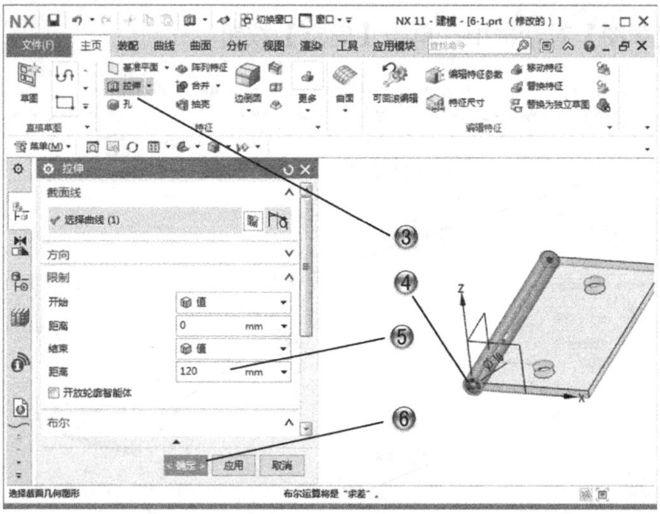

图 6-14　创建拉伸特征

Step8 创建草图

①单击【直接草图】工具条中的【草图】按钮，创建草图，如图 6-15 所示。

②在弹出的【创建草图】对话框中，单击【指定 CSYS】选项，指定草绘平面。

③在【创建草图】对话框中，单击【确定】按钮。

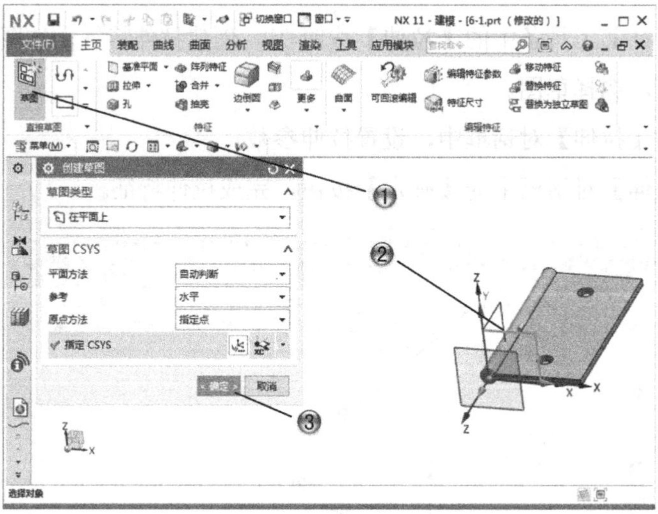

图 6-15　创建草图

Step9 创建拉伸切除特征

①单击【直接草图】工具条中的【圆形】按钮，绘制圆形，如图 6-16 所示。

②选择两点，绘制圆形。

③单击【特征】工具条中的【拉伸】按钮，创建拉伸特征，如图 6-17 所示。

④在绘图区，选择草图。

⑤在弹出的【拉伸】对话框中，设置拉伸参数和切除选项。

⑥单击【拉伸】对话框中的【确定】按钮，完成拉伸切除特征。

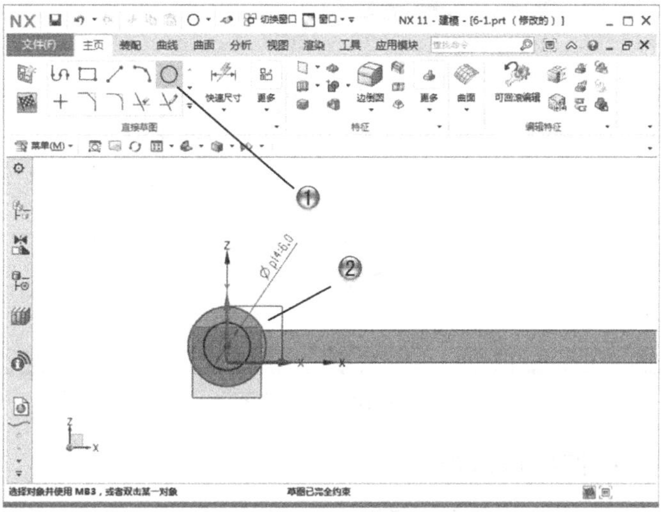

图 6-16 绘制圆形

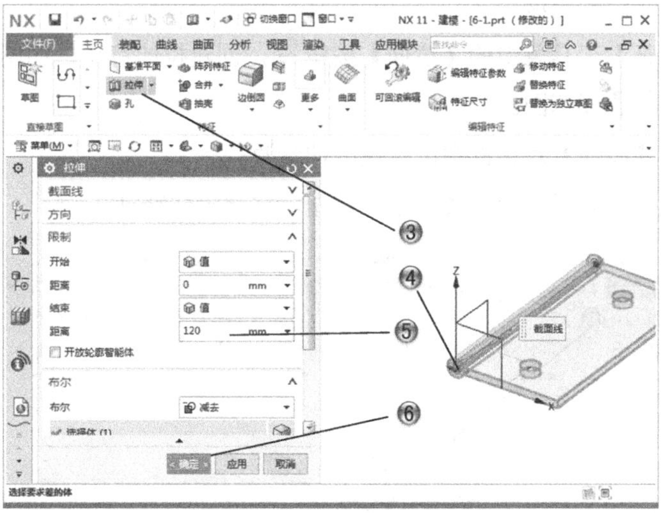

图 6-17 创建拉伸切除特征

Step10 创建草图

①单击【直接草图】工具条中的【草图】按钮，创建草图，如图 6-18 所示。

②在弹出的【创建草图】对话框中，单击【指定 CSYS】选项，指定草绘平面。

③在【创建草图】对话框中，单击【确定】按钮。

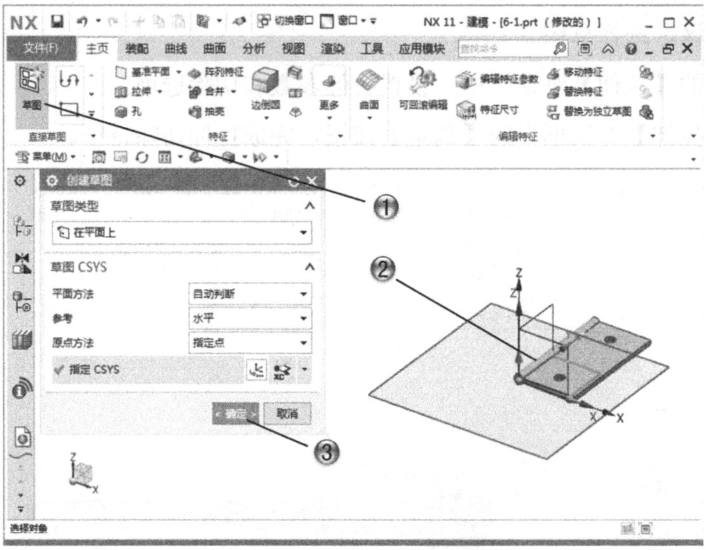

图 6-18　创建草图

Step11 创建拉伸切除特征

① 单击【直接草图】工具条中的【矩形】按钮，绘制矩形，如图 6-19 所示。

② 选择两点，绘制矩形。

③ 单击【特征】工具条中的【拉伸】按钮，创建拉伸特征，如图 6-20 所示。

④ 在绘图区，选择草图。

⑤ 在弹出的【拉伸】对话框中，设置拉伸参数。

⑥ 单击【拉伸】对话框中的【确定】按钮，完成拉伸特征。

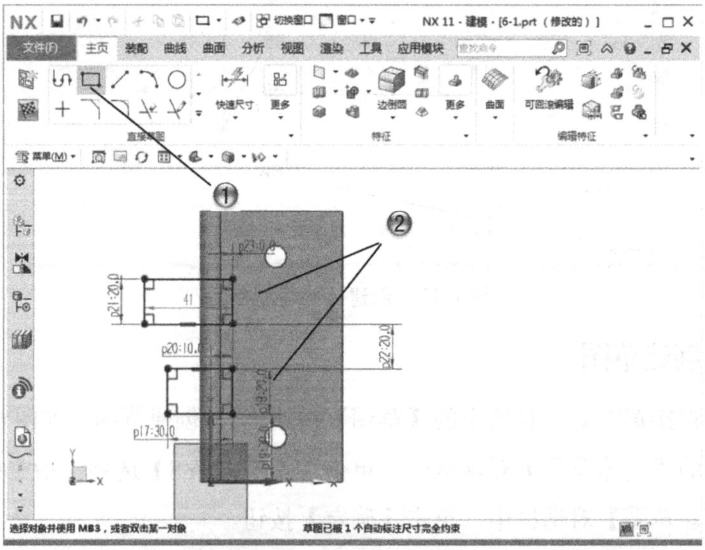

图 6-19　绘制 2 个矩形

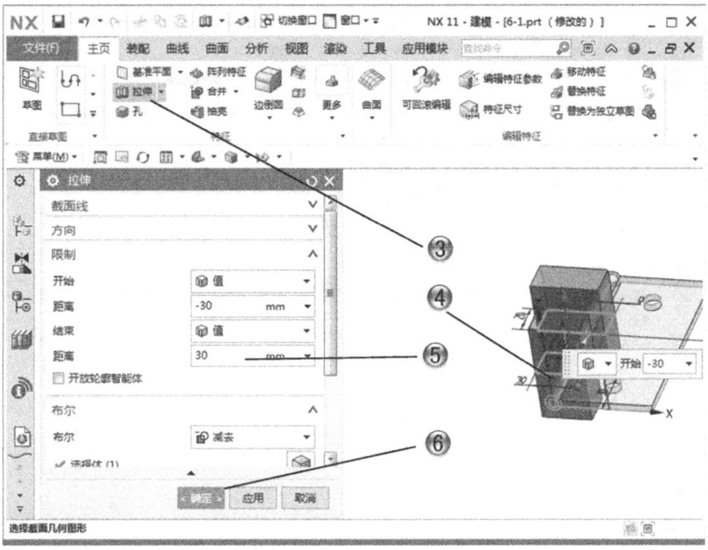

图 6-20　创建拉伸切除特征

Step12 保存零件

① 单击【快速访问工具条】中的【保存】按钮，保存文件，如图 6-21 所示。

② 完成并保存零件主体。

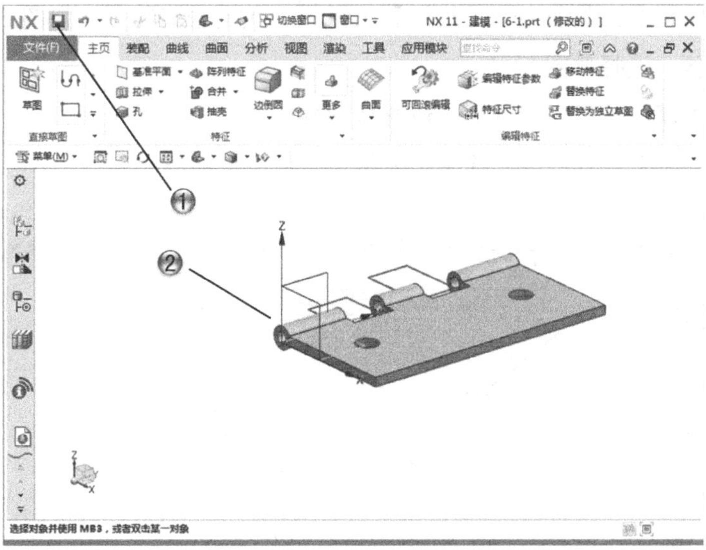

图 6-21　完成保存文件

Step13 创建草图

① 单击【直接草图】工具条中的【草图】按钮，创建草图，如图 6-22 所示。

② 在弹出的【创建草图】对话框中，单击【指定 CSYS】选项，指定草绘平面。

③ 在【创建草图】对话框中，单击【确定】按钮。

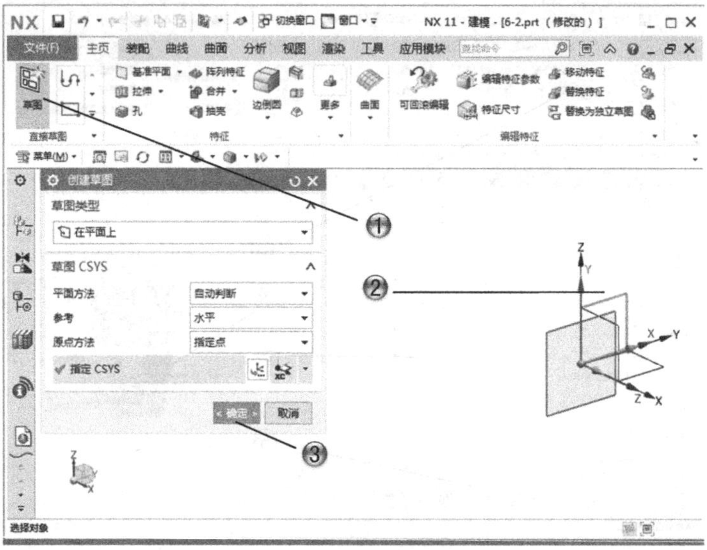

图 6-22　创建草图

Step14 创建拉伸特征

① 单击【直接草图】工具条中的【矩形】按钮，绘制矩形，如图 6-23 所示。

② 选择两点，绘制矩形。

③ 单击【特征】工具条中的【拉伸】按钮，创建拉伸特征，如图 6-24 所示。

④ 在绘图区，选择草图。

⑤ 在弹出的【拉伸】对话框中，设置拉伸参数。

⑥ 单击【拉伸】对话框中的【确定】按钮，完成拉伸特征。

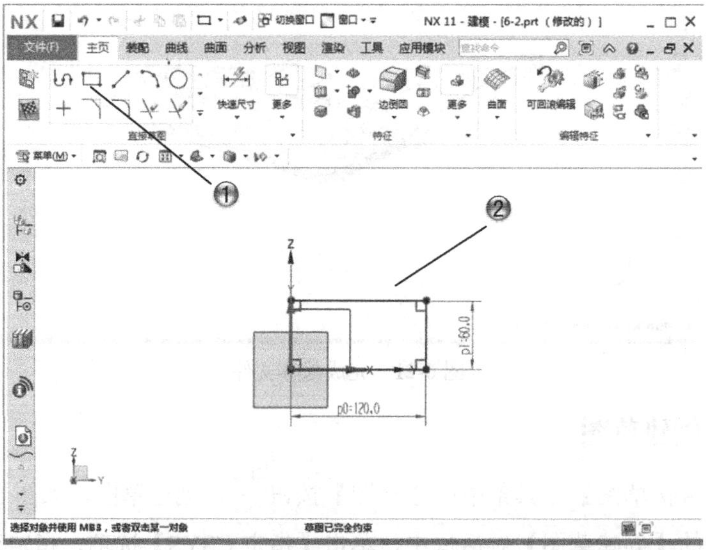

图 6-23　绘制矩形

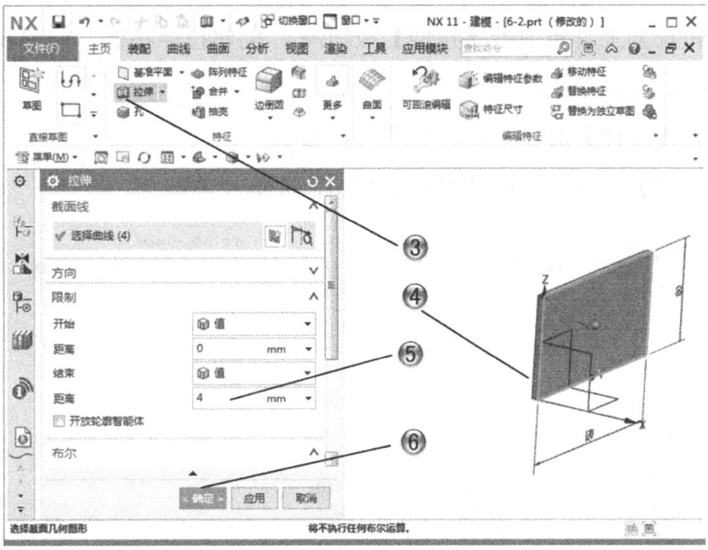

图 6-24　创建拉伸特征

Step15 创建草图

① 单击【直接草图】工具条中的【草图】按钮，创建草图，如图 6-25 所示。

② 在弹出的【创建草图】对话框中，单击【指定 CSYS】选项，指定草绘平面。

③ 在【创建草图】对话框中，单击【确定】按钮。

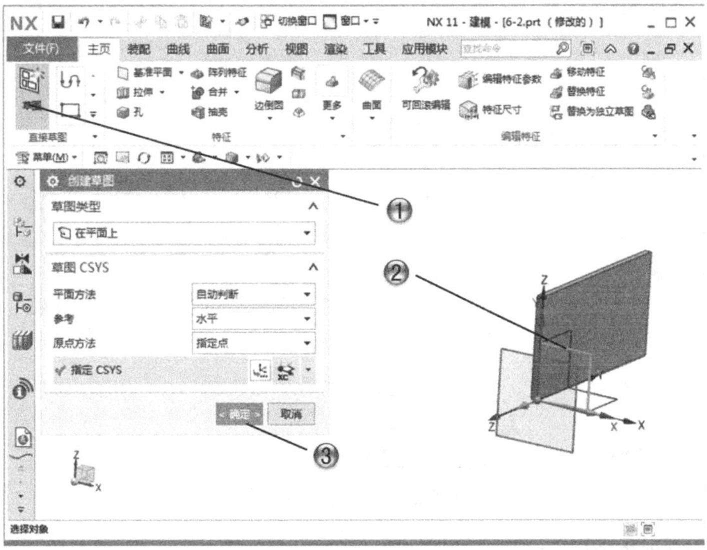

图 6-25　创建草图

Step16 创建拉伸特征

① 单击【直接草图】工具条中的【圆形】按钮，绘制圆形，如图 6-26 所示。

② 选择两点，绘制圆形。

③单击【特征】工具条中的【拉伸】按钮，创建拉伸特征，如图 6-27 所示。
④在绘图区，选择草图。
⑤在弹出的【拉伸】对话框中，设置拉伸参数。
⑥单击【拉伸】对话框中的【确定】按钮，完成拉伸特征。

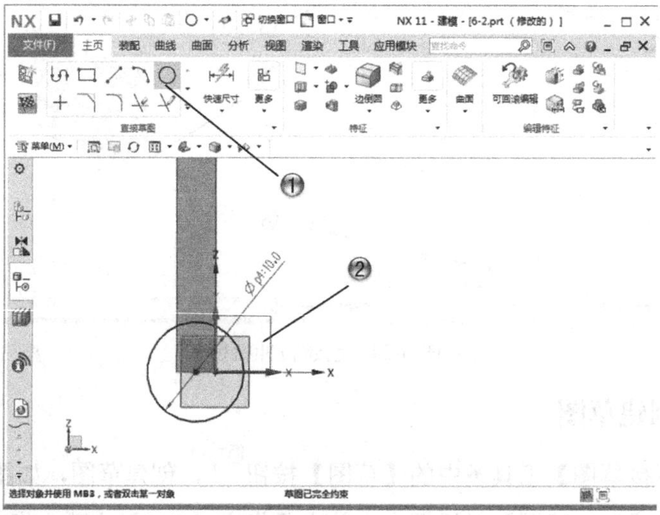

图 6-26　绘制圆形

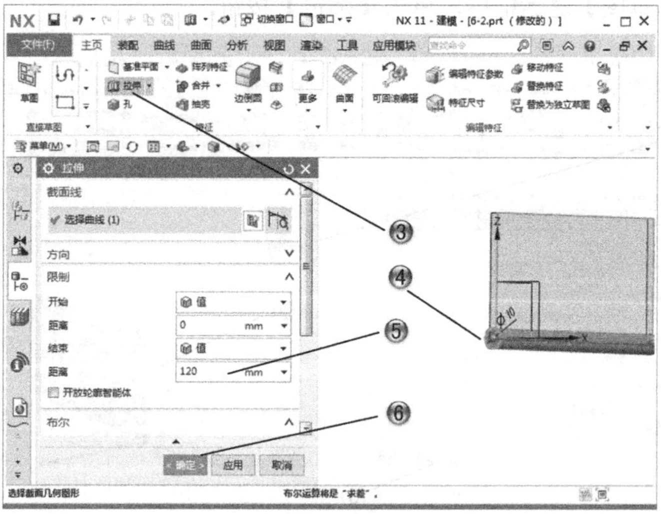

图 6-27　创建拉伸特征

Step17 创建草图

①单击【直接草图】工具条中的【草图】按钮，创建草图，如图 6-28 所示。
②在弹出的【创建草图】对话框中，单击【指定 CSYS】选项，指定草绘平面。
③在【创建草图】对话框中，单击【确定】按钮。

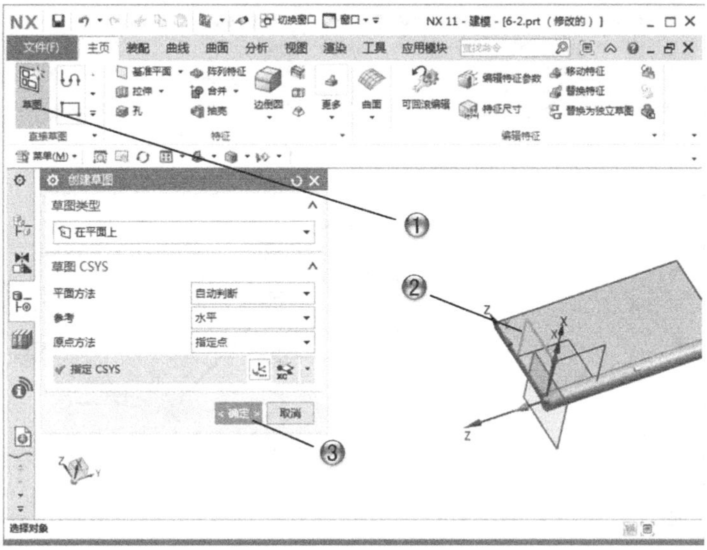

图 6-28　创建草图

Step18 创建拉伸切除特征

① 单击【直接草图】工具条中的【圆形】按钮，绘制圆形，如图 6-29 所示。

② 选择两点，绘制圆形。

③ 单击【特征】工具条中的【拉伸】按钮，创建拉伸特征，如图 6-30 所示。

④ 在绘图区，选择草图。

⑤ 在弹出的【拉伸】对话框中，设置拉伸参数和减去选项。

⑥ 单击【拉伸】对话框中的【确定】按钮，完成拉伸切除特征。

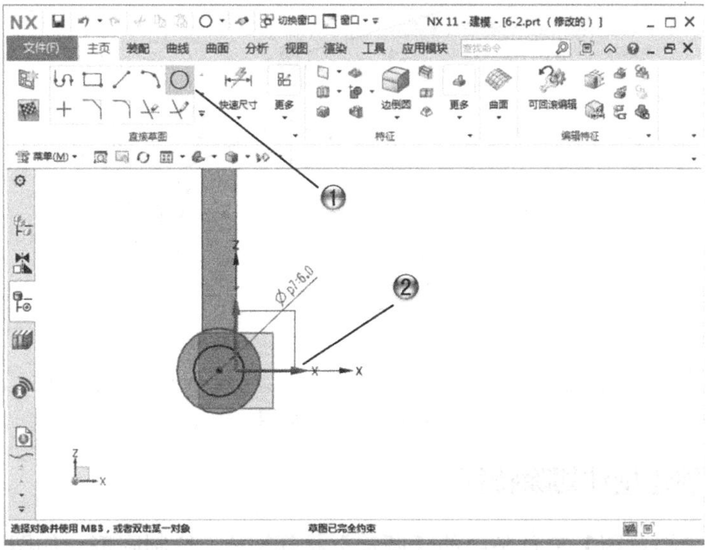

图 6-29　绘制圆形

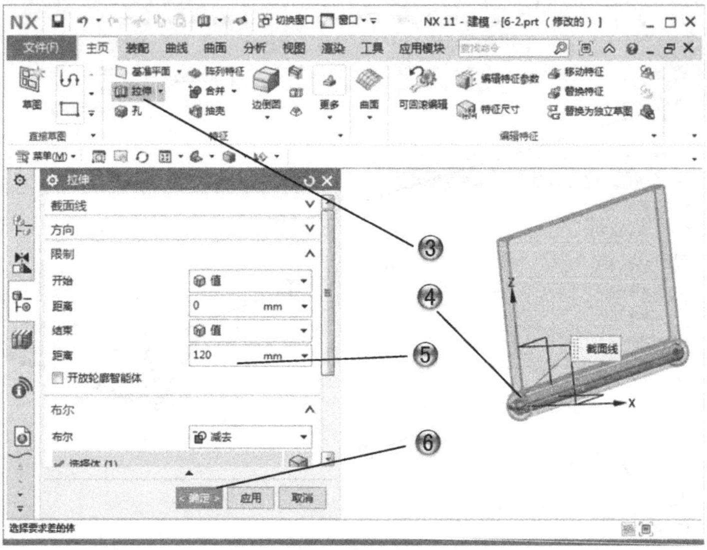

图 6-30　创建拉伸特征

Step19 创建草图

①单击【直接草图】工具条中的【草图】按钮，创建草图，如图 6-31 所示。

②在弹出的【创建草图】对话框中，单击【指定 CSYS】选项，指定草绘平面。

③在【创建草图】对话框中，单击【确定】按钮。

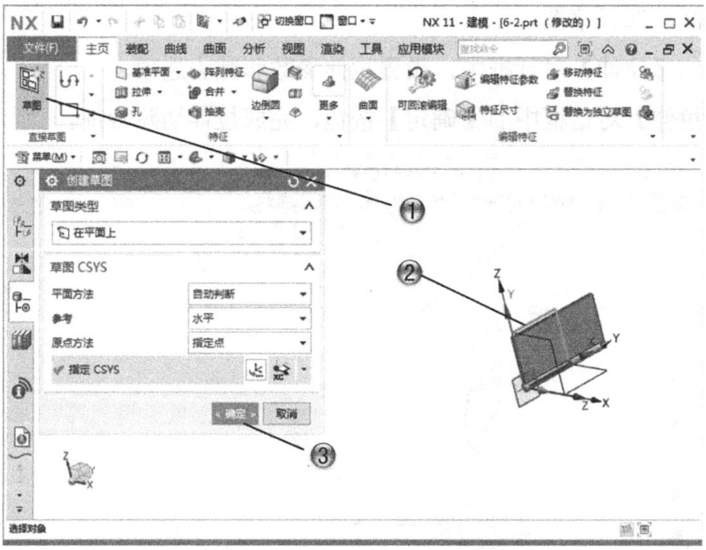

图 6-31　创建草图

Step20 创建拉伸切除特征

①单击【直接草图】工具条中的【圆形】按钮，绘制圆形，如图 6-32 所示。

②选择两点，绘制两个圆形。

③单击【特征】工具条中的【拉伸】按钮，创建拉伸特征，如图 6-33 所示。

④在绘图区，选择草图。

⑤在弹出的【拉伸】对话框中，设置拉伸参数和减去选项。

⑥单击【拉伸】对话框中的【确定】按钮，完成拉伸切除特征。

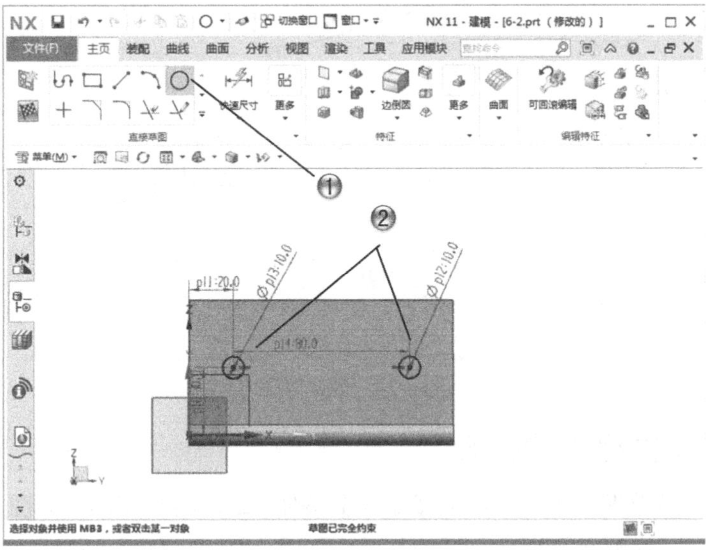

图 6-32 绘制圆形

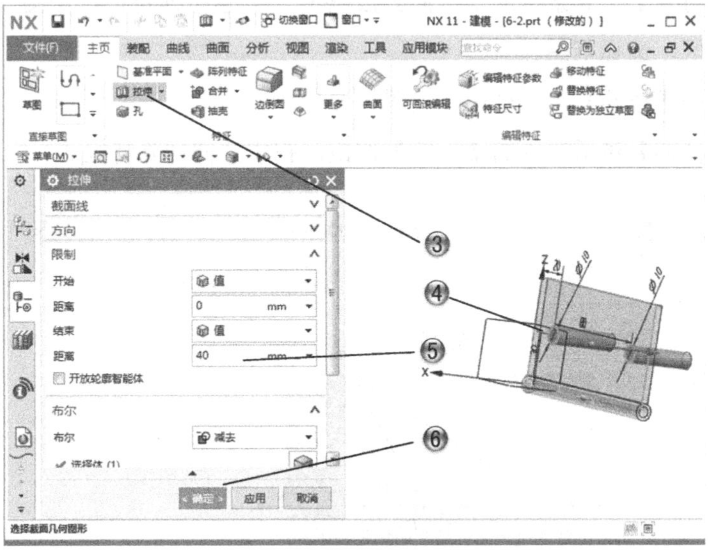

图 6-33 创建拉伸切除特征

Step21 创建草图

①单击【直接草图】工具条中的【草图】按钮，创建草图，如图 6-34 所示。

②在弹出的【创建草图】对话框中，单击【指定 CSYS】选项，指定草绘平面。

③在【创建草图】对话框中，单击【确定】按钮。

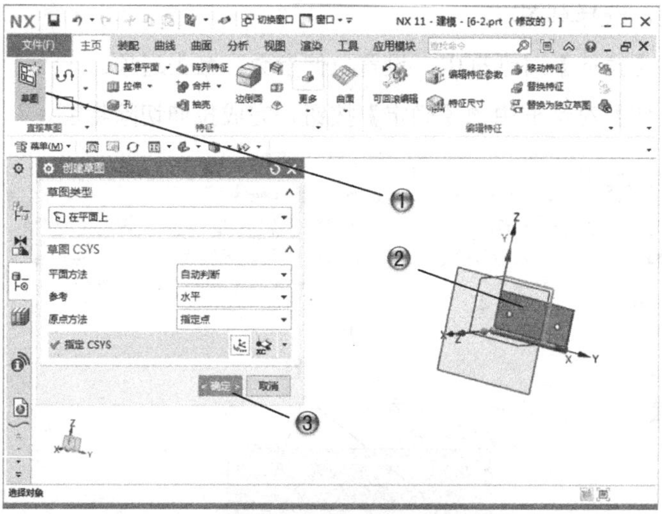

图 6-34　创建草图

Step22 创建拉伸切除特征

①单击【直接草图】工具条中的【矩形】按钮，绘制矩形，如图 6-35 所示。

②选择两点，绘制 3 个矩形。

③单击【特征】工具条中的【拉伸】按钮，创建拉伸特征，如图 6-36 所示。

④在绘图区，选择草图。

⑤在弹出的【拉伸】对话框中，设置拉伸参数。

⑥单击【拉伸】对话框中的【确定】按钮，完成拉伸切除特征。

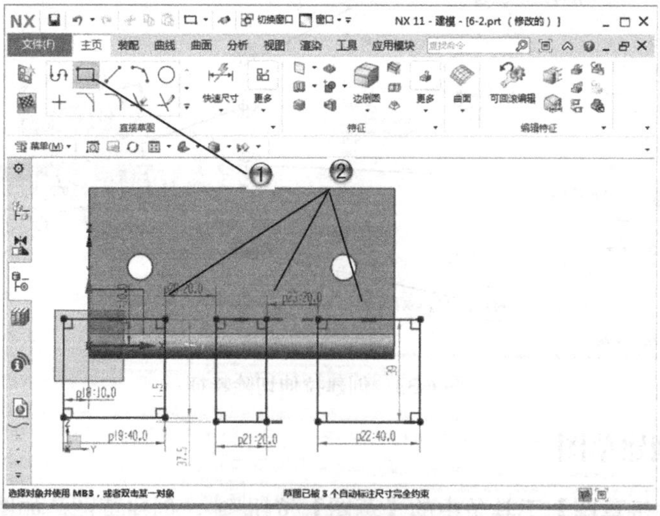

图 6-35　绘制 3 个矩形

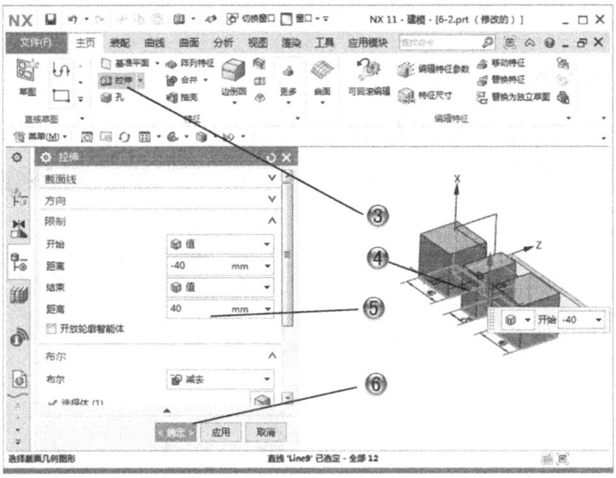

图 6-36　创建拉伸切除特征

Step23 保存零件

① 单击【快速访问工具条】中的【保存】按钮，保存文件，如图 6-37 所示。

② 完成并保存零件主体。

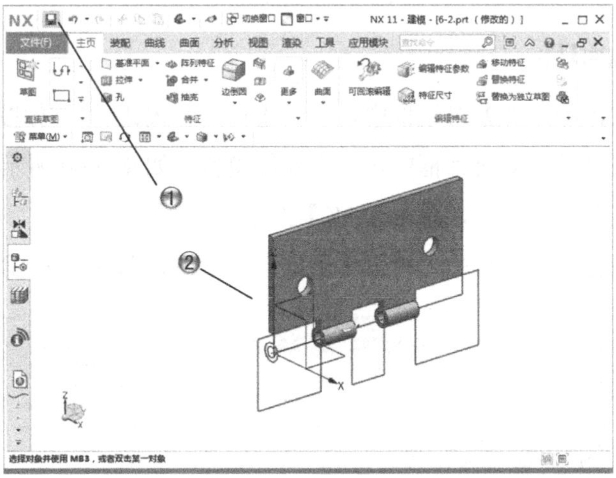

图 6-37　完成保存文件

提示

装配模型的组件尺寸，在设计的时候要做到心中有数，这样在后期装配时才能装配成功。

Step24 新建模型

① 选择【文件】|【新建】菜单命令，在弹出的【新建】对话框中，选择【装配】选

项，如图 6-38 所示。

②设置新文件的名称。

③在【新建】对话框中，单击【确定】按钮。

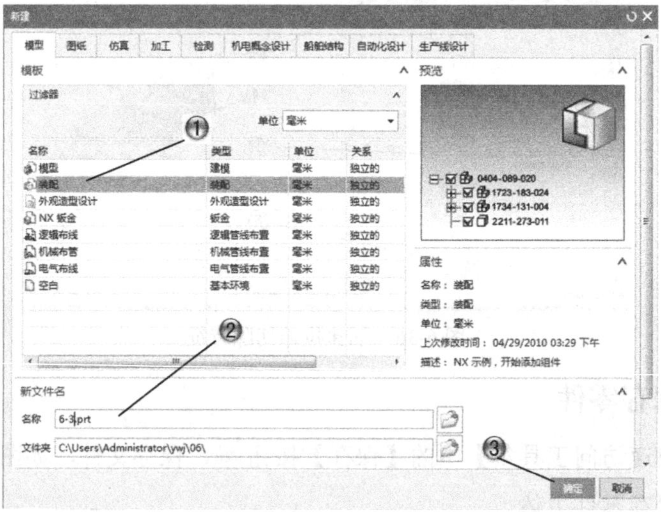

图 6-38　创建装配模型

Step25 添加组件

①在弹出的【添加组件】对话框中，单击【打开】按钮，如图 6-39 所示。

②在弹出的【部件名】对话框中，选择零件模型，如图 6-40 所示。

③在【部件名】对话框中，单击【OK】按钮。

④在【添加组件】对话框中，单击【确定】按钮，如图 6-41 所示。

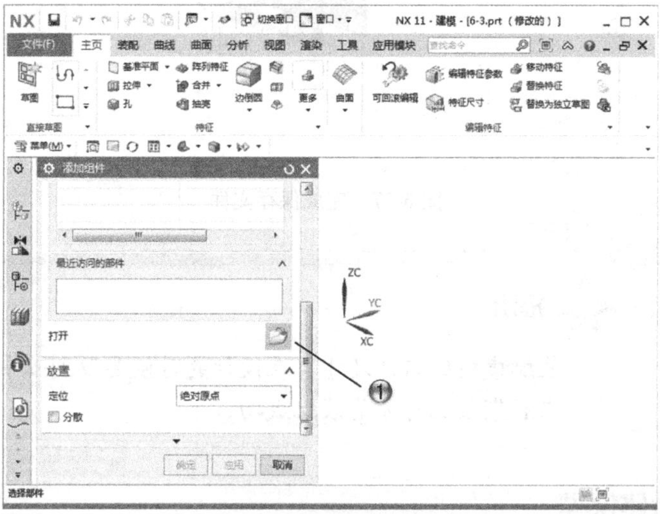

图 6-39　添加组件

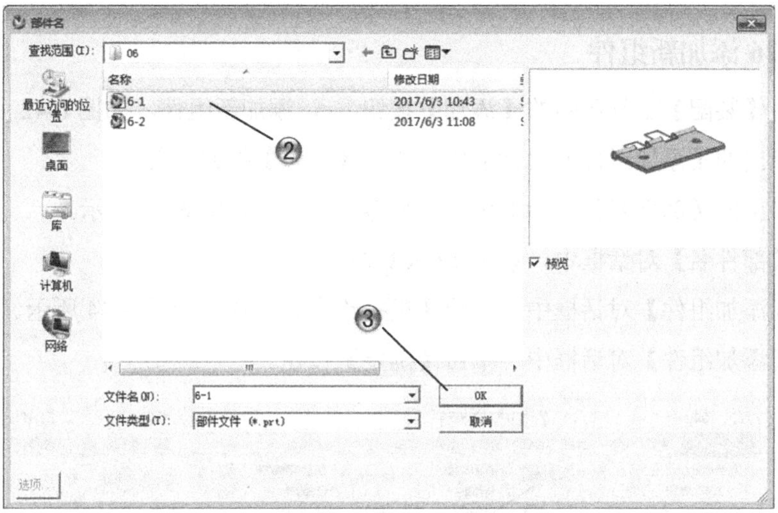

图 6-40　选择组件

图 6-41　设置组件定位

提示

添加组件时，第一个组件一般使用【绝对原点】选项，按照原始坐标系进行放置。

Step26 添加新组件

① 单击【装配】工具条中的【添加】按钮，添加新组件，如图 6-42 所示。

② 在弹出的【添加组件】对话框中，单击【打开】按钮。

③ 在弹出的【部件名】对话框中，选择零件模型，如图 6-43 所示。

④ 在【部件名】对话框中，单击【OK】按钮。

⑤ 在【添加组件】对话框中，选择【根据约束】选项，如图 6-44 所示。

⑥ 在【添加组件】对话框中，单击【确定】按钮。

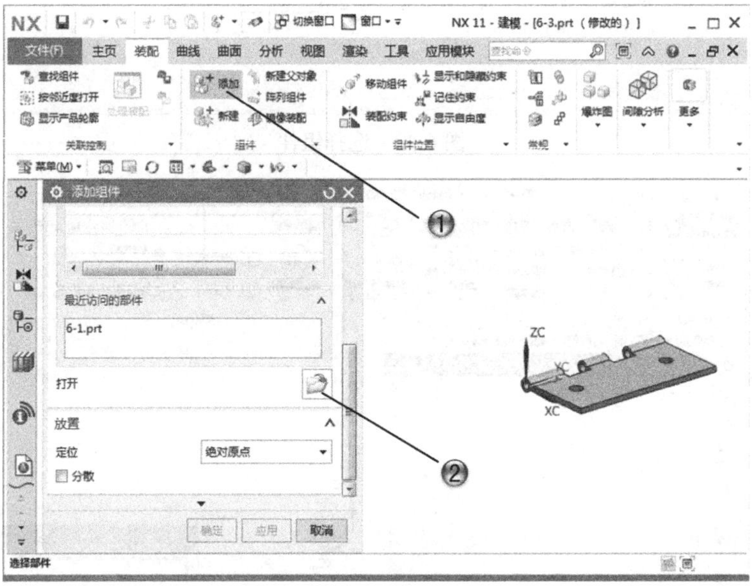

图 6-42　添加组件

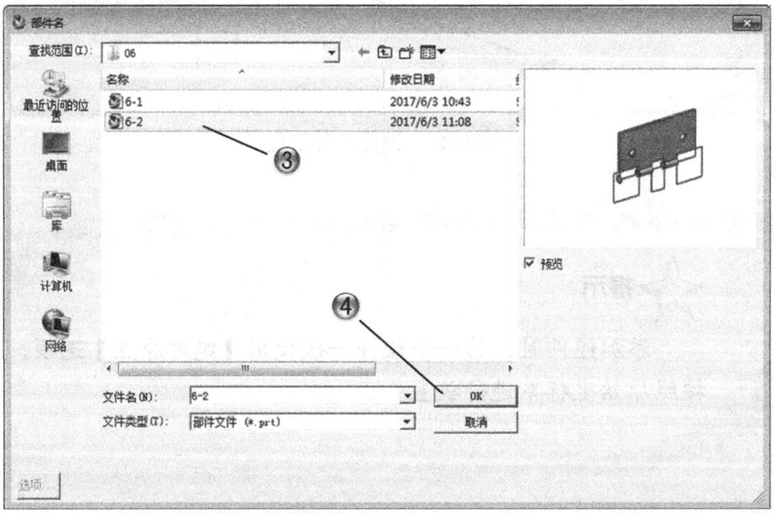

图 6-43　选择组件

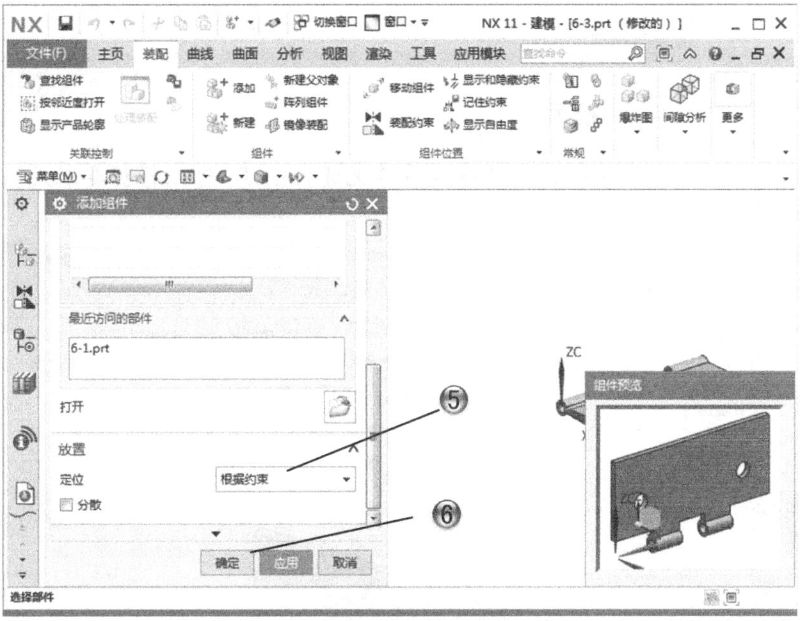

图 6-44　设置组件定位

Step27 设置组件约束

① 在弹出的【装配约束】对话框中，单击【同心约束】按钮。

② 在绘图区，选择两个组件的圆形边线，如图 6-45 所示。

③ 在【装配约束】对话框中，单击【确定】按钮，结果如图 6-46 所示。

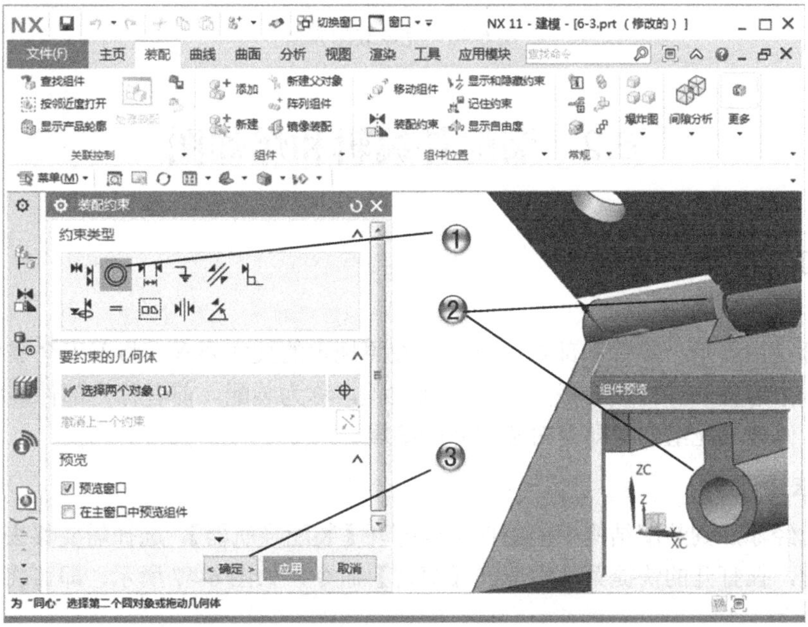

图 6-45　设置同心约束

提示

装配约束的设置看情况进行创建，可以根据要求设置多个装配约束。

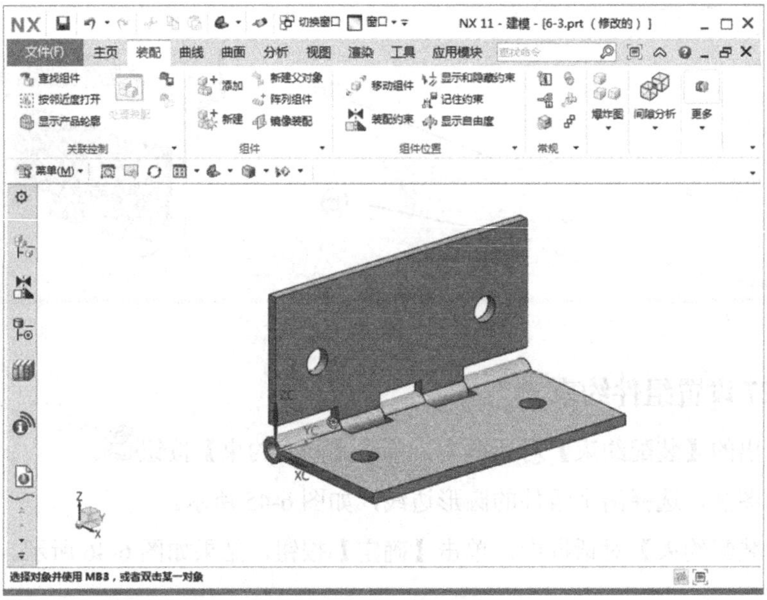

图 6-46　完成装配模型

6.2　装配件编辑和爆炸图

6.2.1　装配件编辑

产品都是由若干个零件和部件组成的。按照规定的技术要求，将若干个零件接合成部件或将若干个零件和部件接合成产品的劳动过程，称为装配。前者称为部件装配，后者称为总装配。修改装配组件，即是对装配件的编辑。

1. 移去组件

对于已经添加到装配结构中的组件可以打开【装配导航器】，选择需要移去的组件，单击鼠标右键，在打开的快捷菜单中选择【剪切】命令，如图 6-47 所示，即可将组件移去。

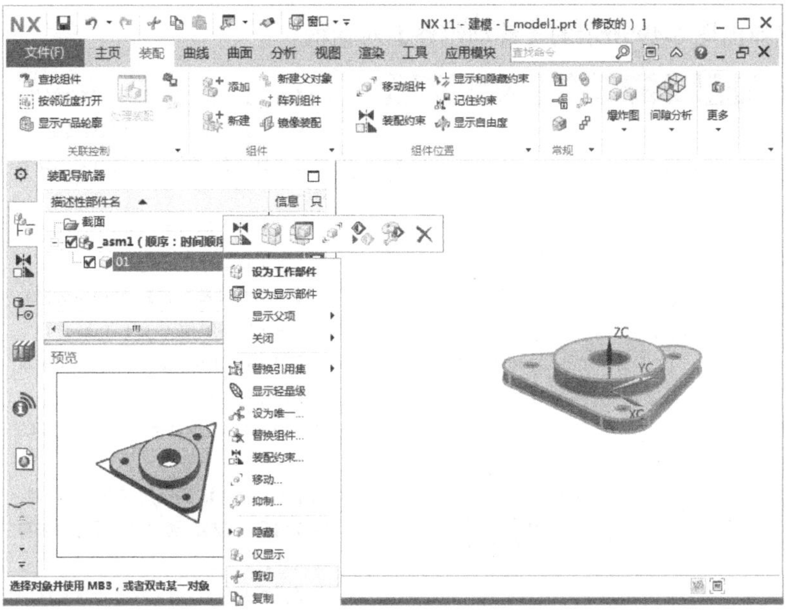

图 6-47　选择【剪切】命令

2. 替换组件

替换组件指的是用一个组件替换已添加到装配中的另一个组件，在【装配】工具条中单击【替换组件】按钮，打开【替换组件】对话框，如图 6-48 所示。

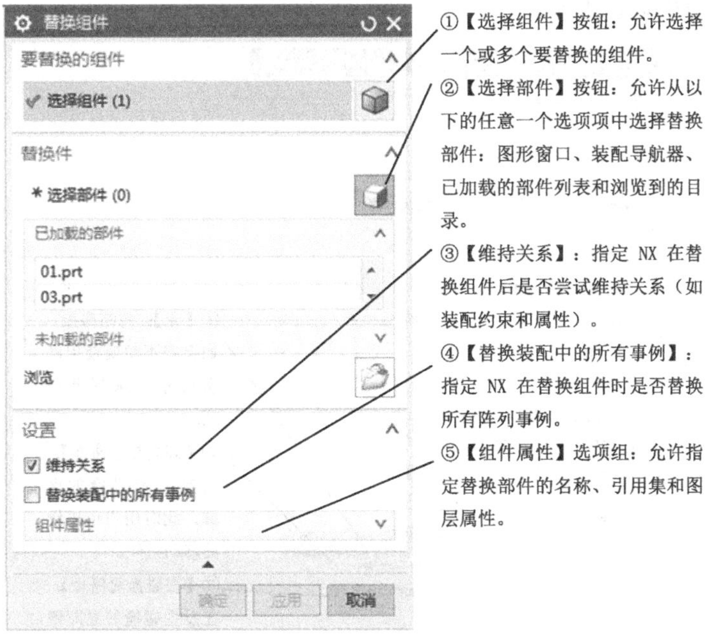

图 6-48　【替换组件】对话框

3. 移动组件

移动组件操作用于移动装配中组件的位置，在【装配】工具条中单击【移动组件】按钮，系统弹出图 6-49 所示的【移动组件】对话框。

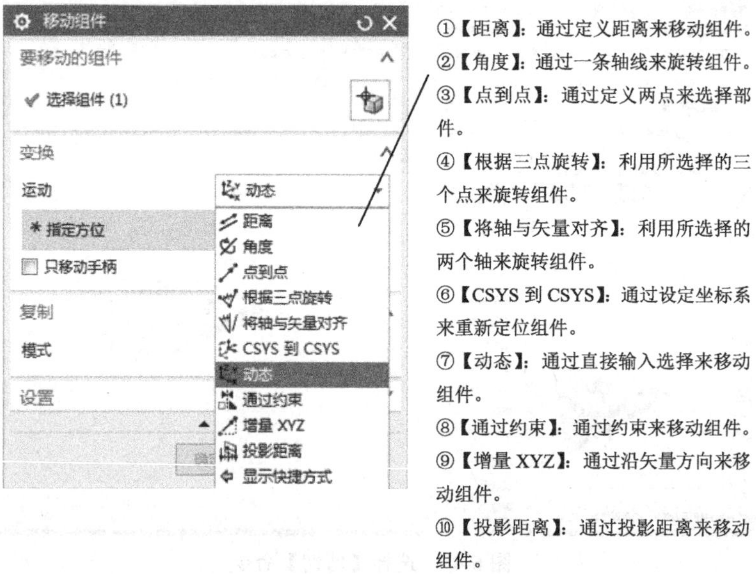

图 6-49　【移动组件】对话框

在【移动组件】对话框中的【设置】选项组中，【仅移动选定的组件】选项仅移动选择的组件；【仅移动选定的组件】选项则不会移动未选定的组件，即使它们约束到正移动的组件也是如此，如图 6-50 所示。。

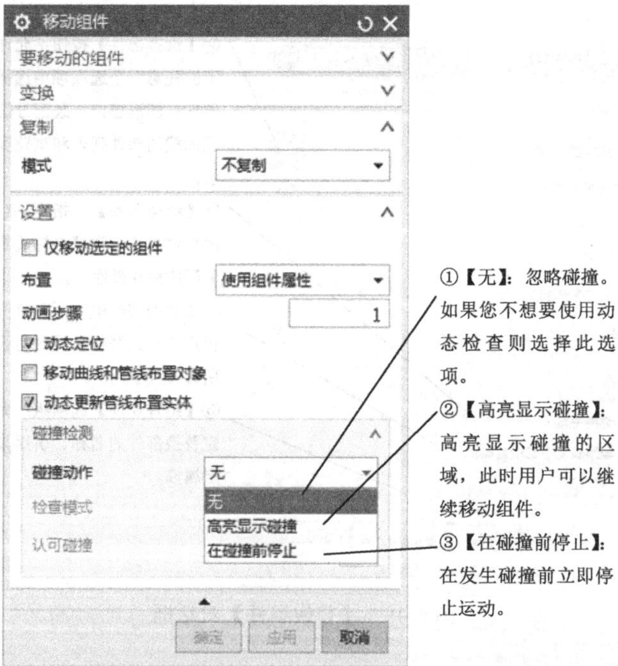

图 6-50　【移动组件】对话框【设置】选项组

6.2.2 爆炸图

爆炸图是把零部件或子装配部件模型，从装配好的状态和位置拆开成特定的状态和位置的视图。

1. 爆炸图工具条及菜单命令

在【上边框条】中选择【菜单】|【装配】|【爆炸图】命令，打开【爆炸图】菜单，显示爆炸图的二级菜单选项，如图 6-51 所示，包括【新建爆炸图】、【编辑爆炸图】、【自动爆炸组件】、【取消爆炸组件】、【删除爆炸图】、【隐藏爆炸图】、【显示爆炸图】、【追踪线】等选项。

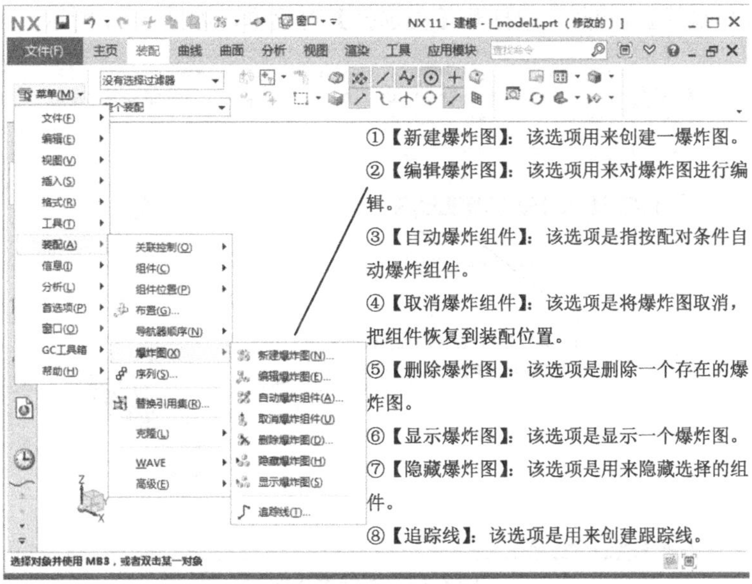

图 6-51 【爆炸图】二级菜单选项

2. 爆炸视图操作

在【上边框条】中选择【菜单】|【装配】|【爆炸图】|【新建爆炸图】命令，或者单击【爆炸图】工具条中的【新建爆炸图】按钮，打开如图 6-52 所示的【新建爆炸图】对话框，默认名称为“Explosion1”。

图 6-52 【新建爆炸图】对话框

编辑爆炸图是对组件在爆炸图中的爆炸位移值进行编辑，它操作方法如下：

在【上边框条】中选择【菜单】|【装配】|【爆炸图】|【编辑爆炸图】命令，或者单击【爆炸图】工具条中的【编辑爆炸图】按钮，打开如图 6-53 所示的【编辑爆炸图】对话框。

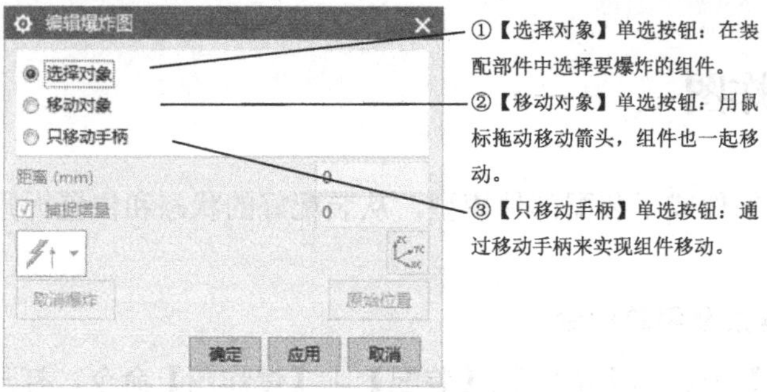

图 6-53 【编辑爆炸图】对话框

自动爆炸图是把组件沿着配对条件的矢量方向自动建立爆炸图。在【上边框条】中选择【菜单】|【装配】|【爆炸图】|【自动爆炸组件】命令，或者在【爆炸图】工具条中单击【自动爆炸组件】按钮，打开【类选择】对话框，如图 6-54 所示。

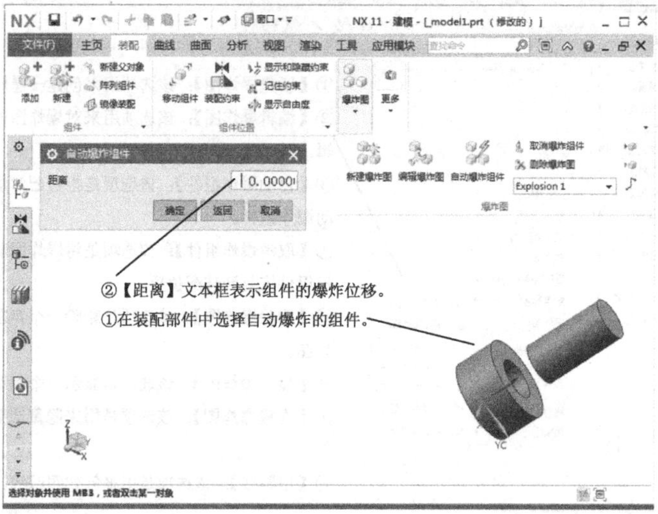

图 6-54 自动爆炸图

6.2.3 装配件编辑应用案例

本案例完成文件：ywj /06/6-3.prt

多媒体教学路径：多媒体教学→第 6 章→第 2 节

6.2.3.1 案例分析

本案例是设置合页模型爆炸图，首先旋转移动一个组件，之后创建爆炸图。

6.2.3.2 案例操作

Step1 移动组件

① 单击【装配】工具条中的【移动组件】按钮，移动组件，如图 6-55 所示。

② 在绘图区，选择组件。

③ 在弹出的【移动组件】对话框中，设置旋转角度。

④ 单击【移动组件】对话框中的【确定】按钮，完成移动组件。

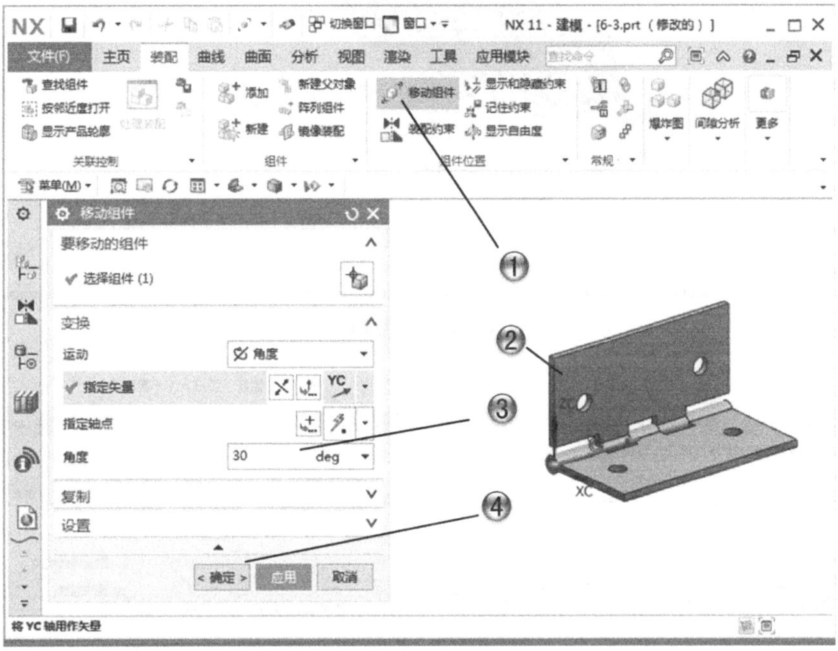

图 6-55　移动组件

Step2 创建爆炸图

① 单击【装配】工具条中的【新建爆炸】按钮，创建爆炸图，如图 6-56 所示。

② 在弹出的【新建爆炸】对话框中，单击【确定】按钮。

③ 在绘图区选择组件，如图 6-57 所示。

④ 在弹出的【编辑爆炸】对话框中，选择【移动对象】选项。

⑤ 在绘图区，移动组件，如图 6-58 所示。

⑥ 单击【编辑爆炸】对话框中的【确定】按钮，完成移动组件，结果如图 6-59 所示。

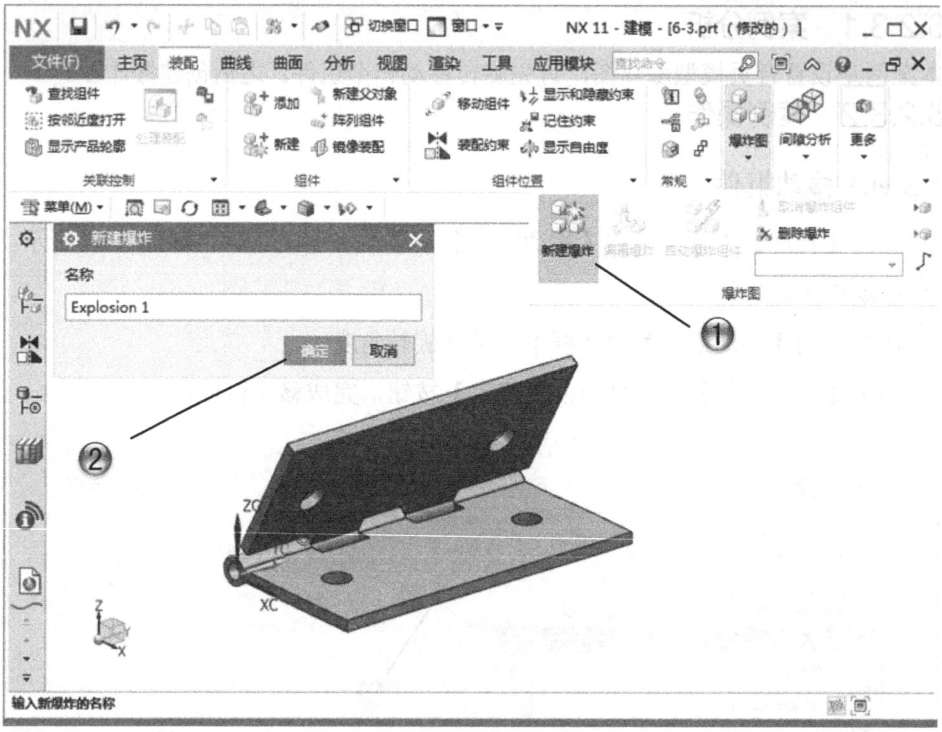

图 6-56　新建爆炸图

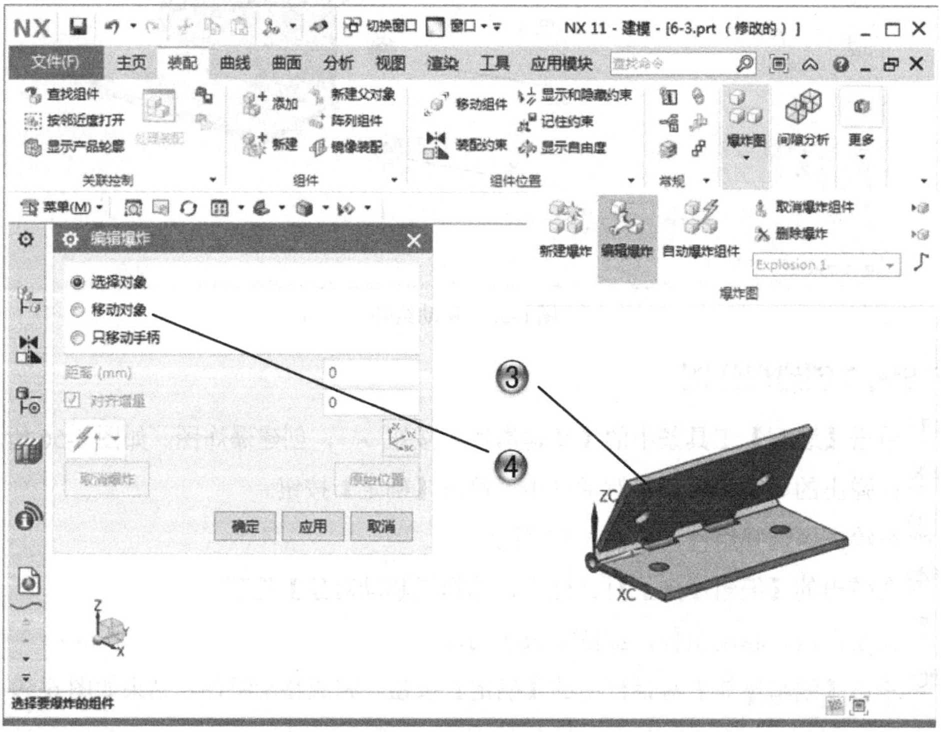

图 6-57　编辑爆炸图

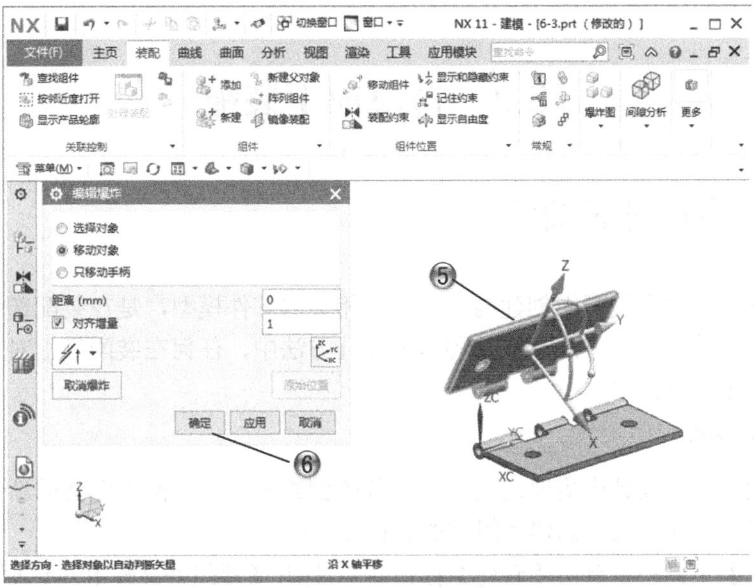

图 6-58　移动对象

提示

装配爆炸图创建完成后，可以使用删除爆炸图命令进行删除，或者进行隐藏设置。

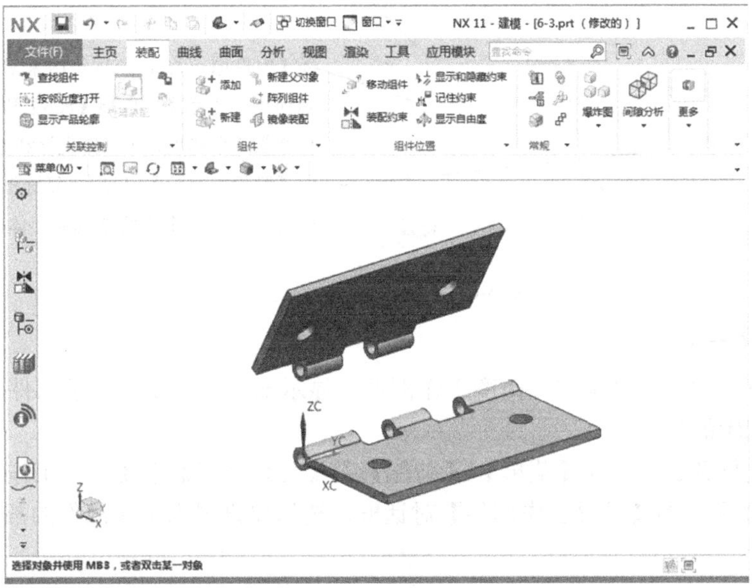

图 6-59　完成并保存文件

6.3　自顶向下装配

6.3.1　自顶向下装配

自顶向下装配指在装配中创建与其他部件相关的部件模型，是在装配部件的顶级向下产生子装配和部件的装配方法。在这种装配设计方法中，任何在装配级上对部件的改变都会自动反映到个别组件中。

1. 创建新组件

在自顶向下装配设计中需要的进行新组件的创建操作。该操作创建的新组件可以是空的，也可以加入几何模型。创建新组件的过程如下：

在【装配】工具条中单击【新建】按钮，打开【新组件文件】对话框，在【名称】文本框输入名称后单击【确定】按钮，即打开【新建组件】对话框，如图 6-60 所示。

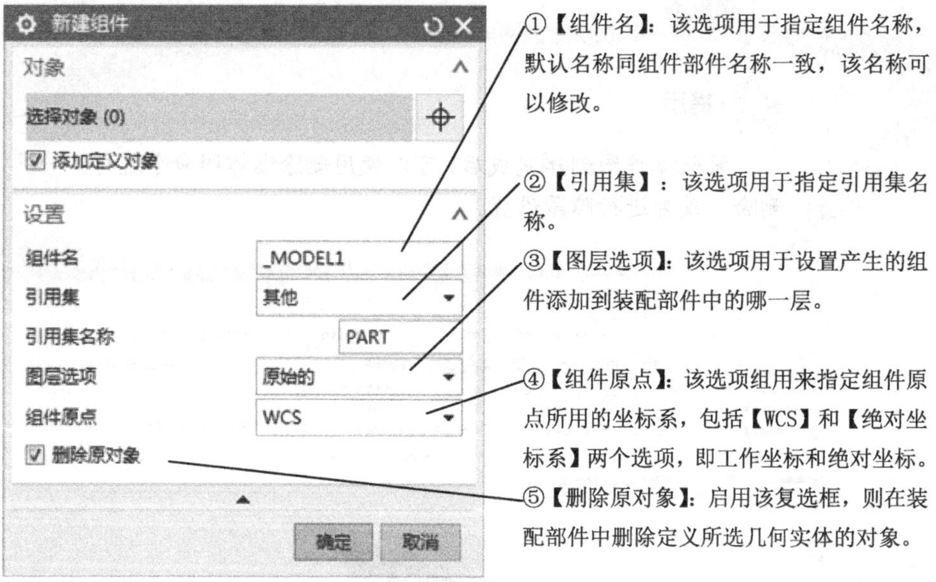

图 6-60　【新建组件】对话框

2. 上下文中设计

进行上下文中设计必须首先改变工作部件、显示部件。它要求显示部件为装配体，工作部件为要编辑的组件。

在【上边框条】中选择【菜单】|【装配】|【关联控制】|【设置工作部件】命令，打开如图 6-61 所示的【设置工作部件】对话框，选择要设置为工作部件的部件文件。

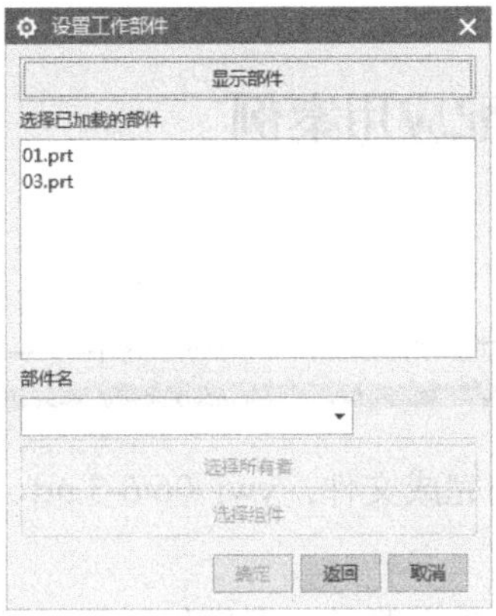

图 6-61 【设置工作部件】对话框

3. 改变显示部件

改变显示部件的方法也有两种。

(1) 通过菜单命令操作。在【上边框条】中选择【菜单】|【装配】|【关联控制】|【显示视图中的组件】命令，选择要设置显示部件的几何模型，单击【确定】按钮完成。

(2) 在导航器中操作。此方法跟改变工作部件的方法相同，这里就不再赘述。

在设置好工作部件后，就可以进行建模设计，包括几何模型的创建和编辑。如果组件的尺寸不具有相关性，则可以采用直接建模和编辑的方式进行上下文中设计；如果组件的尺寸具有相关性，则应在组件中创建链接关系，创建关联几何对象。

4. 创建链接关系

先设置新组件为工作部件，在【上边框条】中选择【菜单】|【插入】|【关联复制】|【WAVE 几何链接器】命令，打开如图 6-62 所示的【WAVE 几何链接器】对话框，该对话框用于链接其他组件到当前工作组件，它上部的按钮用来指定链接的类型。选择类型后，按照选择方式在其他组件上选择，可以把它们链接到工作部件中。

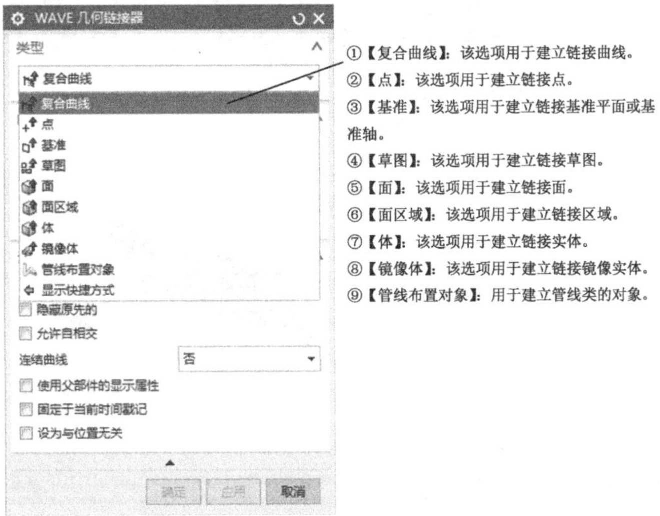

图 6-62 【WAVE 几何链接器】对话框

6.3.2 自顶向下装配应用案例

本案例完成文件：ywj /06/6-3.prt、6-4.prt

多媒体教学路径：多媒体教学→第 6 章→第 3 节

6.3.2.1 案例分析

本案例是在合页装配的基础上，新建一个组件，并进行装配约束。

6.3.2.2 案例操作

Step1 新建组件

① 单击【装配】工具条中的【新建】按钮，新建组件，如图 6-63 所示。

② 在弹出的【新组件文件】对话框中，设置名称，如图 6-64 所示。

③ 在【新组件文件】对话框中，单击【确定】按钮。

④ 在弹出的【新建组件】对话框中，设置组件属性，如图 6-65 所示。

⑤ 在【新建组件】对话框中，单击【确定】按钮。

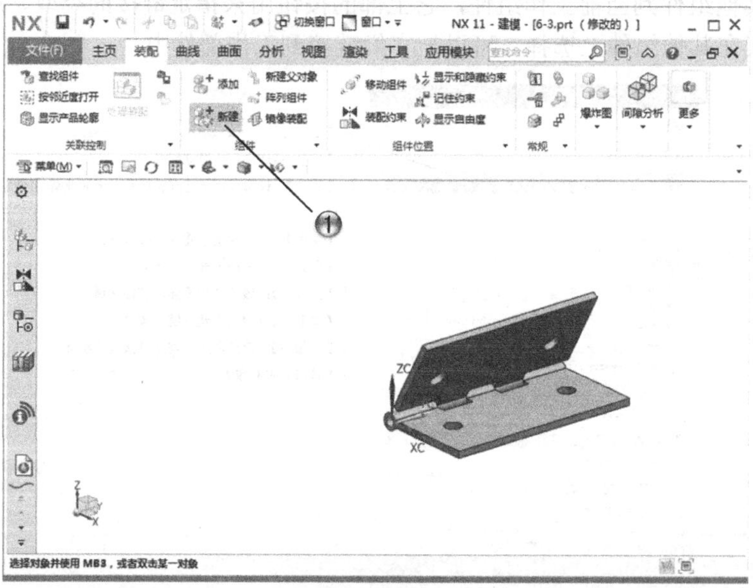

图 6-63　新建组件

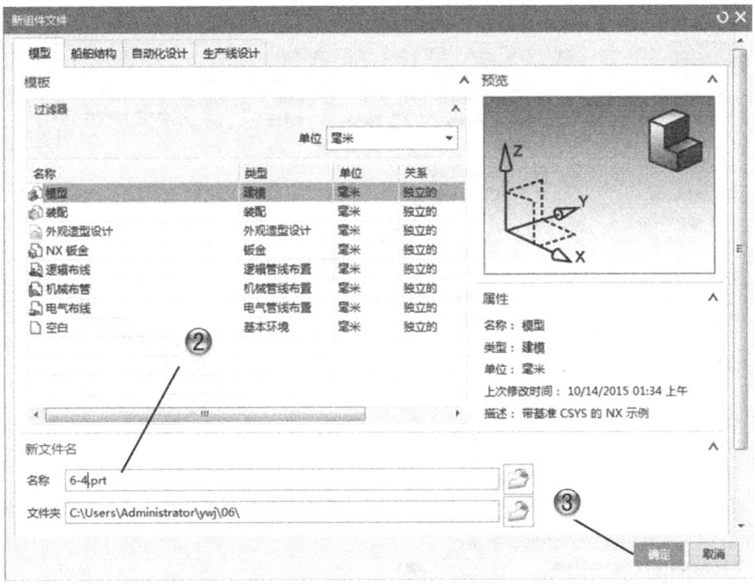

图 6-64　设置组件名称

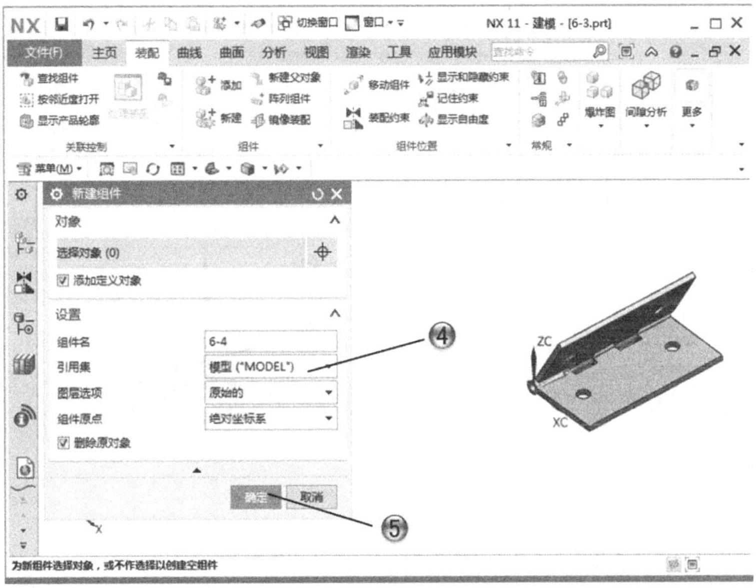

图 6-65　设置组件属性

Step2 创建草图

① 在装配导航器中，右击新组件，在快捷菜单中选择【设为显示部件】命令，如图 6-66 所示。

② 单击【直接草图】工具条中的【草图】按钮，创建草图，如图 6-67 所示。

③ 在弹出的【创建草图】对话框中，单击【指定 CSYS】选项，指定草绘平面。

④ 在【创建草图】对话框中，单击【确定】按钮。

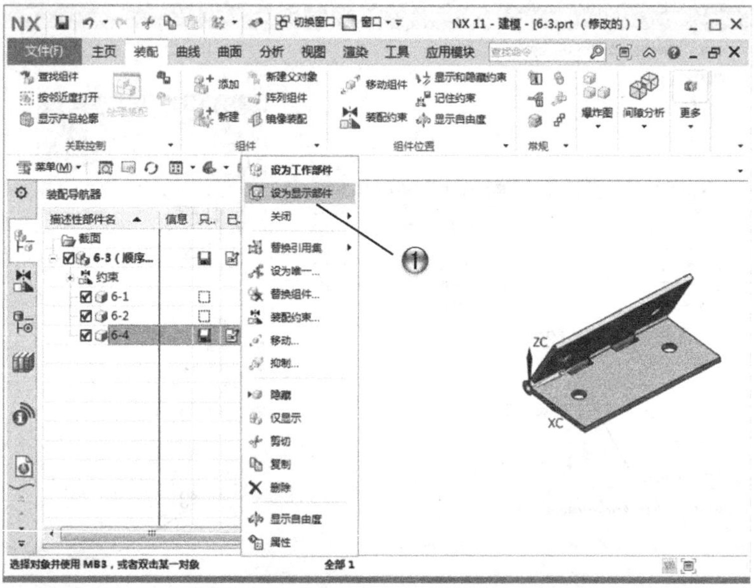

图 6-66　设为显示部件

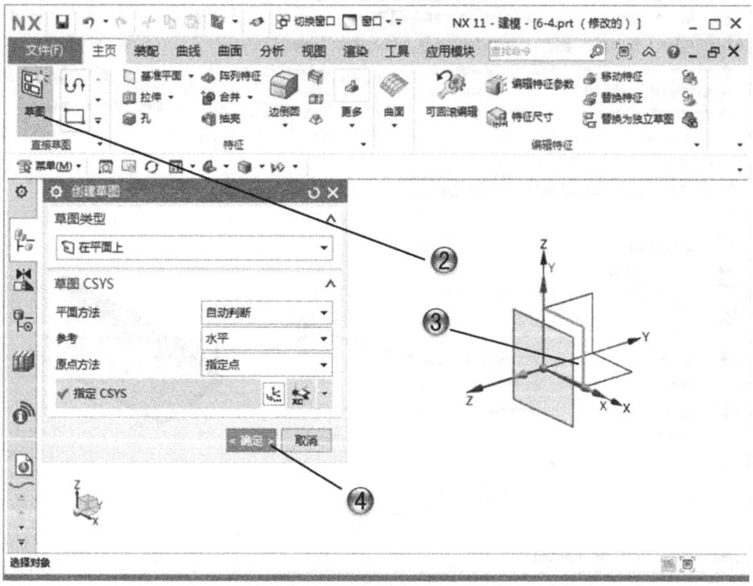

图 6-67　创建草图

Step3 创建拉伸特征

① 单击【直接草图】工具条中的【圆形】按钮，绘制圆形，如图 6-68 所示。

② 选择两点，绘制圆形。

③ 单击【特征】工具条中的【拉伸】按钮，创建拉伸特征，如图 6-69 所示。

④ 在绘图区，选择草图。

⑤ 在弹出的【拉伸】对话框中，设置拉伸参数。

⑥单击【拉伸】对话框中的【确定】按钮，完成拉伸特征。

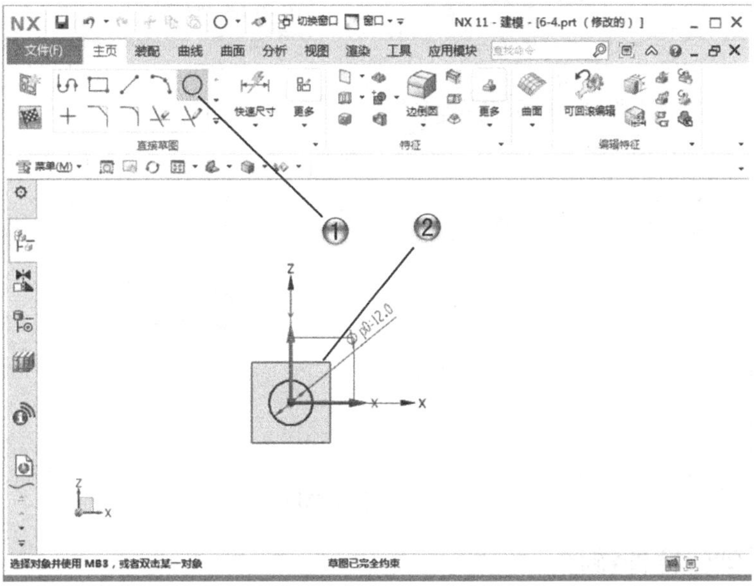

图 6-68　绘制圆形

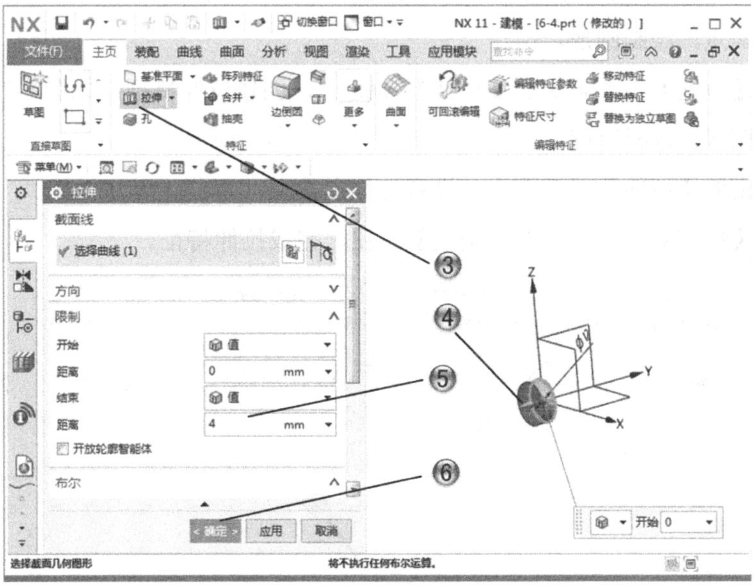

图 6-69　创建拉伸草图

Step4 创建草图

①单击【直接草图】工具条中的【草图】按钮，创建草图，如图 6-70 所示。

②在弹出的【创建草图】对话框中，单击【指定 CSYS】选项，指定草绘平面。

③在【创建草图】对话框中，单击【确定】按钮。

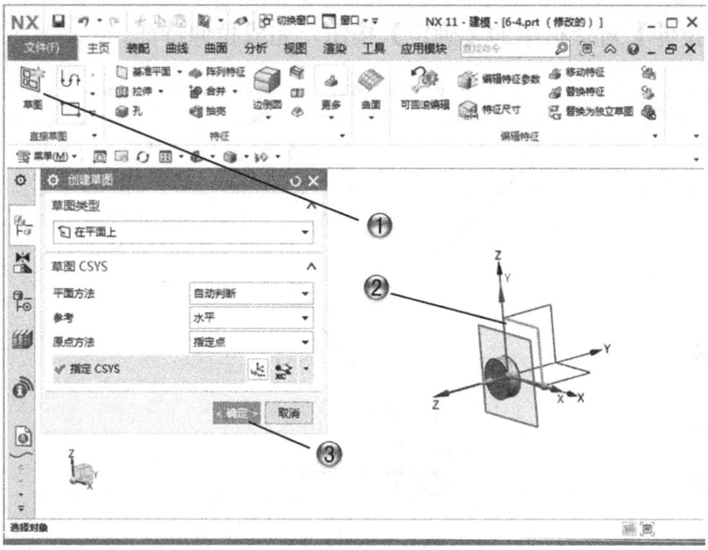

图 6-70　创建草图

Step5 创建拉伸特征

①单击【直接草图】工具条中的【圆形】按钮○，绘制圆形，如图 6-71 所示。

②选择两点，绘制圆形。

③单击【特征】工具条中的【拉伸】按钮，创建拉伸特征，如图 6-72 所示。

④在绘图区，选择草图。

⑤在弹出的【拉伸】对话框中，设置拉伸参数。

⑥单击【拉伸】对话框中的【确定】按钮，完成拉伸特征。

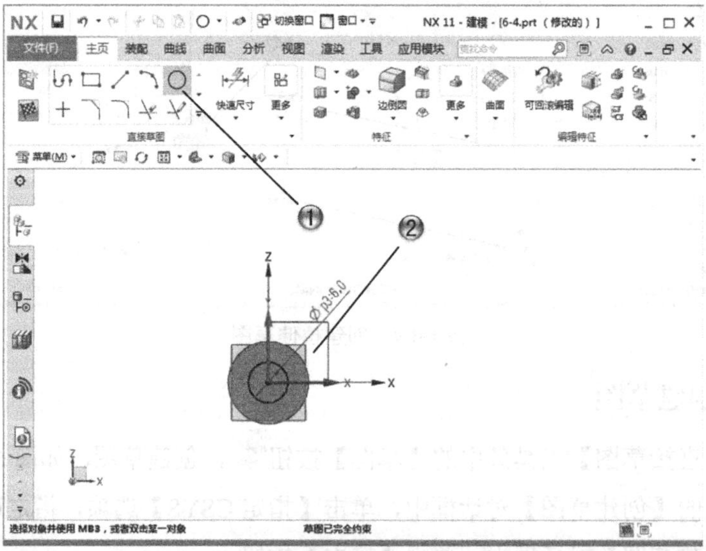

图 6-71　绘制圆形

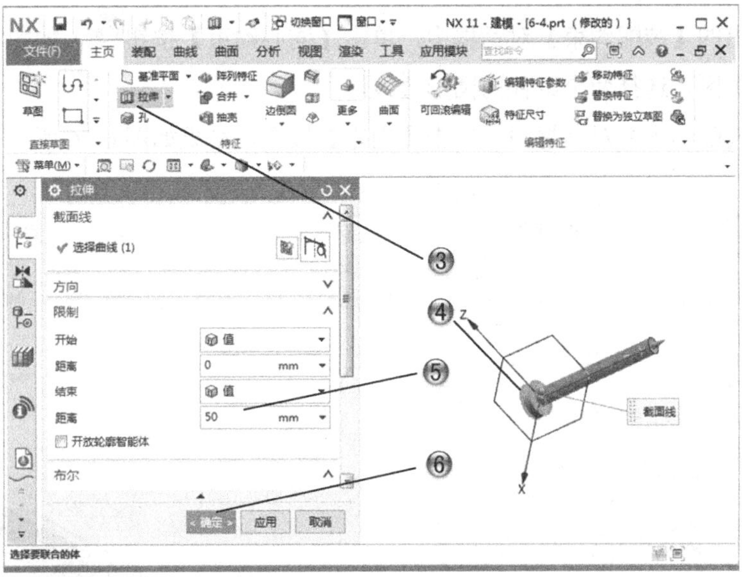

图 6-72　创建拉伸特征

Step6 保存零件

① 单击【快速访问工具条】中的【保存】按钮，保存文件，如图 6-73 所示。

② 完成并保存零件主体。

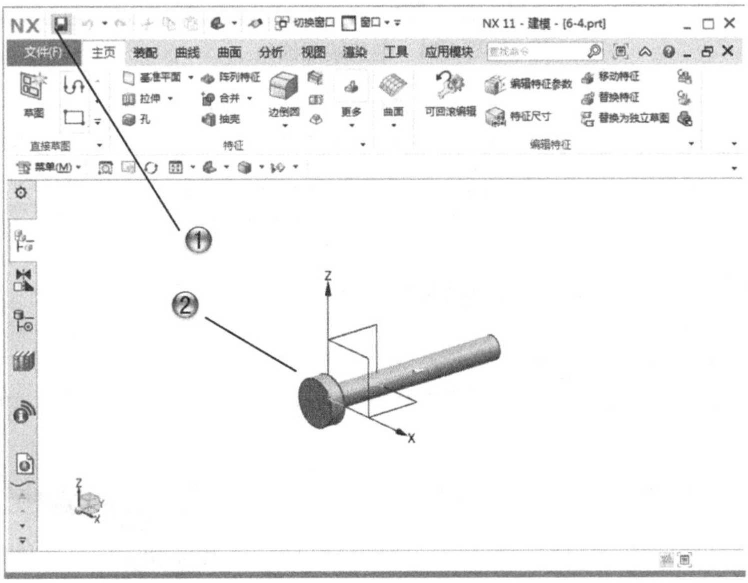

图 6-73　完成保存组件

Step7 设置组件约束

① 在【装配】工具条中单击【装配约束】按钮，设置组件约束，如图 6-74 所示。

②在弹出的【装配约束】对话框中，单击【同心约束】按钮◎，如图 6-75 所示。

③在绘图区，选择两个组件的圆形边线。

④在【装配约束】对话框中，单击【确定】按钮，结果如图 6-76 所示。

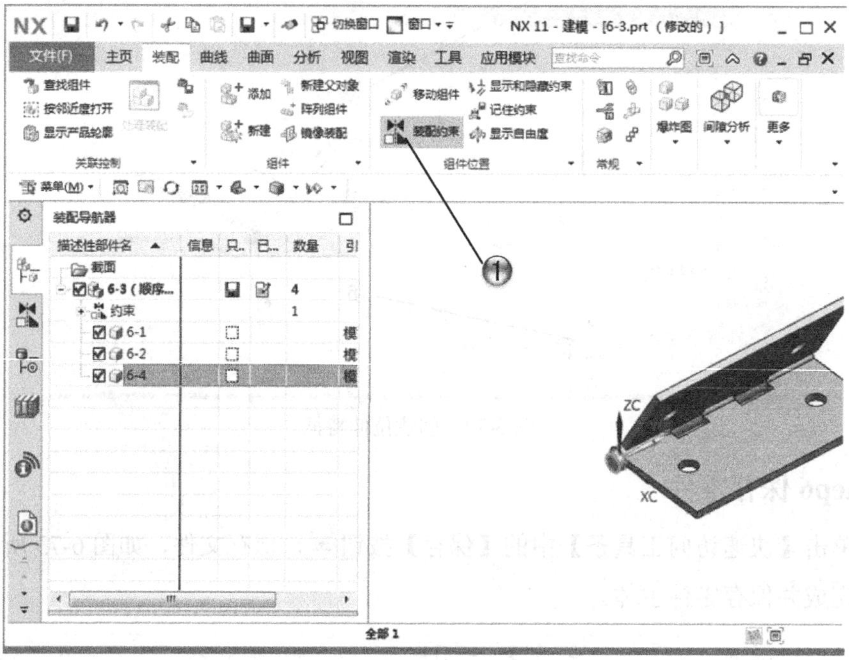

图 6-74　创建装配约束

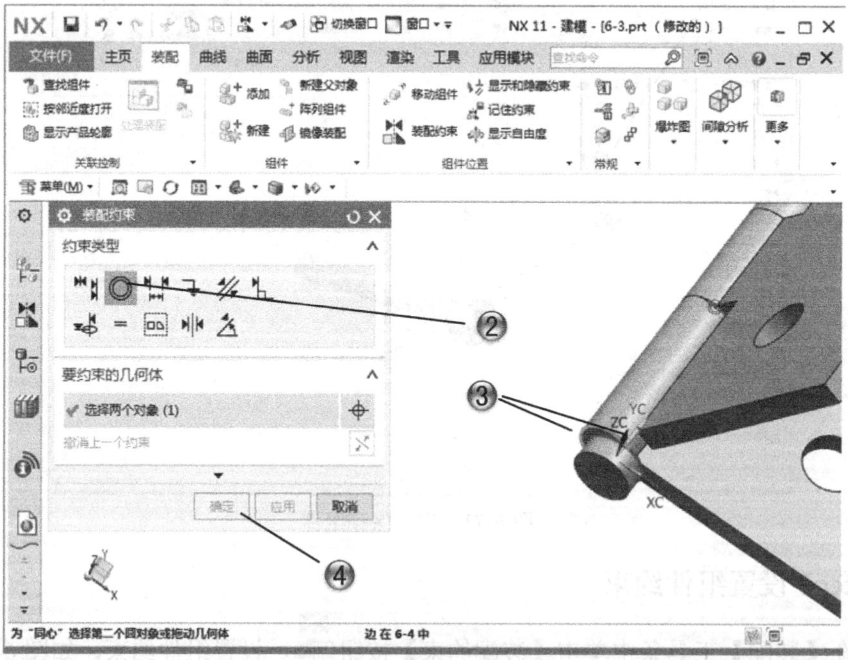

图 6-75　设置同心约束

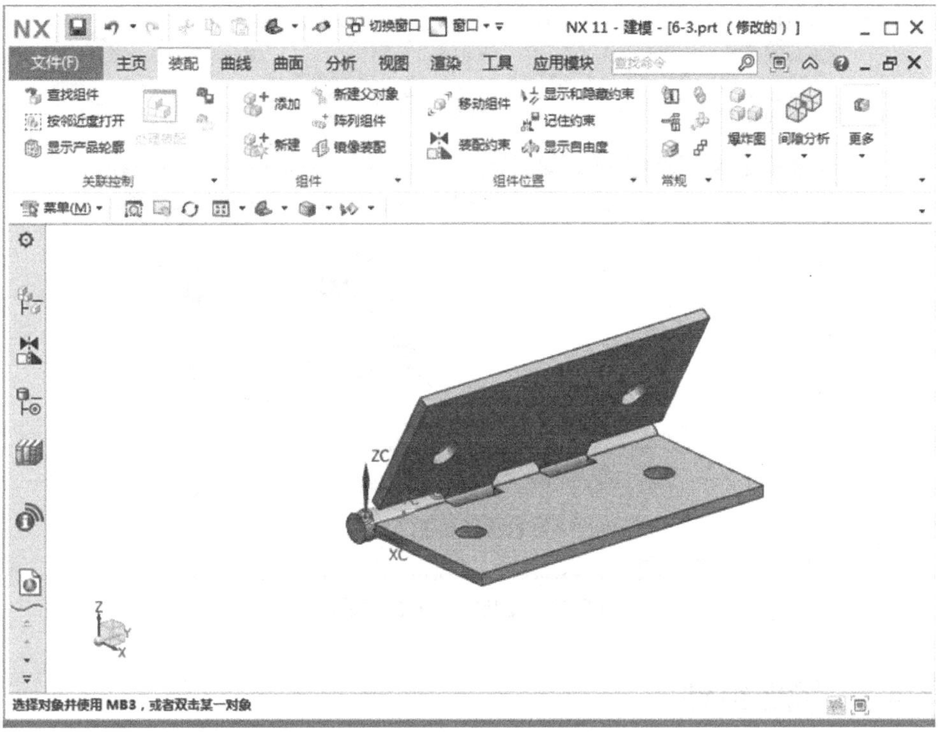

图 6-76　完成装配模型

6.4　装配约束组件和镜像装配

6.4.1　装配约束组件

在装配中，两个零件之间的位置关系分为约束和非约束关系，约束关系实现了装配级参数化，部件之间有关联关系，当一个部件移动时，有约束关系的所有部件随之移动，始终保持相对位置，约束的尺寸值还可以灵活的修改，例如两个面的装配距离。非约束关系仅仅是将部件放置在某个位置，当一个部件移动时，其他部件并不随之移动，建议使用带约束的装配。

不同的约束操作步骤不完全相同，基本操作步骤如下。

（1）分析零件的装配配合关系。

（2）使装配体成为工作部件。

（3）单击【装配】工具条【装配约束】按钮，弹出如图 6-77 所示的【装配约束】对话框，进行设置。

图 6-77 【装配约束】对话框

6.4.2 镜像组件

镜像组件是将装配中的组件，相对于某个平面进行镜像复制。

镜像装配的主要步骤如下。

单击【装配】工具条中的【镜像装配】按钮，打开【镜像装配向导】对话框，如图 6-78 所示。

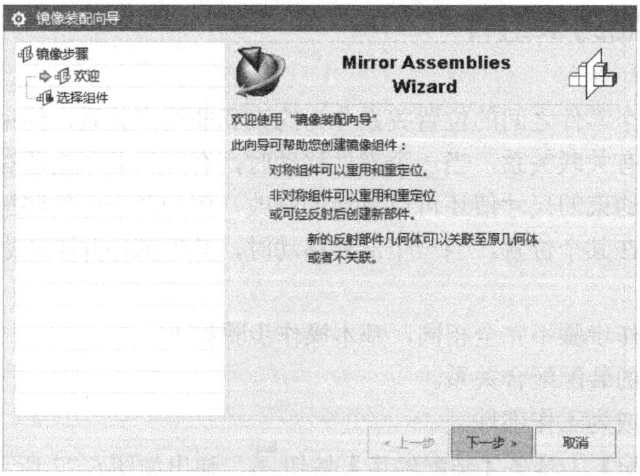

图 6-78 【镜像装配向导】对话框（1）

单击【下一步】按钮，进入【镜像装配向导】对话框的下一部分，如图 6-79 所示，这里要求选择镜像的组件，选择后即可单击【下一步】按钮。

图 6-79 【镜像装配向导】对话框（2）

此时就进入了【镜像装配向导】对话框的下一步，如图 6-80 所示，要求选择镜像的平面，镜像装配是相对于一个平面进行镜像，这里可以选择一个现有的平面，也可以创建一个新的平面。

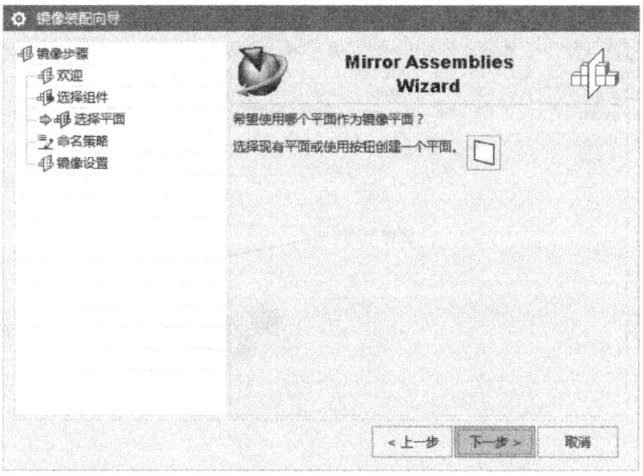

图 6-80 【镜像装配向导】对话框（3）

选择平面后单击【下一步】按钮，此时就进入了【镜像装配向导】对话框的下一步，如图 6-81 所示，要求选择镜像的类型。

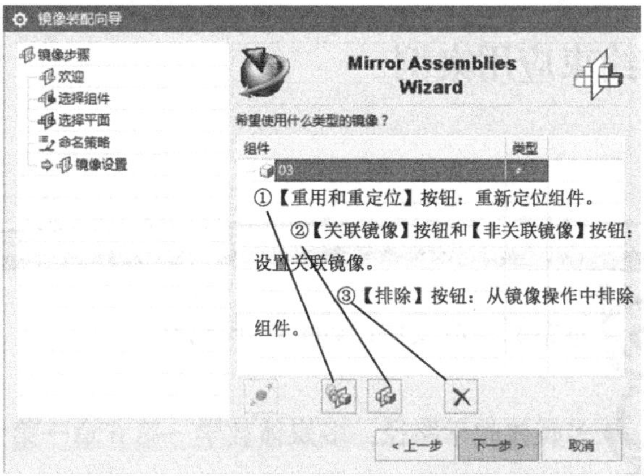

图 6-81 【镜像装配向导】对话框（4）

设置完成镜像类型后，单击【下一步】按钮，此时就进入了【镜像装配向导】对话框的最后一步，如图 6-82 所示，单击【完成】按钮，就退出了向导，生成了镜像装配的组件。这样，镜像装配操作就完成了，如图 6-83 所示。

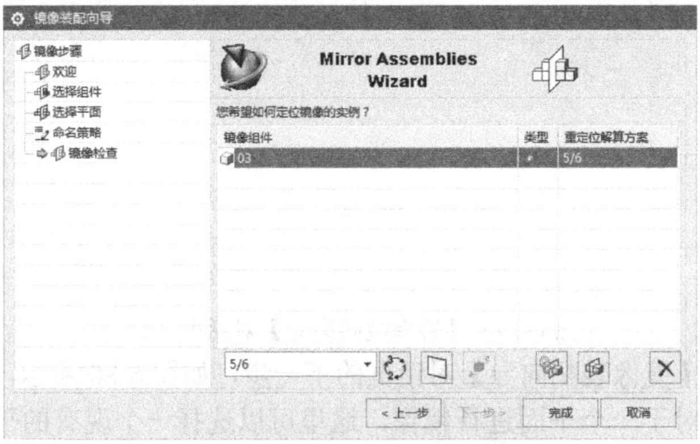

图 6-82 【镜像装配向导】对话框（5）

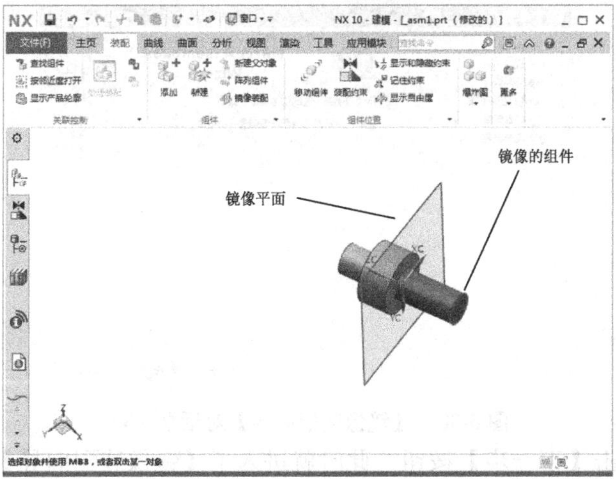

图 6-83 镜像组件

6.4.3 装配约束应用案例

本案例完成文件：ywj /06/6-4.prt

多媒体教学路径：多媒体教学→第 6 章→第 4 节

6.4.3.1 案例分析

本案例是在合页装配的基础上，创建镜像组件，按照向导进行设置即可。

6.4.3.2 案例操作

Step1 镜像装配组件

① 单击【装配】工具条中的【镜像装配】按钮，创建新组件，如图 6-84 所示。

② 在打开的【镜像装配向导】对话框，单击【下一步】按钮。

③ 在打开的【镜像装配向导】对话框，单击【下一步】按钮，如图 6-85 所示。

④ 在打开的【镜像装配向导】对话框，单击【基准平面】按钮，如图 6-86 所示。

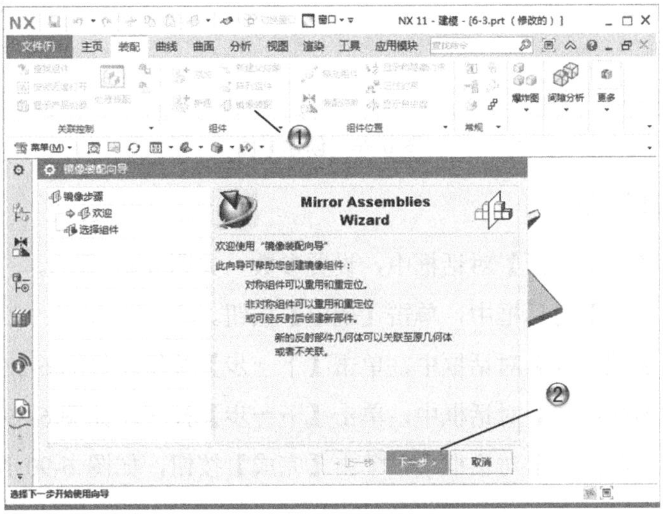

图 6-84　创建镜像装配

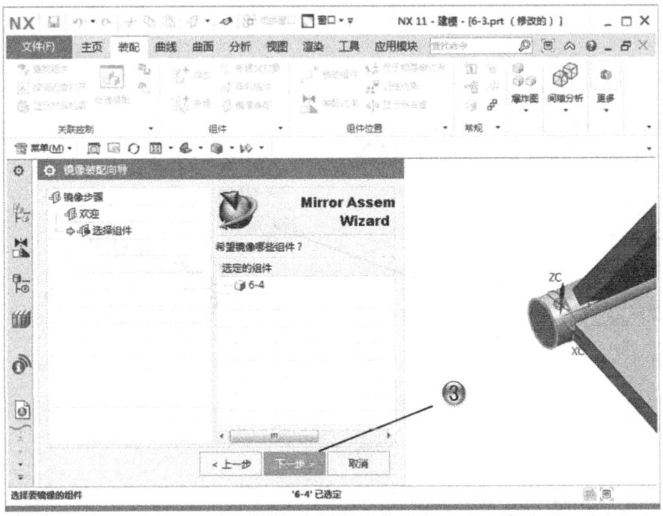

图 6-85　选择镜像组件

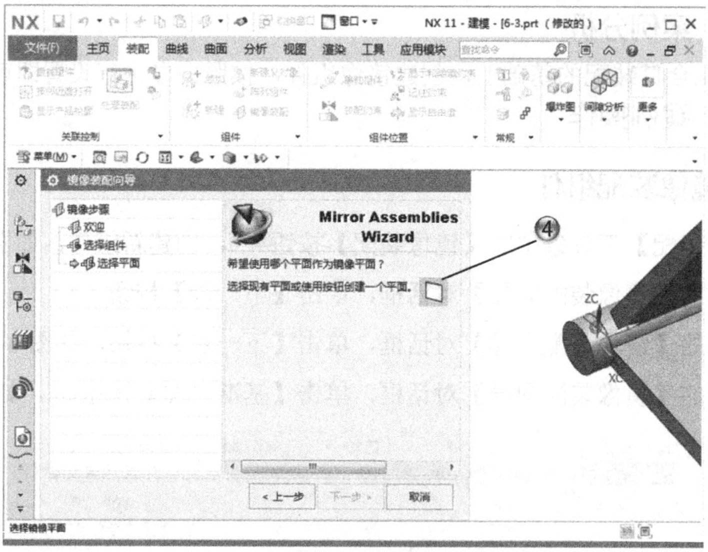

图 6-86　创建平面

Step2 创建基准面

①在弹出的【基准平面】对话框中，设置参数，如图 6-87 所示。

②在【基准平面】对话框中，单击【确定】按钮。

③在【镜像装配向导】对话框中，单击【下一步】按钮，如图 6-88 所示。

④在【镜像装配向导】对话框中，单击【下一步】按钮，如图 6-89 所示。

⑤在【镜像装配向导】对话框中，单击【完成】按钮，如图 6-90 所示，完成的结果如图 6-91 所示。

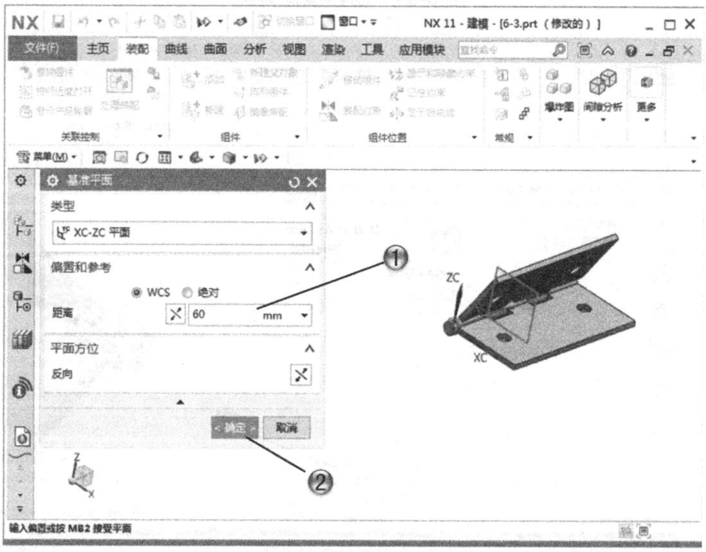

图 6-87　创建基准平面

图 6-88　设置组件文件

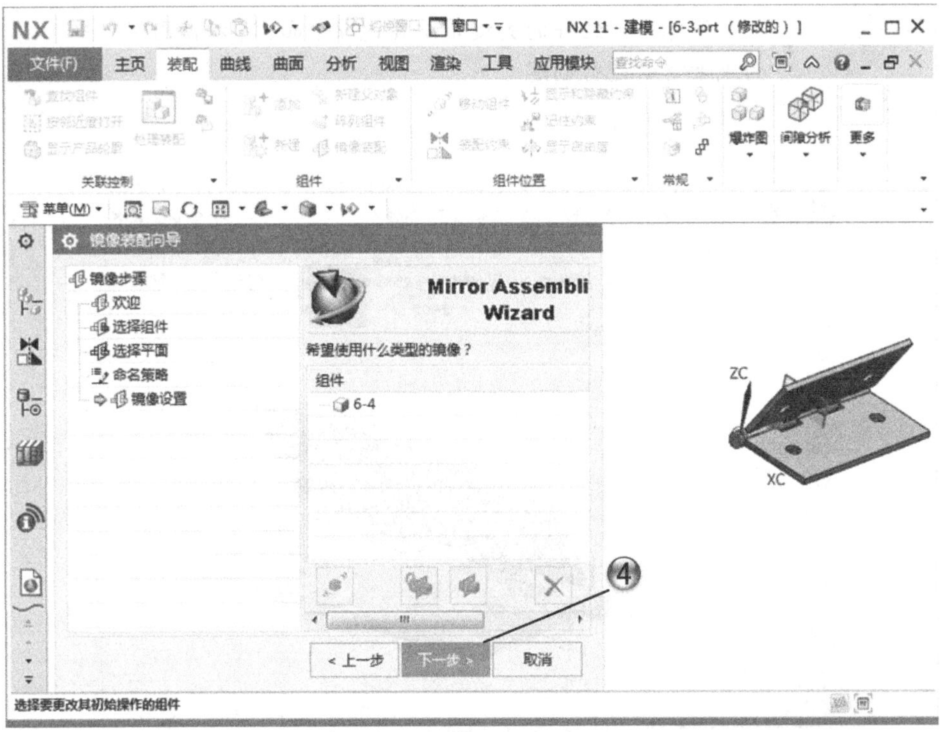

图 6-89　选择【下一步】按钮

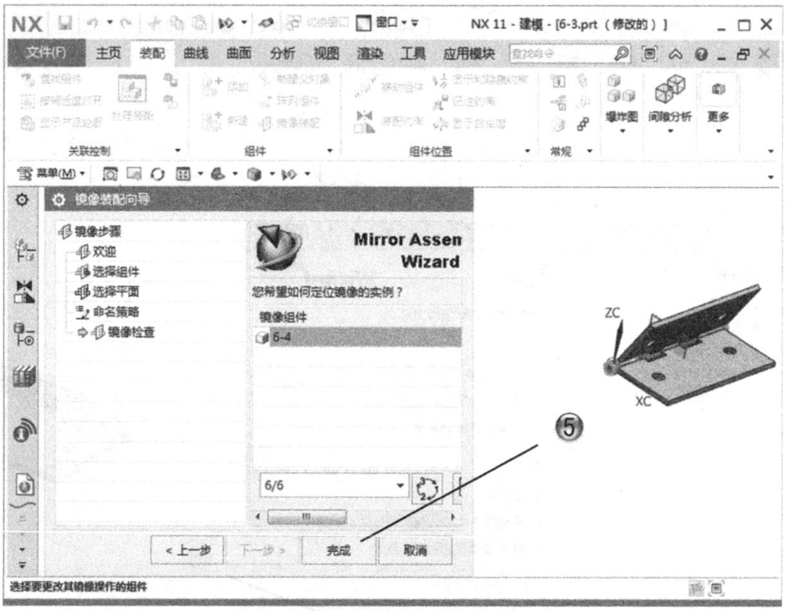

图 6-90　选择【完成】按钮

提示

镜像装配组件的关键是设置镜像平面，可以使用现有平面或者重新进行创建。

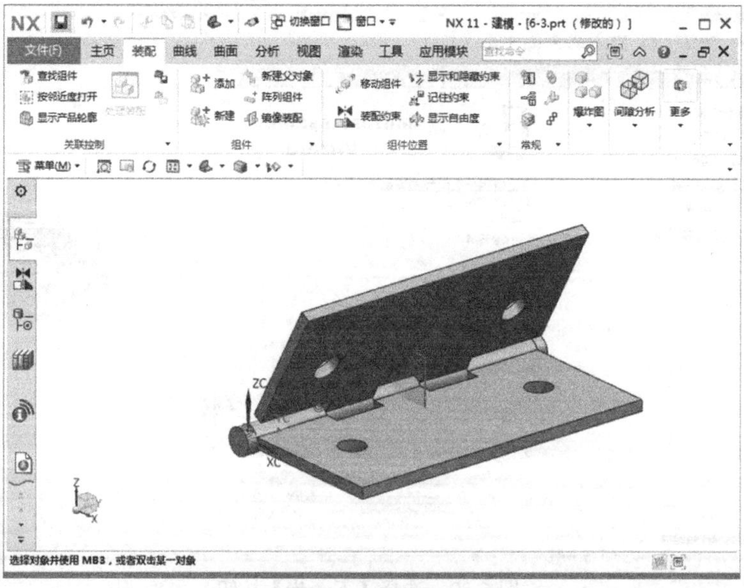

图 6-91　完成文件

6.5 本章小结

本章主要介绍设计装配体的两种方法和装配体编辑，以及创建装配体爆炸图的方法；之后介绍装配约束的创建和镜像组件操作，读者结合课后练习可以熟悉装配体的知识。

6.6 课后练习

6.6.1 填空题

（1）两种装配方法是_____和_____。
（2）爆炸图的作用是__________。
（3）组件的约束条件有__________。

答案：

（1）自底向上装配和自顶向下装配。
（2）使装配从装配好的状态和位置拆开，成特定的状态和位置的视图，便于观察。
（3）接触对齐、同心、距离、固定、平行、垂直等。

6.6.2 问答题

（1）组件约束的作用是什么？
（2）如何复制组件？

答案：

（1）使装配组件位于合适的位置。
（2）使用复制命令、阵列组件命令或者镜像装配命令。

6.6.3 操作题

如图 6-92 所示，使用本章学过的知识来创建一个气缸装配模型。

图 6-92　气缸装配模型

练习内容：

（1）创建各个组件零件。
（2）装配模型。
（3）装配镜像和复制组件。

第7章　钣金件设计

本章导读

钣金将金属薄板通过手工或模具冲压使其产生塑性变形，形成所希望的形状和尺寸，并可进一步通过焊接或少量的机械加工形成更复杂的零件，比如家庭中常用的烟囱、铁皮炉、铁桶、油箱油壶、通风管道、弯头、漏斗，还有汽车外壳都是钣金件。Siemens NX 11中有专门的钣金设计模块，用于完成钣金模型的设计工作。在NX软件中，钣金件的设计命令，可以在建模环境中的【主页】选项卡上找到，很多一般的钣金件操作都可以通过该选项卡实现。

本章主要介绍钣金件设计的操作方法。其中包括钣金特征设计中的基体和折弯、钣金孔和槽、钣金裁剪和冲压特征的设置和创建方法。

学习要求	学习目标 知识点	了解	理解	应用	实践
	掌握钣金基体的创建方法		√	√	√
	掌握钣金修整的方法和命令		√	√	√
	掌握钣金除料的方法和命令		√	√	√

7.1　钣金基体和钣金折弯

7.1.1 钣金基体

NX 软件提供了钣金设计中，进行钣金建模的操作命令和设计模块。钣金件的建模设计，通常称为钣金设计。

钣金基体特征可以通过【突出块】命令创建。使用【突出块】命令可以构造一个基体特征或者在一个平的面上添加材料。

在 NX 建模环境中，选择【文件】|【应用模块】|【钣金】命令，进入【钣金】设计模块。进入【钣金】设计模块后，在【主页】工具条中单击【突出块】按钮，打开如图 7-1 所示的【突出块】对话框。系统提示用户“选择要草绘的平的面，或选择截面几何图形”。

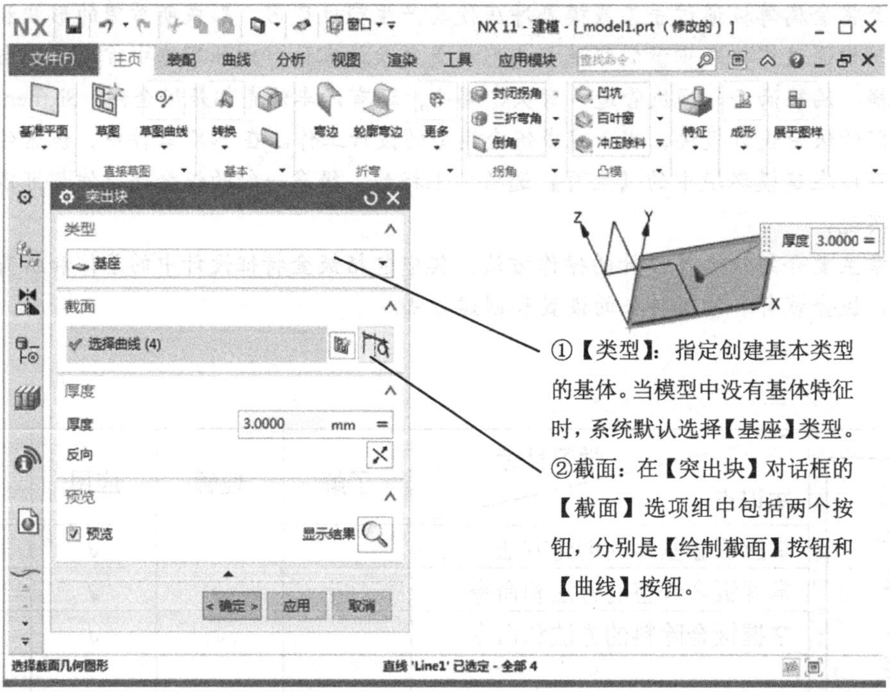

图 7-1　【突出块】对话框

指定基体截面和设置基体的厚度数值及其方向后，如果需要观察基体是否满足设计要求，如图 7-2 所示，最后完成基体。

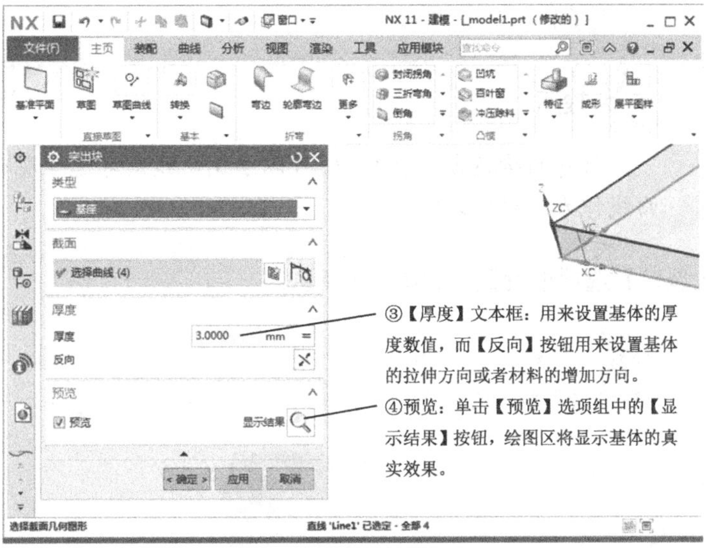

图 7-2　基体厚度及方向

7.1.2　钣金折弯

钣金件折弯是指在材料厚度相同的实体上，沿着指定的一条直线进行折弯成形。钣金件折弯后还可以进行折弯展开或者重折弯。

1. 折弯

在【主页】工具条中单击【折弯】按钮，打开如图 7-3 所示的【折弯】对话框，系统提示用户“选择要草绘的平的面，或选择截面几何图形”。

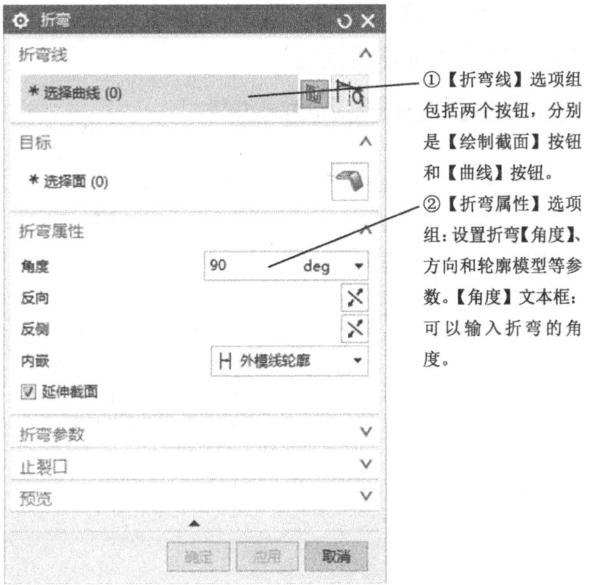

图 7-3　【折弯】对话框

提示

折弯的构造方法有两种，可以绘制曲线或者选择现有的曲线作为折弯线来进行折弯。

折弯的【止裂口】选项组设置，如图 7-4 所示。

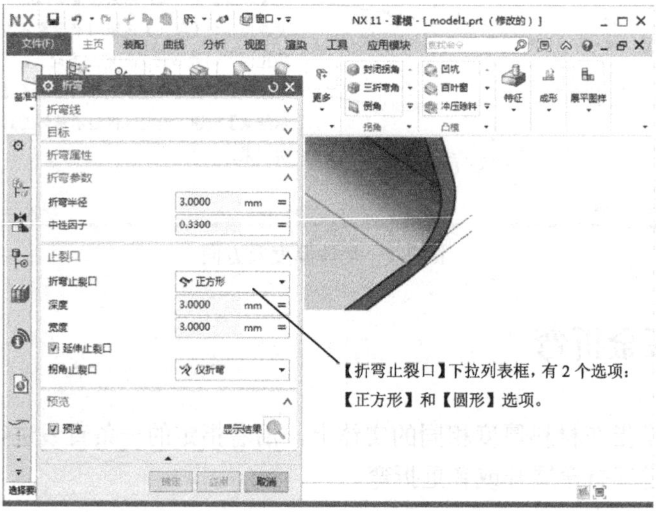

图 7-4　【止裂口】选项组及其形状

2. 弯边

钣金弯边是在突出块的基础上完成的，只有先建立突出块才能创建弯边。

创建钣金突出块后，在【主页】工具条中单击【弯边】按钮，打开如图 7-5 所示的【弯边】对话框，系统提示用户“选择线性边”。

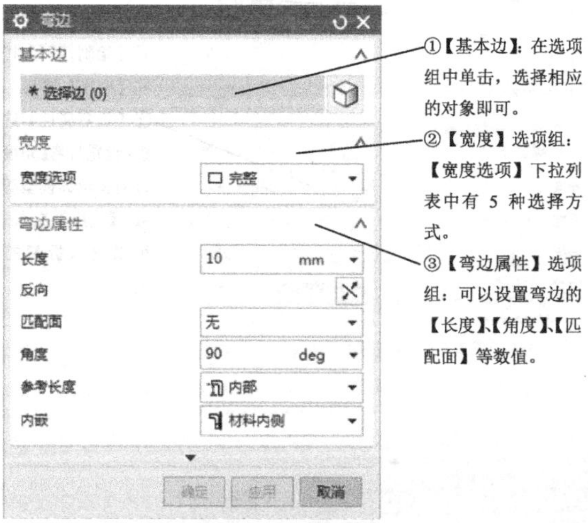

图 7-5　【弯边】对话框

【弯边】对话框的【折弯系数】和【止裂口】设置，如图 7-6 所示。

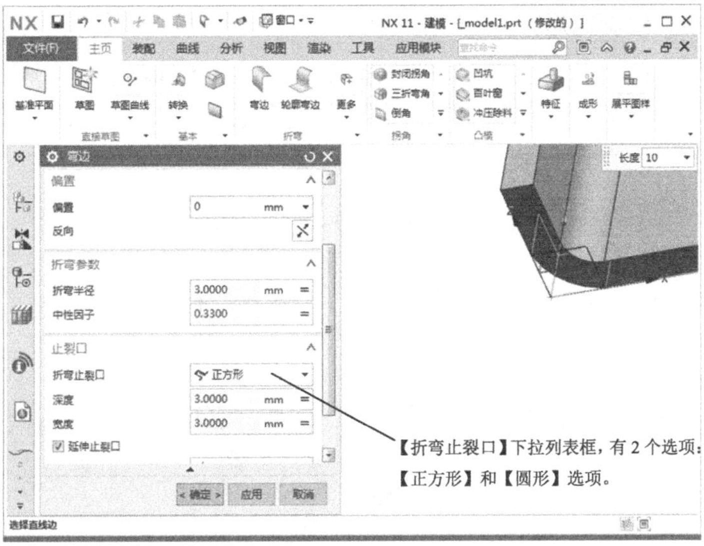

图 7-6 【折弯系数】和【止裂口】设置

7.1.3 钣金基体和折弯应用案例

本案例完成文件：ywj/07/7-1.prt

多媒体教学路径：多媒体教学→第 7 章→第 1 节

7.1.3.1 案例分析

本案例是创建钣金件的基体部分，之后创建折弯边，折弯边具有一定的角度。

7.1.3.2 案例操作

Step1 创建草图

① 单击【直接草图】工具条中的【草图】按钮，创建草图，如图 7-7 所示。

② 在弹出的【创建草图】对话框中，单击【指定 CSYS】选项，指定草绘平面。

③ 在【创建草图】对话框中，单击【确定】按钮。

④单击【直接草图】工具条中的【矩形】按钮，绘制矩形，如图 7-8 所示。

⑤选择两点，绘制矩形。

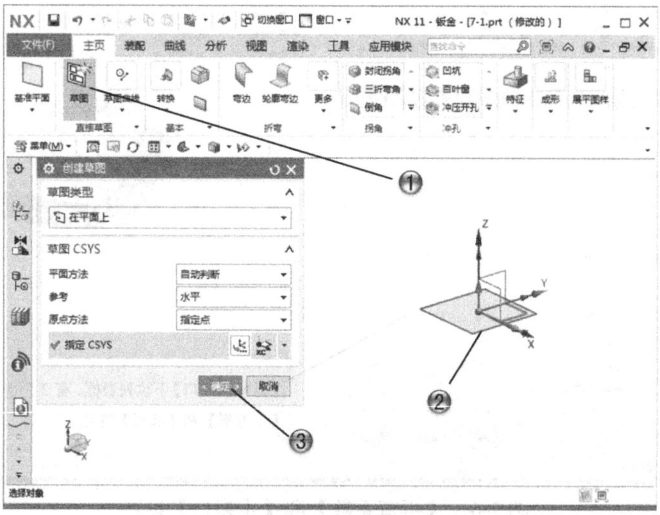

图 7-7　创建草图

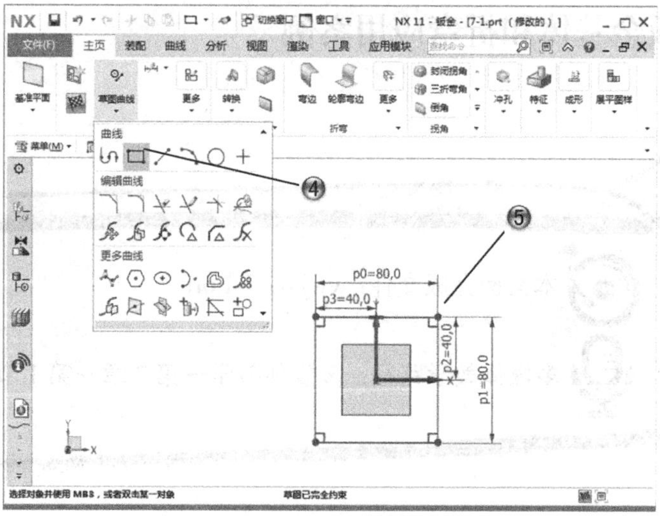

图 7-8　绘制矩形

Step2 创建突出块特征

①单击【主页】工具条中的【突出块】按钮，创建钣金基体，如图 7-9 所示。

②在绘图区，选择草图。

③在弹出的【突出块】对话框中，设置钣金参数。

④单击【突出块】对话框中的【确定】按钮，完成基体特征。

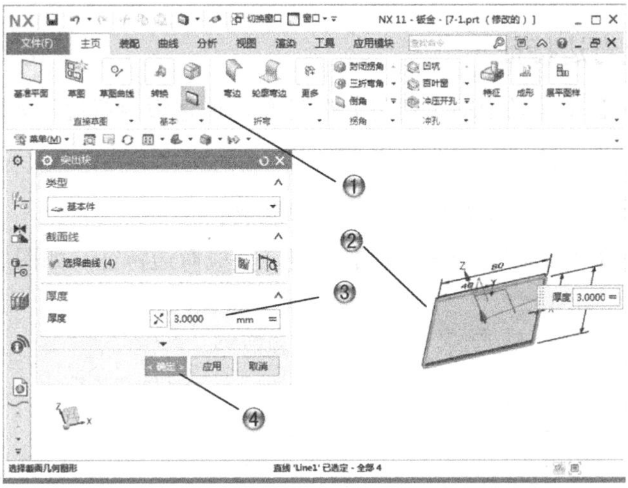

图 7-9　创建突出块

提示

钣金件首先要创建钣金基体，钣金基体创建之前先要创建基体草图。

Step3 创建弯边特征

① 单击【主页】工具条中的【弯边】按钮，创建钣金弯边，如图 7-10 所示。

② 在绘图区，选择边线。

③ 在弹出的【弯边】对话框中，设置弯边参数。

④ 单击【弯边】对话框中的【确定】按钮，完成弯边特征。

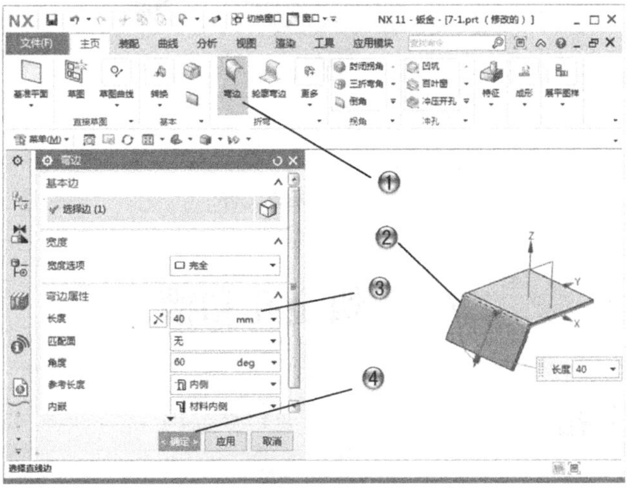

图 7-10　创建弯边 1

Step4 创建弯边特征

① 单击【主页】工具条中的【弯边】按钮，创建钣金弯边，如图 7-11 所示。

② 在绘图区，选择边线。

③ 在弹出的【弯边】对话框中，设置弯边参数。

④ 单击【弯边】对话框中的【确定】按钮，完成弯边特征，如图 7-12 所示。

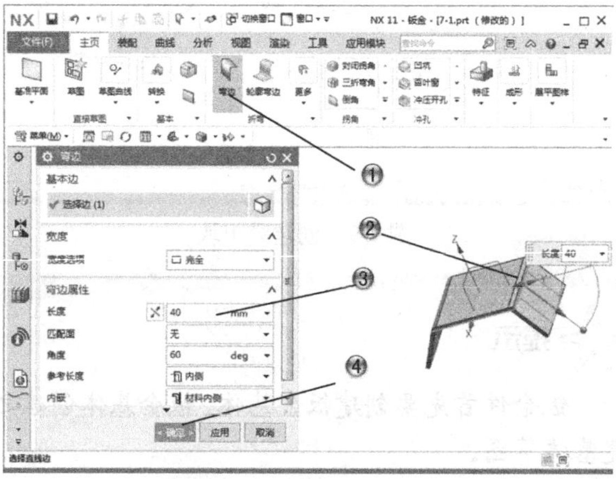

图 7-11　创建弯边 2

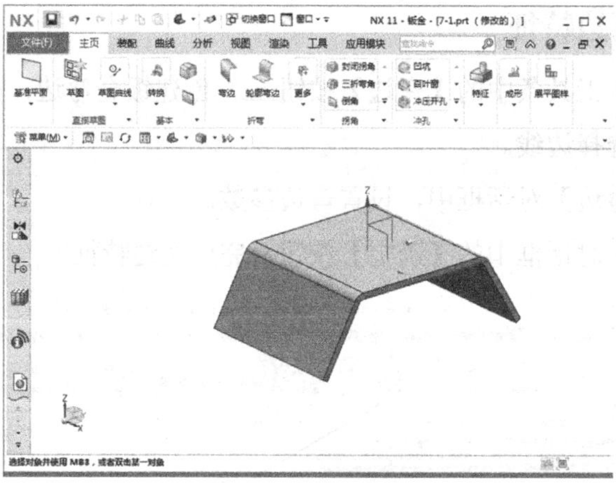

图 7-12　完成文件

7.2　钣金孔和槽

7.2.1　钣金孔

钣金孔指的是对钣金进行切除，形成空洞部分。

1. 冲压开孔

在【主页】工具条中单击【冲压开孔】按钮，打开如图 7-13 所示的【冲压开孔】对话框，系统提示用户“选择要草绘的平的面，或选择截面几何图形”。

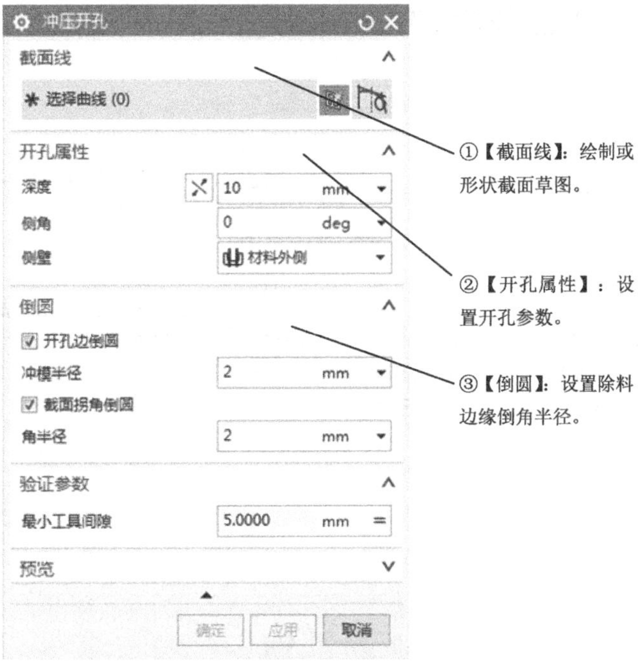

图 7-13 【冲压开孔】对话框

完成截面草图后，设置开孔参数，如图 7-14 所示，完成开孔。

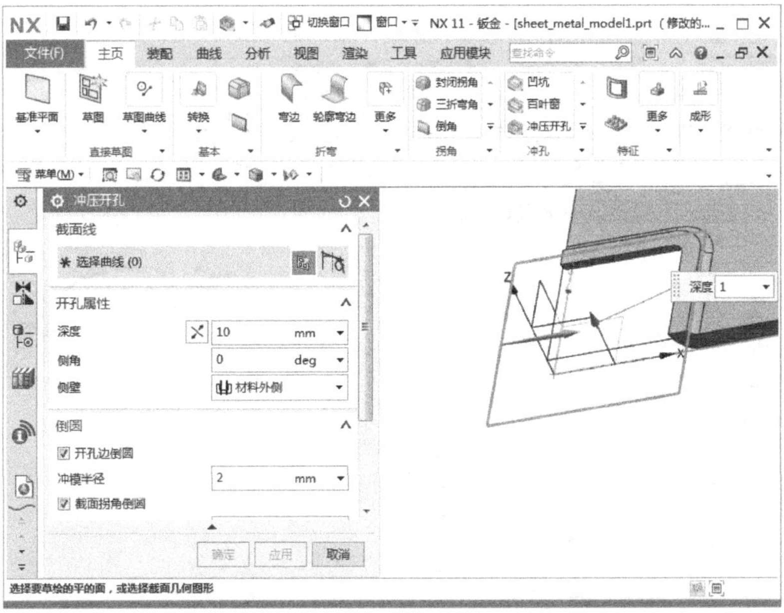

图 7-14 设置开孔参数

2. 法向除料

在【主页】工具条中单击【法向开孔】按钮，打开如图 7-15 所示的【法向开孔】对话框，系统提示用户“选择要草绘的平的面，或选择截面几何图形”。

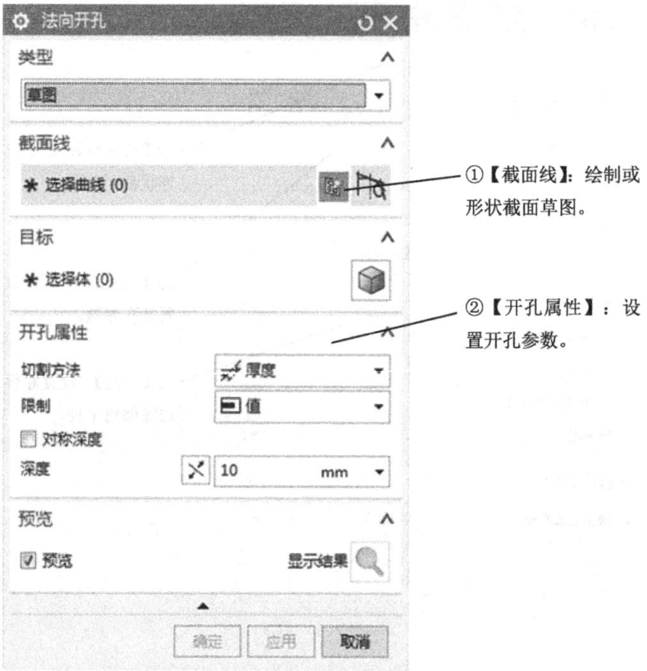

图 7-15 【法向开孔】对话框

完成截面草图后，设置开孔参数，如图 7-16 所示，完成开孔。

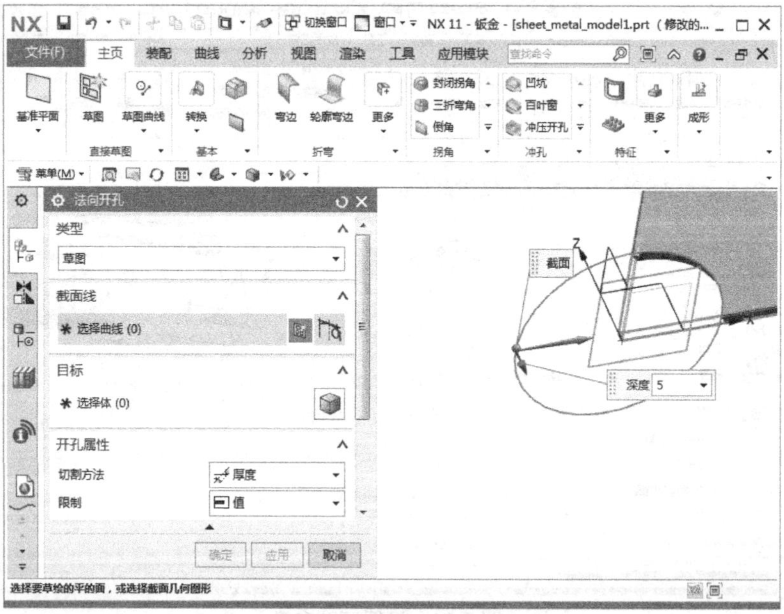

图 7-16 设置开孔参数

7.2.2 钣金槽

钣金槽指的是对钣金的拐角处进行处理，使钣金折弯处的应力减到最小。

1. 封闭拐角

在【主页】工具条中单击【封闭拐角】按钮，打开如图 7-17 所示的【封闭拐角】对话框，在绘图区进行折弯边的选择，之后进行拐角的设置参数设置。

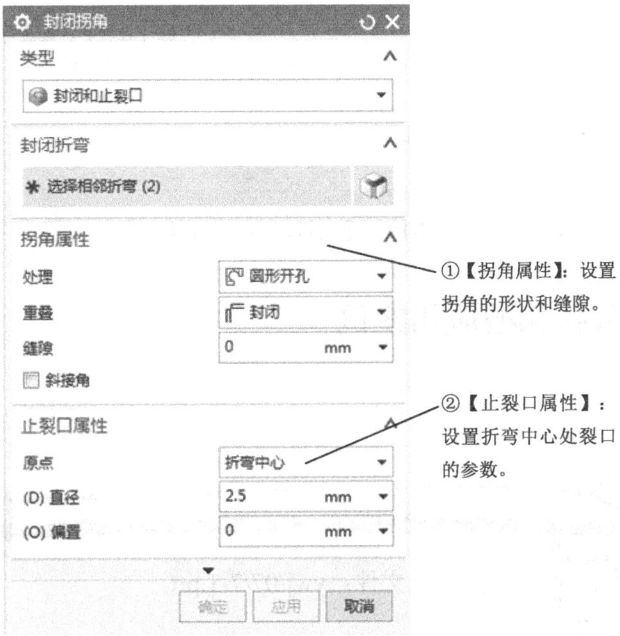

图 7-17 【封闭拐角】对话框

封闭拐角的参数和形状，在【封闭拐角】对话框中会进行显示，如图 7-18 所示。

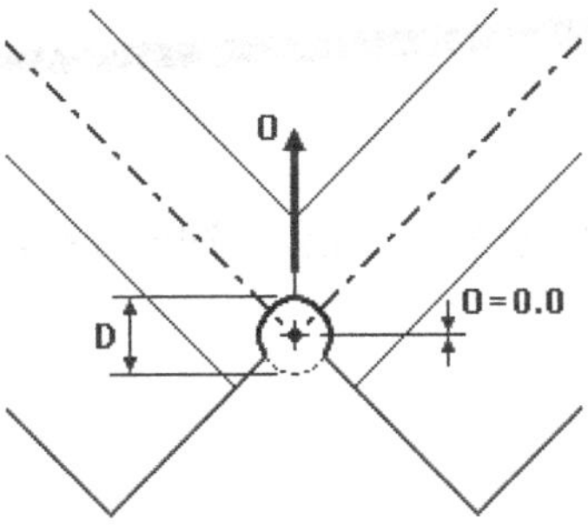

图 7-18 封闭拐角示意图

2. 三折弯角

在【主页】工具条中单击【三折弯角】按钮，打开如图 7-19 所示的【三折弯角】对话框，在绘图区进行封闭折弯的选择，之后进行弯角的设置参数设置。

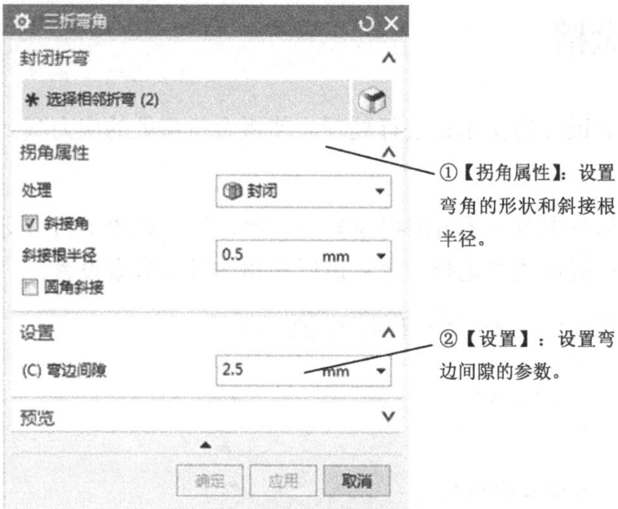

图 7-19 【三折弯角】对话框

7.2.3 钣金孔和槽应用案例

本案例完成文件：ywj/07/7-1.prt

多媒体教学路径：多媒体教学→第 7 章→第 2 节

7.2.3.1 案例分析

本案例是创建钣金件上的开孔特征，先创建冲压开孔，之后创建法向开孔，这些孔的创建都需要绘制草图。

7.2.3.2 案例操作

Step1 创建冲压开孔

① 在【主页】工具条中单击【冲压开孔】按钮，如图 7-20 所示。

② 在弹出的【冲压开孔】对话框中，单击【绘制截面】按钮。

③ 在绘图区中，选择草绘面，如图 7-21 所示。

④ 单击【创建草图】对话框中的【确定】按钮。

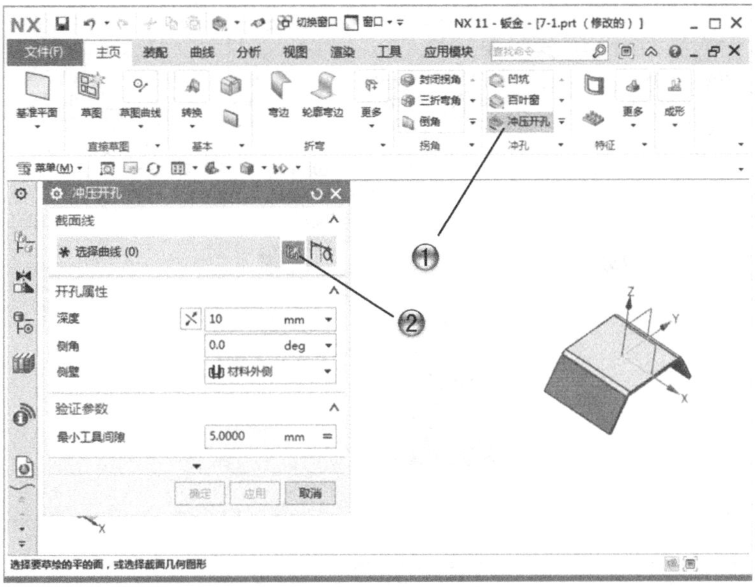

图 7-20　创建冲压开孔

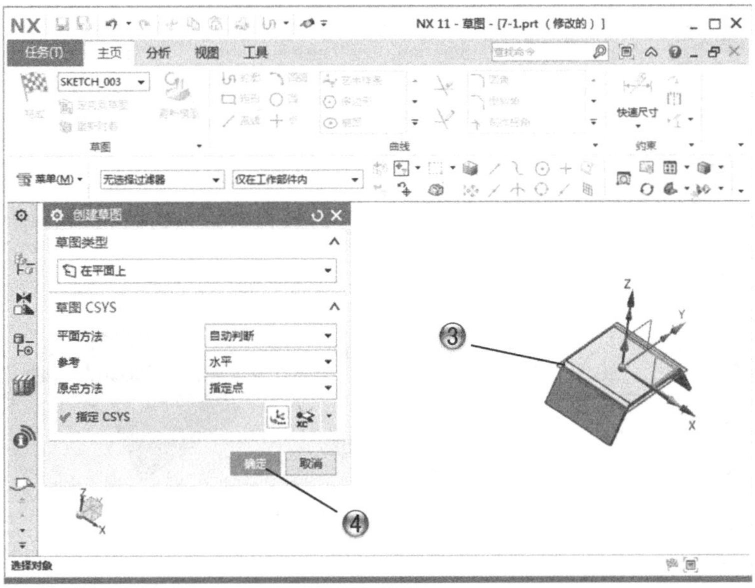

图 7-21　创建草图

Step2 完成开孔

①单击【直接草图】工具条中的【圆形】按钮，绘制圆形，如图 7-22 所示。

②选择两点，绘制圆形。

③单击【主页】工具条中的【完成】按钮。

④在弹出的【冲压开孔】对话框中，设置参数，如图 7-23 所示。

⑤在【冲压开孔】对话框中，单击【确定】按钮。

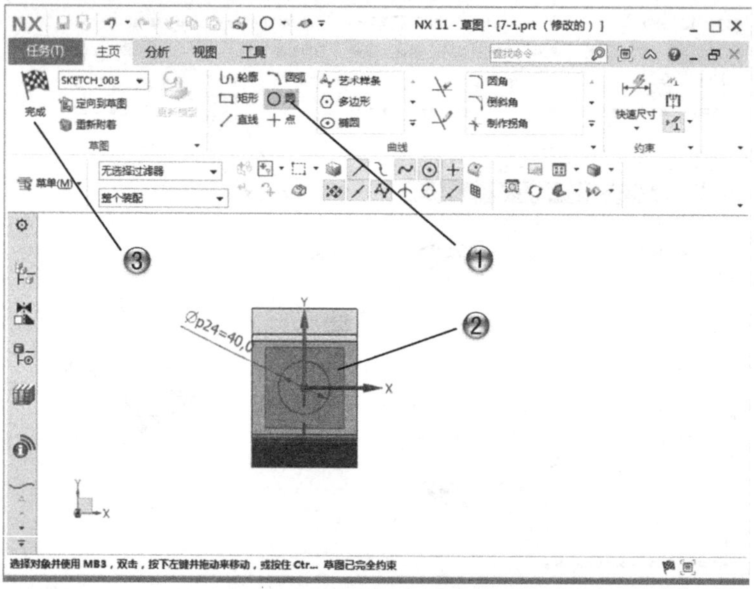

图 7-22　绘制圆形

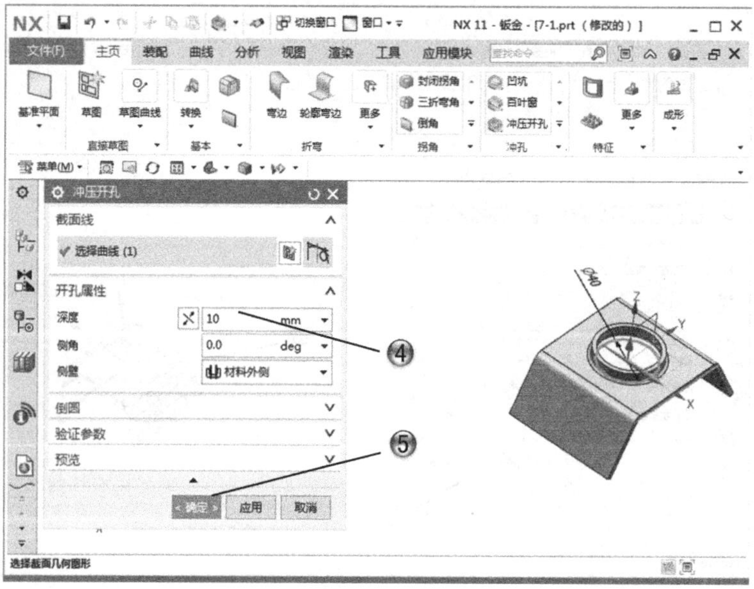

图 7-23　设置冲压开孔参数

提示

冲压开孔会产生卷边，这是和法向开孔的不同之处。

Step3 创建法向开孔

① 在【主页】工具条中单击【法向开孔】按钮，创建开孔，如图 7-24 所示。

②在弹出的【法向开孔】对话框中，单击【绘制截面】按钮。

③在绘图区中，选择草绘面，如图 7-25 所示。

④单击【创建草图】对话框中的【确定】按钮。

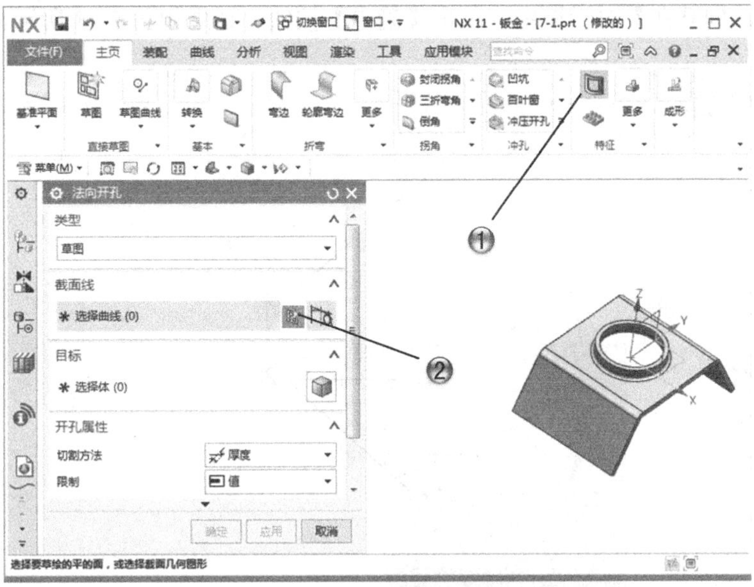

图 7-24　创建法向开孔

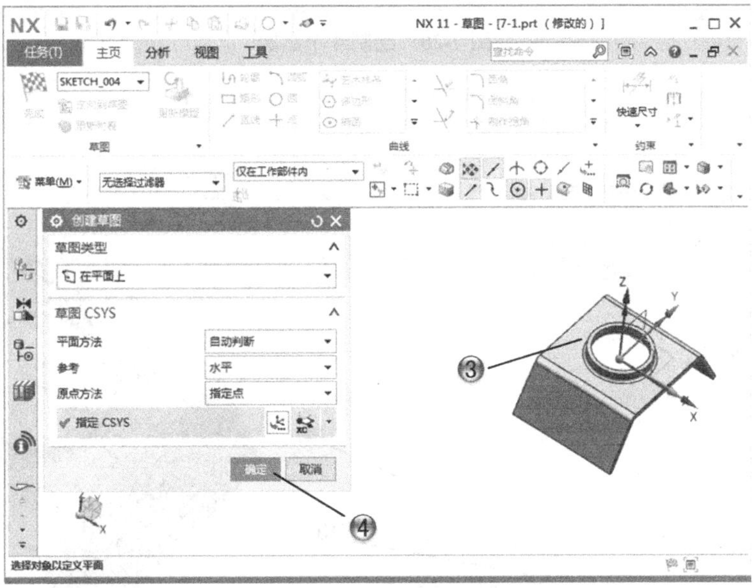

图 7-25　创建草图

Step4 完成开孔

①单击【直接草图】工具条中的【圆形】按钮○，绘制圆形，如图 7-26 所示。

②选择两点，绘制 4 个圆形。

③单击【主页】工具条中的【完成】按钮 。

④在弹出的【法向开孔】对话框中，设置参数，如图 7-27 所示。

⑤在【法向开孔】对话框中，单击【确定】按钮，结果如图 7-28 所示。

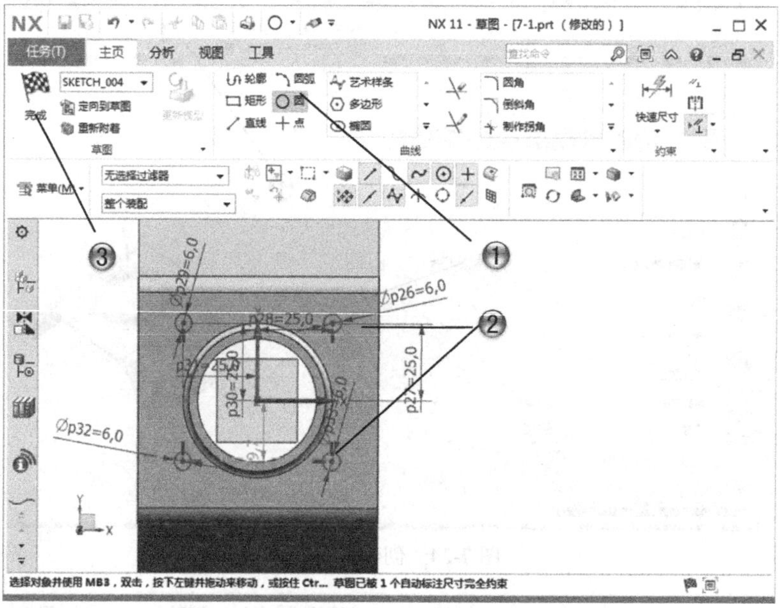

图 7-26　绘制 4 个小圆

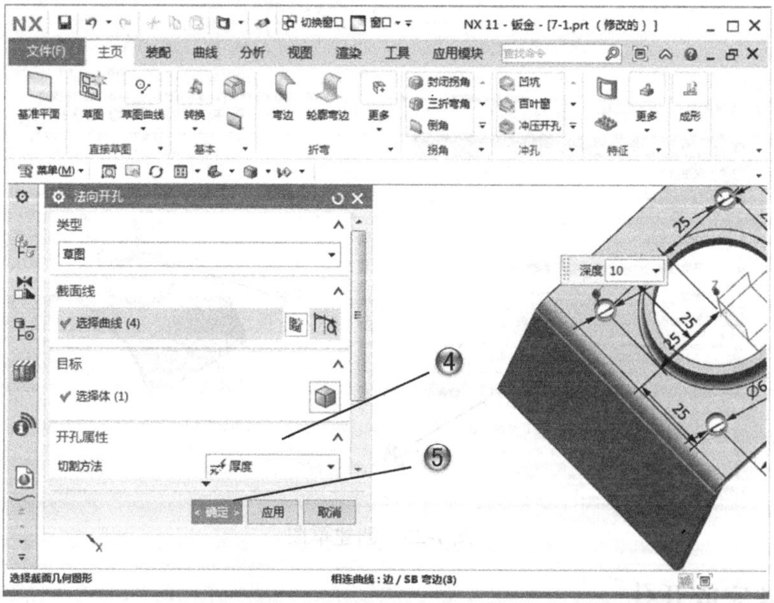

图 7-27　设置法向开孔参数

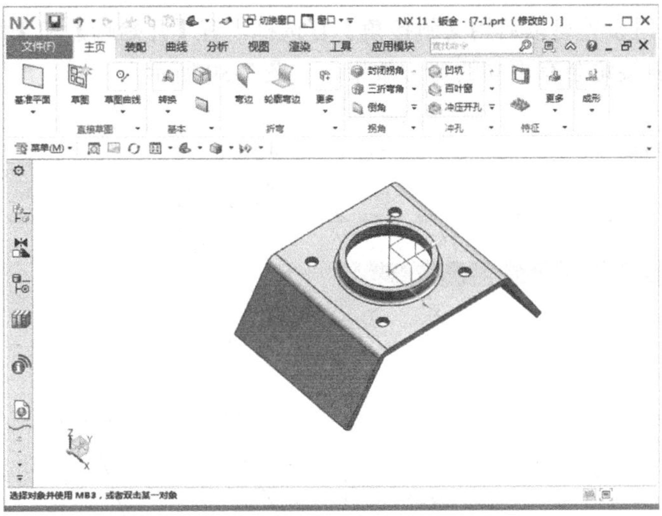

图 7-28　完成文件

7.3　钣金裁剪和钣金冲压

7.3.1　钣金裁剪

钣金的裁剪是指对现有钣金特征进行编辑，形成新的钣金特征，以符合技术要求。钣金裁剪包括轮廓弯边、折边、封闭拐角，这些命令是对钣金进行修整，得到需要的造型。

1. 轮廓弯边

单击【主页】工具条中的【轮廓弯边】按钮，弹出【轮廓弯边】对话框，如图 7-29 所示。设置各个选项组的参数。

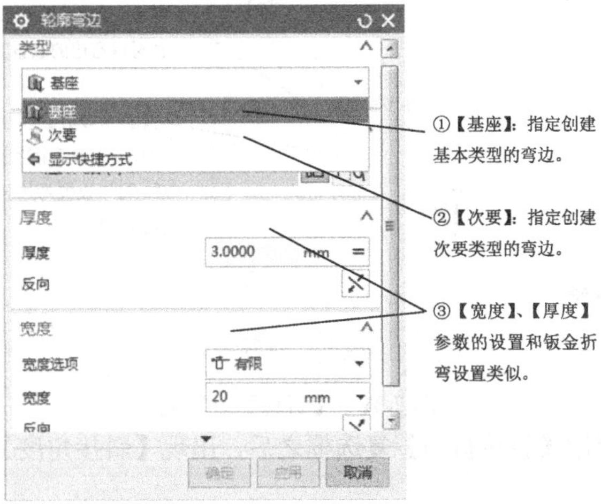

图 7-29　【轮廓弯边】对话框

【斜接】选项组设置可以启用【斜接角】复选框，有【开始端】和【结束端】两个选项卡，选择不同的斜接角会有不同的弯边效果，如图 7-30 所示。

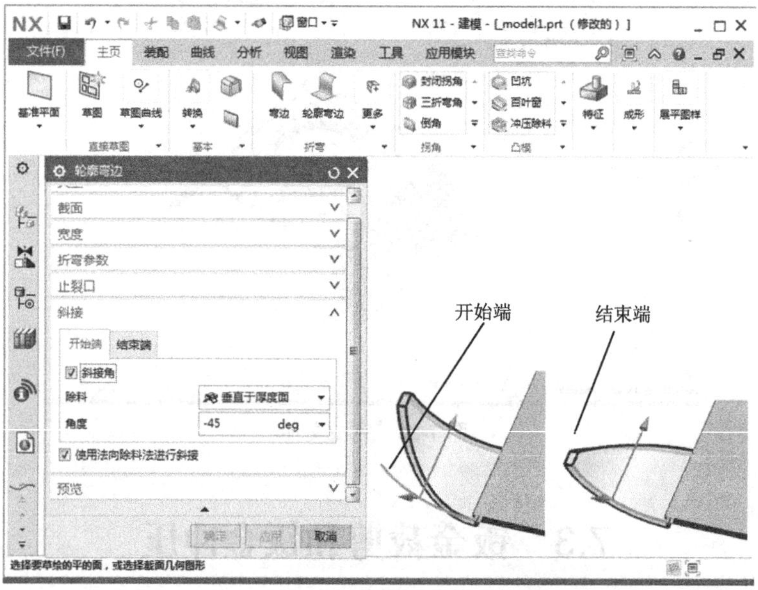

图 7-30　【开始端】和【结束端】斜接角

2. 折边弯边

单击【主页】工具条中的【折边弯边】按钮，弹出【折边】对话框，如图 7-31 所示。

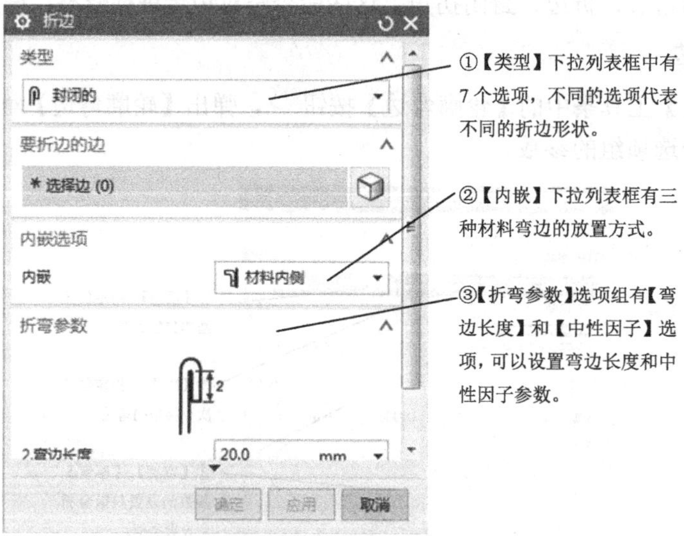

图 7-31　【折边】对话框

【斜接】选项组启用【斜接折边】复选框之后，出现【斜接角度】文本框，设置斜接角度，如图 7-32 所示。

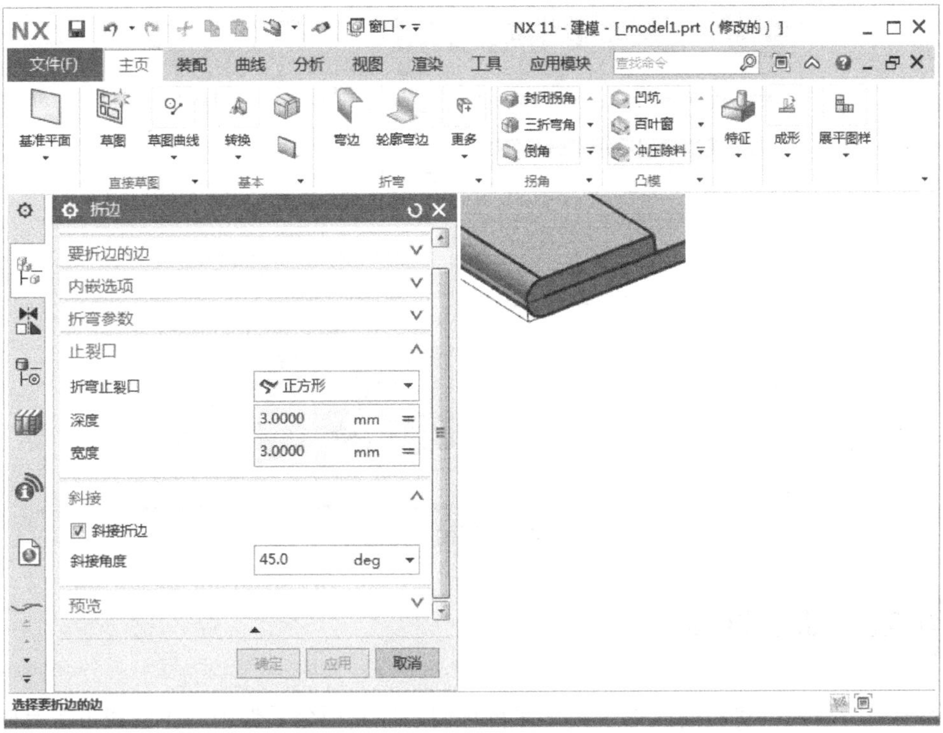

图 7-32　斜接折边

3. 封闭拐角

单击【主页】工具条中的【封闭拐角】按钮，弹出【封闭拐角】对话框，如图 7-33 所示。

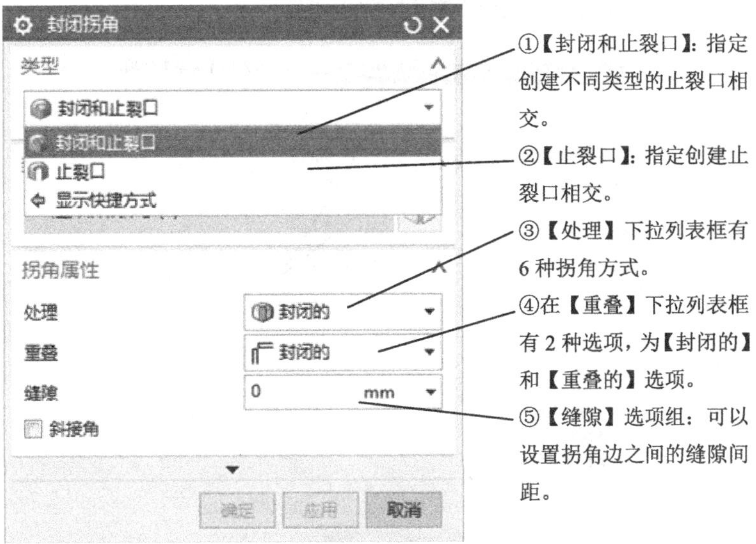

图 7-33　【封闭拐角】对话框

【拐角属性】选项组可以进行参数设置，设置止裂口的形状。不同【重叠】造型的封闭拐角，如图 7-34 所示。

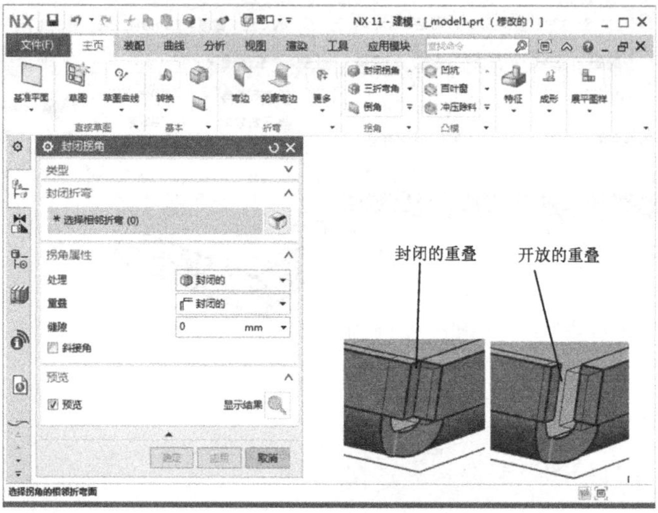

图 7-34　不同的封闭拐角

7.3.2　钣金冲压

钣金冲压需要创建新的成形工具，并将它们添加到钣金零件中。生成成形工具时，可以添加定位草图，以确定成形工具在钣金零件上的位置，并应用颜色以区分停止面和要移除的面。

单击【主页】工具条中的【实体冲压】按钮，弹出【实体冲压】对话框，参数设置如图 7-35 所示。

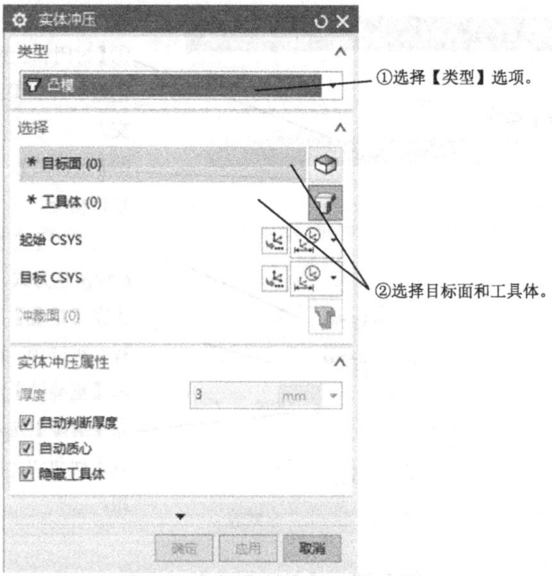

图 7-35　【实体冲压】对话框

实体冲压的操作步骤，如图 7-36 所示。

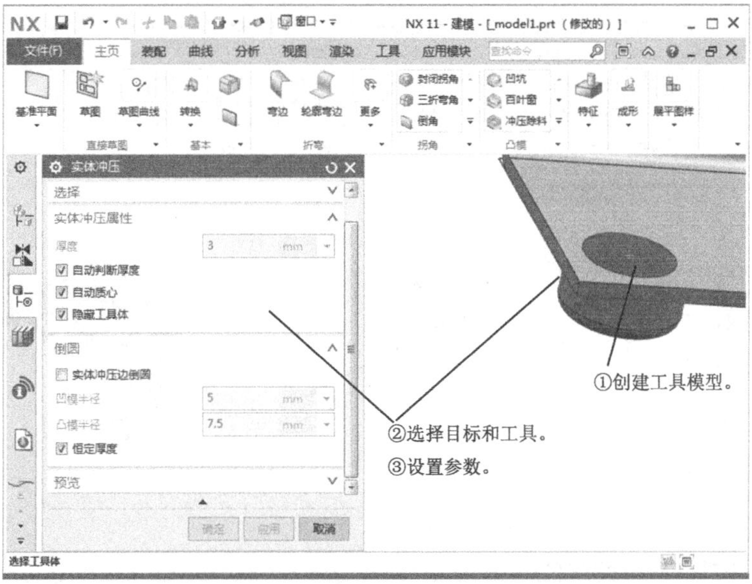

图 7-36　实体冲压操作步骤

7.3.3　钣金裁剪和孔应用案例

本案例完成文件：ywj/07/7-1.prt

多媒体教学路径：多媒体教学→第 7 章→第 3 节

7.3.3.1　案例分析

本案例是创建钣金件上的冲压特征，首先创建轮廓弯边，之后在轮廓弯边上创建冲压特征，这里需要创建不进行布尔运算的冲压工具。

7.3.3.2　案例操作

Step1 创建轮廓弯边

① 单击【主页】工具条中的【轮廓弯边】按钮，创建轮廓弯边，如图 7-37 所示。

② 在弹出的【轮廓弯边】对话框中，单击【绘制截面】按钮。

③ 在绘图区中，选择草绘面，如图 7-38 所示。

④ 单击【创建草图】对话框中的【确定】按钮。

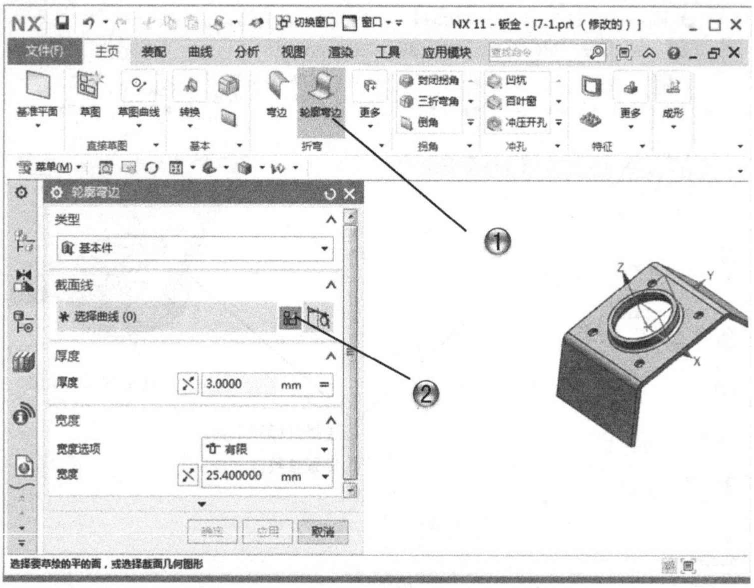

图 7-37　创建轮廓弯边

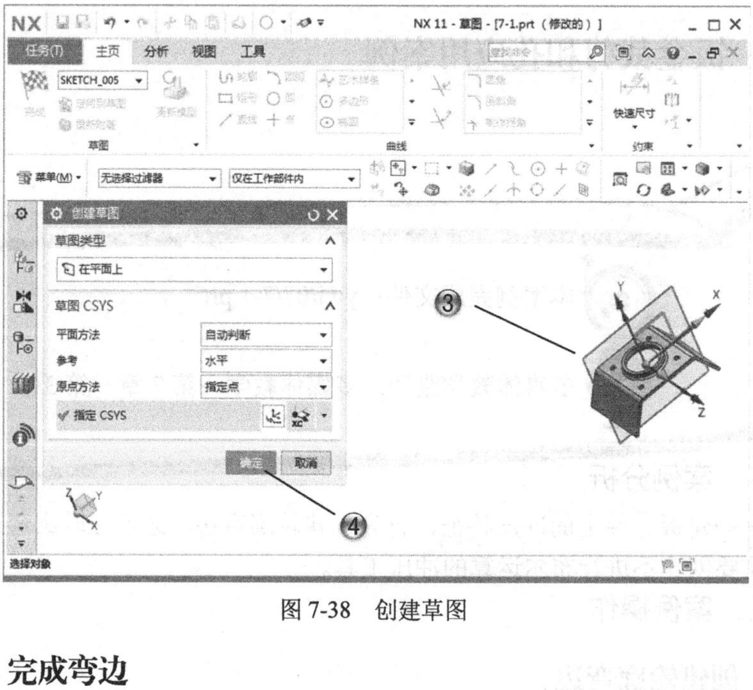

图 7-38　创建草图

Step2 完成弯边

①单击【直接草图】工具条中的【直线】按钮，绘制直线，如图 7-39 所示。

②选择两点，绘制直线。

③单击【主页】工具条中的【完成】按钮。

④在弹出的【轮廓弯边】对话框中，设置参数，如图 7-40 所示。

⑤在【轮廓弯边】对话框中，单击【确定】按钮。

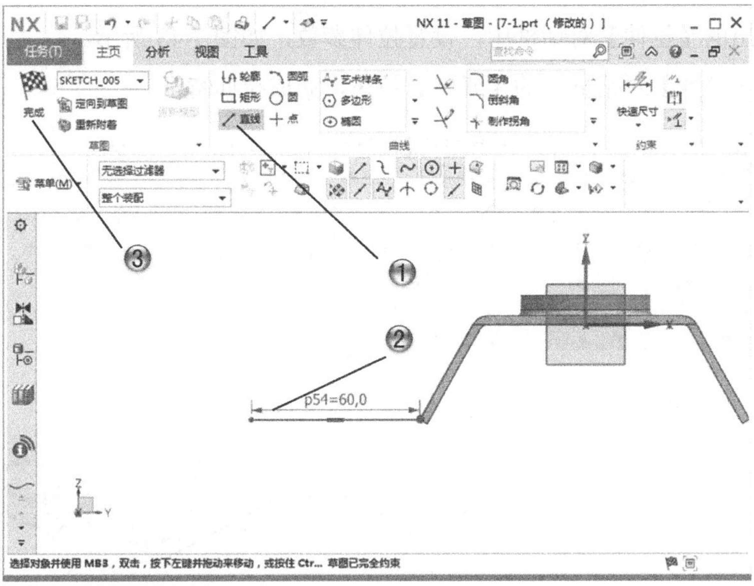

图 7-39 绘制直线

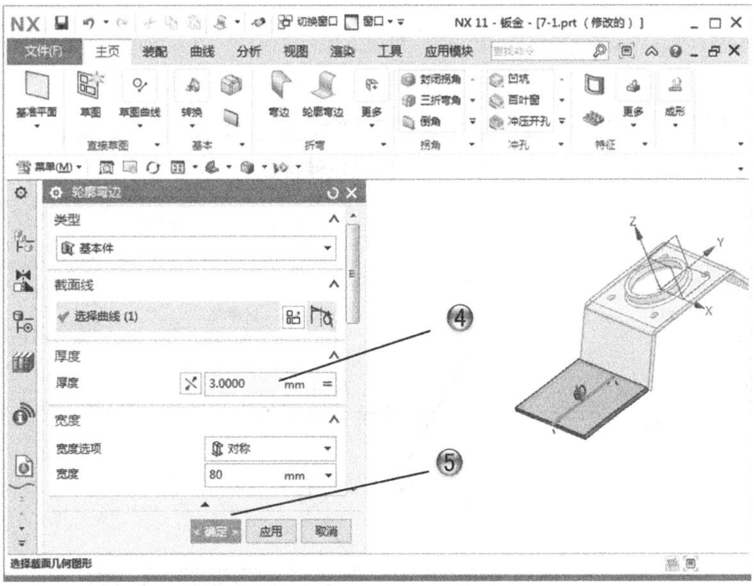

图 7-40 设置弯边参数

Step3 创建拉伸特征

① 单击【特征】工具条中的【拉伸】按钮，创建拉伸特征，如图 7-41 所示。

② 在绘图区中，选择草绘面。

③ 单击【直接草图】工具条中的【圆形】按钮○，绘制圆形，如图 7-42 所示。

④ 在绘图区中，选择两点绘制圆形。

⑤ 在弹出的【拉伸】对话框中，设置拉伸参数，如图 7-43 所示。

⑥ 单击【拉伸】对话框中的【确定】按钮，完成拉伸特征。

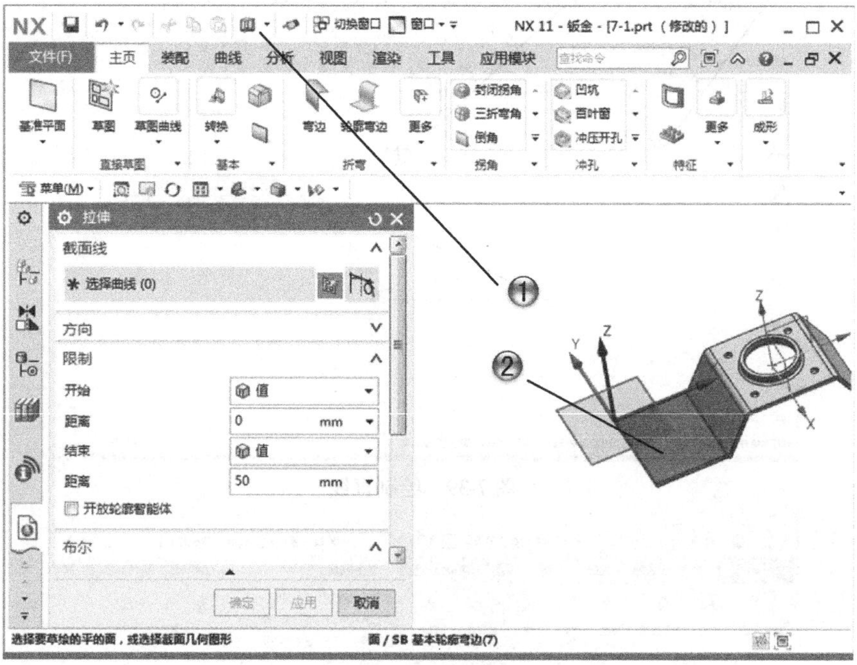

图 7-41　创建拉伸特征

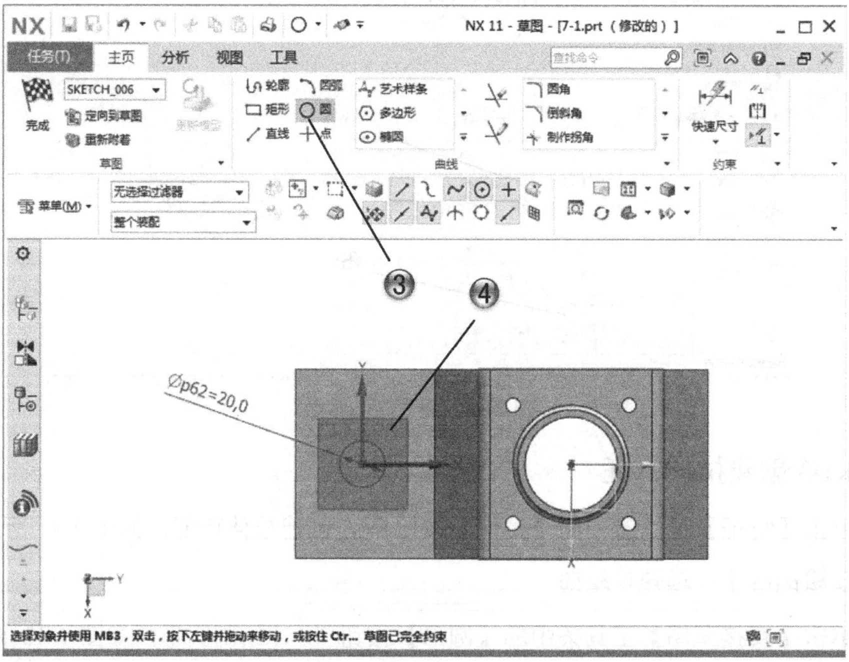

图 7-42　绘制圆形

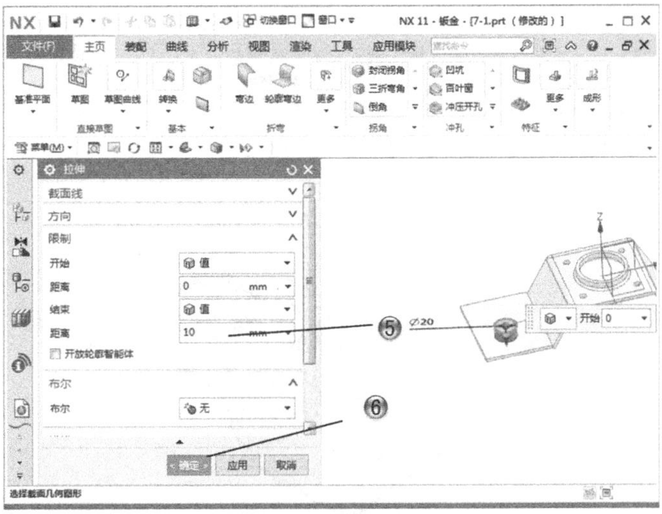

图 7-43　设置拉伸参数

提示

创建冲压工具的时候，【布尔】运算要选择【无】选项，产生的冲压才能成功。

Step4 创建实体冲压特征

① 单击【主页】工具条中的【实体冲压】按钮，创建冲压特征，如图 7-44 所示。

② 在绘图区，选择目标和工具。

③ 单击【实体冲压】对话框中的【确定】按钮，完成实体冲压特征，如图 7-45 所示。

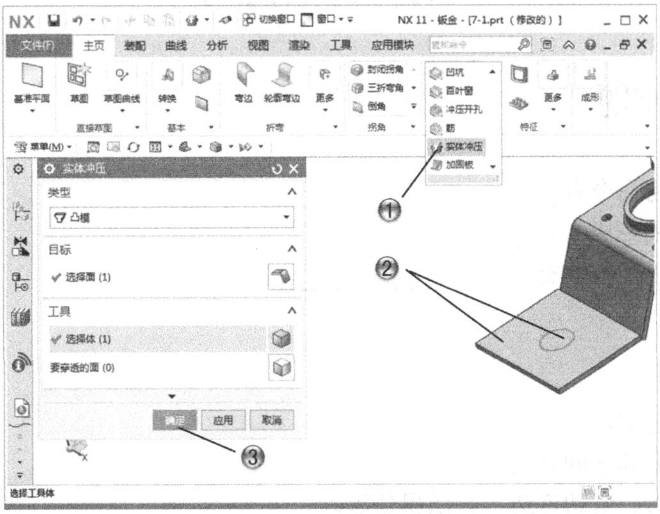

图 7-44　创建实体冲压

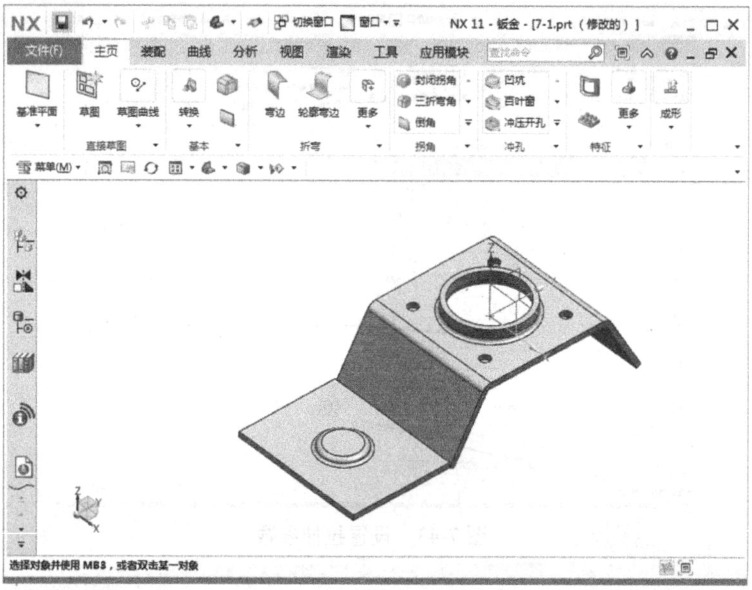

图 7-45　完成钣金件

7.4　本章小结

本章介绍了 NX 11 钣金特征设计，包括钣金设计的基体和特点，接着介绍了钣金折弯、除料、裁剪和冲压，使用户对 NX 中钣金设计有了初步的了解。读者可以通过范例实践，检验学过的命令。

7.5　课后练习

7.5.1　填空题

（1）钣金折弯命令有_____、_____。

（2）钣金孔的形成方式_____、_____。

（3）钣金裁剪的方式有_____、_____、_____。

答案：

（1）折弯和弯边。

（2）冲压开孔和法向开孔。

（3）轮廓弯边、折边弯边、封闭拐角等。

7.5.2 问答题

（1）冲压和除料的不同是什么？

（2）裁剪可以形成的钣金特征有什么？

答案：

（1）冲压可以保留接触面，除料是形成开孔。

（2）弯边和拐角。

7.5.3 操作题

如图 7-46 所示，使用本章学过的各种命令来创建一个钣金模型。

图 7-46 钣金模型

练习内容：

（1）创建钣金基体。

（2）创建三处折弯。

（3）创建轮廓弯边和孔。

第 8 章　工程图设计

本章导读

在创建零件或装配模型后，才能进行图纸的创建，使用图纸模块可以快速生成需要的图纸。NX 的制图模块在绘制图纸时十分方便，它可以生成各种视图，如俯视图、前视图、右视图、左视图、一般剖视图、半剖视图、旋转剖视图、投影视图、局部放大图和断开视图等。制图功能的另外一大特点是二维工程图和几何模型的关联性，即二维工程图随着几何模型的变化而自动变化，不需要用户再手动进行修改。

学习要求	知识点 \ 学习目标	了解	理解	应用	实践
	掌握工程视图的创建方法		√	√	√
	掌握修改视图的方法		√	√	√
	掌握创建工程图的附属特征		√	√	√

8.1 视图操作

8.1.1 图纸设置

在 NX 中，设计师可以随时创建需要的工程图，并因此而大大提高设计效率和设计精度。用户可以选择间接的三维模型文件来创建工程图。

在【主页】工具条中单击【新建图纸页】按钮 ，打开【图纸页】对话框，进行新图纸的设置。选择【标准尺寸】单选按钮后的【图纸页】对话框，如图 8-1 所示。

选择【使用模板】单选按钮后的【图纸页】对话框，如图 8-2 所示。

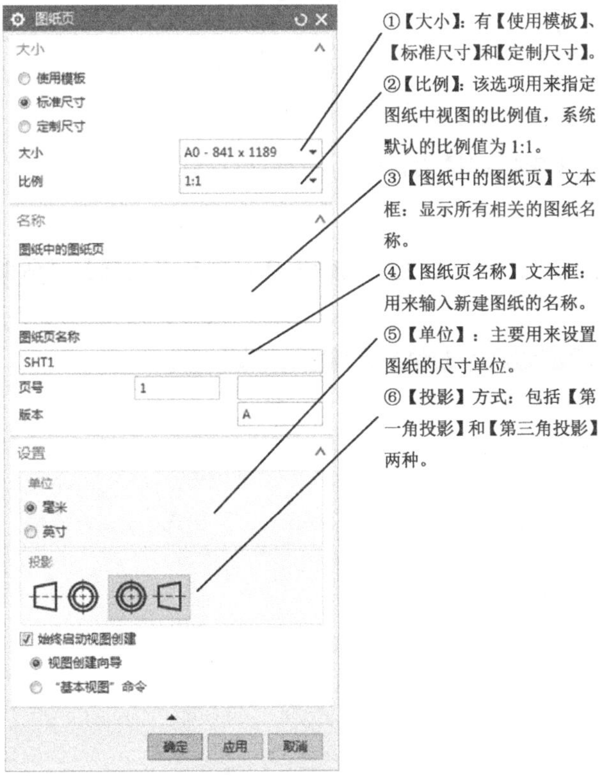

图 8-1 【图纸页】对话框

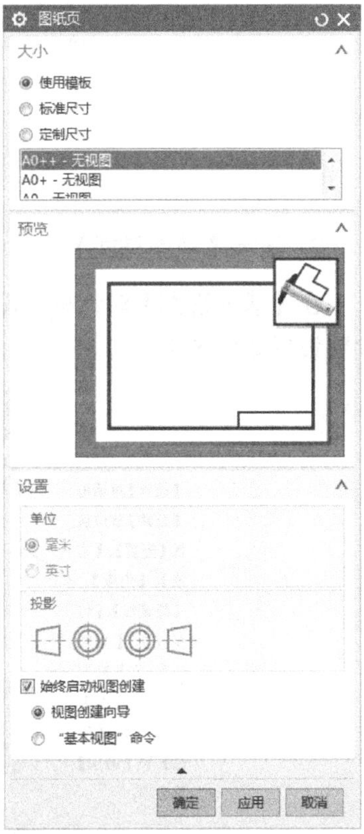

图 8-2 选择【使用模板】单选按钮

8.1.2 视图设置

1. 创建视图

基本视图包括俯视图、前视图、右视图、后视图、仰视图、左视图、正等测视图和正二测视图等。在【主页】工具条中单击【基本视图】按钮，可以打开【基本视图】对话框，参数设置如图 8-3 所示。

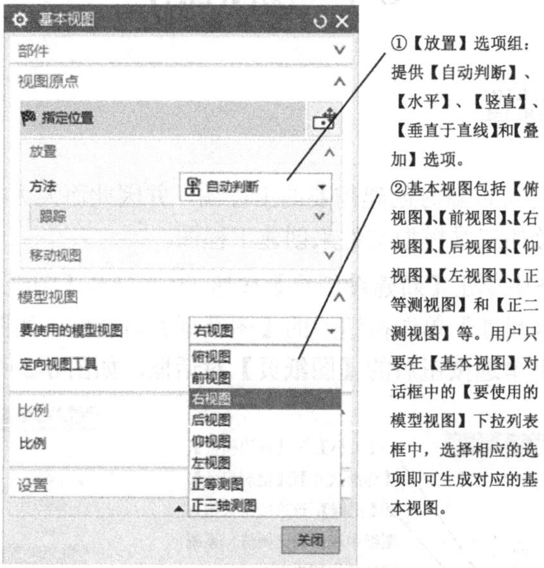

图 8-3 【基本视图】对话框

2. 指定【视图样式】

在【基本视图】对话框【设置】选项组中单击【设置】按钮，打开【设置】对话框，参数设置如图 8-4 所示。

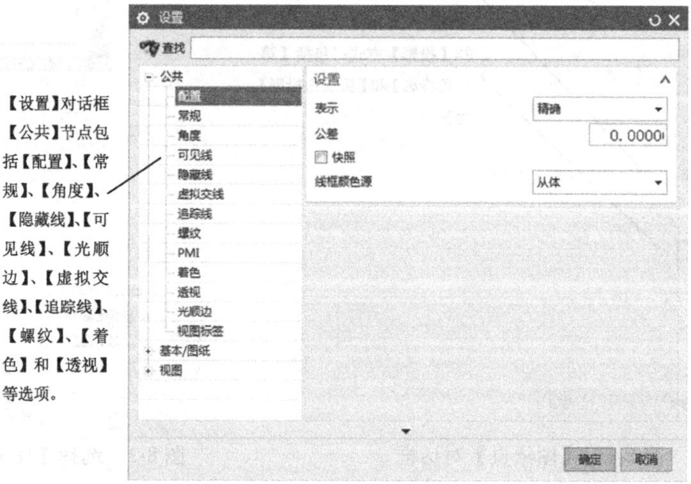

图 8-4 【设置】对话框

3. 选择基本视图、指定视图比例

直接选择【基本视图】对话框中的【比例】下拉列表框中的比例值，也可以定制比例值，还可以使用表达式来指定视图比例。在【比例】下拉列表框中选择【表达式】选项，打开【表达式】对话框，如图 8-5 所示，来定制比例值。

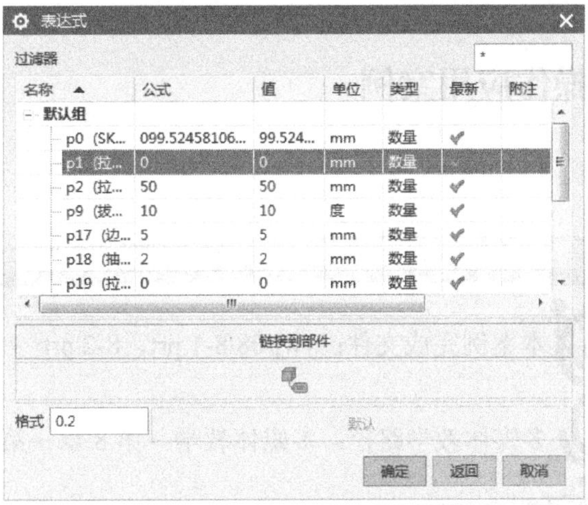

图 8-5 【表达式】对话框

4. 设置视图的方向

在【基本视图】对话框中单击【定向视图工具】按钮，打开【定向视图工具】对话框，设置方法如图 8-6 所示。

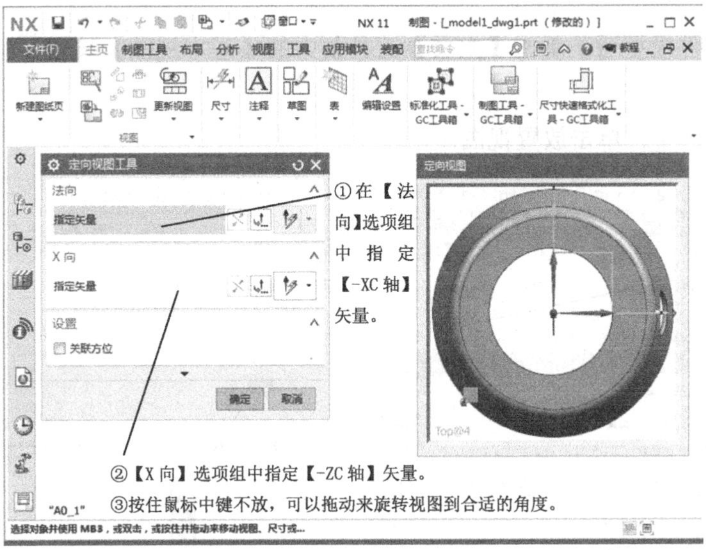

图 8-6 【定向视图】对话框

提示

当用户执行某个操作后，视图的操作效果图立即显示在【定向视图】对话框中，方便用户观察视图的方向并不断调整，直到调整到用户满意的视图方向。

8.1.3 视图操作应用案例

本案例完成文件：ywj/08/8-1.prt、8-2.prt

多媒体教学路径：多媒体教学→第 8 章→第 1 节

8.1.3.1 案例分析

本案例是创建已有零件的工程图，首先创建正视图，之后依次创建俯视图和侧视图。

8.1.3.2 案例操作

Step1 创建主视图

①打开零件模型后，单击【主页】工具条中的【基本视图】按钮，创建视图，如图 8-7 所示。

②在绘图区中，单击放置视图。

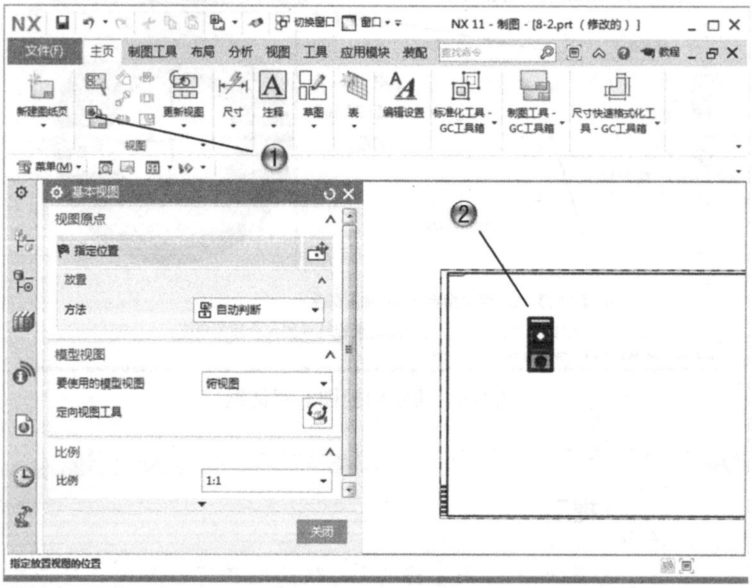

图 8-7 创建主视图

Step2 创建其他视图

①单击【主页】工具条中的【投影视图】按钮，创建其他视图。

②在绘图区中，单击放置俯视图，如图 8-8 所示。

③在绘图区中，单击放置侧视图，如图 8-9 所示。完成的工程图文件如图 8-10 所示。

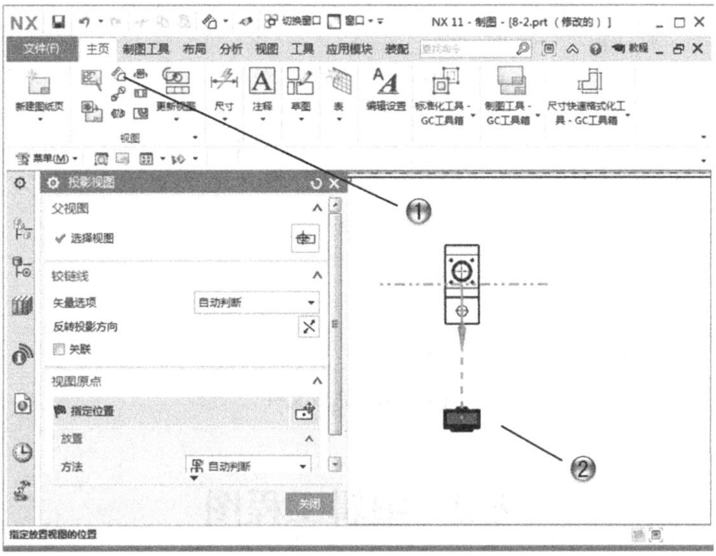

图 8-8　创建俯视图

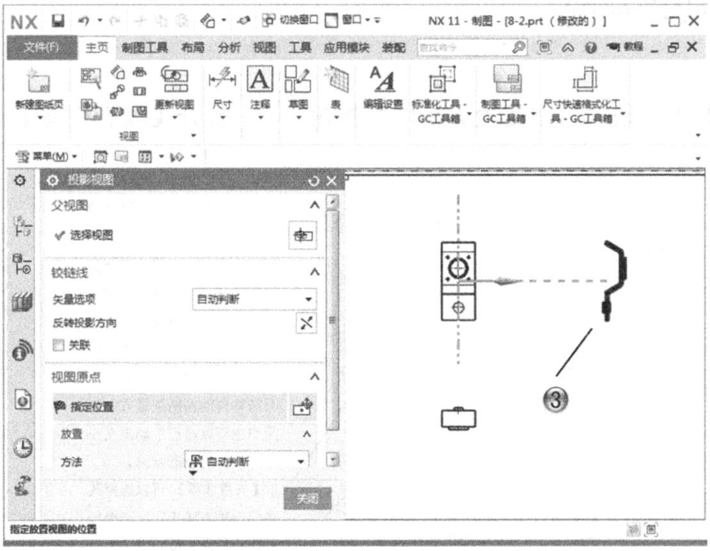

图 8-9　创建侧视图

提示

视图是根据放置的方位确定的，方位不同，视图会不尽相同。

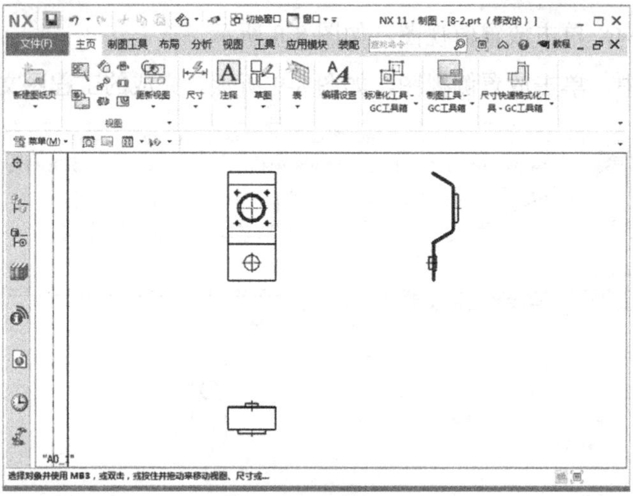

图 8-10　完成文件

8.2　编辑工程图

8.2.1　投影视图

在【主页】工具条中单击【投影视图】按钮，打开【投影视图】对话框，参数设置如图 8-11 所示。

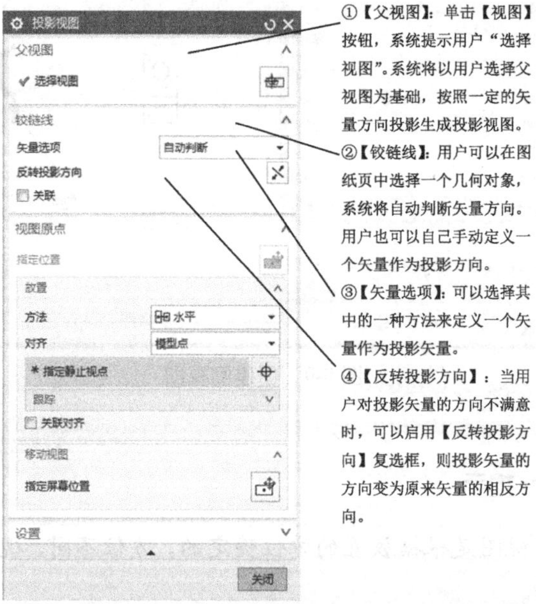

图 8-11　【投影视图】对话框

8.2.2 剖视图

1. 普通剖视图

在【主页】工具条中单击【剖视图】按钮，打开如图 8-12 所示的【剖视图】对话框，系统提示用户“指定点作为截面线段的位置”。

图 8-12 【剖视图】对话框

截面线样式可以允许用户根据自己的需要，改变系统的一些默认参数设置截面线样式，单击【剖视图】对话框【设置】按钮，打开如图 8-13 所示的【设置】对话框，可以进行参数设置。

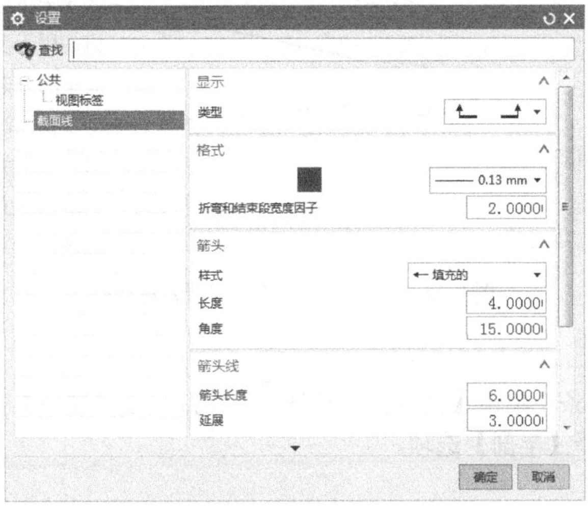

图 8-13 【设置】对话框

2. 局部剖视图

在【主页】工具条中单击【局部剖视图】按钮，打开【局部剖】对话框。系统提示用户“选择一个生成局部剖的视图”。用户选择一个成员视图后的【局部剖】对话框，如图 8-14 所示。

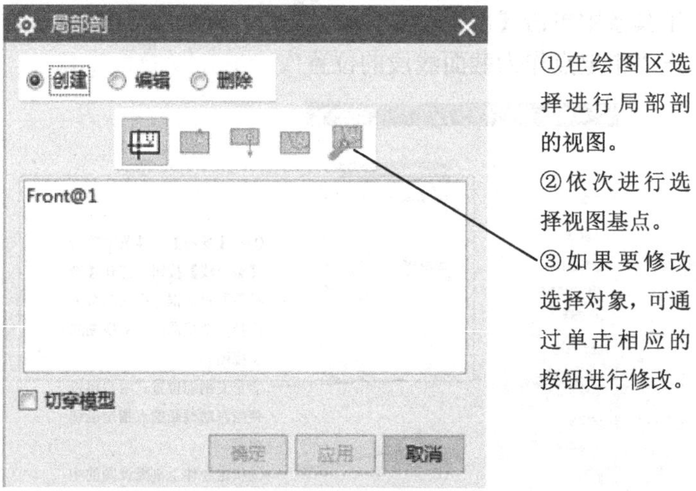

图 8-14　【局部剖】对话框

单击【指出拉伸矢量】按钮时，【局部剖】对话框如图 8-15 所示，系统提供和显示一个默认的拉伸矢量，该矢量与 XY 平面垂直。

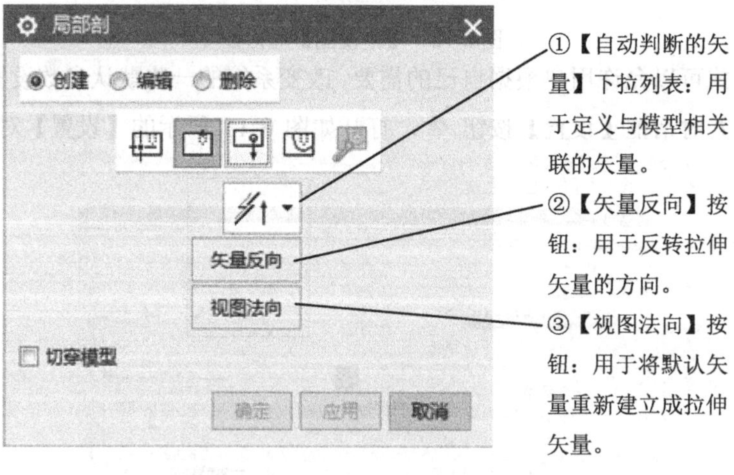

图 8-15　指定基点的【局部剖】对话框

3. 半剖视图

在【主页】工具条中单击【剖视图】按钮，打开【剖视图】对话框，如图 8-16 所示，【方法】一般选择【半剖】选项。

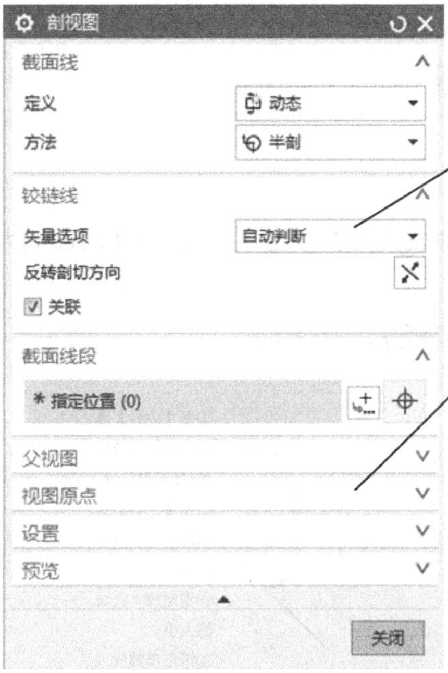

①在图纸页中选择父视图并定义剖切位置。

②定义剖切位置后，还需要定义折弯位置。用户可以使用【自动判断的点】来指定折弯位置。

③指定片体上剖面视图的中心。

图 8-16 【剖视图】对话框

4. 旋转剖视图

在【主页】工具条中单击【剖视图】按钮 ，打开【剖视图】对话框，【方法】一般选择【旋转】选项，如图 8-17 所示。

①打开【剖视图】对话框后，在图纸页中选择父视图。

②定义旋转点。可以使用自动判断的点来定义旋转点，也可以用【点】对话框来定义旋转点。

③定义段的两个新位置。定义旋转点后，用户还需要定义两个点，以确定两个段的位置。指定点的方法同上。

④指定片体上剖面视图的中心。

图 8-17 【剖视图】对话框

8.2.3 放大和断开视图

1. 局部放大图

在【主页】工具条中单击【局部放大图】按钮，打开【局部放大图】对话框，参数设置如图 8-18 所示。

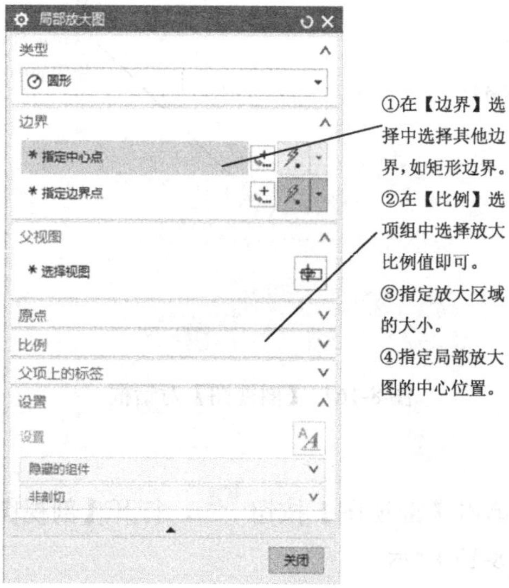

图 8-18 【局部放大图】对话框

2. 断开视图

在【主页】工具条中单击【断开视图】按钮，打开【断开视图】对话框，其创建方法如图 8-19 所示。

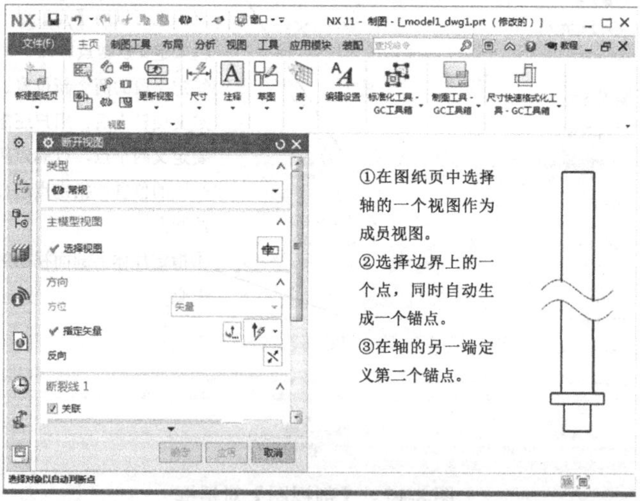

图 8-19 【断开视图】对话框

8.2.4 编辑工程图应用案例

本案例完成文件：ywj/08/8-2.prt

多媒体教学路径：多媒体教学→第 8 章→第 2 节

8.2.4.1 案例分析

本案例是创建剖视图和放大视图，首先创建剖视图并绘制剖面线，之后创建放大视图，需要绘制放大圆形区域。

8.2.4.2 案例操作

Step1 创建剖视图

① 单击【主页】工具条中的【剖视图】按钮，创建剖视图，如图 8-20 所示。

② 在绘图区中，绘制剖面线。

③ 在绘图区中，单击放置剖视图。

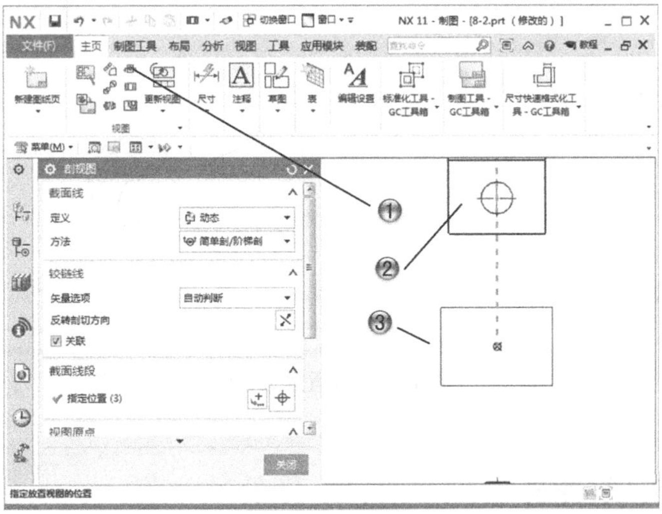

图 8-20 创建剖视图

Step2 创建放大视图

① 单击【主页】工具条中的【局部放大图】按钮，创建放大视图，如图 8-21 所示。

②在绘图区中，绘制圆形区域。

③在绘图区中，单击放置放大视图，如图 8-22 所示，完成的工程图如图 8-23 所示。

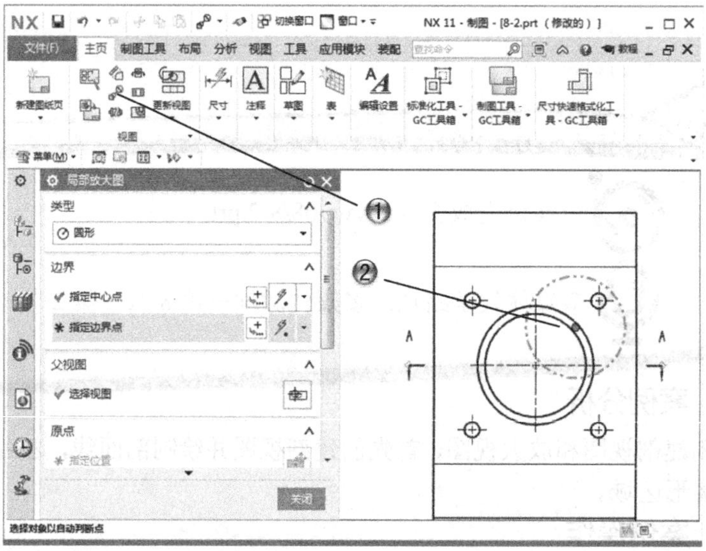

图 8-21　创建局部放大图

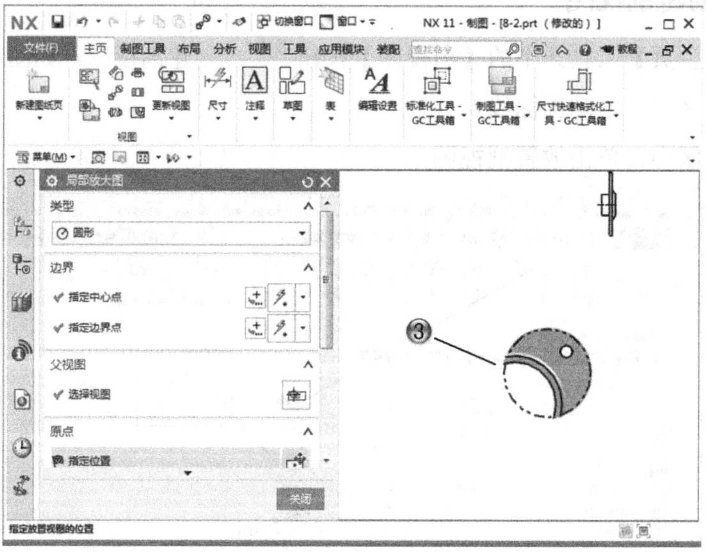

图 8-22　放置放大视图

提示

局部放大视图的比例在【局部放大图】对话框中进行设置，默认是 2:1。

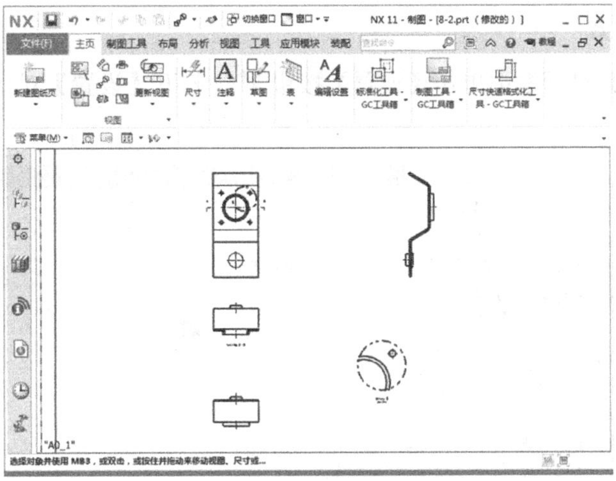

图 8-23　完成文件

8.3　尺寸、符号和注释标注

8.3.1　标注尺寸的方法

尺寸的标注一般包括选择尺寸类型、设置尺寸样式、选择名义精度、指定公差类型和编辑文本等。下面详细介绍选择尺寸类型和设置尺寸样式的操作方法。

1. 选择尺寸类型

在【主页】工具条中单击【径向】按钮，打开如图 8-24 所示的【半径尺寸】对话框。

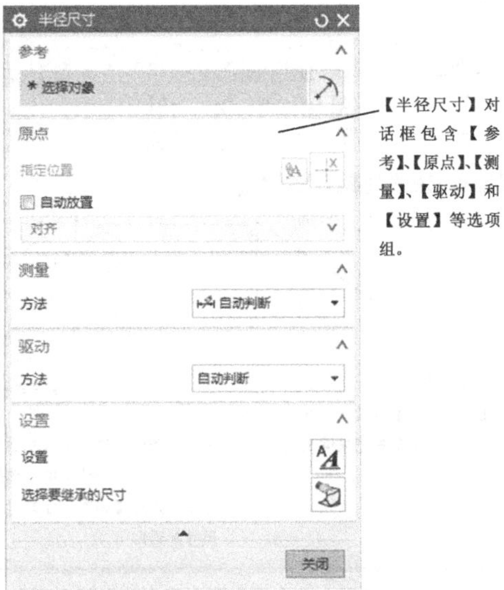

图 8-24　【半径尺寸】对话框

2. 设置尺寸样式

在【半径尺寸】对话框中单击【设置】按钮，打开【设置】对话框，参数设置如图 8-25 所示。

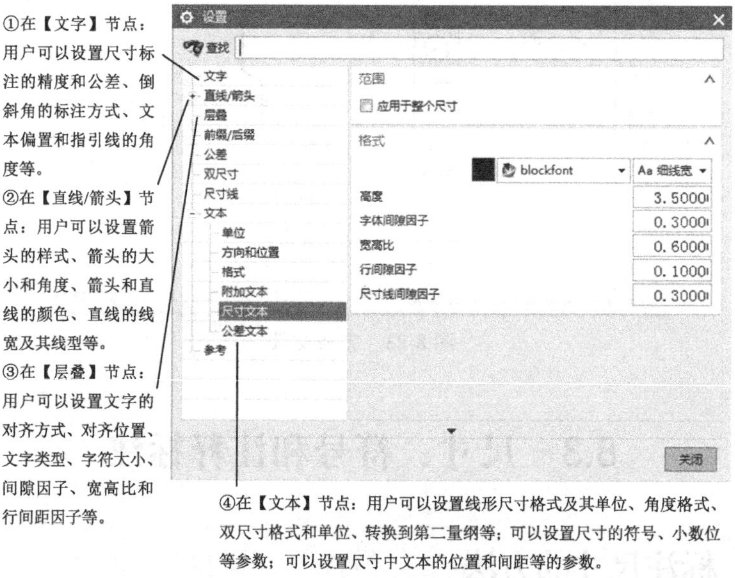

图 8-25　【设置】对话框

8.3.2　编辑标注尺寸

用户在视图中标注尺寸后，有时可能需要编辑标注尺寸。编辑标注尺寸的方法有以下两种方法，如图 8-26 所示。

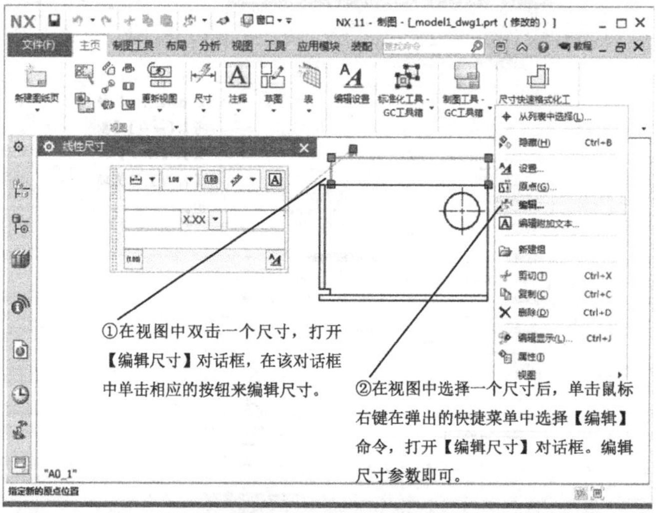

图 8-26　编辑标注尺寸

8.3.3 尺寸标注应用案例

本案例完成文件：ywj/08/8-2.prt

多媒体教学路径：多媒体教学→第 8 章→第 3 节

8.3.3.1 案例分析

本案例是创建钣金件工程图各视图的标注尺寸，之后创建平面度标注和基准标注。

8.3.3.2 案例操作

Step1 创建主视图尺寸

① 单击【主页】工具条中的【线性】按钮，创建尺寸标注，如图 8-27 所示。

② 在绘图区中，标注主视图尺寸。

③ 单击【主页】工具条中的【径向】按钮，创建尺寸标注，如图 8-28 所示。

④ 在绘图区中，标注主视图半径尺寸。

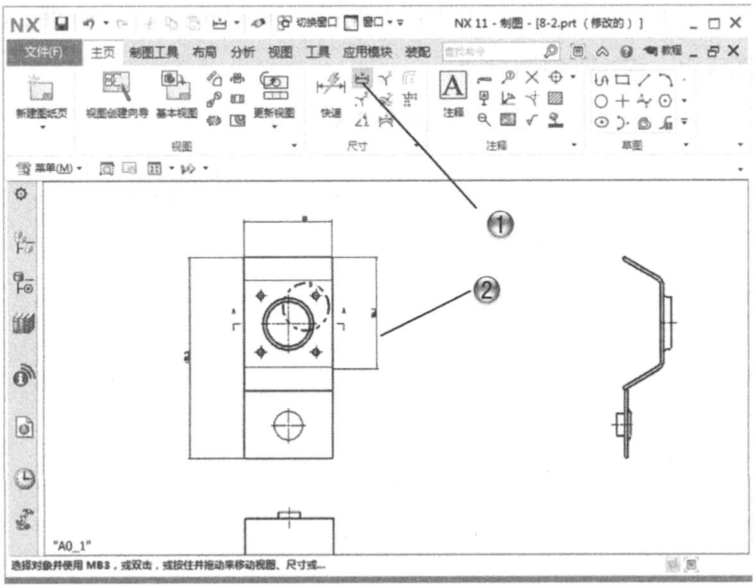

图 8-27 创建主视图尺寸

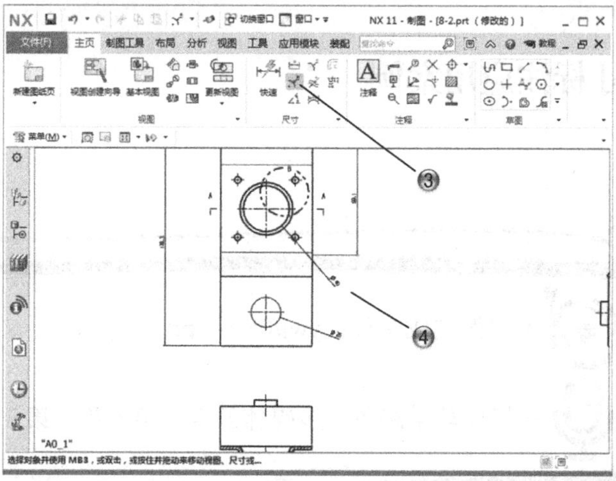

图 8-28　创建主视图半径尺寸

提示

尺寸标注时，线性尺寸需要选择两个定位点，径向尺寸直接选择圆弧再进行放置。

Step2 创建其他视图尺寸

① 单击【主页】工具条中的【径向】按钮，创建尺寸标注，如图 8-29 所示。

② 在绘图区中，标注放大视图半径尺寸。

③ 单击【主页】工具条中的【线性】按钮，创建尺寸标注，如图 8-30 所示。

④ 在绘图区中，标注剖视图尺寸。

⑤ 在绘图区中，标注侧视图尺寸，如图 8-31 所示。

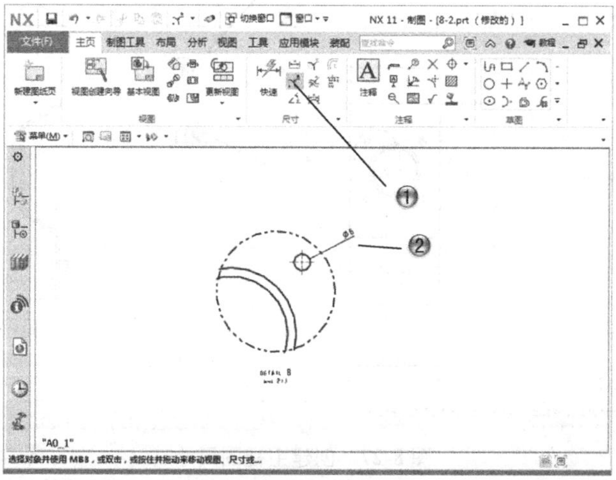

图 8-29　标注放大视图尺寸

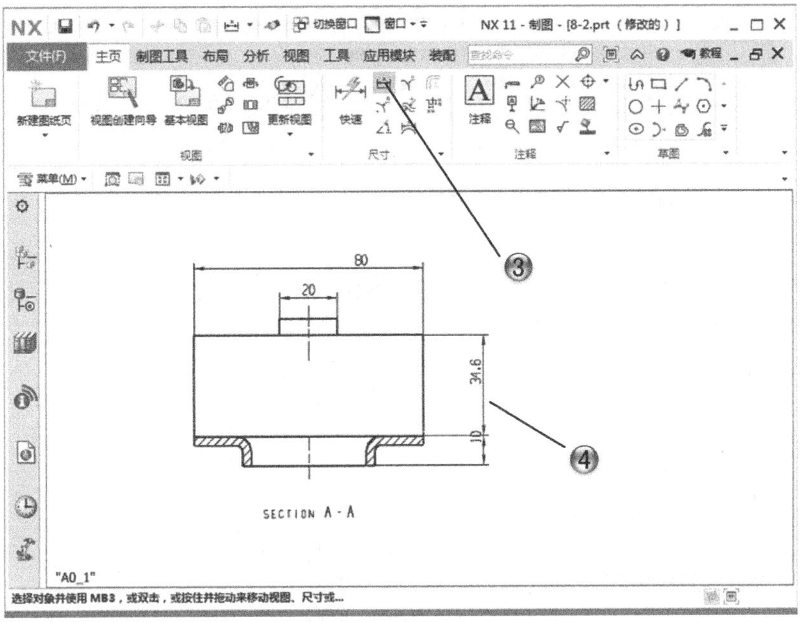

图 8-30　创建剖视图尺寸

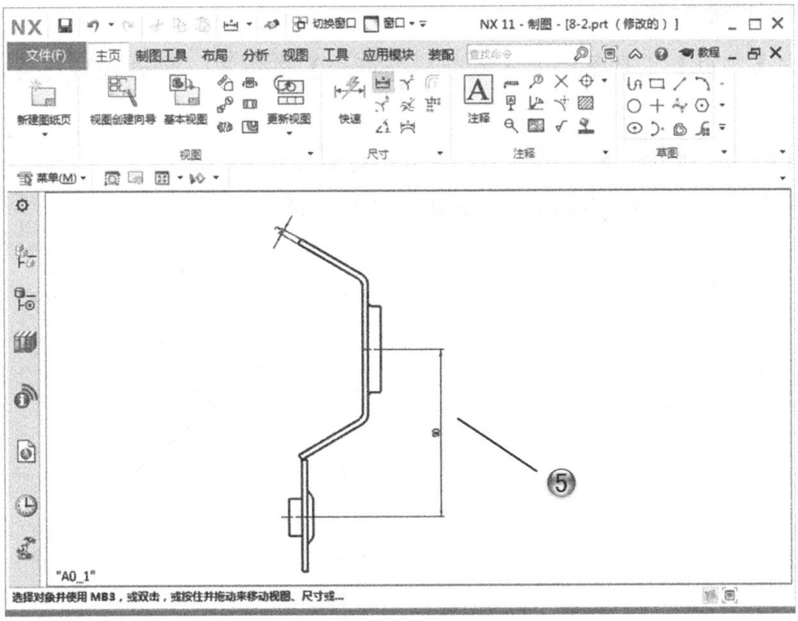

图 8-31　创建侧视图尺寸

Step3 创建平面度

① 单击【主页】工具条中的【特征控制框】按钮，创建注释符号，如图 8-32 所示。

② 在【特征控制框】对话框中，设置公差。

③ 在绘图区中，放置平面度符号。

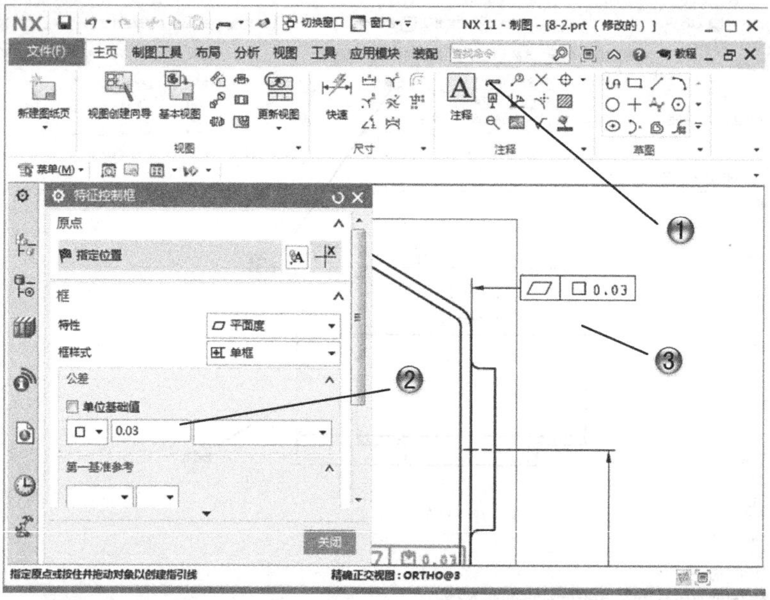

图 8-32　创建平面度标注

Step4 创建基准

①单击【主页】工具条中的【基准特征符号】按钮，创建注释符号，如图 8-33 所示。

②在【基准特征符号】对话框中，设置字母符号。

③在绘图区中，放置基准符号。结果如图 8-34 所示。

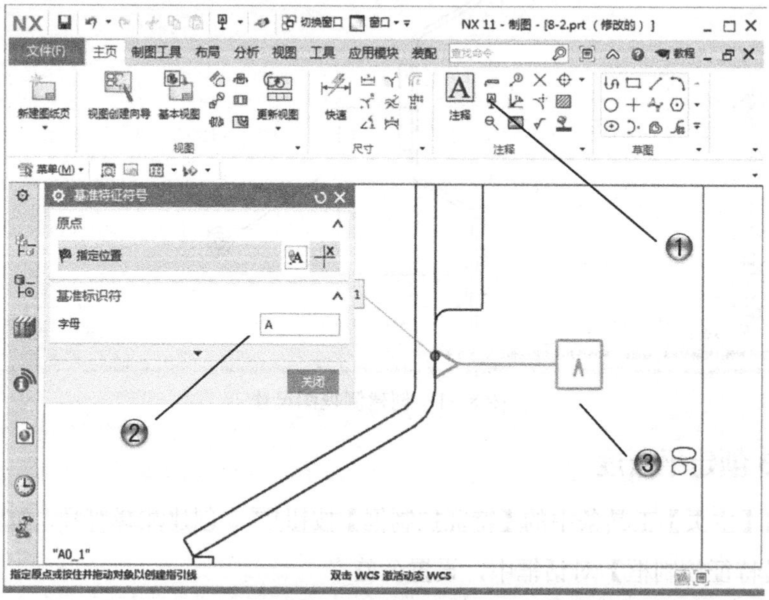

图 8-33　创建基准标注

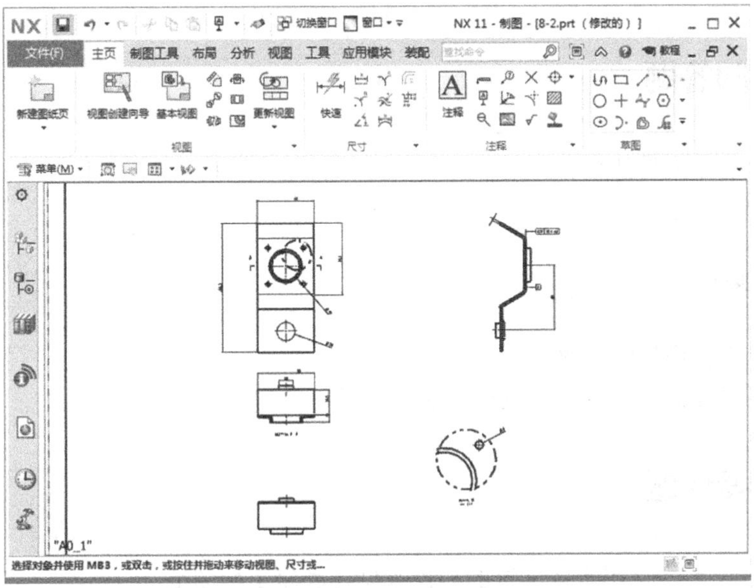

图 8-34 完成文件

8.4 本章小结

本章首先介绍工程图的视图操作，各种视图的生成方法。在此基础上，又讲解了工程图视图的编辑，最后介绍了尺寸标注的内容。通过案例读者将更加深刻地领会一些基本概念，掌握工程图的分析方法、设计过程、制图的一般方法和技巧。

8.5 课后练习

8.5.1 填空题

（1）视图操作的基本命令是__________。

（2）工程图的其他视图有_____、_____、_____、_____。

（3）尺寸标注有_____、_____、_____、_____。

答案：

（1）新建图纸页。

（2）剖视图、放大视图、断开视图、投影视图。

（3）线性标注、角度标注、半径标注、距离标注。

8.5.2 问答题

（1）尺寸的作用是什么？
（2）如何标注半径尺寸？

答案：

（1）显示零件模型的参数。
（2）使用半径标注命令，并进行对象的选择。

8.5.3 操作题

如图 8-35 所示，使用本章学过的知识来创建底座工程图纸。

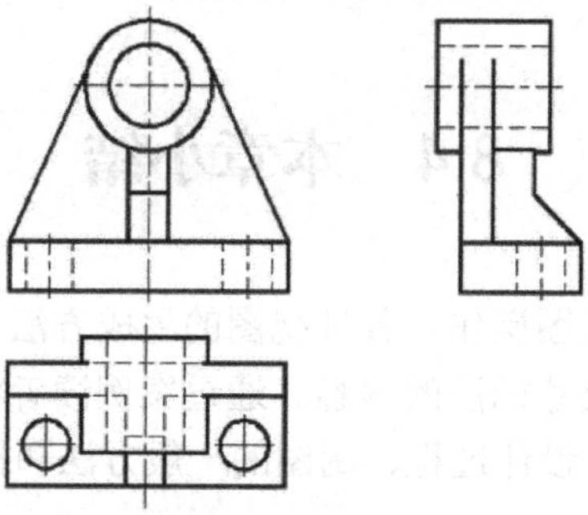

图 8-35 底座图纸

练习内容：

（1）创建底座模型。
（2）添加 3 个视图。
（3）添加尺寸。

第 9 章　模具设计

本章导读

Siemens NX 11 提供了塑料注塑模具、合金压铸模具、钣金冲压模具等模具设计模块，由于塑料注塑模具设计模块涵盖了其他模具设计模块的流程和功能，所以本章主要介绍塑料注塑模具建模的一般流程和加工模块。

本章主要讲解注塑模具设计的基础知识，塑料注塑模具建模的一般流程和 NX 注塑模向导模块的主要功能，并介绍使用 NX 注塑模向导模块进行模具设计时，如何建立模具型芯、型腔、模架等模具零件三维实体模型。

学习要求	学习目标 / 知识点	了解	理解	应用	实践
	掌握模具预处理方法		√	√	√
	掌握模具工件和分型设计		√	√	√
	掌握创建型芯型腔的命令		√	√	√
	掌握模具库及其附属的创建		√	√	√

9.1　模具预处理

9.1.1　模具设计项目初始化

单击【注塑模向导】工具条中的【初始化项目】按钮，打开【打开】对话框，设置如图 9-1 所示。之后系统弹出【初始化项目】对话框，在其中设置参数，如图 9-2 所示。

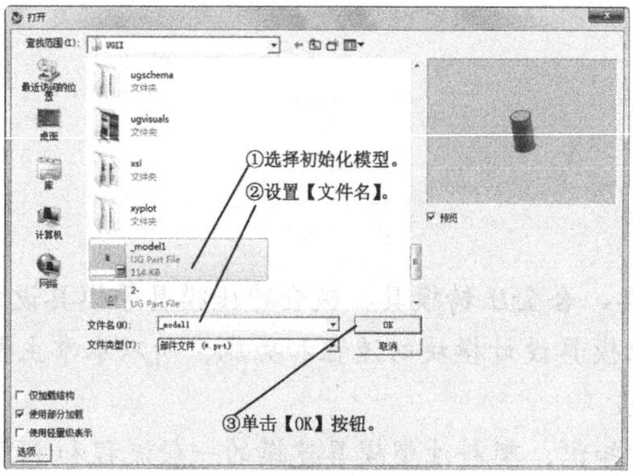

图 9-1　【打开】对话框

图 9-2　【初始化项目】对话框

9.1.2　设置多腔模

单击【主要】工具条中的【多腔模设计】按钮，选取当前产品模型，打开【多腔模设计】对话框，设置如图 9-3 所示。

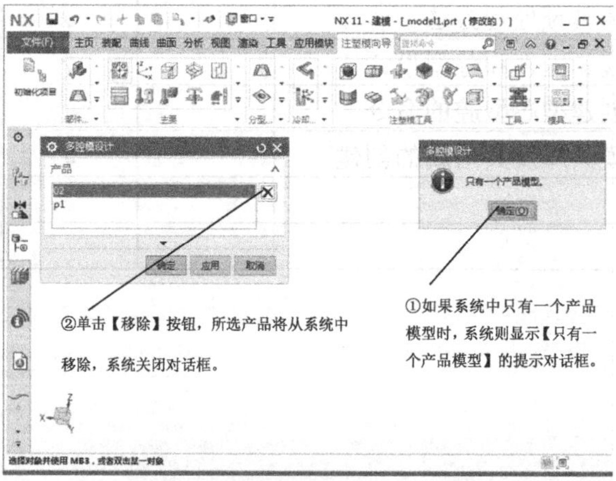

图 9-3　【多腔模设计】对话框

9.1.3 设定模具坐标系统

调整分模体坐标系，使分模体坐标系统的轴平面，定义在模具动模和定模的接触面上，分模体坐标系统的另一轴正方向，指向塑料熔体注入模具的主流道方向。

单击【主要】工具条中的【模具 CSYS】按钮，打开【模具 CSYS】对话框，参数设置如图 9-4 所示。

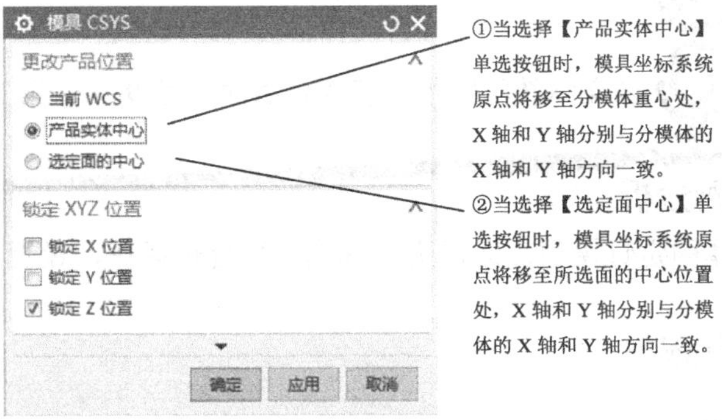

图 9-4 【模具 CSYS】对话框

9.1.4 更改产品收缩率

单击【主要】工具条中的【收缩】按钮，以更改产品收缩率，打开如图 9-5 所示的【缩放体】对话框，系统提供三种设定产品收缩方式的工具。

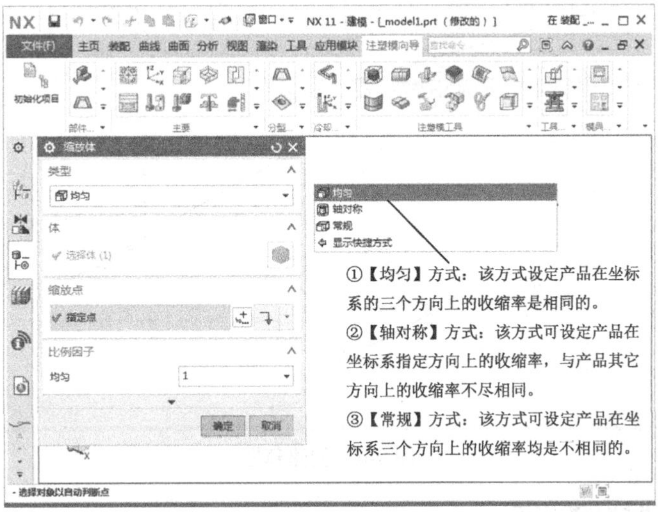

图 9-5 【缩放体】对话框

9.1.5　模具预处理应用案例

本案例完成文件：ywj/09/9-1.prt 及模具文件

多媒体教学路径：多媒体教学→第 9 章→第 1 节

9.1.5.1　案例分析

本案例首先创建固定钉模型，之后进行其模具预处理操作，设置坐标系和收缩率等参数。

9.1.5.2　案例操作

Step1 创建草图

①单击【直接草图】工具条中的【草图】按钮，创建草图，如图 9-6 所示。

②在弹出的【创建草图】对话框中，单击【指定 CSYS】选项，指定草绘平面。

③在【创建草图】对话框中，单击【确定】按钮。

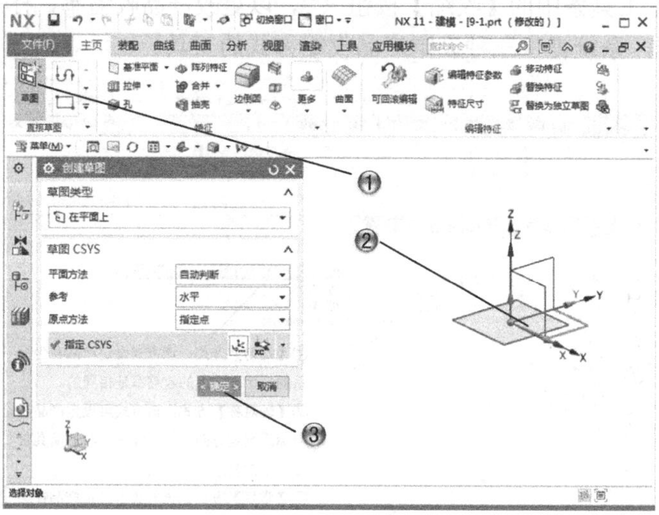

图 9-6　创建草图

Step2 创建拉伸特征

①单击【直接草图】工具条中的【圆形】按钮，绘制圆形，如图 9-7 所示。

②选择两点，绘制圆形。

③单击【特征】工具条中的【拉伸】按钮，创建拉伸特征，如图 9-8 所示。

④在绘图区，选择草图。

⑤在弹出的【拉伸】对话框中，设置拉伸参数。

⑥单击【拉伸】对话框中的【确定】按钮，完成拉伸特征。

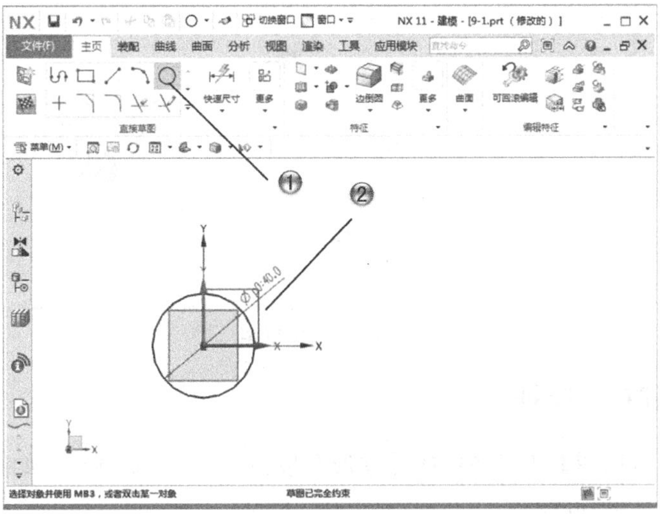

图 9-7　绘制圆形

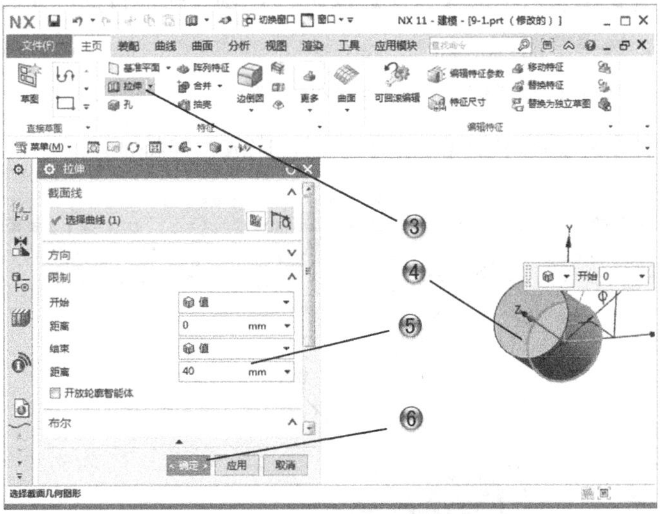

图 9-8　拉伸草图

Step3 创建草图

①单击【直接草图】工具条中的【草图】按钮，创建草图，如图 9-9 所示。

②在弹出的【创建草图】对话框中，单击【指定 CSYS】选项，指定草绘平面。

③在【创建草图】对话框中，单击【确定】按钮。

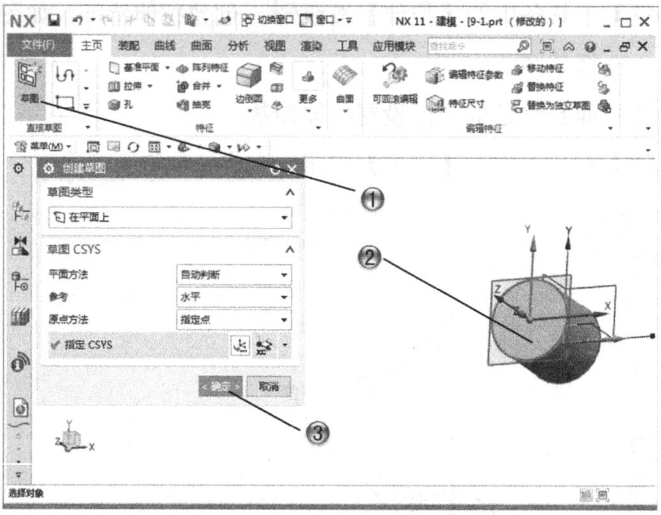

图 9-9　创建草图

Step4 创建拉伸特征

①单击【直接草图】工具条中的【圆形】按钮，绘制圆形，如图 9-10 所示。

②选择两点，绘制圆形。

③单击【特征】工具条中的【拉伸】按钮，创建拉伸特征，如图 9-11 所示。

④在绘图区，选择草图。

⑤在弹出的【拉伸】对话框中，设置拉伸参数。

⑥单击【拉伸】对话框中的【确定】按钮，完成拉伸特征。

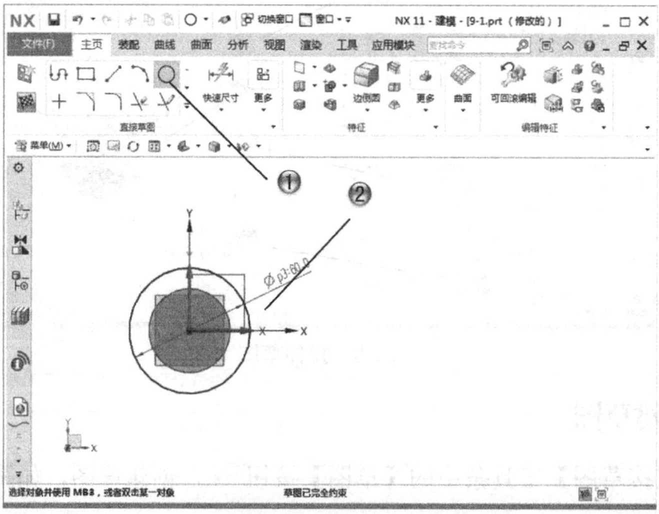

图 9-10　绘制圆形

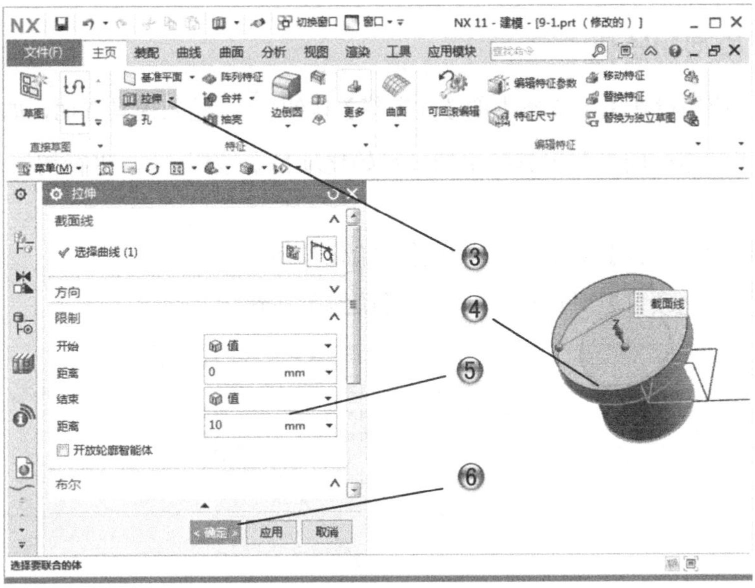

图 9-11　创建拉伸特征

Step5 创建边倒圆特征

① 单击【特征】工具条中的【边倒圆】按钮，创建边倒圆特征，如图 9-12 所示。

② 在绘图区，选择倒圆边线。

③ 在弹出的【边倒圆】对话框中，设置半径参数。

④ 单击【边倒圆】对话框中的【确定】按钮，完成边倒圆特征。

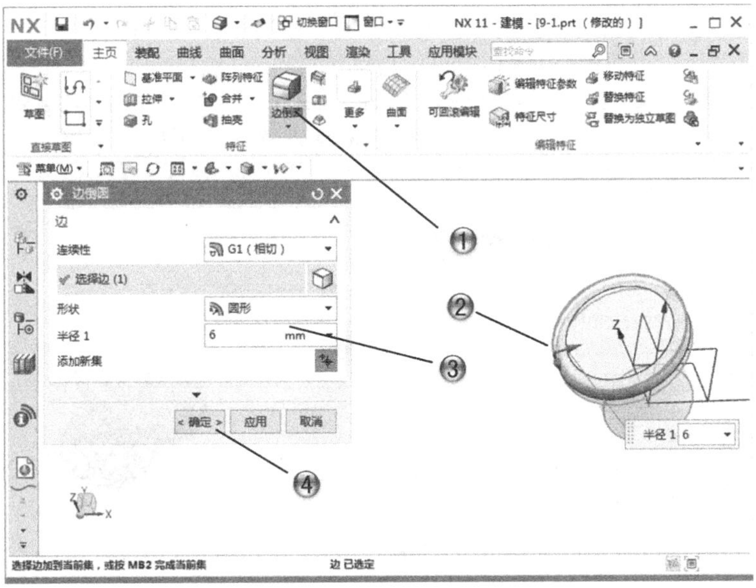

图 9-12　创建边倒圆特征

Step6 模型初始化

① 单击【应用模块】工具条中的【注塑模】按钮，进入模具界面，如图 9-13 所示。

② 单击【注塑模向导】工具条中的【初始化项目】按钮，进行初始化，如图 9-14 所示。

③ 在【初始化项目】对话框中，设置初始化初始。

④ 在【初始化项目】对话框中，单击【确定】按钮。

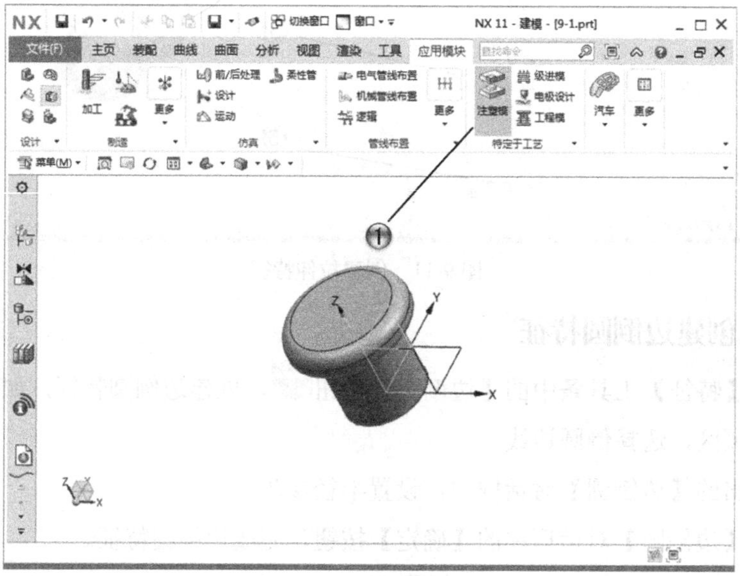

图 9-13 选择注塑模命令

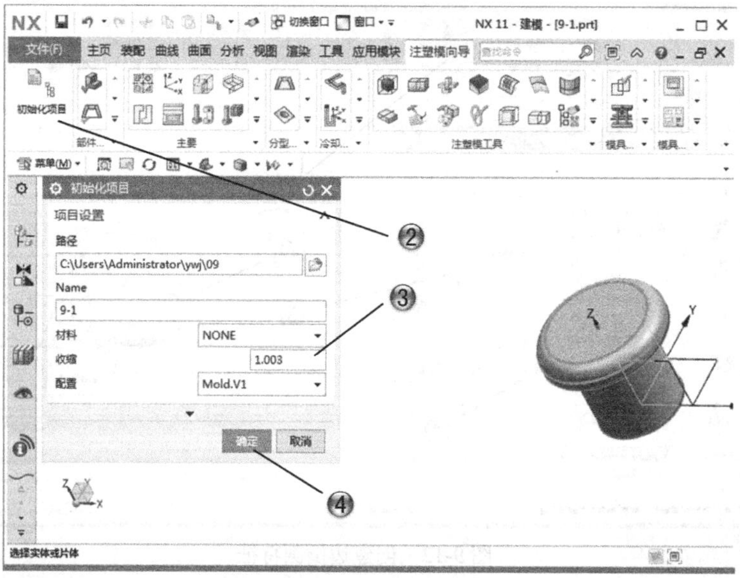

图 9-14 初始化模型

提示

模具的收缩率在【初始化项目】对话框中可以设置，也可以单独进行设置。

Step7 设置模具坐标系

① 单击【主要】工具条中的【模具 CSYS】按钮，设置坐标系，如图 9-15 所示。

② 在弹出的【模具 CSYS】对话框中，设置参数。

③ 在【模具 CSYS】对话框中，单击【确定】按钮。

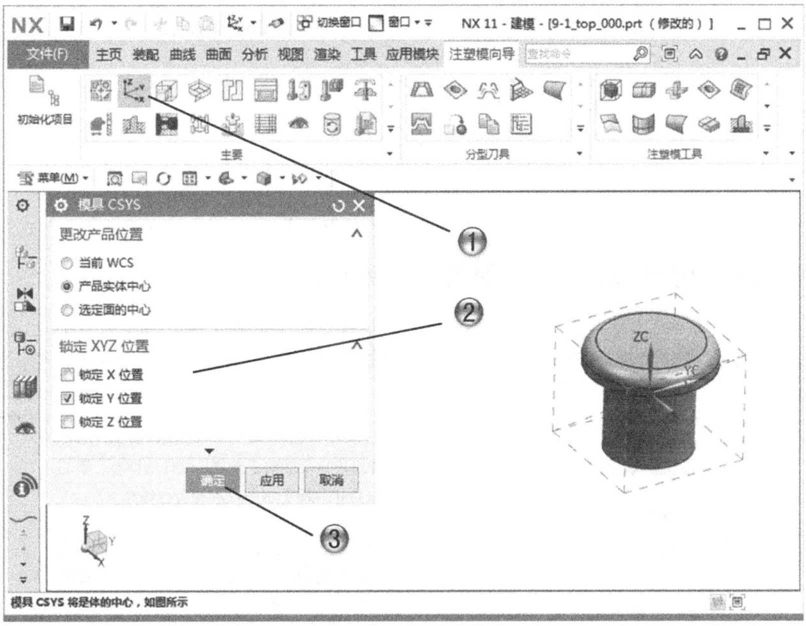

图 9-15　设置模具坐标系

9.2　分型设计

9.2.1　工件设计

单击【主要】工具条中的【工件】按钮，进入工件设计，打开【工件】对话框，参数设置如图 9-16 所示。

图 9-16 【工件】对话框

系统提供了四种模坯设计方式，如图 9-17 所示。

图 9-17 四种模坯设计方式

9.2.2 型腔布局

单击【主要】工具条中的【型腔布局】按钮，进入型腔布局设计，打开【型腔布

局】对话框，系统提供两种型腔布局类型，如图 9-18 所示。

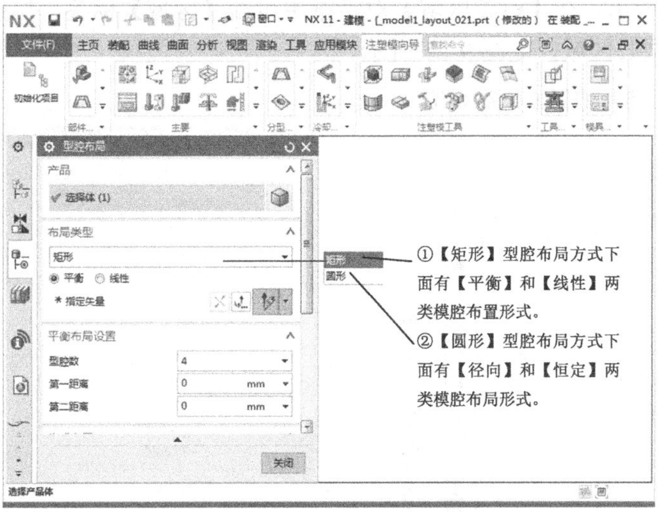

图 9-18　型腔布局

9.2.3　产品分型

分型是基于塑料产品模型对毛坯工件进行加工分模，进而创建型芯和型腔的过程。分型功能所提供的工具，有助于快速实现分模及保持产品与型芯和型腔关联。

单击【分型刀具】工具条中的【检查区域】按钮，系统弹出【分型导航器】和【检查区域】对话框，进入分模设计（即 MPV 分模对象验证），如图 9-19 所示。

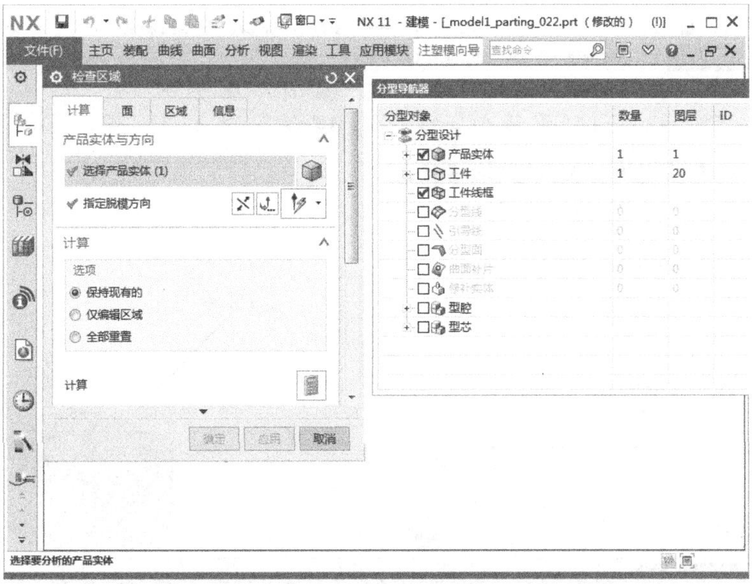

图 9-19　【分型导航器】和【检查区域】对话框

在打开的【检查区域】对话框中，单击【面】标签，切换到【面】选项卡，设置区域颜色，如图 9-20 所示。在【检查区域】对话框中单击【区域】标签，切换到【区域】选项卡，指派型腔和型芯区域，如图 9-21 所示。

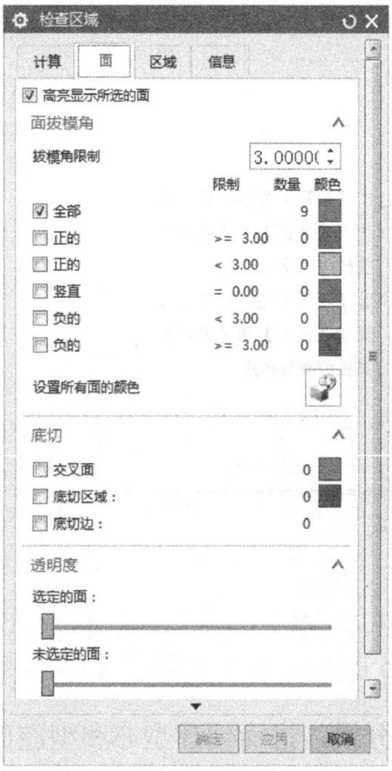

图 9-20 【面】选项卡

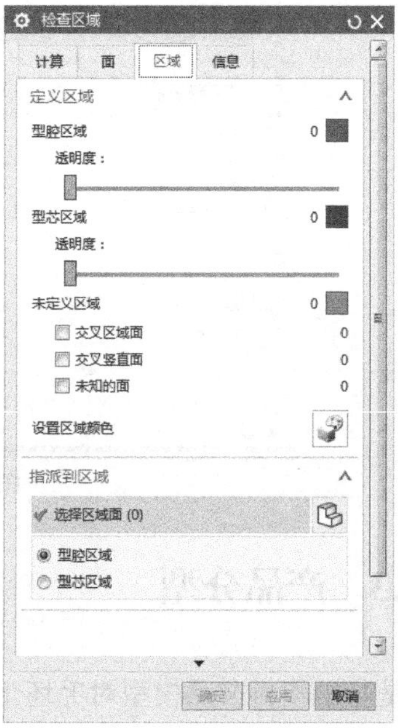

图 9-21 【区域】选项卡

在【区域】选项卡中单击【选择区域面】按钮 ，可以选择型腔区域或者型芯区域，结果如图 9-22 所示。

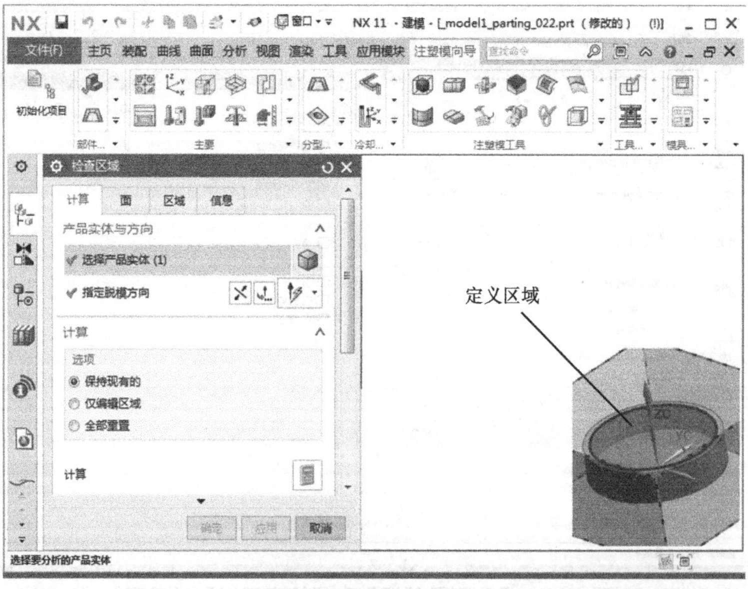

图 9-22 指定的区域

单击【分型刀具】工具条中的【定义区域】按钮，打开如图 9-23 所示的【定义区域】对话框。

单击【分型刀具】工具条中的【设计分型面】按钮，系统弹出如图 9-24 所示的【设计分型面】对话框，可以创建分型曲面。

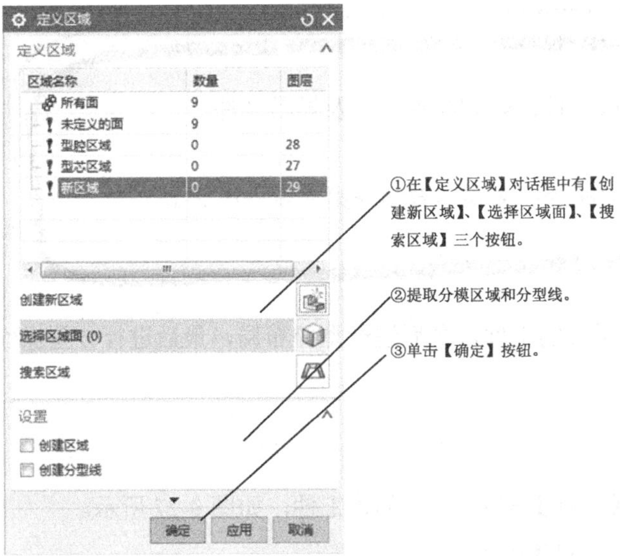

图 9-23 【定义区域】对话框

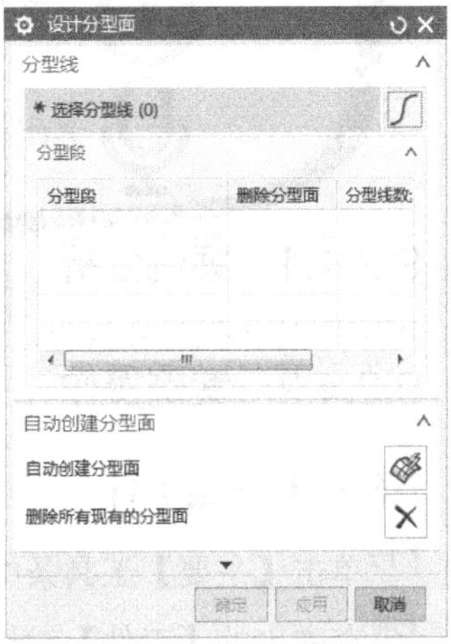

图 9-24 【设计分型面】对话框

单击【分型刀具】工具条中的【定义型腔和型芯】按钮，打开图 9-25 所示的【定义型腔和型芯】对话框，进行自动分型。

在分型中，还可以将分型/补片片体备份下来，方法是单击【分型刀具】工具条中的【备份分型/补片片体】按钮，打开如图 9-26 所示的【备份分型对象】对话框，进行设置即可。

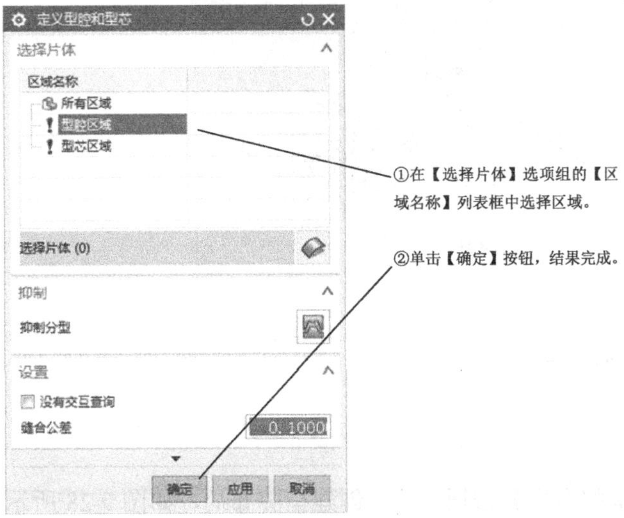

图 9-25 【定义型腔和型芯】对话框

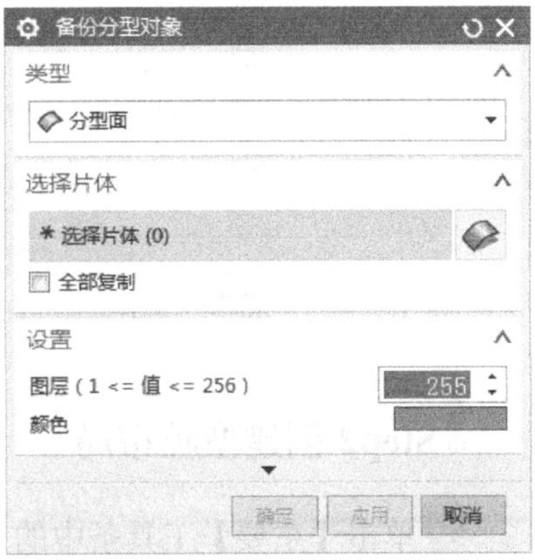

图 9-26 【备份分型对象】对话框

9.2.4 分型设计应用案例

本案例完成文件：ywj/09/9-1.prt 及模具文件

多媒体教学路径：多媒体教学→第 9 章→第 2 节

9.2.4.1 案例分析

本案例是在模具环境下，创建零件的工件，之后进行型腔布局，最后进行分型操作。

9.2.4.2 案例操作

Step1 创建工件

① 单击【主要】工具条中的【工件】按钮，创建工件，如图 9-27 所示。

② 在弹出的【工件】对话框中，设置参数。

③ 在【工件】对话框中，单击【确定】按钮。

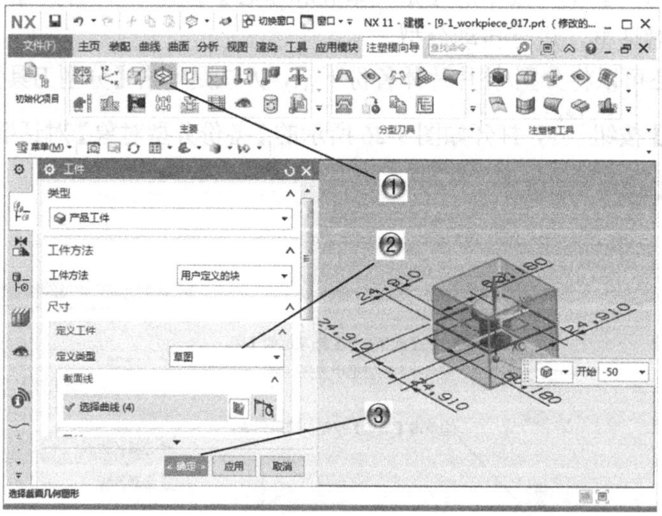

图 9-27　创建工件

Step2 创建型腔布局

① 单击【主要】工具条中的【型腔布局】按钮，创建型腔布局，如图 9-28 所示。

② 在弹出的【型腔布局】对话框中，设置参数，生成型腔布局。

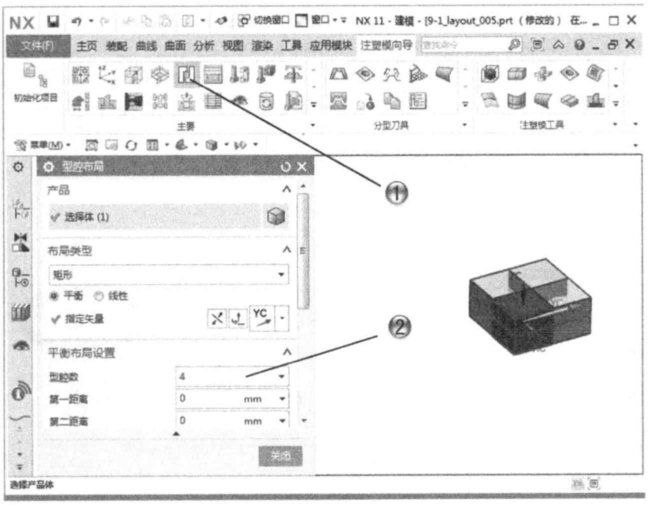

图 9-28　型腔布局

提示

多个型腔布局可以增加注塑效率，一般最多设置 4 个型腔，可以设置矩形或者圆形分布。

Step3 创建检查区域

① 单击【分型刀具】工具条中的【检查区域】按钮，创建检查区域，如图 9-29 所示。

② 在弹出的【检查区域】对话框中，单击【计算】按钮。

③ 在【检查区域】对话框和绘图区中，选择型腔区域，如图 9-30 所示。

④ 在【检查区域】对话框中，单击【确定】按钮。

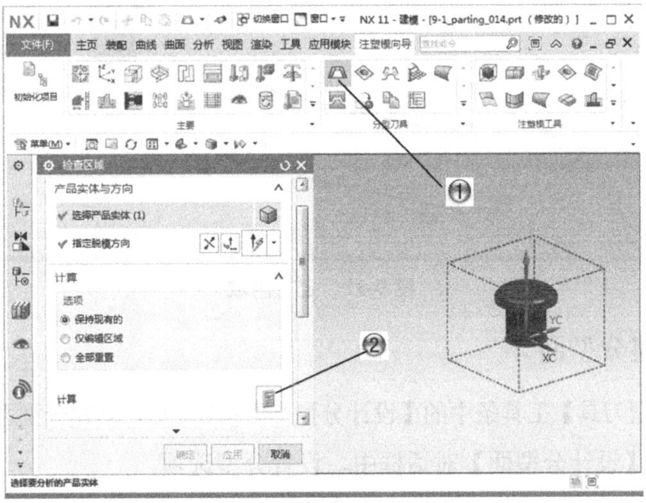

图 9-29　创建检查区域

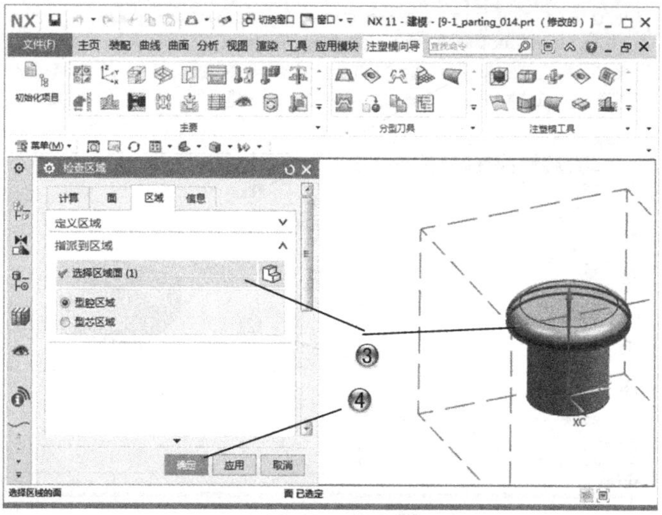

图 9-30　设置型腔区域

Step4 创建区域

① 单击【分型刀具】工具条中的【定义区域】按钮，创建区域，如图 9-31 所示。

② 在弹出的【定义区域】对话框中，设置选项。

③ 在【定义区域】对话框中，单击【确定】按钮。

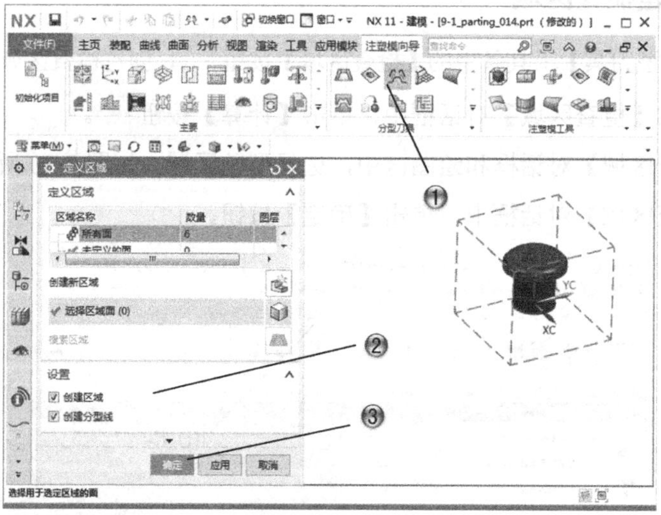

图 9-31　定义区域

Step5 创建分型面

① 单击【分型刀具】工具条中的【设计分型面】按钮，创建分型面，如图 9-32 所示。

② 在弹出的【设计分型面】对话框中，设置分型选项。

③ 在【设计分型面】对话框中，单击【确定】按钮。

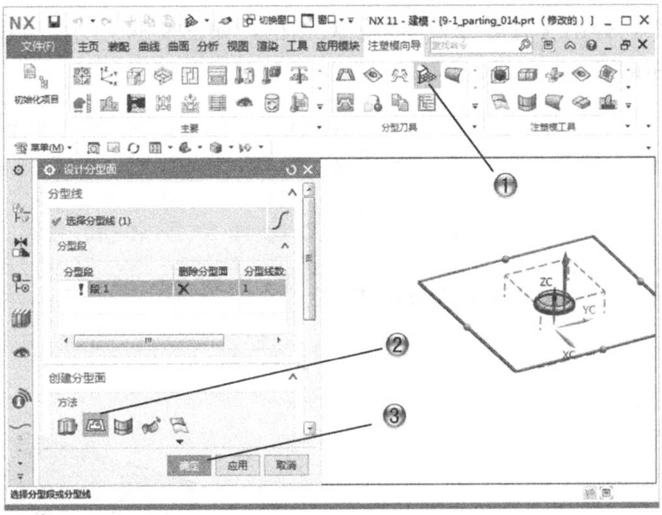

图 9-32 创建分型面

9.3 型芯和型腔

9.3.1 型芯和型腔

型腔和型芯是构成产品空间的零件称为成型零件(即模具整体),成型产品外表面的(模具)零件称为型腔(Cavity)。下凹部分即为型腔,亦称前模或母模,而相对应的凸起部分则称为型芯(Core)。

在【分型刀具】工具条中单击【定义型腔和型芯】按钮,弹出【定义型腔和型芯】对话框,如图 9-33 所示。

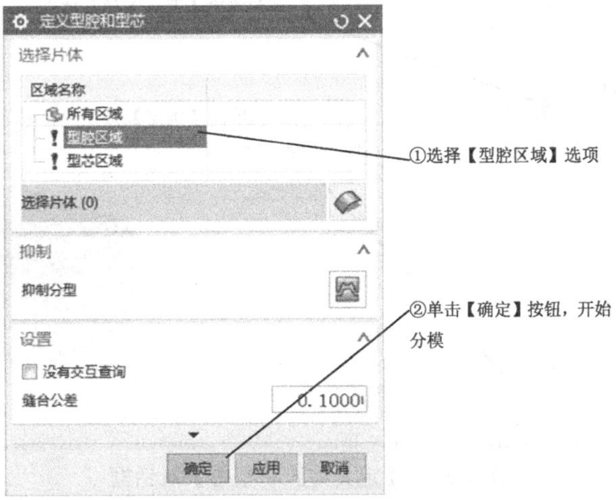

图 9-33 【定义型腔和型芯】对话框

创建型腔模具，弹出【查看分型结果】对话框，如图 9-34 所示，如果分型方向正确，单击【确定】按钮即可。

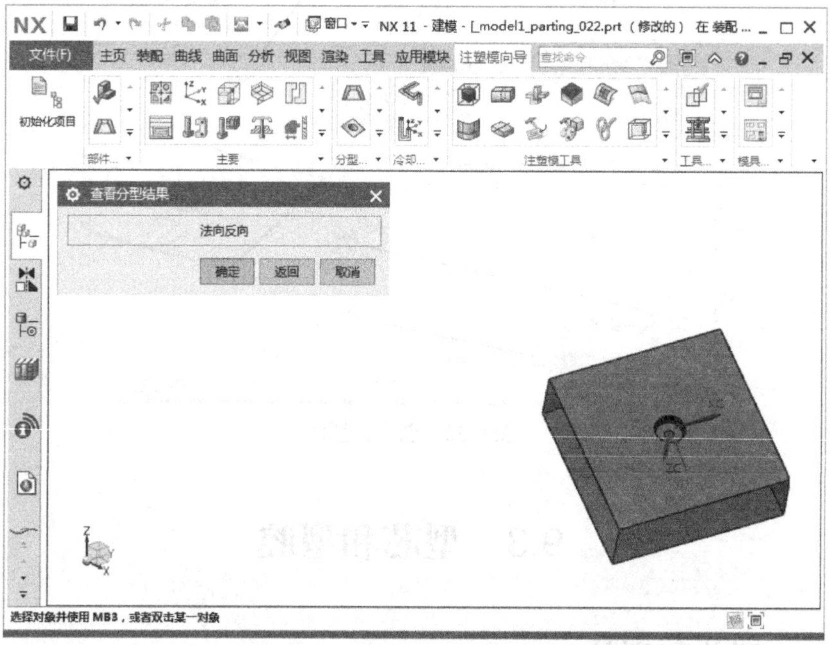

图 9-34 【查看分型结果】对话框

之后继续创建型腔区域，【定义型腔和型芯】对话框，如图 9-35 所示。

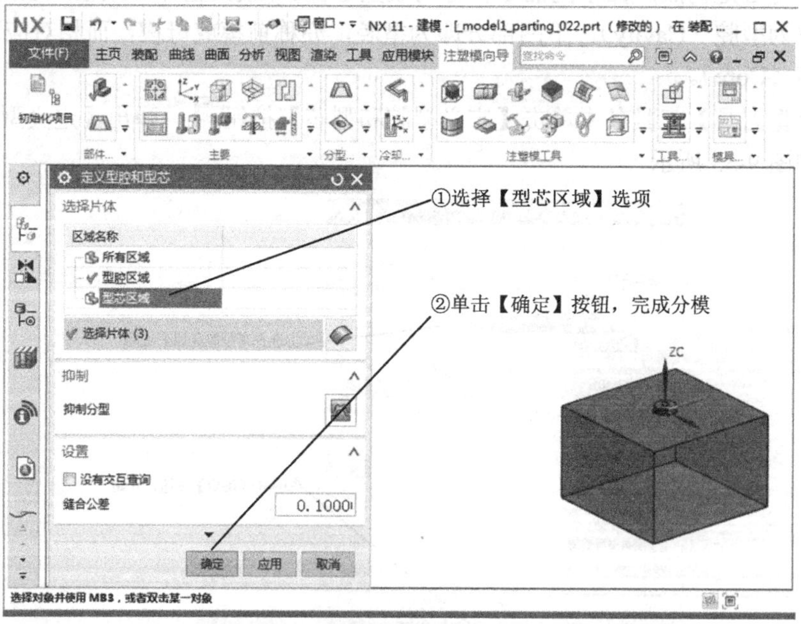

图 9-35 【定义型腔和型芯】对话框

使用爆炸图命令移动型芯型腔，如图 9-36 所示。

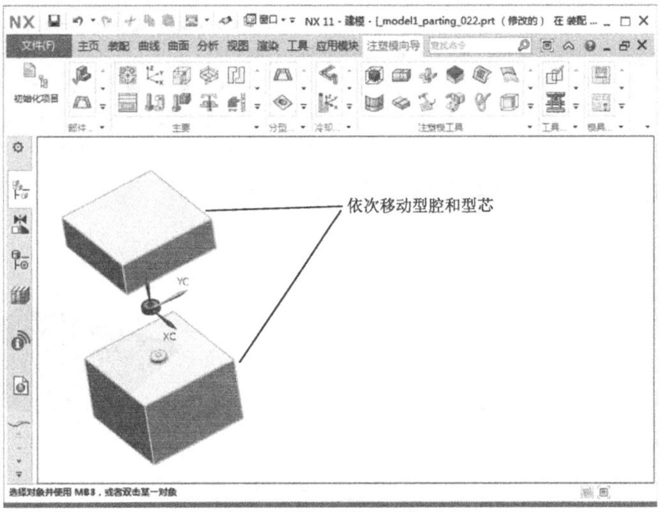

图 9-36　爆炸视图

9.3.2　型芯和型腔应用案例

本案例完成文件：ywj/09/9-1.prt 及模具文件

多媒体教学路径：多媒体教学→第 9 章→第 3 节

9.3.2.1　案例分析

本案例是在完成模具分型后，进行型芯和型腔的创建。

9.3.2.2　案例操作

Step1 创建型腔区域

① 单击【分型刀具】工具条中的【定义型腔和型芯】按钮，创建型腔，如图 9-37 所示。

② 在弹出的【定义型腔和型芯】对话框中，选择【型腔区域】选项。

③ 在【定义型腔和型芯】对话框中，单击【确定】按钮。

④ 在弹出的【查看分型结果】对话框中，单击【确定】按钮，如图 9-38 所示。

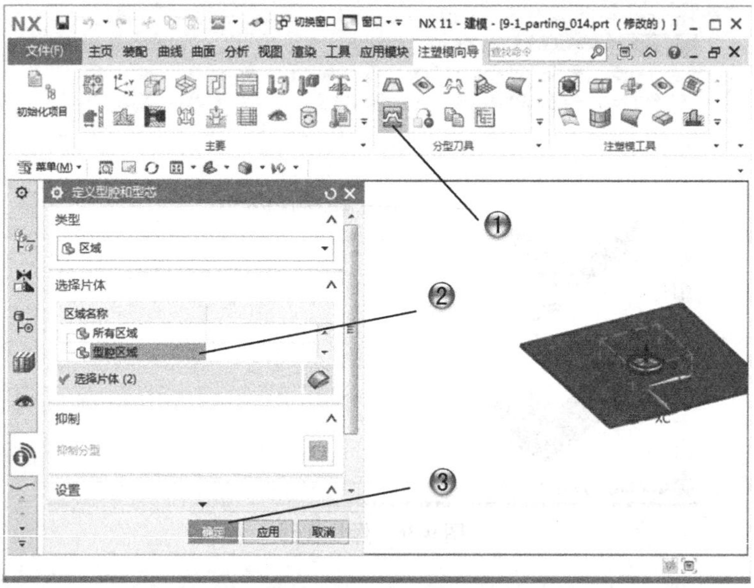

图 9-37　创建型腔区域

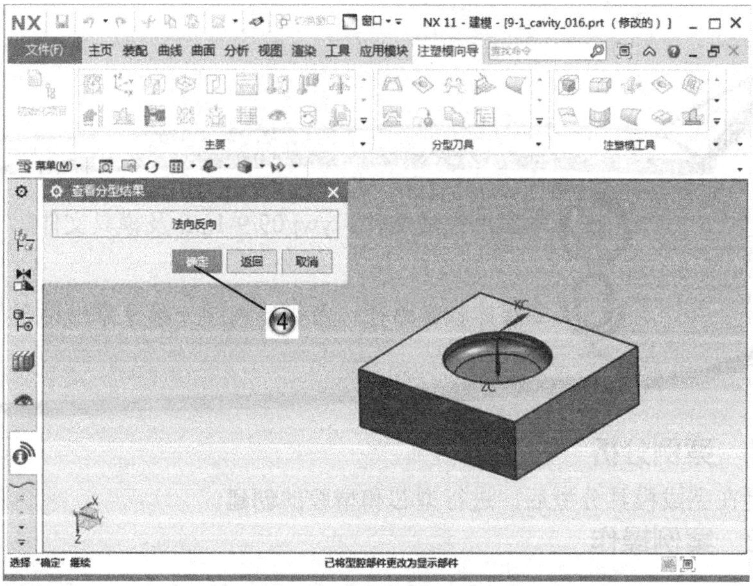

图 9-38　设置型腔方向

Step2 创建型芯区域

①单击【分型刀具】工具条中的【定义型腔和型芯】按钮，创建型芯，如图 9-39 所示。

②在弹出的【定义型腔和型芯】对话框中，选择【型芯区域】选项。

③在【定义型腔和型芯】对话框中，单击【确定】按钮。

④在弹出的【查看分型结果】对话框中，单击【确定】按钮，如图 9-40 所示。

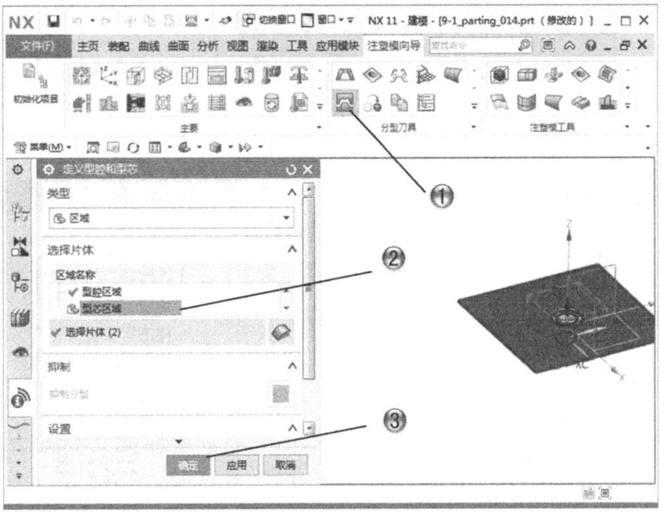

图 9-39　创建型芯区域

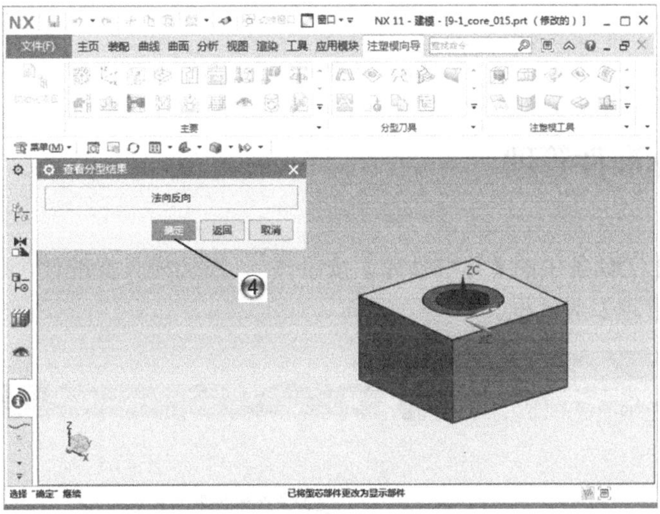

图 9-40　设置型芯方向

9.4　模架库和标准件

9.4.1　模架库设置

模架是实现型芯和型腔的装夹、顶出和分离的机构，其结构、形状和尺寸都已标准化和系列化，也可对模架库进行扩展以满足特殊需要。

单击【主要】工具条中的【模架库】按钮，系统弹出如图 9-41 所示的【模架库】对话框。该对话框可以实现以下功能。

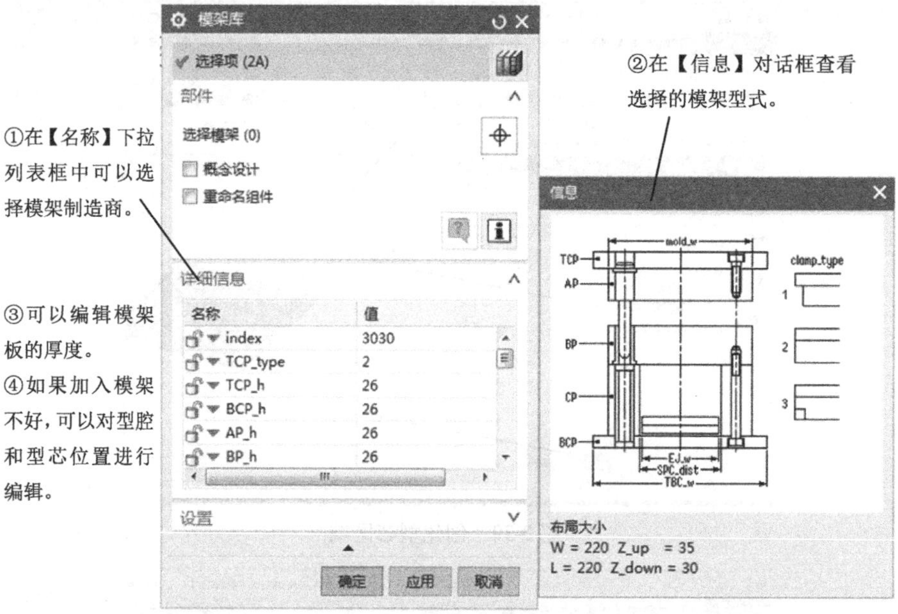

图 9-41 【模架库】对话框

9.4.2 标准件管理

单击【主要】工具条中的【标准件库】按钮，添加模具标准件，系统弹出如图 9-42 所示的【标准件管理】对话框。

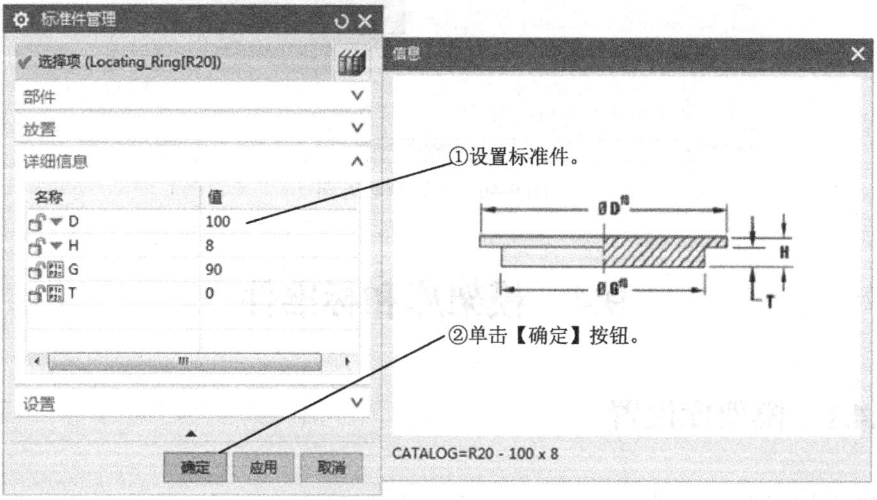

图 9-42 【标准件管理】对话框

单击【主要】工具条中的【标准件库】按钮，打开软件截面左侧的【重用库】选项卡，如图 9-43 所示.

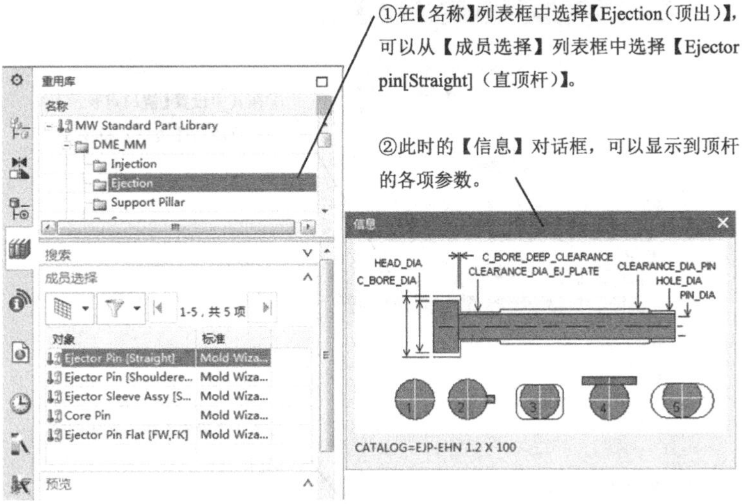

图 9-43　【信息】对话框的顶杆信息

如果从【成员选择】列表框中选择【Angle_Pin】，此时的【信息】对话框如图 9-44 所示，可以在其中看到顶针的各项参数。这样就能最终设置好模架和标件。

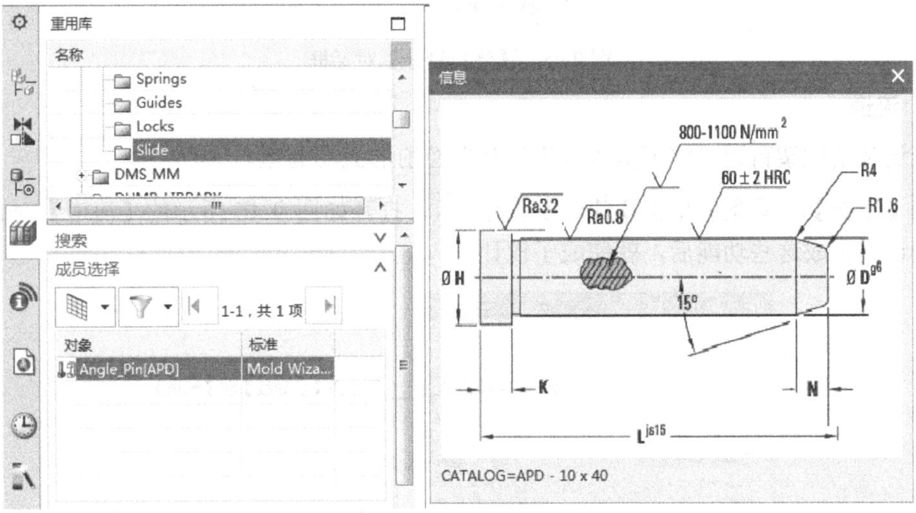

图 9-44　【信息】对话框的顶针参数

9.4.3　浇口和流道

1. 浇口

浇口是上模底部开的一个进料口，目的在于将熔融的塑料注入型腔，使其成型。

在【主要】工具条中单击【浇口库】按钮，打开【浇口设计】对话框，参数设置如图 9-45 所示。

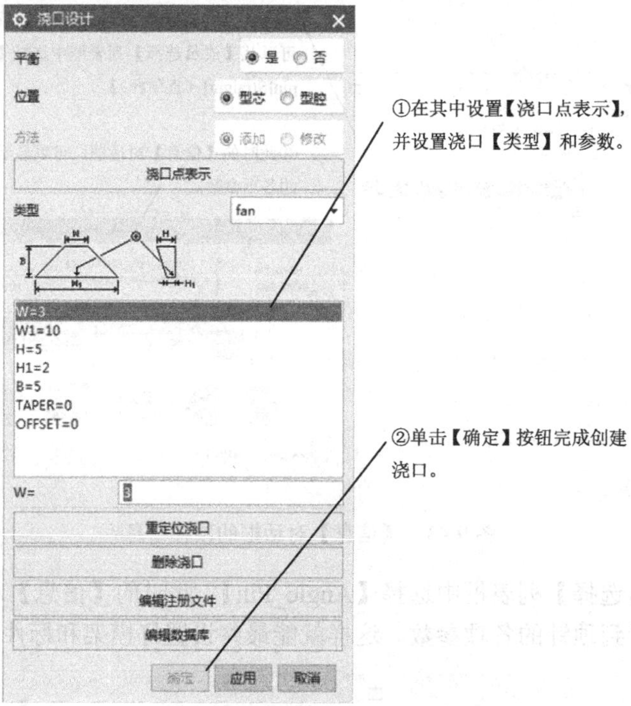

图 9-45　【浇口设计】对话框

2. 流道

流道是熔融塑料通过注塑机进入浇口和型腔前的流动通道。

在【主要】工具条中单击【流道】按钮，打开如图 9-46 所示的【流道】对话框。在其中设置完成这些功能后，就完成了设计。

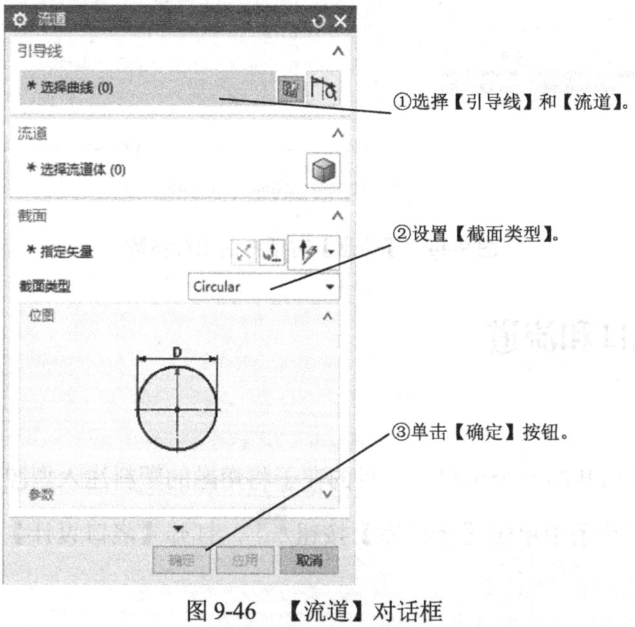

图 9-46　【流道】对话框

9.4.4 模架和标准件应用案例

本案例完成文件：ywj/09/9-1.prt 及模具文件

多媒体教学路径：多媒体教学→第 9 章→第 4 节

9.4.4.1 案例分析

本案例是在完成模具型芯型腔后，创建标准模架，之后创建标准件浇口套，最后创建流道。

9.4.4.2 案例操作

Step1 创建模架库

① 单击【主要】工具条中的【模架库】按钮，创建模架库，如图 9-47 所示。

② 在弹出的【模架库】对话框中，设置模架参数。

③ 在【模架库】对话框中，单击【确定】按钮。

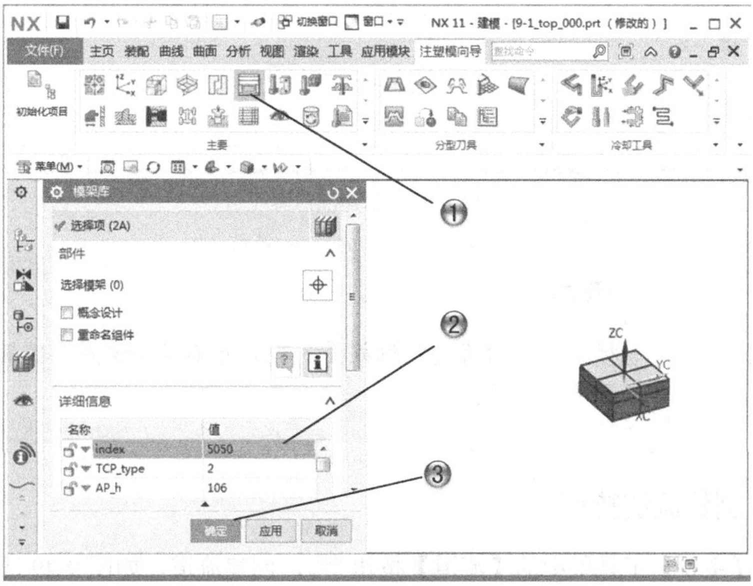

图 9-47　创建模架库

提示

模架库的选择要根据零件和工件的尺寸进行，在【index】值中进行选择。

Step2 创建标准件库

① 单击【主要】工具条中的【标准件库】按钮，创建标准件库，如图 9-48 所示。

② 在弹出的【标准件管理】对话框中，选择标准件。

③ 在【标准件管理】对话框中，单击【确定】按钮。

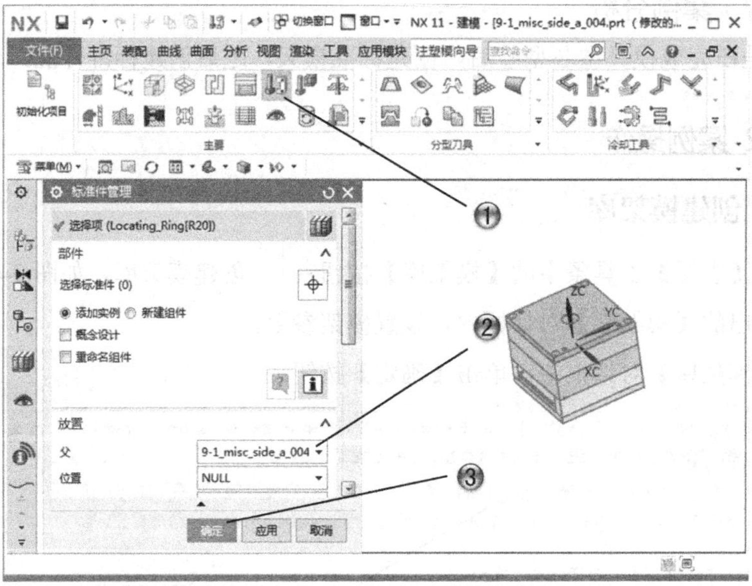

图 9-48　创建浇口套

提示

标准件有的需要定位放置，有的并不需要设置其位置，其位置是固定的。

Step3 创建流道特征

① 单击【主要】工具条中的【流道】按钮，创建流道，如图 9-49 所示。

② 在弹出的【流道】对话框中，单击【草图】按钮。

③在绘图区，选择草绘面，如图 9-50 所示。

④在【创建草图】对话框中，单击【确定】按钮。

⑤单击【直接草图】工具条中的【直线】按钮 ，绘制直线，如图 9-51 所示。

⑥在绘图区，绘制直线草图。

⑦在弹出的【流道】对话框中，设置流道参数，如图 9-52 所示。

⑧在【流道】对话框中，单击【确定】按钮。

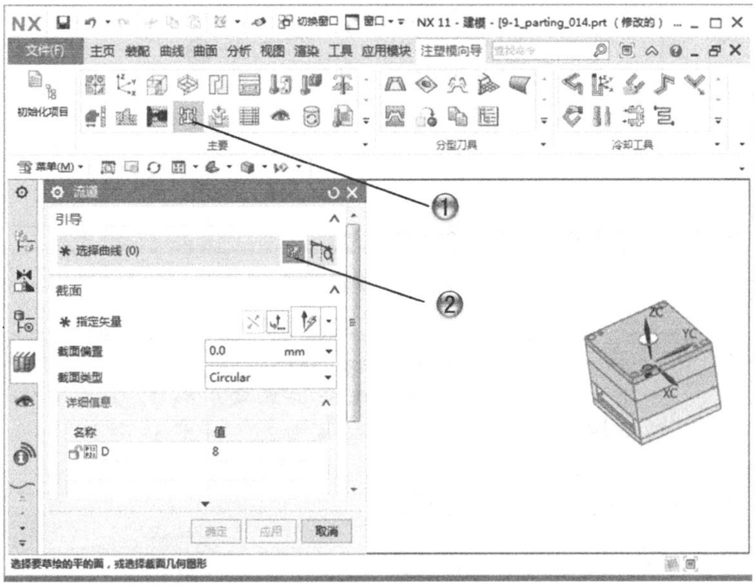

图 9-49　创建流道

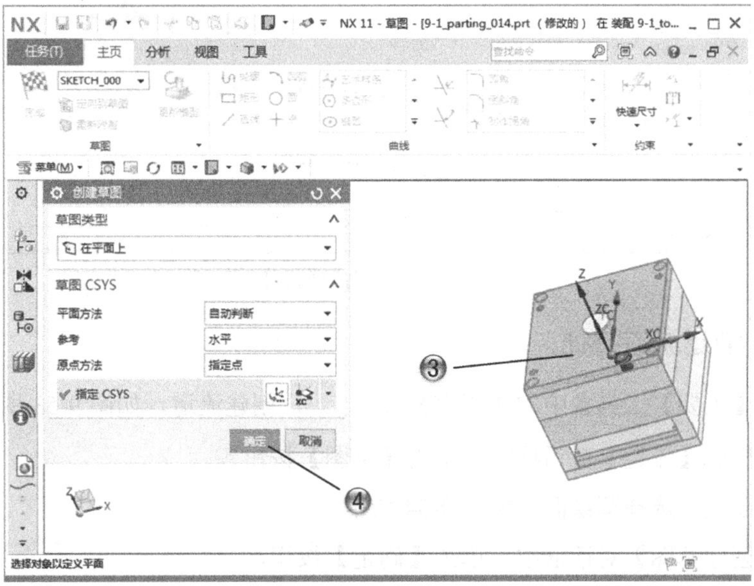

图 9-50　选择草绘面

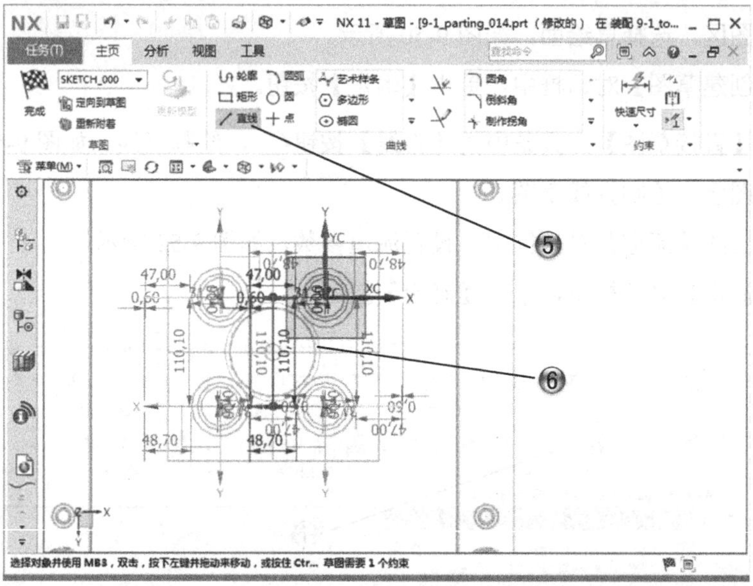

图 9-51　绘制直线

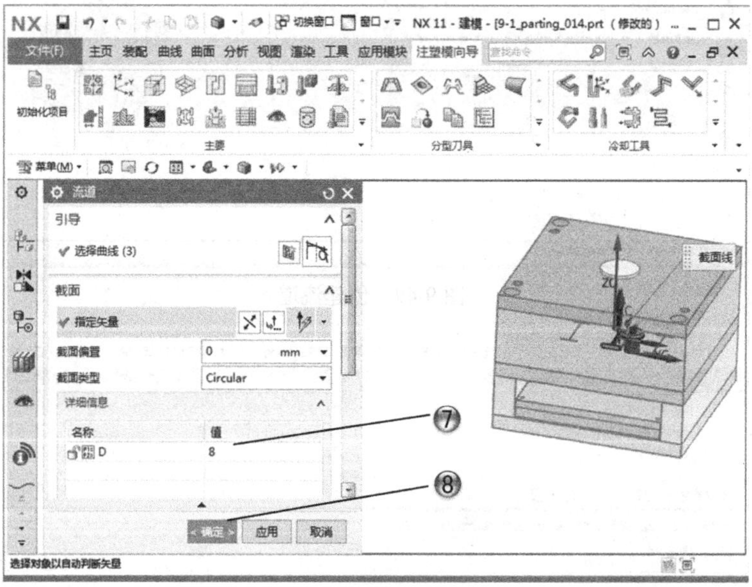

图 9-52　设置流道尺寸

Step4 创建流道特征

① 单击【主要】工具条中的【流道】按钮，创建流道，如图 9-53 所示。

② 在弹出的【流道】对话框中，单击【草图】按钮。

③ 在绘图区，选择草绘面，如图 9-54 所示。

④ 在【创建草图】对话框中，单击【确定】按钮，

⑤单击【直接草图】工具条中的【直线】按钮 ，绘制直线，如图 9-55 所示。

⑥在绘图区，绘制直线草图。

⑦在弹出的【流道】对话框中，设置流道参数，如图 9-56 所示。

⑧在【流道】对话框中，单击【确定】按钮，结果如图 9-57 所示。

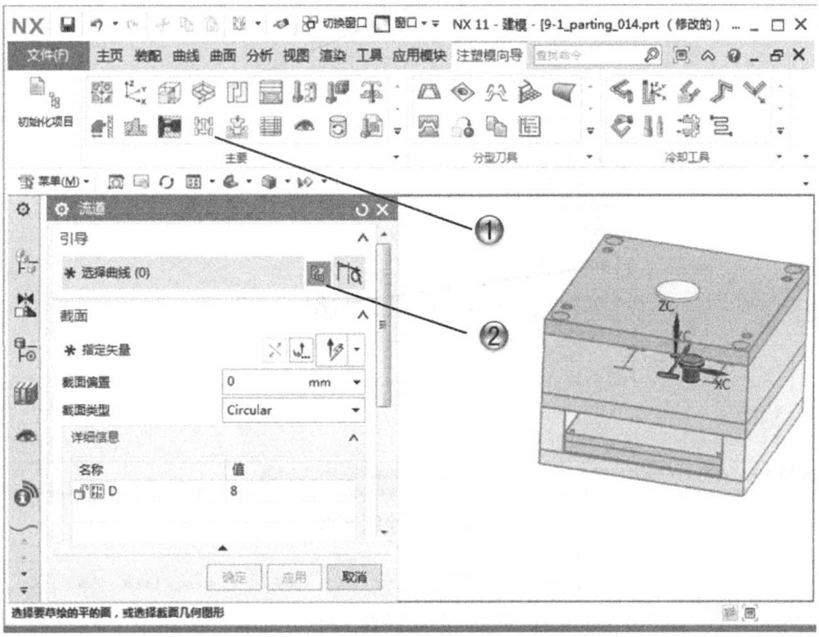

图 9-53　创建流道

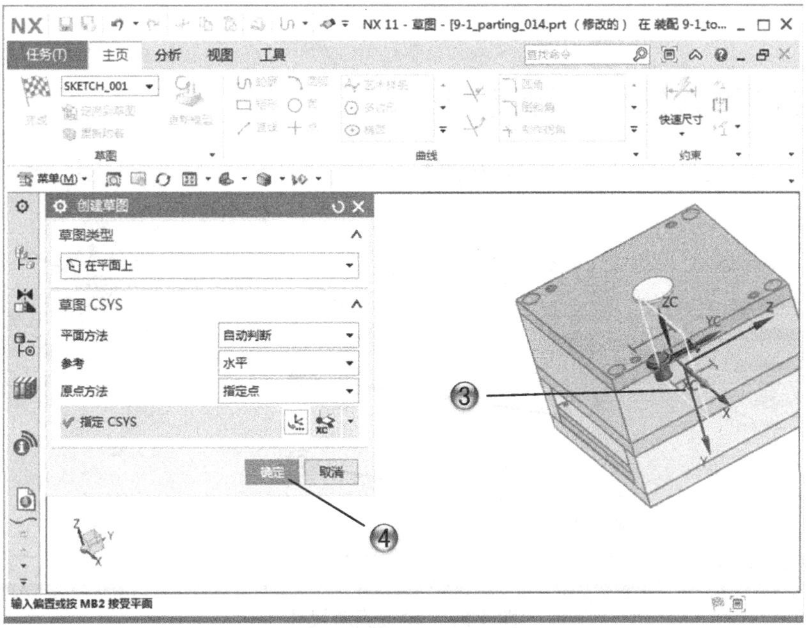

图 9-54　选择草绘面

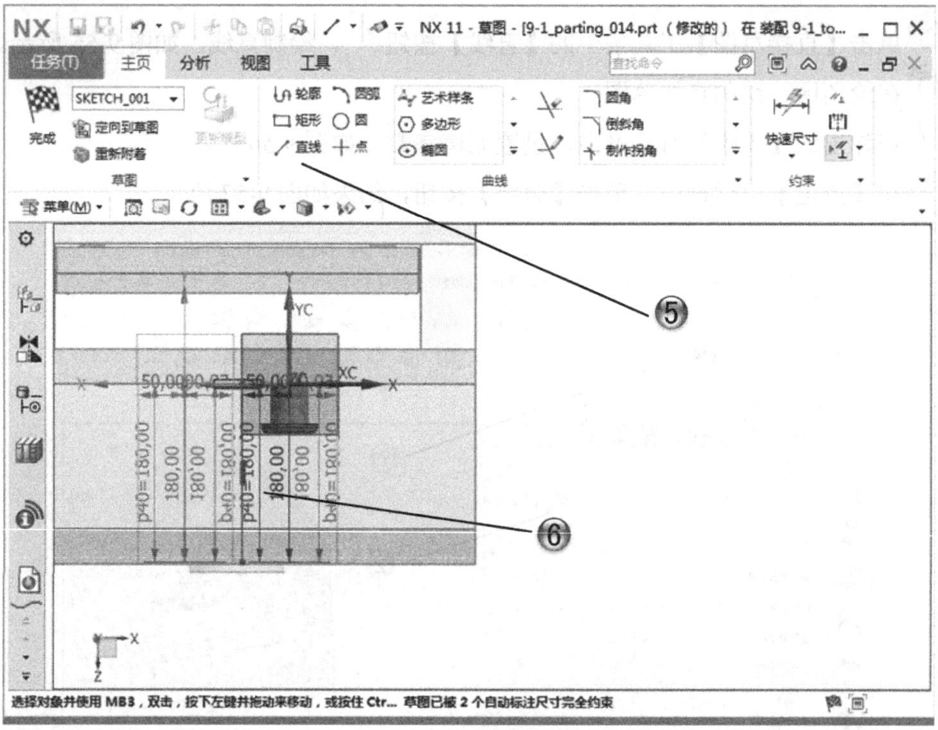

图 9-55　绘制直线

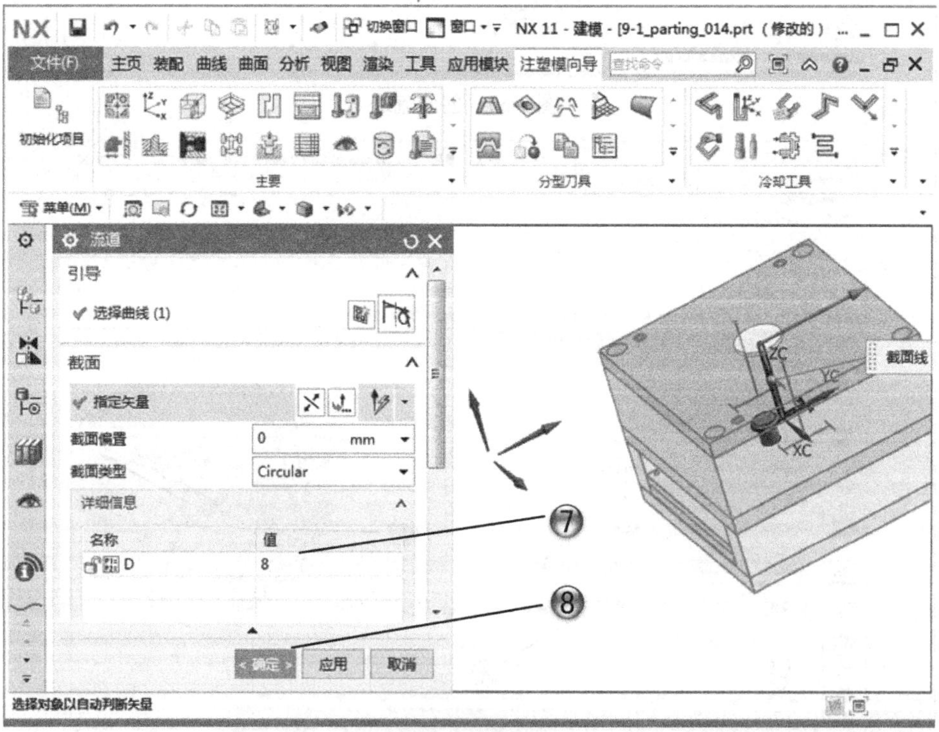

图 9-56　设置流道尺寸

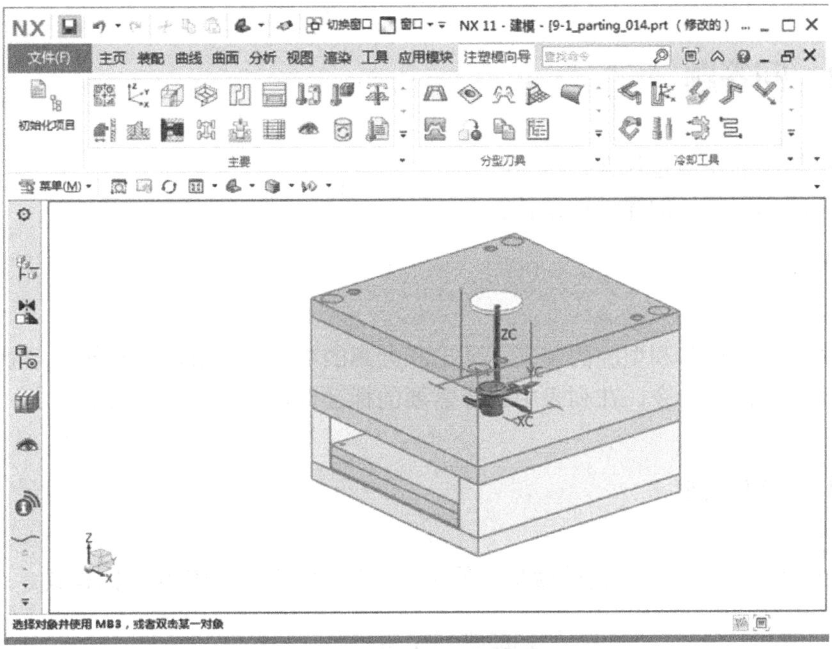

图 9-57　完成文件

9.5　本章小结

本章主要介绍了注塑模具的一些基本知识，包括模具预处理的基本介绍，工件和分型，以及型芯型腔设计的基本方法，最后介绍了模架库及一些常见标准件，这些是模具设计的基础知识，更详细的设计方法读者还需要结合实际进行实践。

9.6　课后练习

9.6.1　填空题

（1）模具预处理的作用是__________。

（2）工件生成的方法是_____、_____、_____、______。

答案：

（1）创建模具项目，设置坐标系和收缩率，以及多腔模。

（2）自定义、型腔和型芯、仅型腔、仅型芯。

9.6.2 问答题

（1）模架库的作用是什么？

（2）常用标准件的创建过程是什么？

答案：

（1）它是实现型芯和型腔的装夹、顶出和分离的机构，有标准化结构、形状和尺寸。

（2）使用标准件命令，在列表中选择需要的标准件选项，进行放置。

9.6.3 操作题

如图 9-58 所示，是一个齿轮模型，使用本章所学的知识创建齿轮的模具。

图 9-58　齿轮模型

练习内容：

（1）创建零件。

（2）模型初始化。

（3）产品分型。

（4）创建模架。

第 10 章　数控铣削加工

本章导读

NX 提供了数控编程功能模块，可以满足各种加工要求并生成数控加工程序。数控编程功能模块可以提供给用户交互式编制数控程序，处理车加工、磨加工、铣加工、钻孔加工和线切割加工等的刀具轨迹。

本章主要介绍数控铣削加工的创建方法，其中包括父参数组的操作、平面和型腔铣削加工，以及后处理和车间文档部分。

学习要求	学习目标 知识点	了解	理解	应用	实践
	掌握刀具、机床和工序的创建		√	√	√
	掌握平面和型腔铣削方法		√	√	√
	掌握后处理和车间文档的创建		√	√	√

10.1 父参数组操作

10.1.1 刀具操作

父参数组的操作包括创建刀具、几何体、工序等加工属性，并设置其中的参数，以完成数控加工模拟。

在建模环境下设计好零件之后，单击【应用模块】工具条上的【加工】按钮，进入加工模块。弹出的【加工环境】对话框，如图 10-1 所示，在其中选择 CAM 加工设置。

之后就可以为加工零件设计加工程序了。首先设置加工刀具。单击【主页】工具条中的【创建工序】按钮，弹出【创建工序】对话框，如图 10-2 所示。

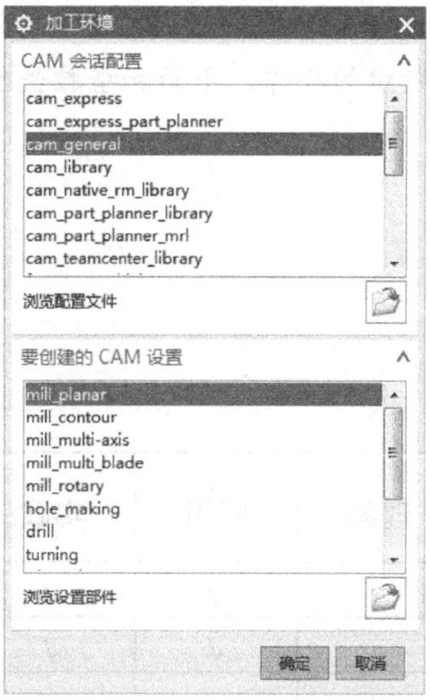

图 10-1 【加工环境】对话框

图 10-2 【创建工序】对话框

单击【主页】工具条中的【创建刀具】按钮，弹出【创建刀具】对话框，刀具种类如图 10-3 所示。如果刀具没有适合的类型，可以单击【从库中调用刀具】按钮，进行其他刀具的选择。

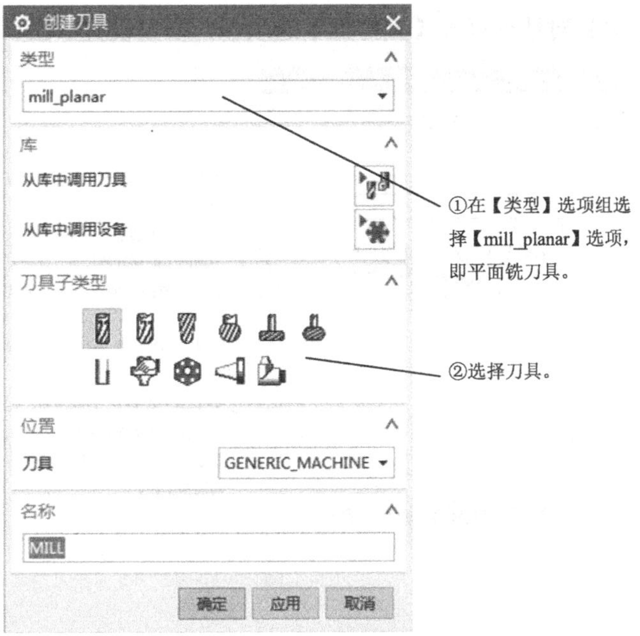

图 10-3　【创建刀具】对话框

如果设置的是铣刀，将弹出【铣刀-5 参数】对话框，以设置刀具的参数，如图 10-4 所示。

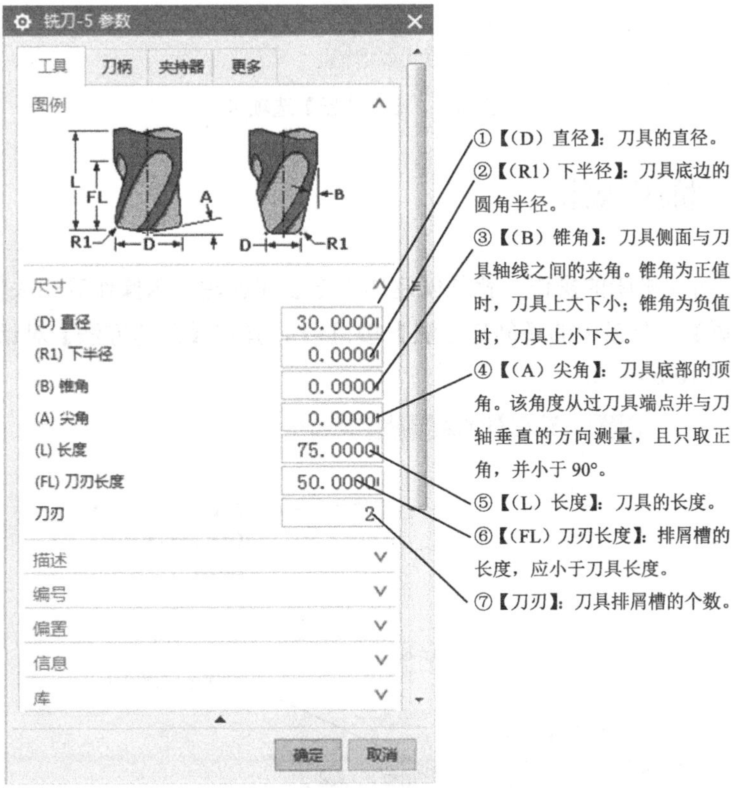

图 10-4　【铣刀-5 参数】对话框

在【铣刀-5 参数】对话框打开【夹持器】选项卡，参数设置如图 10-5 所示。

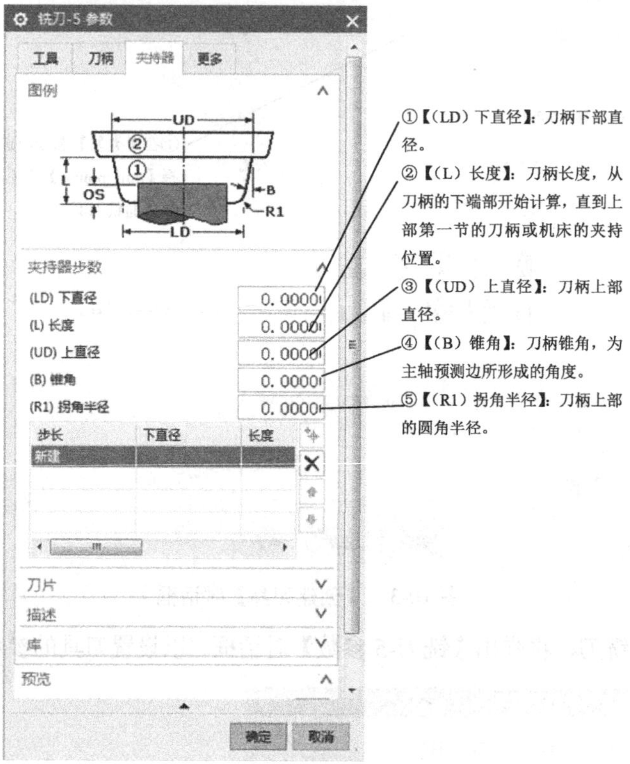

图 10-5 【夹持器】选项卡

10.1.2 机床操作

NX 加工中有关机床的操作，就是创建加工方法和创建机床操作等相关的操作。

单击【主页】工具条中的【创建方法】按钮，弹出【创建方法】对话框，单击【确定】按钮，如图 10-6 所示。

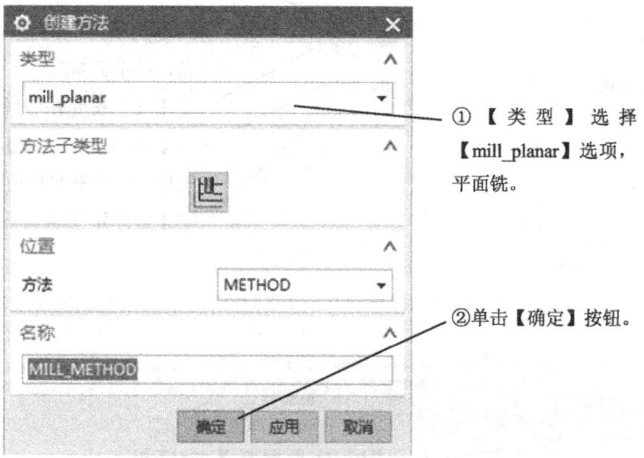

图 10-6 【创建方法】对话框

在弹出的【铣削方法】对话框中，单击【切削方法】按钮，将打开【搜索结果】对话框，可以从中指定一种加工方法，如图 10-7 所示。

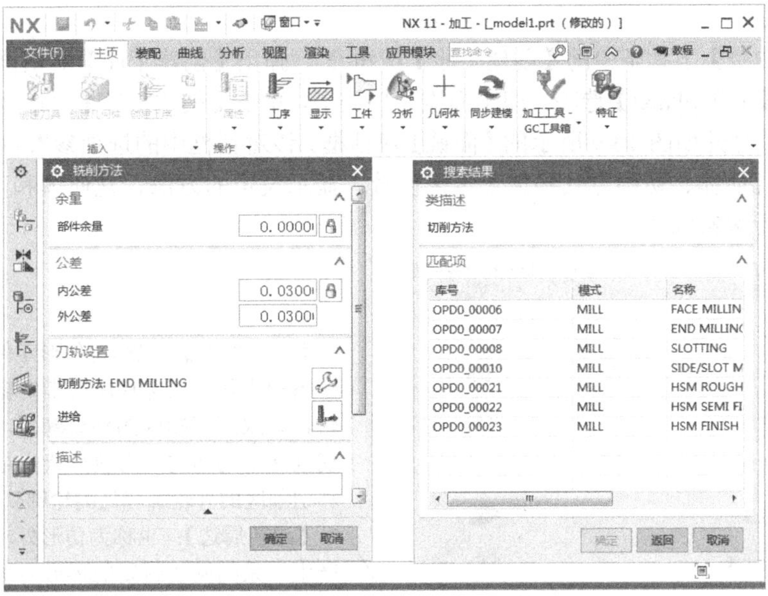

图 10-7 【铣削方法】和【搜索结果】对话框

在【铣削方法】对话框，单击【进给】按钮，弹出【进给】对话框，如图 10-8 所示，在其中可以为各选项设定合适的切削参数。

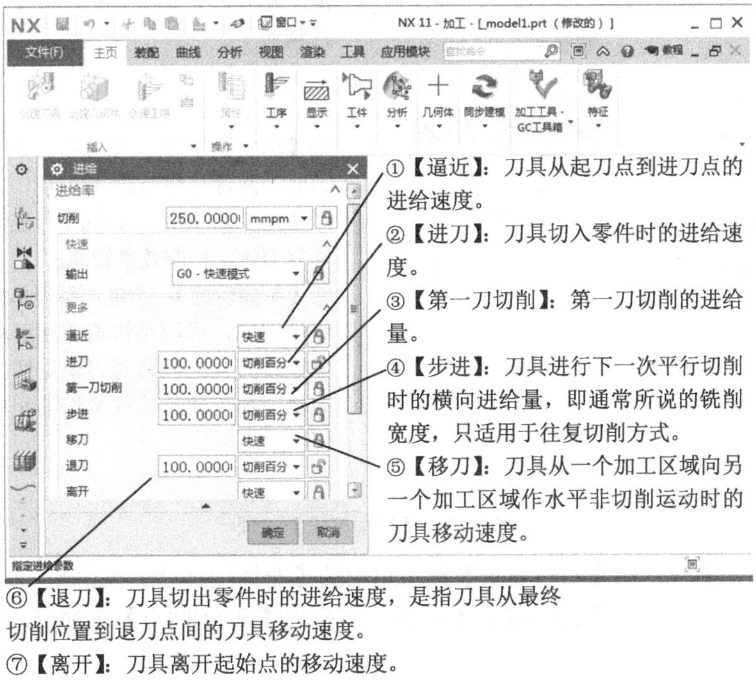

图 10-8 【进给】对话框

10.1.3 创建工序

单击【主页】工具条中的【创建工序】按钮，弹出【创建工序】对话框，在【类型】选项组选择【mill_planar】选项，即平面铣工序类型，单击【创建工序】对话框中的【确定】按钮后，可以打开如图 10-9 所示的【面铣】对话框。该对话框中的选项参数主要用于选择、编辑和显示几何体、切削方式和加工工艺参数；显示设定的方法、几何体和刀具，并可对这些设置进行编辑修改。

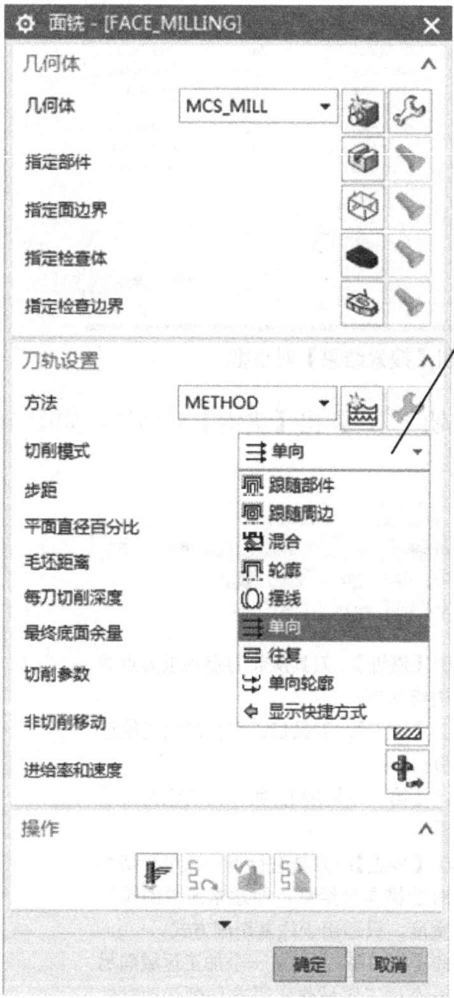

①【跟随部件】：也称为仿形零件，产生一系列跟随加工零件所有指定轮廓的刀轨，既跟随切削区的外周壁面，也跟随切削区中的岛屿，刀轨形状也是通过偏移切削区的外轮廓和岛屿轮廓获得的。

②【跟随周边】：也称为仿形外轮廓铣，产生一系列同心封闭的环形刀轨，通过偏移切削区的外轮廓获得。

③【混合】：仅用于平面铣的表面铣（Face Mill）走刀方式。

④【轮廓】：产生一系列单一或指定数量的绕切削区轮廓的刀轨，可实现对侧面的精加工。

⑤【摆线】：产生一系列类似于轮廓的刀轨，但不允许自我交叉。

⑥【单向】：产生一系列单向的平行线性刀轨，回程是快速横越运动。

⑦【往复】：产生一系列平行连续的线性往复刀轨，切削效率较高。

⑧【单向轮廓】：产生一系列单向的平行线性刀轨，回程是快速横越运动，在两段连续刀轨之间跨越刀轨是切削壁面的刀轨，加工质量比往复切削和单向切削好。

图 10-9 【切削模式】选项

单击【面铣】对话框【刀轨设置】选项组中的【非切削移动】按钮，可以打开【非切削移动】对话框，单击【起点/钻点】标签，切换到【开始/钻点】选项卡，参数设置如图 10-10 所示。

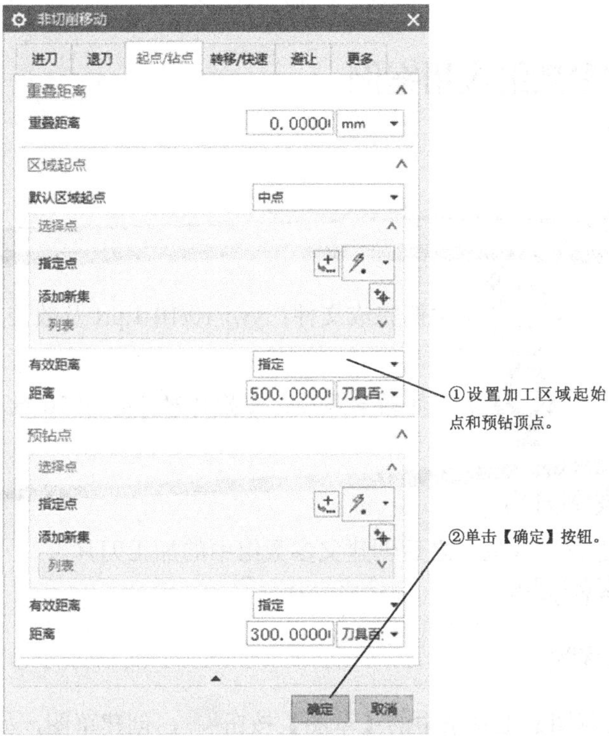

图 10-10　【起点/钻点】选项卡

在【面铣】对话框【刀轨设置】选项组中单击【切削参数】按钮，可以打开【切削参数】对话框，参数设置如图 10-11 所示。

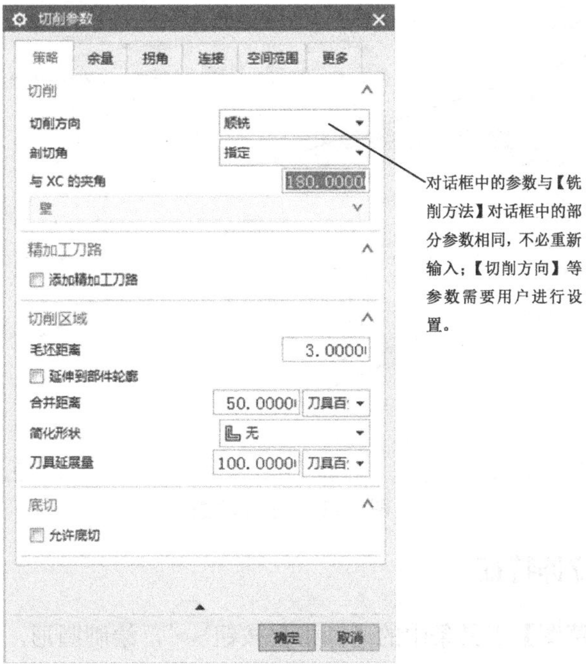

图 10-11　【切削参数】对话框

10.1.4 父参数组应用案例

本案例完成文件：ywj/10/10-1.prt 及数控文件

多媒体教学路径：多媒体教学→第 10 章→第 1 节

10.1.4.1 案例分析

本案例首先创建盖子模型，之后创建父参数组中的加工刀具。

10.1.4.2 案例操作

Step1 创建草图

① 单击【直接草图】工具条中的【草图】按钮，创建草图，如图 10-12 所示。

② 在弹出的【创建草图】对话框中，单击【指定 CSYS】选项，指定草绘平面。

③ 在【创建草图】对话框中，单击【确定】按钮。

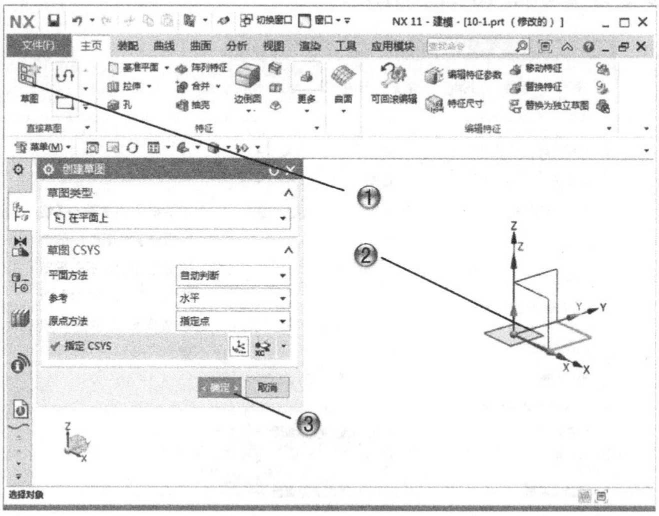

图 10-12 创建草图

Step2 创建拉伸特征

① 单击【直接草图】工具条中的【圆形】按钮，绘制圆形，如图 10-13 所示。

② 选择两点，绘制圆形。

③单击【特征】工具条中的【拉伸】按钮，创建拉伸特征，如图 10-14 所示。

④在绘图区，选择草图。

⑤在弹出的【拉伸】对话框中，设置拉伸参数。

⑥单击【拉伸】对话框中的【确定】按钮，完成拉伸特征。

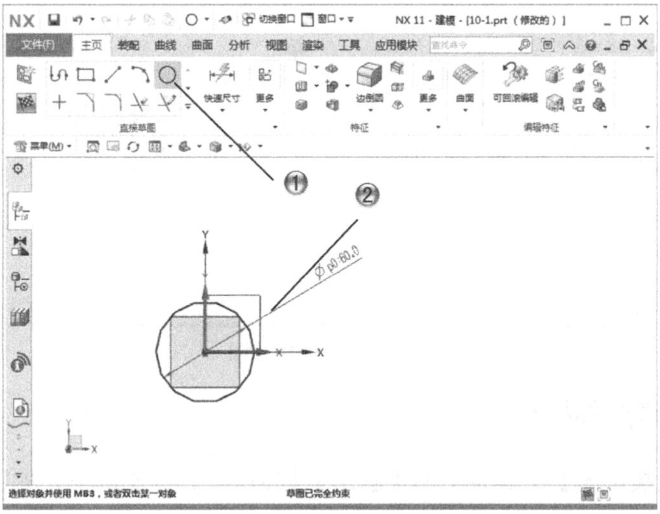

图 10-13　绘制圆形

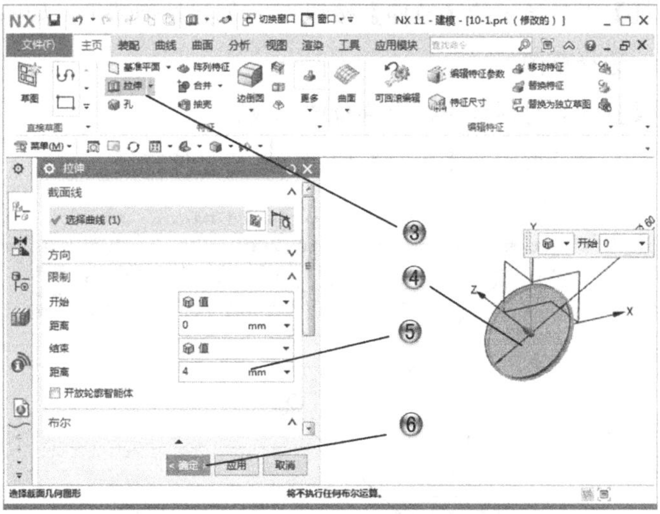

图 10-14　创建拉伸特征

Step3 创建草图

①单击【直接草图】工具条中的【草图】按钮，创建草图，如图 10-15 所示。

②在弹出的【创建草图】对话框中，单击【指定 CSYS】选项，指定草绘平面。

③在【创建草图】对话框中，单击【确定】按钮。

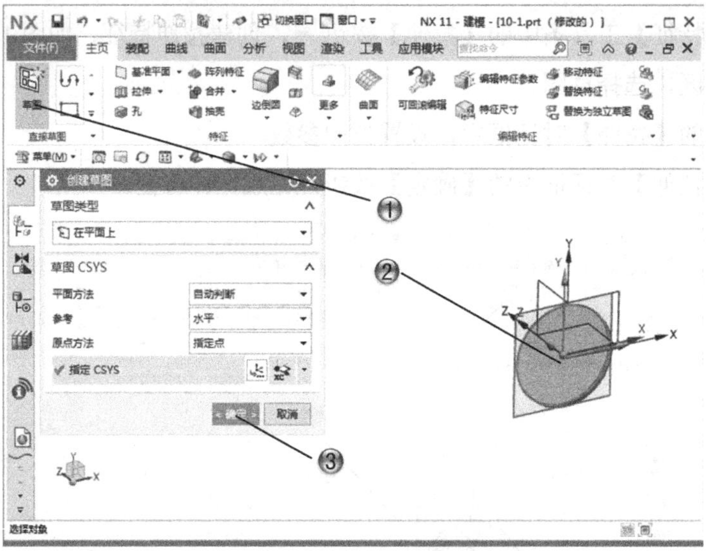

图 10-15　创建草图

Step4 创建拉伸特征

① 单击【直接草图】工具条中的【圆形】按钮，绘制圆形，如图 10-16 所示。

② 选择两点，绘制两个圆形。

③ 单击【特征】工具条中的【拉伸】按钮，创建拉伸特征，如图 10-17 所示。

④ 在绘图区，选择草图。

⑤ 在弹出的【拉伸】对话框中，设置拉伸参数。

⑥ 单击【拉伸】对话框中的【确定】按钮，完成拉伸特征。

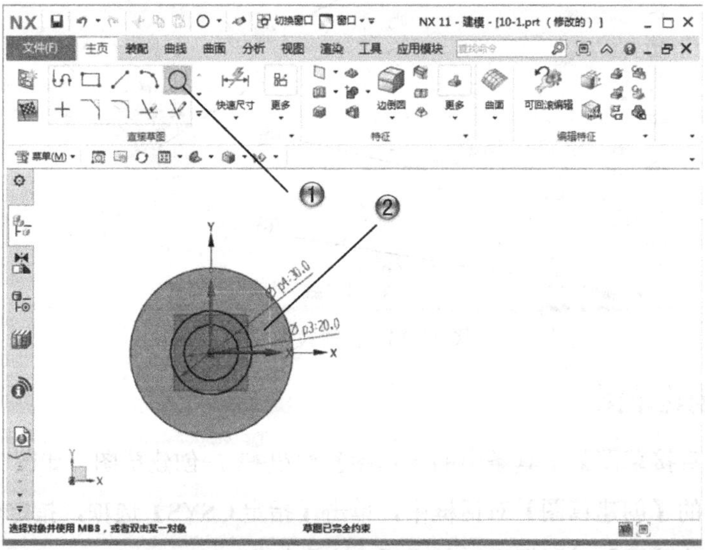

图 10-16　绘制两个圆形

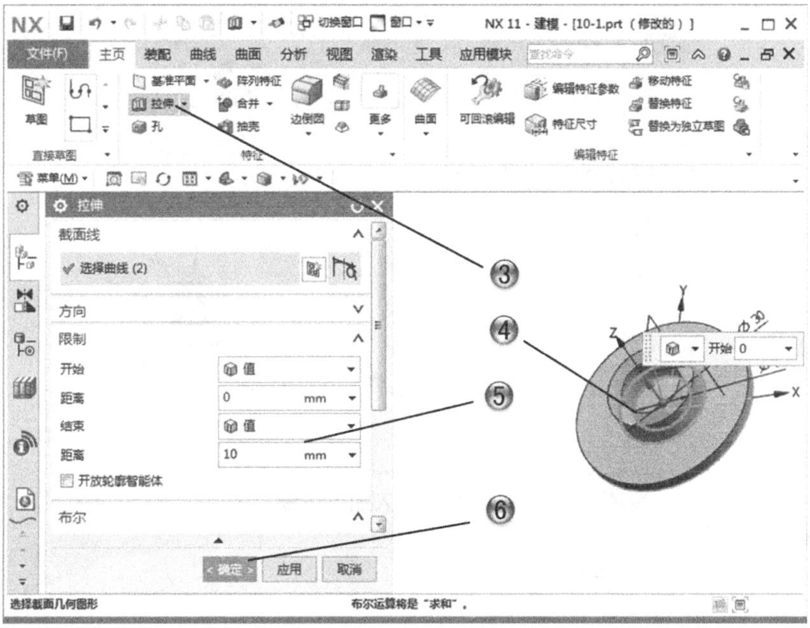

图 10-17　创建拉伸特征

Step5 进入加工环境

① 单击【应用模块】工具条中的【加工】按钮，进入加工环境，如图 10-18 所示。

② 在弹出的【加工环境】对话框中，设置参数，如图 10-19 所示。

③ 在【加工环境】对话框中，单击【确定】按钮。

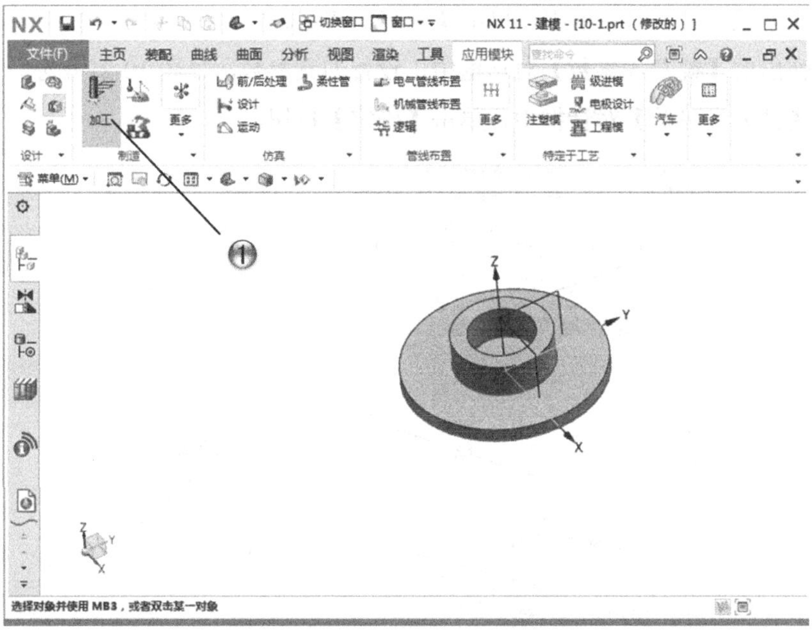

图 10-18　选择加工命令

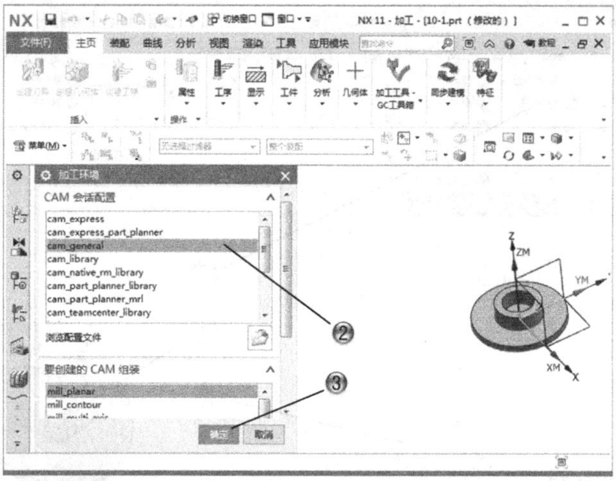

图 10-19　进入加工环境

提示：

加工环境的设置或者变换，也可以在加工环境中，使用【加工工序】命令进行设置。

Step6 创建刀具

① 单击【主页】工具条中的【创建刀具】按钮，创建刀具，如图 10-20 所示。

② 在弹出的【创建刀具】对话框中，设置刀具类型。

③ 在【创建刀具】对话框中，单击【确定】按钮。

④ 在弹出的【铣刀-5 参数】对话框中，设置刀具参数，如图 10-21 所示。

⑤ 在【铣刀-5 参数】对话框中，单击【确定】按钮。

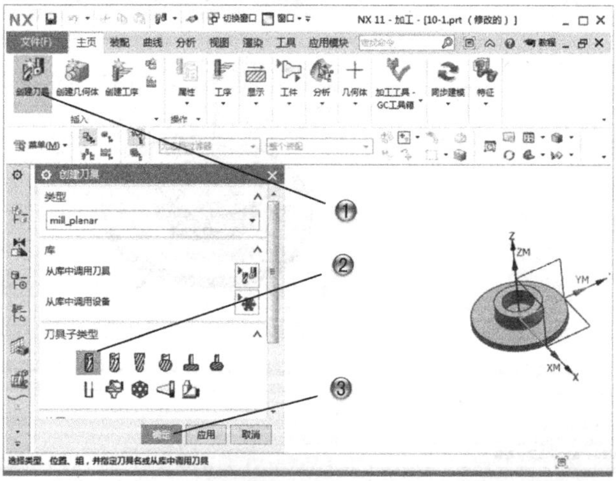

图 10-20　创建刀具

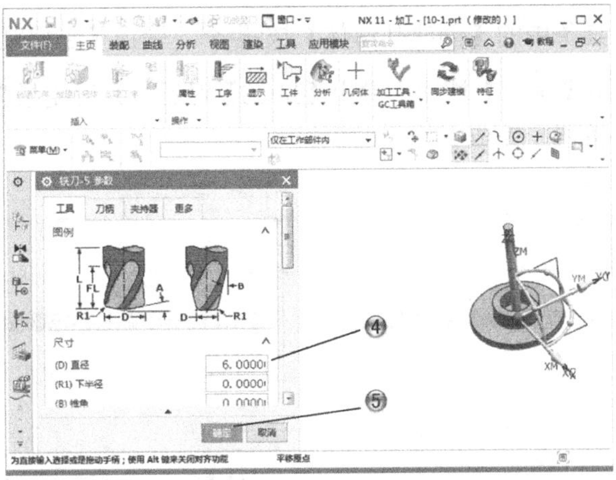

图 10-21　设置刀具参数

提示

刀具、机床、几何体等的设置，都可以在加工工序的对话框中进行设置，提前设置可以直接进行选择。

10.2　平面铣削

10.2.1　创建几何体

打开一个模型零件，【应用模块】工具条上的【加工】按钮，进入加工模块。弹出【加工环境】对话框，如图 10-22 所示，确认零件的加工面，进行平面的铣削操作。

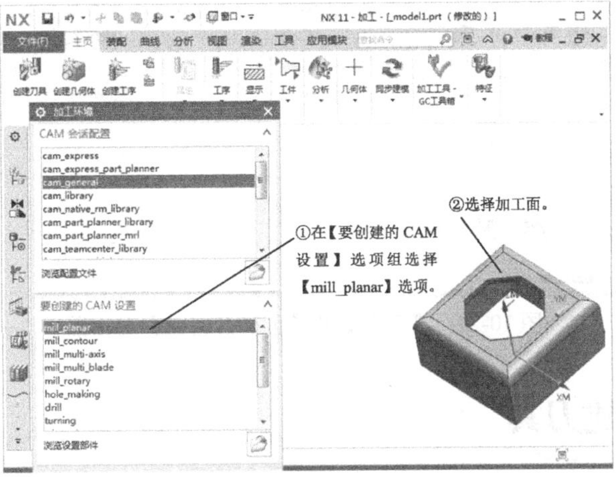

图 10-22　【加工环境】对话框

单击【主页】工具条中的【创建几何体】按钮，弹出【创建几何体】对话框；选择【MCS】按钮，单击【确定】按钮；弹出【MCS】对话框，确定模型坐标系，如图 10-23 所示，单击【确定】按钮，完成坐标系设置。

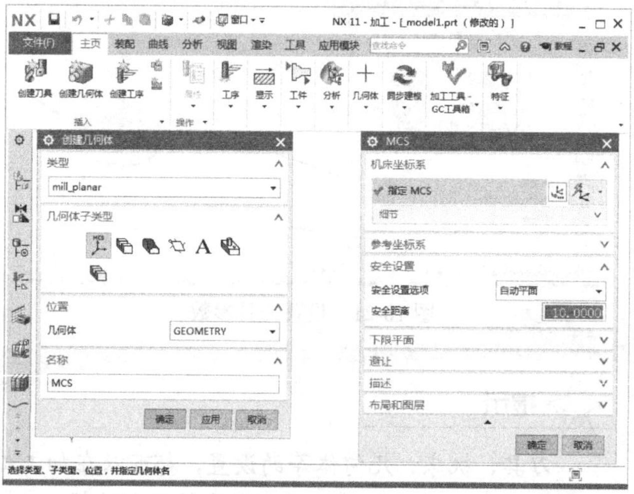

图 10-23 创建几何体

如果要创建新的几何体，则单击【主页】工具条中的【创建几何体】按钮，弹出【创建几何体】对话框，选择【WORKPIECE】按钮，单击【确定】按钮，弹出【工件】对话框，参数设置如图 10-24 所示。

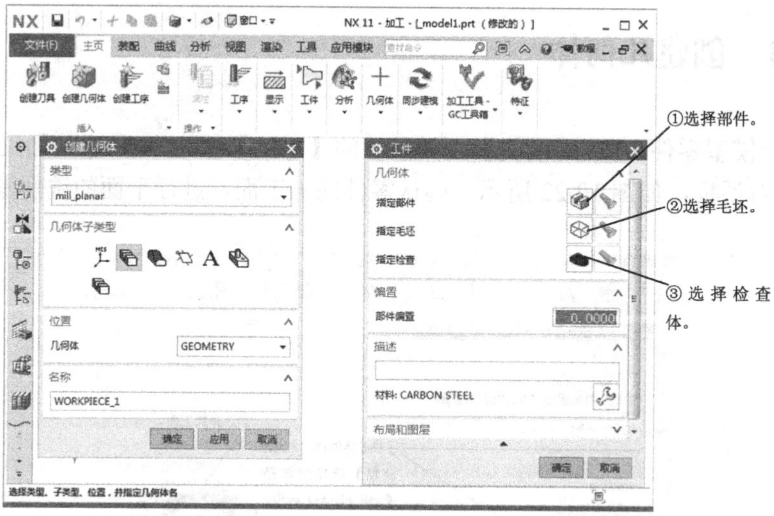

图 10-24 【工件】和【创建几何体】对话框

10.2.2 创建刀具

单击【主页】工具条中的【创建刀具】按钮，弹出【创建刀具】对话框，选择

【T_CUTTER】按钮，单击【确定】按钮，弹出【铣刀-5 参数】对话框，参数设置如图 10-25 所示。

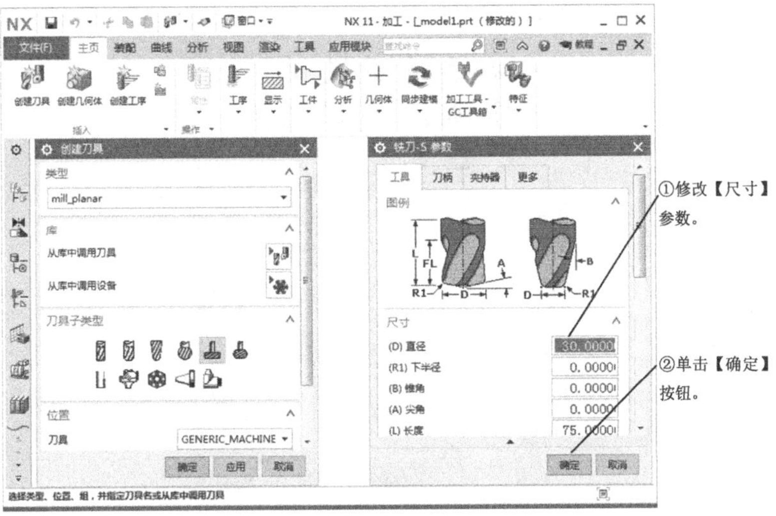

图 10-25　【创建刀具】和【铣刀-5 参数】对话框

10.2.3　机床设置

单击【主页】工具条中的【创建方法】按钮，弹出【创建方法】对话框，单击【确定】按钮；单击【进给】按钮，弹出【进给】对话框，参数设置如图 10-26 所示。

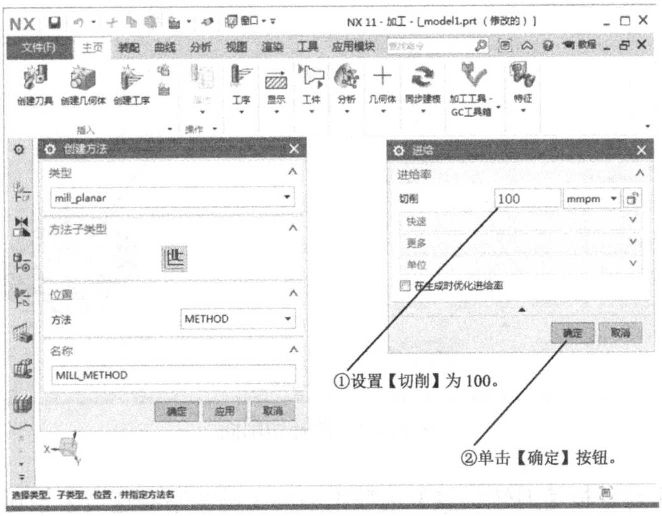

图 10-26　【创建方法】和【进给】对话框

单击【主页】工具条中的【创建工序】按钮，弹出【创建工序】对话框，如图 10-27 所示，选择【FACE_MILLING】按钮，单击【确定】按钮。

图 10-27 【创建工序】对话框

在弹出的【面铣】对话框中进行设置，如图 10-28 所示。

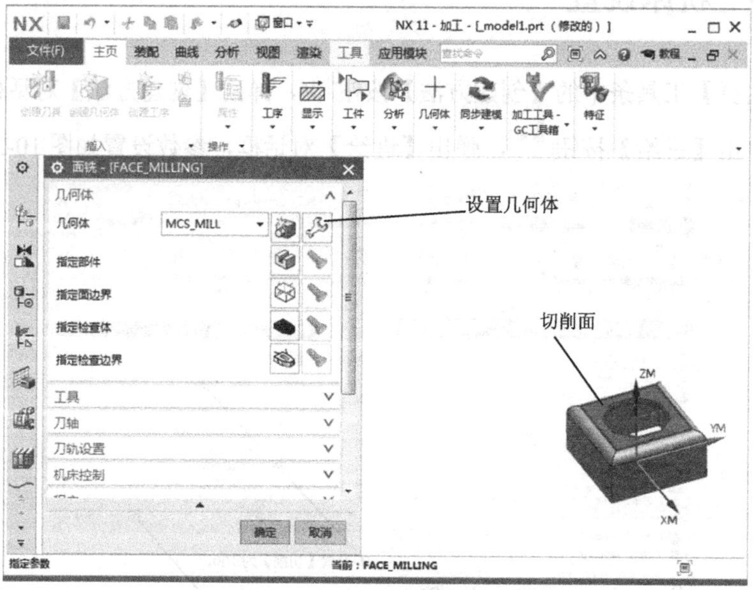

图 10-28 选择切削面

单击【面铣】对话框【刀轨设置】选项组中的【进给率和速度】按钮，弹出【进给率和速度】对话框，设置如图 10-29 所示。在【面铣】对话框，单击【生成】按钮，即可生成平面铣削的走刀轨迹。

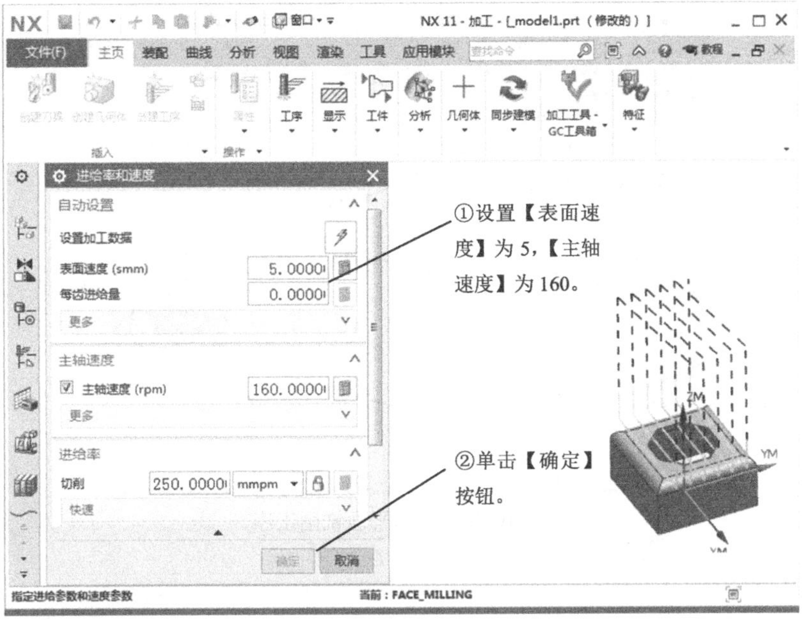

图 10-29　【进给率和速度】对话框和走刀轨迹

10.2.4　平面铣削应用案例

本案例完成文件：ywj/10/10-1.prt 及数控文件

多媒体教学路径：多媒体教学→第 10 章→第 2 节

10.2.4.1　案例分析

本案例是创建平面铣削工序，设置的参数中，需要指定部件和面边界。

10.2.4.2　案例操作

Step1 创建平面铣削

① 单击【主页】工具条中的【创建工序】按钮，创建铣削工序，如图 10-30 所示。

② 在弹出的【创建工序】对话框中，选择工序子类型。

③ 在【创建工序】对话框中，单击【确定】按钮。

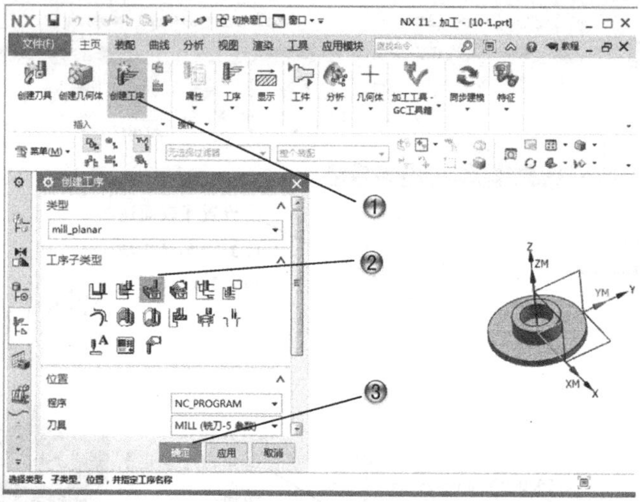

图 10-30 创建平面铣削工序

提示

根据选择的工序子类型不同，【创建工序】对话框显示的内容也不尽相同。

Step2 选择部件

① 在【面铣】对话框中单击【指定部件】按钮，选择部件，如图 10-31 所示。
② 在绘图区中，选择部件几何体，如图 10-32 所示。
③ 在【部件几何体】对话框中，单击【确定】按钮。

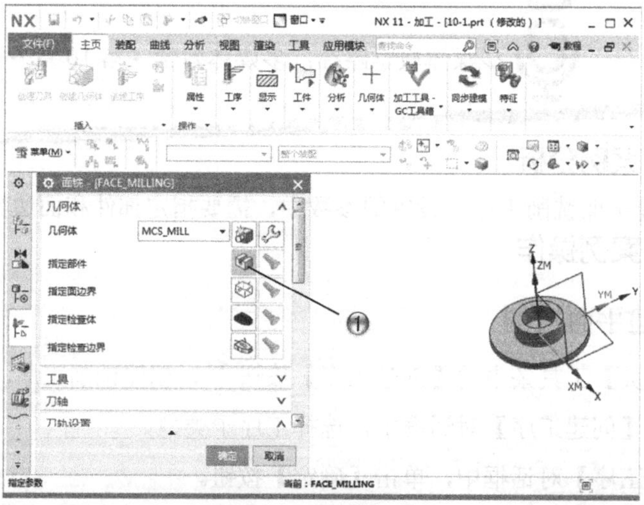

图 10-31 指定部件

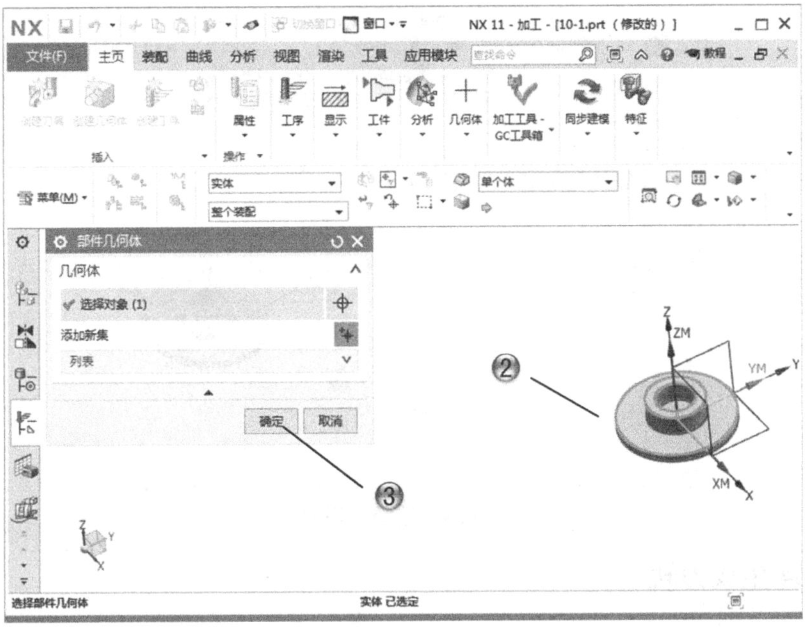

图 10-32　选择部件几何体

Step3 选择面边界

①在【面铣】对话框中单击【指定面边界】按钮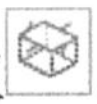，选择面边界，如图 10-33 所示。

②在绘图区中，选择面，如图 10-34 所示。

③在【毛坯边界】对话框中，单击【确定】按钮。

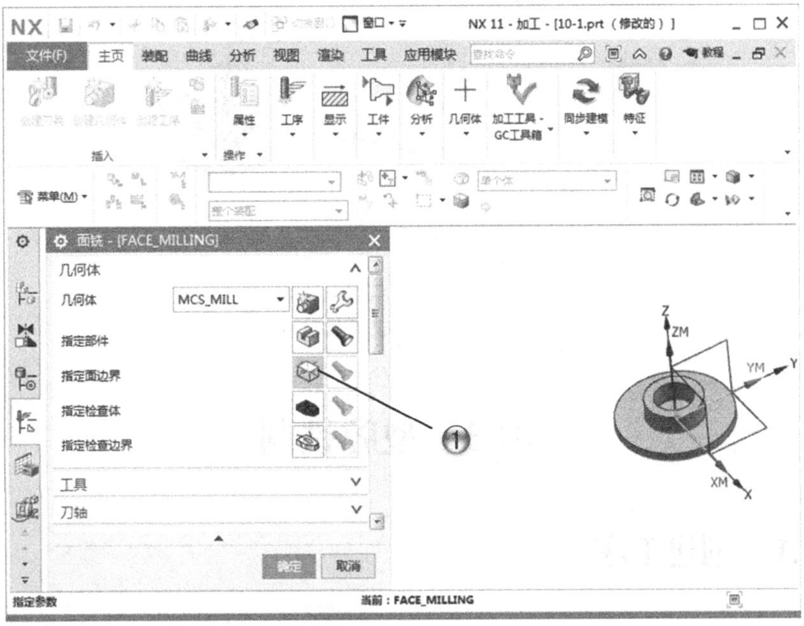

图 10-33　指定面边界

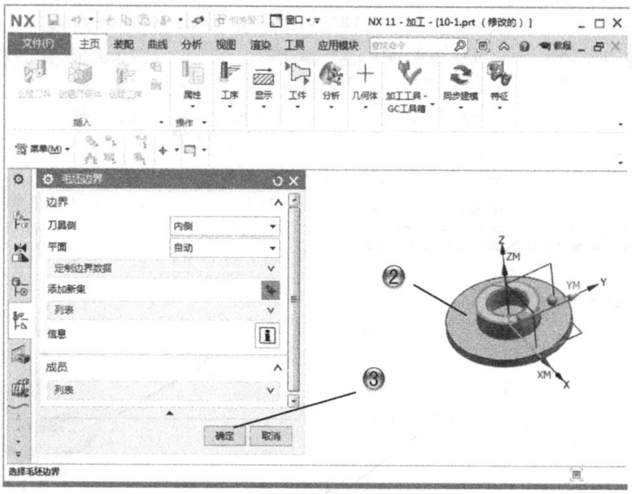

图 10-34　选择毛坯边界

Step4 生成刀轨

① 单击【面铣】对话框中的【生成】按钮，生成刀轨，如图 10-35 所示。

② 在【面铣】对话框中，单击【确定】按钮。

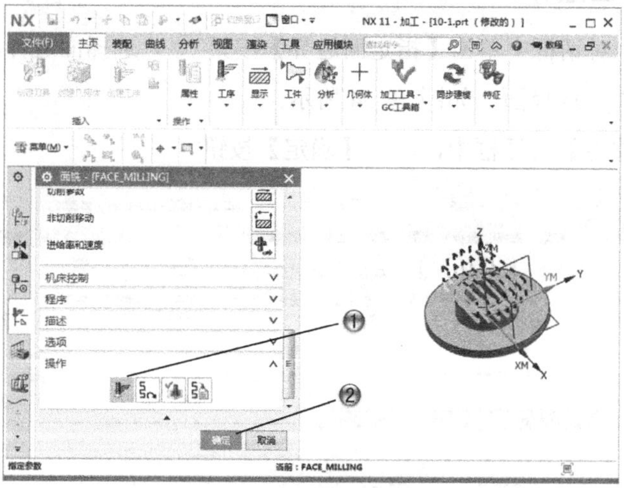

图 10-35　生成刀具轨迹

10.3　型腔铣削

10.3.1　创建工序

在【主页】工具条中单击【创建工序】按钮，打开如图 10-36 所示的【创建工序】

对话框，系统提示用户“选择类型、子类型、位置，并指定工序名称”。

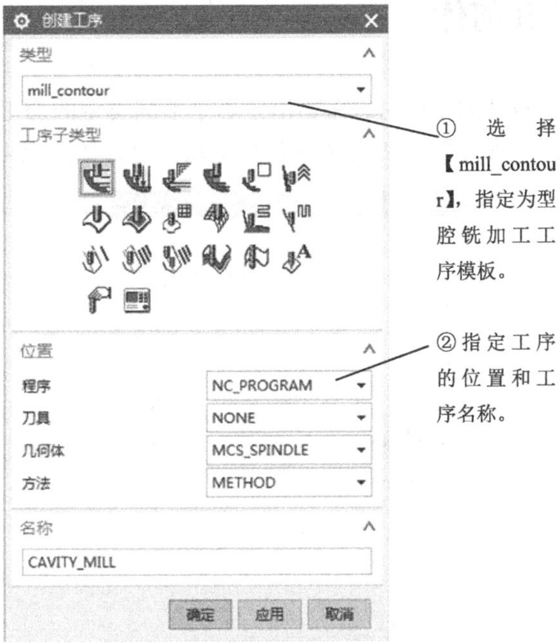

图 10-36 【创建工序】对话框

完成上述工序后，在【创建工序】对话框中单击【确定】按钮，打开如图 10-37 所示的【型腔铣】对话框，系统提示用户“指定参数”。

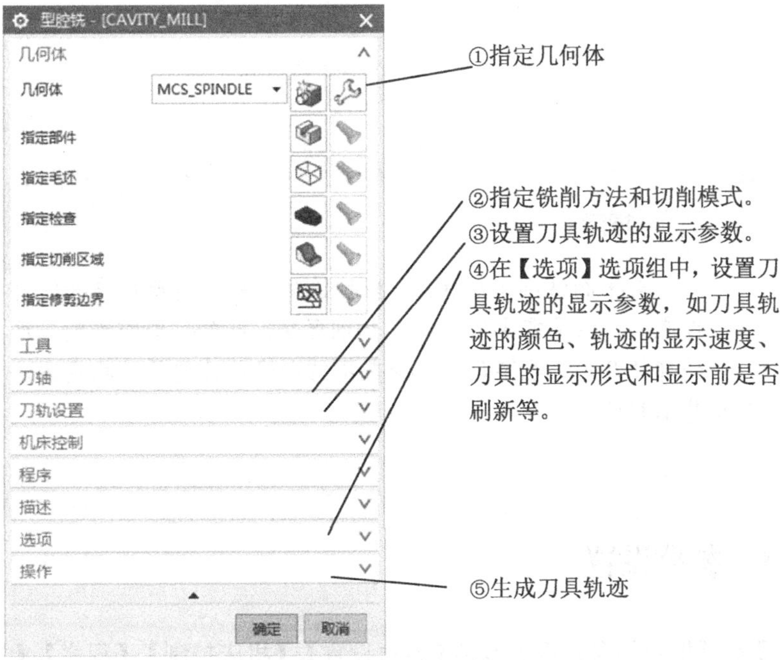

图 10-37 【型腔铣】对话框

10.3.2 加工几何体

用户在创建一个型腔铣削工序时，需要指定 6 个不同类型的加工几何体，包括几何体、部件几何、毛坯几何、检查几何、切削区域和修剪几何等，如图 10-38 所示。

图 10-38 【几何体】选项组

提示

与平面铣削工序相比，型腔铣削工序不需要用户指定部件底面，但是需要用户指定切削区域。此外，型腔铣削工序的部件几何、毛坯几何、检查几何和修剪几何等的指定方法基本相同。

10.3.3 参数设置

【型腔铣】对话框中的参数设置包括【刀轨设置】、【机床控制】、【程序】、【选项】和【操作】等。

提示

当用户在【创建工序】对话框中单击【确定】按钮，打开【型腔铣】对话框后，在【刀轨设置】选项组中的【切削层】选项为灰显的，仅当用户在【型腔铣】对话框定义部件几何体或者毛坯几何体后，【切削层】选项才会亮显在【刀轨设置】选项组中。

1. 切削模式

在【型腔铣】对话框的【切削模式】下拉列表框中共有 7 种切削模式，它们分别是【跟随部件】、【跟随周边】、【轮廓】、【摆线】、【单向】、【往复】和【单向轮廓】，含义如图 10-39 所示。

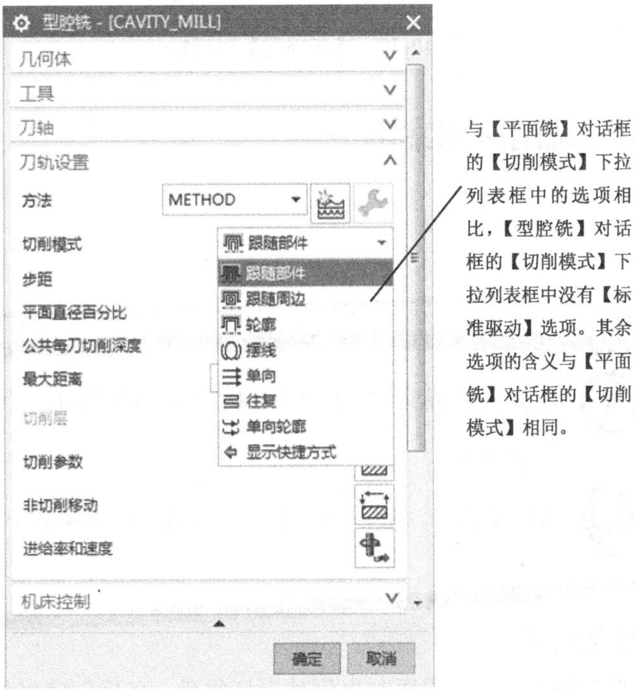

图 10-39 【型腔铣】对话框

2. 切削层

在【刀轨设置】选项组中单击【切削层】按钮，系统将打开如图 10-40 所示的【切削层】对话框，提示用户“指定每刀深度和范围深度”。在【切削层】对话框中，可以设置范围类型、公共每刀切削深度、切削层、范围定义和切削层信息等内容。

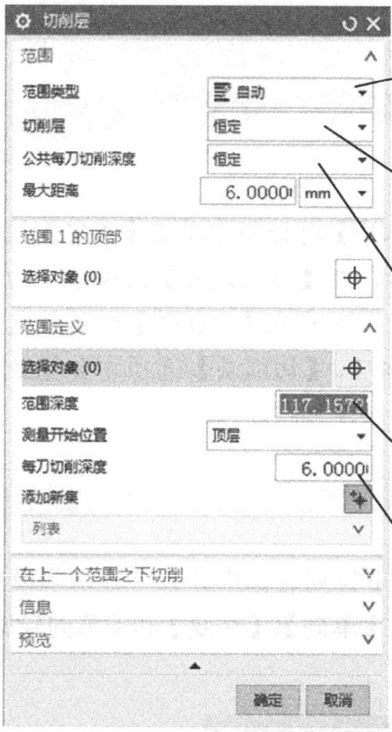

①【范围类型】列表：包括三个类型，分别是【自动】、【用户定义】和【单个】。

②【切削层】下拉列表框：分别是【恒定】、【最优化】和【仅在范围底部】。

③【公共每刀切削深度】文本框：用来指定每个切削层的最大切削深度。

④【范围深度】文本框：用来指定每个切削范围的切削深度。

⑤【每刀切削深度】文本框：用来指定某个切削范围内每个切削层的深度。

图 10-40　【切削层】对话框

10.3.4　型腔铣削应用案例

本案例完成文件：ywj/10/10-1.prt、10-2.prt、10-3.prt 及数控文件

多媒体教学路径：多媒体教学→第 10 章→第 3 节

10.3.4.1　案例分析

本案例是创建型腔铣削工序，需要首先创建毛坯零件，之后创建零件和毛坯的装配体，在创建型腔铣削后，设置部件、毛坯、切削区域和刀具参数。

10.3.4.2 案例操作

Step1 创建草图

① 单击【直接草图】工具条中的【草图】按钮，创建草图，如图 10-41 所示。

② 在弹出的【创建草图】对话框中，单击【指定 CSYS】选项，指定草绘平面。

③ 在【创建草图】对话框中，单击【确定】按钮。

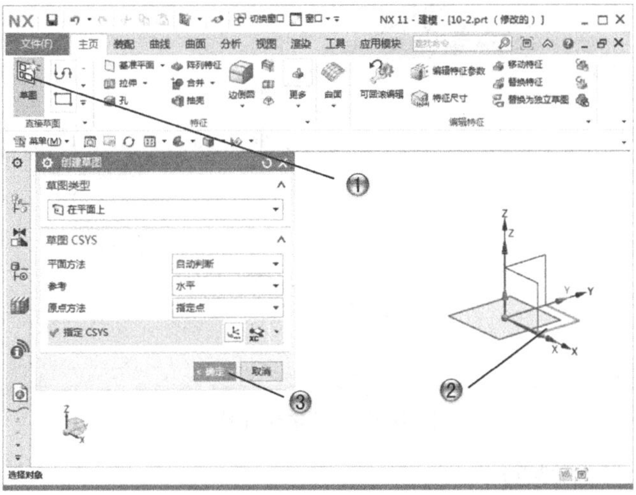

图 10-41　创建草图

Step2 创建拉伸特征

① 单击【直接草图】工具条中的【圆形】按钮，绘制圆形，如图 10-42 所示。

② 选择两点，绘制圆形。

③ 单击【特征】工具条中的【拉伸】按钮，创建拉伸特征，如图 10-43 所示。

④ 在绘图区，选择草图。

⑤ 在弹出的【拉伸】对话框中，设置拉伸参数。

⑥ 单击【拉伸】对话框中的【确定】按钮，完成拉伸特征。

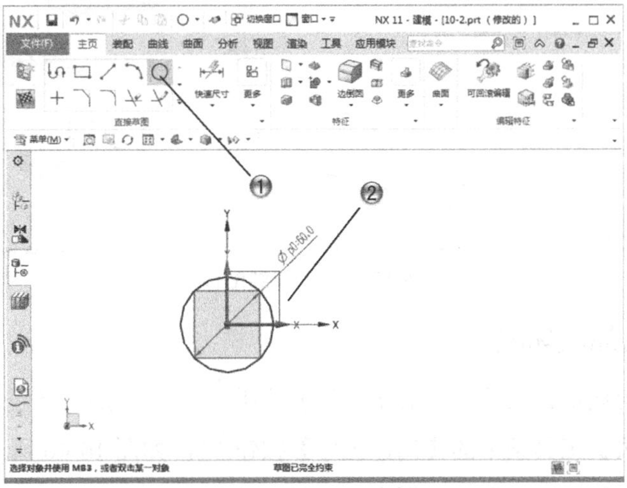

图 10-42　绘制圆形

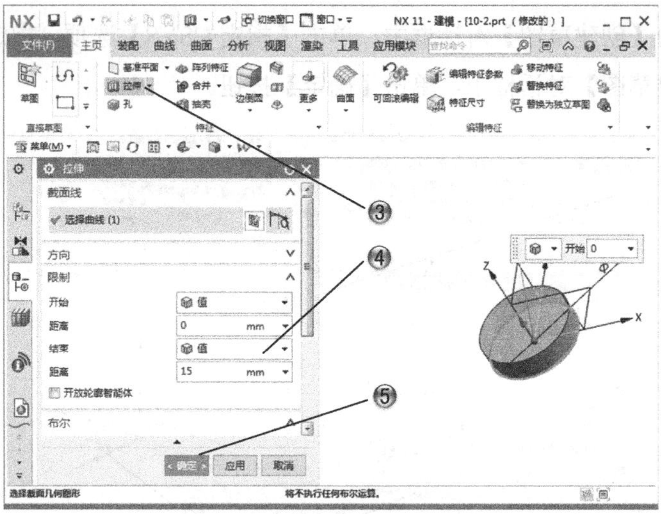

图 10-43　创建拉伸特征

Step3 创建装配模型

①单击【装配】工具条中的【添加】按钮，添加新组件，如图 10-44 所示。

②在弹出的【添加组件】对话框中，选择部件和定位方式。

③在【添加组件】对话框中，单击【确定】按钮。

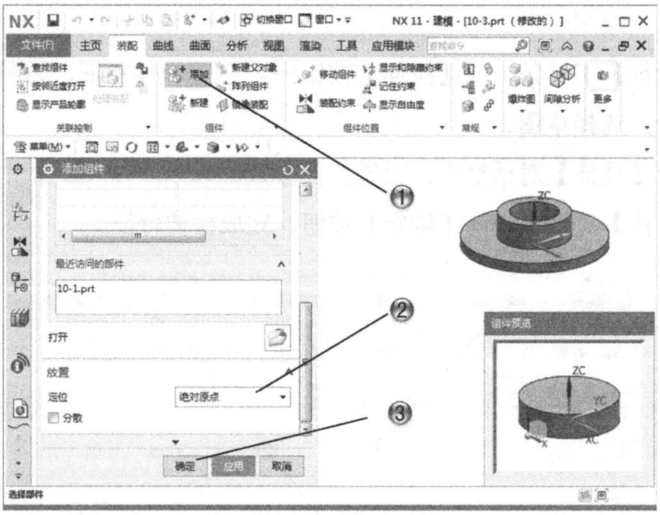

图 10-44　创建装配体

Step4 进入加工环境

①单击【应用模块】工具条中的【加工】按钮，进入加工环境，如图 10-45 所示。

②单击【主页】工具条中的【创建工序】按钮，如图 10-46 所示。

③在弹出的【创建工序】对话框中，选择工序子类型。

④在【创建工序】对话框中，单击【确定】按钮。

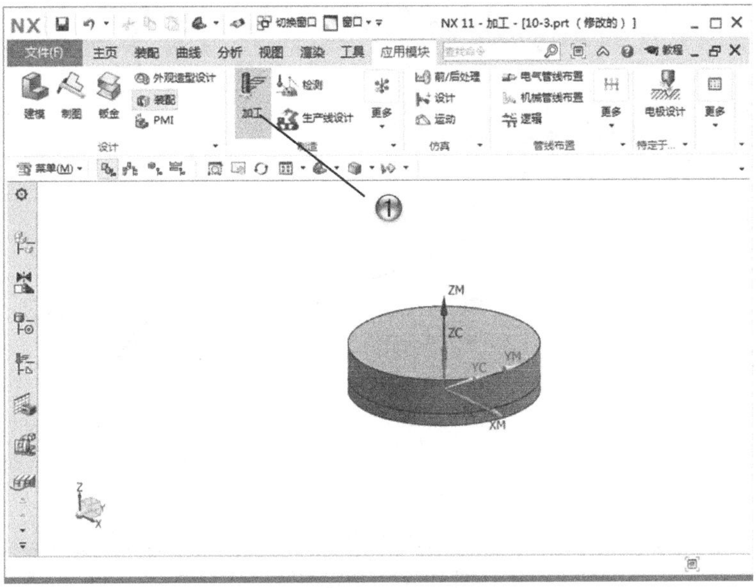

图 10-45　选择加工命令

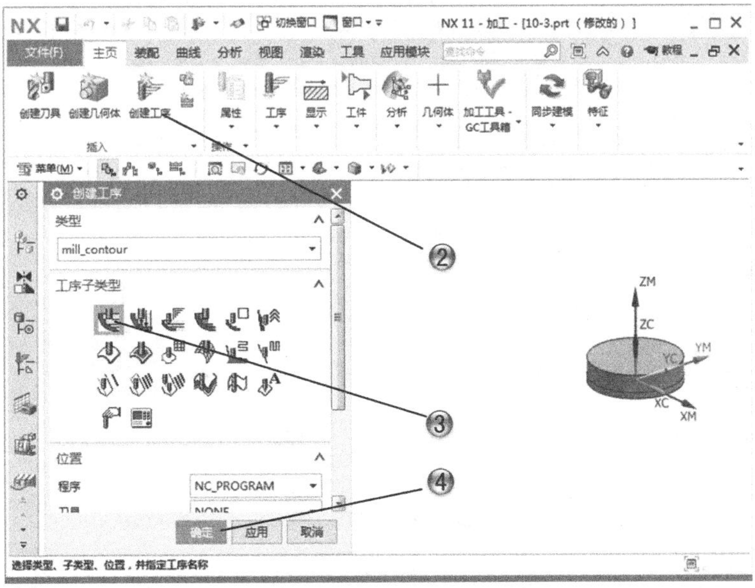

图 10-46　创建型腔铣削工序

Step5 选择部件

①在【型腔铣】对话框中单击【指定部件】按钮，选择部件，如图 10-47 所示。

②在绘图区中，选择部件几何体，如图 10-48 所示。

③在【部件几何体】对话框中，单击【确定】按钮。

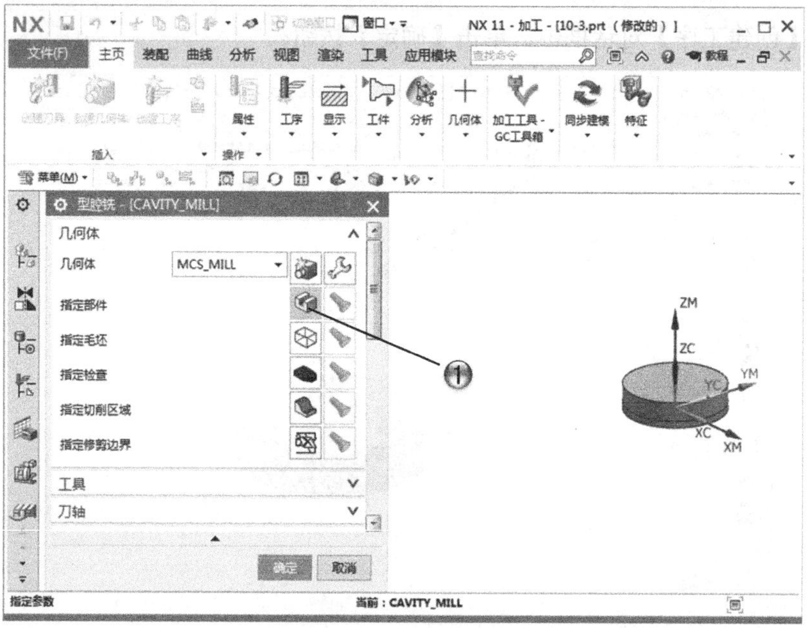

图 10-47　指定部件

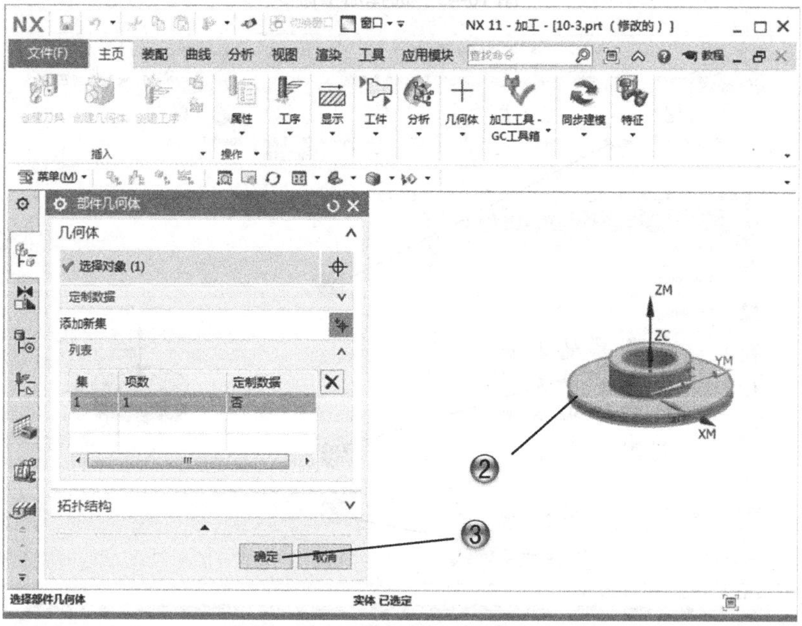

图 10-48　选择部件几何体

Step6 选择毛坯

①在【型腔铣】对话框中单击【指定毛坯】按钮，选择毛坯，如图 10-49 所示。

②在绘图区中，选择毛坯，如图 10-50 所示。

③在【毛坯几何体】对话框中，单击【确定】按钮。

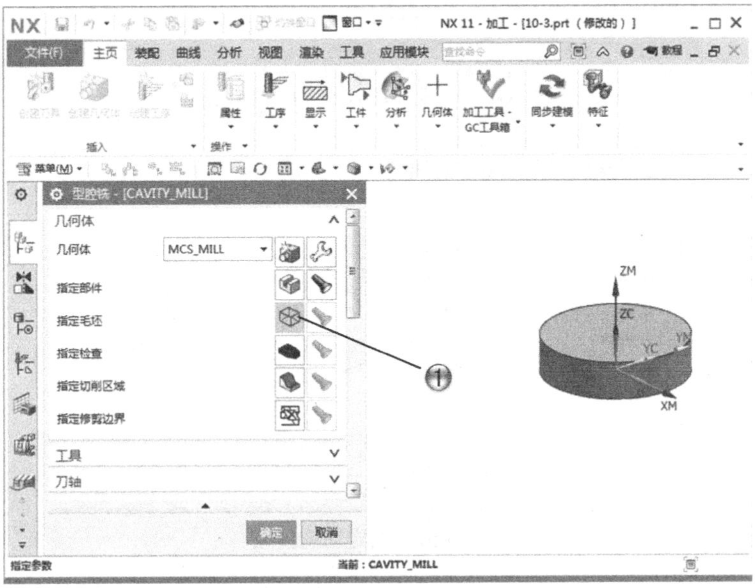

图 10-49　指定毛坯

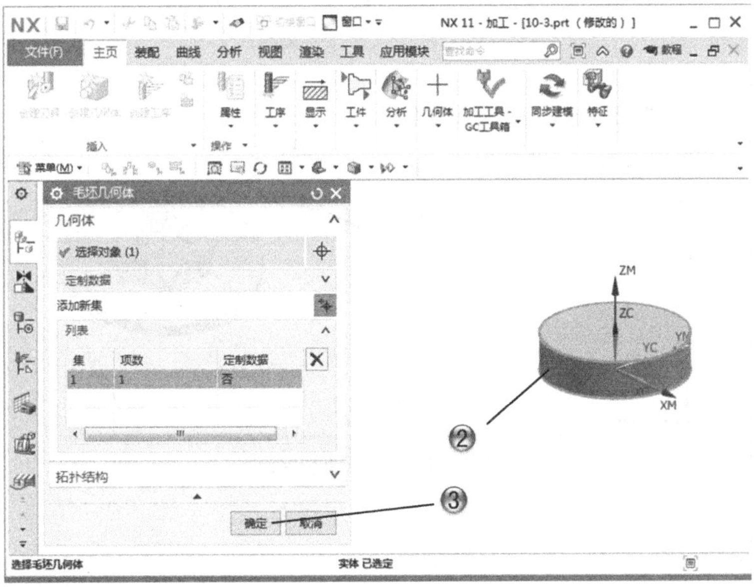

图 10-50　选择毛坯几何体

Step7 选择切削区域

①在【型腔铣】对话框中单击【指定切削区域】按钮，选择切削区域，如图 10-51 所示。

②在绘图区中，选择切削区域，如图 10-52 所示。

③在【切削区域】对话框中，单击【确定】按钮。

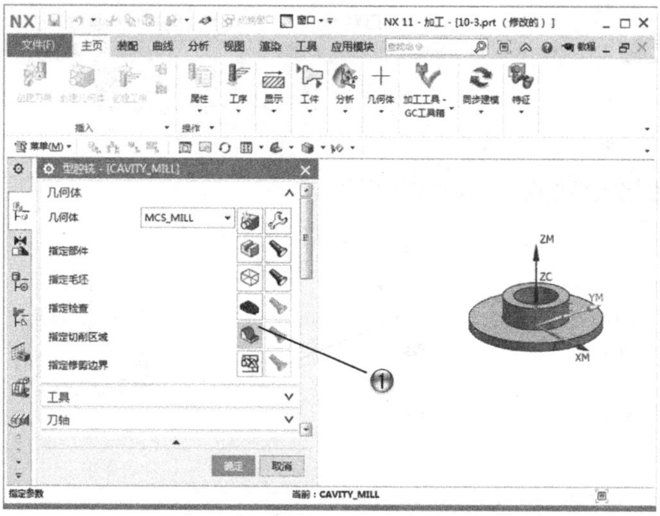

图 10-51　指定切削区域

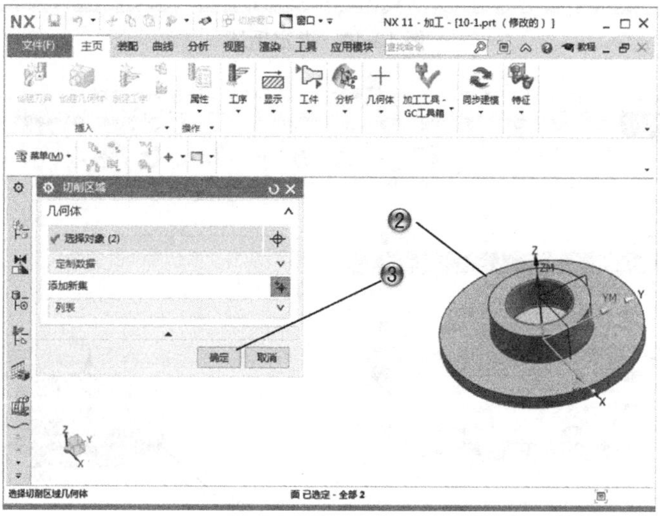

图 10-52　选择切削区域

提示

加工工序对话框中的【几何体】设置，根据不同的加工工序设置的各项内容并不一样，可以使用【生成】按钮进行验证。

Step8 生成刀轨

① 在【型腔铣】对话框中，设置刀具参数，如图 10-53 所示。

② 单击【型腔铣】对话框中的【生成】按钮，生成刀轨。

③ 在【型腔铣】对话框中，单击【确定】按钮，结果如图 10-54 所示。

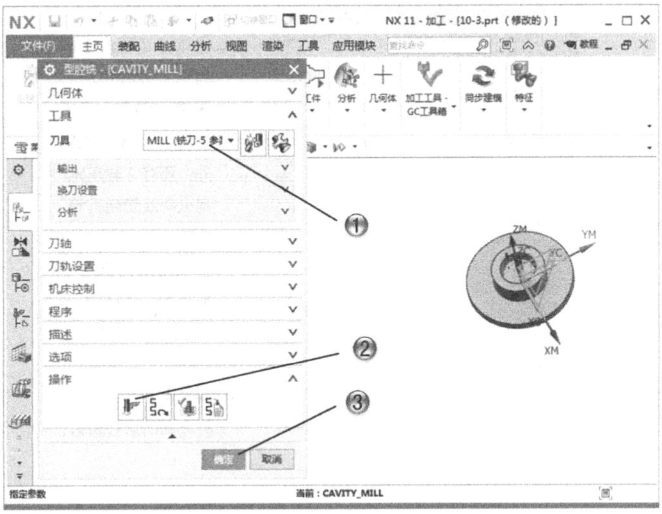

图 10-53　设置刀具并生成刀轨

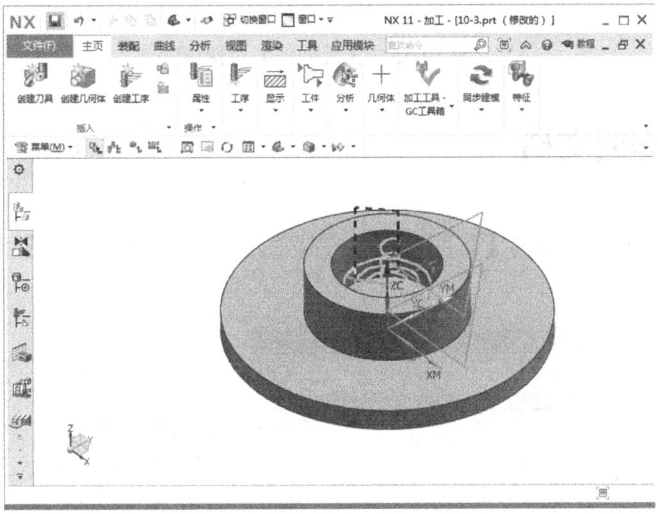

图 10-54　完成文件

10.4　后处理和车间文档

10.4.1　后置处理

在加工【工序导航器】中选中一个程序组，单击【工序】工具条中的【后处理】按钮，打开【后处理】对话框，参数设置如图 10-55 所示。

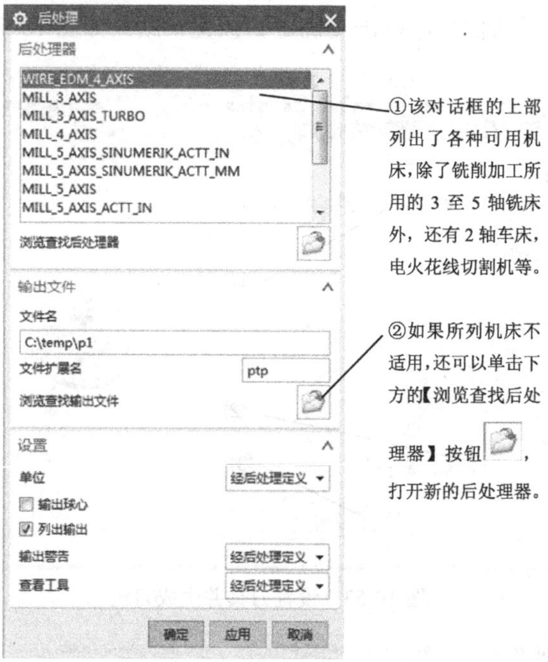

图 10-55 【后处理】对话框

10.4.2 车间文档

单击【工序】工具条中的【车间文档】按钮，打开【车间文档】对话框，参数设置如图 10-56 所示。

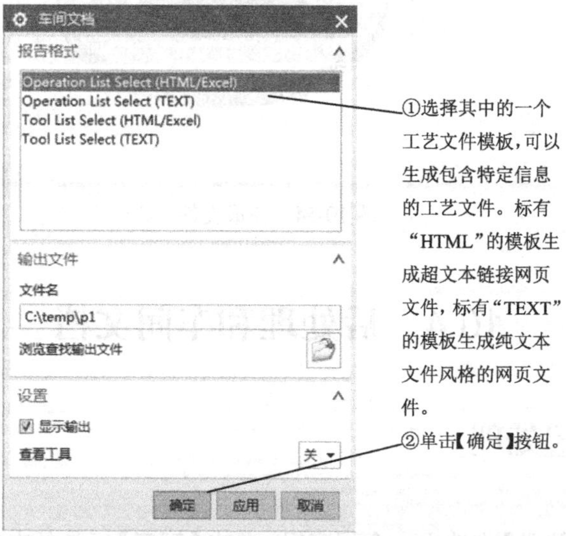

图 10-56 【车间文档】对话框

10.4.3 后处理应用案例

本案例完成文件：ywj/10/10-1.prt 及数控文件

多媒体教学路径：多媒体教学→第 10 章→第 4 节

10.4.3.1 案例分析

本案例首先选择加工工序，之后依次创建其后置处理和车间文档。

10.4.3.2 案例操作

Step1 打开铣削模型

① 打开铣削模型，如图 10-57 所示。

② 在【工序导航器】中，选择加工工序选项。

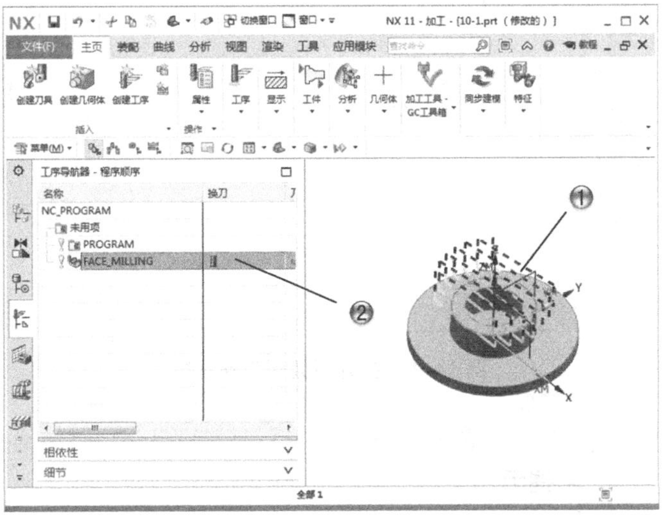

图 10-57 选择加工工序

Step2 创建后置处理

① 单击【工序】工具条中的【后处理】按钮，创建后处理，如图 10-58 所示。

②在弹出的【后处理】对话框中，选择输出文件。

③在【后处理】对话框中，单击【确定】按钮。

④在打开的【信息】对话框中，查看处理结果，如图 10-59 所示。

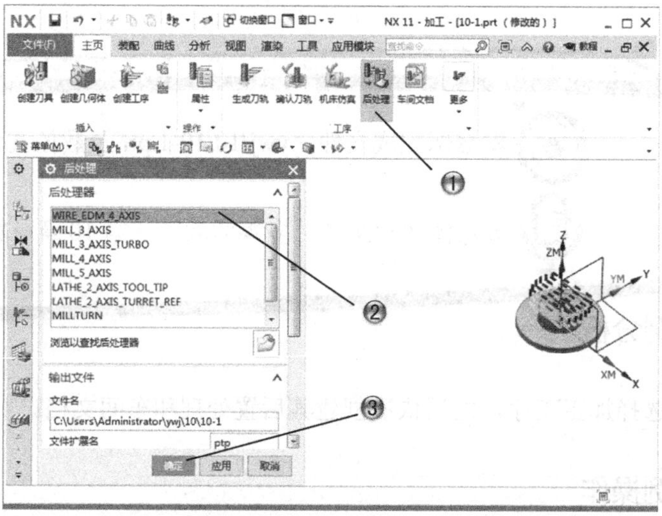

图 10-58　创建后处理

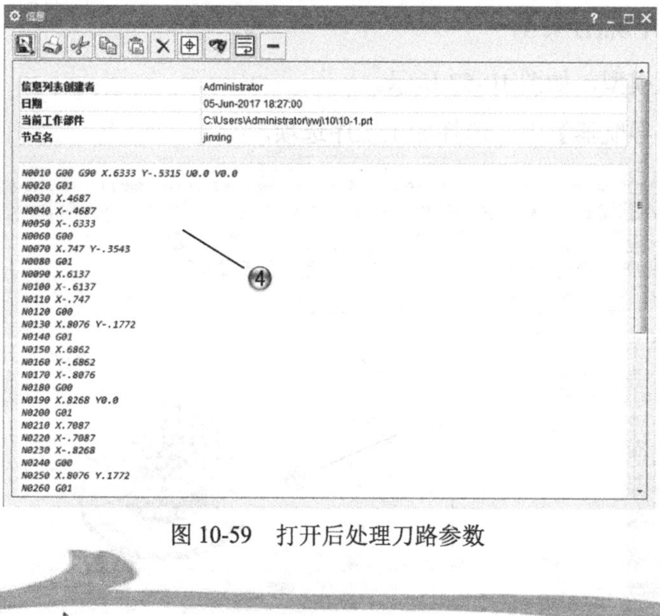

图 10-59　打开后处理刀路参数

提示

后处理生成的机床数据，适用的机床类型是不同的，一般使用 Siemens 程序的机床都可使用。

Step3 创建车间文档

① 单击【工序】工具条中的【车间文档】按钮，创建车间文档，如图 10-60 所示。

② 在弹出的【车间文档】对话框中，选择报告格式。

③ 在【车间文档】对话框中，单击【确定】按钮。

④ 在打开的网页对话框中，查看输出结果，如图 10-61 所示。

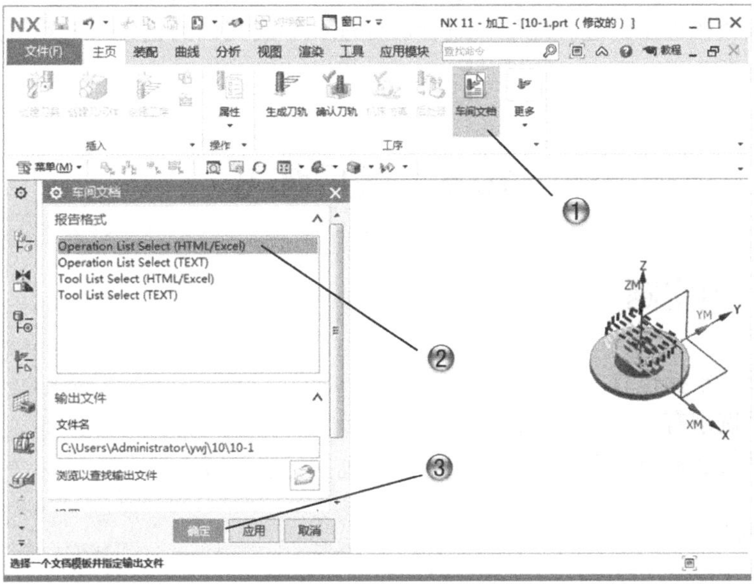

图 10-60　创建车间文档

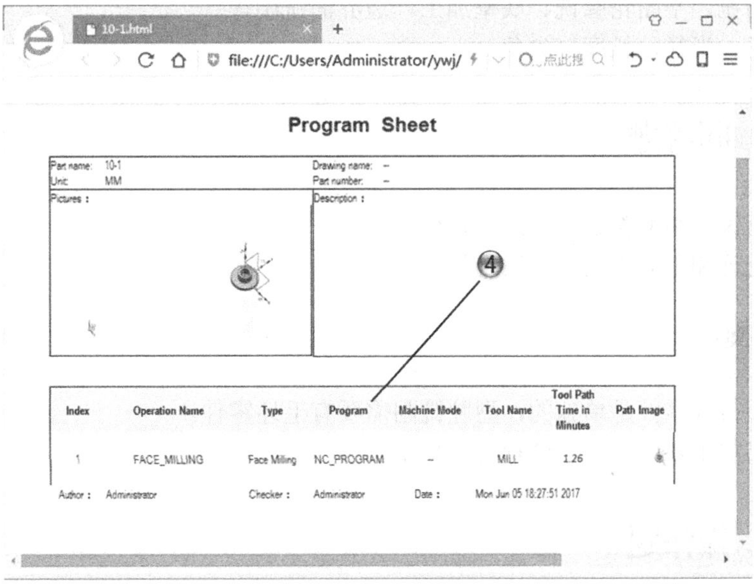

图 10-61　完成车间文档

10.5　本章小结

本章的重点是 NC 加工基本操作，包括创建程序、刀具、几何体和方法，最后创建一个操作来引用这些创建好的参数。在这些内容中有些概念是用户初次接触的，如父级组、加工类型和切削方式等，了解这些概念还需要用户有一定的机械制造和机床等相关方面的知识。在完成数控加工的过程之后，进行后处理和车间文档的创建，一般得到的刀具轨迹就可以用于生产。

10.6　课后练习

10.6.1　填空题

（1）父参数组操作有_____种。

（2）平面铣削有__________。

（3）刀具的参数设置有_____、_____、_____、_____等。

答案：

（1）5 种。

（2）平面铣、平面轮廓铣、底壁加工、边界面铣削等。

（3）直径、半径、长度、尖角。

10.6.2　问答题

（1）平面铣削和型腔铣削的区别是什么？

（2）后处理和车间文档的作用是什么？

答案：

（1）平面铣削零件是单独的，型腔铣削需要有毛坯零件。

（2）输出加工参数，便于进行机床加工。

10.6.3　操作题

如图 10-62 所示，使用本章学过的知识来创建一个铣削零件，并进行铣削加工。

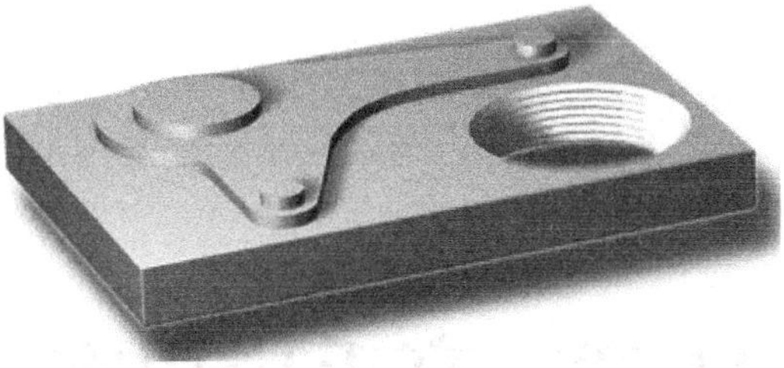

图 10-62　铣削零件

练习内容：

（1）创建平板零件。

（2）创建平面铣削。

（3）创建型腔铣削。

（4）创建后处理和车间文档。

第 11 章　高手应用案例 1 ——零件设计应用

本章导读

Siemens NX 针对用户的虚拟产品设计和工艺设计的需求，提供了经过实践验证的解决方案。最新版本的 Siemens NX 11 进行了多项以用户为核心的改进，提供了特别针对产品式样、设计、模拟和制造而开发的新功能，为客户提供了创建创新产品的新方法。本章介绍的零件设计是对前面讲解的 NX 知识的综合应用，在实际工作中，使用 NX 的“模型”模块创建零件。

学习要求	学习目标 知识点	了解	理解	应用	实践
	学习 NX 零件设计的思路		√		
	掌握拉伸命令及其布尔运算		√	√	√
	掌握旋转命令及其布尔运算		√	√	√
	掌握扫描命令		√	√	√

11.1 案例分析

11.1.1 案例分析——知识链接

螺钉按照使用种类分为普通螺钉、内六角及内六角花形螺钉、十字槽普通螺钉等；在平时的使用中，我们最常遇到的螺钉标准是 GB（国标）和 DIN（德标）。公制螺纹是以 MM（毫米）为单位，它的牙尖角为 60 度。美制螺纹和英制螺纹都是以英寸为单位的。螺钉通常都要进行表面处理，表面处理即是通过一定的方法在工件表面形成覆盖层的过程，其目的是赋以制品表面美观、防腐蚀的效果。

11.1.2 案例分析——设计思路

本课将介绍的是一个螺钉模型的创建过程，这个螺钉模型是中空的造型，通常先创建拉伸特征，之后使用拉伸的布尔减运算创建凹槽和孔洞特征。在螺纹创建的步骤，使用扫描命令创建螺旋扫描特征，再进行布尔减运算，得到需要的螺纹凹槽。

通过这个案例的操作，讲述 NX 零件创建中各种命令和技巧的综合运用，将熟悉如下内容。

（1）拉伸命令及其布尔运算。

（2）旋转命令及其布尔运算。

（3）螺旋线的创建。

（4）扫描特征的创建。

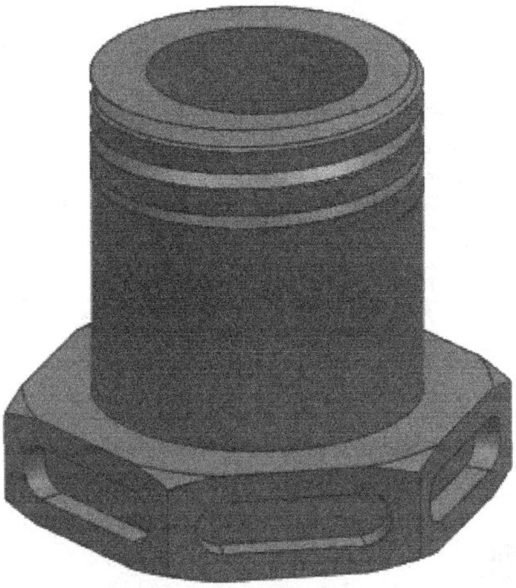

图 11-1　螺钉零件

11.2 案例操作

本案例完成文件：ywj/11/11-1.prt

多媒体教学路径：多媒体教学→第 11 章

11.2.1 创建螺钉头部

创建螺钉从其六边形头部开始，需要绘制等边六边形的草图，之后进行拉伸得到。

Step1 创建草图

① 单击【直接草图】工具条中的【草图】按钮，创建草图，如图 11-2 所示。

② 在弹出的【创建草图】对话框中，单击【指定 CSYS】选项，指定草绘平面。

③ 在【创建草图】对话框中，单击【确定】按钮。

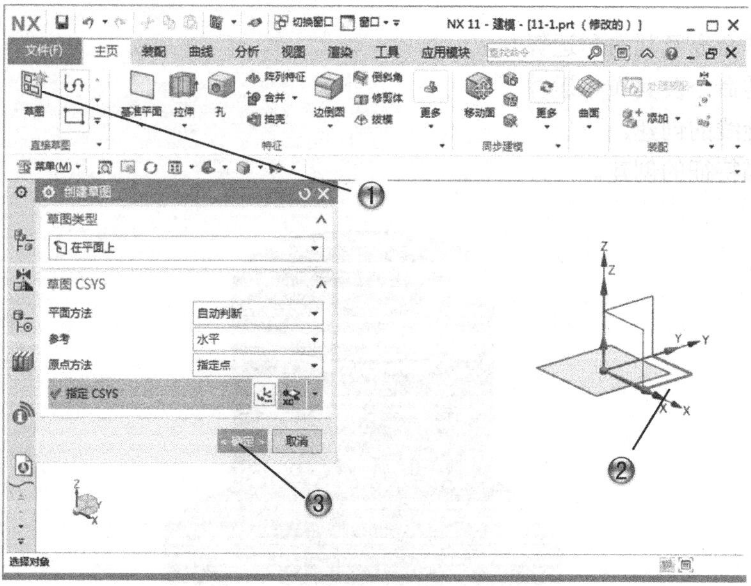

图 11-2　选择草绘面

Step2 创建头部特征

① 单击【直接草图】工具条中的【多边形】按钮，绘制多边形，如图 11-3 所示。

②选择两点，绘制六边形，如图 11-4 所示。

③在【多边形】对话框中设置六边形的参数。

④单击【特征】工具条中的【拉伸】按钮，创建拉伸特征，如图 11-5 所示。

⑤在图形区选择草图。

⑥在【拉伸】对话框中设置拉伸的参数。

⑦单击【拉伸】对话框中的【确定】按钮，完成拉伸特征。

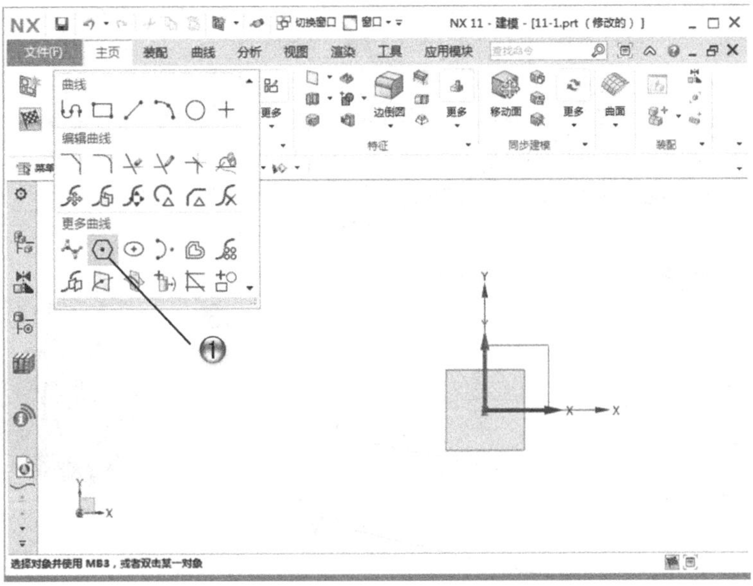

图 11-3　选择多边形命令

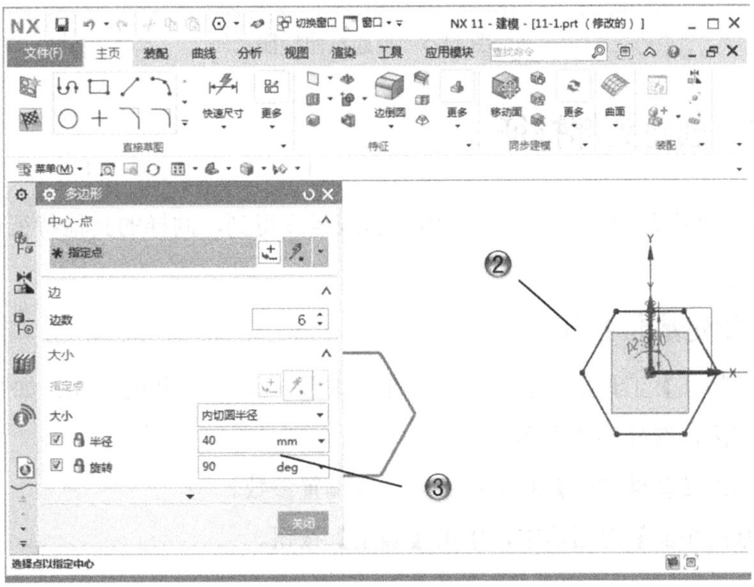

图 11-4　绘制六边形

提示

多边形的创建方式分为内切圆和外接圆两种，多边形的尺寸可以在绘制后进行设置。

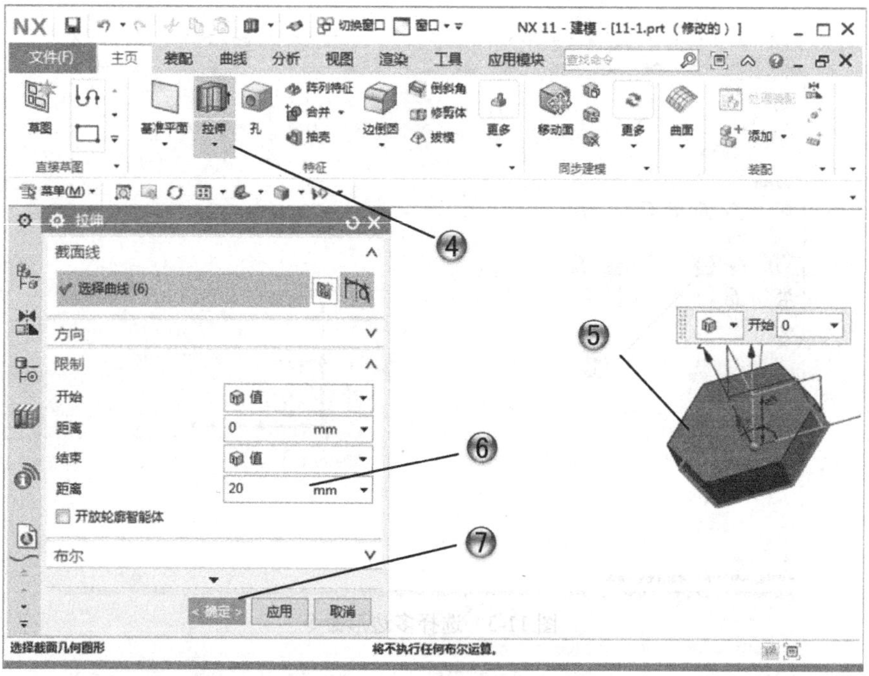

图 11-5　创建拉伸特征

11.2.2　创建头部特征

螺钉头部的凹槽是由拉伸生成，并由布尔减运算得到，同样的其他特征使用阵列命令即可完成。

Step1 创建基准平面

① 单击【特征】工具条中的【基准平面】按钮，创建新的平面，如图 11-6 所示。
② 在绘图区，选择参考平面。
③ 在弹出的【基准平面】对话框中，设置偏置参数。
④ 在【基准平面】对话框中，单击【确定】按钮。

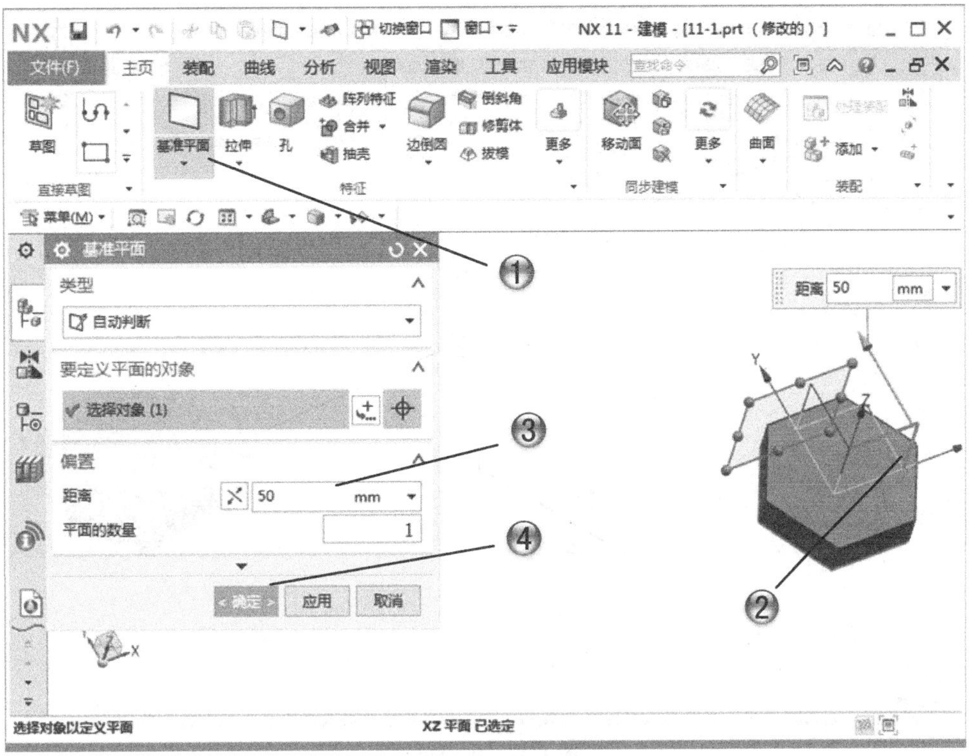

图 11-6　创建基准面

提示

基准面可以有多种类型，通过不同的类型设置，【基准平面】对话框的参数会不尽相同。

Step2 创建矩形草图

① 单击【直接草图】工具条中的【草图】按钮，创建草图，如图 11-7 所示。

② 在弹出的【创建草图】对话框中，单击【指定 CSYS】选项，指定草绘平面。

③ 在【创建草图】对话框中，单击【确定】按钮。

④ 单击【直接草图】工具条中的【矩形】按钮，绘制矩形，如图 11-8 所示。

⑤ 选择两点，绘制矩形。

⑥ 单击【直接草图】工具条中的【快速尺寸】按钮，标注尺寸，如图 11-9 所示。

⑦ 依次标注矩形的尺寸。

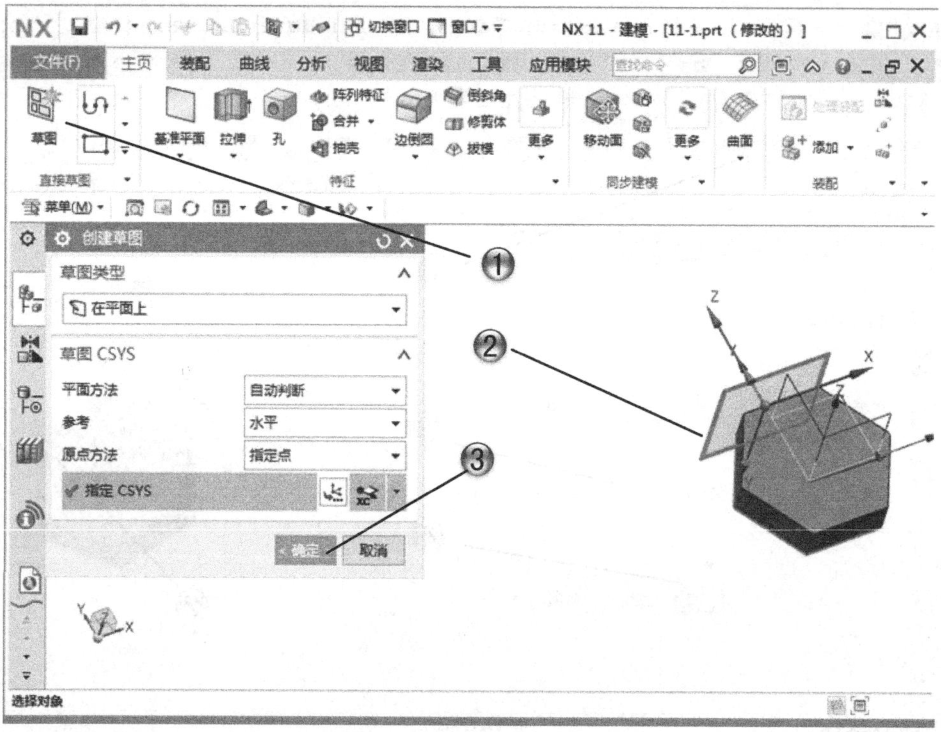

图 11-7　创建草图

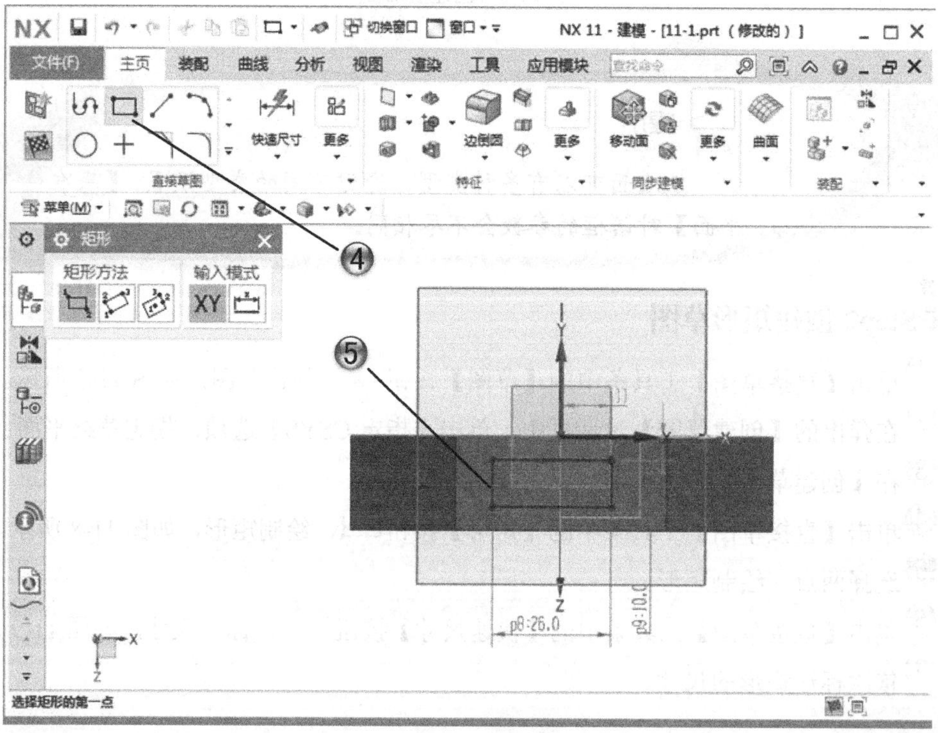

图 11-8　绘制矩形

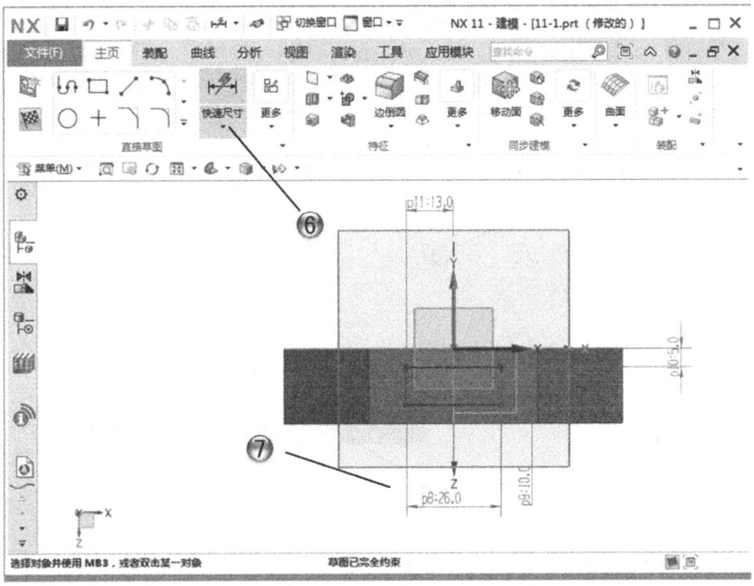

图 11-9　标注矩形尺寸

Step3 完成槽的草图

①单击【直接草图】工具条中的【圆形】按钮○，绘制圆形，如图 11-10 所示。

②选择两点，绘制两个矩形。

③单击【直接草图】工具条中的【修剪】按钮，修剪草图，如图 11-11 所示。

④划过草图，修剪直线和圆弧。

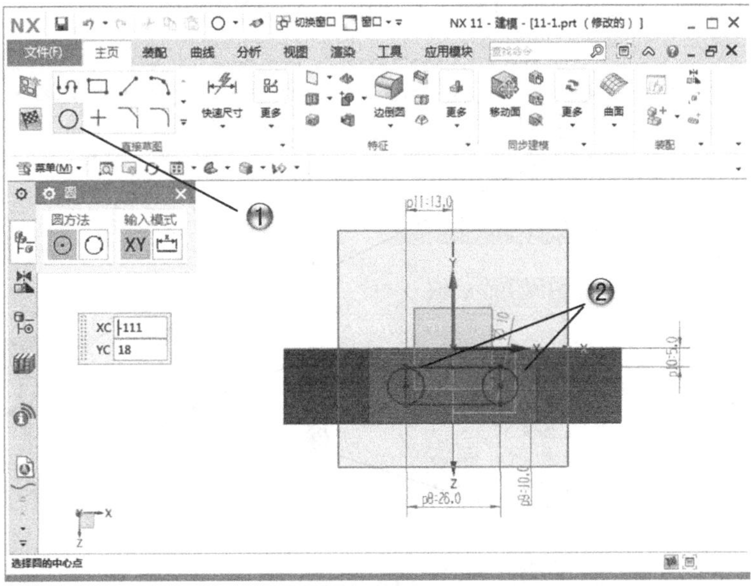

图 11-10　绘制圆形

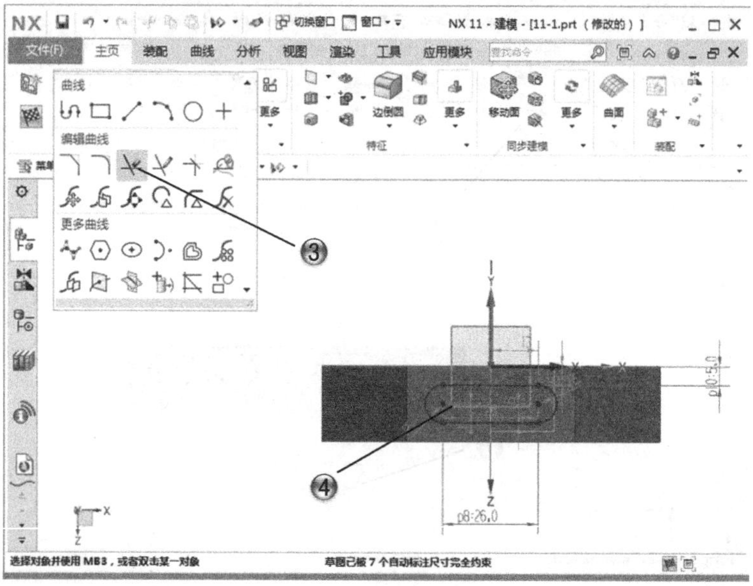

图 11-11　修剪草图

Step4 创建槽特征

①单击【特征】工具条中的【拉伸】按钮，创建拉伸特征，如图 11-12 所示。

②在图形区选择草图。

③在【拉伸】对话框中，设置拉伸的参数。

④ 在【拉伸】对话框中，选择布尔【减去】选项，如图 11-13 所示。

⑤单击【拉伸】对话框中的【确定】按钮，完成槽的特征。

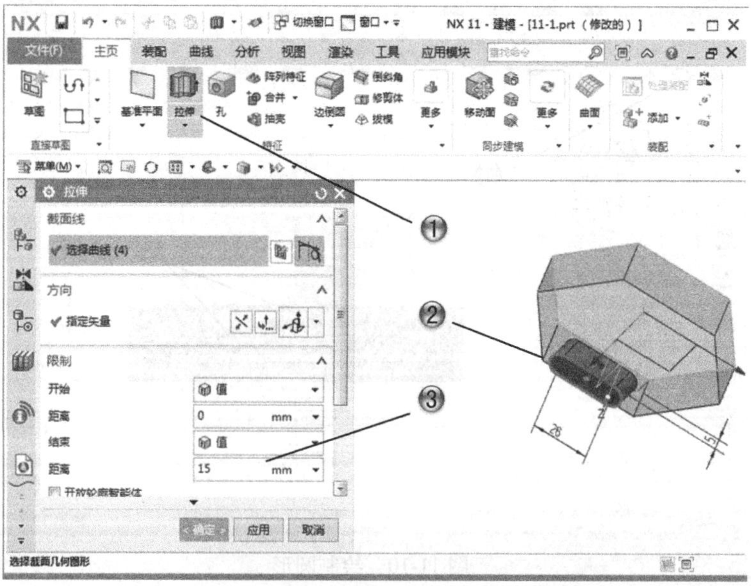

图 11-12　设置拉伸参数

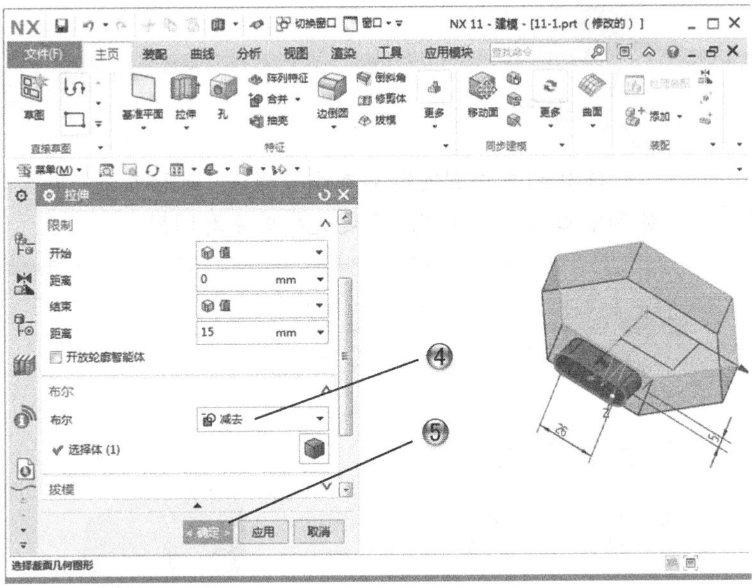

图 11-13　创建布尔减运算

Step5 创建阵列特征

①单击【特征】工具条中的【阵列特征】按钮，创建阵列特征，如图 11-14 所示。

②在图形区选择特征和参考点。

③在【阵列特征】对话框中，设置阵列的参数，如图 11-15 所示。

④单击【阵列特征】对话框中的【确定】按钮，完成阵列特征。

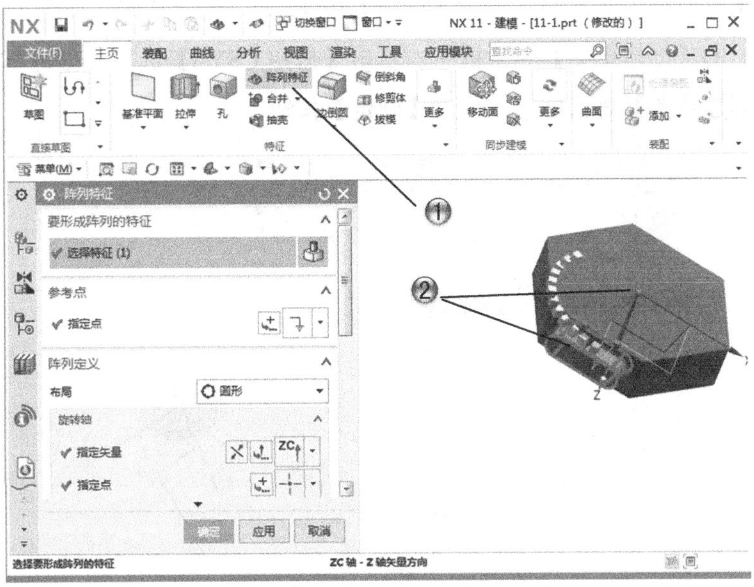

图 11-14　创建阵列特征

提示

阵列的布局有圆形和直线等形式，圆形布局需要选择矢量和中心点，直线布局需要选择矢量和间距。

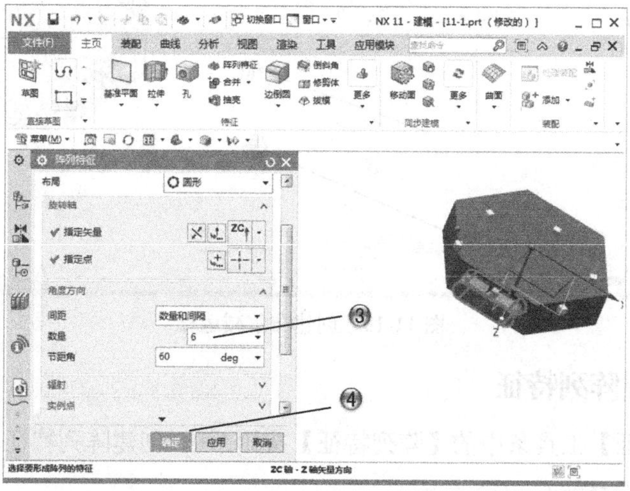

图 11-15　设置阵列参数

Step6 创建草图

① 单击【直接草图】工具条中的【草图】按钮，创建草图，如图 11-16 所示。
② 在弹出的【创建草图】对话框中，单击【指定 CSYS】选项，指定草绘平面。
③ 在【创建草图】对话框中，单击【确定】按钮。

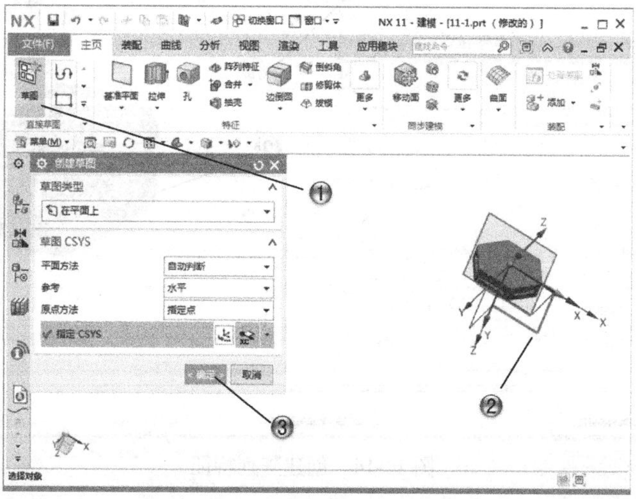

图 11-16　创建草图

Step7 创建旋转草图

① 单击【直接草图】工具条中的【直线】按钮 ，绘制直线，如图 11-17 所示。

② 选择两点，绘制两条直线。

③ 单击【直接草图】工具条中的【弧线】按钮 ，绘制弧线，如图 11-18 所示。

④ 依次选择三点，绘制两条弧线。

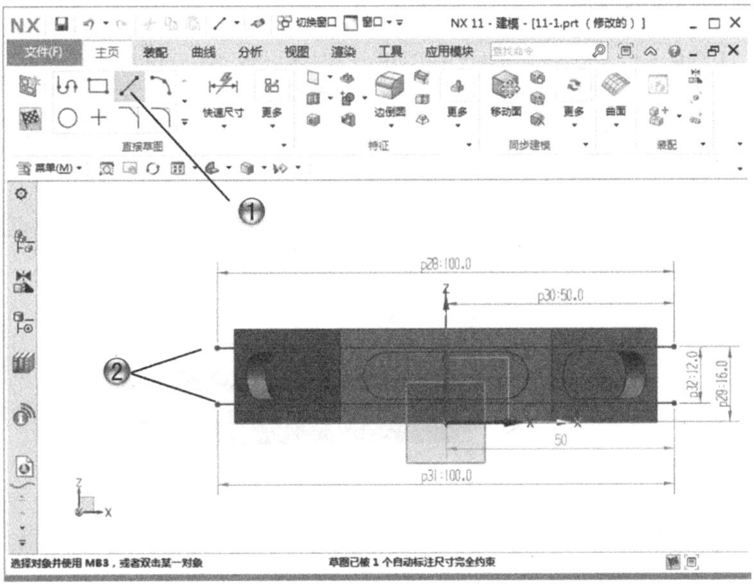

图 11-17　绘制直线

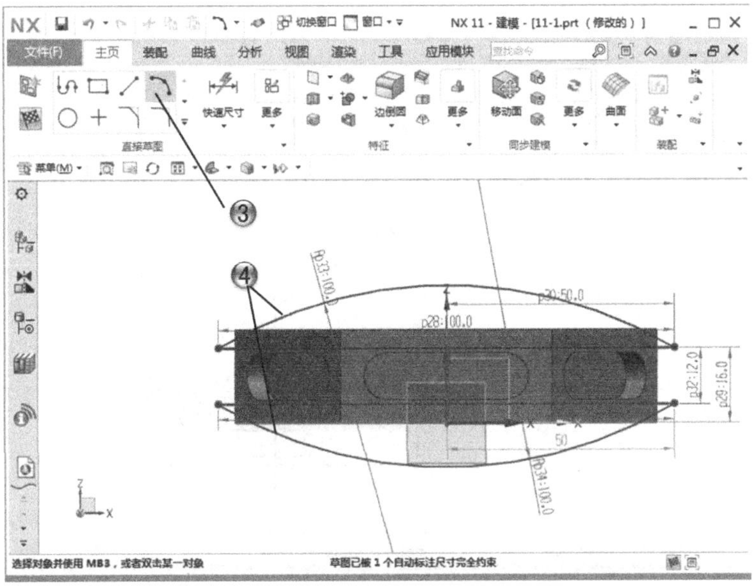

图 11-18　绘制弧线

⑤单击【直接草图】工具条中的【直线】按钮，绘制直线，如图 11-19 所示。
⑥绘制封闭的直线图形。
⑦单击【直接草图】工具条中的【直线】按钮，绘制直线，如图 11-20 所示。
⑧选择两点，绘制中心线。
⑨单击【直接草图】工具条中的【修剪】按钮，修剪草图，如图 11-21 所示。
⑩划过草图，修剪草图。

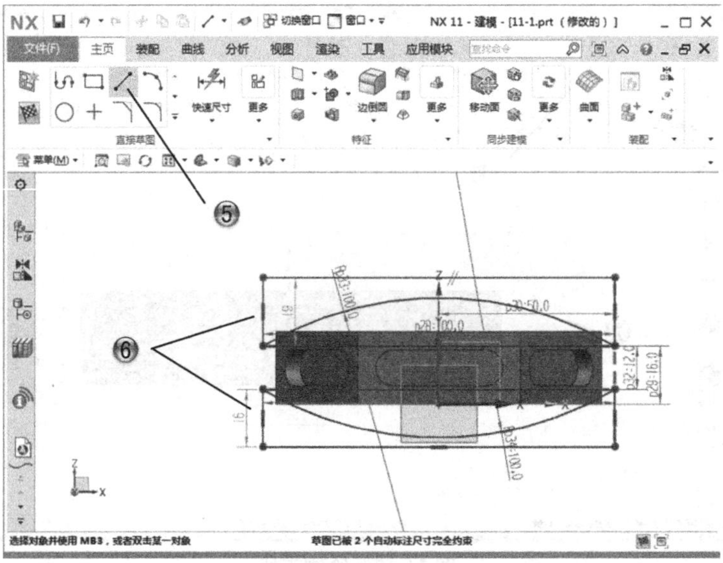

图 11-19　绘制封闭图形

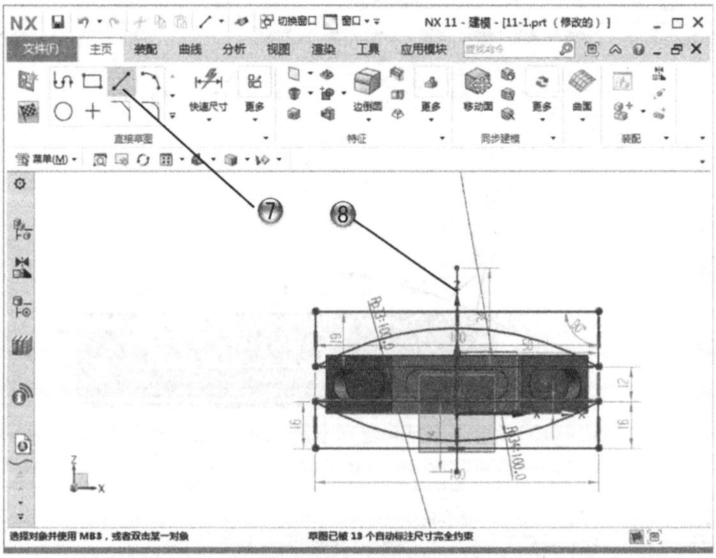

图 11-20　绘制直线

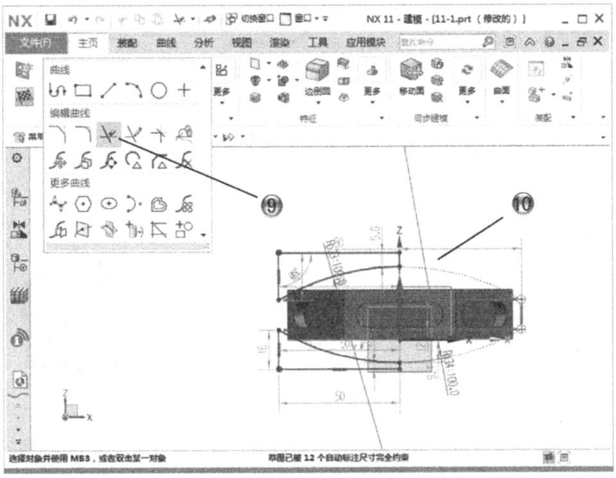

图 11-21　修剪草图

提示

NX 的旋转草图只能位于 0-90° 的范围内，否则不能生成特征。

Step8 创建旋转切除特征

① 单击【特征】工具条中的【旋转】按钮，创建旋转特征，如图 11-22 所示。
② 在图形区选择草图。
③ 在【旋转】对话框中，指定矢量和点。
④ 在【旋转】对话框中，选择布尔【减去】选项，如图 11-23 所示。
⑤ 单击【旋转】对话框中的【确定】按钮，完成旋转切除特征。

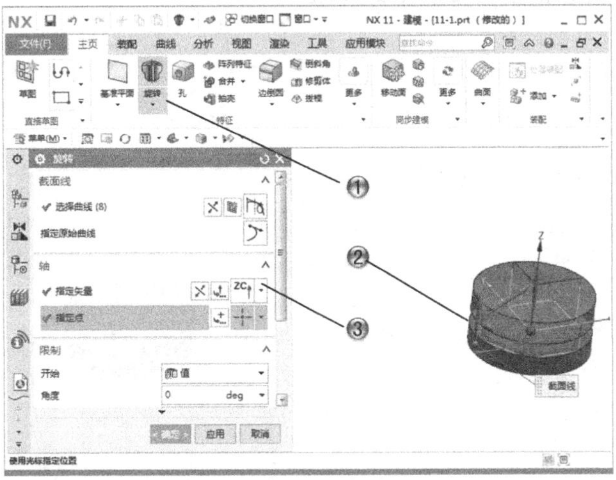

图 11-22　创建旋转特征

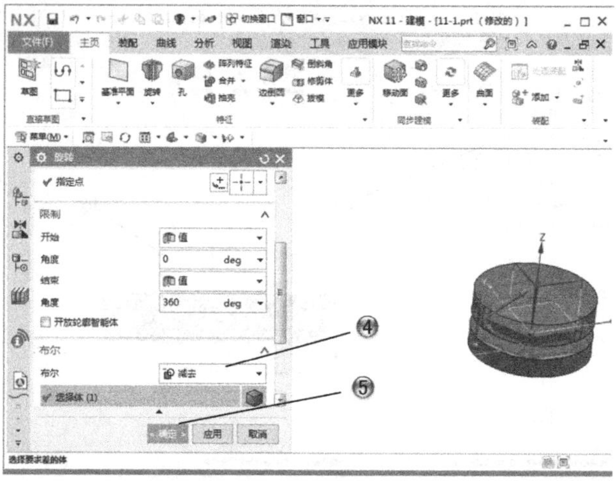

图 11-23　设置布尔减运算

11.2.3　创建螺纹特征

创建螺钉的螺纹特征，首先要绘制截面草图，再绘制螺旋线，使用扫掠命令得到实体，最后再进行布尔减运算得到。

Step1 创建草图

① 单击【直接草图】工具条中的【草图】按钮，创建草图，如图 11-24 所示。

② 在弹出的【创建草图】对话框中，单击【CSYS 对话框】按钮。

③ 在【CSYS】对话框中，单击【点对话框】按钮，如图 11-25 所示。

④ 在【点】对话框中，设置点的坐标，如图 11-26 所示。

⑤ 单击【点】对话框中的【确定】按钮。

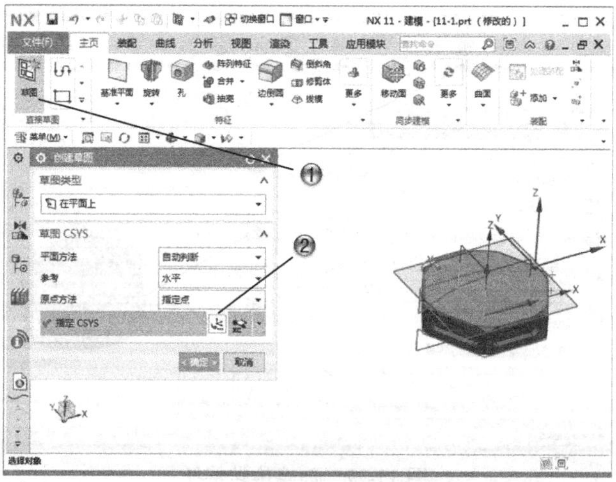

图 11-24　选择草绘面

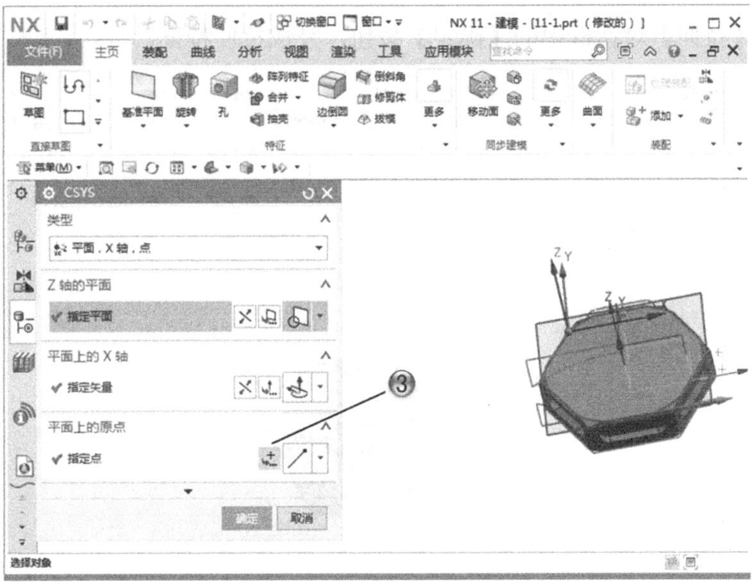

图 11-25　设置指定点

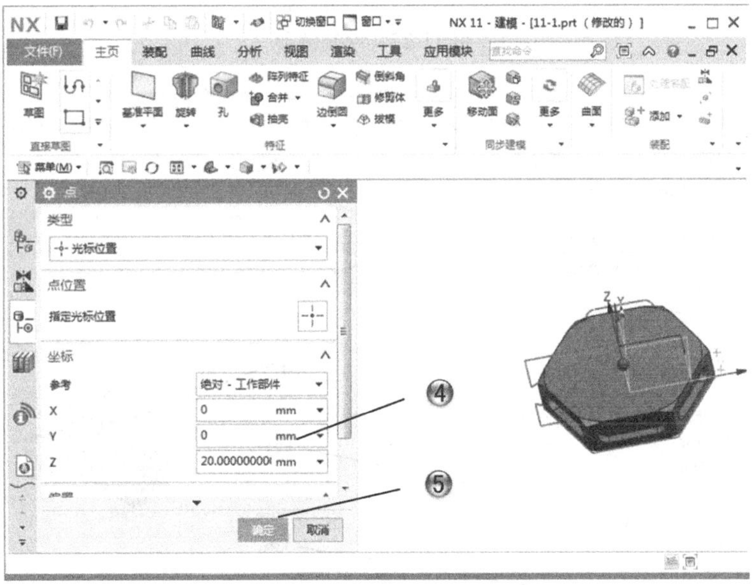

图 11-26　设置指定点的坐标

Step2 创建拉伸特征

① 单击【直接草图】工具条中的【圆形】按钮，绘制圆形，如图 11-27 所示。

② 选择两点，绘制圆形。

③ 单击【特征】工具条中的【拉伸】按钮，创建拉伸特征，如图 11-28 所示。

④ 在图形区选择草图。

⑤ 在【拉伸】对话框中设置拉伸的参数。

⑥单击【拉伸】对话框中的【确定】按钮，完成拉伸特征。

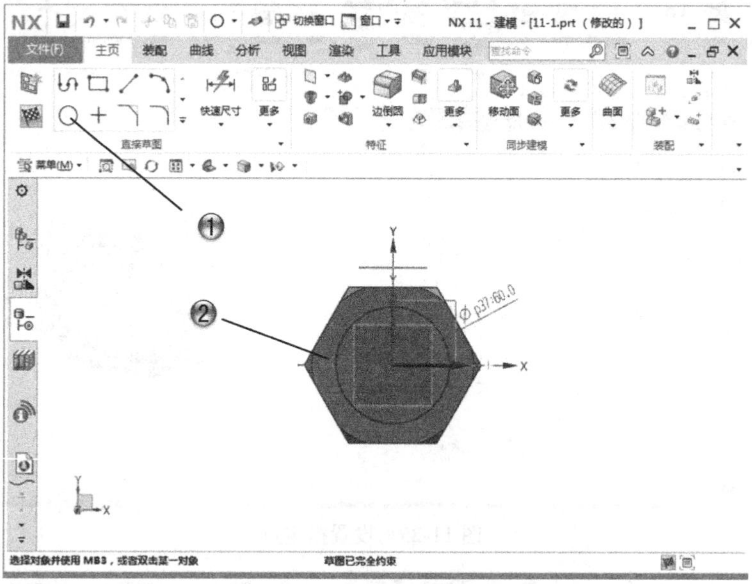

图 11-27　绘制圆形

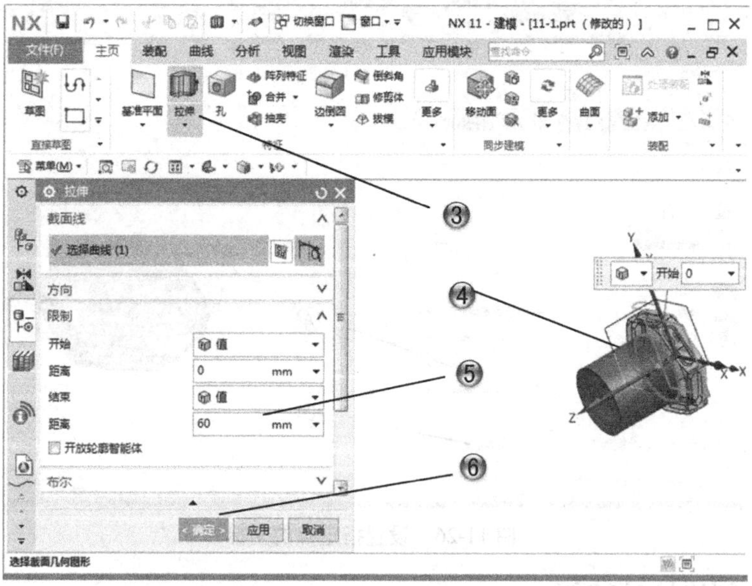

图 11-28　创建拉伸特征

Step3 创建圆形草图

①单击【直接草图】工具条中的【草图】按钮，创建草图，如图 11-29 所示。

②在弹出的【创建草图】对话框中，单击【指定 CSYS】选项，指定草绘平面。

③在【创建草图】对话框中，单击【确定】按钮。

④单击【直接草图】工具条中的【圆形】按钮○，绘制圆形，如图 11-30 所示。

⑤选择两点，绘制圆形。

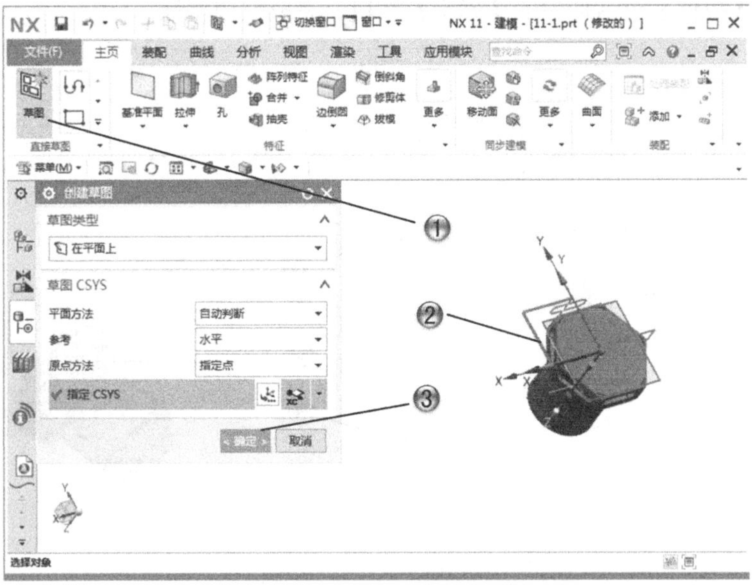

图 11-29　选择草绘面

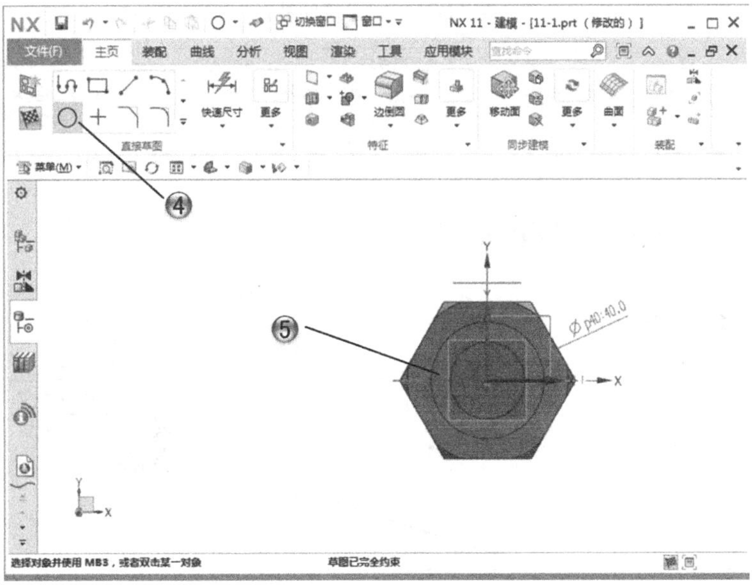

图 11-30　绘制圆形

Step4 创建拉伸切除特征

①单击【特征】工具条中的【拉伸】按钮，创建拉伸特征，如图 11-31 所示。

②在图形区选择草图。

③在【拉伸】对话框中设置拉伸的参数。

④在【拉伸】对话框中，选择布尔【减去】选项，如图 11-32 所示。

⑤单击【拉伸】对话框中的【确定】按钮，完成拉伸特征。

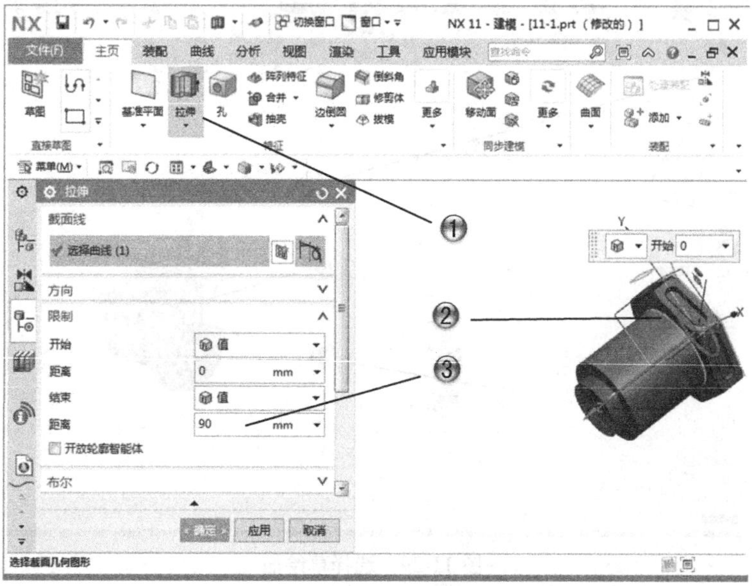

图 11-31　创建拉伸特征

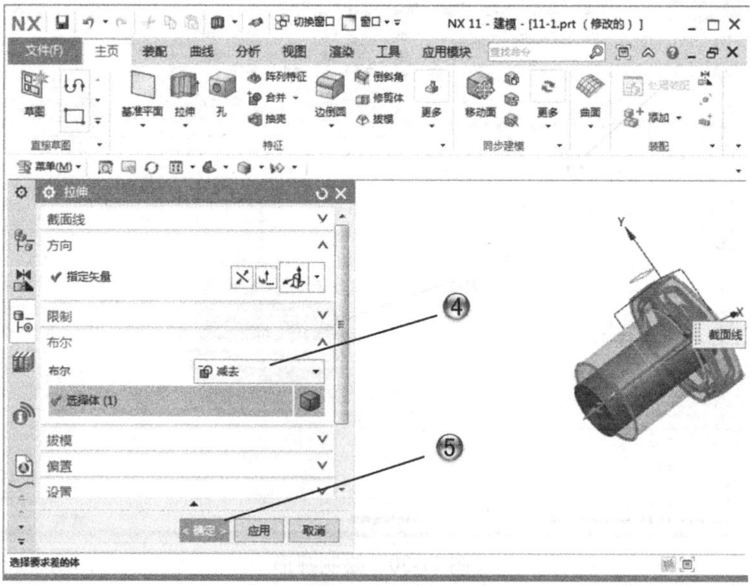

图 11-32　设置布尔减运算

Step5 创建凸台特征

①单击【直接草图】工具条中的【草图】按钮，创建草图，如图 11-335 所示。

②在弹出的【创建草图】对话框中，单击【指定 CSYS】选项，指定草绘平面。

③在【创建草图】对话框中，单击【确定】按钮。

④单击【直接草图】工具条中的【圆形】按钮○，绘制圆形，如图 11-34 所示。

⑤ 依次选择两点，绘制圆形。

⑥单击【特征】工具条中的【拉伸】按钮，创建拉伸特征，如图 11-35 所示。

⑦在图形区选择草图，【拉伸】对话框中设置拉伸的参数。

⑧单击【拉伸】对话框中的【确定】按钮，完成拉伸特征。

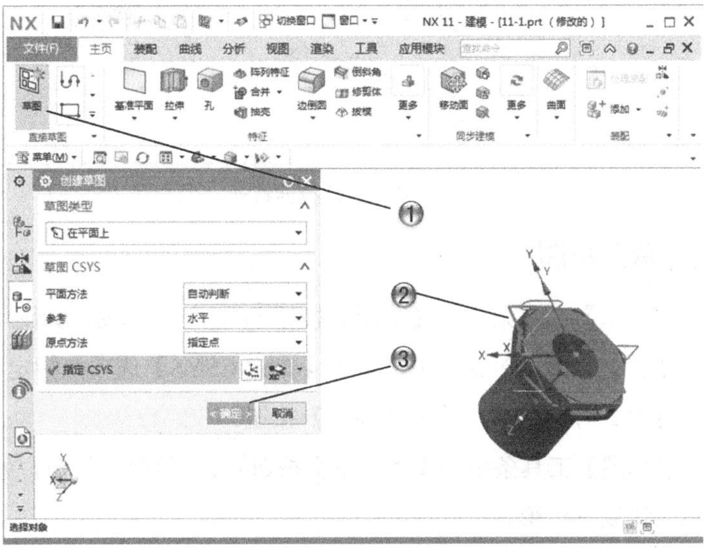

图 11-33　选择草绘面

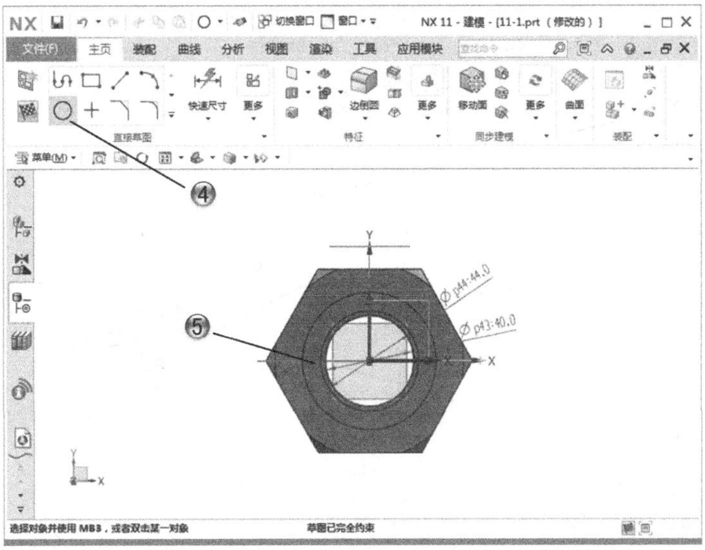

图 11-34　绘制两个圆形

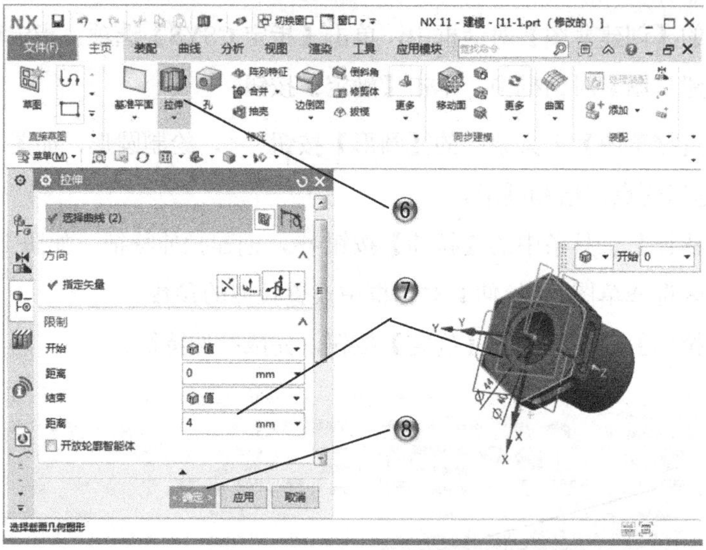

图 11-35　创建拉伸特征

Step6 创建截面草图

① 单击【直接草图】工具条中的【草图】按钮，创建草图，如图 11-36 所示。

② 在弹出的【创建草图】对话框中，单击【指定 CSYS】选项，指定草绘平面。

③ 在【创建草图】对话框中，单击【确定】按钮。

④ 单击【直接草图】工具条中的【多边形】按钮，绘制多边形，如图 11-37 所示。

⑤ 选择两点，绘制三角形。

⑥ 在【多边形】对话框中设置三角形的参数。

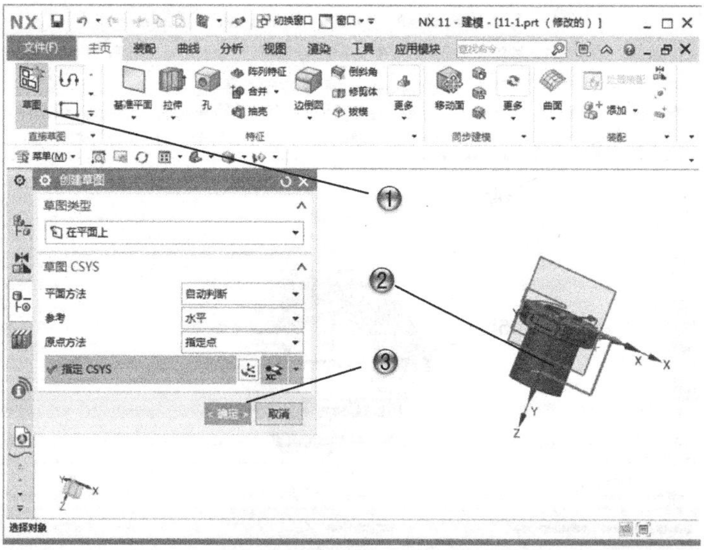

图 11-36　选择草绘面

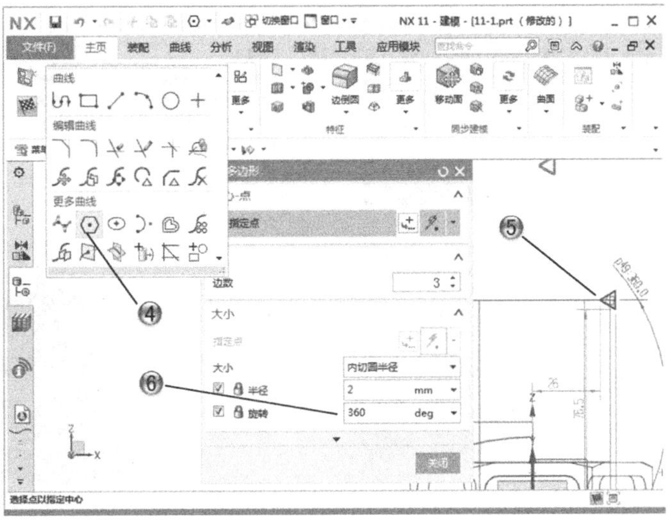

图 11-37 绘制三角形

Step7 创建螺旋线

① 单击【曲线】工具条中的【螺旋线】按钮，创建螺旋线，如图 11-38 所示。

② 在弹出的【螺旋线】对话框中，单击【CSYS 对话框】按钮。

③ 在弹出的【CSYS】对话框中，单击【点对话框】按钮，如图 11-39 所示。

④ 在弹出的【点】对话框中，设置点的坐标，如图 11-40 所示。

⑤ 在弹出的【点】对话框中，单击【确定】按钮。

⑥ 在【螺旋线】对话框中，设置螺旋线的参数，如图 11-41 示。

⑦ 单击【螺旋线】对话框中的【确定】按钮，完成螺旋线。

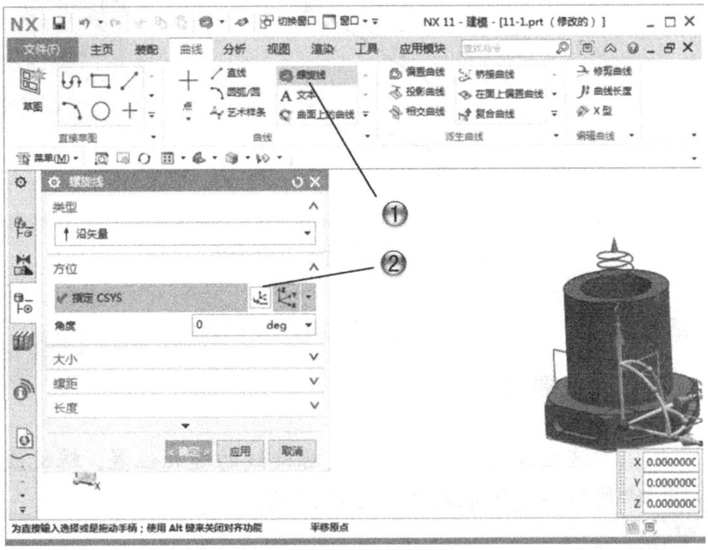

图 11-38 创建螺旋线

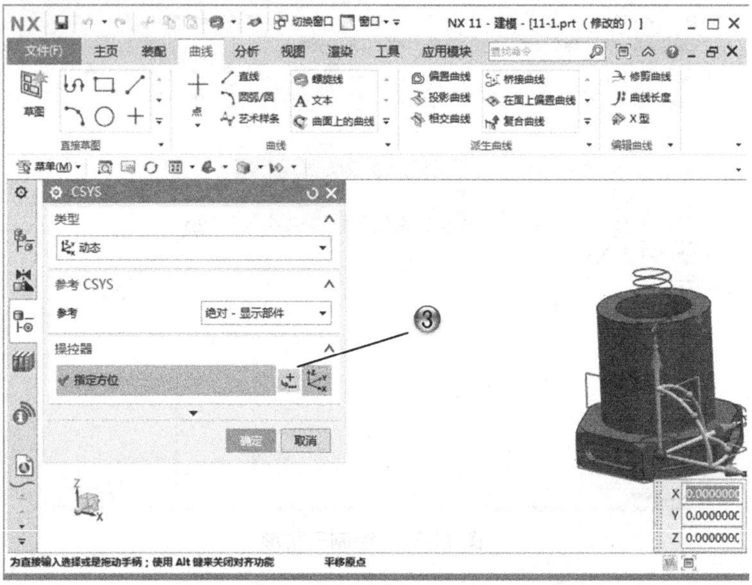

图 11-39　设置指定方位

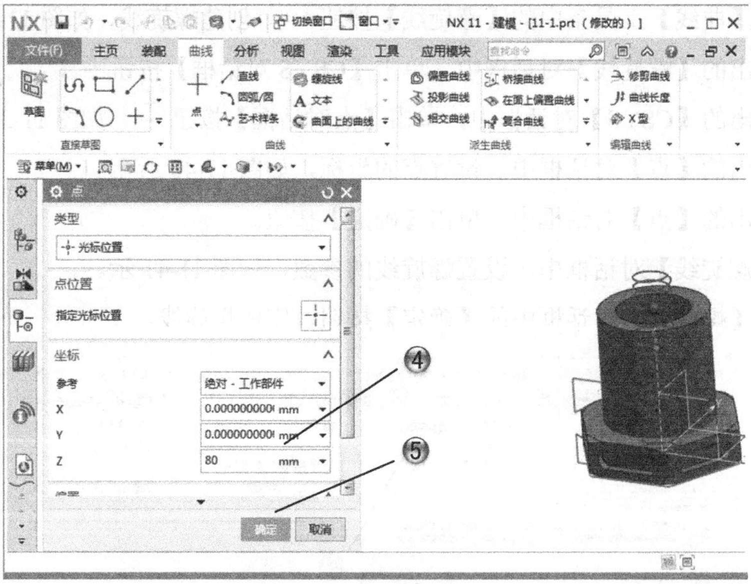

图 11-40　设置指定方位坐标

提示

这里设置的点坐标，是螺旋线的起始位置。螺旋线的规律类型决定了螺旋线的主要形状。

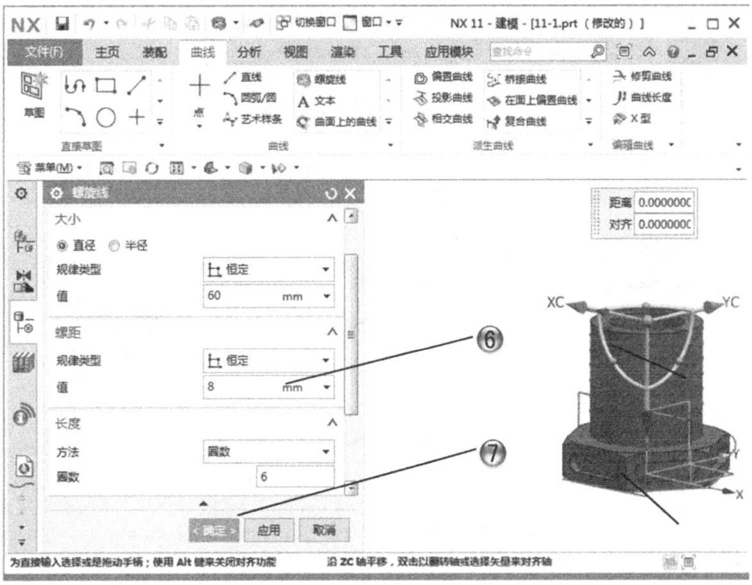

图 11-41　设置螺旋线参数

Step8 创建扫掠特征

① 单击【特征】工具条中的【扫掠】按钮，创建扫掠特征，如图 11-42 所示。

② 在绘图区中，选择截面草图，如图 11-43 所示。

③ 在绘图区中，选择引导线。

④ 在【扫掠】对话框中，设置体类型为【实体】选项，如图 11-44 所示。

⑤ 单击【扫掠】对话框中的【确定】按钮，完成扫掠特征。

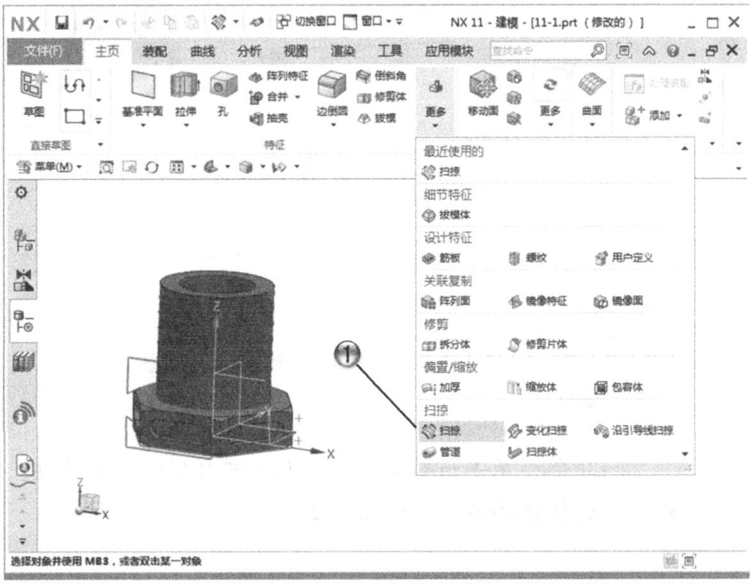

图 11-42　选择扫掠命令

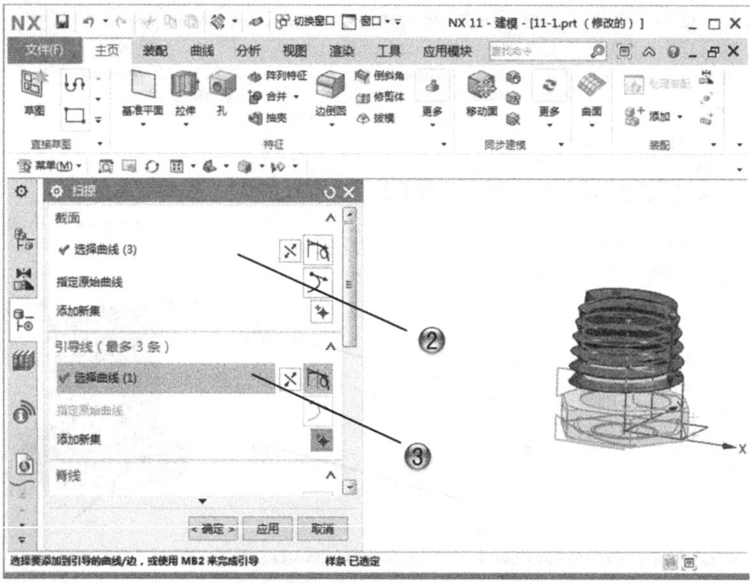

图 11-43　选择截面和引导线

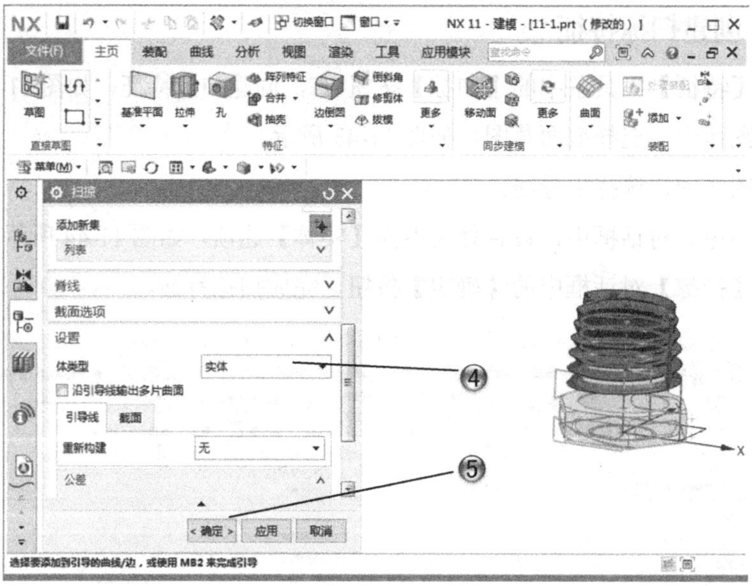

图 11-44　创建实体扫掠

提示

扫掠命令属于曲面命令，这里也可以创建实体特征，但和原先的特征并不产生布尔运算。

Step9 创建扫掠特征

①单击【特征】工具条中的【减去】按钮，创建布尔减特征，如图 11-45 所示。

②在绘图区中，选择目标实体。

③在绘图区中，选择工具实体。

④单击【求差】对话框中的【确定】按钮，完成布尔运算。这样完成螺钉模型的创建，如图 11-46 所示。

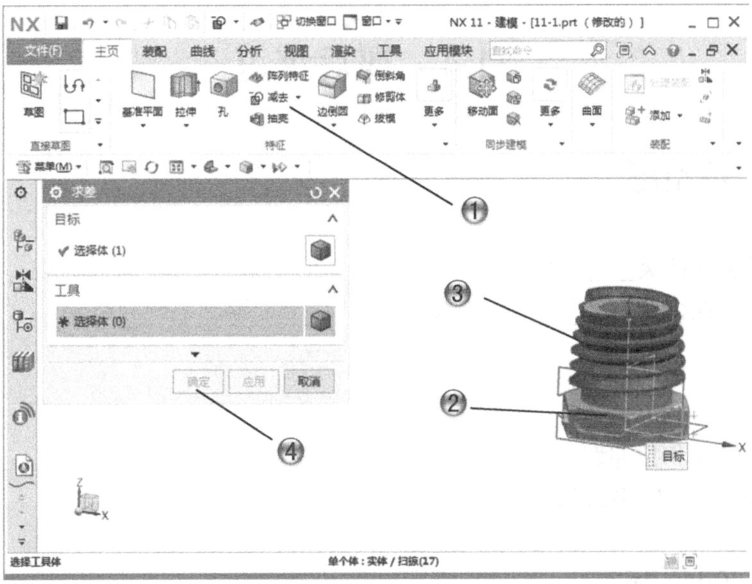

图 11-45 创建布尔减运算

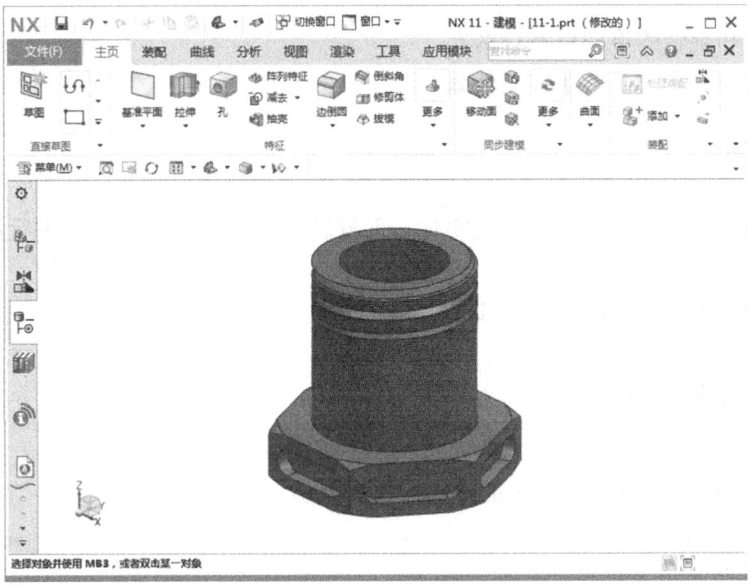

图 11-46 完成螺钉模型

11.3　本章小结

本章介绍螺钉模型的创建过程，从文件的建立到保存，从草图的绘制到尺寸标注，最后到拉伸或者扫掠特征的完成。通过本实例的学习，让读者熟悉 NX 零件设计的过程，掌握各环节中各种命令的详细使用方法和操作步骤。

11.4　课后练习

11.4.1　填空题

（1）拉伸分为两类_____和_____。

（2）常见草绘命令有_____、_____、_____、_____等。

答案：

（1）拉伸实体和拉伸切除。

（2）直线、圆弧、多边形、曲线。

11.4.2　问答题

（1）拉伸和旋转的不同点是什么？

（2）创建螺旋线的必要条件是什么？

答案：

（1）拉伸是截面沿直线运动形成实体，而旋转是截面沿一条中心线进行圆周运动形成实体。

（2）方位、角度、大小、螺距和长度。

11.4.3　操作题

本章练习创建如图 11-47 所示的螺杆零件。

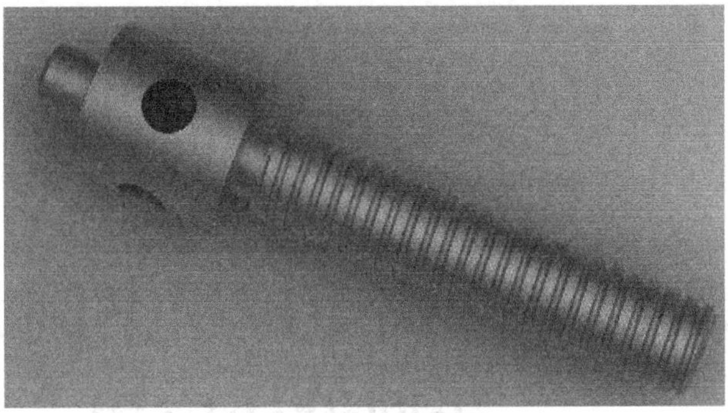

图 11-47　螺杆零件

练习内容：

（1）创建草图，创建拉伸特征。

（2）创建侧面草图，创建拉伸切除特征。

（3）使用扫掠命令创建螺纹特征。

第 12 章　高手应用案例 2
——造型设计应用

本章导读

产品造型设计一般来讲，主要是指从事工业产品如电子产品、机械设备等外观造型设计，通过造型、色彩、表面装饰和材料的运用而赋予产品以新的形态和新的品质，实现工程技术与美学艺术和谐统一。本章介绍的造型设计是创建一个固定零件，主要用于定位和约束相连接的零件，使用【特征】工具条中的命令进行创建。

学习要求	知识点 \ 学习目标	了解	理解	应用	实践
	掌握特征草图的绘制方法		√	√	√
	掌握拉伸和旋转命令		√	√	√
	掌握圆角、孔命令的使用方法		√	√	√

12.1 案例分析

12.1.1 案例分析——知识链接

零件的造型设计是一个整体的过程，有科学的步骤，一般按照如下的顺序进行设计。

1. 确定设计任务

设计人员在接受一个新机器的设计任务时，通常对所要设计的机器的认识并不是十分清楚。此时，应根据使用要求和工作条件，确定机器的功能范围及指标，明确设计需要解决的问题。

2. 确定方案设计

明确了设计需要解决的问题后，研究实现机器功能的可能性，提出可能实现机器功能的多种方案。每个方案应该包括原动机、传动机构和工作机构（对复杂的机器甚至还包括控制系统）。然后，在考虑机器的使用要求、现有的技术水平和经济性的基础上，综合运用各方面的知识与经验对各个方案进行分析。通过分析确定原动机；选定传动机构；确定工作机构的工作原理及应满足的工作参数，绘制原理工作图，完成机器的方案设计。

在方案设计过程中，要注意借鉴与采用同类机器成功的先例。同时，注意相关学科与技术的新成果的应用，如材料科学、制造技术和控制技术的发展使得原来不能实现的方案变为可能，这些都为方案设计的创新奠定了基础。

3. 技术设计

技术设计是机器设计的核心。在技术设计过程中，要完成各种设计计算、校核计算，产生总装配图、部件装配图和零件工作图。

技术设计大致包括以下工作：
(1) 运动学设计。
(2) 动力学计算。
(3) 零件设计。
(4) 总装配草图设计。
(5) 总装配图与零件工作图设计。

4. 编写技术文件

视情况与要求，编写机器的设计计算说明书、使用说明书、标准件明细表、外购件明细表、验收条件等。

12.1.2 案例分析——设计思路

本课将介绍的是一个固定零件的创建过程，首先绘制 XY 平面的草图，再创建拉伸特征；之后绘制零件平面上的草图，创建拉伸切除特征。最后创建孔特征，以及其他附属特征。

通过这个案例的操作，讲述 NX 特征创建的常见命令，将熟悉如下内容。

（1）拉伸即拉伸切除命令。

（2）孔命令。

（3）旋转切除命令。

（4）边倒圆命令。

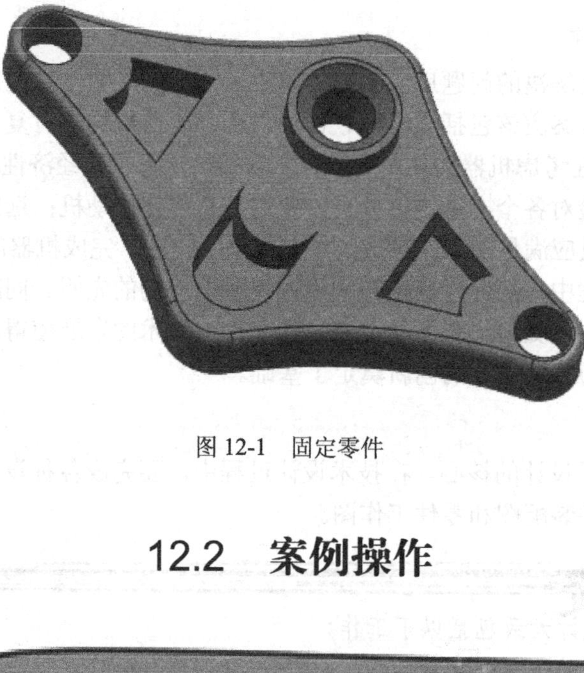

图 12-1 固定零件

12.2 案例操作

本案例完成文件：ywj/12/12-1.prt

多媒体教学路径：多媒体教学→第 12 章

12.2.1 创建拉伸基体

创建拉伸特征前，先绘制草图，草图的绘制由圆形、矩形等命令完成，最后使用修剪命令进行修剪。

Step1 创建草图

①单击【直接草图】工具条中的【草图】按钮，创建草图，如图 12-2 所示。

②在弹出的【创建草图】对话框中，单击【指定 CSYS】选项，指定草绘平面。

③在【创建草图】对话框中，单击【确定】按钮。

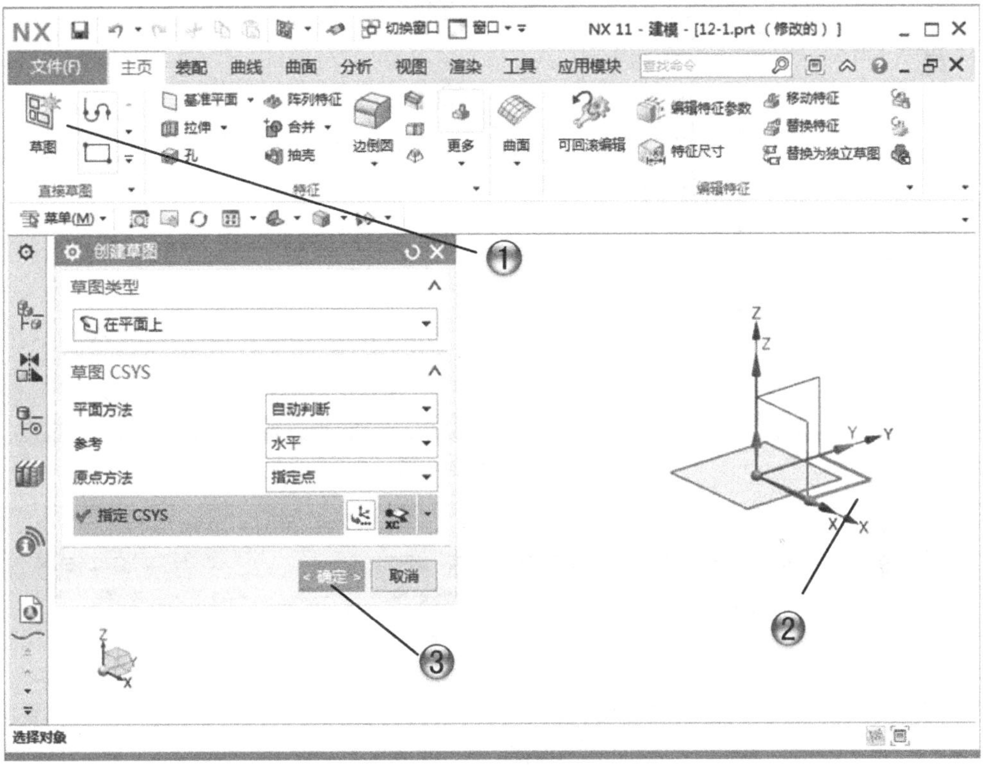

图 12-2　选择草绘面

Step2 绘制矩形和圆形

①单击【直接草图】工具条中的【矩形】按钮，绘制矩形，如图 12-3 所示。

②选择两点，绘制矩形。

③单击【直接草图】工具条中的【圆形】按钮，绘制圆形，如图 12-4 所示。

④选择两点，绘制两个圆形。

⑤单击【直接草图】工具条中的【圆形】按钮，绘制圆形，如图 12-5 所示。

⑥选择两点，绘制两个圆形。

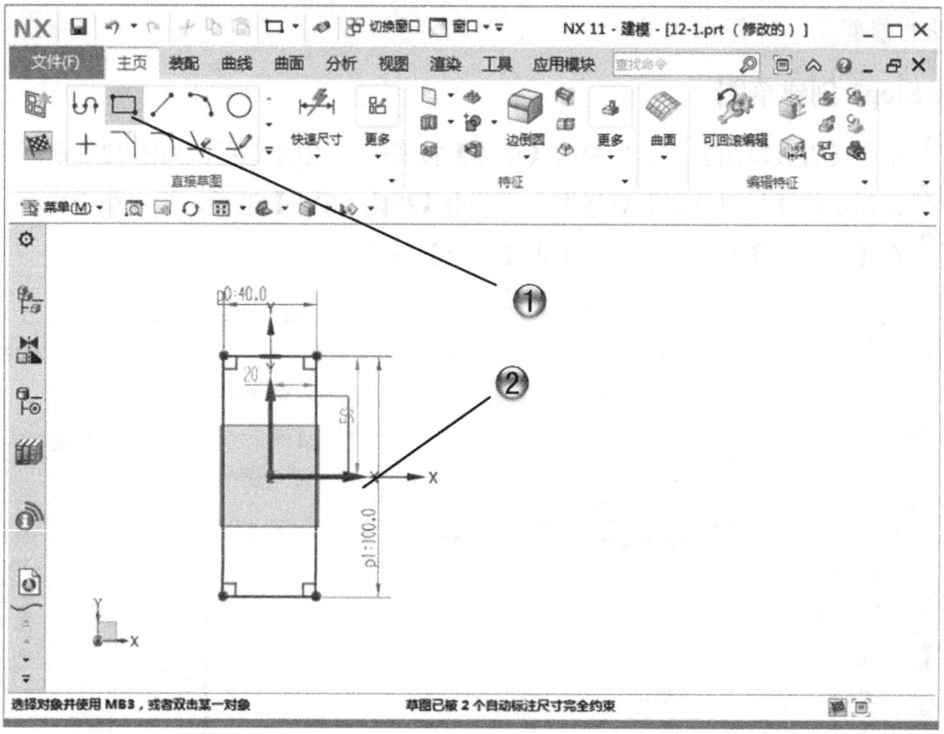

图 12-3　绘制矩形

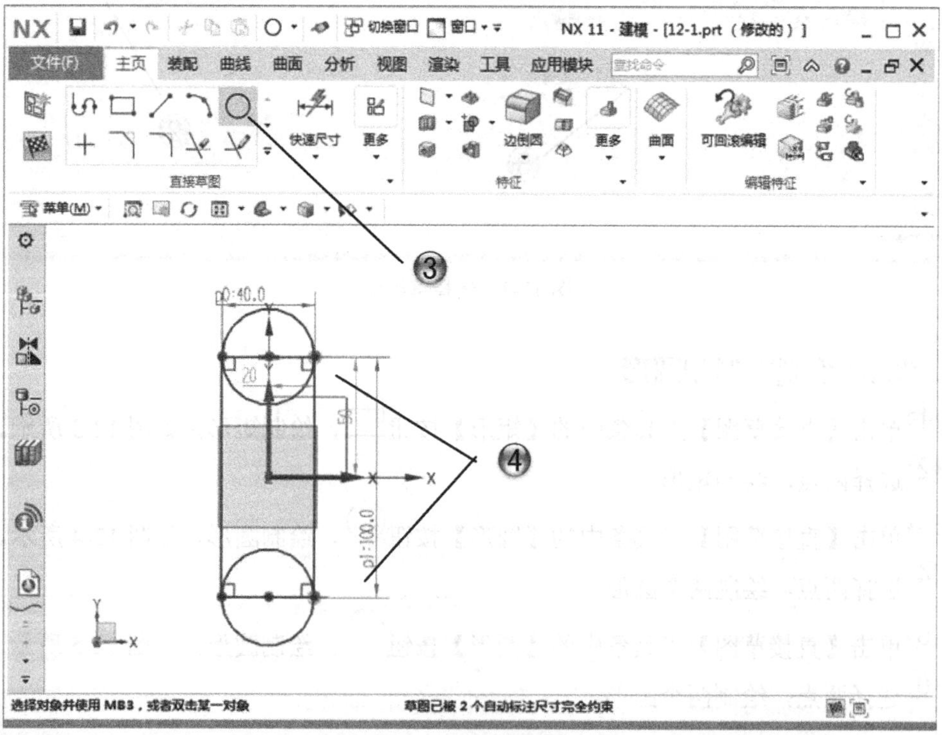

图 12-4　绘制两个圆形

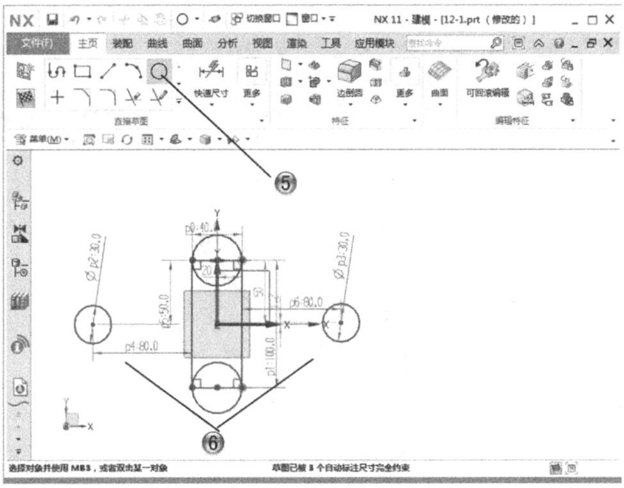

图 12-5　绘制两个圆形

提示

这里的圆形草图也可以镜像，可以根据自己熟悉的命令进行创建。

Step3 完成草图

① 单击【直接草图】工具条中的【三点圆弧】按钮，绘制圆弧，如图 12-6 所示。

② 选择三点，绘制四条圆弧。

③ 单击【直接草图】工具条中的【修剪】按钮，修剪草图，如图 12-7 所示。

④ 划过草图，修剪直线和圆弧。

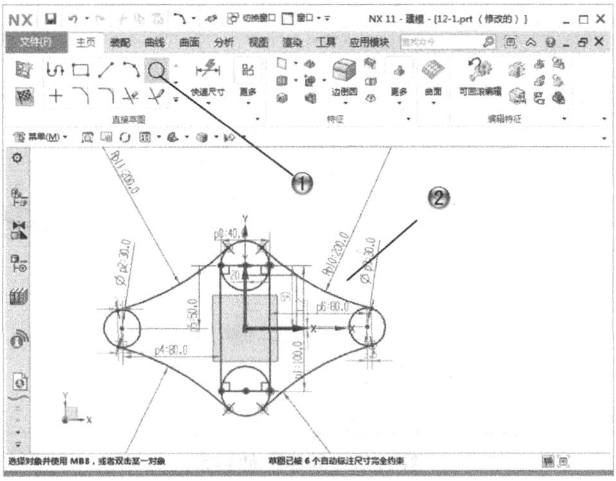

图 12-6　绘制四个圆弧线

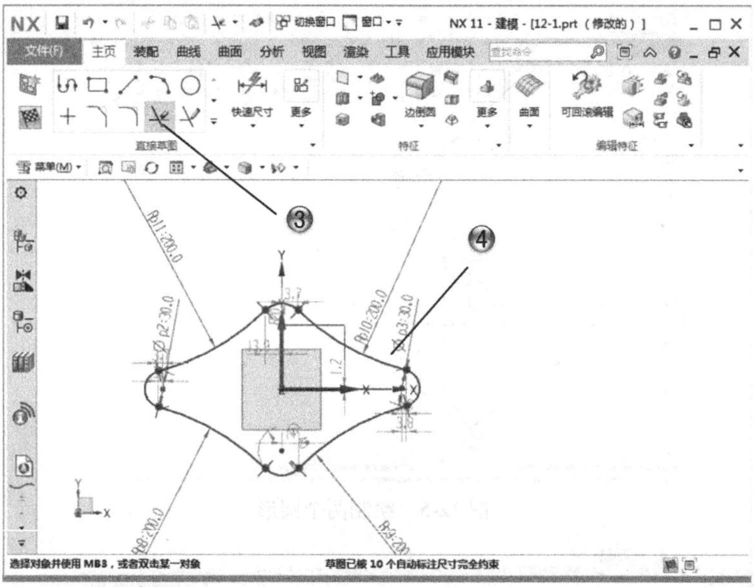

图 12-7　修剪草图

Step4 创建拉伸特征

① 单击【特征】工具条中的【拉伸】按钮，创建拉伸特征，如图 12-8 所示。

② 在绘图区，选择草图。

③ 在弹出的【拉伸】对话框中，设置拉伸参数。

④ 单击【拉伸】对话框中的【确定】按钮，完成拉伸特征。

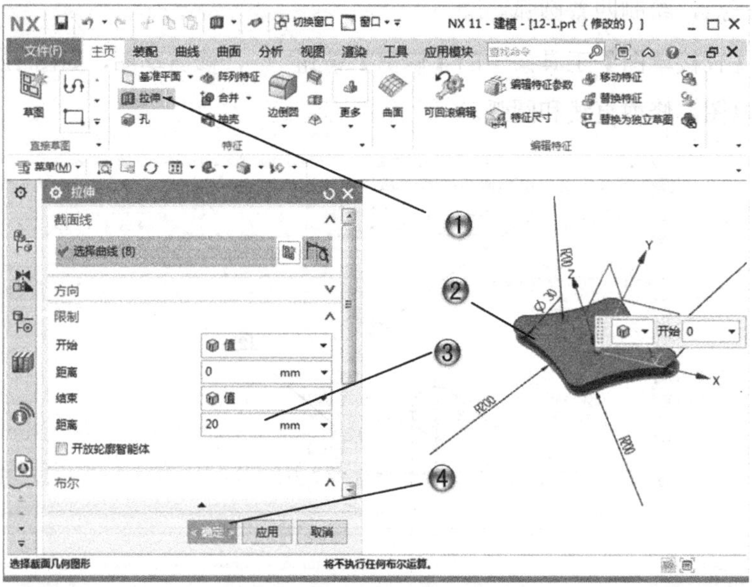

图 12-8　创建拉伸特征

12.2.2 创建切除特征和孔

固定零件的切除特征草图，是由三个较小的草图构成，分别进行绘制和复制；在孔创建的时候，注意设置孔的位置。

Step1 创建草图

① 单击【直接草图】工具条中的【草图】按钮，创建草图，如图 12-9 所示。

② 在弹出的【创建草图】对话框中，单击【指定 CSYS】选项，指定草绘平面。

③ 在【创建草图】对话框中，单击【确定】按钮。

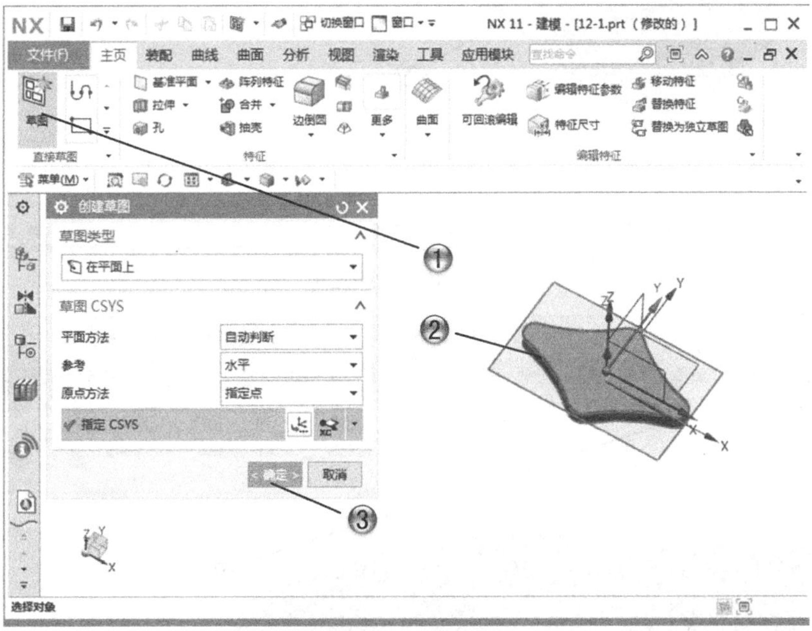

图 12-9 创建草图

Step2 绘制下方草图

① 单击【直接草图】工具条中的【矩形】按钮，绘制矩形，如图 12-10 所示。

② 选择两点，绘制矩形。

③ 单击【直接草图】工具条中的【三点圆弧】按钮，绘制圆弧，如图 12-11 所示。

④ 选择三点，绘制两条圆弧。

⑤ 单击【直接草图】工具条中的【修剪】按钮，修剪草图，如图 12-12 所示。

⑥ 在绘图区，修剪直线。

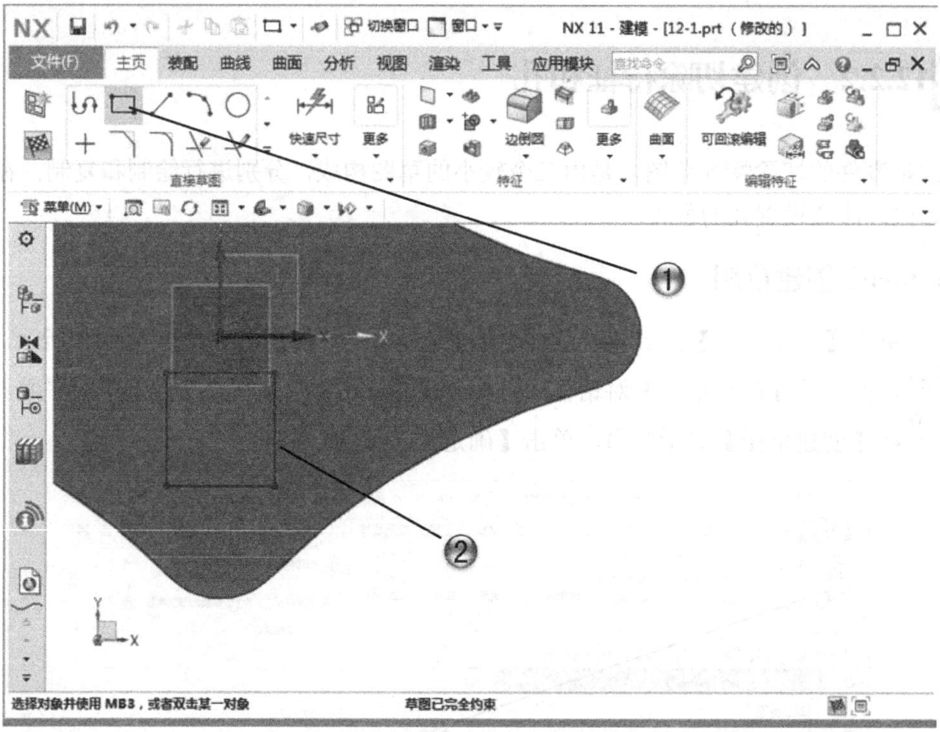

图 12-10　绘制矩形

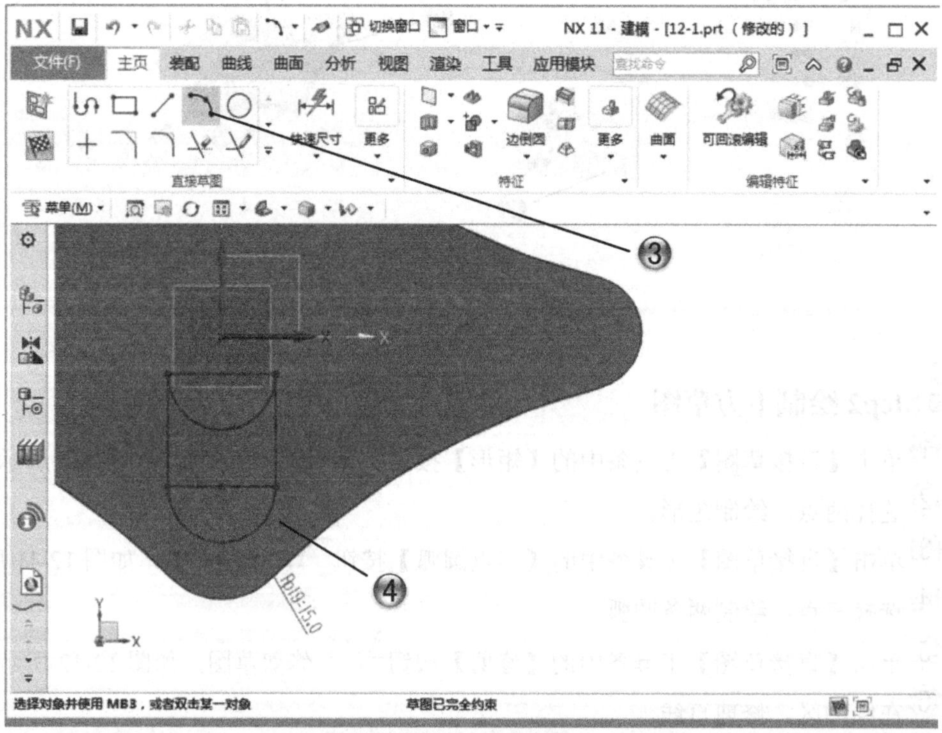

图 12-11　绘制半圆弧

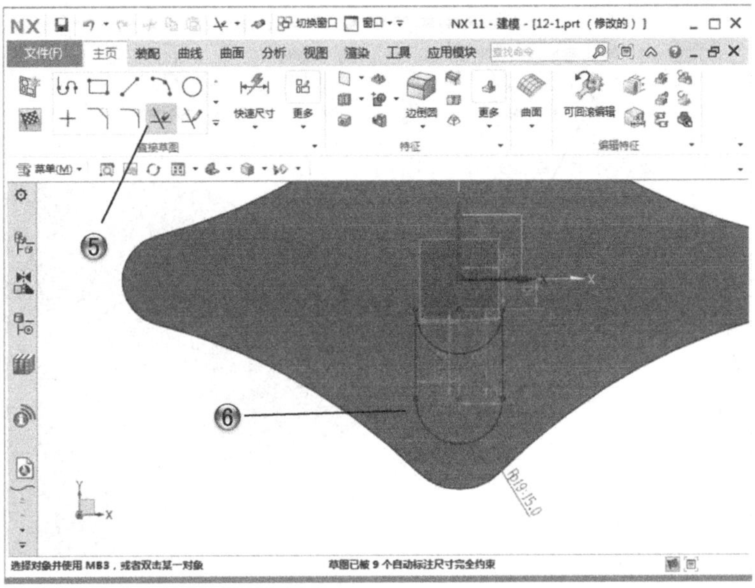

图 12-12　修剪草图

Step3 创建左侧草图

1 单击【直接草图】工具条中的【直线】按钮，绘制直线，如图 12-13 所示。

2 选择两点，绘制三条直线。

3 单击【直接草图】工具条中的【三点圆弧】按钮，绘制圆弧，如图 12-14 所示。

4 选择三点，绘制圆弧。

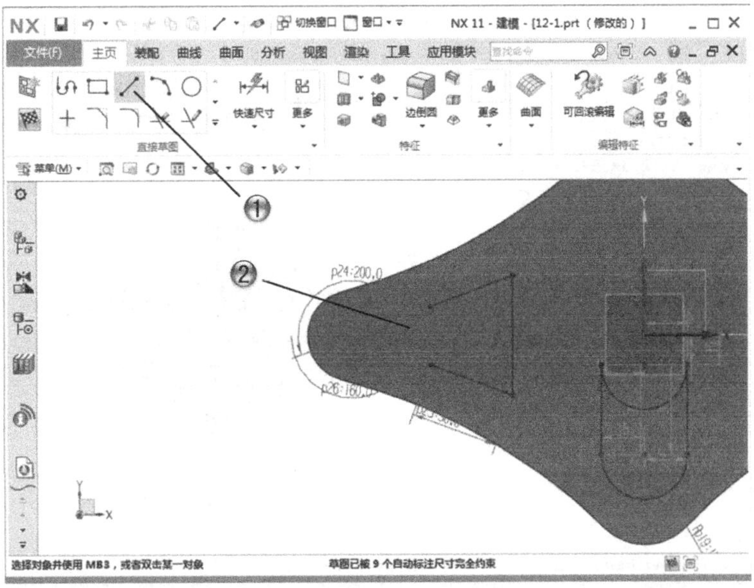

图 12-13　绘制直线草图

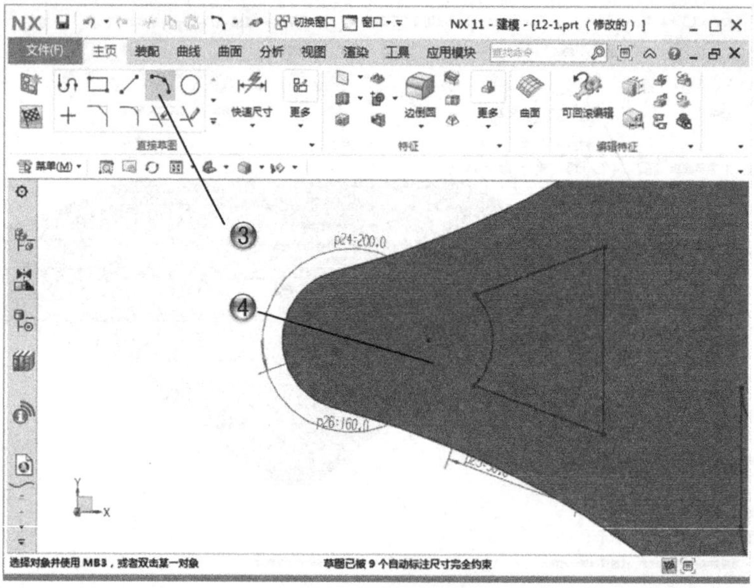

图 12-14　绘制圆弧

Step4 镜像草图

①单击【直接草图】工具条中的【镜像曲线】按钮，镜像草图，如图 12-15 所示。

②单击选择要镜像的曲线，如图 12-16 所示。

③单击选择中心线。

④单击【镜像曲线】对话框中的【确定】按钮。

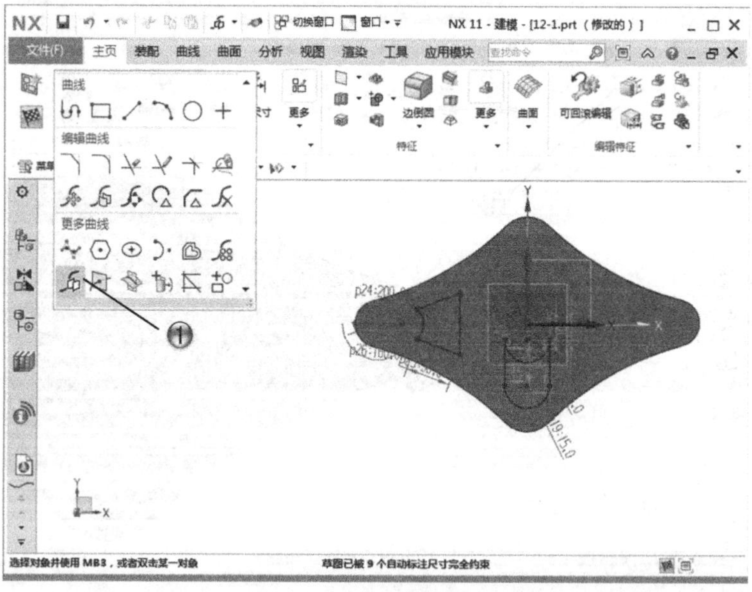

图 12-15　选择镜像命令

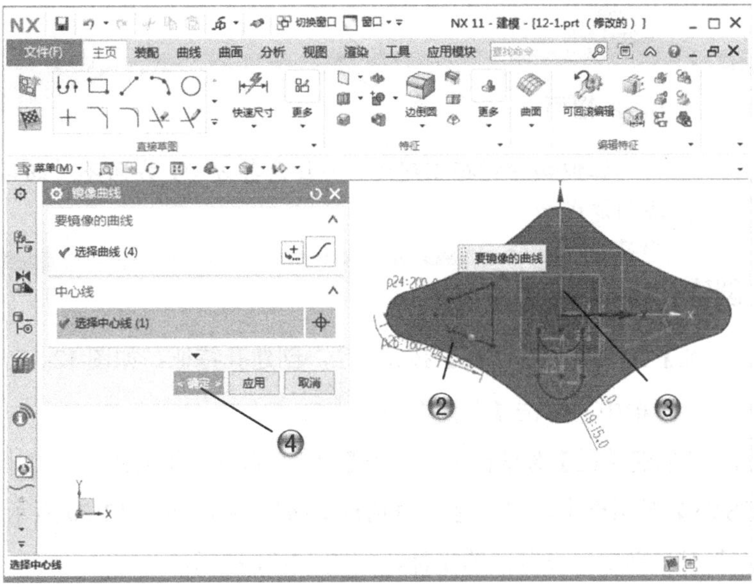

图 12-16　镜像草图

Step5 创建拉伸切除特征

① 单击【特征】工具条中的【拉伸】按钮，创建拉伸切除特征，如图 12-17 所示。

② 在绘图区，选择草图。

③ 在弹出的【拉伸】对话框中，设置拉伸参数和布尔减运算。

④ 单击【拉伸】对话框中的【确定】按钮，完成拉伸切除特征。

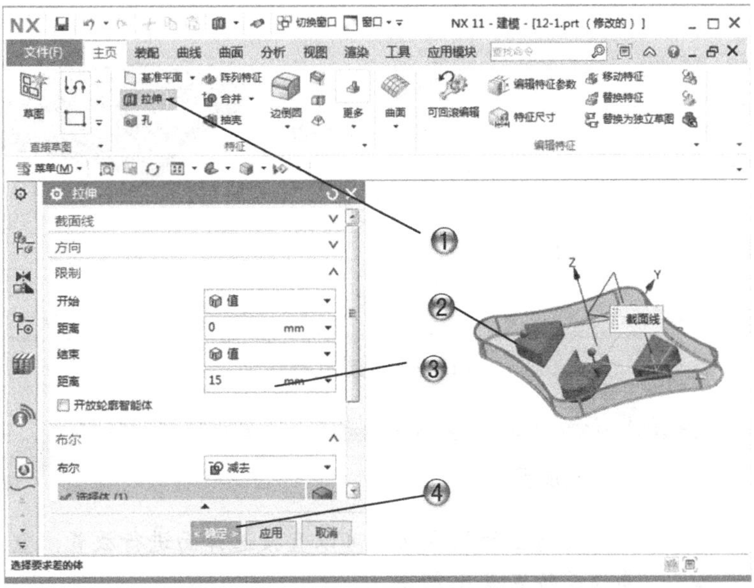

图 12-17　创建拉伸切除特征

提示

拉伸切除特征创建时，要注意其方向，方向不对的话无法创建成功。

Step6 创建孔特征

① 单击【特征】工具条中的【孔】按钮，创建孔特征，如图 12-18 所示。

② 在【孔】对话框中，单击【草图】按钮。

③ 在弹出的【创建草图】对话框中，单击【CSYS 对话框】按钮，如图 12-19 所示。

④ 在【CSYS】对话框中，单击【点对话框】按钮，如图 12-20 所示。

⑤ 在【点】对话框中，设置点的坐标，如图 12-21 所示。

⑥ 单击【点】对话框中的【确定】按钮。

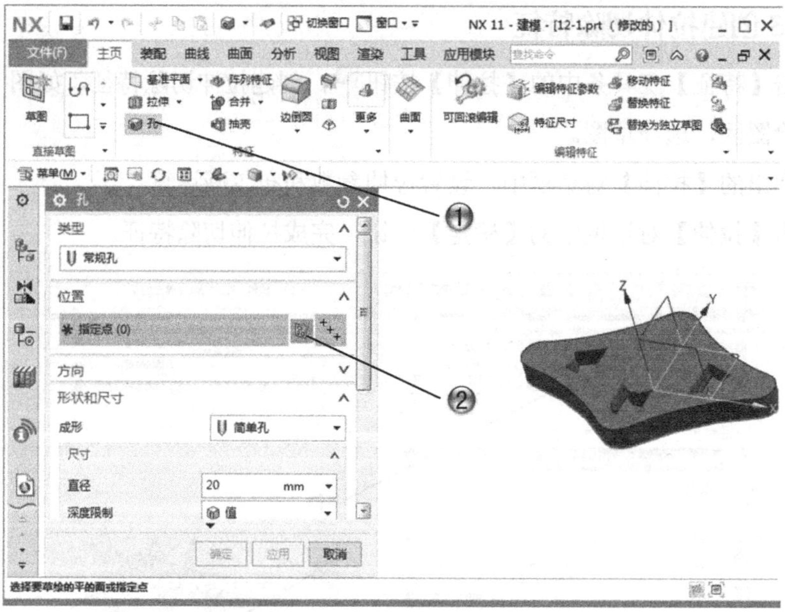

图 12-18　创建孔特征

提示

孔特征的放置面，可以直接选择面进行放置，重要的是位置设置方法。

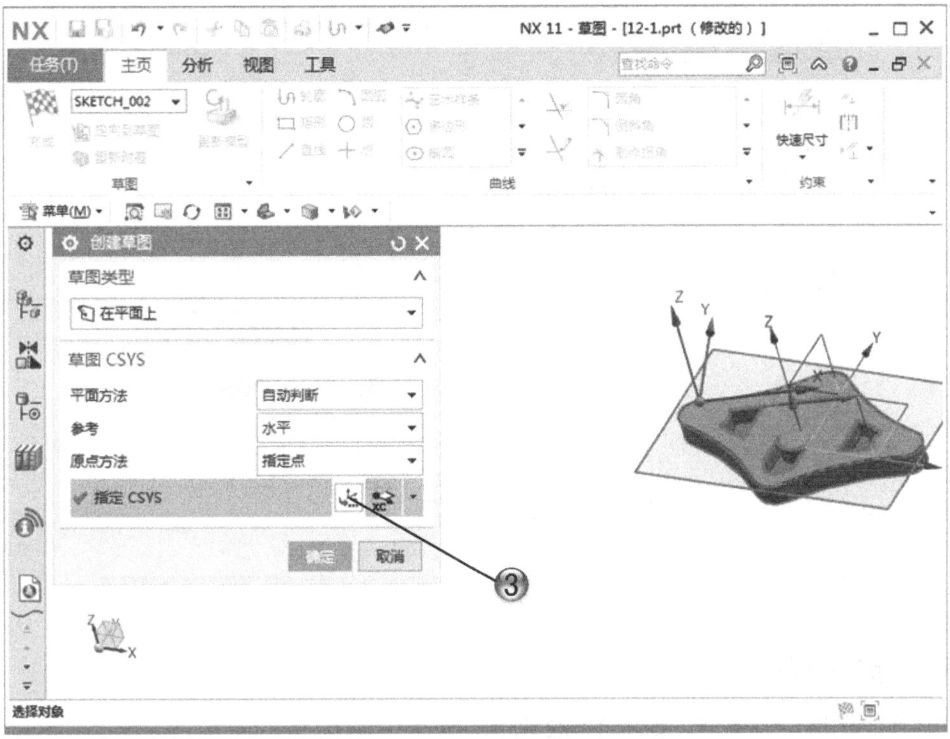

图 12-19　选择草绘面

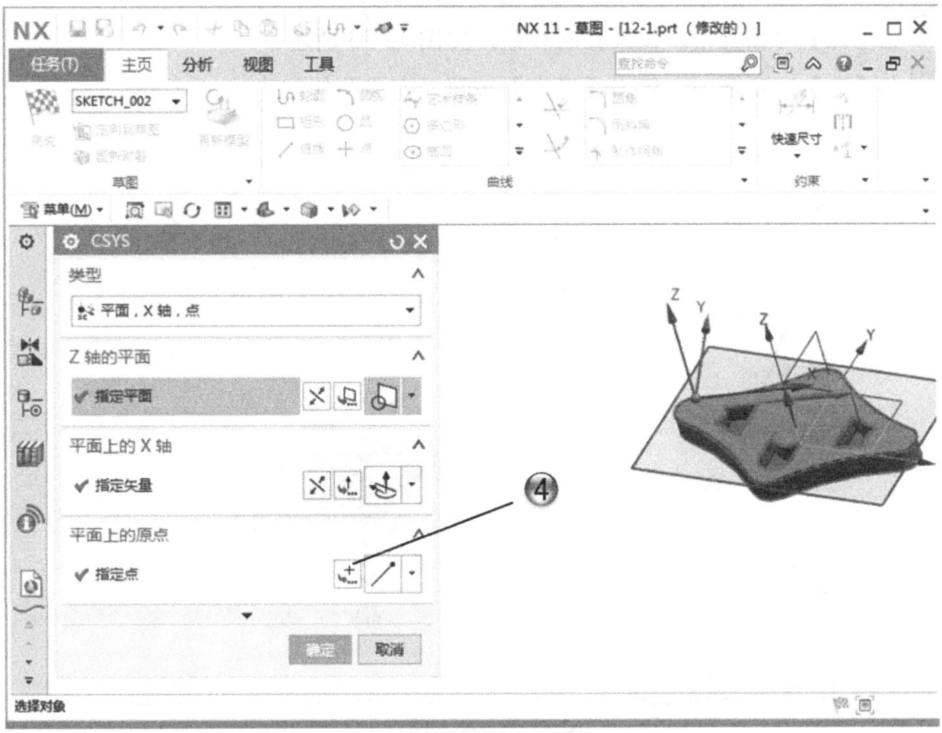

图 12-20　指定点

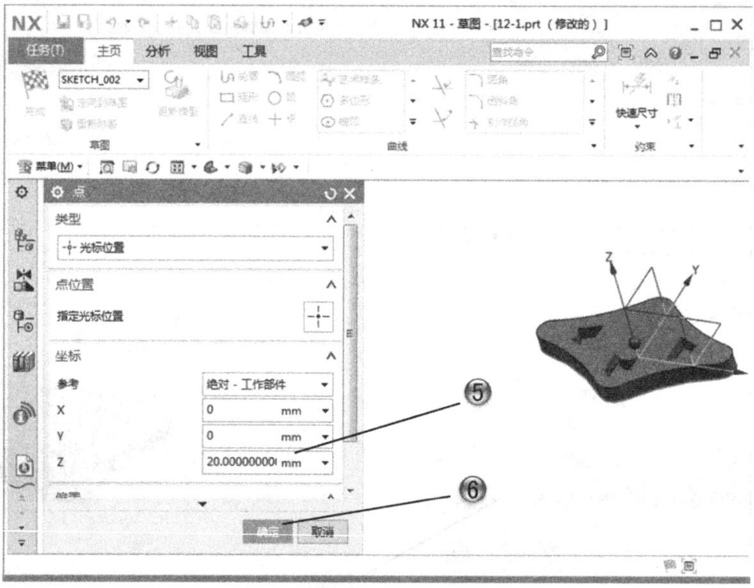

图 12-21　设置点的坐标

Step7 完成孔

1. 在绘图区绘制两点，如图 12-22 所示。
2. 在【主页】工具条中，单击【完成】按钮。
3. 在【孔】对话框中，设置孔的参数，如图 12-23 所示。
4. 在【孔】对话框中，单击【确定】按钮，完成孔的创建。

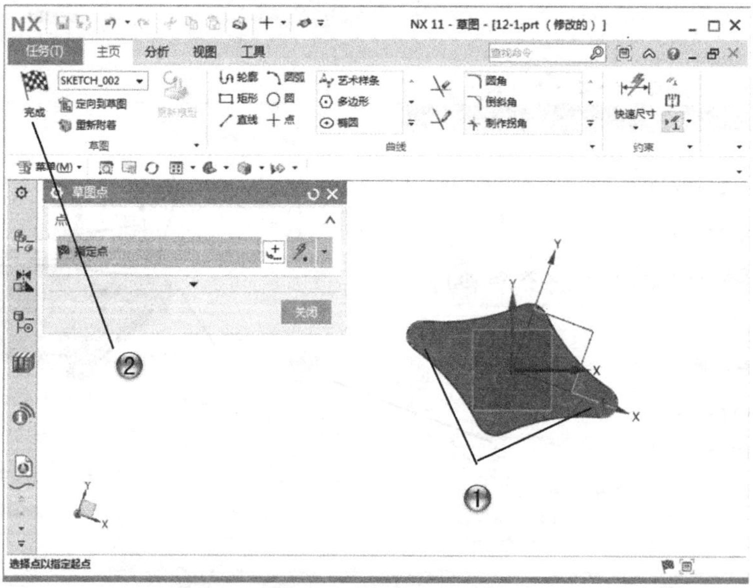

图 12-22　绘制两个点

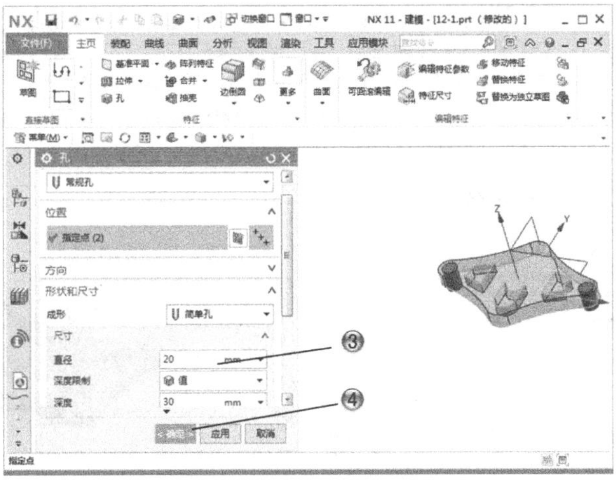

图 12-23　设置孔的参数

12.2.3　创建附属特征

在之前创建的零件基础上，创建拉伸特征，并在侧面上绘制旋转草图，之后使用旋转命令创建切除特征，最后使用边倒圆命令创建倒圆角。

Step1 创建草图

① 单击【直接草图】工具条中的【草图】按钮，创建草图，如图 12-24 所示。

② 在弹出的【创建草图】对话框中，单击【CSYS 对话框】按钮。

③ 在【CSYS】对话框中，单击【点对话框】按钮，如图 12-25 所示。

④ 在【点】对话框中，设置点的坐标，如图 12-26 所示。

⑤ 单击【点】对话框中的【确定】按钮。

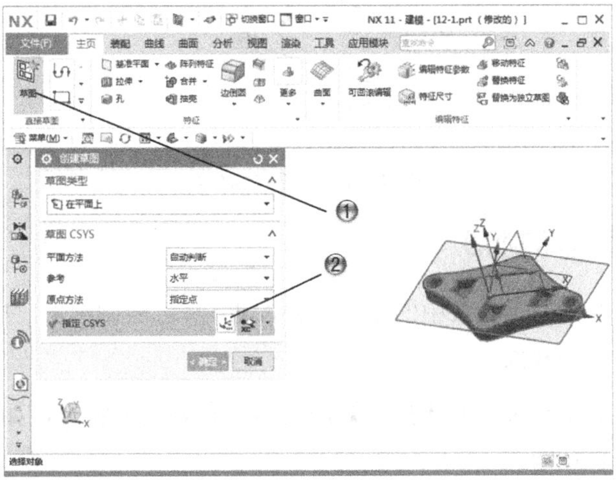

图 12-24　创建草图

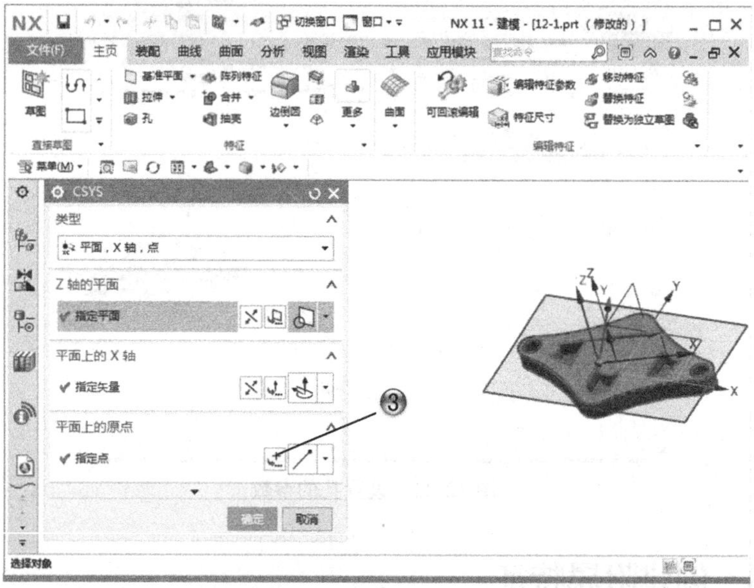

图 12-25　指定点

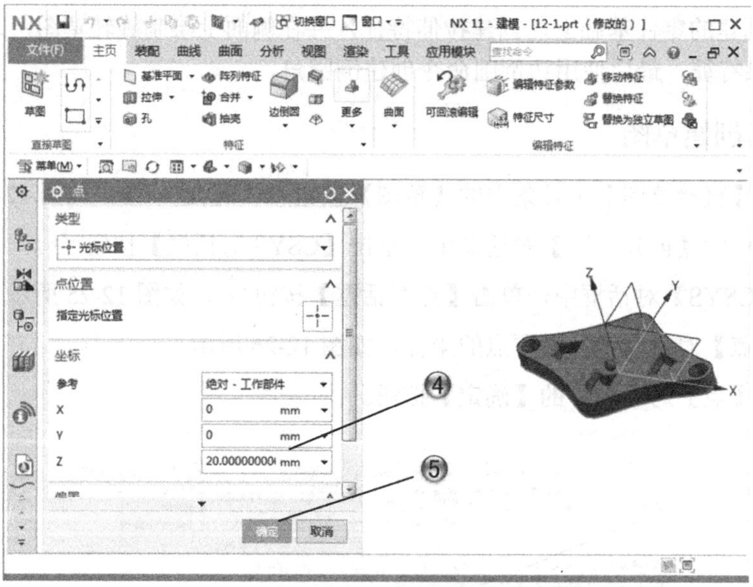

图 12-26　设置点的坐标

Step2 绘制矩形和圆形

① 单击【直接草图】工具条中的【圆形】按钮◯，绘制圆形，如图 12-27 所示。

② 选择两点，绘制圆形。

③ 单击【特征】工具条中的【拉伸】按钮，创建拉伸特征，如图 12-28 所示。

④ 在图形区选择草图。

⑤ 在【拉伸】对话框中，设置参数。

⑥单击【拉伸】对话框中的【确定】按钮，完成拉伸特征。

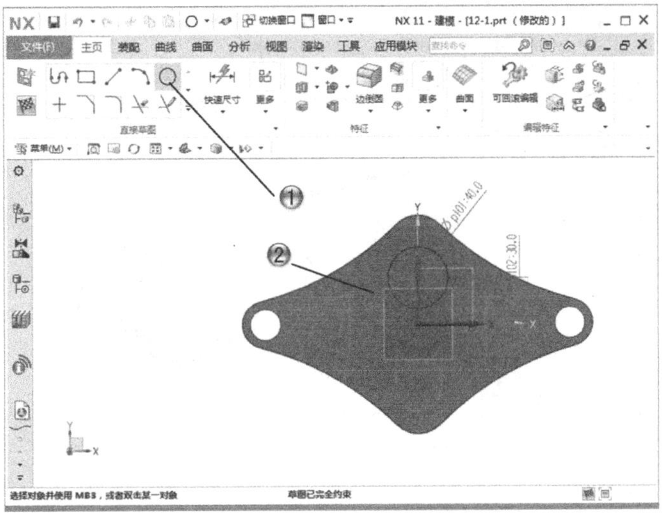

图 12-27　绘制圆形

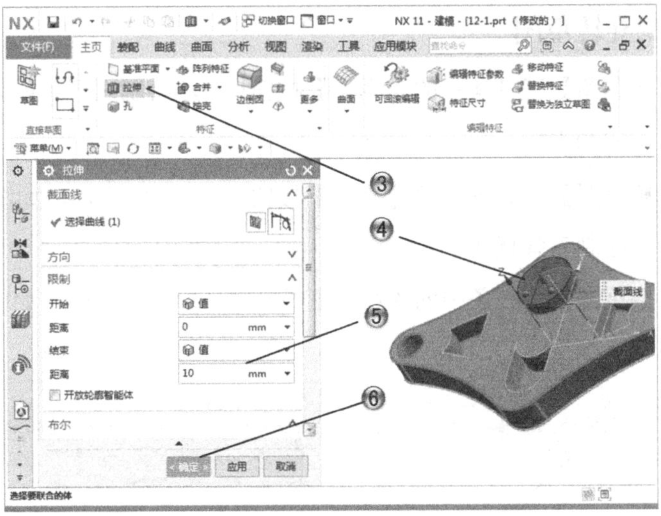

图 12-28　创建拉伸特征

提示

这里的拉伸特征，注意在【布尔】选项里选择布尔加选项。

Step3 创建草图

①单击【直接草图】工具条中的【草图】按钮，创建草图，如图 12-29 所示。

②在弹出的【创建草图】对话框中，单击【指定 CSYS】选项，指定草绘平面。

③在【创建草图】对话框中，单击【确定】按钮。

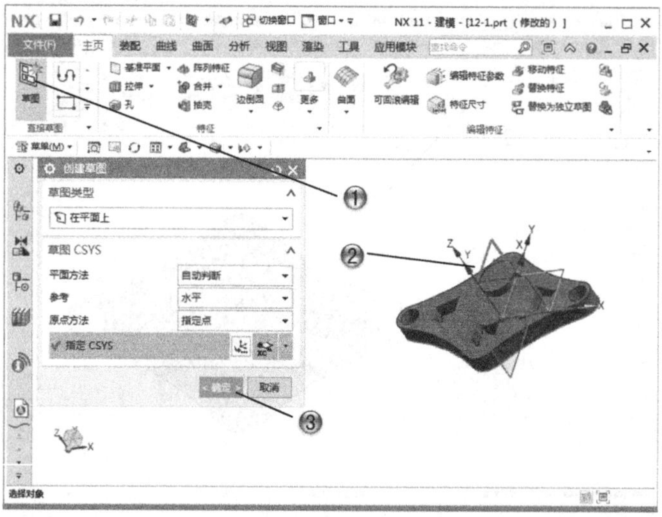

图 12-29　创建草图

Step4 绘制旋转草图

①单击【直接草图】工具条中的【矩形】按钮，绘制矩形，如图 12-30 所示。

②选择两点，绘制矩形。

③单击【直接草图】工具条中的【直线】按钮，绘制梯形，如图 12-31 所示。

④选择两点，绘制三条直线。

⑤单击【直接草图】工具条中的【修剪】按钮，修剪草图，如图 12-32 所示。

⑥划过草图，修剪直线和圆弧。

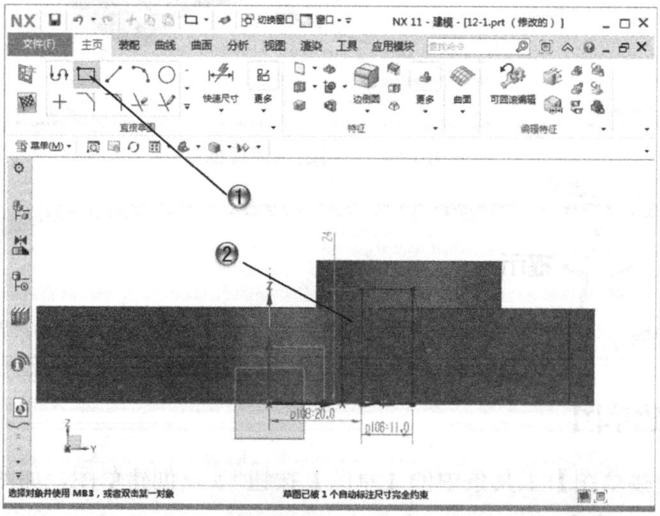

图 12-30　绘制矩形

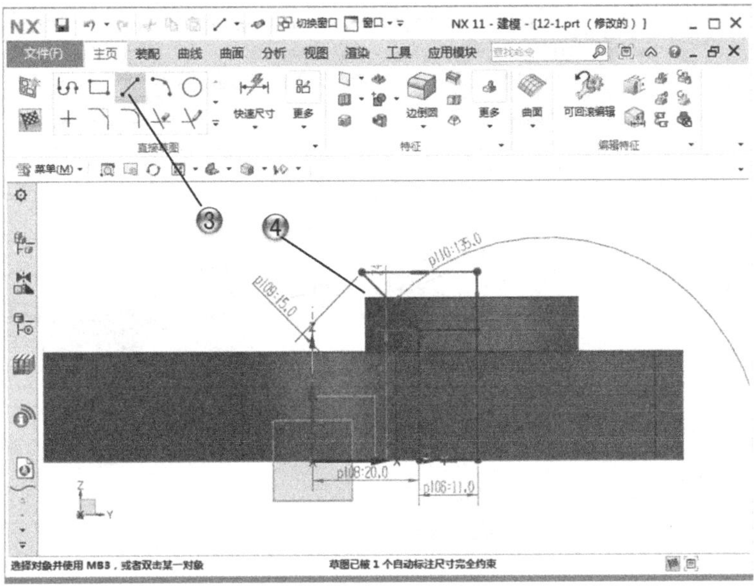

图 12-31　绘制直线图形

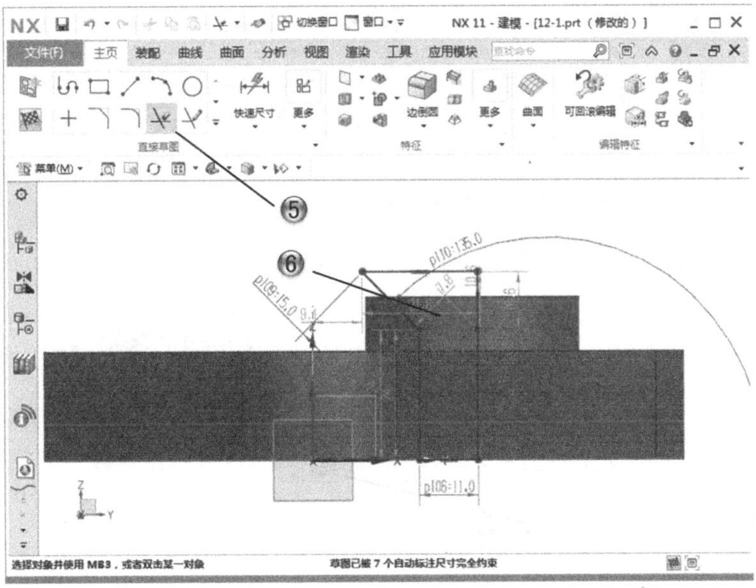

图 12-32　修剪草图

Step5 创建旋转切除特征

①单击【特征】工具条中的【旋转】按钮，创建旋转切除特征，如图 12-33 所示。

②在绘图区，选择截面草图和轴。

③在弹出的【旋转】对话框中，设置参数和布尔减运算，如图 12-34 所示。

④在【旋转】对话框中，单击【确定】按钮。

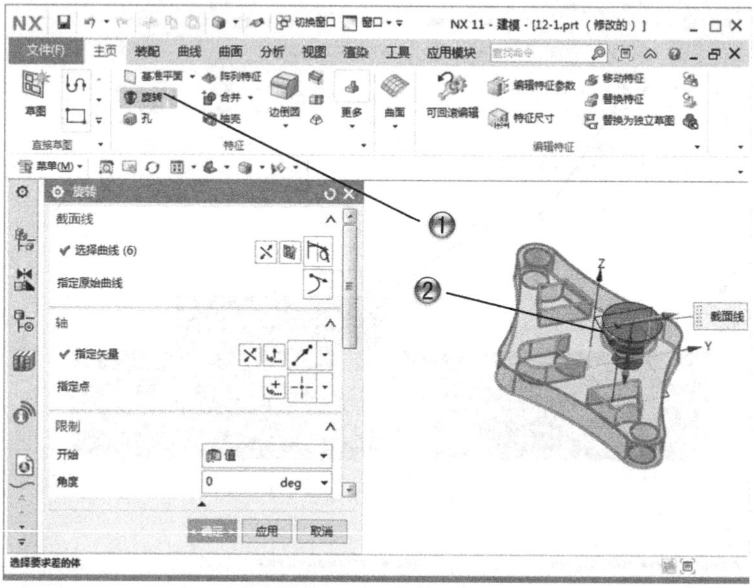

图 12-33　创建旋转特征

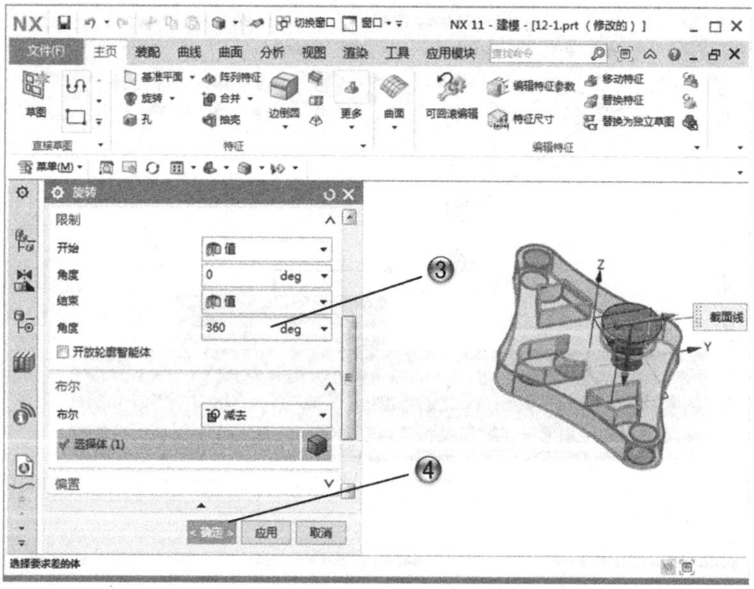

图 12-34　设置布尔减特征

Step6 创建边倒圆特征

① 单击【特征】工具条中的【边倒圆】按钮，创建边倒圆特征，如图 12-35 所示。
② 在绘图区，选择倒角的边线。
③ 在弹出的【边倒圆】对话框中，设置圆角参数参数。
④ 单击【边倒圆】对话框中的【确定】按钮，完成边倒圆特征，结果如图 12-36 所示。

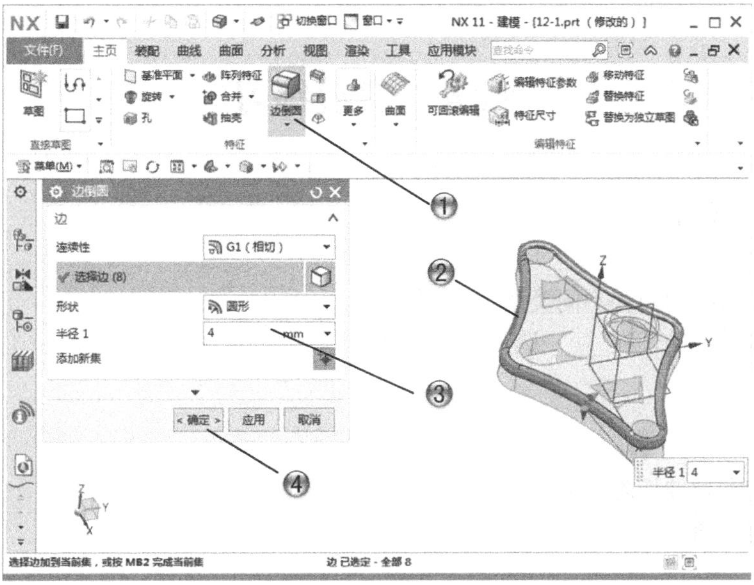

图 12-35　创建边倒圆特征

图 12-36　完成模型

12.3　本章小结

本章介绍创建一个固定零件的过程，零件本身都由拉伸和旋转特征构成，并利用孔、圆角等命令创建其余特征。通过对整体零件的设计和创建，可以对 NX 造型设计更加熟悉。

12.4　课后练习

12.4.1　填空题

（1）拉伸特征的两种不同类型_____和_____。

（2）旋转特征的轴在_____选项进行选择。

答案：

（1）拉伸和拉伸切除类型。

（2）指定矢量。

12.4.2　问答题

（1）特征布尔运算的另一种创建方法是什么？

（2）倒圆角和倒斜角的共同点是什么？

答案：

（1）先创建特征，并在【布尔】选项组选择不进行运算，之后使用布尔命令单独进行特征布尔运算。

（2）都需要选择倒角边线。

12.4.3　操作题

本章练习创建杆状零件，学习使用各种特征操作命令，如图 12-37 所示。

图 12-37　杆状零件

练习内容：

（1）依次创建草图，创建拉伸特征。

（2）创建侧面草图，创建拉伸切除特征。

（3）使用扫掠命令创建螺纹特征。

第 13 章　高手应用案例 3 ——曲面设计应用

本章导读

曲面设计是 NX 软件的重要组成部分，也是体现 CAD/CAM 软件建模能力的重要标志。用户可以通过曲面设计模块创建出风格多变的曲面造型，以满足不同产品的设计要求。本章通过实例，详细地介绍了设计曲面产品的全部过程。

学习要求	知识点 \ 学习目标	了解	理解	应用	实践
	掌握拉伸面的应用		√	√	√
	掌握曲线组曲面的应用		√	√	√
	掌握四点曲面和有界平面命令		√	√	√
	掌握曲面裁剪的方法		√	√	√

13.1 案例分析

13.1.1 案例分析——知识链接

在 Siemens NX 11 软件中，曲线的构造中有点、点集，以及各类曲线的生成功能，包括直线、圆弧、矩形、多边形、椭圆样条曲线和二次曲线等；在曲线的编辑功能中，用户可以实现曲线修剪、编辑曲线参数和拉伸曲线等多种曲线编辑功能。在 NX 软件中，曲线的操作功能还包括曲线的连接、投影、简化和偏移等功能。

曲线的设计主要通过【曲线】和【编辑曲线】两个工具条中的功能按钮命令来完成。这些工具条分别用于曲线的构造和编辑。另外，可以在【菜单】|【插入】|【曲线】命令中，选择需要的曲线命令。

自由表面是指几何形状复杂、数学上不能够用二次方程来描述的曲面。在实际的曲面建模中，只使用简单的特征建模方式就可以完成曲面产品设计的情况是非常有限的。因此，可以通过【曲面】工具条中的命令来进行曲面操作。

13.1.2 案例分析——设计思路

本课将介绍一个钟形零件曲面的裁剪过程。创建曲面首先要有基础曲线，因此创建空间曲线是第一步，之后在曲线的基础上进行曲面的创建。本章案例通过曲线组曲面命令，创建了基本的曲面架构，之后使用曲面编辑的命令在曲面上进行新增和修剪曲面，形成最终的模型。

通过案例的操作，讲述 NX 曲面创建的常见命令，将熟悉如下内容。

（1）基础曲线的创建。

（2）曲线组曲面命令。

（3）四点曲面和偏移曲面等命令。

（4）曲面编辑的方法。

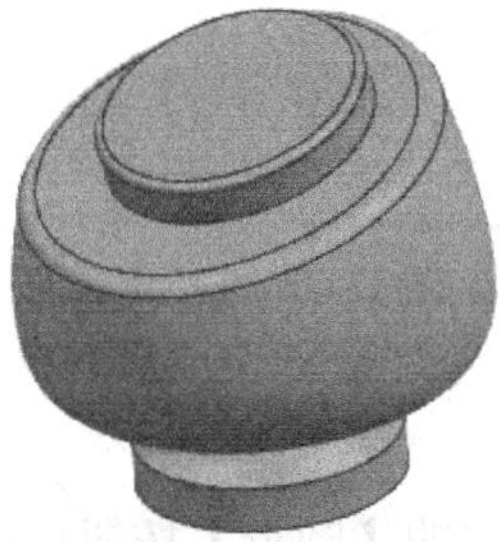

图 13-1　钟形零件曲面

13.2 案例操作

本案例完成文件：ywj/13/13-1.prt

多媒体教学路径：多媒体教学→第 13 章

13.2.1 创建底座曲面

创建曲面模型前，先创建圆形曲线，之后使用拉伸命令创建拉伸曲面；再依次创建不同平面上的曲线，完成曲线组曲面。

Step1 创建草图

① 单击【直接草图】工具条中的【草图】按钮，创建草图，如图 13-2 所示。

② 在弹出的【创建草图】对话框中，单击【指定 CSYS】选项，指定草绘平面。

③ 在【创建草图】对话框中，单击【确定】按钮。

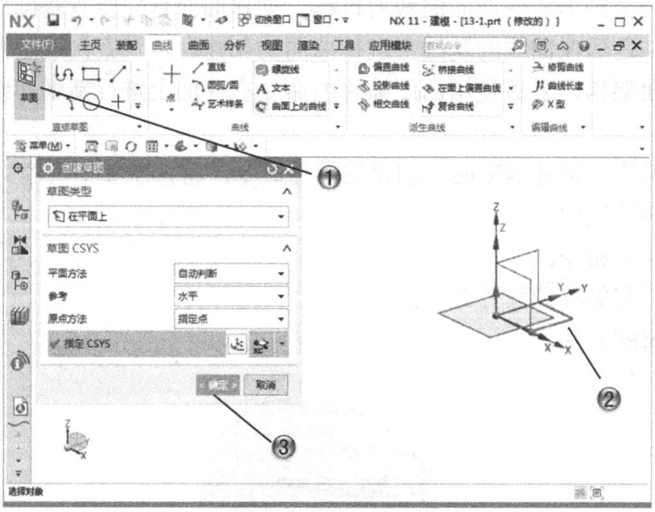

图 13-2　选择草绘面

Step2 创建拉伸曲面

① 单击【直接草图】工具条中的【圆形】按钮，绘制圆形，如图 13-3 所示。

② 选择两点，绘制圆形。

③单击【特征】工具条中的【拉伸】按钮，创建拉伸曲面，如图 13-4 所示。

④在绘图区，选择草图。

⑤在弹出的【拉伸】对话框中，设置拉伸参数。

⑥单击【拉伸】对话框中的【确定】按钮，完成拉伸曲面。

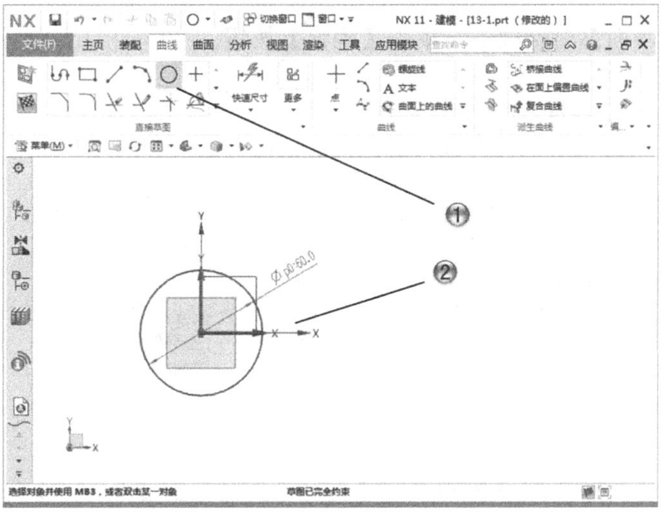

图 13-3　绘制圆形

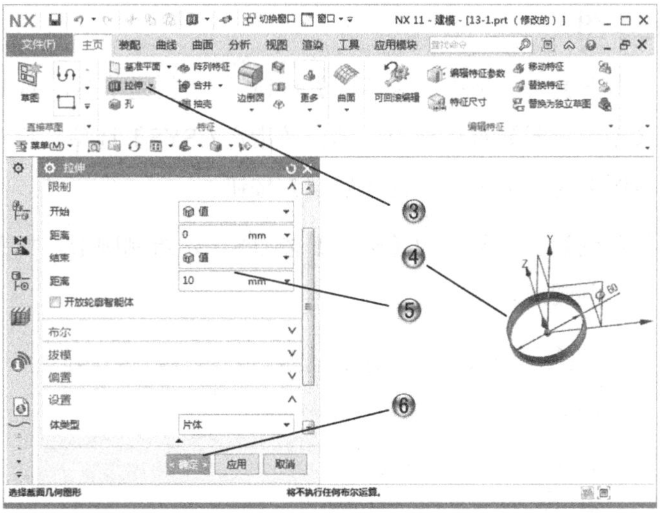

图 13-4　创建拉伸曲面

提示

拉伸命令可以生成实体，也可以生成片体，注意在【体类型】选项中进行选择。

Step3 创建基准面

① 单击【主页】工具条中的【基准平面】按钮，创建基准平面，如图 13-5 所示。
② 在绘图区，选择参考平面。
③ 在【基准平面】对话框中，设置距离参数。
④ 在【基准平面】对话框中，单击【确定】按钮。

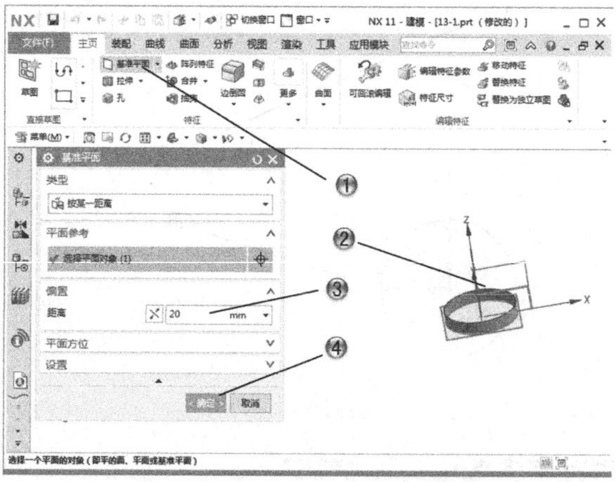

图 13-5　创建基准面

Step4 创建草图

① 单击【直接草图】工具条中的【草图】按钮，创建草图，如图 13-6 所示。
② 在弹出的【创建草图】对话框中，单击【指定 CSYS】选项，指定草绘平面。
③ 在【创建草图】对话框中，单击【确定】按钮。
④ 单击【直接草图】工具条中的【圆形】按钮，绘制圆形，如图 13-7 所示。
⑤ 选择两点，绘制圆形。

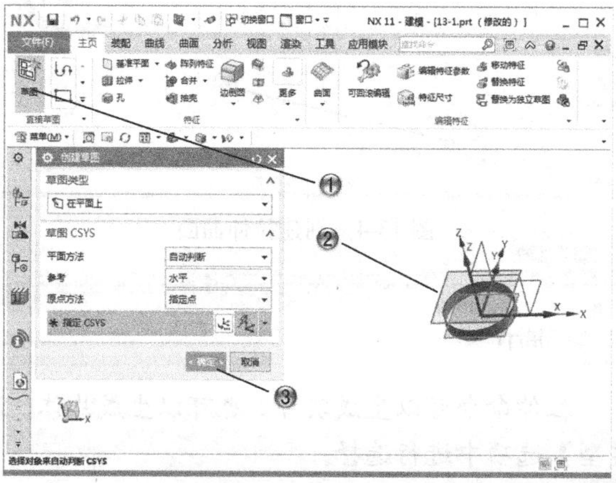

图 13-6　创建草图

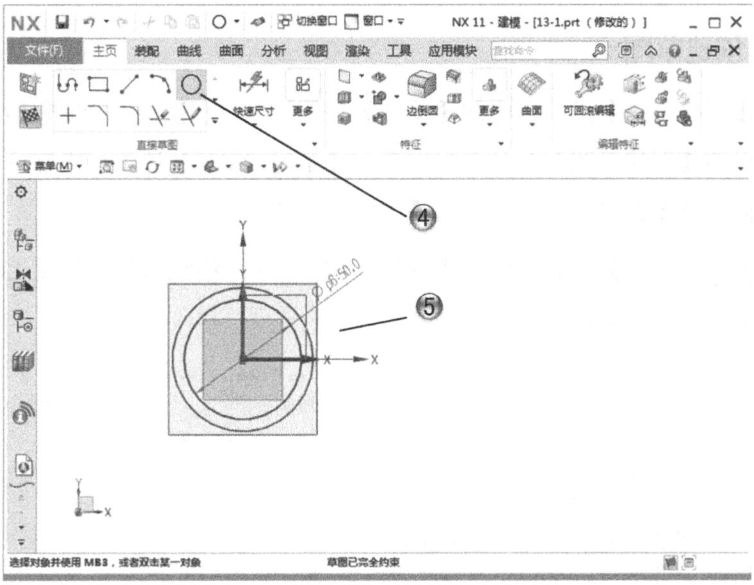

图 13-7　绘制圆形

Step5 创建基准面

① 单击【主页】工具条中的【基准平面】按钮，创建基准平面，如图 13-8 所示。

② 在绘图区，选择参考平面。

③ 在【基准平面】对话框中，设置距离参数。

④ 在【基准平面】对话框中，单击【确定】按钮。

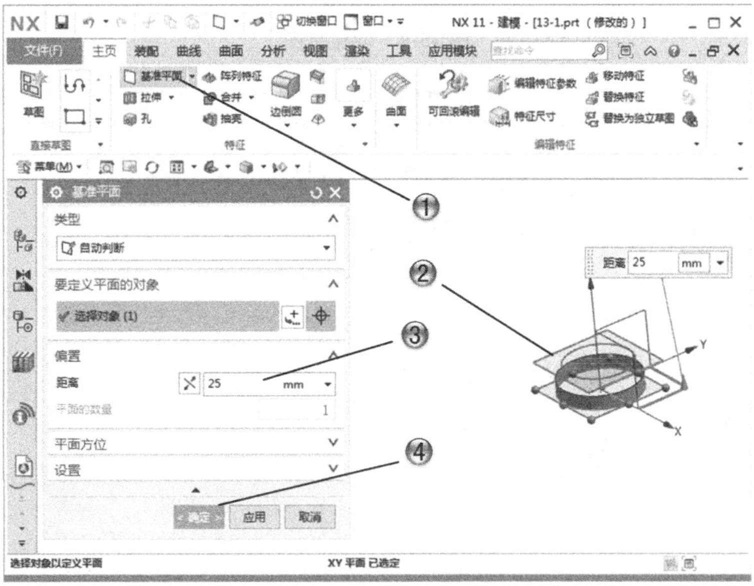

图 13-8　创建基准面

Step6 创建草图

① 单击【直接草图】工具条中的【草图】按钮，创建草图，如图 13-9 所示。

② 在弹出的【创建草图】对话框中，单击【指定 CSYS】选项，指定草绘平面。

③ 在【创建草图】对话框中，单击【确定】按钮。

④ 单击【直接草图】工具条中的【圆形】按钮○，绘制圆形，如图 13-10 所示。

⑤ 选择两点，绘制圆形。

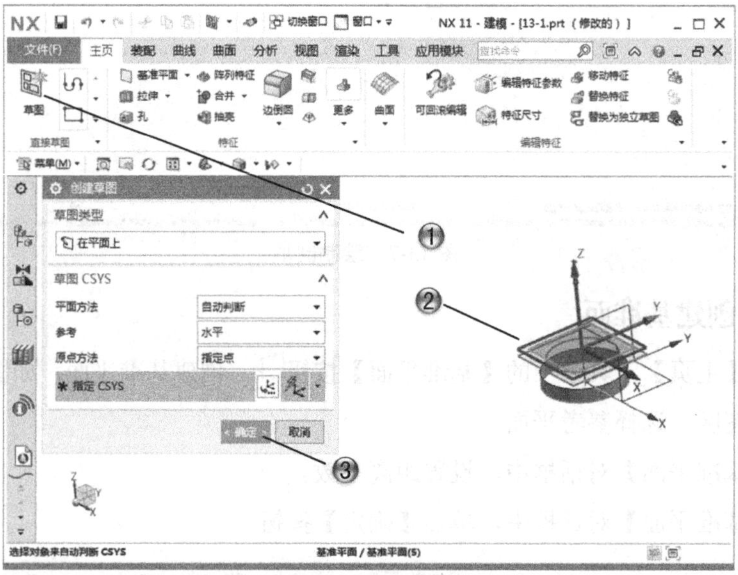

图 13-9　创建草图

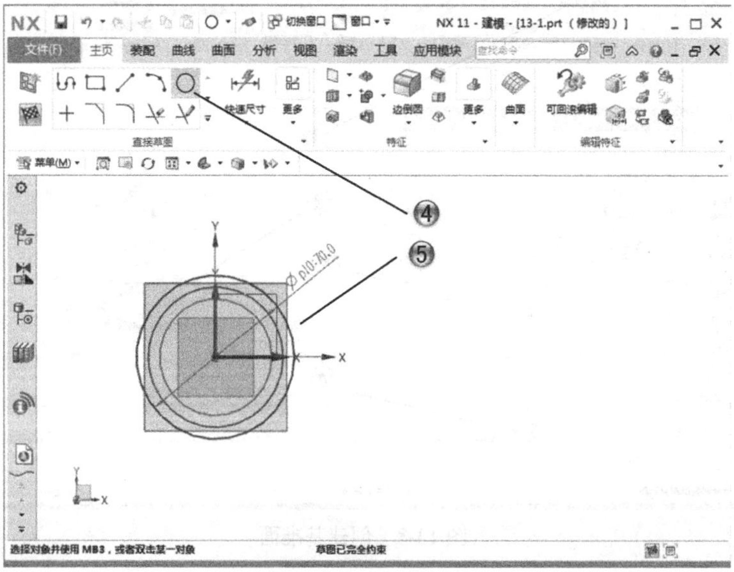

图 13-10　绘制圆形

Step7 创建曲线组曲面

① 单击【曲面】工具条中的【通过曲线组】按钮，创建曲面，如图 13-11 所示。

② 在绘图区，依次选择空间曲线。

③ 在【通过曲线组】对话框中，设置【体类型】。

④ 在【通过曲线组】对话框中，单击【确定】按钮。

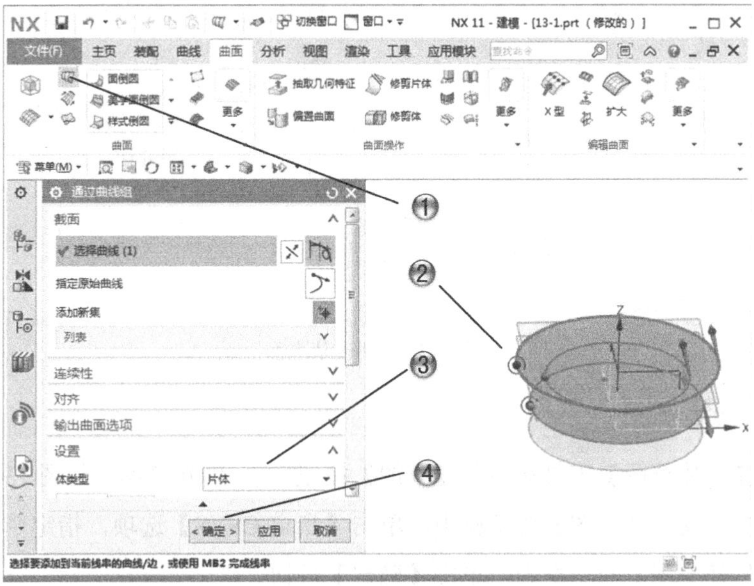

图 13-11　创建曲线组曲面

提示

曲线组曲线的截面选择，需要依次单击【添加新集】按钮，进行选择，如果不对，还可以进行调整。

13.2.2　创建整体曲面

创建整体曲面同样是先创建曲线组曲面，之后在斜面上创建四点曲面，对整体曲面进行修剪。

Step1 创建基准面

① 单击【主页】工具条中的【基准平面】按钮，创建基准平面，如图 13-12 所示。

② 在绘图区，选择参考平面。

③ 在【基准平面】对话框中，设置距离参数。

④在【基准平面】对话框中，单击【确定】按钮。

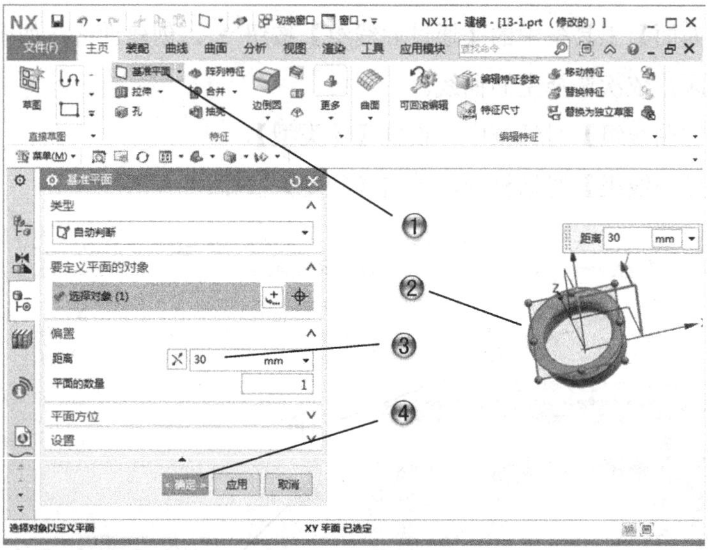

图 13-12　创建基准面

Step2 创建草图

①单击【直接草图】工具条中的【草图】按钮，创建草图，如图 13-13 所示。

②在弹出的【创建草图】对话框中，单击【指定 CSYS】选项，指定草绘平面。

③在【创建草图】对话框中，单击【确定】按钮。

④单击【直接草图】工具条中的【圆形】按钮，绘制圆形，如图 13-14 所示。

⑤选择两点，绘制圆形。

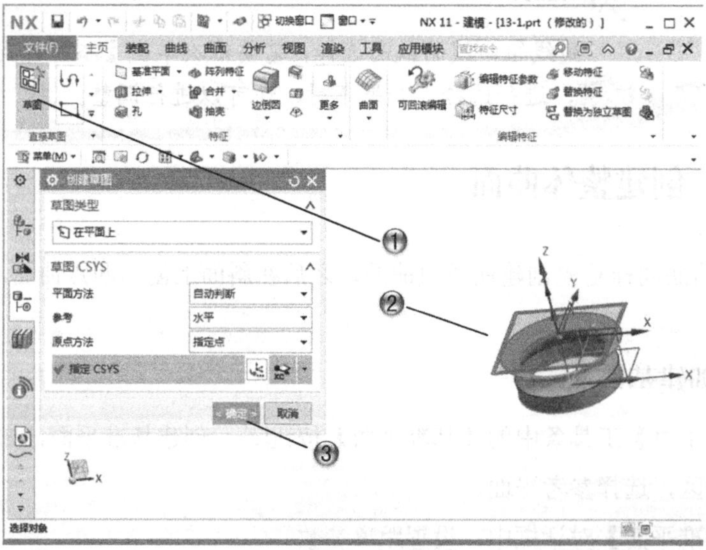

图 13-13　创建草图

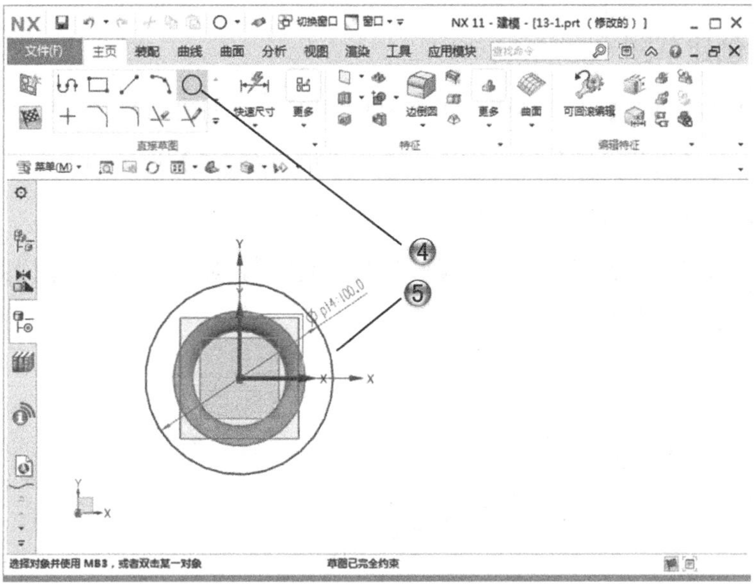

图 13-14　绘制圆形

Step3 创建基准面

① 单击【主页】工具条中的【基准平面】按钮，创建基准平面，如图 13-15 所示。

② 在绘图区，选择参考平面。

③ 在【基准平面】对话框中，设置距离参数。

④ 在【基准平面】对话框中，单击【确定】按钮。

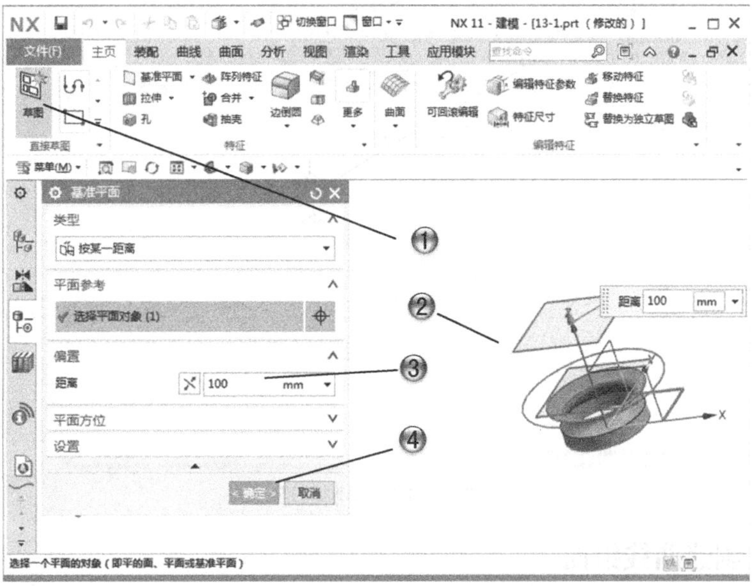

图 13-15　创建基准面

Step4 创建草图

①单击【直接草图】工具条中的【草图】按钮，创建草图，如图 13-16 所示。
②在弹出的【创建草图】对话框中，单击【指定 CSYS】选项，指定草绘平面。
③在【创建草图】对话框中，单击【确定】按钮。
④单击【直接草图】工具条中的【圆形】按钮，绘制圆形，如图 13-17 所示。
⑤选择两点，绘制圆形。

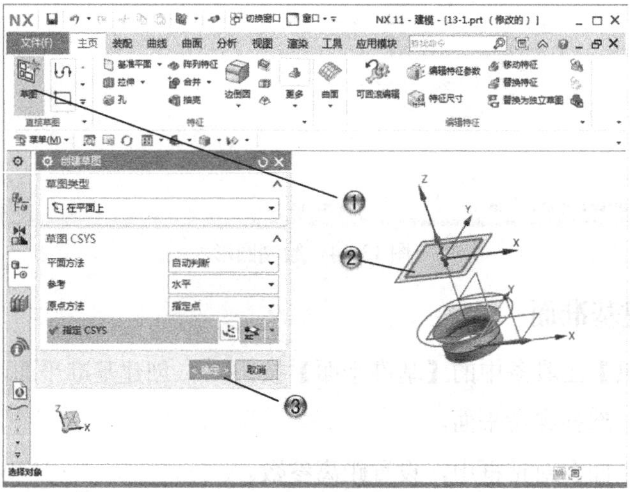

图 13-16　创建草图

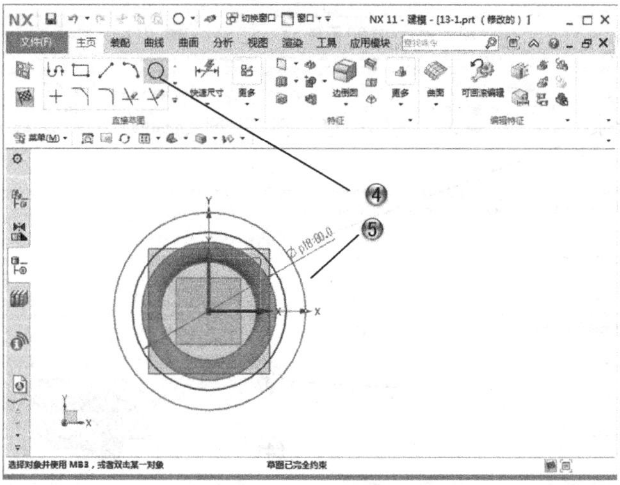

图 13-17　绘制圆形

Step5 创建曲线组面

①单击【曲面】工具条中的【通过曲线组】按钮，创建曲面，如图 13-18 所示。
②在绘图区，依次选择空间曲线。

③在【通过曲线组】对话框中，设置【体类型】。
④在【通过曲线组】对话框中，单击【确定】按钮。

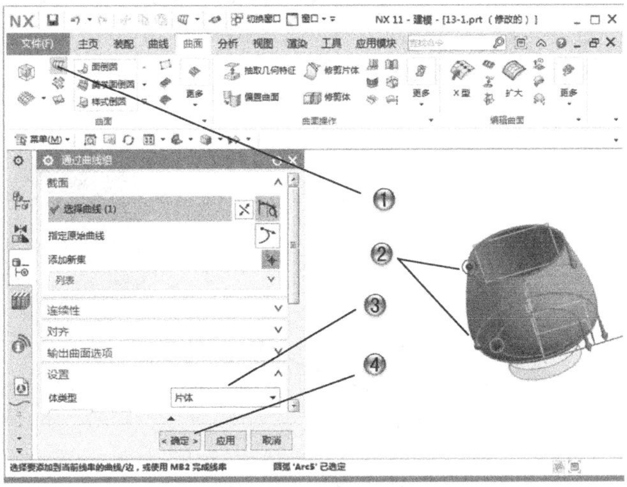

图 13-18　创建曲线组曲面

Step6 创建直线

①单击【曲线】工具条中的【直线】按钮，创建直线，如图 13-19 所示。
②在【直线】对话框中，单击【点对话框】按钮。
③在弹出的【点】对话框中，设置点的坐标，如图 13-20 所示。
④在【点】对话框中，单击【确定】按钮。
⑤在弹出的【点】对话框中，设置点的坐标，如图 13-21 所示。
⑥在【点】对话框中，单击【确定】按钮。

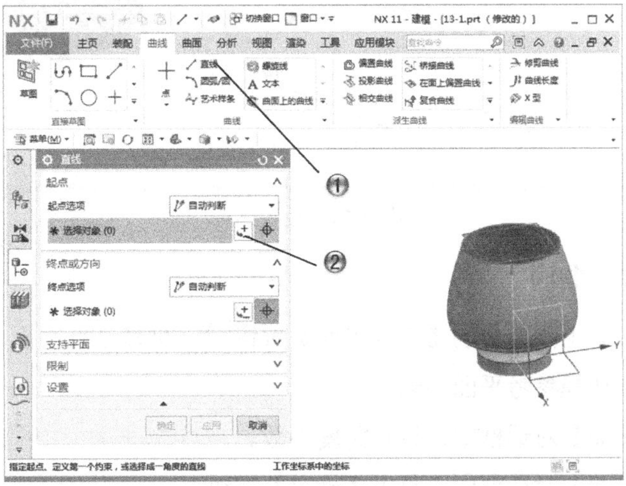

图 13-19　创建空间直线

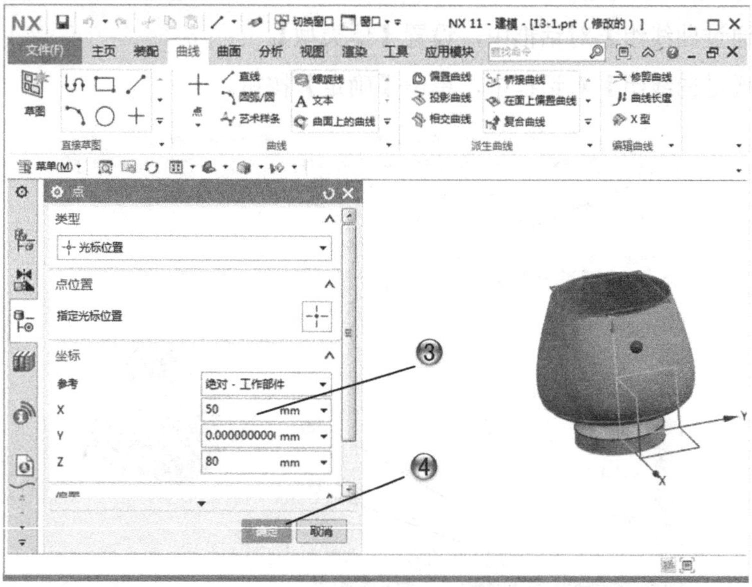

图 13-20　设置起点

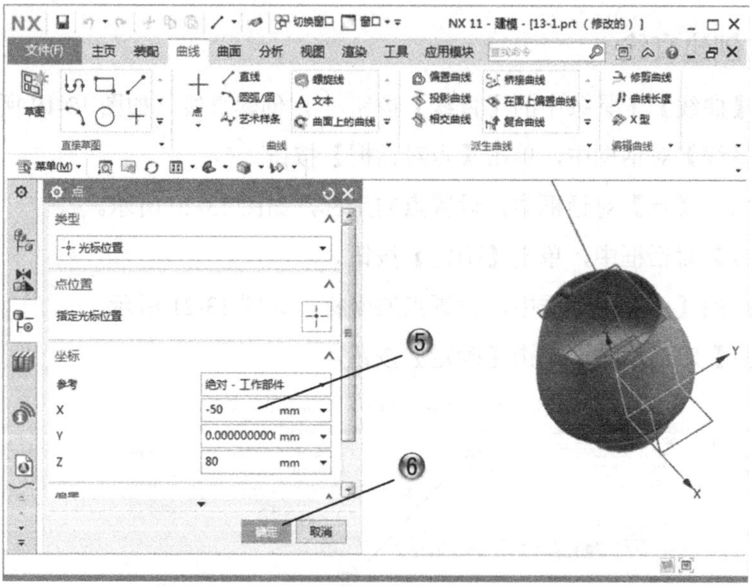

图 13-21　设置终点

Step7 创建基准面

① 单击【主页】工具条中的【基准平面】按钮，创建基准平面，如图 13-22 所示。

② 在绘图区，选择参考平面和轴。

③ 在【基准平面】对话框中，设置角度参数。

④ 在【基准平面】对话框中，单击【确定】按钮。

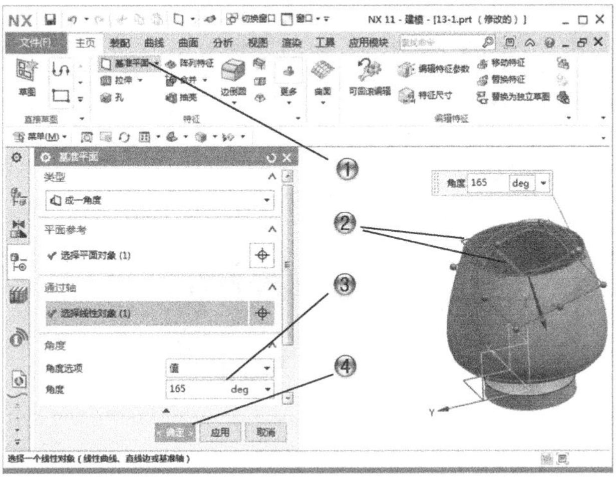

图 13-22　创建基准面

提示

有一定角度基准面的创建，一定要有参考轴，可以是模型边线，也可以是草图。

Step8 创建草图

① 单击【直接草图】工具条中的【草图】按钮，创建草图，如图 13-23 所示。

② 在弹出的【创建草图】对话框中，单击【指定 CSYS】选项，指定草绘平面。

③ 在【创建草图】对话框中，单击【确定】按钮。

④ 单击【主页】工具条中的【点】按钮＋，绘制点，如图 13-24 所示。

⑤ 在绘图区，绘制四个点。

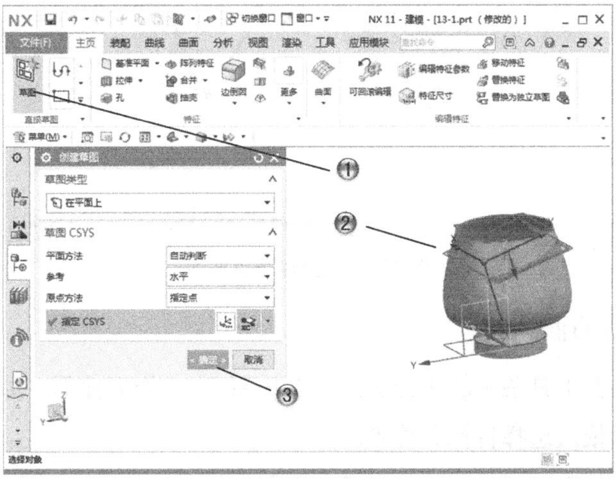

图 13-23　创建草图

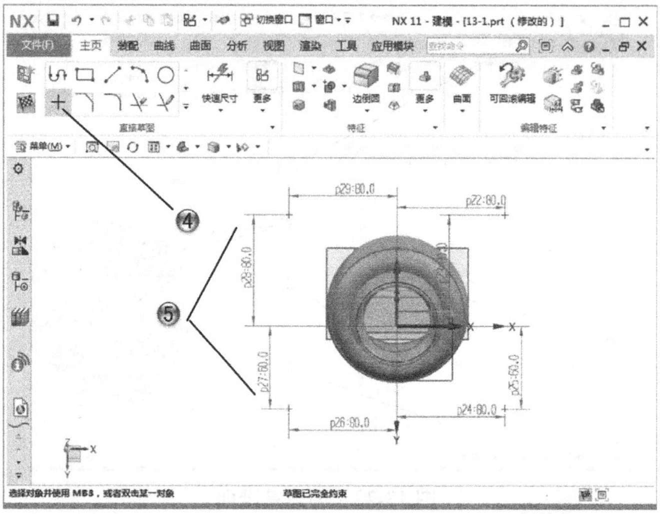

图 13-24　绘制四个点

Step9 创建四点面

① 单击【曲面】工具条中的【四点曲面】按钮，创建曲面，如图 13-25 所示。

② 在绘图区，依次选择四个点。

③ 在【四点曲面】对话框中，单击【确定】按钮。

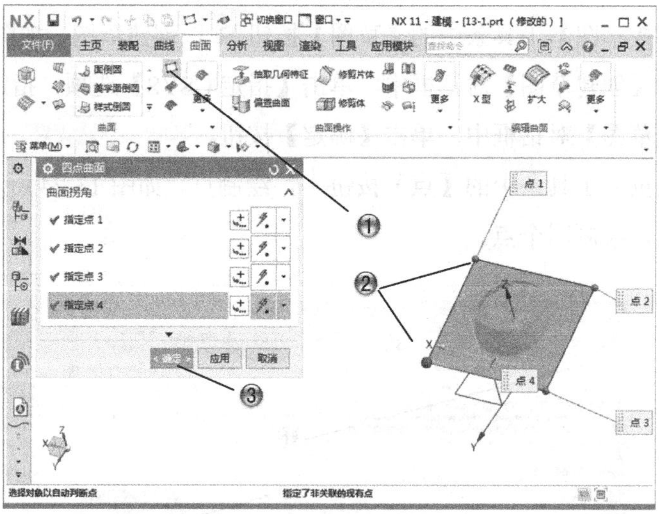

图 13-25　创建四点曲面

Step10 修剪曲面

① 单击【曲面】工具条中的【修剪片体】按钮，修剪曲面，如图 13-26 所示。

② 在绘图区，依次选择目标和边界。

③ 在【修剪片体】对话框中，单击【确定】按钮。

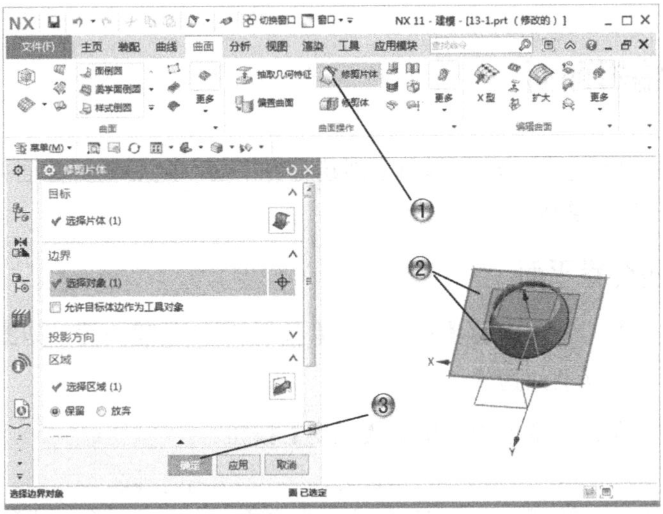

图 13-26　修剪片体

提示

修剪片体时，选择的曲面区域不同，则所【保留】和【放弃】的曲面也有所不同。

Step11 隐藏曲面

① 右击四点曲面，如图 13-27 所示。

② 在弹出的快捷菜单中，选择【隐藏】命令。

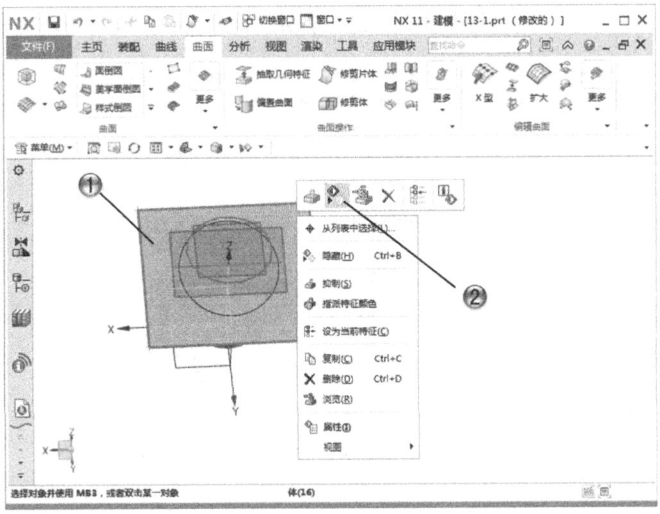

图 13-27　隐藏曲面

13.2.3　编辑曲面

在完成整体曲面创建后，在其基础上创建有界平面，之后裁剪曲面并创建偏移平面，最后使用面圆角命令创建圆角。

Step1 创建有界平面

① 单击【曲面】工具条中的【有界平面】按钮，创建曲面，如图 13-28 所示。

② 在绘图区，选择曲面边界。

③ 在【有界平面】对话框中，单击【确定】按钮。

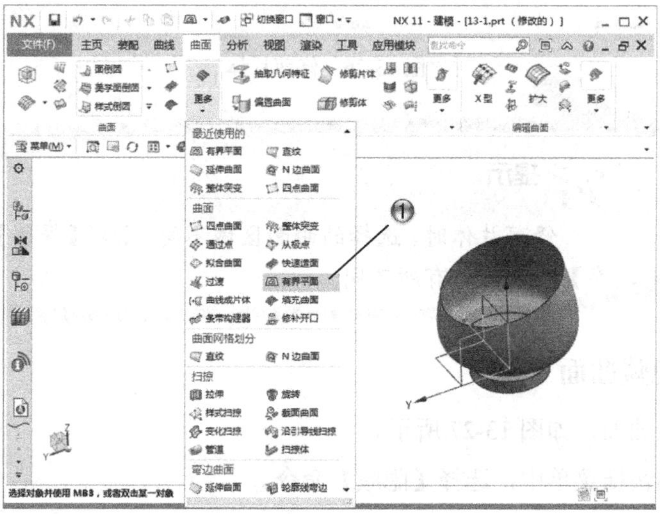

图 13-28　选择有界平面命令

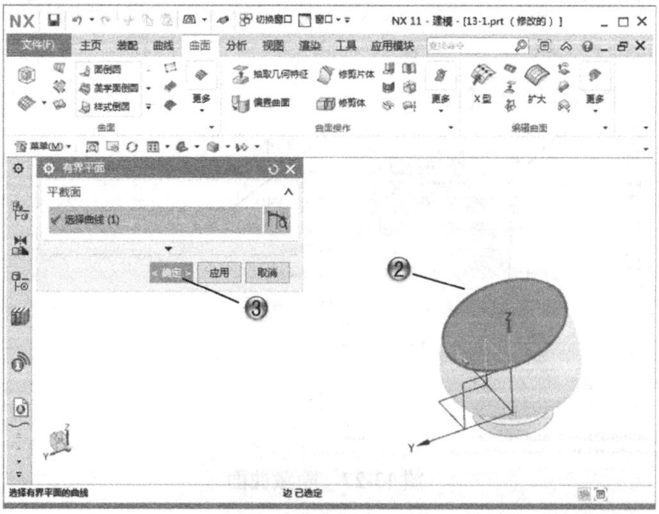

图 13-29　创建有界平面

Step2 创建投影曲线

①单击【曲线】工具条中的【投影曲线】按钮，创建投影曲线，如图 13-30 所示。

②在绘图区，选择要投影的曲线和投影平面。

③在弹出的【投影曲线】对话框中，设置投影方向。

④单击【投影曲线】对话框中的【确定】按钮，完成投影曲线。

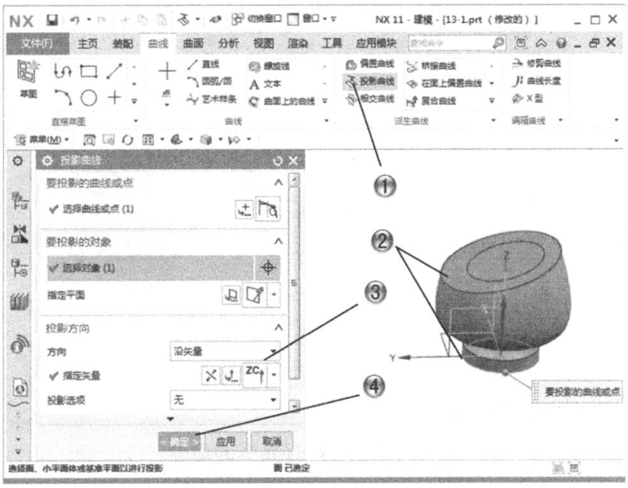

图 13-30　创建投影曲线

Step3 修剪曲面

①单击【曲面】工具条中的【修剪片体】按钮，修剪曲面，如图 13-31 所示。

②在绘图区，依次选择目标和边界。

③在【修剪片体】对话框中，单击【确定】按钮。

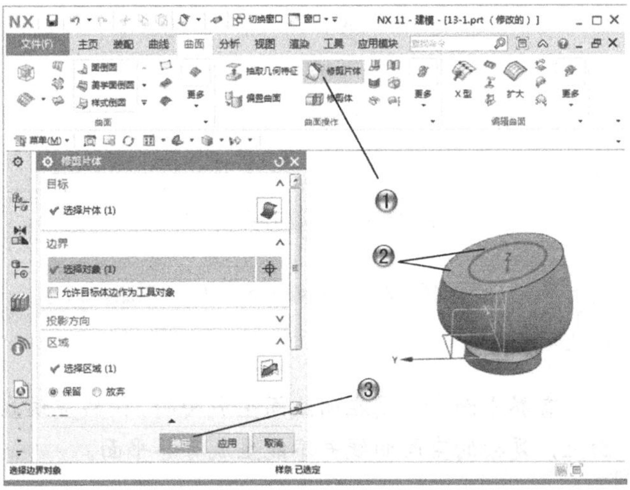

图 13-31　修剪曲面

Step4 创建有界平面

① 单击【曲面】工具条中的【有界平面】按钮，创建曲面，如图 13-32 所示。

② 在绘图区，选择曲面边界。

③ 在【有界平面】对话框中，单击【确定】按钮。

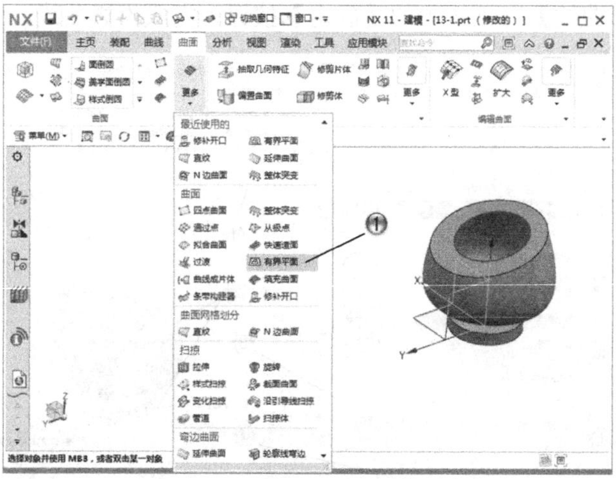

图 13-32　选择有界平面命令

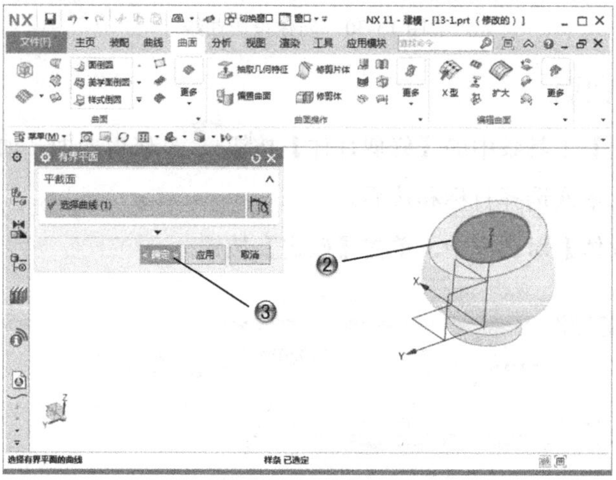

图 13-33　创建有界平面

提示

有界平面命令是在曲线间生成曲面，曲线应该在一个平面上，复杂的空间曲线并不能生成有界平面。

Step5 创建偏置面

① 单击【曲面】工具条中的【偏置曲面】按钮，创建偏置面，如图 13-34 所示。
② 在绘图区，选择参考面。
③ 在【偏置曲面】对话框中，设置参数。
④ 在【偏置曲面】对话框中，单击【确定】按钮。

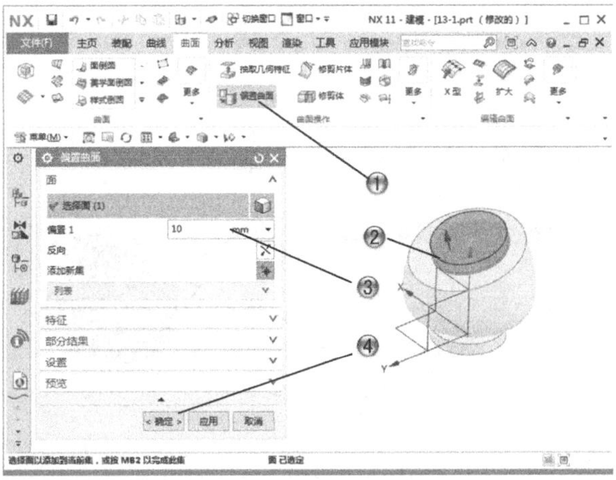

图 13-34　创建偏置曲面

Step6 创建曲线组曲面

① 单击【曲面】工具条中的【通过曲线组】按钮，创建曲面，如图 13-35 所示。
② 在绘图区，依次选择空间曲线。
③ 在【通过曲线组】对话框中，设置【体类型】。
④ 在【通过曲线组】对话框中，单击【确定】按钮。

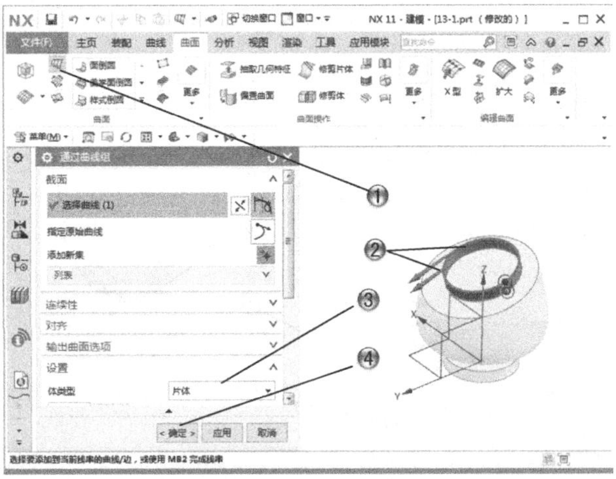

图 13-35　创建曲线组曲面

Step7 创建面倒圆

① 单击【曲面】工具条中的【面倒圆】按钮，创建面倒圆，如图 13-36 所示。

② 在绘图区，依次选择对象面。

③ 在【面倒圆】对话框中，设置半径参数。

④ 在【面倒圆】对话框中，单击【确定】按钮。

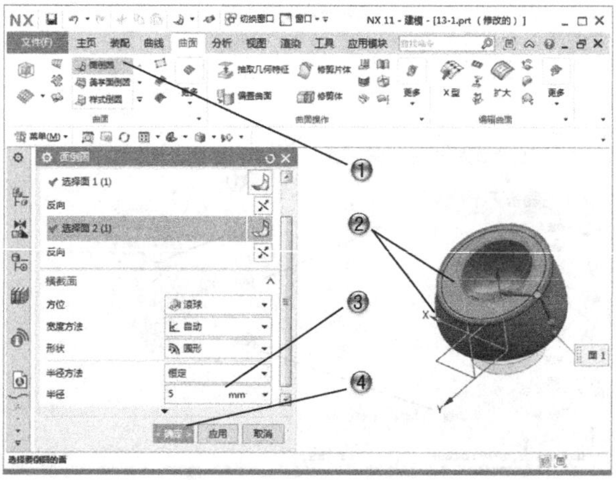

图 13-36　创建面倒圆 1

Step8 创建面倒圆

① 单击【曲面】工具条中的【面倒圆】按钮，创建面倒圆，如图 13-37 所示。

② 在绘图区，依次选择对象面。

③ 在【面倒圆】对话框中，设置半径参数。

④ 在【面倒圆】对话框中，单击【确定】按钮，结果如图 13-38 所示。

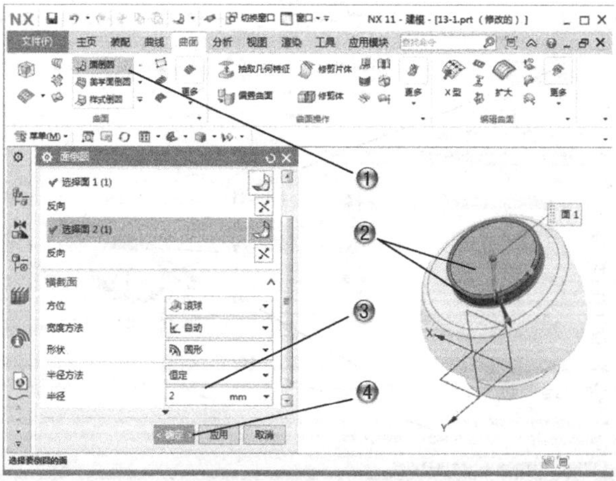

图 13-37　创建面倒圆 2

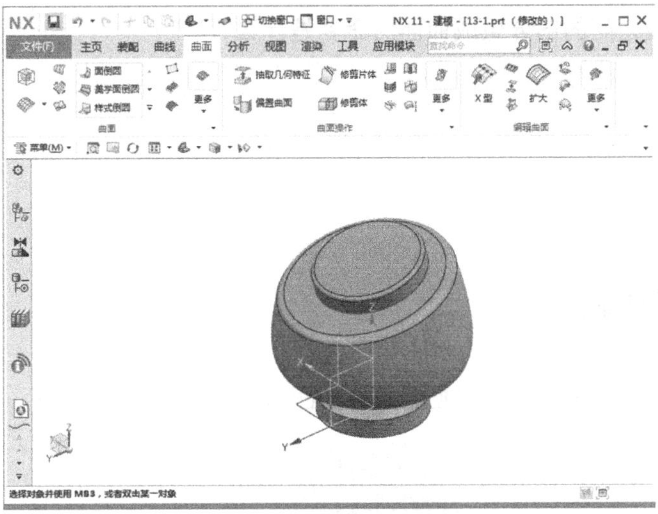

图 13-38　完成文件

13.3　本章小结

本章介绍了创建一个钟形曲面零件的过程，曲面模型是由基础曲线的变换形成的，空间曲线的创建非常重要；在曲面修剪部分，要选择正确的保留部分，这样才能形成需要的结果。

13.4　课后练习

13.4.1　填空题

（1）拉伸命令可以生成______和______。

（2）曲线组曲面需要选择______个曲线对象。

答案：

（1）实体和片体。

（2）至少 2 个。

13.4.2　问答题

（1）拉伸命令是否能进行曲面切除操作？

（2）填充曲线之间的部分生成曲面的命令是什么？

答案：

（1）不能。

（2）有界平面命令。

13.4.3 操作题

本章练习创建曲面零件，学习使用各种曲面命令，如图 13-39 所示。

图 13-39 曲面零件

练习内容：

（1）创建草图，创建拉伸特征。

（2）创建侧面网格曲面。

（3）创建曲面修剪特征。

第 14 章　高手应用案例 4
——装配设计应用

本章导读

在 NX 中，装配建模不仅能够将零部件快速组合，而且在装配中，可以参考其他部件进行部件的相关联设计，并可以对装配模型进行间隙分析、重量管理等操作。在装配模型生成后，可建立爆炸视图，并可以将其引入装配工程图中。同时，在装配工程图中可自动生成装配明细表，并能够对轴测图进行局部的剖切。

在装配中建立部件间的链接关系，就是通过配对条件在部件间建立约束关系，来确定部件在产品中的位置。在装配中，部件的几何体被装配引用，而不是复制到装配图中，不管如何对部件进行编辑以及在何处编辑，整个装配部件间都保持着关联性。如果某部件被修改，则引用它的装配部件将会自动更新，实时的反映部件的最新变化。本章通过一个大的装配模型，讲解装配建模的综合应用。

学习要求	学习目标 知识点	了解	理解	应用	实践
	掌握组件的创建方法		√	√	√
	掌握装配模型的步骤		√	√	√
	掌握装配约束的命令		√	√	√

14.1 案例分析

14.1.1 案例分析——知识链接

装配建模的最大优势在于能建立部件之间的参数化关系。运用装配约束条件可以建立装配中各组件之间的参数化、相对位置和方位的关系。这种关系被称为装配约束。装配约束由一个或多个装配约束组成，装配约束限制组件在装配中的自由度。若组件全部自由度被限制，称为完全约束；有些自由度没有被限制，则称为欠约束。在装配中允许欠约束存在。

自底向上装配设计方法是先创建装配体的零部件，然后把它们以组件的形式添加到装配文件中，这种装配设计方法先创建最下层的子装配件，再把各子装配件或部件装配到更高级的装配部件，直到完成装配任务为止。

自底向上装配设计方法包括一个主要的装配操作过程，即添加组件。自底向上装配设计最初的执行操作是从组件添加开始的，在已存在的零部件中，选择要装配的零部件作为组件添加到装配文件中。按约对定位方式添加组件，可以按以下几个基本步骤添加已存在组件到装配中。

添加组件包括以下基本操作过程：

(1) 选择部件。在打开的【添加组件】对话框中选择添加的部件。

(2) 选择引用集。此操作方法在引用集的使用中已经详细叙述，这里就不再赘述。

(3) 选择定位方式。在【添加组件】对话框的【定位】下拉列表框中，选择要添加组件的定位方式，分别是【绝对原点】和【通过约束】。

(4) 选择安放的图层。在【添加组件】对话框的【图层选项】下拉列表框中选择【按指定的】，图层分为 3 类：【工作】、【原始的】、【按指定的】，其中【工作】是指装配的操作层；【原始的】是添加组件所在的图层；【按指定的】是用户指定的图层。

自顶向下装配是指，在装配级中创建与其他部件相关的部件模型，是从装配部件的顶级向下产生子装配和零件的方法。因为一个零部件的构建是在装配的环境中进行的，可以首先在装配中建立几何体模型，然后产生新组件，并把几何体模型加入到新建组件中，这时在装配中仅包含指向该组件的指针。

自顶向下装配方法有两种：①先在装配中建立几何模型，然后产生新组件，并把几何模型加入到新建组件中；②先在装配中产生一个新组件，它不含任何几何对象，然后使其成为工作部件，再在其中建立几何模型。

装配约束中有下列基本术语及操作。

(1) 约束条件：是一个部件已经存在的一组约束，在装配中的一个部件只能有一个约束条件，尽管一个部件可能与多个部件有约束关系，例如一个轴部件与部件 A 的孔有共轴约束，与部件 B 有共面约束，这些几何位置约束构成了轴的约束条件。

(2) 装配约束：定义了两个部件之间存在的几何位置约束，装配约束条件是由装配约束组成的，具体的配对参数，对应的几何约束对象在装配约束中给出。

(3) 移动部件：表示装配约束过程中要移动的部件。

(4) 静止部件：装配约束过程中静止的部件，就是基准部件，装配时将移动部件装配到静止部件上。

(5) 自由度：如果一个部件没有施加约束，则有 6 个自由度，即 *X*、*Y*、*Z* 方向有 3 个自由度，绕 3 个轴有 3 个自由度。如果施加约束就会减少自由度。

14.1.2　案例分析——设计思路

本课将介绍一个套杆装配模型（见图 14-1）的创建过程。首先需要创建的是各个组件，分别新建 NX 模型并保存；之后进行装配，因为都是中心对称组件，所有用到了同心约束，选择约束对象的时候注意不同的边线选择，组件的位置会不同；最后创建装配的爆炸图。

通过这个装配模型的创建，详细讲述了装配模块的各种命令的运用，将熟悉如下内容。

（1）组件的创建方法。

（2）装配组件的添加方法。

（3）装配组件的约束。

（4）爆炸图的创建方法。

图 14-1　套杆装配模型

14.2 案例操作

本案例完成文件：ywj/14/14-1.prt、14-2.prt、14-3.prt、14-4.prt

多媒体教学路径：多媒体教学→第 14 章

14.2.1 创建装配组件

创建装配模型前，先创建 3 个组件，使用各种特征命令依次创建，并进行保存，以备下一步使用。

Step1 创建拉伸特征

① 选择草绘面后，单击【直接草图】工具条中的【圆形】按钮，如图 14-2 所示。
② 选择两点，绘制圆形。
③ 单击【特征】工具条中的【拉伸】按钮，创建拉伸特征，如图 14-3 所示。
④ 在绘图区，选择草图。
⑤ 在弹出的【拉伸】对话框中，设置拉伸参数。
⑥ 单击【拉伸】对话框中的【确定】按钮，完成拉伸特征。

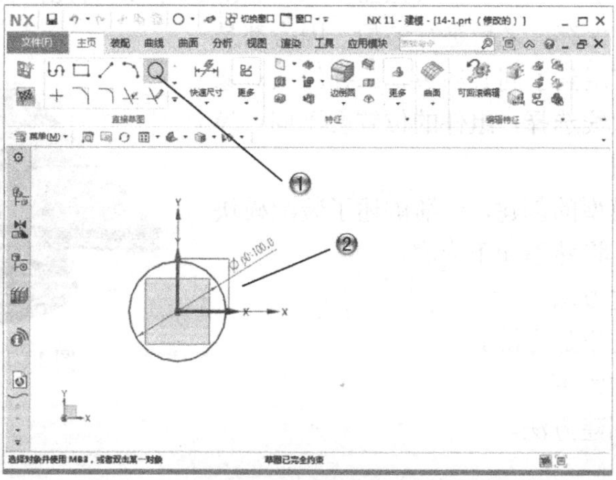

图 14-2 绘制圆形

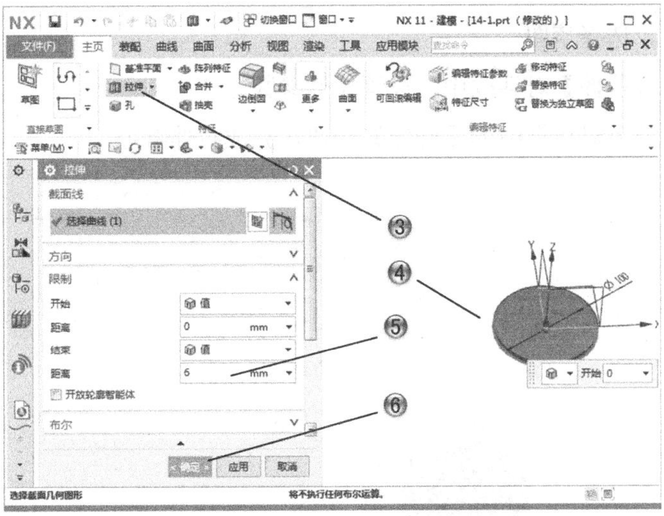

图 14-3　拉伸圆形草图

Step2 创建草图

①单击【直接草图】工具条中的【草图】按钮，创建草图，如图 14-4 所示。

②在弹出的【创建草图】对话框中，单击【指定 CSYS】选项，指定草绘平面。

③在【创建草图】对话框中，单击【确定】按钮。

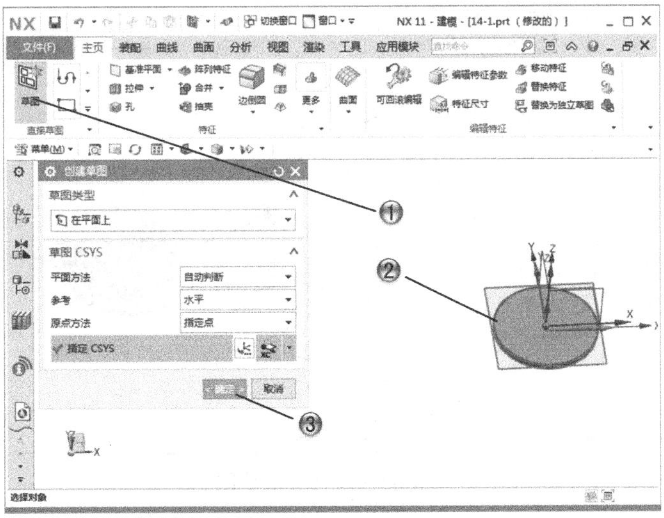

图 14-4　创建草图

Step3 创建拉伸特征

①单击【直接草图】工具条中的【圆形】按钮，绘制圆形，如图 14-5 所示。

②选择两点，绘制圆形。

③单击【特征】工具条中的【拉伸】按钮，创建拉伸特征，如图 14-6 所示。

④在绘图区，选择草图。

⑤在弹出的【拉伸】对话框中，设置拉伸参数。

⑥单击【拉伸】对话框中的【确定】按钮，完成拉伸特征。

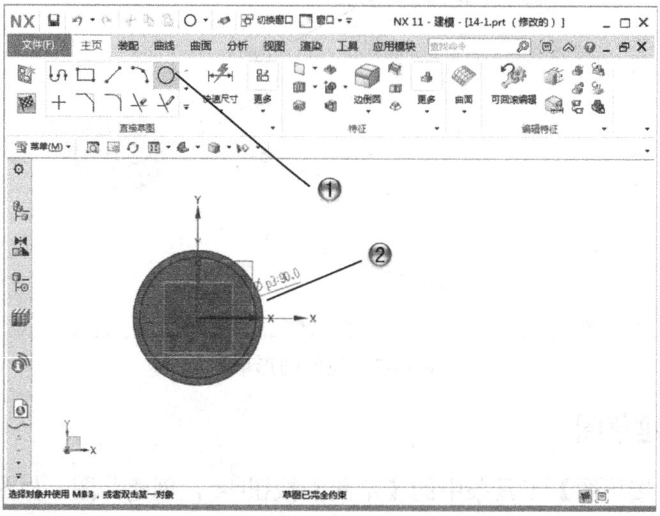

图 14-5　绘制圆形

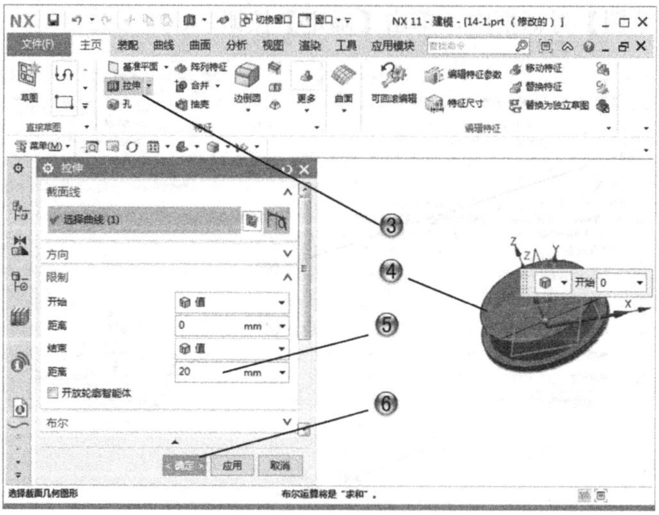

图 14-6　拉伸圆形草图

Step4 创建草图

①单击【直接草图】工具条中的【草图】按钮，创建草图，如图 14-7 所示。

②在弹出的【创建草图】对话框中，单击【指定 CSYS】选项，指定草绘平面。

③在【创建草图】对话框中，单击【确定】按钮。

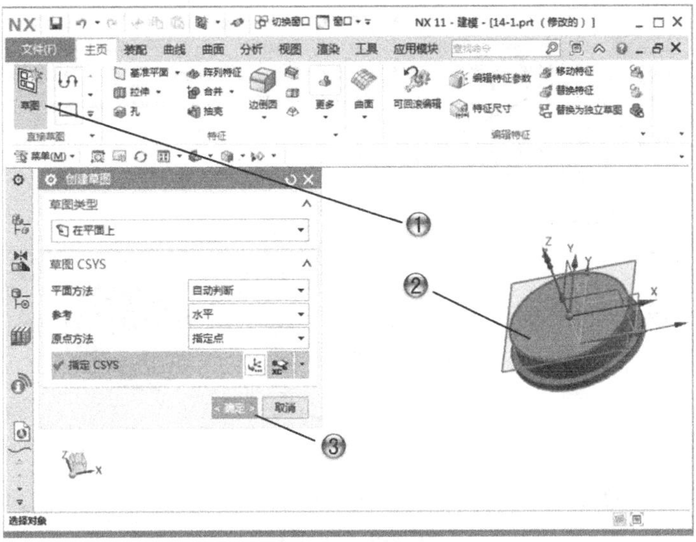

图 14-7　创建草图

Step5 创建拉伸特征

①单击【直接草图】工具条中的【圆形】按钮，绘制圆形，如图 14-8 所示。

②选择两点，绘制圆形。

③单击【特征】工具条中的【拉伸】按钮，创建拉伸特征，如图 14-9 所示。

④在绘图区，选择草图。

⑤在弹出的【拉伸】对话框中，设置拉伸参数。

⑥单击【拉伸】对话框中的【确定】按钮，完成拉伸特征。

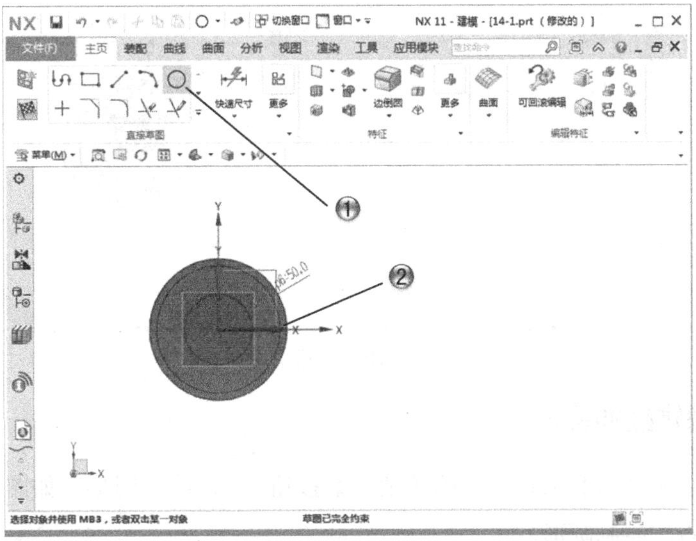

图 14-8　绘制圆形

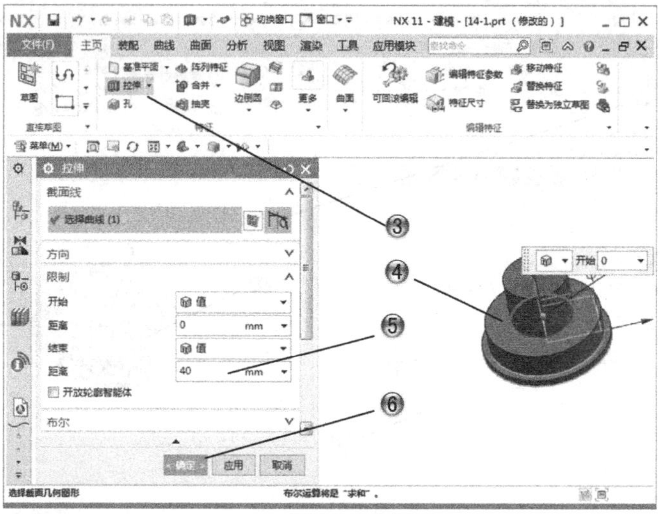

图 14-9　拉伸特征

Step6 创建草图

① 单击【直接草图】工具条中的【草图】按钮，创建草图，如图 14-10 所示。

② 在弹出的【创建草图】对话框中，单击【指定 CSYS】选项，指定草绘平面。

③ 在【创建草图】对话框中，单击【确定】按钮。

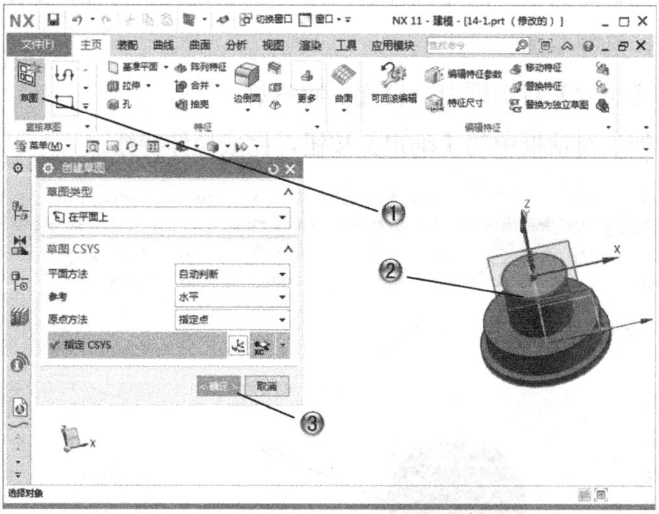

图 14-10　创建草图

Step7 创建拉伸特征

① 单击【直接草图】工具条中的【圆形】按钮，绘制圆形，如图 14-11 所示。

② 选择两点，绘制圆形。

③ 单击【特征】工具条中的【拉伸】按钮，创建拉伸特征，如图 14-12 所示。

④在绘图区，选择草图。

⑤在弹出的【拉伸】对话框中，设置拉伸参数。

⑥单击【拉伸】对话框中的【确定】按钮，完成拉伸特征。

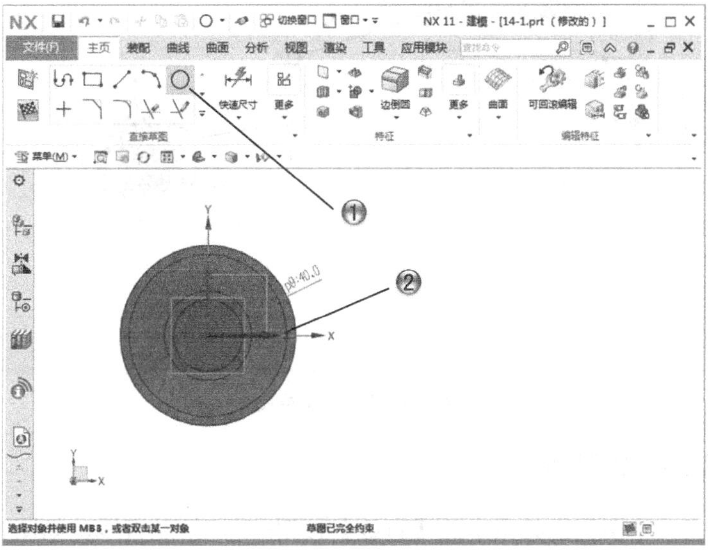

图 14-11　绘制圆形

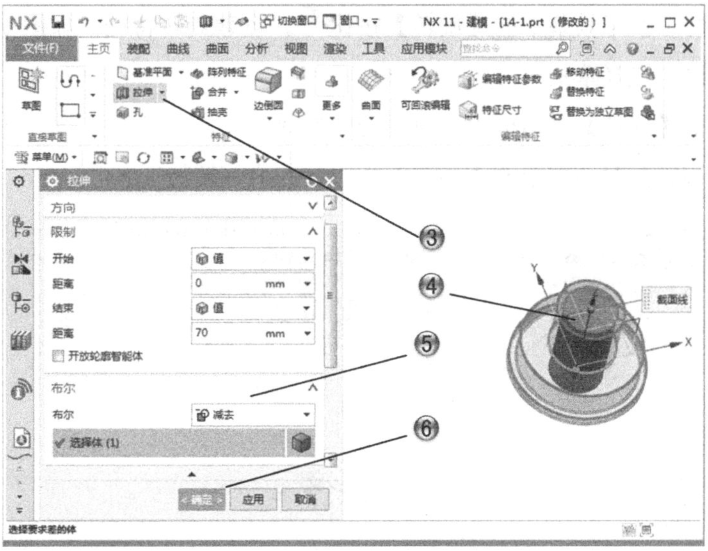

图 14-12　拉伸草图

Step8 创建草图

①单击【直接草图】工具条中的【草图】按钮，创建草图，如图 14-13 所示。

②在弹出的【创建草图】对话框中，单击【指定 CSYS】选项，指定草绘平面。

③在【创建草图】对话框中，单击【确定】按钮。

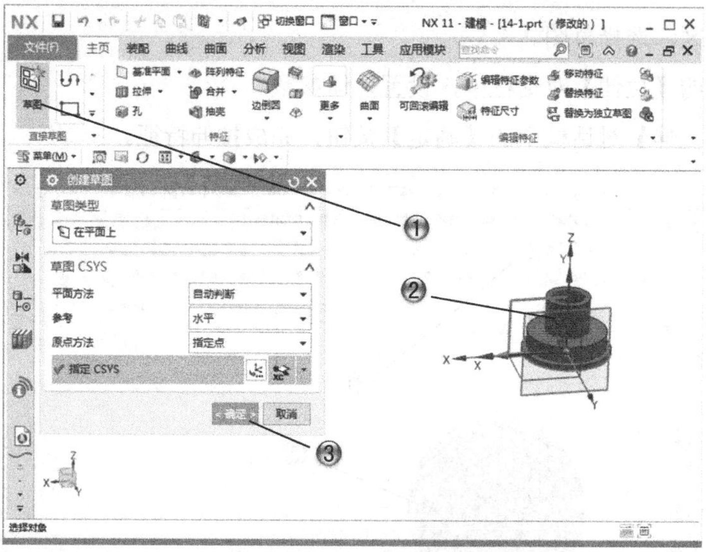

图 14-13 创建草图

Step9 创建拉伸特征

① 单击【直接草图】工具条中的【直线】按钮，绘制直线，如图 14-14 所示。
② 选择两点，绘制三角形。
③ 单击【特征】工具条中的【旋转】按钮，创建旋转特征，如图 14-15 所示。
④ 在绘图区，选择草图。
⑤ 在弹出的【旋转】对话框中，设置旋转参数。
⑥ 单击【旋转】对话框中的【确定】按钮，完成旋转特征。

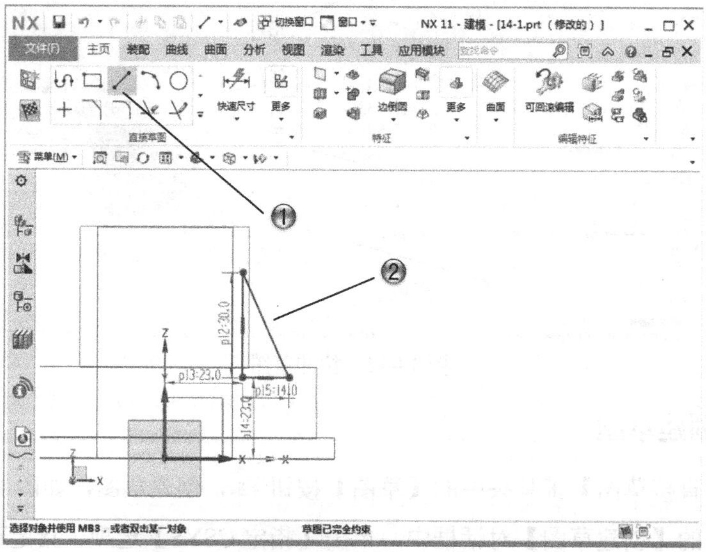

图 14-14 绘制三角形

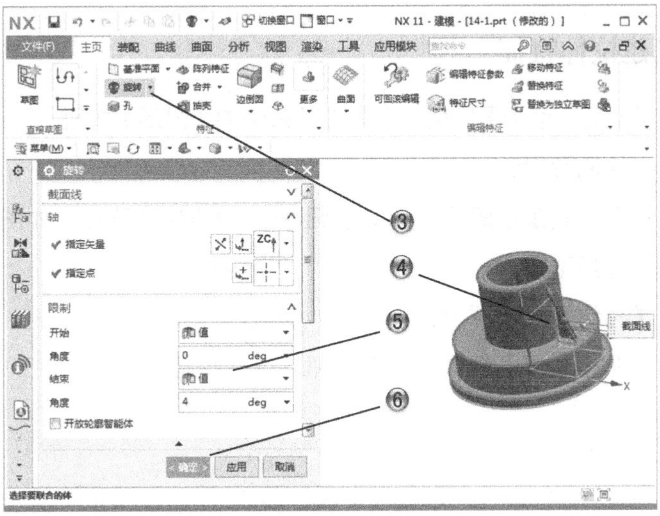

图 14-15 创建旋转特征

Step10 创建阵列特征

①单击【主页】工具条中的【阵列特征】按钮，创建阵列特征，如图 14-16 所示。

②在绘图区中，选择阵列特征。

③在【阵列特征】对话框中，设置阵列参数。

④在【阵列特征】对话框中，单击【确定】按钮，之后将零件保存为 14-1.prt。

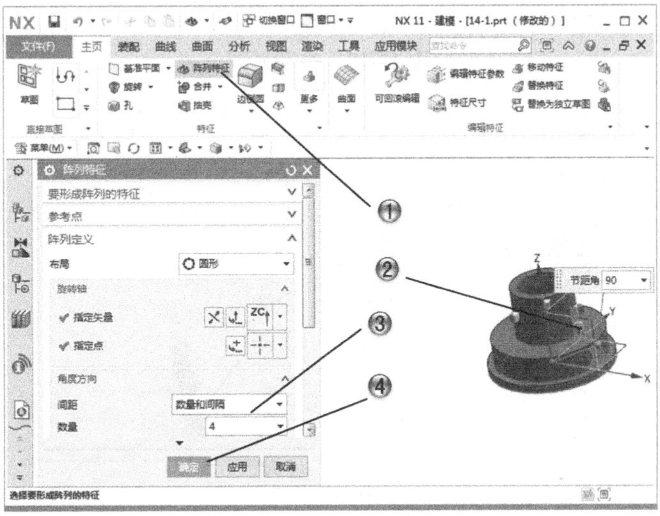

图 14-16 创建阵列特征

提示

这里使用自顶向下的创建方法，所有依次创建每个组件。

Step11 创建拉伸特征

①指定草绘平面后，单击【直接草图】工具条中的【圆形】按钮，如图 14-17 所示。

②选择两点，绘制圆形。

③单击【特征】工具条中的【拉伸】按钮，创建拉伸特征，如图 14-18 所示。

④在绘图区，选择草图。

⑤在弹出的【拉伸】对话框中，设置拉伸参数。

⑥单击【拉伸】对话框中的【确定】按钮，完成拉伸特征。

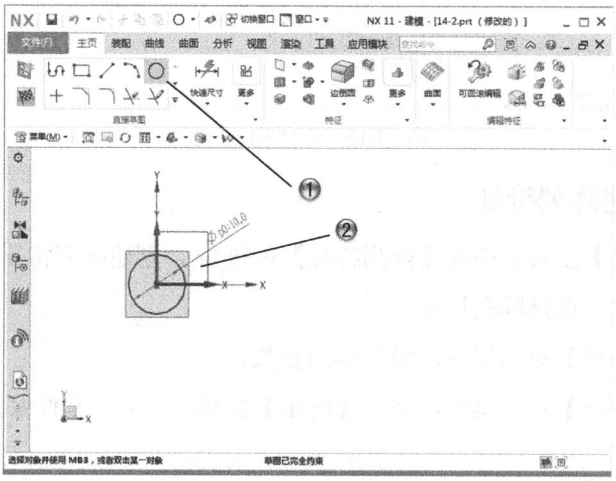

图 14-17　绘制圆形

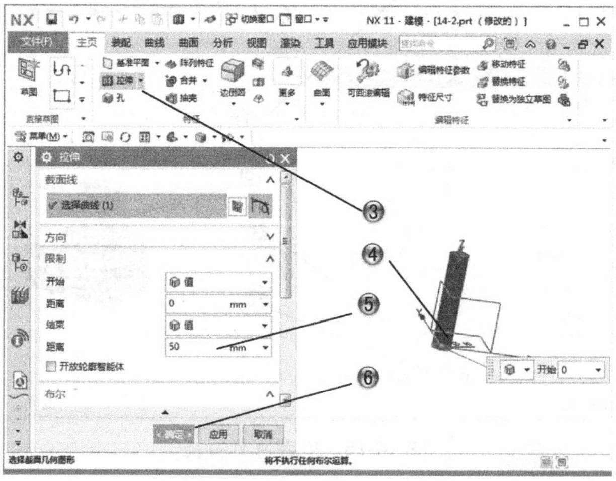

图 14-18　创建拉伸特征

Step12 创建草图

①单击【直接草图】工具条中的【草图】按钮，创建草图，如图 14-19 所示。

②在弹出的【创建草图】对话框中，单击【指定 CSYS】选项，指定草绘平面。

③在【创建草图】对话框中，单击【确定】按钮。

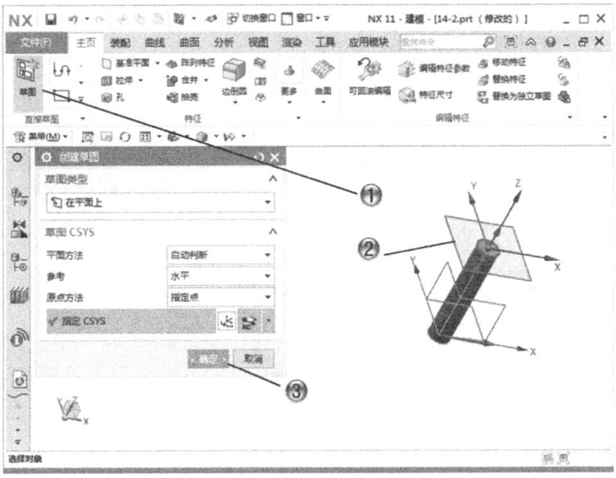

图 14-19　创建草图

Step13 创建拉伸特征

①单击【直接草图】工具条中的【圆形】按钮，绘制圆形，如图 14-20 所示。

②选择两点，绘制圆形。

③单击【特征】工具条中的【拉伸】按钮，创建拉伸特征，如图 14-21 所示。

④在绘图区，选择草图。

⑤在弹出的【拉伸】对话框中，设置拉伸参数。

⑥单击【拉伸】对话框中的【确定】按钮，完成拉伸特征。

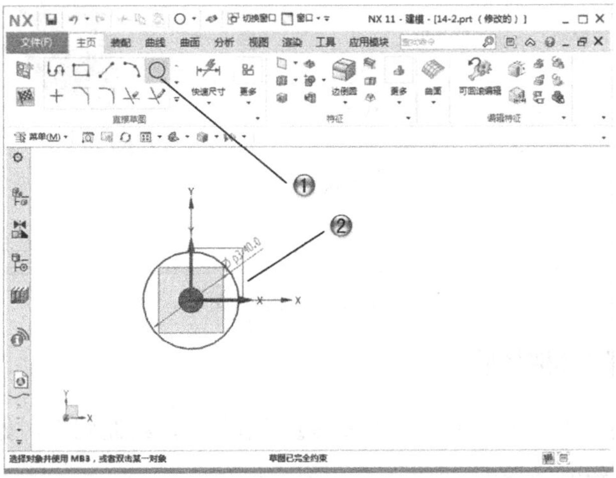

图 14-20　绘制圆形

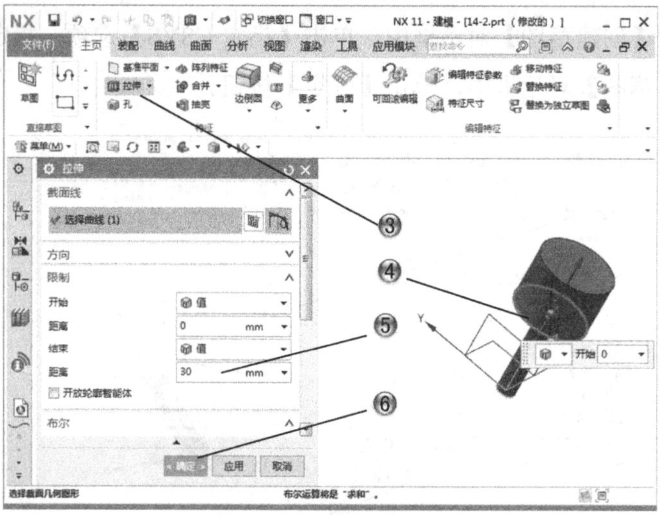

图 14-21　创建拉伸特征

Step14 创建草图

① 单击【直接草图】工具条中的【草图】按钮，创建草图，如图 14-22 所示。

② 在弹出的【创建草图】对话框中，单击【指定 CSYS】选项，指定草绘平面。

③ 在【创建草图】对话框中，单击【确定】按钮。

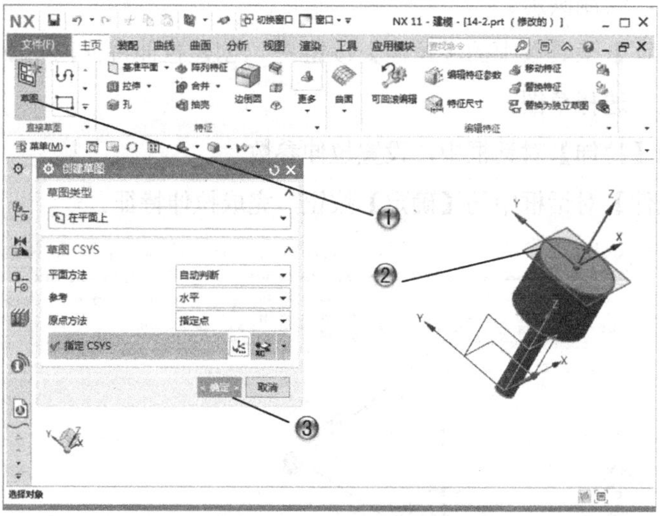

图 14-22　创建草图

Step15 创建拉伸特征

① 单击【直接草图】工具条中的【圆形】按钮○，绘制圆形，如图 14-23 所示。

② 选择两点，绘制圆形。

③ 单击【特征】工具条中的【拉伸】按钮，创建拉伸特征，如图 14-24 所示。

④在绘图区，选择草图。

⑤在弹出的【拉伸】对话框中，设置拉伸参数。

⑥单击【拉伸】对话框中的【确定】按钮，完成拉伸特征，之后将零件保存为 14-2.prt。

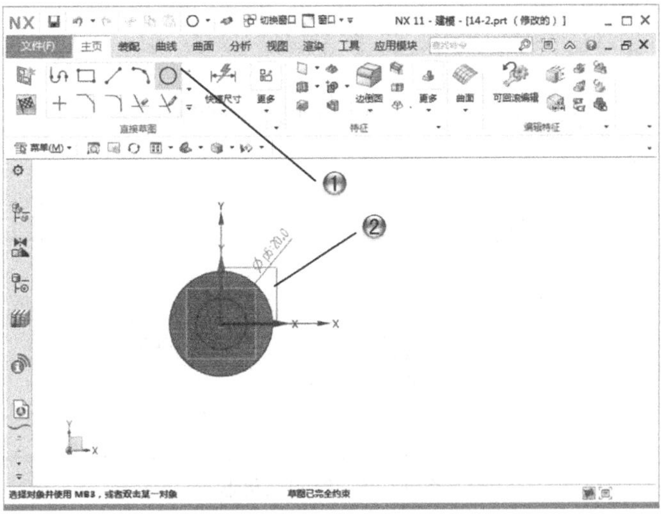

图 14-23　绘制圆形

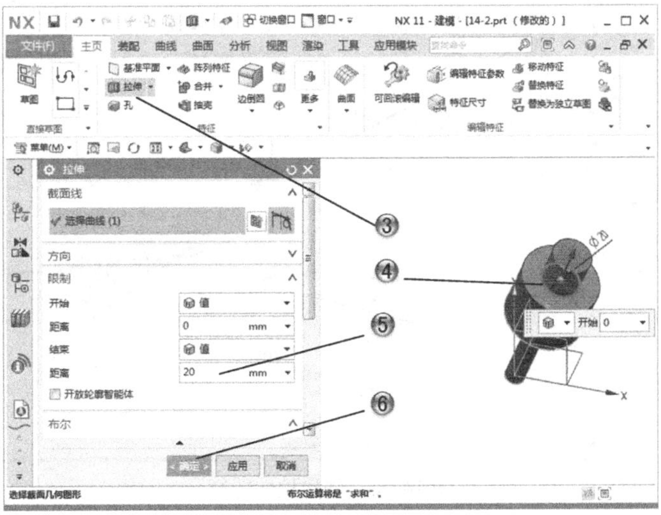

图 14-24　创建拉伸特征

Step16 创建拉伸特征

①指定草绘平面后，单击【等边形】按钮，如图 14-25 所示。

②选择两点，绘制三角形。

③单击【特征】工具条中的【拉伸】按钮，创建拉伸特征，如图 14-26 所示。

④在绘图区，选择草图。

⑤在弹出的【拉伸】对话框中，设置拉伸参数。

⑥单击【拉伸】对话框中的【确定】按钮，完成拉伸特征。

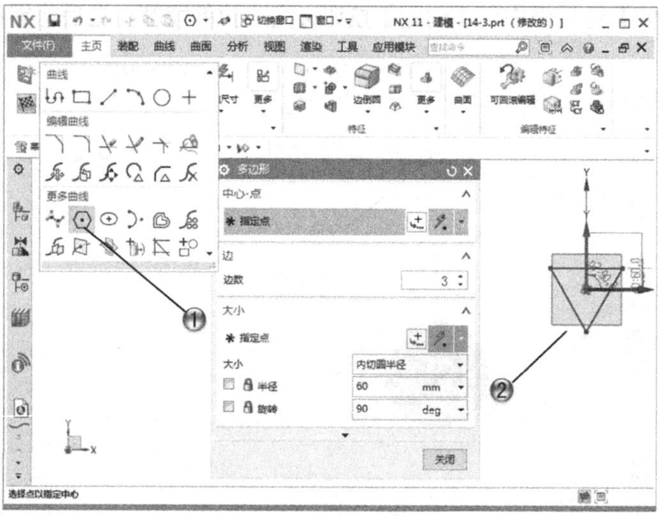

图 14-25　绘制三角形

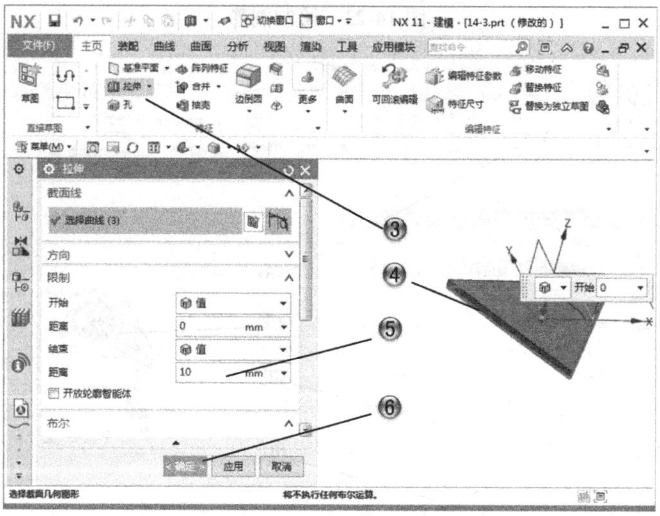

图 14-26　创建拉伸特征

Step17 创建边倒圆特征

①单击【特征】工具条中的【边倒圆】按钮，创建边倒圆特征，如图 14-27 所示。

②在绘图区，选择倒角的边线。

③在弹出的【边倒圆】对话框中，设置圆角参数参数。

④单击【边倒圆】对话框中的【确定】按钮，完成边倒圆特征。

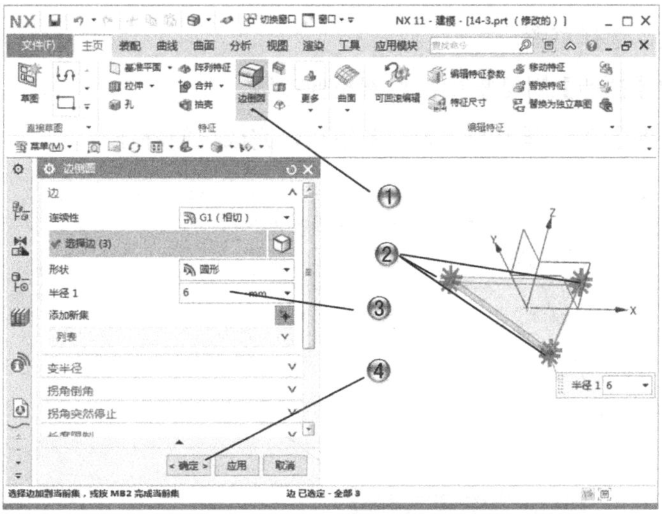

图 14-27　创建边倒圆特征

Step18 创建草图

①单击【直接草图】工具条中的【草图】按钮，创建草图，如图 14-28 所示。

②在弹出的【创建草图】对话框中，单击【指定 CSYS】选项，指定草绘平面。

③在【创建草图】对话框中，单击【确定】按钮。

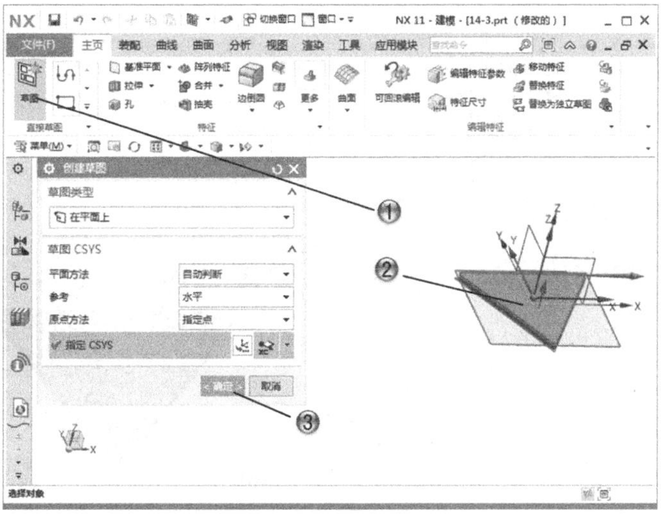

图 14-28　创建草图

Step19 创建拉伸特征

①单击【直接草图】工具条中的【圆形】按钮，如图 14-29 所示。

②绘制两个圆形。

③单击【特征】工具条中的【拉伸】按钮，创建拉伸特征，如图 14-30 所示。

④在绘图区，选择草图。

⑤在弹出的【拉伸】对话框中，设置拉伸参数。

⑥单击【拉伸】对话框中的【确定】按钮，完成拉伸特征。

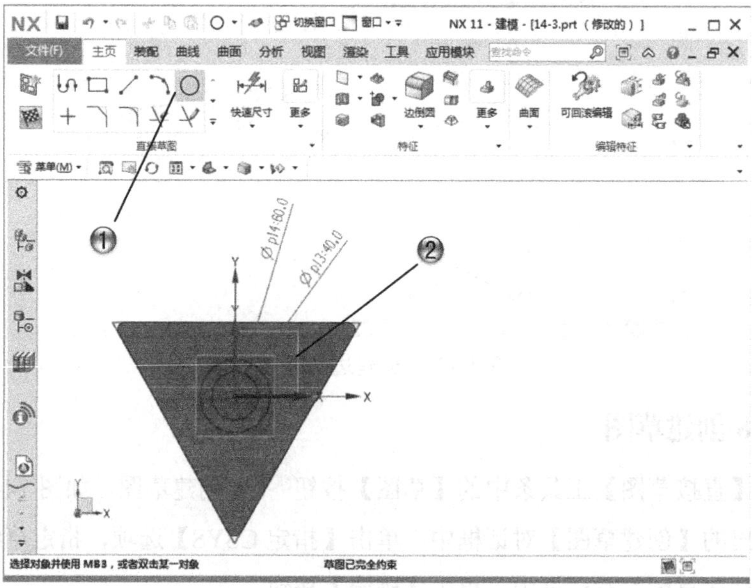

图 14-29　绘制同心圆

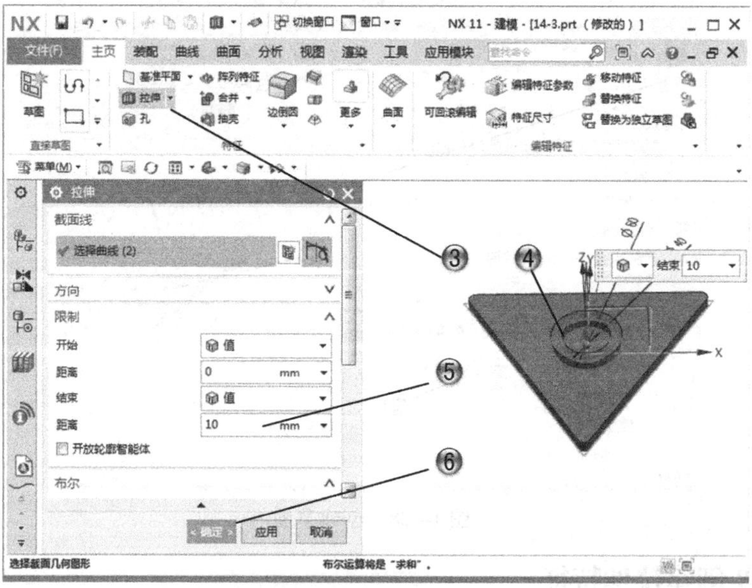

图 14-30　创建拉伸特征

Step20 创建孔特征 1

①单击【特征】工具条中的【孔】按钮，创建孔，如图 14-31 所示。

②在绘图区，选择放置面。

③在绘图区，创建点，如图 14-32 所示。

④在【主页】工具条中，单击【完成】按钮。

⑤在弹出的【孔】对话框中，设置孔的参数，如图 14-33 所示。

⑥单击【孔】对话框中的【确定】按钮，完成孔特征。

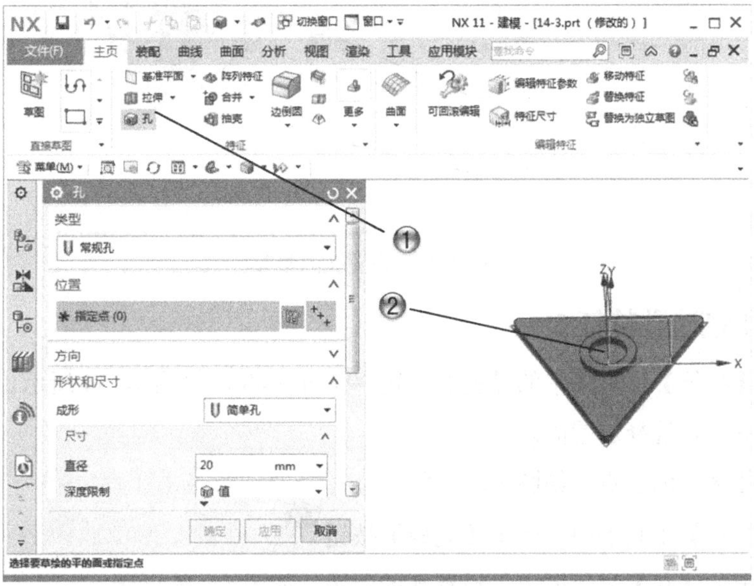

图 14-31　创建孔特征

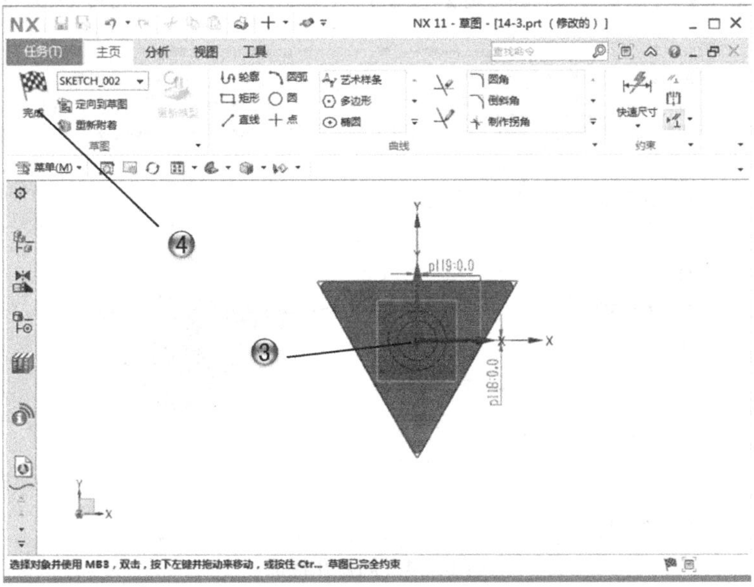

图 14-32　创建点

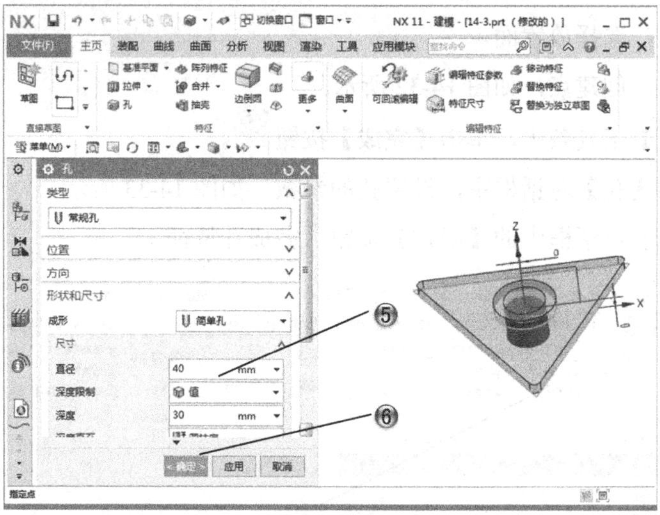

图 14-33　设置孔的参数

Step21 创建孔特征 2

① 单击【特征】工具条中的【孔】按钮，创建孔，如图 14-34 所示。

② 在绘图区，选择放置面。

③ 在绘图区，创建点，如图 14-35 所示。

④ 在【主页】工具条中，单击【完成】按钮。

⑤ 在弹出的【孔】对话框中，设置孔的参数，如图 14-36 所示。

⑥ 单击【孔】对话框中的【确定】按钮，完成孔特征，之后将零件保存为 14-3.prt。

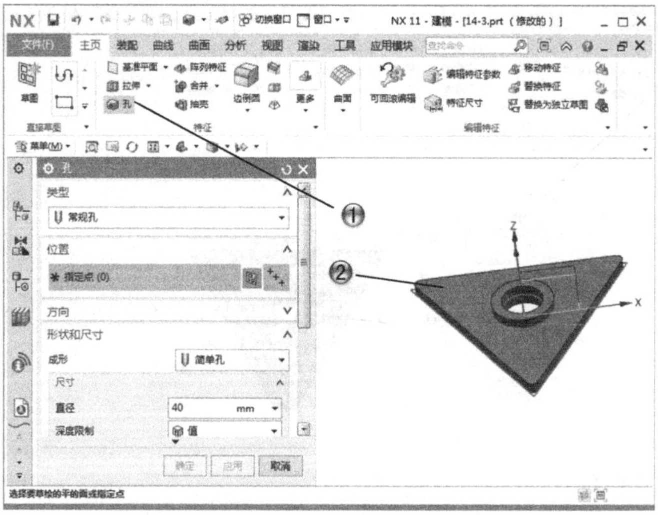

图 14-34　创建孔特征

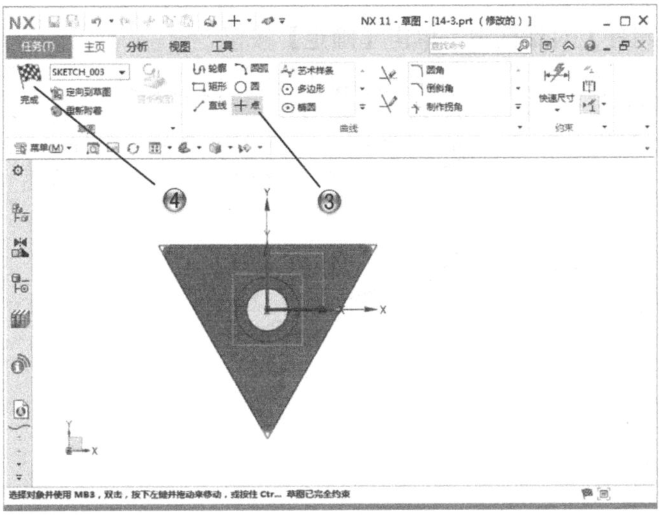

图 14-35　创建点

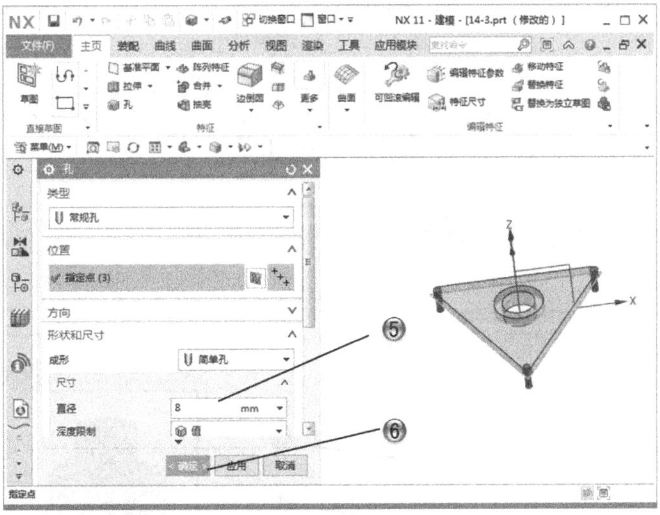

图 14-36　设置孔的参数

14.2.2　创建装配模型

创建完成组件后，创建一个装配模型，使用添加命令添加组件；第一个组件使用绝对原点进行约束，其余组件使用同心约束进行约束。

Step1 添加组件

① 单击【装配】工具条中的【添加】按钮，添加组件，如图 14-37 所示。

② 在弹出的【添加组件】对话框中，选择组件。

③ 在【添加组件】对话框中，设置【绝对原点】选项，如图 14-38 所示。

④在【添加组件】对话框中，单击【确定】按钮。

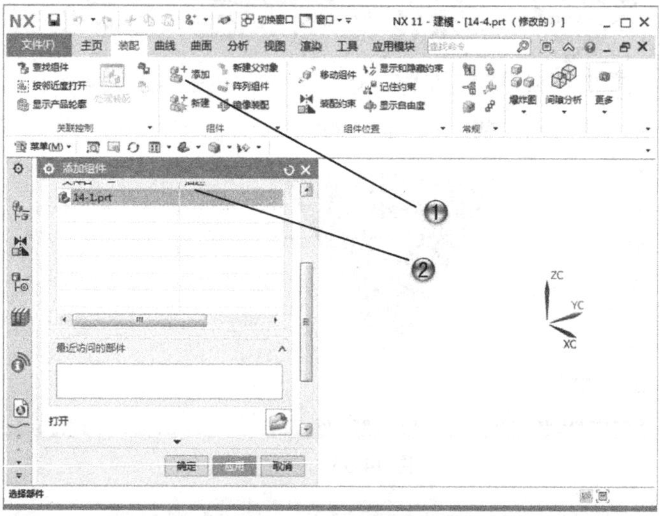

图 14-37　添加组件

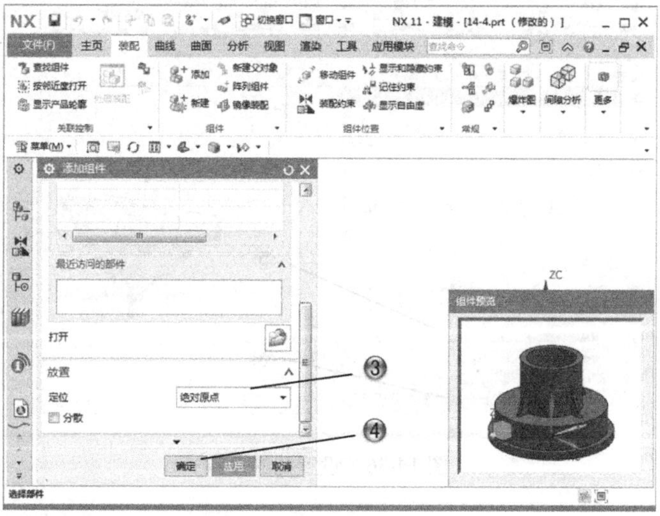

图 14-38　设置组件定位

提示

【添加组件】对话框中选择的组件，是提前加载进去的，直接进行选择。

Step2 添加组件

①单击【装配】工具条中的【添加】按钮，添加组件，如图 14-39 所示。

②在弹出的【添加组件】对话框中，选择组件。

③在【添加组件】对话框中，设置【根据约束】选项，如图 14-40 所示。

④在【添加组件】对话框中，单击【确定】按钮。

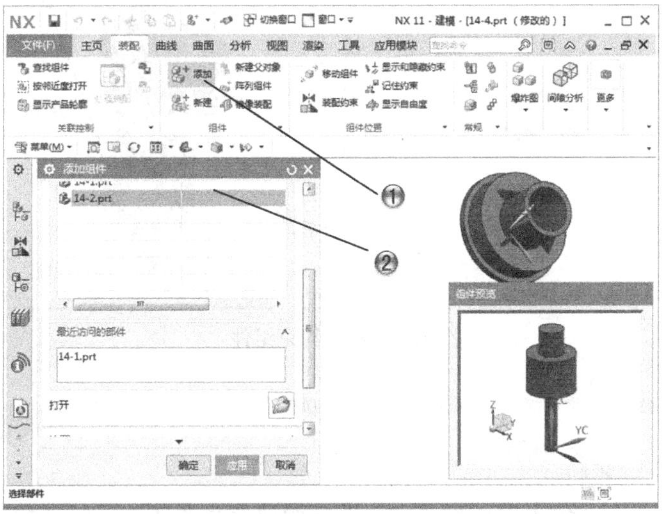

图 14-39　添加组件

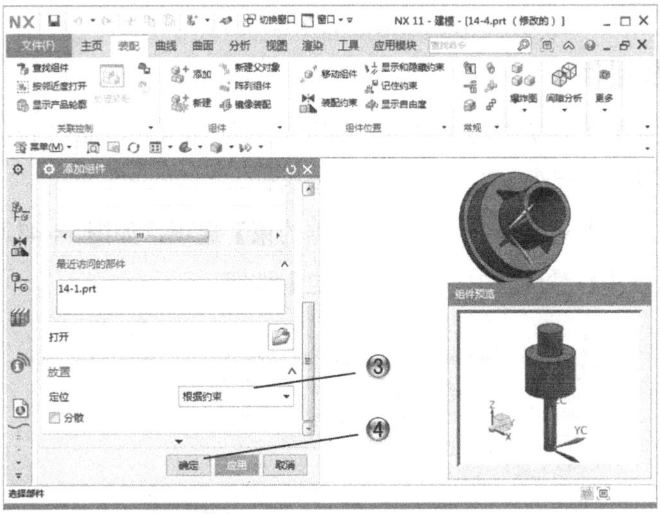

图 14-40　设置组件定位

Step3 设置组件约束

①在弹出的【装配约束】对话框中，单击【同心约束】按钮，如图 14-41 所示。

②在绘图区，选择两个组件的圆形边线。

③在【装配约束】对话框中，单击【确定】按钮。

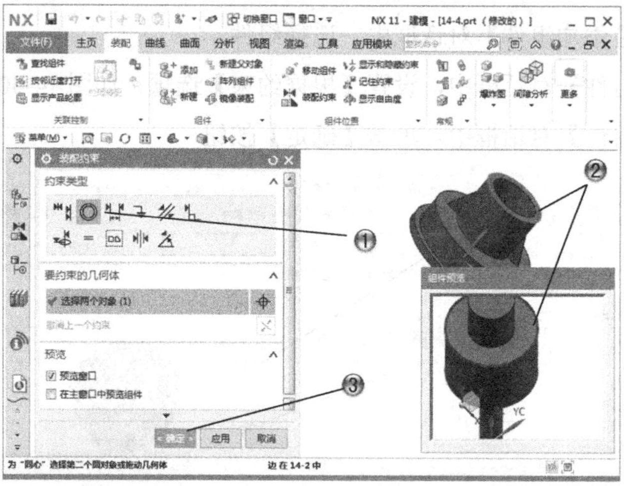

图 14-41　约束组件

提示

使用同心约束时，选择的边线位置不同，组件的装配位置会有变化，要注意其选择过程。

Step4 添加组件

① 单击【装配】工具条中的【添加】按钮，添加组件，如图 14-42 所示。
② 在弹出的【添加组件】对话框中，选择组件。
③ 在【添加组件】对话框中，设置【根据约束】选项，如图 14-43 所示。
④ 在【添加组件】对话框中，单击【确定】按钮。

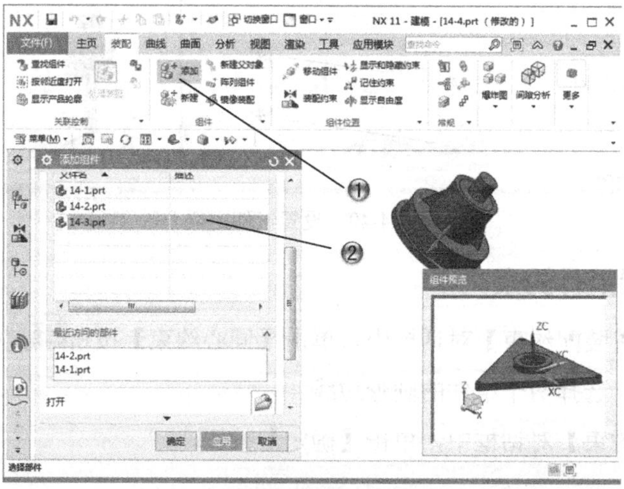

图 14-42　添加组件

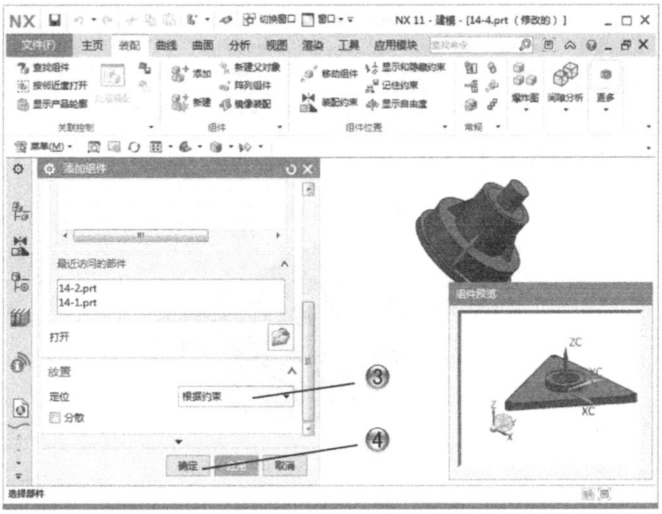

图 14-43　设置组件定位

Step5 设置组件约束

① 在弹出的【装配约束】对话框中，单击【同心约束】按钮，如图 14-44 所示。

② 在绘图区，选择两个组件的圆形边线。

③ 在【装配约束】对话框中，单击【确定】按钮。

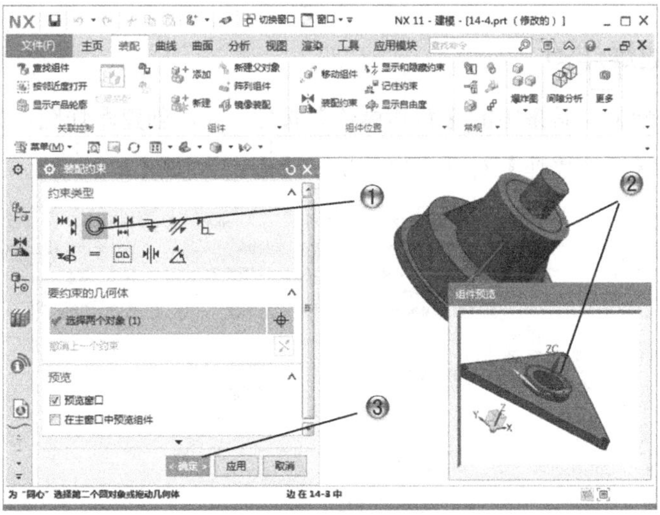

图 14-44　约束组件

Step6 保存零件

① 单击【快速访问工具条】中的【保存】按钮，保存文件，如图 14-45 所示。

② 完成并保存模型。

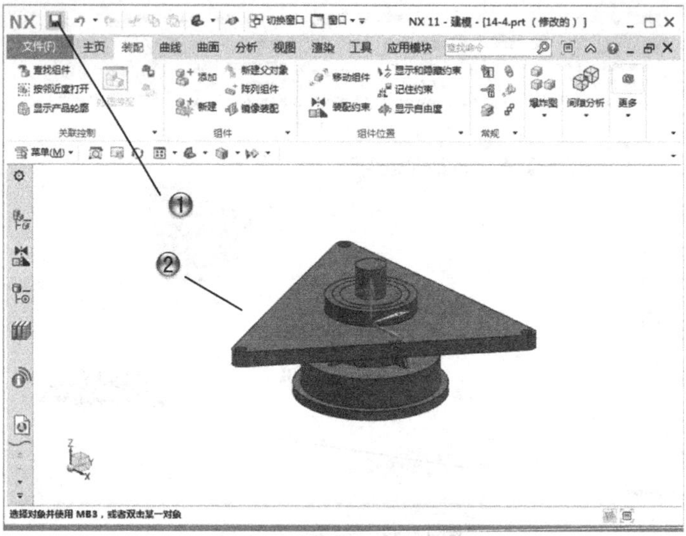

图 14-45　完成并保存装配模型

14.2.3　创建爆炸图

完成装配模型后，使用爆炸图命令创建装配爆炸图，爆炸图的每一个组件都进行手动移动，形成间距。

Step1 创建爆炸图

① 单击【装配】工具条中的【新建爆炸】按钮，创建爆炸图，如图 14-46 所示。

② 在弹出的【新建爆炸】对话框中，单击【确定】按钮。

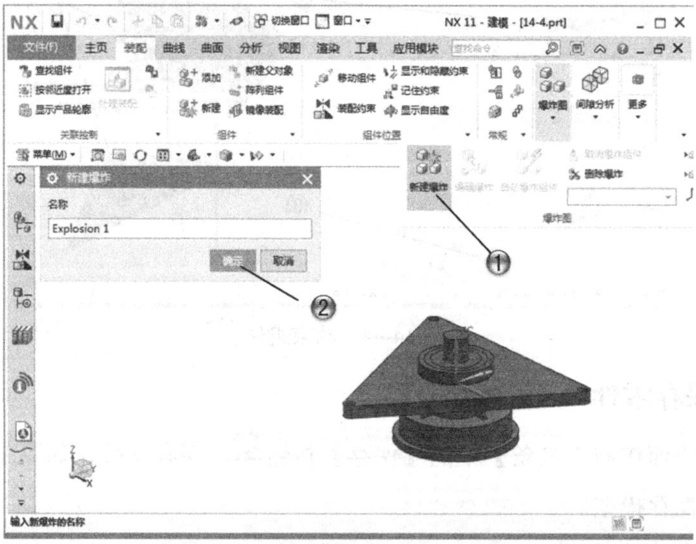

图 14-46　爆炸图

Step2 移动组件

① 单击【装配】工具条中的【编辑爆炸】按钮，如图 14-47 所示。

② 在弹出的【编辑爆炸】对话框中，选择【选择对象】选项，选择组件。

③ 在【编辑爆炸】对话框中，选择【移动对象】选项，如图 14-48 所示。

④ 在绘图区，移动组件。

⑤ 单击【编辑爆炸】对话框中的【确定】按钮，完成移动组件。

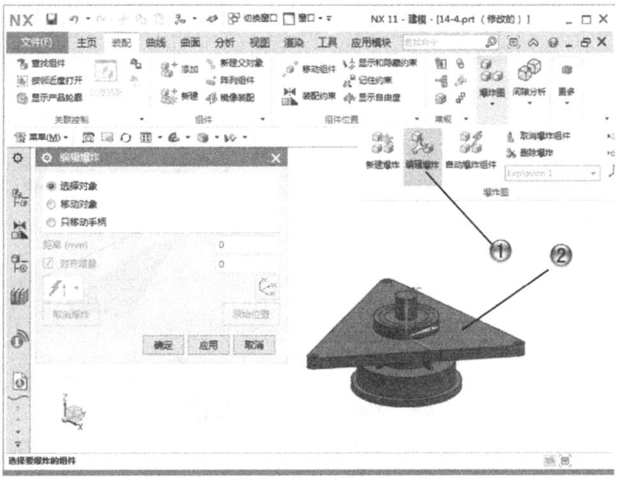

图 14-47　编辑组件

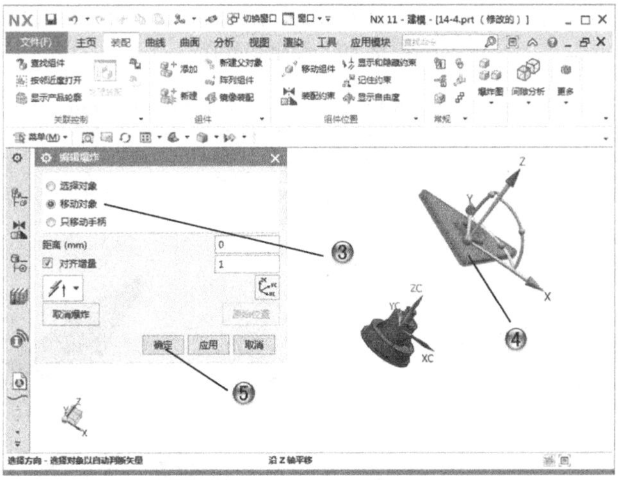

图 14-48　移动组件

提示

移动对象时，直接拖动手柄箭头，或者输入距离值即可。

Step3 移动组件

①单击【装配】工具条中的【编辑爆炸】按钮，如图 14-49 所示。
②在弹出的【编辑爆炸】对话框中，选择【选择对象】选项，选择组件。
③在【编辑爆炸】对话框中，选择【移动对象】选项，如图 14-50 所示。
④在绘图区，移动组件。
⑤单击【编辑爆炸】对话框中的【确定】按钮，完成组件移动。

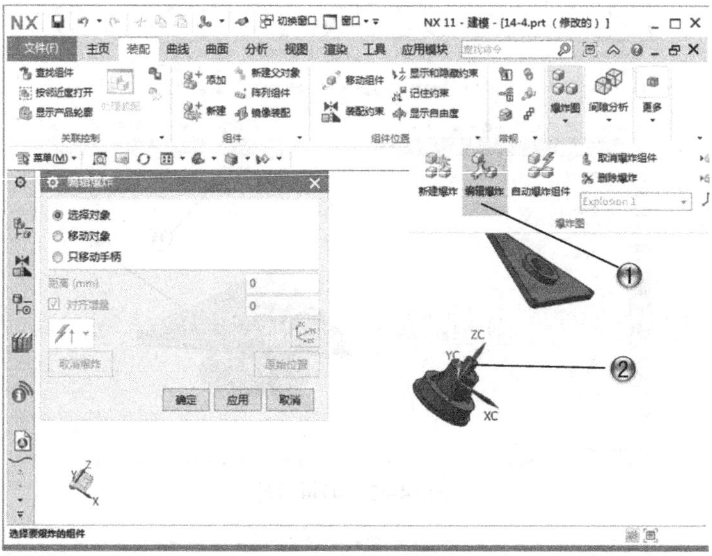

图 14-49　编辑爆炸图

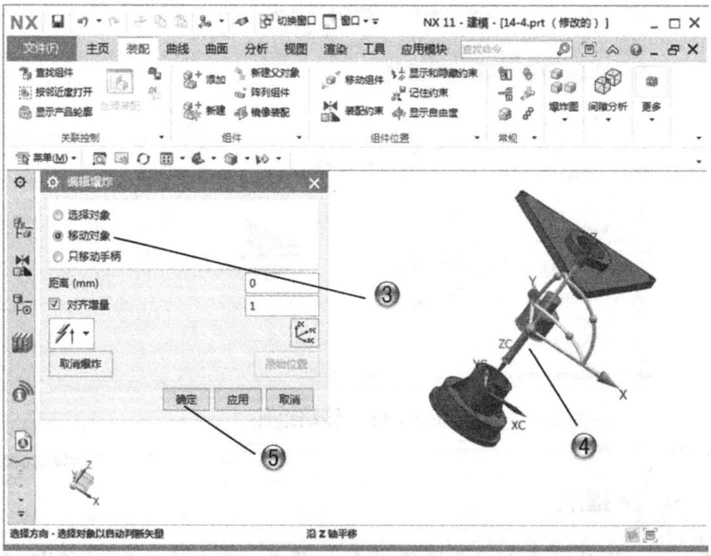

图 14-50　移动组件

14.3　本章小结

本章介绍了装配模型的生成过程，整个创建的顺序遵循自顶向下的设计方法。依次创建组件后，进行装配，并添加约束，形成完整的装配模型，最后通过爆炸图进行更直观的认识。

14.4　课后练习

14.4.1　填空题

（1）装配组件时是在_____和_____进行对象选择的。
（2）组件约束距离的命令是_____。
（3）保存装配模型的命令是_____。

答案：

（1）【组件预览】对话框和绘图区。
（2）距离约束。
（3）【文件】|【另存为】|【全部保存】菜单命令。

14.4.2　问答题

（1）自顶向下装配的特点？
（2）装配组件的作用？

答案：

（1）首先要创建组件。
（2）形成装配的分子。

14.4.3　操作题

本章练习创建球阀装配模型，学习使用各种装配操作命令，如图 14-51 所示。

图 14-51　球阀

练习内容：

（1）依次创建组件。
（2）创建装配模型。
（3）生成爆炸图。

第 15 章　高手应用案例 5
——钣金设计应用

本章导读

钣金工艺最重要的四个步骤是剪、冲/切/折/卷、焊接、表面处理等。钣金工艺一般来说基本设备包括剪板机、数控冲床、激光/等离子/水射流切割机、折弯机以及各种辅助设备，如：开卷机、校平机、去毛刺机、点焊机等。本章介绍的钣金零件创建过程，是对前面所学钣金知识的综合运用，可以结合知识点进行体会。

学习要求	知识点 \ 学习目标	了解	理解	应用	实践
	掌握突出块的创建命令		√	√	√
	掌握弯边和轮廓弯边的命令		√	√	√
	掌握切除特征的方法		√	√	√

15.1 案例分析

15.1.1 案例分析——知识链接

钣金零件是钣金设计的主体部分，钣金零件的种类主要有以下三种。

（1）平板类钣金

平板类钣金是指钣金件为一般的平板冲裁件。

（2）弯曲类钣金

弯曲类钣金是指钣金件是弯曲的，或者弯曲加简单的成形所构造的零件。

（3）曲面成形类钣金

曲面成形类钣金是由拉伸等成形方法加工，形成的规则曲面类或自由曲面类零件。这些零件都是由平板毛坯经冲裁及变形等冲压方式加工出来的，它们与一般机加工方式加工出来的零件存在着很大差别。在冲压加工方式中，弯曲变形是使钣金零件产生复杂空间位置关系的主要加工方式。而其他加工方法一般只是在平板上产生凸起或凹陷以及缺口、孔和边缘等形状。这一特点是在建立钣金零件造型系统时必须注意的。

15.1.2 案例分析——设计思路

本课将介绍如何创建一个壳体钣金零件（见图 15-1）。首先绘制草图，创建钣金的基体，即突出块，之后使用弯边命令创建钣金的弯边；再使用法向开孔命令创建需要切除的部分，同时创建的分离部分要进行布尔加运算，最后形成整体钣金零件。

通过钣金零件的创建过程，学习使用钣金创建命令，将熟悉如下内容。

（1）突出块的命令使用。

（2）钣金弯边的方法。

（3）创建切除特征的方法。

（4）钣金特征的布尔运算。

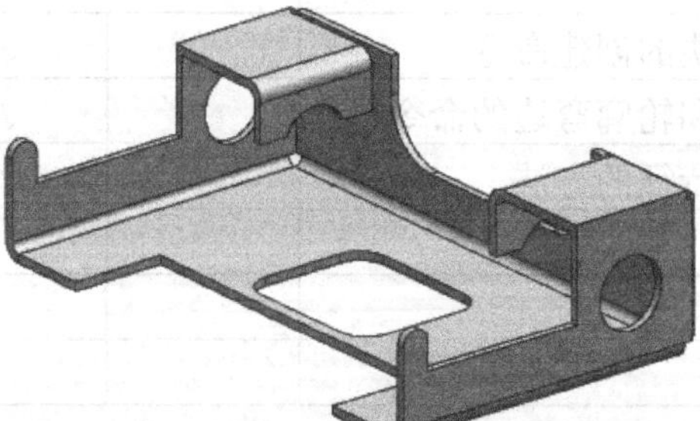

图 15-1　壳体钣金

15.2 案例操作

本案例完成文件：ywj/15/15-1.prt

多媒体教学路径：多媒体教学→第 15 章

15.2.1 创建突出块和弯边

创建钣金，首先创建钣金的基体，之后依次创建钣金上的弯边，并使用拐角命令进行修整。

Step1 创建草图

① 单击【直接草图】工具条中的【草图】按钮，创建草图，如图 15-2 所示。

② 在弹出的【创建草图】对话框中，单击【指定 CSYS】选项，指定草绘平面。

③ 在【创建草图】对话框中，单击【确定】按钮。

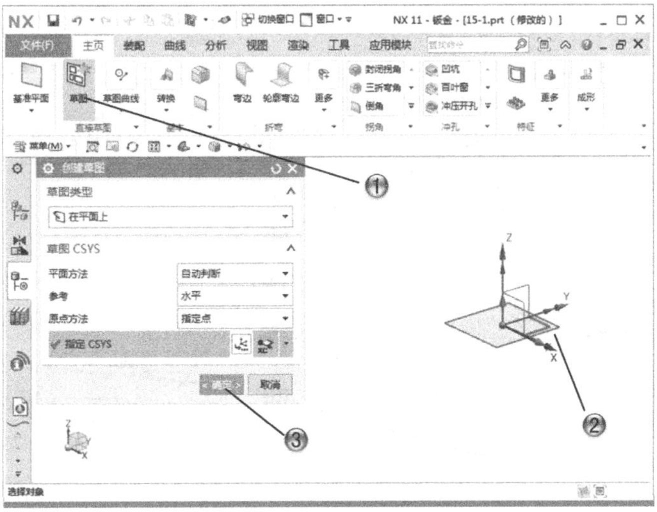

图 15-2　选择草绘面

Step2 创建突出块

① 单击【直接草图】工具条中的【矩形】按钮，绘制矩形，如图 15-3 所示。

②选择两点，绘制矩形。

③单击【主页】工具条中的【突出块】按钮，创建钣金基体，如图 15-4 所示。

④在绘图区，选择草图。

⑤在弹出的【突出块】对话框中，设置钣金参数。

⑥单击【突出块】对话框中的【确定】按钮，完成基体特征。

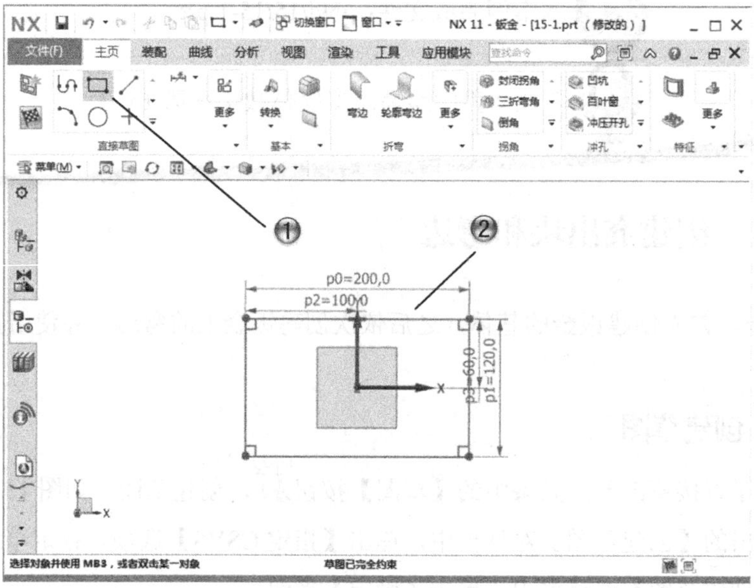

图 15-3　绘制矩形

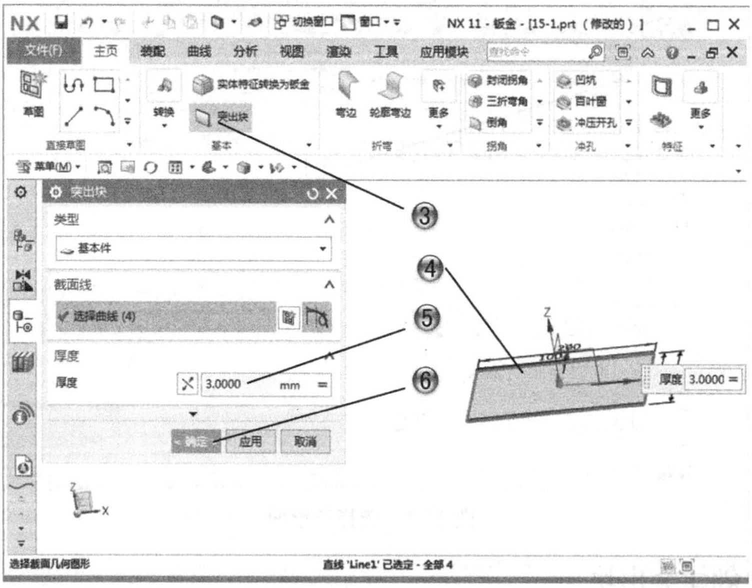

图 15-4　创建突出块

提示

钣金厚度是固定的，当然也可以进行设置，钣金厚度取决于实际加工时的要求。

Step3 创建弯边特征

① 单击【主页】工具条中的【弯边】按钮，创建钣金弯边，如图 15-5 所示。

② 在绘图区，选择边线。

③ 在弹出的【弯边】对话框中，设置弯边参数。

④ 单击【弯边】对话框中的【确定】按钮，完成弯边特征。

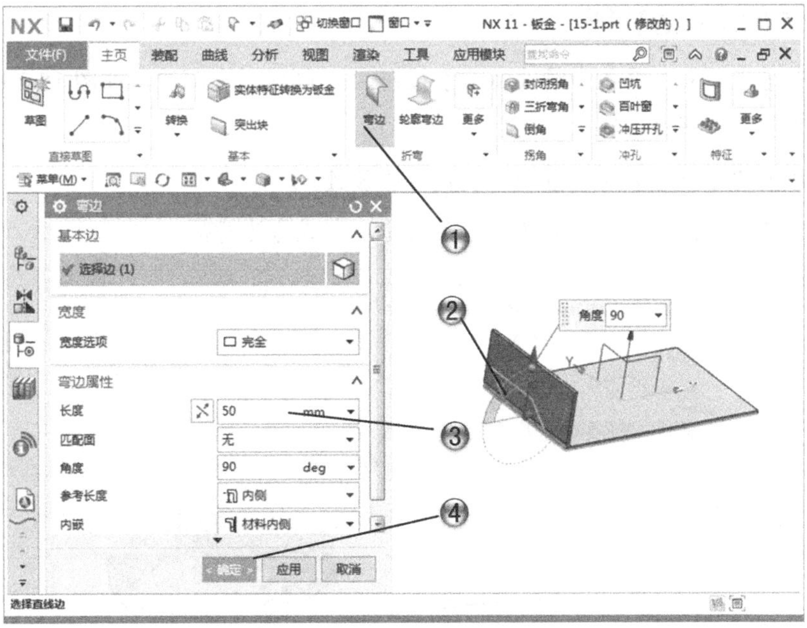

图 15-5 创建弯边 1

Step4 创建弯边特征

① 单击【主页】工具条中的【弯边】按钮，创建钣金弯边，如图 15-6 所示。

② 在绘图区，选择边线。

③ 在弹出的【弯边】对话框中，设置弯边参数。

④ 单击【弯边】对话框中的【确定】按钮，完成弯边特征。

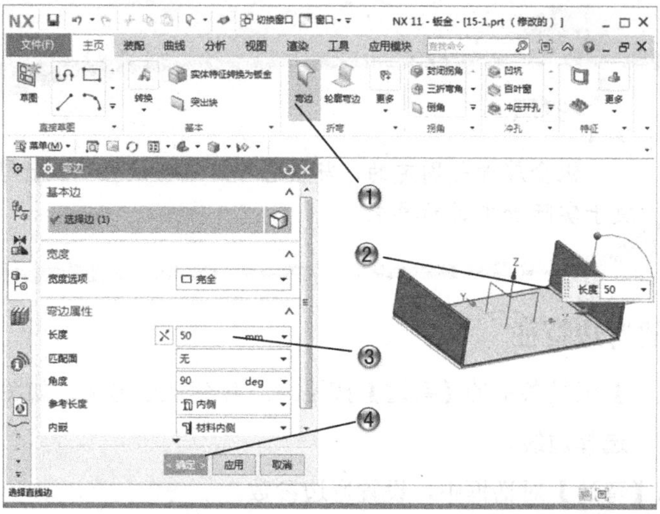

图 15-6　创建弯边 2

Step5 创建弯边特征

① 单击【主页】工具条中的【弯边】按钮，创建钣金弯边，如图 15-7 所示。

② 在绘图区，选择边线。

③ 在弹出的【弯边】对话框中，设置弯边参数。

④ 单击【弯边】对话框中的【确定】按钮，完成弯边特征。

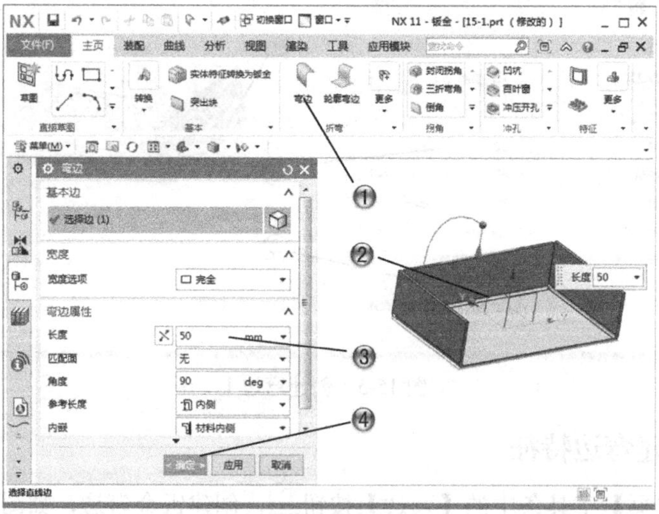

图 15-7　创建弯边 3

Step6 创建封闭拐角

① 单击【主页】工具条中的【封闭拐角】按钮，创建拐角，如图 15-8 所示。

② 在绘图区，选择拐角面。

③在弹出的【封闭拐角】对话框中，设置拐角参数。

④单击【封闭拐角】对话框中的【确定】按钮，完成拐角特征。

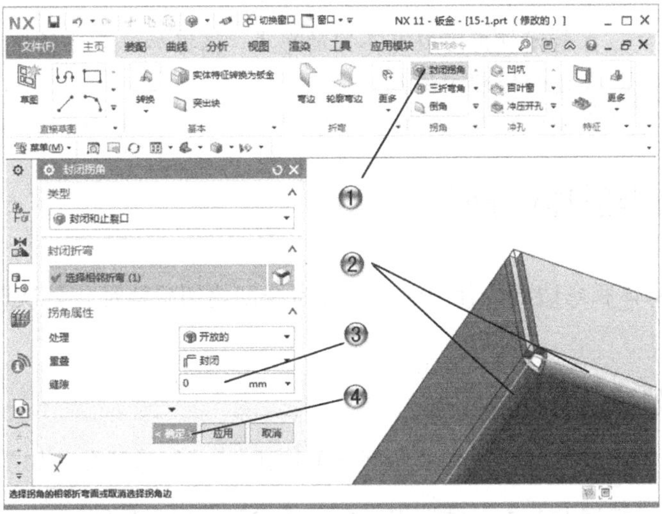

图 15-8　创建封闭拐角

Step7 创建封闭拐角

①单击【主页】工具条中的【封闭拐角】按钮，创建拐角，如图 15-9 所示。

②在绘图区，选择拐角面。

③在弹出的【封闭拐角】对话框中，设置拐角参数。

④单击【封闭拐角】对话框中的【确定】按钮，完成拐角特征。

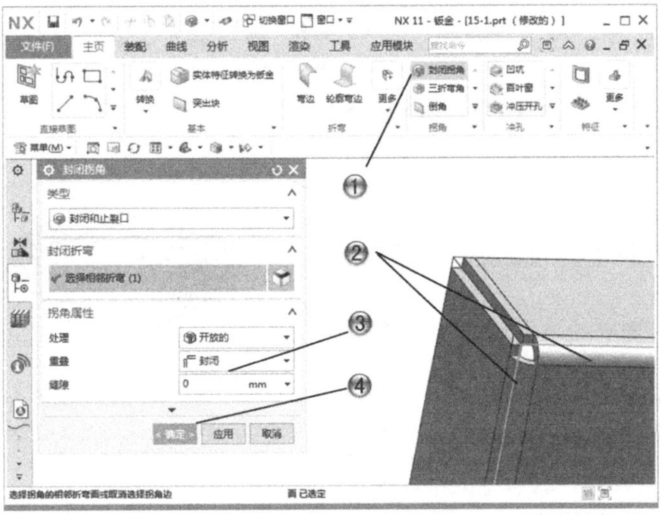

图 15-9　创建封闭拐角

提示

封闭拐角可以有不同的形式，根据加工方法的不同，选择合适的处理方法。

15.2.2 创建切除特征

创建完钣金基体和弯边后，使用法向开孔命令创建切除特征，依次选择不同的平面进行草图绘制。

Step1 创建法向开孔

① 在【主页】工具条中单击【法向开孔】按钮，创建开孔，如图 15-10 所示。

② 在弹出的【法向开孔】对话框中，单击【绘制截面】按钮。

③ 单击【直接草图】工具条中的【矩形】按钮，绘制矩形，如图 15-11 所示。

④ 在绘图区，绘制矩形。

⑤ 在【法向开孔】对话框中，设置开孔参数，如图 15-12 所示。

⑥ 单击【法向开孔】对话框中的【确定】按钮，完成开孔。

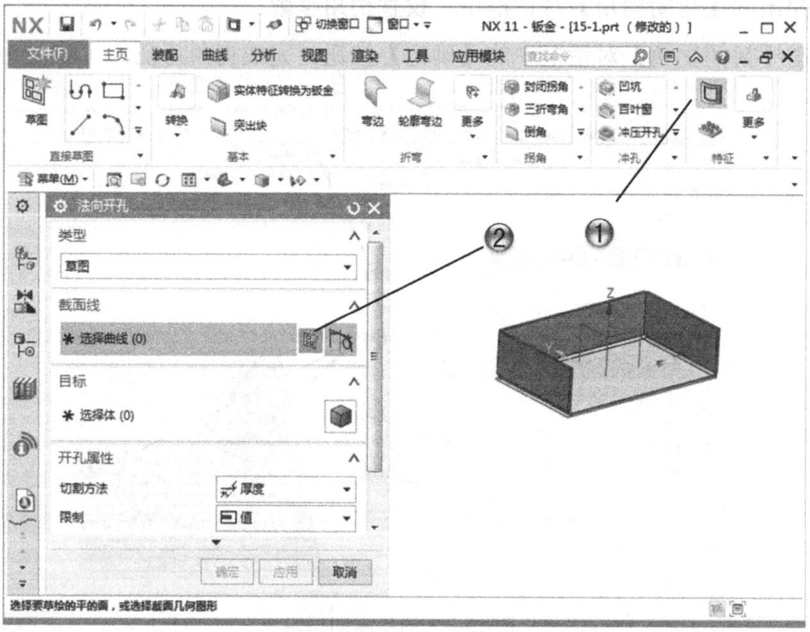

图 15-10　创建法向开孔

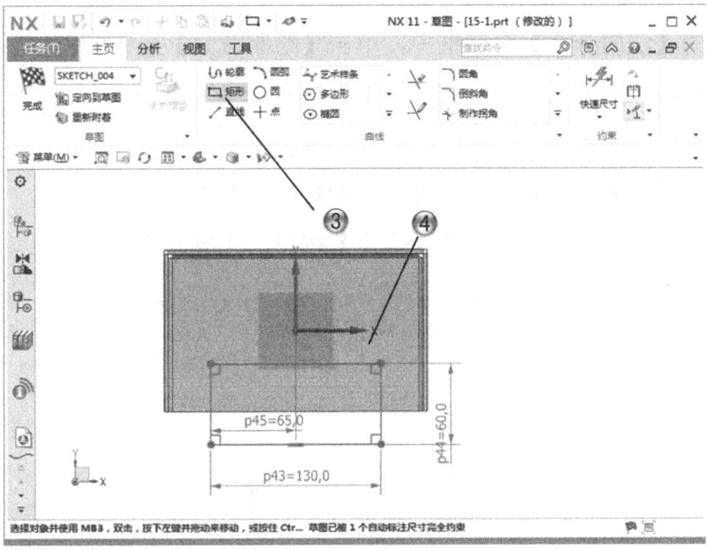

图 15-11　绘制矩形

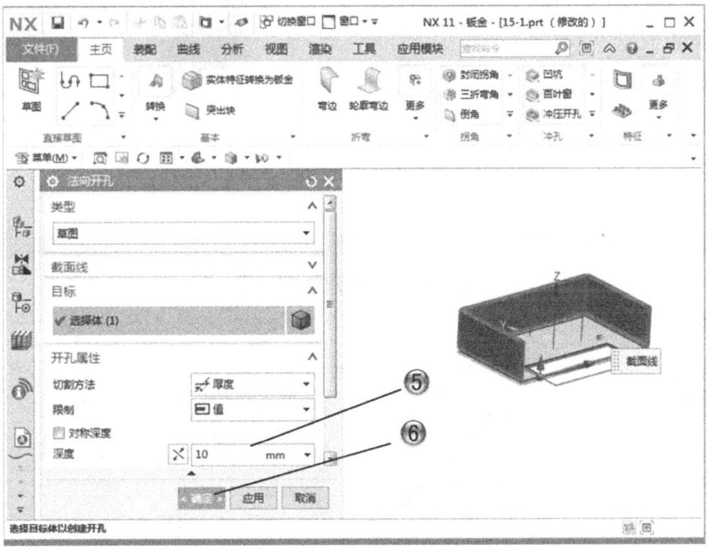

图 15-12　设置开孔参数

提示

法向开孔就是切除钣金的一部分，在【深度】选择时，使用【反向】按钮，进行方向控制。

Step2 创建法向开孔

① 在【主页】工具条中单击【法向开孔】按钮，创建开孔，如图 15-13 所示。

②在弹出的【法向开孔】对话框中，单击【绘制截面】按钮。

③单击【直接草图】工具条中的【矩形】按钮，绘制矩形，如图 15-14 所示。

④在绘图区，绘制矩形。

⑤在【法向开孔】对话框中，设置开孔参数，如图 15-15 所示。

⑥单击【法向开孔】对话框中的【确定】按钮，完成开孔。

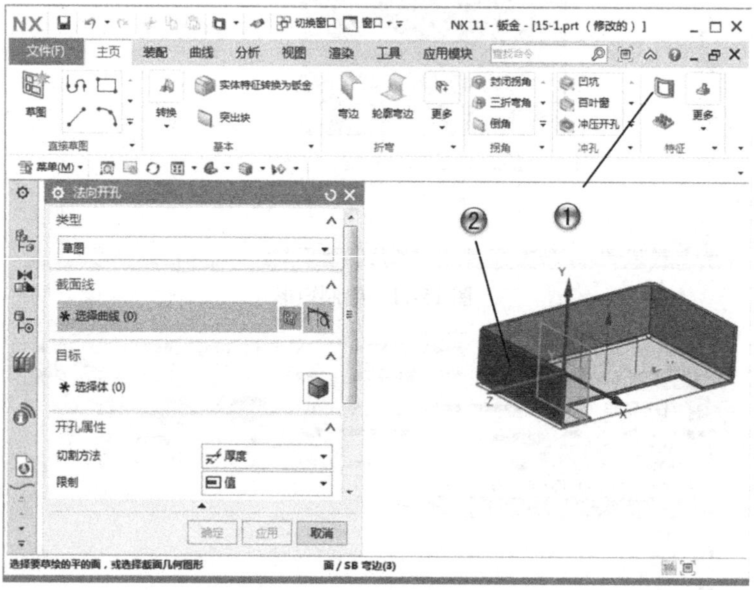

图 15-13　创建法向开孔

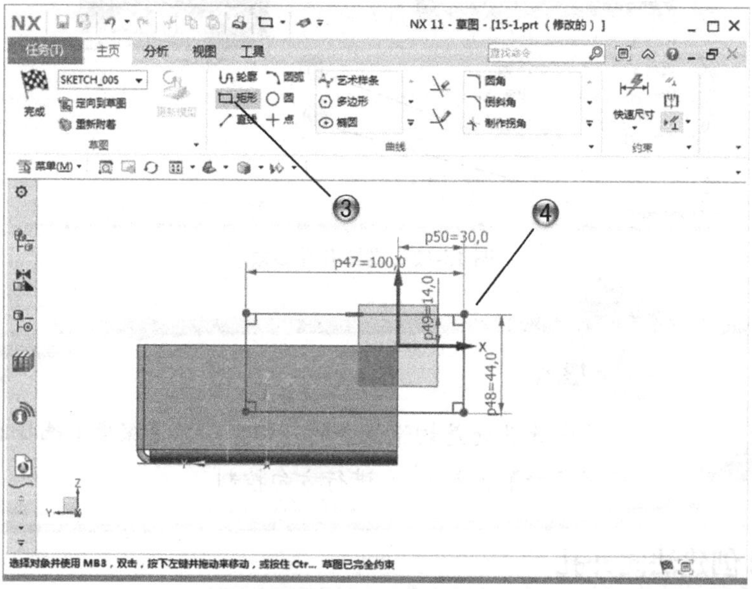

图 15-14　绘制矩形

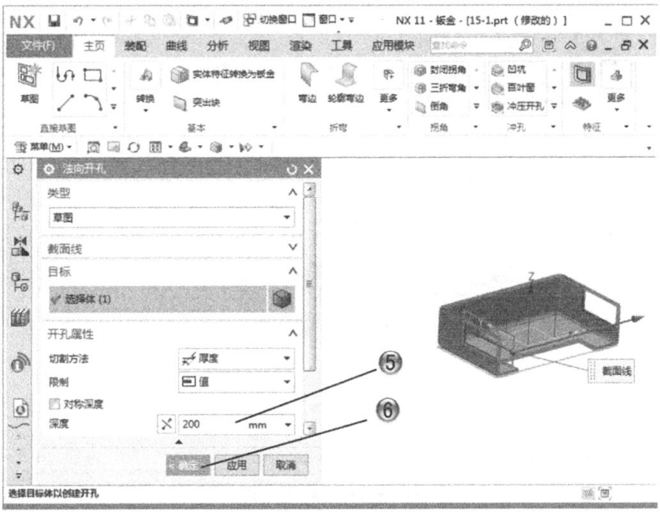

图 15-15　设置开孔参数

Step3 创建法向开孔

①在【主页】工具条中单击【法向开孔】按钮，创建开孔，如图 15-16 所示。

②在弹出的【法向开孔】对话框中，单击【绘制截面】按钮。

③单击【直接草图】工具条中的【矩形】按钮，绘制矩形，如图 15-17 所示。

④在绘图区，绘制矩形。

⑤单击【直接草图】工具条中的【圆角】按钮，创建圆角，如图 15-18 所示。

⑥在绘图区，创建圆角。

⑦在【法向开孔】对话框中，设置开孔参数，如图 15-19 所示。

⑧单击【法向开孔】对话框中的【确定】按钮，完成开孔。

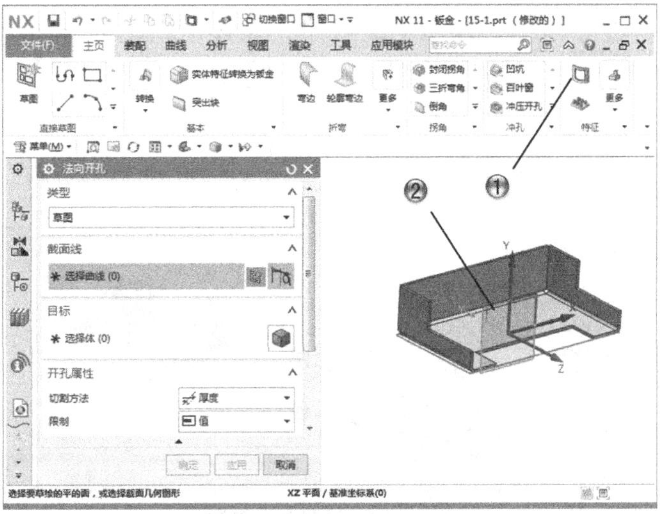

图 15-16　创建法向开孔

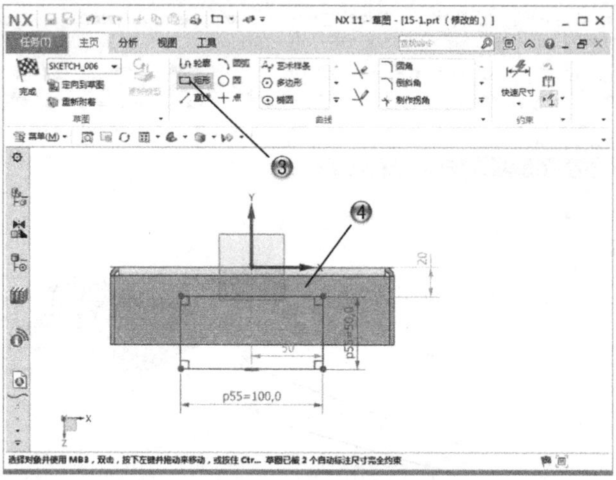

图 15-17　绘制矩形

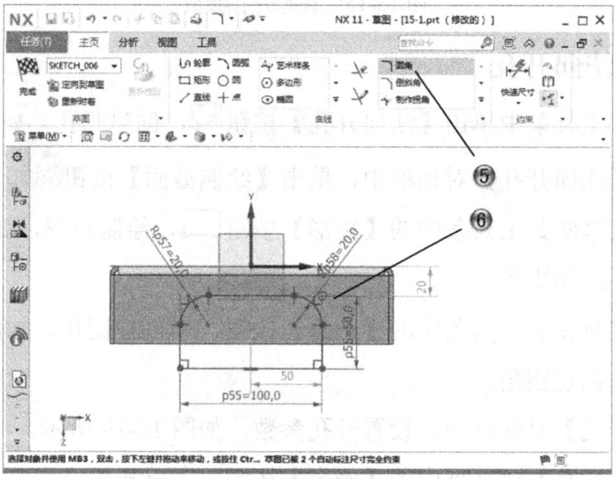

图 15-18　创建圆角

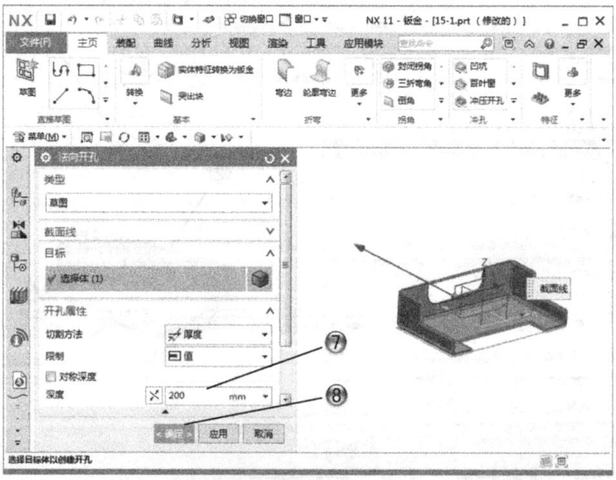

图 15-19　设置开孔参数

Step4 创建法向开孔

① 在【主页】工具条中单击【法向开孔】按钮，创建开孔，如图 15-20 所示。

② 在弹出的【法向开孔】对话框中，单击【绘制截面】按钮。

③ 单击【直接草图】工具条中的【矩形】按钮，绘制矩形，如图 15-21 所示。

④ 在绘图区，绘制矩形。

⑤ 单击【直接草图】工具条中的【圆角】按钮，创建圆角，如图 15-22 所示。

⑥ 在绘图区，创建圆角。

⑦ 在【法向开孔】对话框中，设置开孔参数，如图 15-23 所示。

⑧ 单击【法向开孔】对话框中的【确定】按钮，完成开孔。

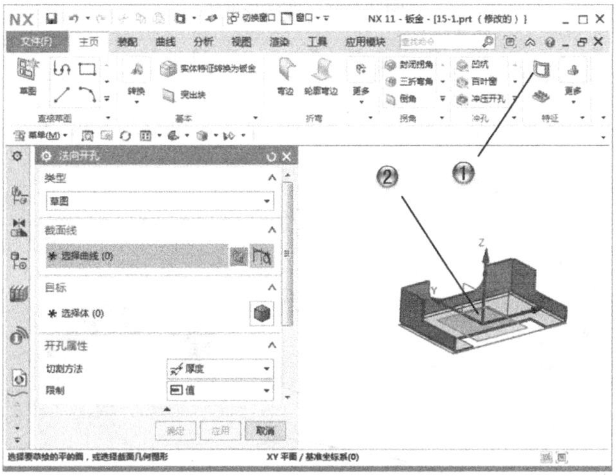

图 15-20　创建法向开孔

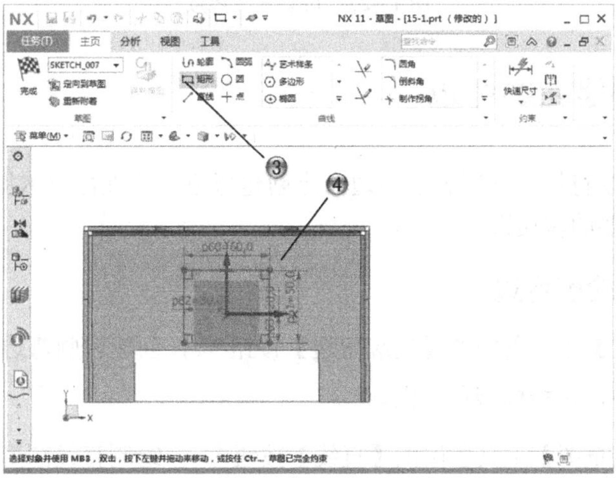

图 15-21　绘制矩形

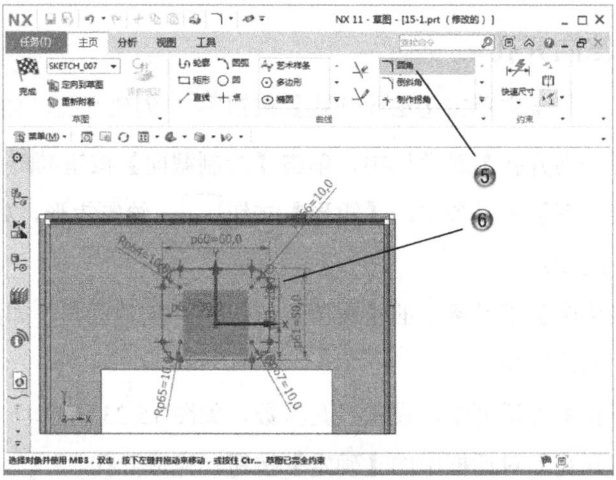

图 15-22　创建圆角

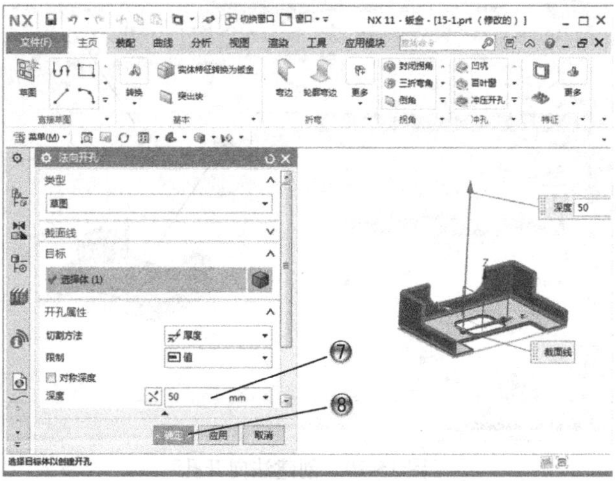

图 15-23　设置开孔参数

15.2.3　创建轮廓弯边

创建钣金的其余特征，使用轮廓弯边命令创建弯边，并进行布尔加运算；之后进行法向开孔，再进行必要的转换钣金操作。

Step1 创建轮廓弯边

① 单击【主页】工具条中的【轮廓弯边】按钮，创建轮廓弯边，如图 15-24 所示。

② 在绘图区中，选择模型草绘面。

③ 单击【直接草图】工具条中的【直线】按钮，绘制直线图形，如图 15-25 所示。

④ 选择两点，绘制两条直线。

⑤在【轮廓弯边】对话框中，设置弯边参数，如图 15-26 所示。

⑥单击【轮廓弯边】对话框中的【确定】按钮，完成弯边。

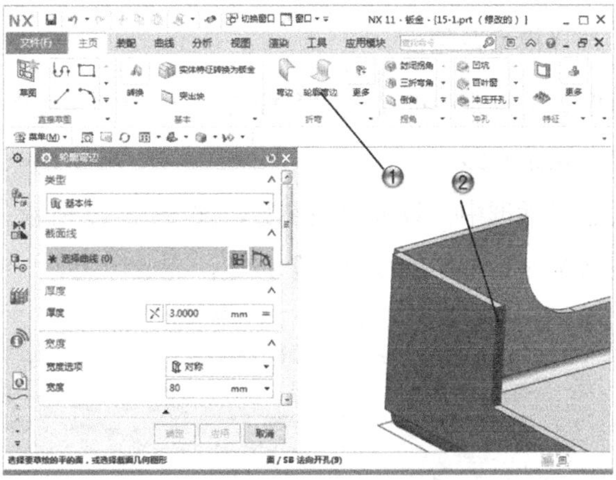

图 15-24　创建轮廓弯边

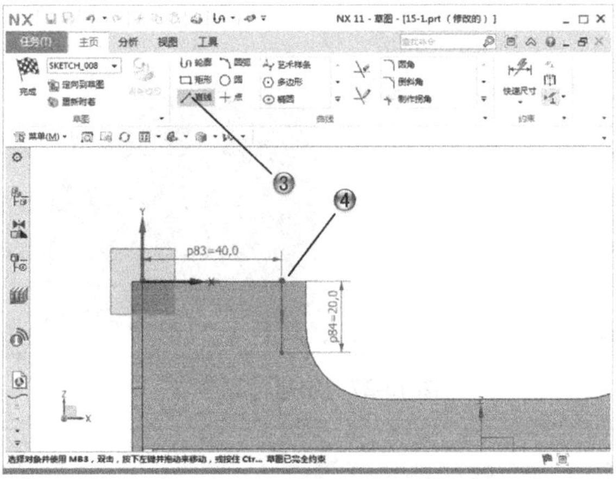

图 15-25　绘制直线

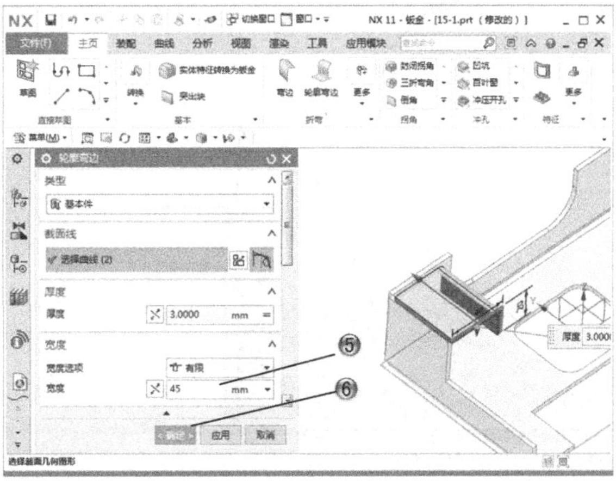

图 15-26　设置弯边参数

Step2 创建轮廓弯边

① 单击【主页】工具条中的【轮廓弯边】按钮，创建轮廓弯边，如图 15-27 所示。

② 在绘图区中，选择模型草绘面。

③ 单击【直接草图】工具条中的【直线】按钮，绘制直线图形，如图 15-28 所示。

④ 选择两点，绘制两条直线。

⑤ 在【轮廓弯边】对话框中，设置弯边参数，如图 15-29 所示。

⑥ 单击【轮廓弯边】对话框中的【确定】按钮，完成弯边。

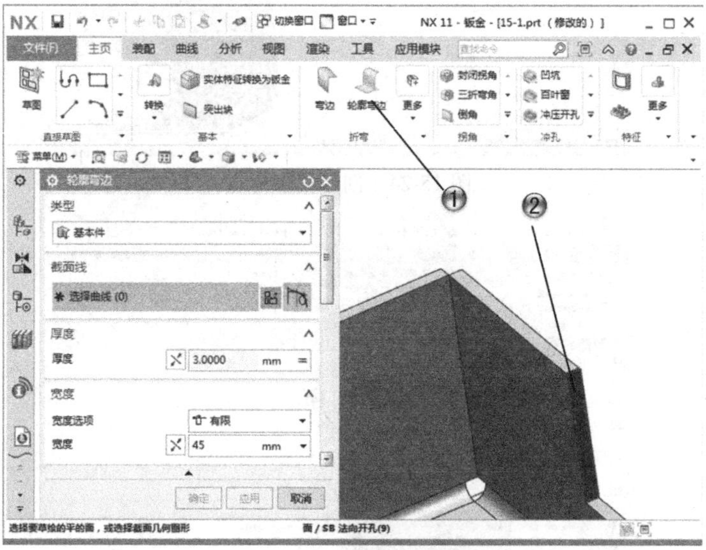

图 15-27　创建轮廓弯边

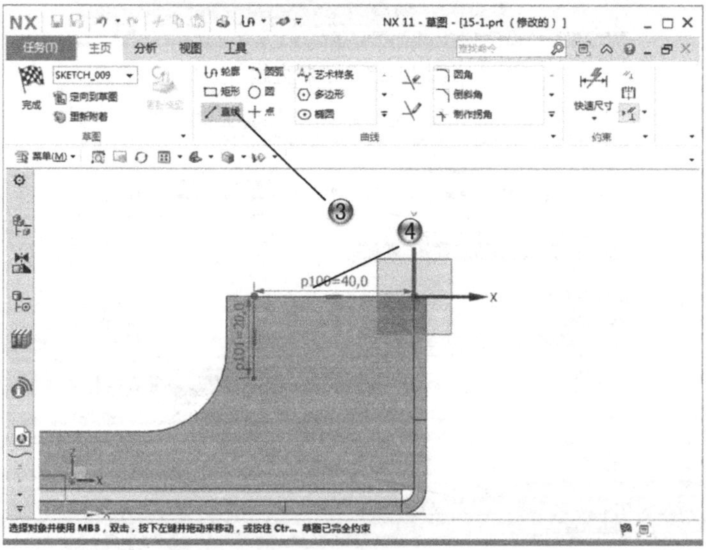

图 15-28　绘制直线

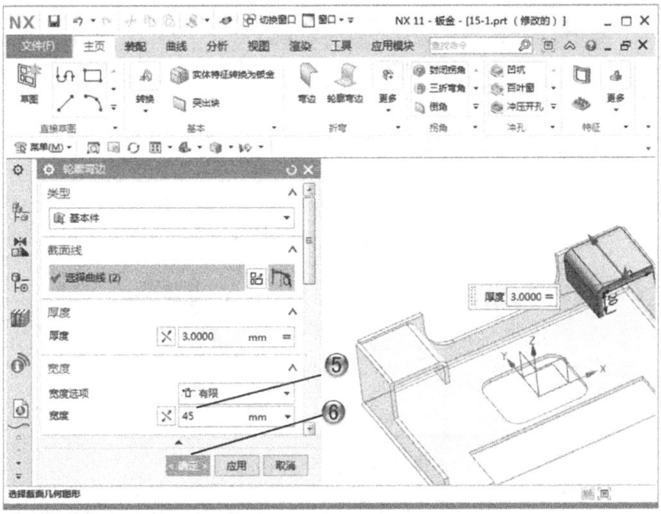

图 15-29　设置弯边参数

Step3 合并钣金

① 单击【主页】工具条中的【合并】按钮，合并钣金，如图 15-30 所示。

② 在绘图区中，选择合并对象。

③ 在【合并】对话框中，单击【确定】按钮。

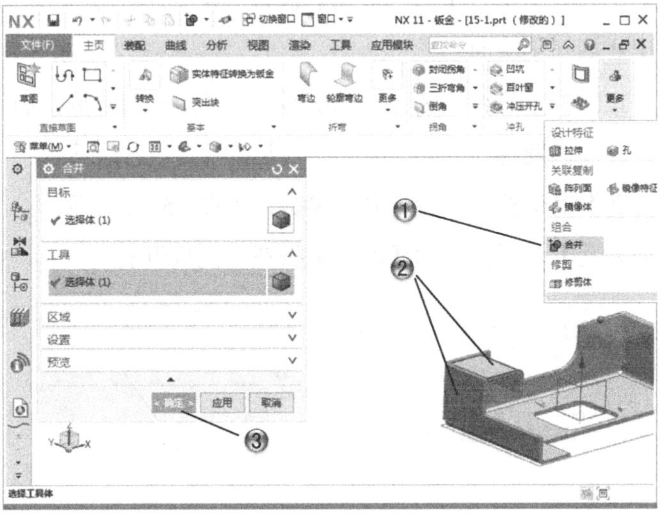

图 15-30　合并钣金

Step4 合并钣金

① 单击【主页】工具条中的【合并】按钮，合并钣金，如图 15-31 所示。

② 在绘图区中，选择合并对象。

③ 在【合并】对话框中，单击【确定】按钮。

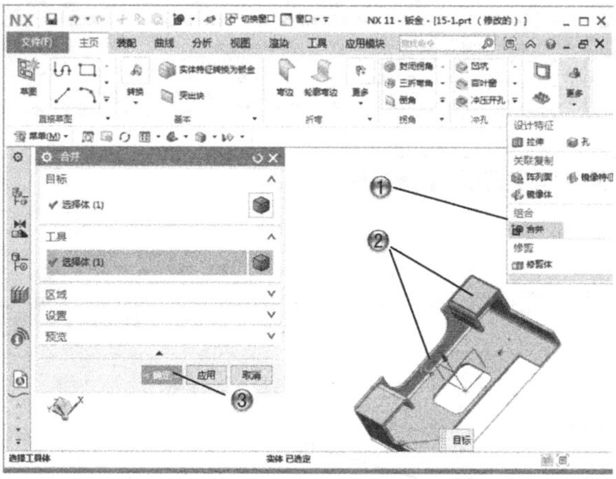

图 15-31　合并钣金

提示

这里形成的弯边并不和钣金是一个整体，所以要进行合并，以便下一步的操作。

Step5 创建法向开孔

①在【主页】工具条中单击【法向开孔】按钮，创建开孔，如图 15-32 所示。

②在绘图区中，选择草绘面。

③单击【直接草图】工具条中的【圆形】按钮，绘制圆形，如图 15-33 所示。

④在绘图区中，绘制圆形。

⑤在【法向开孔】对话框中，设置开孔参数，如图 15-34 所示。

⑥单击【法向开孔】对话框中的【确定】按钮，完成开孔。

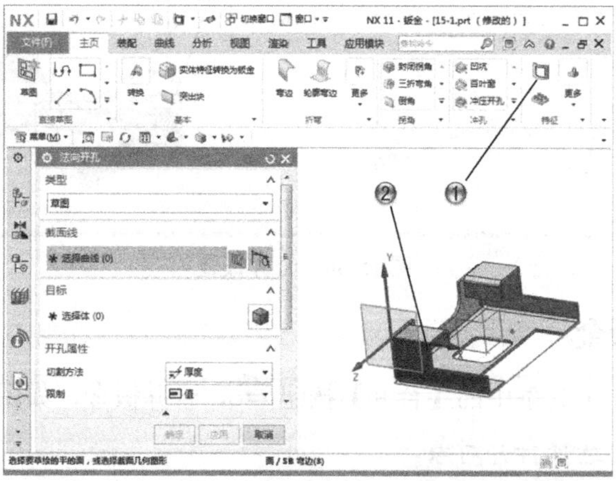

图 15-32　创建法向开孔

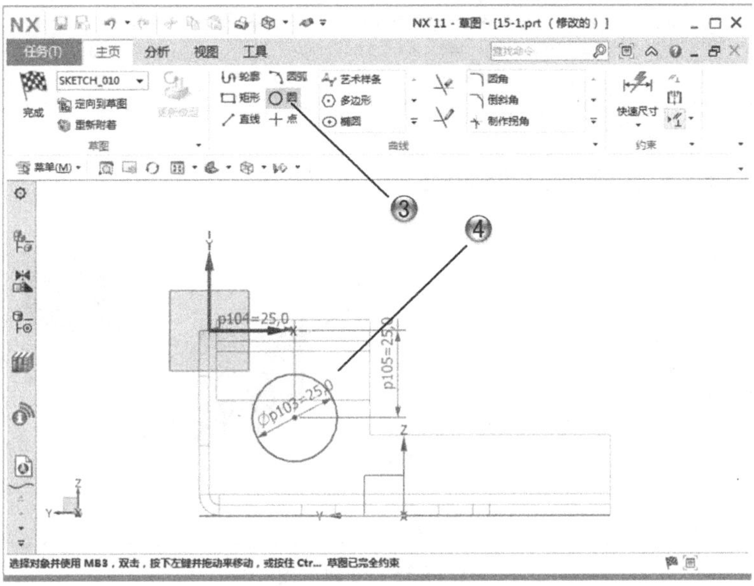

图 15-33　绘制圆形

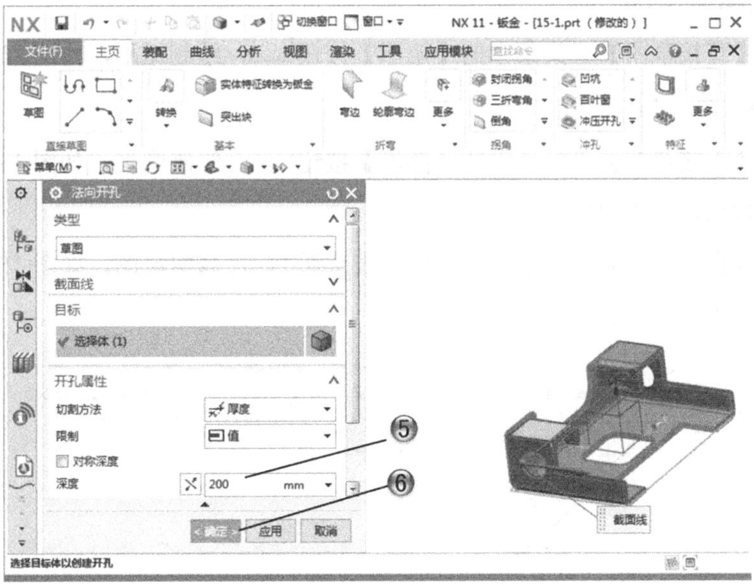

图 15-34　设置开孔参数

Step6 创建草图

① 单击【直接草图】工具条中的【草图】按钮，创建草图，如图 15-35 所示。

② 在弹出的【创建草图】对话框中，单击【指定 CSYS】选项，指定草绘平面。

③ 在【创建草图】对话框中，单击【确定】按钮。

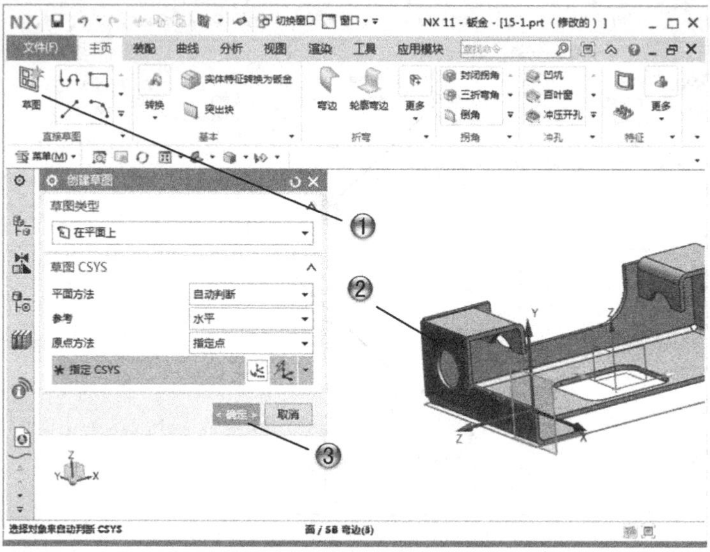

图 15-35　创建草图

Step7 绘制草图

①单击【直接草图】工具条中的【矩形】按钮，绘制矩形，如图 15-36 所示。
②选择两点，绘制矩形。
③单击【直接草图】工具条中的【圆形】按钮，绘制圆形，如图 15-37 所示。
④选择两点，绘制圆形。
⑤单击【直接草图】工具条中的【修剪】按钮，修剪草图，如图 15-38 所示。
⑥划过草图，修剪直线和圆弧。

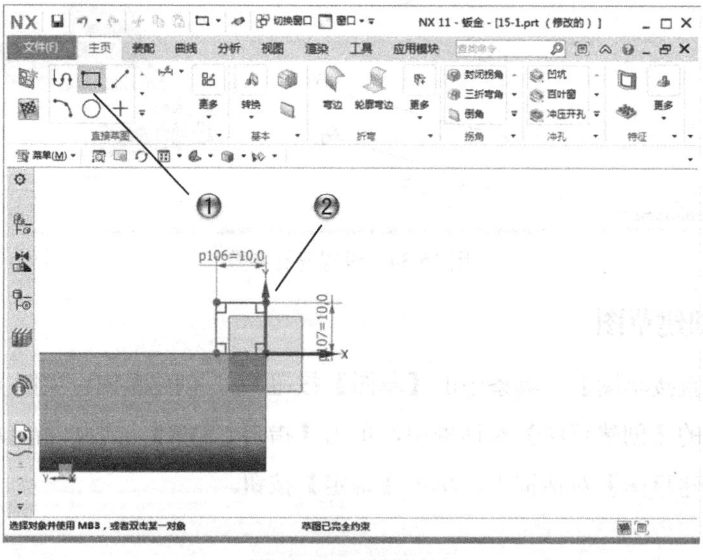

图 15-36　绘制矩形

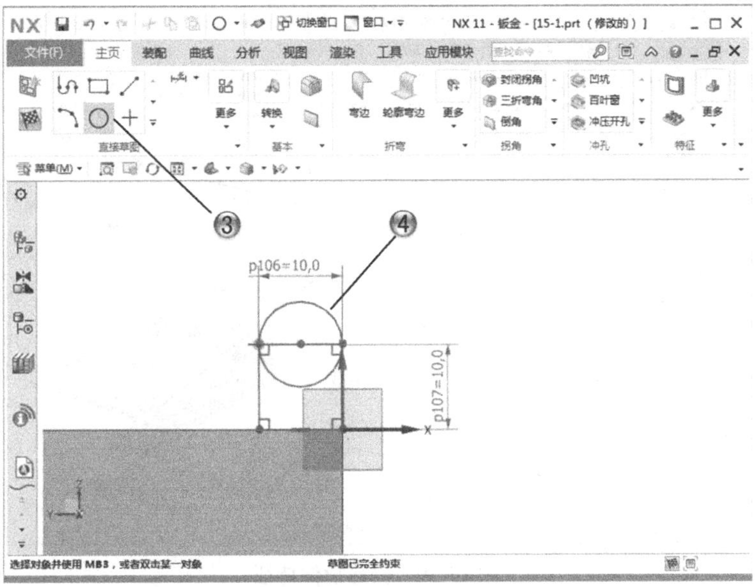

图 15-37　绘制圆形

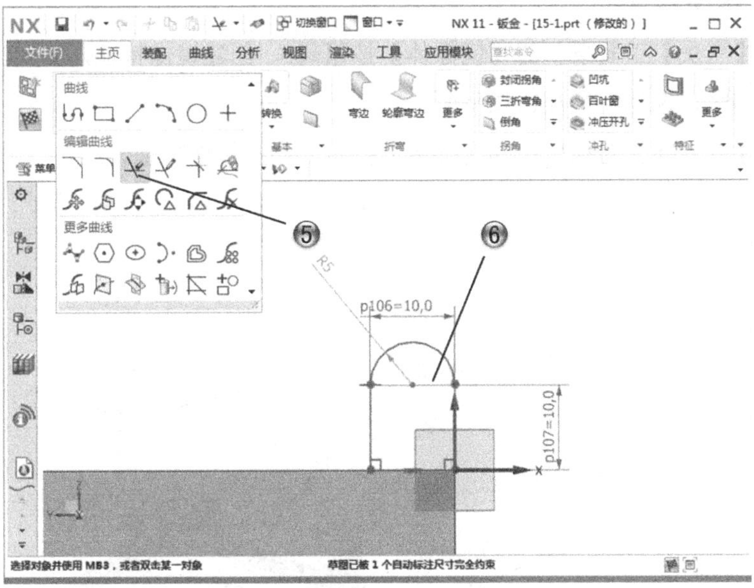

图 15-38　修剪草图

Step8 创建拉伸特征

① 单击【特征】工具条中的【拉伸】按钮，创建拉伸特征，如图 15-39 所示。

② 在绘图区，选择草图。

③ 在弹出的【拉伸】对话框中，设置拉伸参数。

④ 单击【拉伸】对话框中的【确定】按钮，完成拉伸特征。

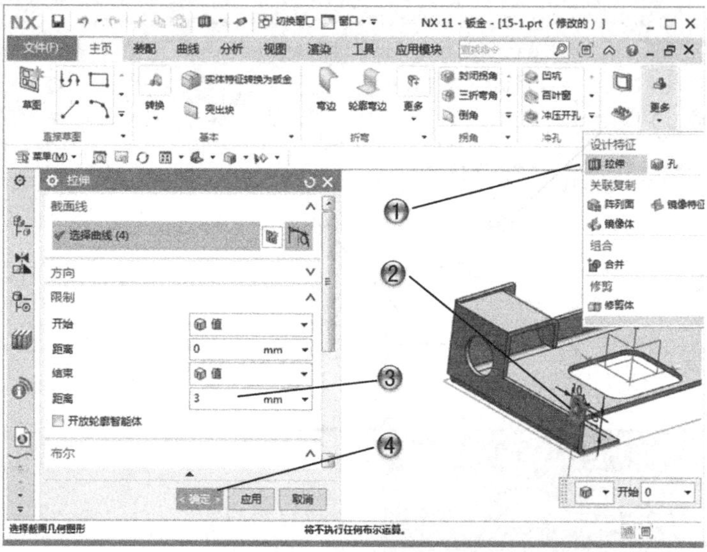

图 15-39　创建拉伸特征

Step9 镜像特征

① 单击【主页】工具条中的【镜像体】按钮，创建镜像特征，如图 15-40 所示。

② 在绘图区，选择特征和镜像平面。

③ 单击【镜像体】对话框中的【确定】按钮，完成镜像特征。

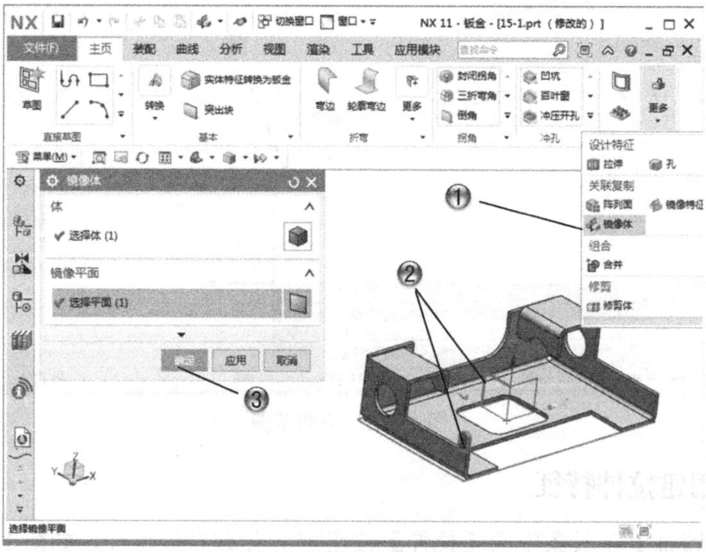

图 15-40　创建镜像体

Step10 转换钣金

① 单击【主页】工具条中的【转换为钣金】按钮，如图 15-41 所示。

② 在绘图区，选择拉伸特征。

③单击【转换为钣金】对话框中的【确定】按钮，完成转换。

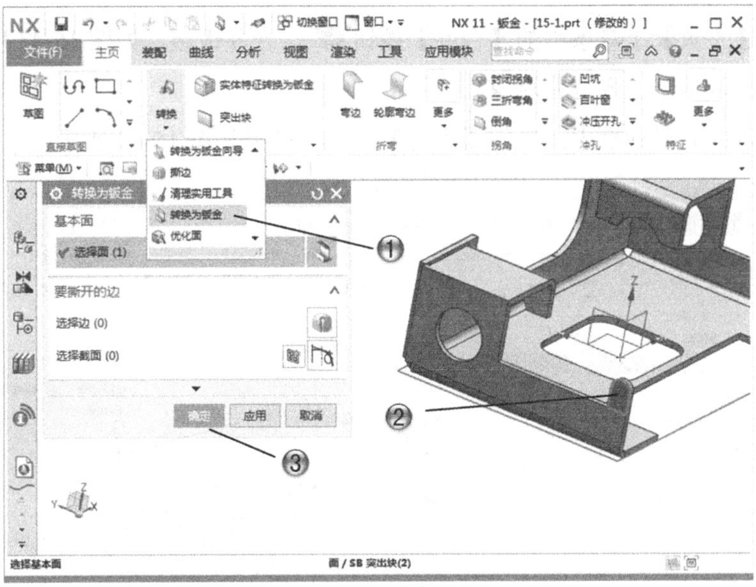

图 15-41　转换钣金

Step11 转换钣金

①单击【主页】工具条中的【转换为钣金】按钮，如图 15-42 所示。

②在绘图区，选择拉伸特征。

③单击【转换为钣金】对话框中的【确定】按钮，完成转换。

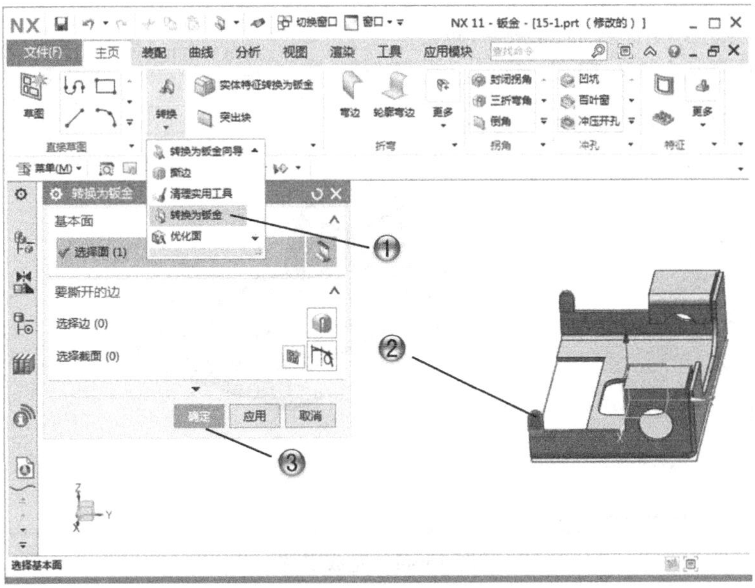

图 15-42　转换钣金

Step12 合并钣金

① 单击【主页】工具条中的【合并】按钮，合并钣金，如图 15-43 所示。
② 在绘图区中，选择合并对象。
③ 在【合并】对话框中，单击【确定】按钮，结果如图 15-44 所示。

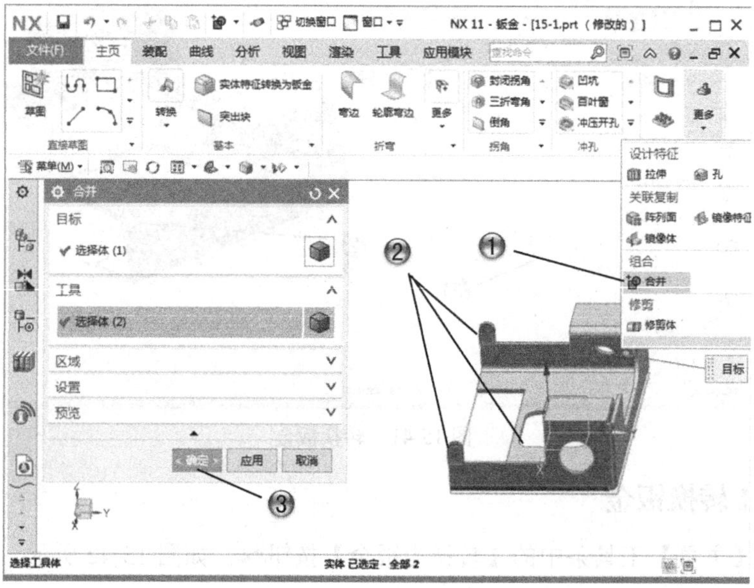

图 15-43　合并钣金

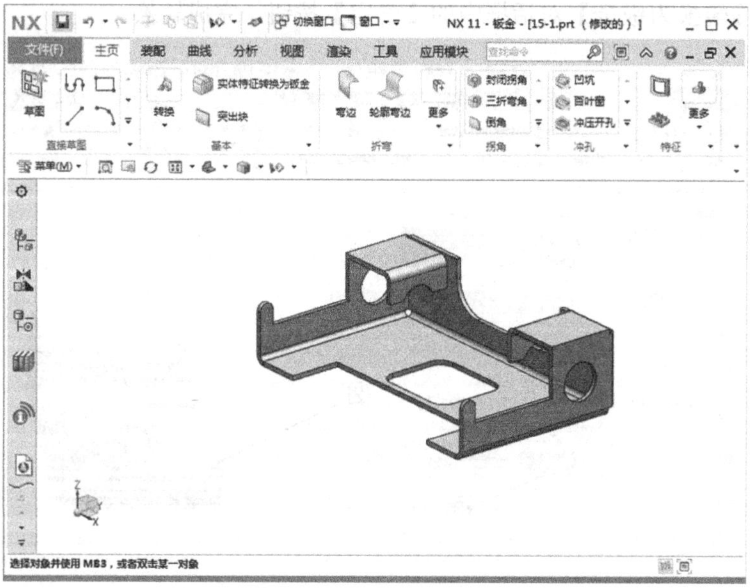

图 15-44　完成零件

15.3 本章小结

本章介绍了一个完整钣金零件的创建过程，使用了突出块、弯边、轮廓弯边、法向除料等命令，在创建的过程中形成了分离的部分，使用布尔运算进行操作；在拉伸特征完成后，还需要对特征进行钣金转换。

15.4 课后练习

15.4.1 填空题

（1）钣金的弯边命令有_____和_____。

（2）法向开孔和特征创建命令_____类似。

答案：

（1）弯边和轮廓弯边。

（2）拉伸切除。

15.4.2 问答题

（1）零件特征如何转换为钣金特征？

（2）钣金拐角命令有哪些？

答案：

（1）使用转换为钣金命令。

（2）封闭拐角和三折弯角。

15.4.3 操作题

本章练习创建平面钣金零件，学习使用各种钣金命令，如图 15-45 所示。

图 15-45　平面钣金零件

练习内容：

（1）创建钣金基体。

（2）创建法向开孔。

（3）创建拉伸切除特征。

第 16 章　高手应用案例 6
——工程图设计应用

本章导读

机械制图包括设计图纸幅面、比例、字体、图线、剖面符号、图样表达、尺寸标注、简单机械图样画法等内容。了解机械制图中国家标准的有关规定，掌握识图中的各种注意事项，能够读懂基本的零件图、装配图，以及绘制简单的零件图。

学习要求	学习目标 知识点	了解	理解	应用	实践
	掌握各种视图的创建方法		√	√	√
	掌握尺寸标注的方法		√	√	√
	掌握注释的创建命令		√	√	√

16.1 案例分析

16.1.1 案例分析——知识链接

在向图纸中添加视图之前，先来了解一些基本概念，以便于以后的学习。

（1）图纸空间：显示图纸、放置视图的工作界面。

（2）模型空间：显示三维模型的工作界面。设置图纸的空间在【图纸格式】工具条中进行。

（3）第一象限角投影：我国《机械制图》标准采用【第一象限角投影】法，即被绘图的三维模型的位置在观察者与相应的投影面之间。

（4）视图：一束平行光线（观察者）投射到三维模型，在投影面上所得到的影像。

（5）基本视图：水平或垂直光线投射到投影面所得到的视图。国标 GB4457.1—84 规定采用正六面体的 6 个面为基本投影面，模型放在其中。采用第一象限角投影，在 6 个投影面上所得到的视图其名称规定为前视图（主视图）、俯视图、左视图、右视图、仰视图、后视图。

（6）三视图：主视图（前视图）、俯视图、左视图这 3 个视图通常称为三视图，通常简单的模型使用三视图就可以完全表达零件结构。有时主、俯视图或主、左视图两个视图也可以表达零件结构。

（7）父视图：添加其他正交视图或斜视图的基准参考视图。

（8）主视图：一般将前视图称为主视图，其他基本视图称为正交视图。一般将主视图作为添加到图纸的第一个视图，该视图作为其他正交视图或斜视图的父视图。

（9）斜视图：在父视图平面内除正交视图外的其他方向的投影视图。

（10）折页线：投射图以该直线为旋转轴旋转 90°。在添加斜视图时，必须指定折页线，投射方向垂直于该直线。正交视图的折页线为水平线或垂直线。

（11）视图通道：视图只能按第一象限角投影，放置在投射方向的走廊带中。

（12）向视图：视图应按投影关系放置在各自的视图通道内。添加后的视图可通过移动调整视图位置，如果视图没有按投影关系放置在视图通道内，则必须标注视图名称，在父视图上标明投射方向，称为“向视图”。向视图可以是除父视图之外的任何正交视图或斜视图。

（13）制图对象：除视图外，符号、中心线、尺寸、注释等对象通称为制图对象。

（14）成员视图：成员视图又称为工作视图。通常，用户工作在图纸空间。图纸中添加的任何视图和制图对象属于图纸。工作界面上只显示该视图，而不显示任何其他视图和制图对象。在工作视图创建的制图对象只属于该视图的成员。

图样上的尺寸标注由尺寸界线、尺寸线、尺寸起止符号和尺寸数字组成。尺寸界线和应与尺寸线垂直，必要时才允许倾斜。在光滑过渡处标注尺寸时，必须用细实线将轮廓线延长，从它们的交点处引出尺寸界线。

尺寸类型的含义如下。

（1）自动判断

该类型的尺寸类型根据用户的鼠标位置或者用户选取的对象，自动判断生成相应的尺寸类型。例如当用户选择一个水平直线后，系统自动生成一个水平尺寸类型；当用户选择一个圆后，系统自动生成一个直径尺寸类型。

（2）水平和竖直

该类型的尺寸在选取的对象上生成水平和竖直尺寸。一般用于标注水平或者竖直尺寸。

（3）平行和垂直

该类型的尺寸在选取的对象上生成平行和垂直尺寸。平行尺寸一般用来标注斜线，垂直尺寸一般用来标注两个对象之间的垂直距离或者几何对象的高。

（4）直径和半径

该类型的尺寸在选取的对象上生成直径和半径尺寸。直径尺寸一般用来标注圆的直径，半径用来标注圆弧或者倒角的半径。

（5）倒斜角

该类型的尺寸在选取的对象上生成倒斜角尺寸。倒斜角尺寸一般用来标注某个倒斜角的角度大小。

（6）角度

该类型的尺寸在选取的对象上生成角度尺寸。角度尺寸一般用来标注两直线之间的角度。选择的两条直线可以相交也可以不相交，还可以是两条平行线。

（7）圆柱

该类型的尺寸在选取的对象上生成圆柱形尺寸。圆柱形尺寸将在圆柱上生成一个轮廓尺寸，如圆柱的高和底面圆的直径。

（8）孔

该类型的尺寸在选取的对象上生成孔尺寸。孔尺寸一般用来标注孔的直径。

（9）过圆心的半径

该类型的尺寸在选取的对象上生成半径尺寸。半径尺寸从圆的中心引出，然后延伸出来，在圆外标注半径的大小。

（10）带折线的半径

该类型的尺寸在选取的对象上生成半径尺寸。与到中心的半径不同的是，该类型的半径尺寸用来生成一个极大半径尺寸，即该圆的半径非常大，以至于不能显示在视图中，因此我们假想一个圆弧用折线来标注它的半径。

（11）厚度

该类型的尺寸在选取的对象上生成厚度尺寸。厚度尺寸一般用来标注两条曲线（包括样条曲线）之间的厚度。该厚度将沿着第一条曲线上选取点的法线方法测量，直到法线与第二条曲线之间的交点为止。

（12）圆弧长

该类型的尺寸在选取的对象上生成圆弧长尺寸。圆弧长尺寸将沿着选取圆弧测量圆弧的长度。

（13）水平链

该类型的尺寸在选取的一系列对象上生成水平链尺寸。水平链尺寸是指一些首尾彼此相连的水平尺寸。

（14）竖直链

该类型的尺寸在选取的对象上生成竖直链尺寸。竖直链尺寸是指一些首尾彼此相连的竖直尺寸。

（15）水平基线

该类型的尺寸在选取的一系列对象上生成水平基线尺寸。水平基线是指当用户指定某个几何对象为水平基准后，其他的尺寸都以该对象为基准标注水平尺寸，这样生成的尺寸是一系列相关联的水平尺寸。

（16）竖直基线

该类型的尺寸在选取的一系列对象上生成竖直基线尺寸。竖直基线是指当用户指定某个几何对象为竖直基准后，其他的尺寸都以该对象为基准标注竖直尺寸，这样生成的尺寸是一系列相关联的竖直尺寸。

（17）坐标

该类型的尺寸在选取的对象上生成坐标尺寸。坐标尺寸是指用户选取的点与坐标原点之间的距离。坐标原点是两条相互垂直的直线或者坐标基准线的交点。当用户自己构建一条坐标基准线后，系统将自动生成另外一条与之垂直的坐标基准线。

16.1.2 案例分析——设计思路

本课将介绍创建摆臂零件工程图的过程。首先创建零件模型，使用各种特征命令进行创建，之后创建新的工程图，并放置各种视图，包括零件的三视图以及剖面视图、放大视图，最后进行尺寸标注（图 16-1）。

通过工程图的创建过程，学习使用工程图的各种命令，将熟悉如下内容。

（1）视图创建方法。

（2）视图的放置方法。

（3）尺寸标注的方法。

（4）添加基准和公差的步骤方法。

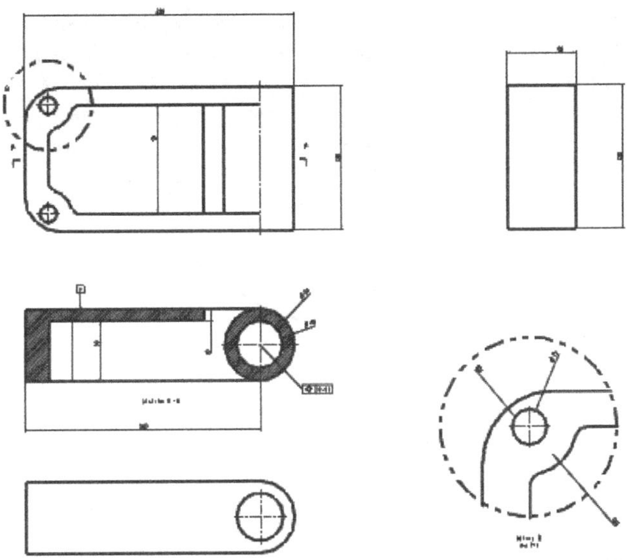

图 16-1 摆臂零件工程图

16.2 案例操作

本案例完成文件：ywj/16/16-1.prt、16-2.prt

多媒体教学路径：多媒体教学→第 16 章

16.2.1 创建零件模型

创建工程图之前，先创建摆臂零件的模型，使用拉伸、圆角、孔等命令依次创建其特征。

Step1 创建草图

① 单击【直接草图】工具条中的【矩形】按钮，绘制矩形，如图 16-2 所示。

② 选择两点，绘制矩形。

③ 单击【直接草图】工具条中的【圆角】按钮，创建圆角，如图 16-3 所示。

④ 在绘图区，创建两个圆角。

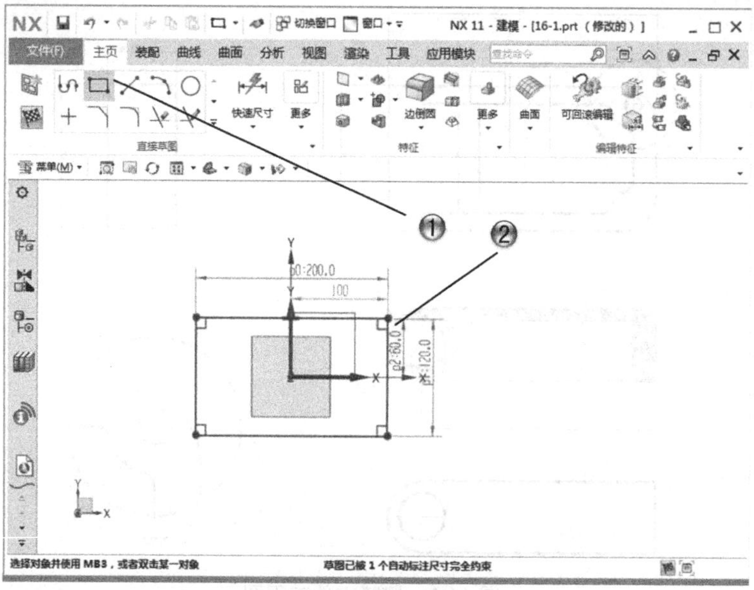

图 16-2　绘制矩形

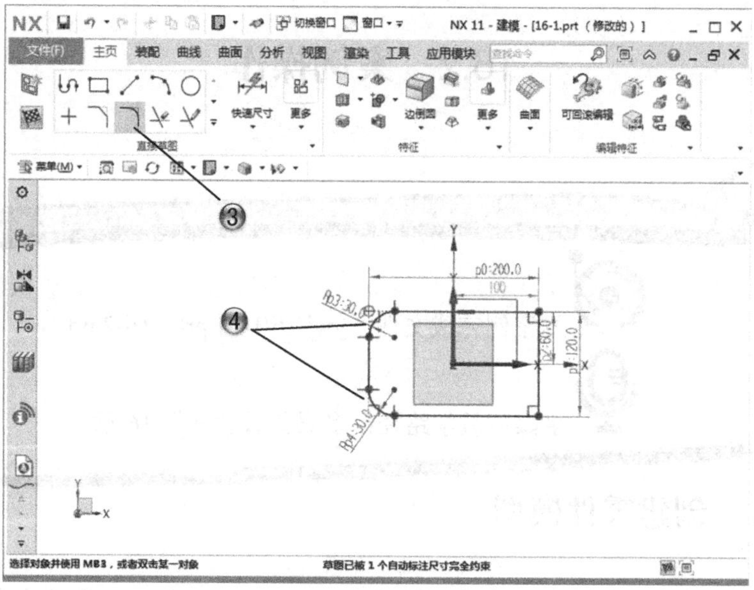

图 16-3　创建圆角

Step2 创建拉伸特征

① 单击【特征】工具条中的【拉伸】按钮，创建拉伸特征，如图 16-4 所示。

② 在绘图区，选择草图。

③ 在弹出的【拉伸】对话框中，设置拉伸参数。

④ 单击【拉伸】对话框中的【确定】按钮，完成拉伸特征。

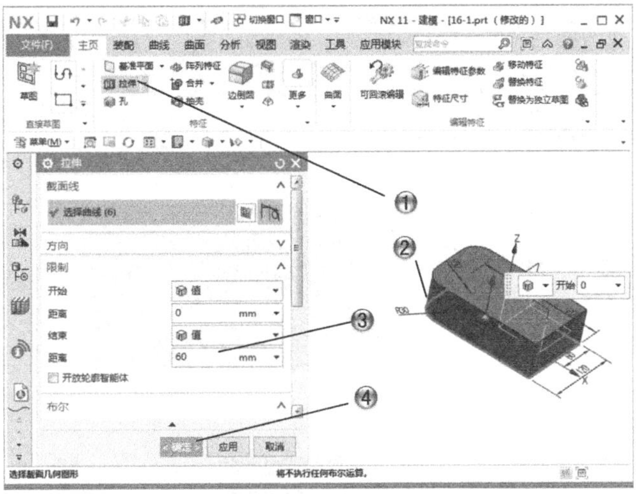

图 16-4 创建拉伸特征

Step3 创建草图

① 指定矩形上表面为草绘平面，单击【矩形】按钮，如图 16-5 所示。
② 选择两点，绘制矩形。
③ 单击【直接草图】工具条中的【圆形】按钮，如图 16-6 所示。
④ 绘制两个圆形。
⑤ 单击【直接草图】工具条中的【修剪】按钮，如图 16-7 所示。
⑥ 划过草图，修剪直线和圆弧。
⑦ 单击【直接草图】工具条中的【圆角】按钮，如图 16-8 所示。
⑧ 在绘图区，创建四个圆角。

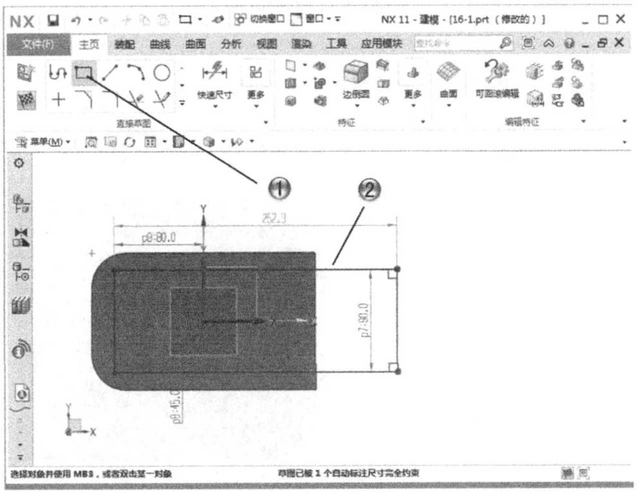

图 16-5 绘制矩形

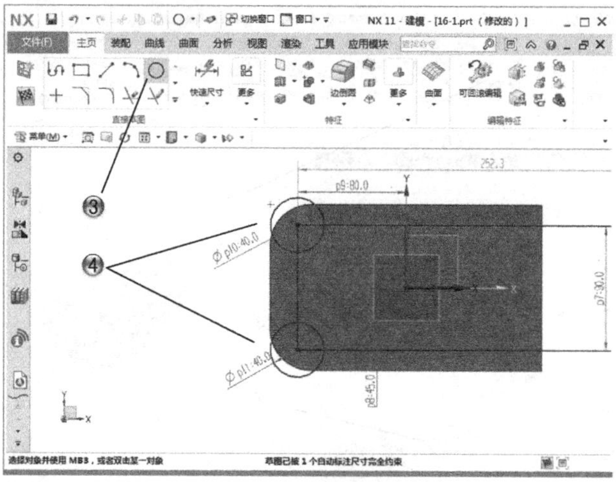

图 16-6　绘制圆形

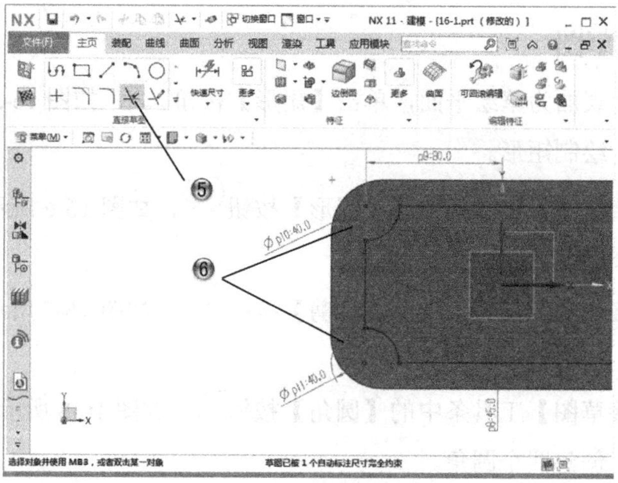

图 16-7　修剪草图

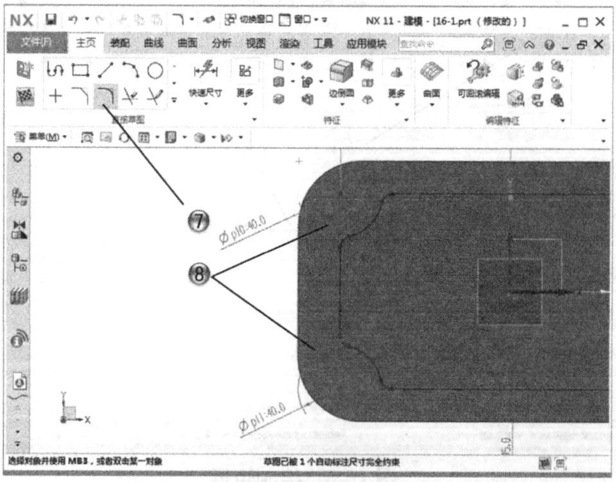

图 16-8　创建圆角

Step4 创建拉伸切除特征

① 单击【特征】工具条中的【拉伸】按钮，创建拉伸切除特征，如图 16-9 所示。
② 在绘图区，选择草图。
③ 在弹出的【拉伸】对话框中，设置拉伸参数。
④ 单击【拉伸】对话框中的【确定】按钮，完成拉伸切除特征。

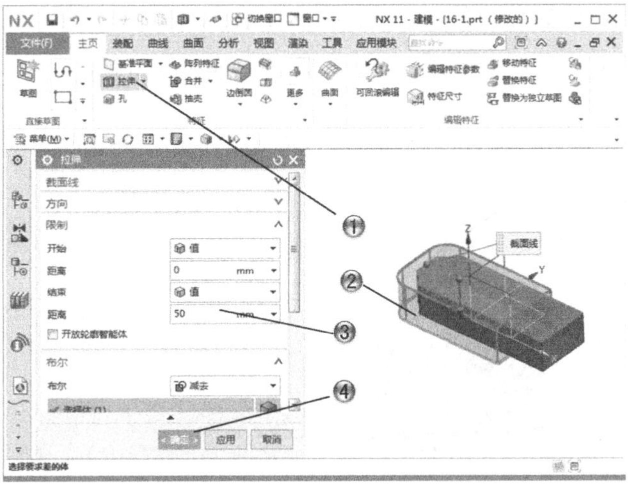

图 16-9　创建拉伸特征

Step5 创建草图

① 单击【直接草图】工具条中的【草图】按钮，创建草图，如图 16-10 所示。
② 在弹出的【创建草图】对话框中，单击【指定 CSYS】选项，指定草绘平面。
③ 在【创建草图】对话框中，单击【确定】按钮。

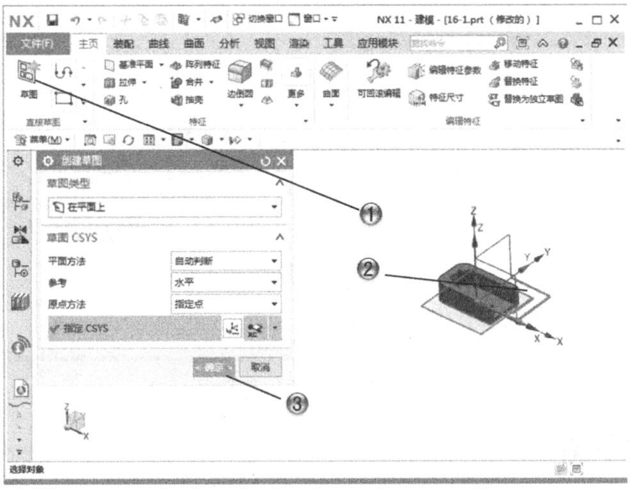

图 16-10　创建草图

Step6 创建拉伸特征

①单击【直接草图】工具条中的【矩形】按钮，绘制矩形，如图 16-11 所示。
②选择两点，绘制矩形。
③单击【特征】工具条中的【拉伸】按钮，创建拉伸特征，如图 16-12 所示。
④在绘图区，选择草图。
⑤在弹出的【拉伸】对话框中，设置拉伸参数。
⑥单击【拉伸】对话框中的【确定】按钮，完成拉伸特征。

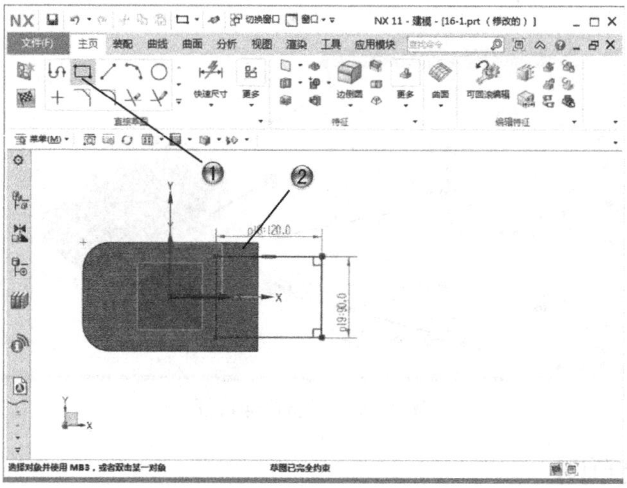

图 16-11　绘制矩形

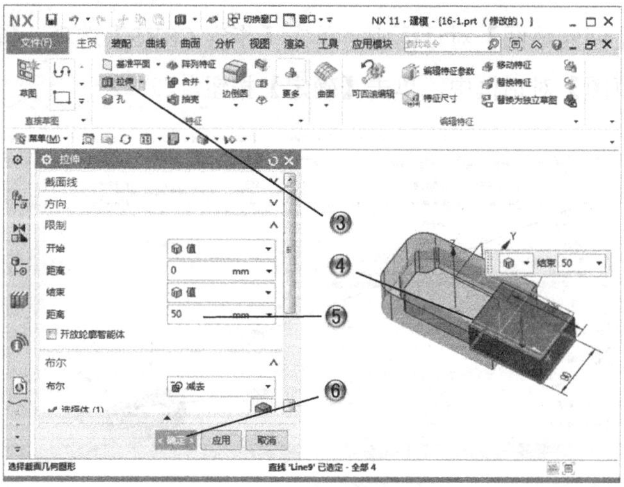

图 16-12　创建拉伸特征

Step7 创建草图

①单击【直接草图】工具条中的【草图】按钮，创建草图，如图 16-13 所示。

② 在弹出的【创建草图】对话框中，单击【指定 CSYS】选项，指定草绘平面。

③ 在【创建草图】对话框中，单击【确定】按钮。

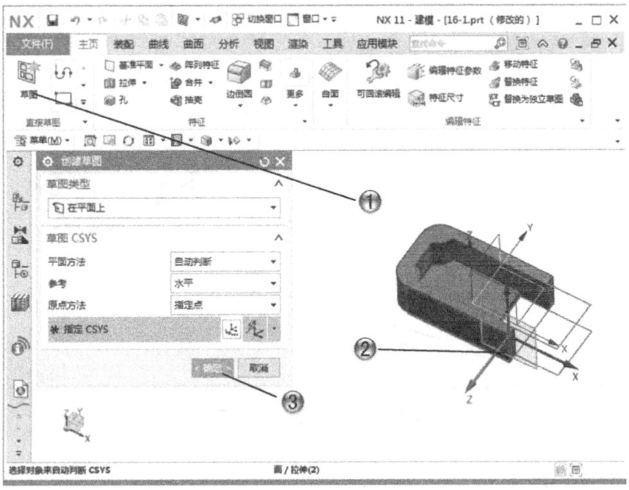

图 16-13　创建草图

Step8 创建拉伸切除特征

① 单击【直接草图】工具条中的【圆形】按钮○，绘制圆形，如图 16-14 所示。

② 选择两点，绘制圆形。

③ 单击【特征】工具条中的【拉伸】按钮，创建拉伸切除特征，如图 16-15 所示。

④ 在绘图区，选择草图。

⑤ 在弹出的【拉伸】对话框中，设置拉伸参数。

⑥ 单击【拉伸】对话框中的【确定】按钮，完成拉伸切除特征。

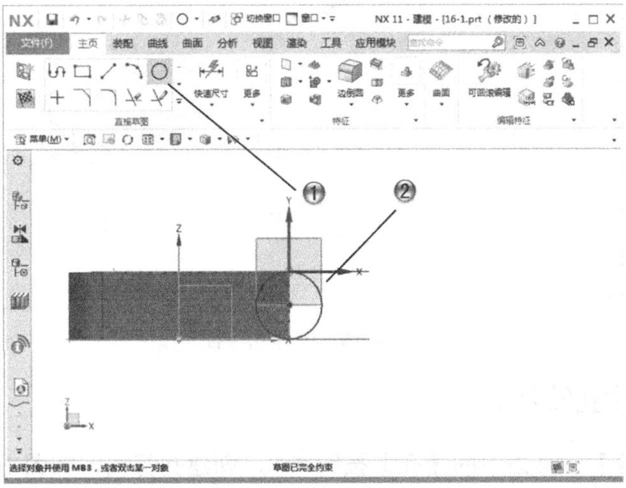

图 16-14　绘制圆形

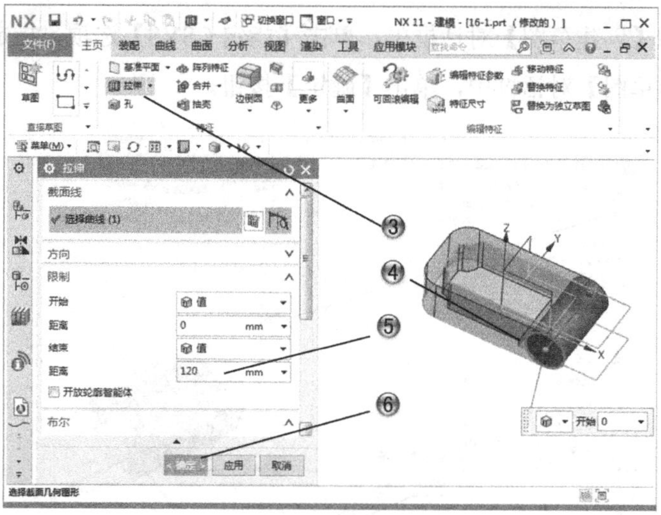

图 16-15　创建拉伸特征

Step9 创建孔特征 1

①单击【特征】工具条中的【孔】按钮，创建孔特征，如图 16-16 所示。

②在绘图区中，选择放置面。

③在【孔】对话框中，设置孔的参数。

④单击【孔】对话框中的【确定】按钮。

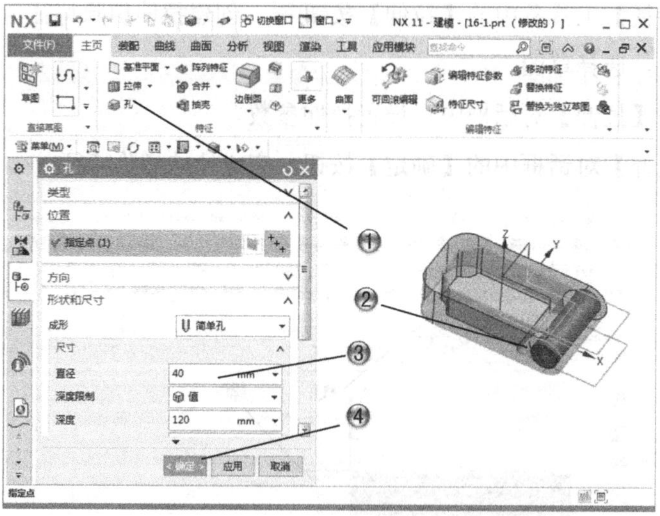

图 16-16　创建孔特征

Step10 创建孔特征 2

①单击【特征】工具条中的【孔】按钮，创建孔特征，如图 16-17 所示。

②在绘图区中，选择放置面。

③在【孔】对话框中，设置孔的参数。

④单击【孔】对话框中的【确定】按钮，结果如图 16-18 所示。

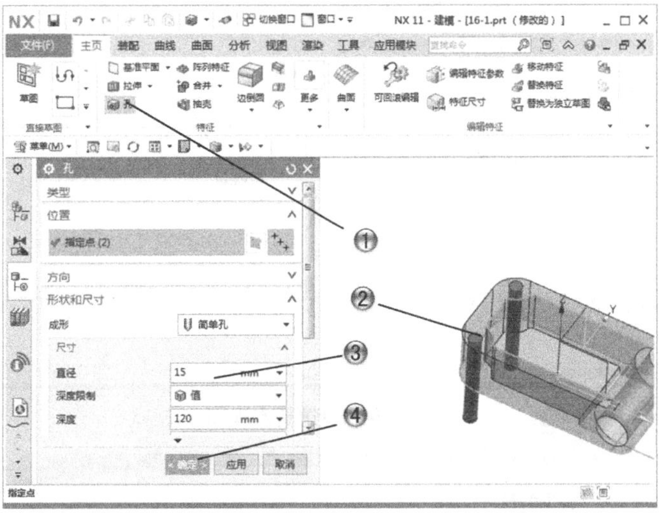

图 16-17　创建孔特征

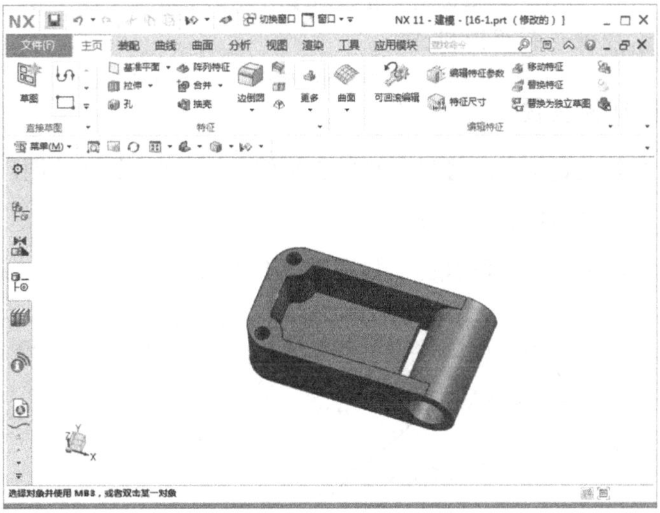

图 16-18　完成文件

16.2.2　创建工程图

完成零件模型后，创建工程图文件，依次添加视图，绘制放大视图和剖面视图。

Step1 创建主视图

①单击【主页】工具条中的【基本视图】按钮，创建视图，如图 16-19 所示。

②在绘图区中，单击放置视图。

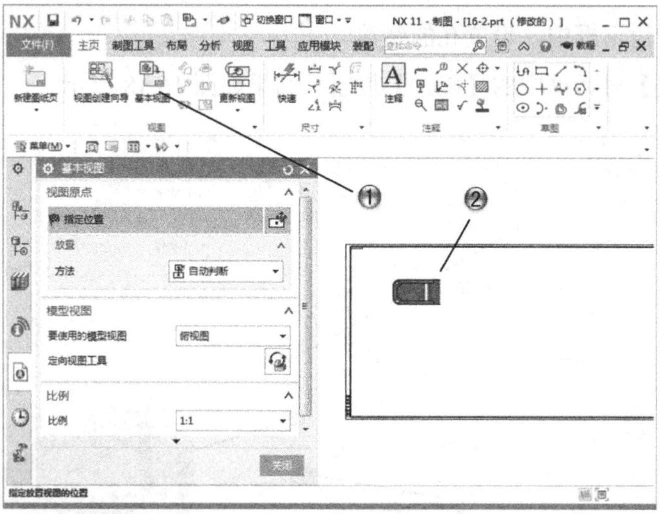

图 16-19　创建基本视图

提示

创建工程图时，直接在【新建】对话框中添加零件模型，以便进行视图操作。

Step2 创建其他视图

① 单击【主页】工具条中的【投影视图】按钮，创建其他视图，如图 16-20 所示。

② 在绘图区中，单击放置俯视图。

③ 在绘图区中，单击放置侧视图。如图 16-21 所示。

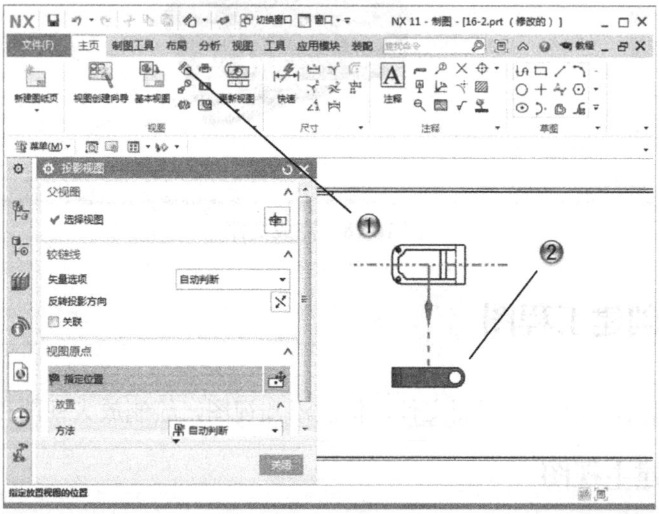

图 16-20　创建俯视图

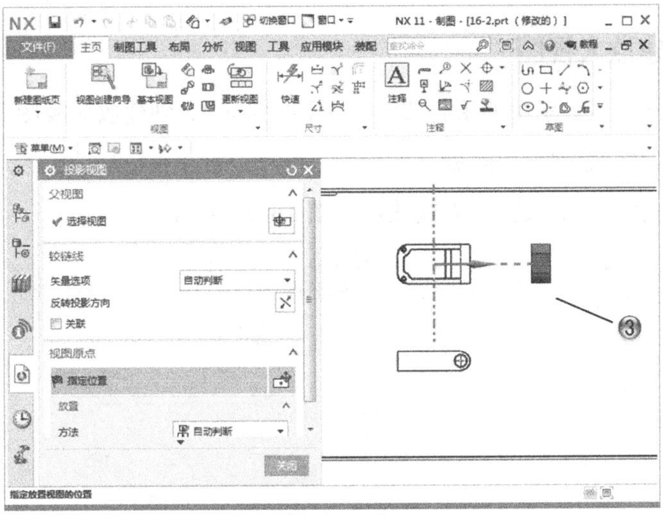

图 16-21　创建侧视图

Step3 创建剖视图

①单击【主页】工具条中的【剖视图】按钮，创建剖视图，如图 16-22 所示。

②在绘图区中，绘制剖面线。

③在绘图区中，单击放置剖视图。

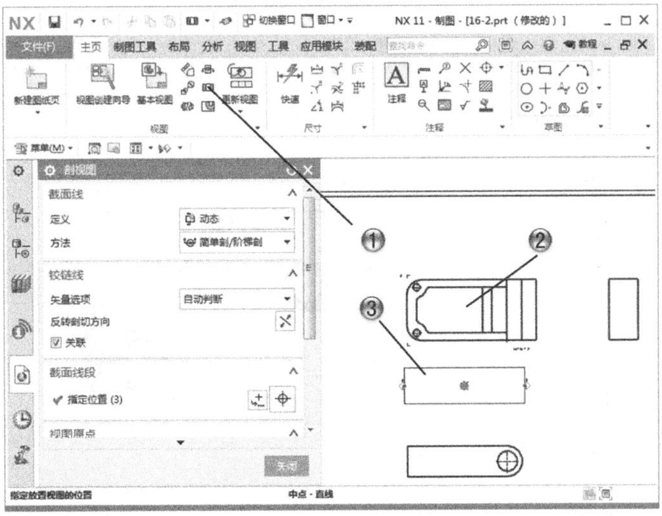

图 16-22　创建剖视图

提示

剖面视图的位置放置不同，生成的剖面图也是不同的，不同的剖切线也生成不同的剖面图。

Step4 创建放大视图

① 单击【主页】工具条中的【局部放大图】按钮，创建放大视图，如图 16-23 所示。

② 在绘图区中，绘制圆形区域。

③ 在绘图区中，单击放置放大视图。如图 16-24 所示。

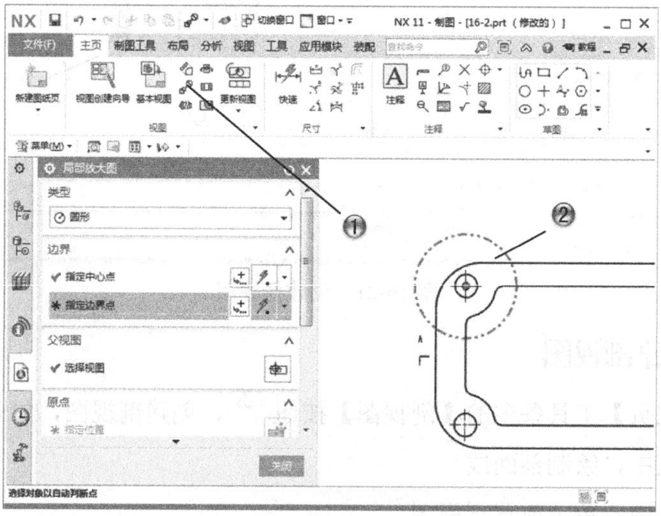

图 16-23　创建放大图

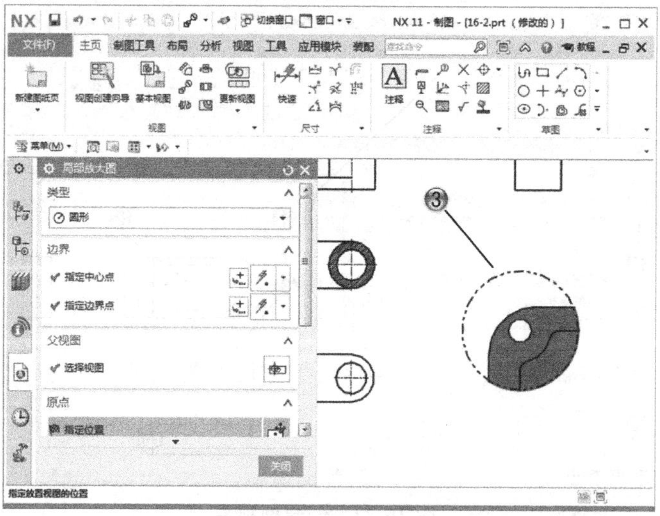

图 16-24　放置放大图

16.2.3　创建尺寸标注

在完成的工程图上，进行尺寸的标注，不同的视图标注不同的尺寸位置。最后添加基准和公差注释。

Step1 创建主视图尺寸

① 单击【主页】工具条中的【线性】按钮，创建尺寸标注，如图 16-25 所示。

② 在绘图区中，标注主视图尺寸。

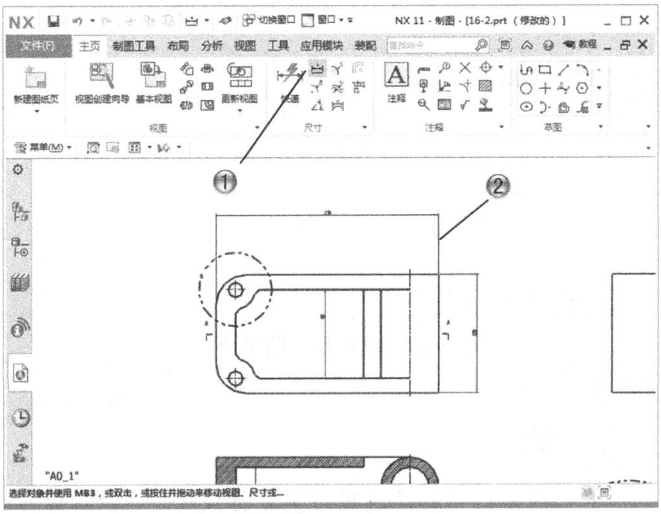

图 16-25　标注主视图尺寸

Step2 创建剖视图尺寸

① 单击【主页】工具条中的【线性】按钮，创建尺寸标注，如图 16-26 所示。

② 在绘图区中，标注剖视图尺寸。

③ 单击【主页】工具条中的【径向】按钮，创建尺寸标注，如图 16-27 所示。

④ 在绘图区中，标注剖视图半径尺寸。

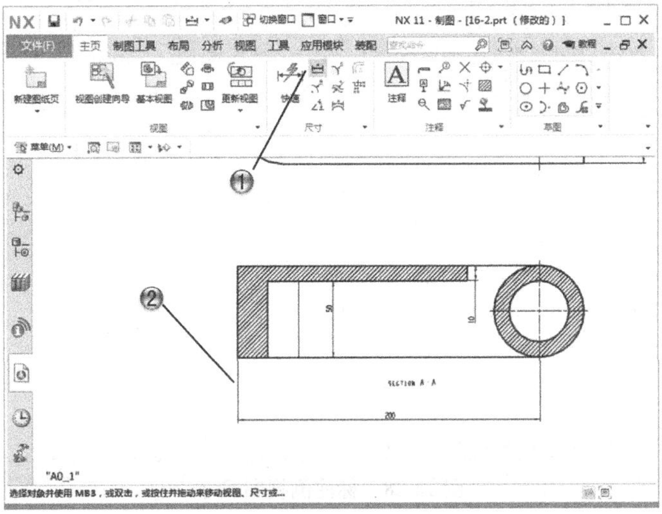

图 16-26　标注剖视图尺寸

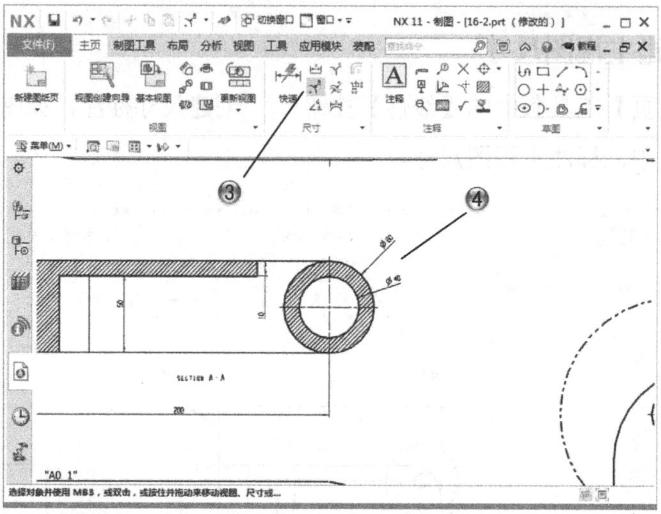

图 16-27　标注剖视图半径尺寸

提示

工程图尺寸标注遵循不重复标注原则，和国标标注方法是一样的。

Step3 创建侧视图尺寸

① 单击【主页】工具条中的【线性】按钮，创建尺寸标注，如图 16-28 所示。

② 在绘图区中，标注侧视图尺寸。

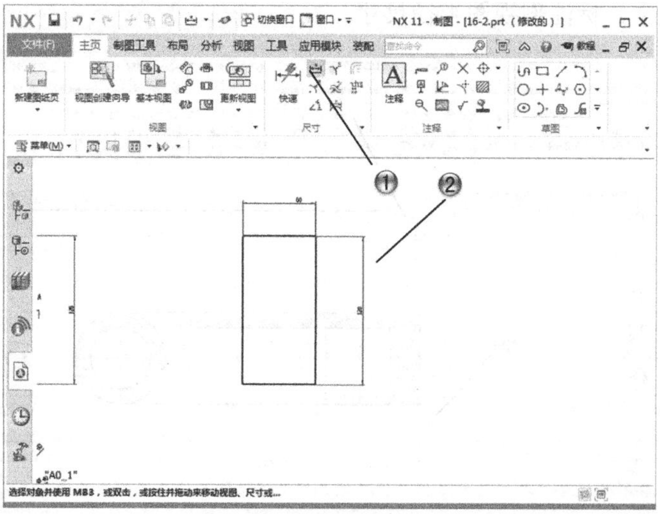

图 16-28　标注侧视图尺寸

Step4 创建放大视图尺寸

① 单击【主页】工具条中的【径向】按钮，创建尺寸标注，如图 16-29 所示。

② 在绘图区中，标注放大视图尺寸。

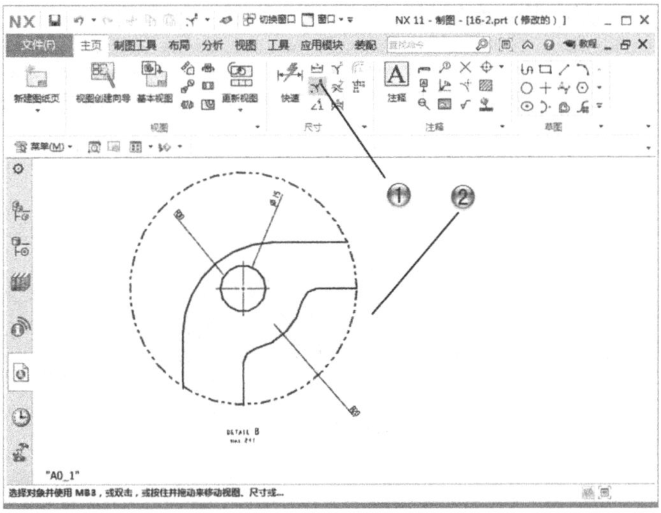

图 16-29　标注放大视图尺寸

Step5 创建基准

① 单击【主页】工具条中的【基准特征符号】按钮，创建注释符号，如图 16-30 所示。

② 在【基准特征符号】对话框中，设置字母符号。

③ 在绘图区中，放置基准符号。

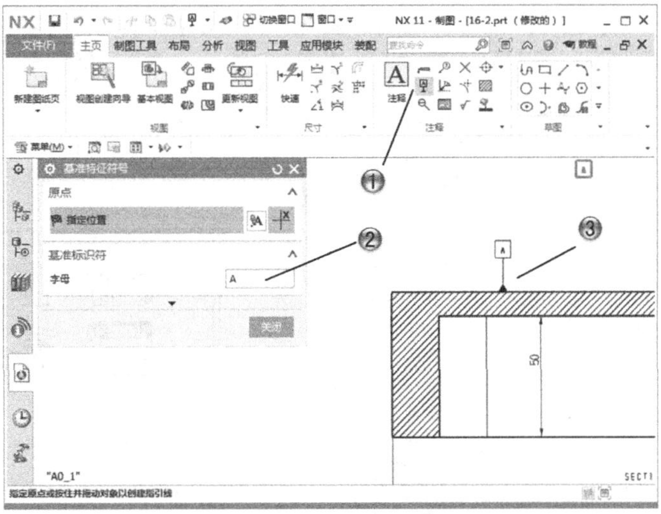

图 16-30　创建基准符号

Step6 创建同心注释

①单击【主页】工具条中的【特征控制框】按钮，创建注释符号，如图 16-31 所示。

②在【特征控制框】对话框中，设置公差。

③在绘图区中，放置平面度符号。

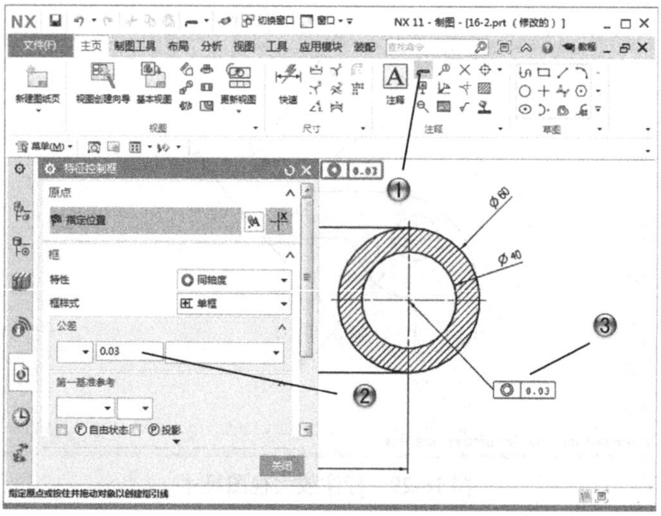

图 16-31　创建同心注释

Step7 编辑图纸页

①单击【主页】工具条中的【编辑图纸页】按钮，修改图纸图框，如图 16-32 所示。

②在【图纸页】对话框中，设置尺寸和参数。

③在【图纸页】对话框中，单击【确定】按钮。完成的工程图如图 16-33 所示。

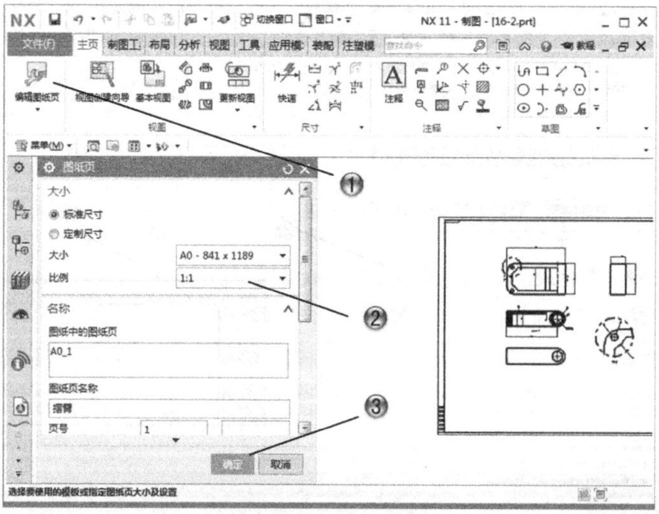

图 16-32　编辑图纸页

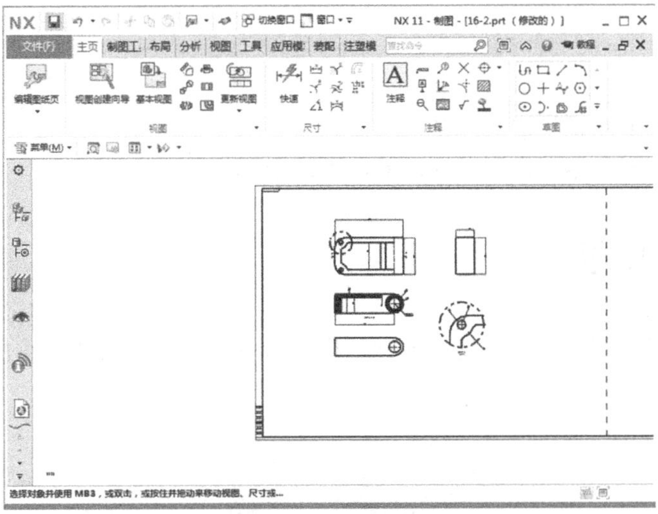

图 16-33　完成图纸

16.3　本章小结

本章介绍了一个摆臂零件工程图的创建过程。通过对工程图的整体操作，可以掌握工程图的相关命令和知识，在尺寸标注和注释部分，是遵循一般国标零件标注标准进行的。

16.4　课后练习

16.4.1　填空题

（1）编辑标注的方法是_____和_____。
（2）尺寸注释命令有_____、_____、_____、_____等。

答案：

（1）双击尺寸进行编辑和右击选择【编辑】命令。
（2）基准注释、公差注释、焊接符号、粗糙度等。

16.4.2　问答题

（1）创建工程图时，零件的添加方法是什么？
（2）NX 工程图和绘制零件平面图的不同是什么？

答案：

（1）在【新建】对话框进行添加。

（2）NX 工程图和零件模型是联动的，不用全部修改。

16.4.3 操作题

本章练习创建工程图，学习使用各种工程图命令，创建如图 16-34 所示杆状零件的工程图。

图 16-34 杆状零件

练习内容：

（1）创建零件模型。

（2）创建工程图及三视图。

（3）进行尺寸标注和注释。

第 17 章　高手应用案例 7
——模具设计应用

本章导读

Siemens NX 11 模具向导为分型准备工作提供了一套完成的工具，利用注塑模向导提供的分型功能，可以顺利完成模型提取区域、自动补孔、自动搜索分型线、创建分型面、自动生成模具型芯、型腔等操作，方便、快捷、准确地完成模具分模工作。本章介绍的壳体零件的模具创建，是一个模具创建的完整过程，可以结合案例操作，进行深入学习。

学习要求	学习目标 知识点	了解	理解	应用	实践
	掌握模具的预处理方法		√	√	√
	掌握模具的分型方法		√	√	√
	掌握模架的选择原则		√	√	√
	掌握模架标准零件的创建		√	√	√

17.1 案例分析

17.1.1 案例分析——知识链接

模具预处理是使用注塑模向导模块进行设计的第一步，将自动产生组成模具必需的标准元素，并生成默认装配结构的一组零件图文件。模具坐标系可以定义模腔的方向和分型面的位置，但不能确定模腔在 *X-Y* 平面中的分布。型腔布局的功能是确定模具中型腔的个数和型腔在模具中的排列。

注塑模向导模块规定 *XC-YC* 平面是模具装配的主分型面，坐标原点位于模架的动、定模接触面的中心，+*ZC* 方向为顶出方向。因此定义模具坐标系必须考虑产品形状。

模具坐标系功能是把当前产品装配体的工作坐标系原点平移到模具绝对坐标系原点上，使绝对坐标原点在分型面上。

塑料受热膨胀，遇冷收缩，因而采用热加工方法制得的制件，冷却定型后其尺寸一般小于相应部件的模具尺寸，所以在设计模具时，必须把塑件的收缩量补偿到模具的相应尺寸中去，这样才可以得到符合尺寸要求的塑件。

注塑模向导中的工件是用来生成模具型腔和型芯的毛坯实体，所以毛坯的外形尺寸要在零件外形尺寸的基础上各方向都增加一部分的尺寸。分型（也叫分模）：将分模面、提取的分型体表面和补面片体缝合成的体称为分模片体，该片体厚度为零，横贯模坯，可将模坯完全分割成两个实体，创建分模片体并将模坯分割成型腔和型芯的过程叫分模。

分型的步骤一般有以下几种：

(1) 创建分型线，自动识别产品的最大轮廓线。

(2) 创建分型线到工件外沿之间的片体。

(3) 创建修补简单开放孔的片体。

(4) 识别产品的型腔面和型芯面。

(5) 创建模具的型芯和型腔。

(6) 编辑分型线，重新设计模具。

模架设计规则如下：

(1) 登记模架模型到注塑模向导的库中。

(2) 登记模架数据文件来控制模架的配置和尺寸。

(3) 复制模架模型到注塑模向导工程中。

(4) 编辑模架的配置和尺寸。

(5) 移除模架。

标准件的创建规则如下：

(1) 组织和显示目录和组件的功能。

(2) 复制、重命名及添加组件到模具装配中的功能。

(3) 确定组件在模具装配的方向、位置或匹配标准件的功能。

(4) 允许组件驱动参数和数据库相匹配。

(5) 移除组件功能。

(6) 定义部件列表数据和识别组件属性的功能。

(7) 链接组件和模架之间参数表达式的功能。

17.1.2 案例分析——设计思路

本章将介绍一个壳体零件的模具的创建过程（见图 17-1）。首先创建壳体零件，之后进行模具预处理，之后进行模具分型；在分型后创建型芯和型腔区域；最后创建模架，并在模架上创建标准件。

通过模具的创建过程，学习使用模具创建的各种命令，将熟悉如下内容。

（1）模具预处理命令。

（2）模具分型命令。

（3）创建型芯型腔命令。

（4）模架的设计。

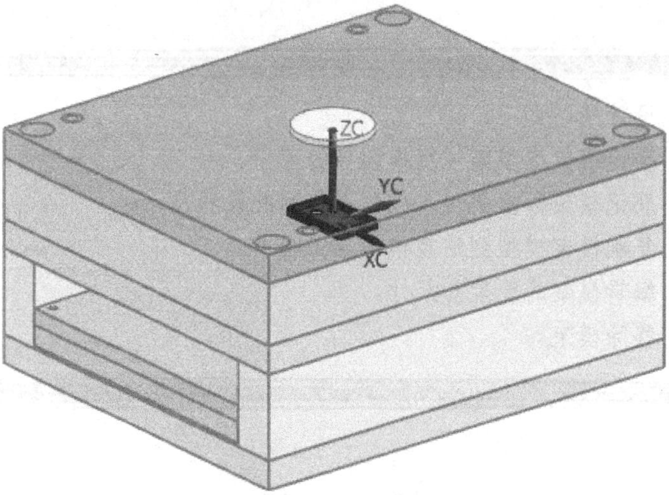

图 17-1　壳体零件模具

17.2　案例操作

本案例完成文件：ywj/17/17-1.prt 及模具文件

多媒体教学路径：多媒体教学→第 17 章

17.2.1　创建零件模型

创建模具之前，先创建壳体零件模型，使用拉伸命令创建基体，使用拉伸切除方法创建切除特征，之后创建孔等特征。

Step1 创建草图

① 单击【直接草图】工具条中的【矩形】按钮，绘制矩形，如图 17-2 所示。

② 选择两点，绘制矩形。

③ 单击【直接草图】工具条中的【圆角】按钮，创建圆角，如图 17-3 所示。

④ 在绘图区，创建四个圆角。

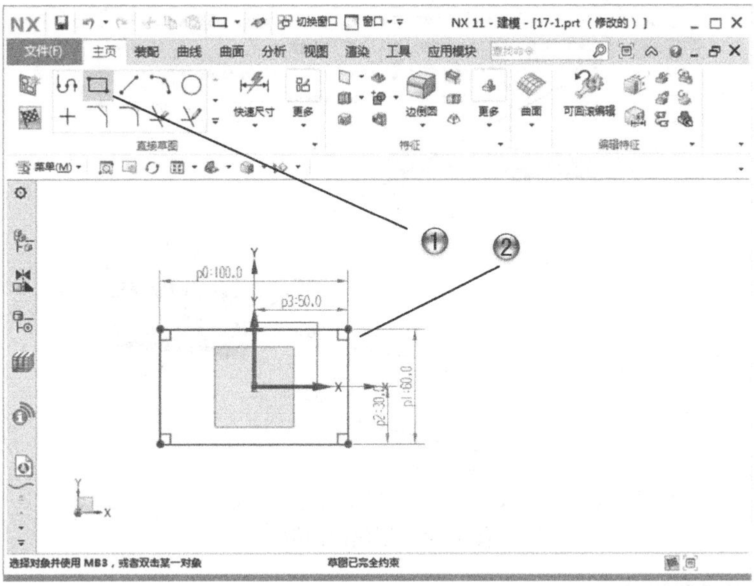

图 17-2　绘制矩形

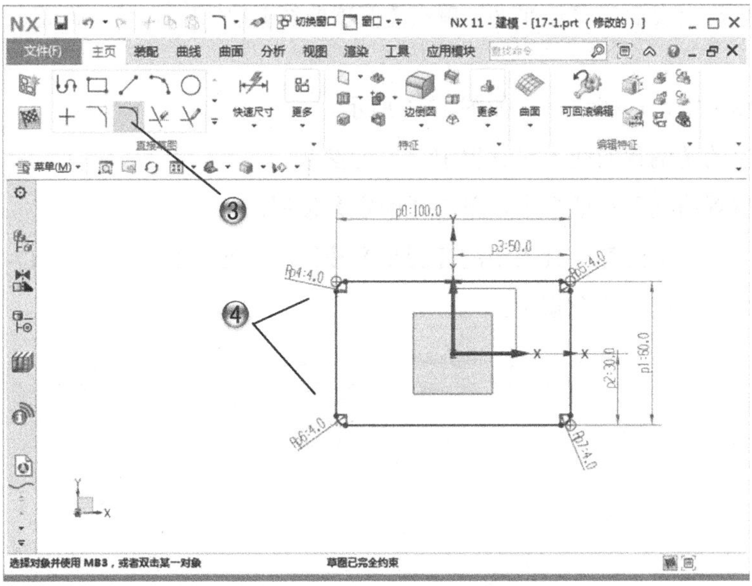

图 17-3　创建圆角

Step2 创建拉伸特征

①单击【特征】工具条中的【拉伸】按钮，创建拉伸特征，如图 17-4 所示。

②在绘图区，选择草图。

③在弹出的【拉伸】对话框中，设置拉伸参数。

④单击【拉伸】对话框中的【确定】按钮，完成拉伸特征。

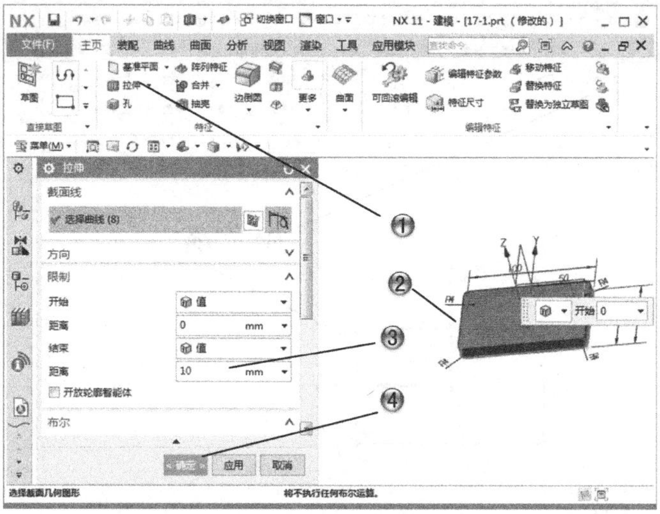

图 17-4　创建拉伸特征

Step3 绘制草图

①指定矩形上表面为草绘平面，单击【偏置曲线】按钮，绘制偏置曲线，如图 17-5 所示。

②在绘图区中，选择边线，如图 17-6 所示。

③在弹出的【偏置曲线】对话框中，设置参数。

④在【偏置曲线】对话框中，单击【确定】按钮。

⑤单击【直接草图】工具条中的【圆角】按钮，创建圆角，如图 17-7 所示。

⑥在绘图区，创建四个圆角。

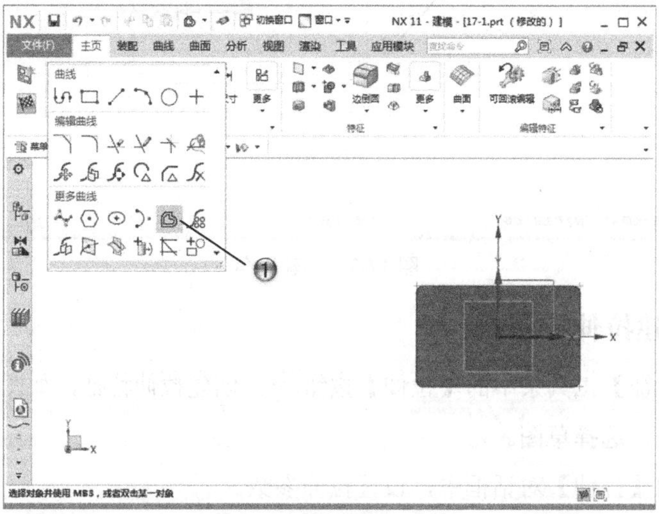

图 17-5　选择偏置曲线命令

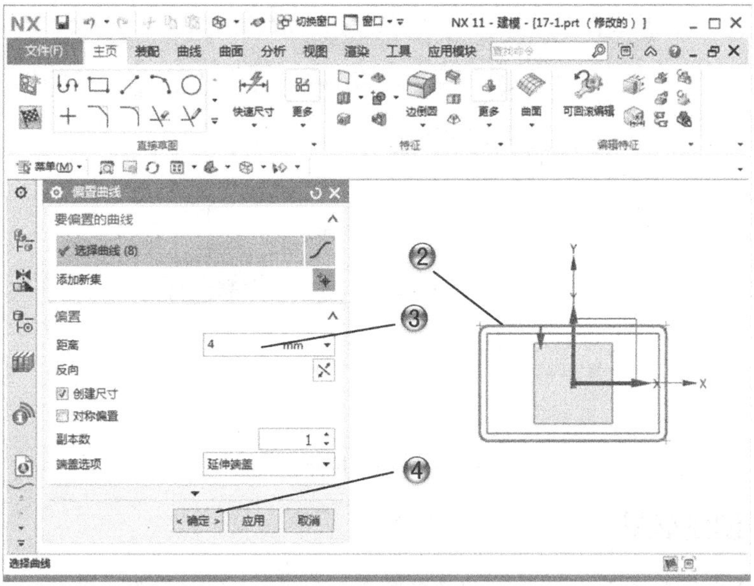

图 17-6 设置偏置参数

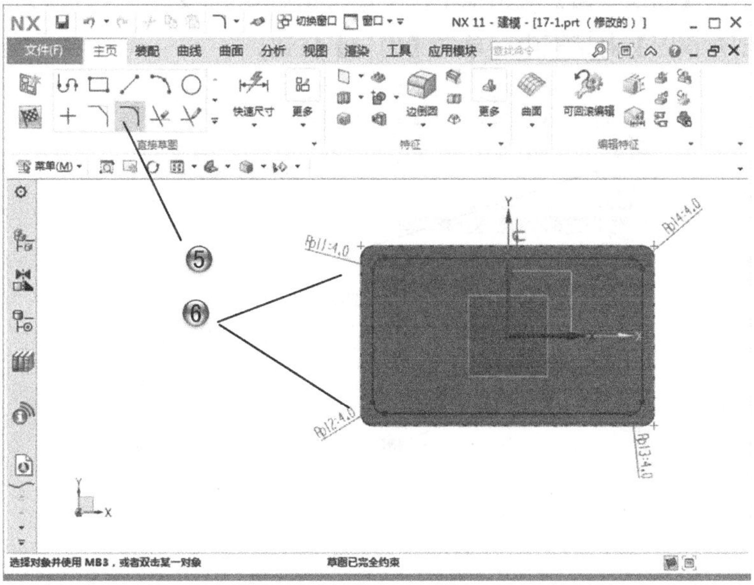

图 17-7 创建圆角

Step4 创建拉伸特征

① 单击【特征】工具条中的【拉伸】按钮，创建拉伸特征，如图 17-8 所示。

② 在绘图区，选择草图。

③ 在弹出的【拉伸】对话框中，设置拉伸参数。

④ 单击【拉伸】对话框中的【确定】按钮，完成拉伸特征。

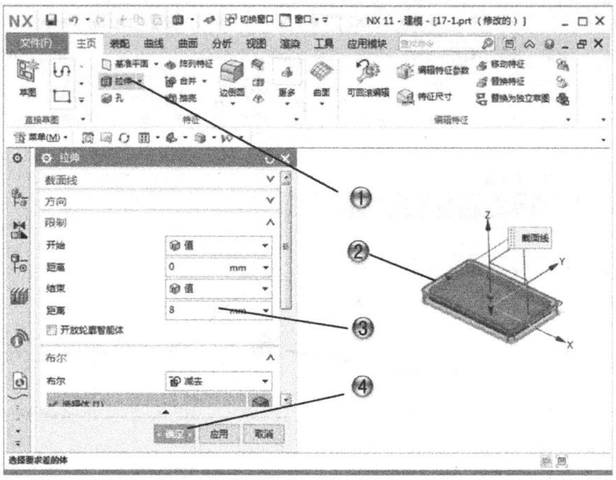

图 17-8　创建拉伸特征

Step5 创建草图

① 单击【直接草图】工具条中的【草图】按钮，创建草图，如图 17-9 所示。

② 在弹出的【创建草图】对话框中，单击【指定 CSYS】选项，指定草绘平面。

③ 在【创建草图】对话框中，单击【确定】按钮。

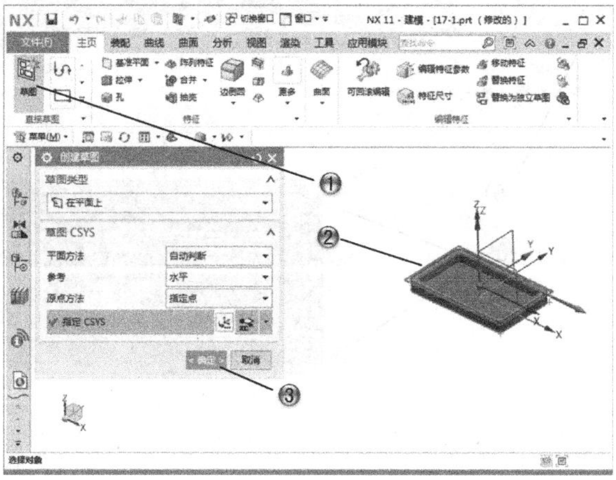

图 17-9　创建草图

Step6 绘制草图

① 单击【直接草图】工具条中的【偏置曲线】按钮，绘制偏置曲线，如图 17-10 所示。

② 在绘图区中，选择边线，如图 17-11 所示。

③ 在弹出的【偏置曲线】对话框中，设置参数。

④ 在【偏置曲线】对话框中，单击【确定】按钮。

⑤ 单击【直接草图】工具条中的【矩形】按钮，绘制矩形，如图 17-12 所示。

⑥ 选择两点，绘制矩形。

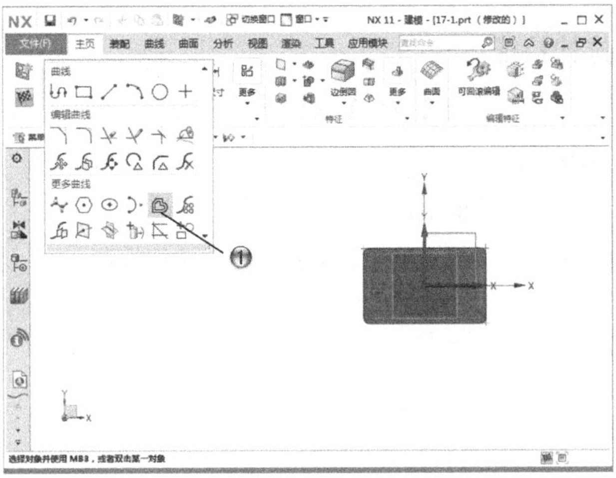

图 17-10　选择偏置曲线命令

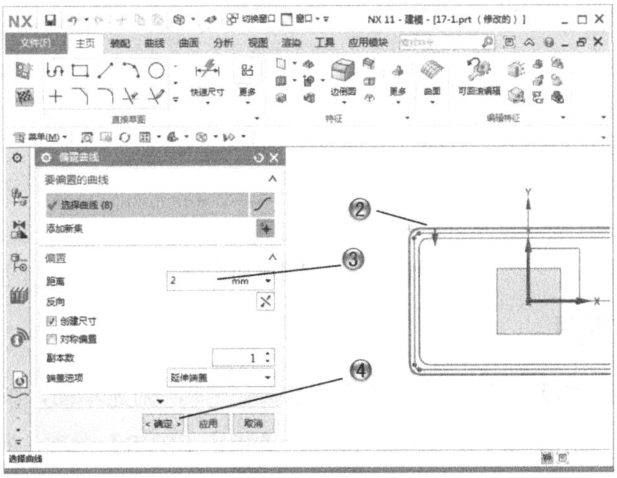

图 17-11　设置偏置参数

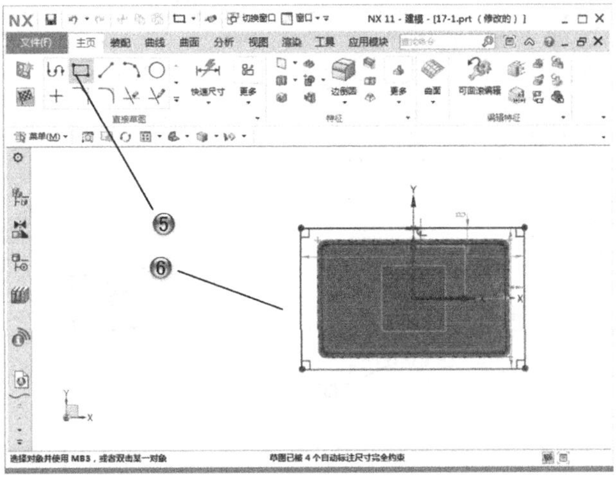

图 17-12　绘制矩形

Step7 创建拉伸特征

① 单击【特征】工具条中的【拉伸】按钮，创建拉伸特征，如图 17-13 所示。

② 在绘图区，选择草图。

③ 在弹出的【拉伸】对话框中，设置拉伸参数。

④ 单击【拉伸】对话框中的【确定】按钮，完成拉伸特征。

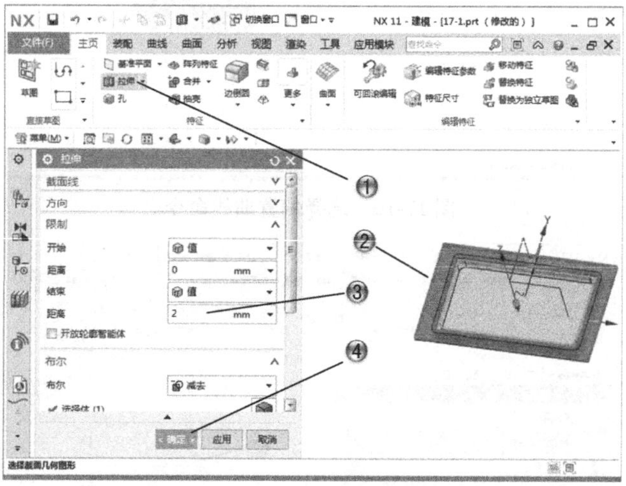

图 17-13　创建拉伸特征

Step8 创建草图

① 单击【直接草图】工具条中的【草图】按钮，创建草图，如图 17-14 所示。

② 在弹出的【创建草图】对话框中，单击【指定 CSYS】选项，指定草绘平面。

③ 在【创建草图】对话框中，单击【确定】按钮。

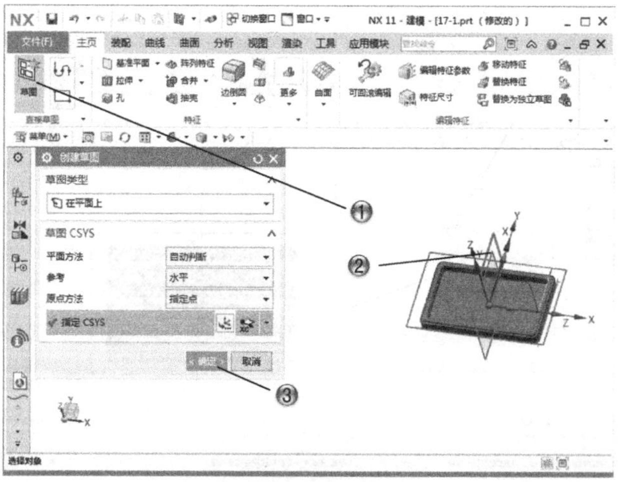

图 17-14　创建草图

Step9 创建拉伸特征

①单击【直接草图】工具条中的【直线】按钮 ，绘制三角形，如图 17-15 所示。

②选择两点，绘制三角形。

③单击【特征】工具条中的【拉伸】按钮，创建拉伸特征，如图 17-16 所示。

④在绘图区，选择草图。

⑤在弹出的【拉伸】对话框中，设置拉伸参数。

⑥单击【拉伸】对话框中的【确定】按钮，完成拉伸特征。

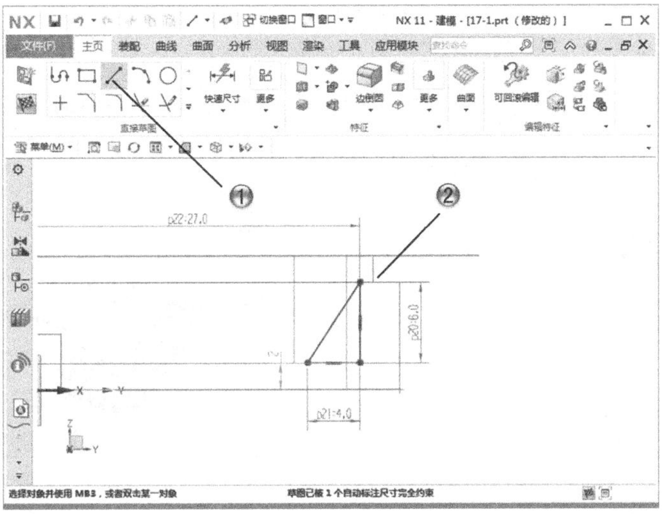

图 17-15　绘制三角形

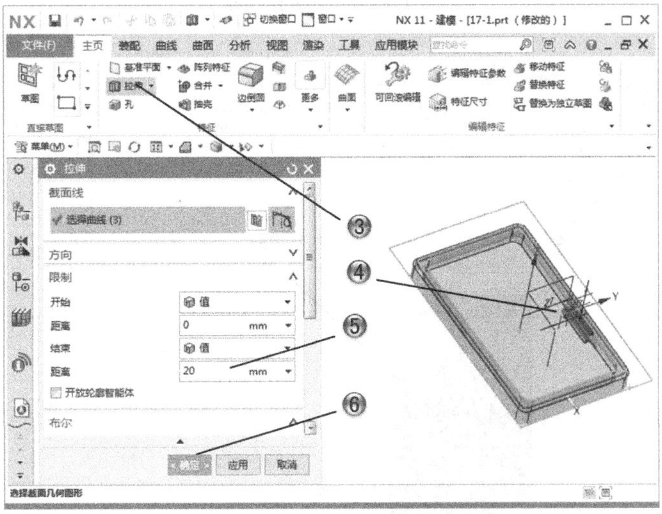

图 17-16　创建拉伸特征

Step10 创建孔特征

①单击【特征】工具条中的【孔】按钮，创建孔，如图 17-17 所示。
②在绘图区，选择放置面。
③在绘图区，创建点，如图 17-18 所示。
④在【主页】工具条中，单击【完成】按钮。
⑤在弹出的【孔】对话框中，设置孔的参数，如图 17-19 所示。
⑥单击【孔】对话框中的【确定】按钮，完成孔特征，至此零件创建完成。

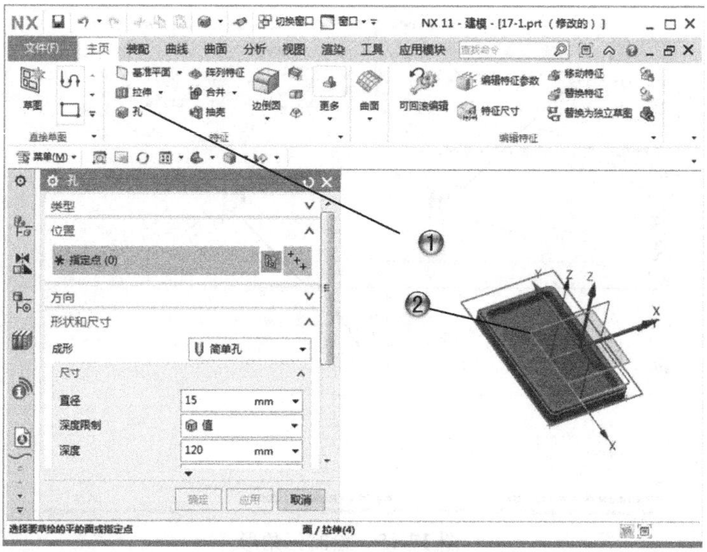

图 17-17　创建孔特征

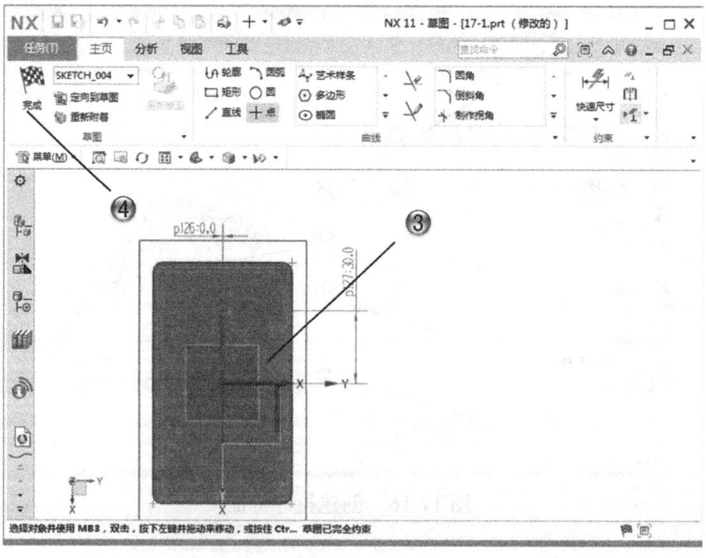

图 17-18　创建点

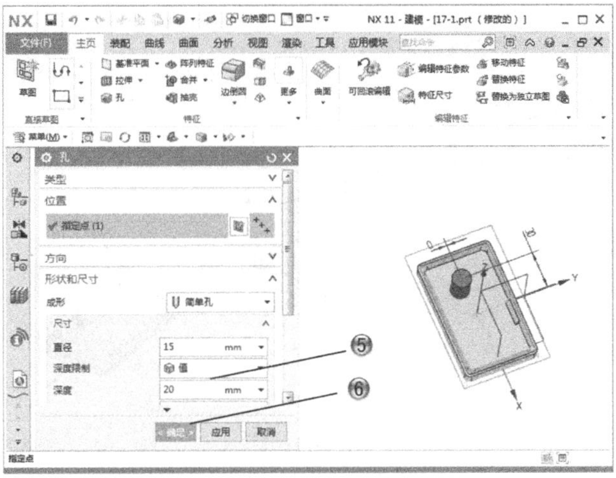

图 17-19　设置孔的参数

17.2.2　创建模具

创建模具时，先进行模具预处理，之后进行分型面的创建，再进行分型操作，最后创建型芯和型腔。

Step1 模型初始化

① 单击【应用模块】工具条中的【注塑模】按钮，进入模具界面，如图 17-20 所示。

② 单击【注塑模向导】工具条中的【初始化项目】按钮，进行初始化，如图 17-21 所示。

③ 在【初始化项目】对话框中，设置初始化参数。

④ 在【初始化项目】对话框中，单击【确定】按钮。

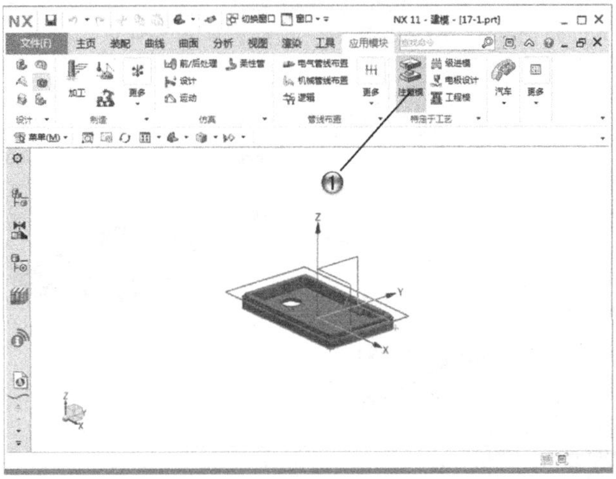

图 17-20　选择注塑模命令

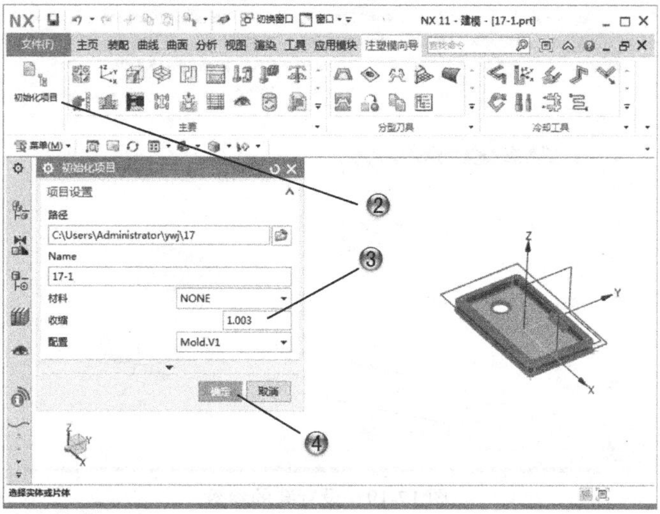

图 17-21　初始化模型

提示

创建完成模型后，可以直接进行模具设计，在保存的时候注意保存所有文件。

Step2 设置模具坐标系

① 单击【主要】工具条中的【模具 CSYS】按钮，设置坐标系，如图 17-22 所示。

② 在弹出的【模具 CSYS】对话框中，设置参数。

③ 在【模具 CSYS】对话框中，单击【确定】按钮。

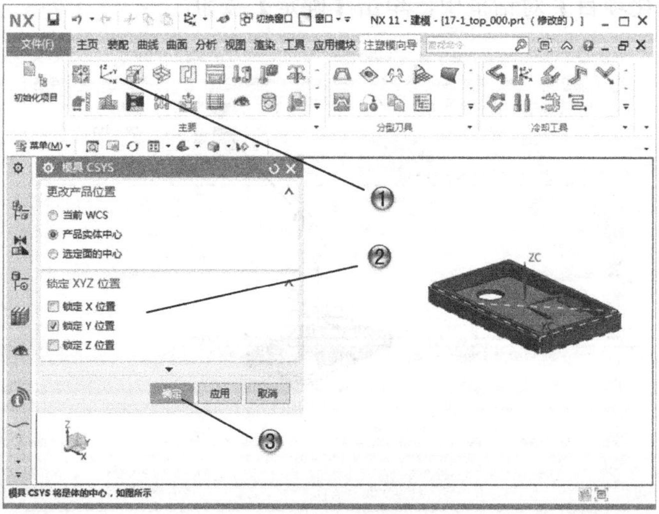

图 17-22　设置模具坐标系

Step3 创建工件

① 单击【主要】工具条中的【工件】按钮，创建工件，如图 17-23 所示。

② 在弹出的【工件】对话框中，设置参数。

③ 在【工件】对话框中，单击【确定】按钮。

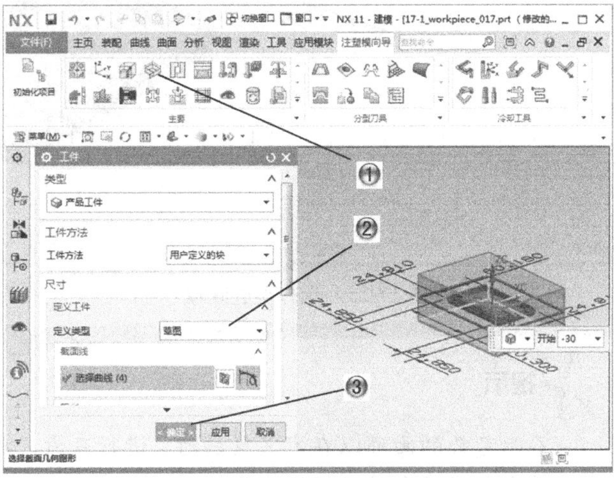

图 17-23　创建工件

Step4 创建检查区域

① 单击【分型刀具】工具条中的【检查区域】按钮，创建检查区域，如图 17-24 所示。

② 在弹出的【检查区域】对话框中，单击【计算】按钮。

③ 在【检查区域】对话框和绘图区中，选择型腔区域，如图 17-25 所示。

④ 在【检查区域】对话框中，单击【确定】按钮。

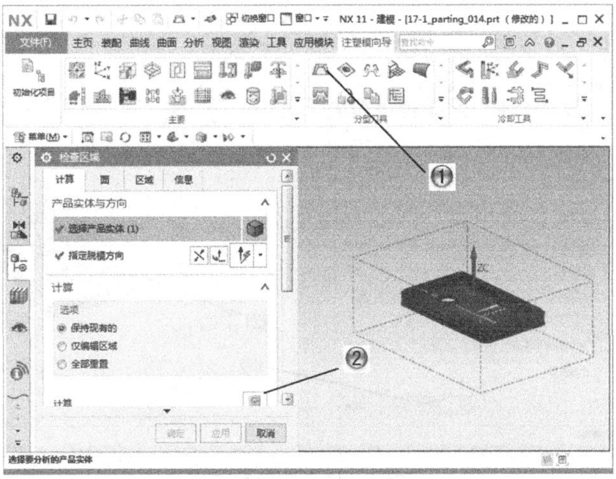

图 17-24　创建检查区域

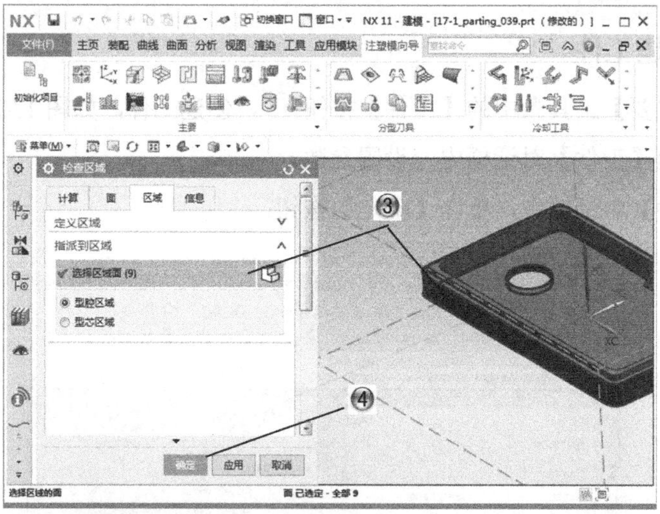

图 17-25　选择型腔区域

提示

不能定义的面可以在定义区域时，进行查看，之后再次进入【检查区域】对话框进行设置。

Step5 曲面补片

① 单击【分型刀具】工具条中的【曲面补片】按钮，创建补片，如图 17-26 所示。

② 在绘图区中，选择要补片的面。

③ 在【边补片】对话框中，单击【确定】按钮。

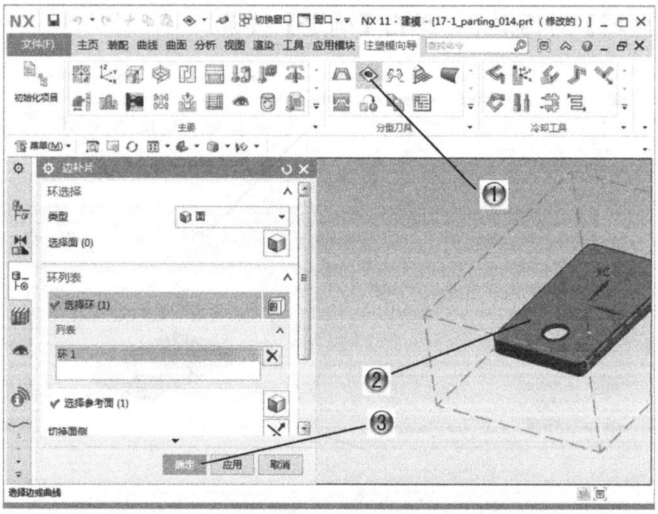

图 17-26　曲面补片

Step6 创建区域

① 单击【分型刀具】工具条中的【定义区域】按钮，创建区域，如图 17-27 所示。

② 在弹出的【定义区域】对话框中，设置选项。

③ 在【定义区域】对话框中，单击【确定】按钮。

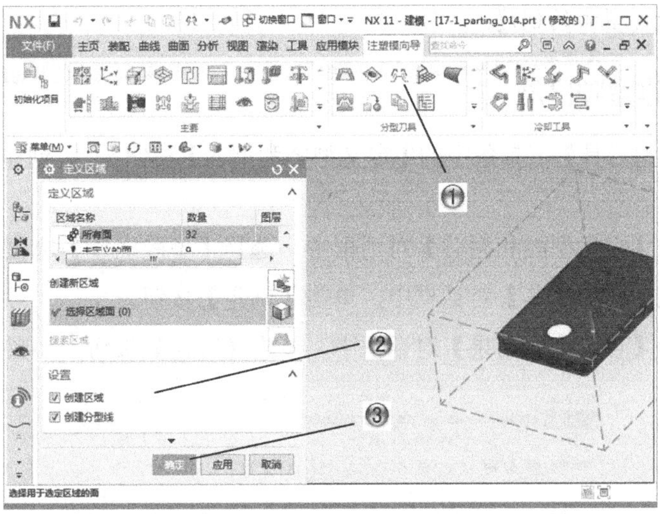

图 17-27　定义区域

Step7 创建分型面

① 单击【分型刀具】工具条中的【设计分型面】按钮，创建分型面，如图 17-28 所示。

② 在弹出的【设计分型面】对话框中，设置分型选项。

③ 在【设计分型面】对话框中，单击【确定】按钮。

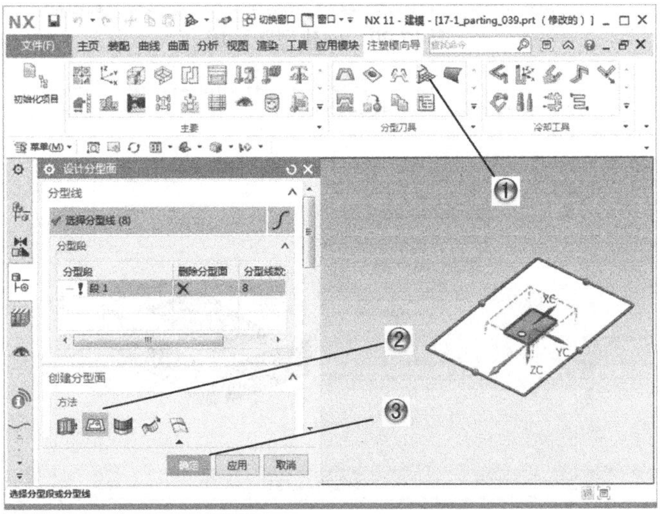

图 17-28　创建分型面

提示

一般简单的分型，可以使用【有界平面】命令进行分型面的创建，复杂的分型线，需要创建多个分段，分别进行分型面的创建。

Step8 创建型腔区域

①单击【分型刀具】工具条中的【定义型腔和型芯】按钮，创建型腔，如图 17-29 所示。

②在弹出的【定义型腔和型芯】对话框中，选择【型腔区域】选项。

③在【定义型腔和型芯】对话框中，单击【确定】按钮。

④在弹出的【查看分型结果】对话框中，单击【确定】按钮，如图 17-30 所示。

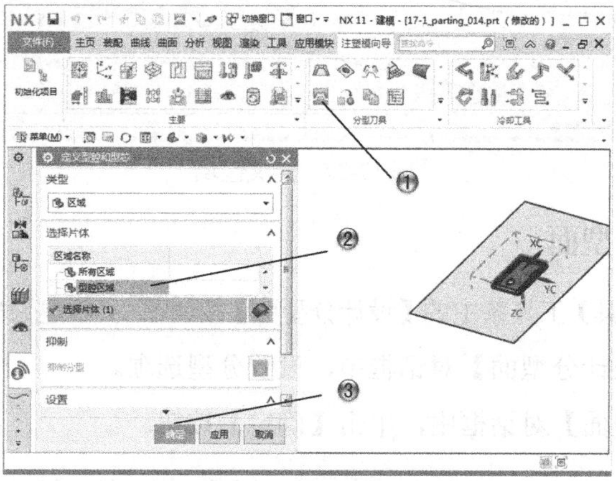

图 17-29　创建型腔区域

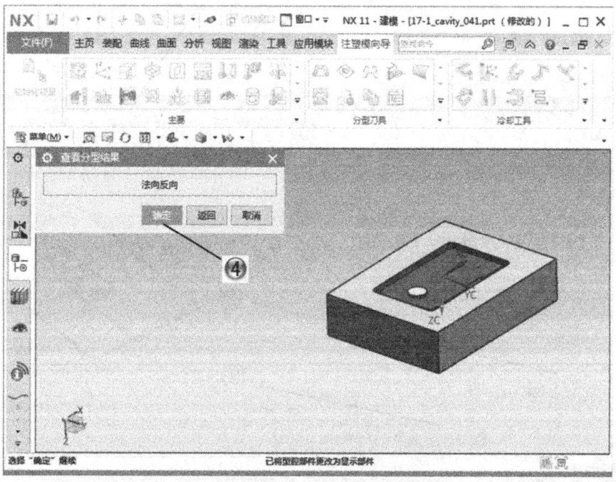

图 17-30　设置型腔方向

Step9 创建型芯区域

①单击【分型刀具】工具条中的【定义型腔和型芯】按钮，创建型芯，如图 17-31 所示。

②在弹出的【定义型腔和型芯】对话框中，选择【型芯区域】选项。

③在【定义型腔和型芯】对话框中，单击【确定】按钮。

④在弹出的【查看分型结果】对话框中，单击【确定】按钮，如图 17-32 所示。

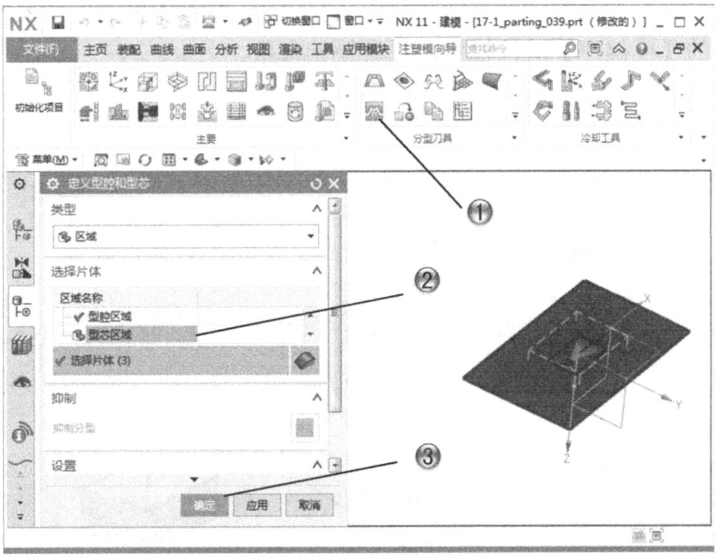

图 17-31　创建型芯区域

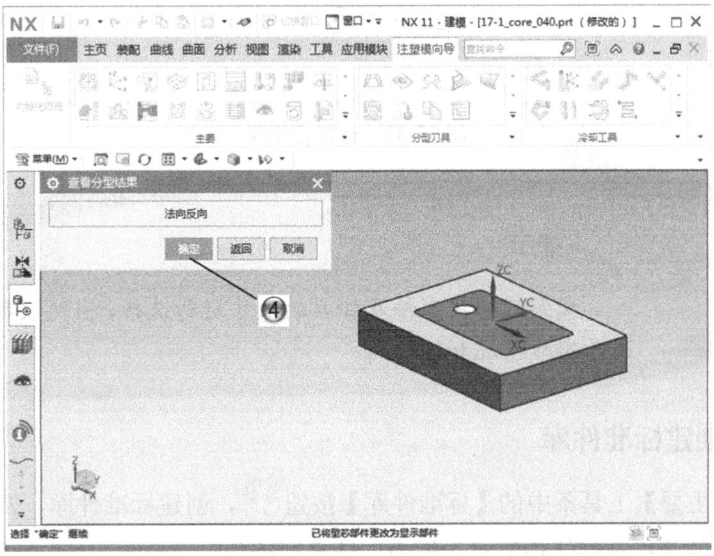

图 17-32　设置型芯方向

17.2.3　创建模架及附属

模具分型之后，加载模架，使用模架库内的标准模架。之后在模架基础上创建标准件，以及流道的创建。

Step1 创建模架库

① 单击【主要】工具条中的【模架库】按钮，创建模架库，如图 17-33 所示。

② 在弹出的【模架库】对话框中，设置模架参数。

③ 在【模架库】对话框中，单击【确定】按钮。

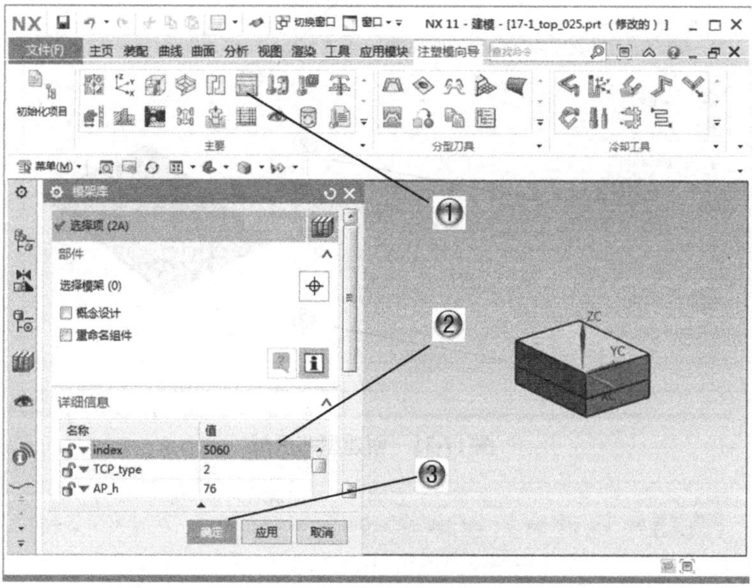

图 17-33　创建模架库

提示

模架库根据零件及模具的尺寸进行选择，当然决定因素还是实际情况和性价比。

Step2 创建标准件库

① 单击【主要】工具条中的【标准件库】按钮，创建标准件库，如图 17-34 所示。

② 在弹出的【标准件管理】对话框中，选择标准件。

③ 在【标准件管理】对话框中，单击【确定】按钮。

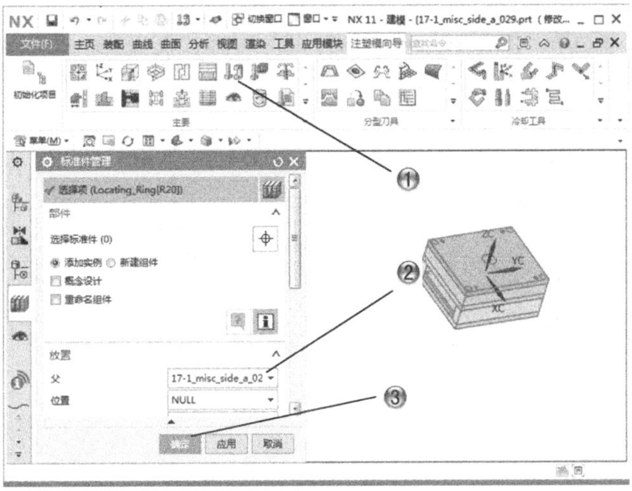

图 17-34　创建浇口套

Step3 创建流道

① 单击【主要】工具条中的【流道】按钮，创建流道，如图 17-35 所示。

② 在弹出的【流道】对话框中，单击【草图】按钮。

③ 在绘图区，选择草绘面，如图 17-36 所示。

④ 在【创建草图】对话框中，单击【确定】按钮，

⑤ 单击【直接草图】工具条中的【直线】按钮，绘制直线，如图 17-37 所示。

⑥ 在绘图区，绘制直线草图。

⑦ 在弹出的【流道】对话框中，设置流道参数，如图 17-38 所示。

⑧ 在【流道】对话框中，单击【确定】按钮，结果如图 17-39 所示。

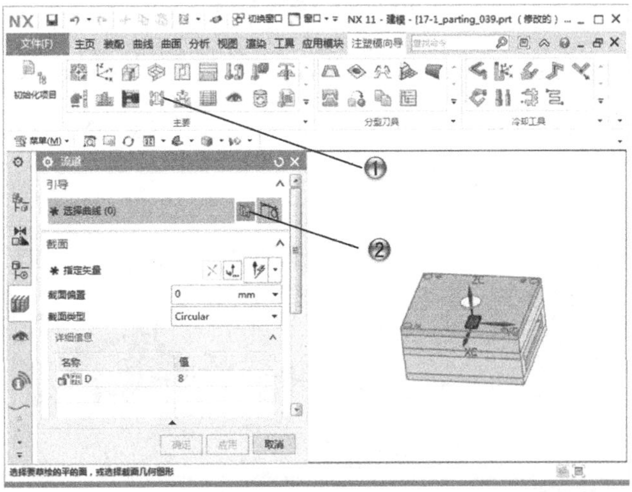

图 17-35　创建流道

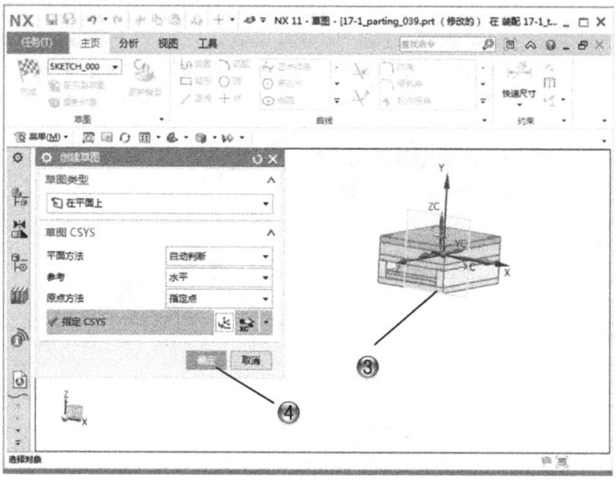

图 17-36　选择草绘面

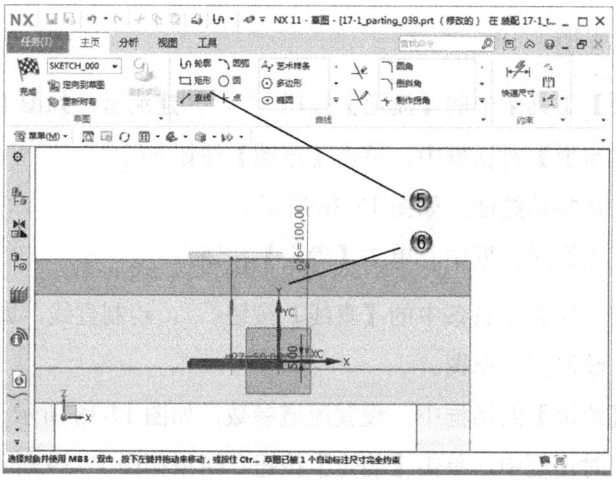

图 17-37　绘制直线

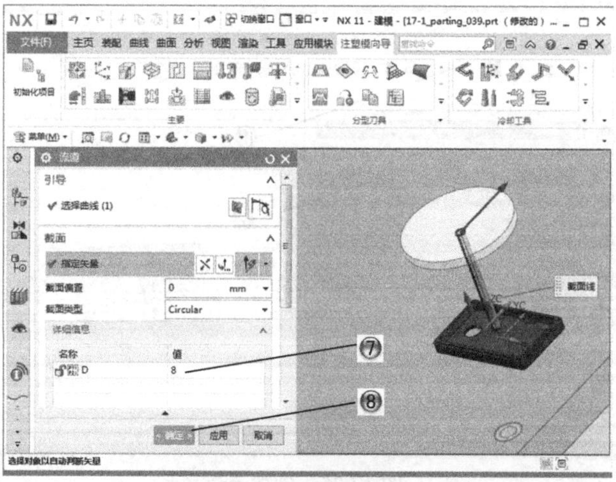

图 17-38　设置流道尺寸

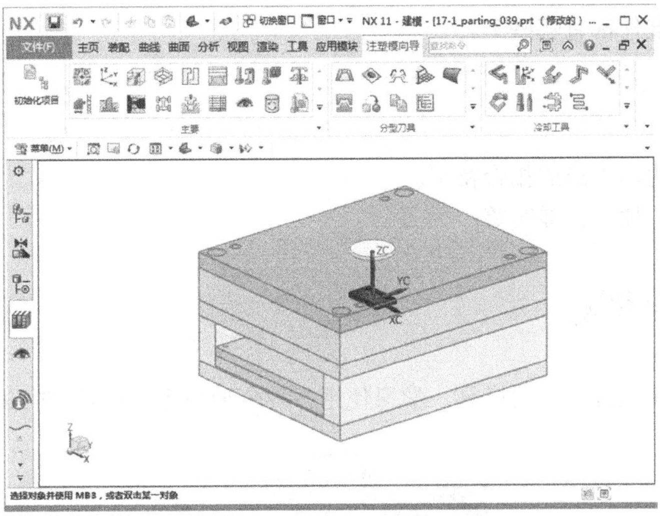

图 17-39　完成并保存模具

17.3　本章小结

本章介绍了如何进行模具设计的整个流程。使用 NX 的模具模块，进行模具预处理、分型、创建型芯型腔等的操作，在完成后，使用 NX 模架库添加标准模架，通过整个流程的操作，使读者对 NX 模具创建有一个整体的认识。

17.4　课后练习

17.4.1　填空题

（1）模具一般分为两部分_____和_____。

（2）模具分型的必要条件是_____和_____。

答案：

（1）型芯和型腔。

（2）设置型芯型腔区域和创建分型线

17.4.2　问答题

（1）型芯和型腔部分的方向是怎么样的？

（2）常见标准件都有哪些？

答案：

（1）是相反的，以形成扣合特征。

（2）浇口套、顶针、弹簧等。

17.4.3 操作题

本章练习创建螺钉零件的模具，学习使用各种分型命令，如图 17-40 所示。

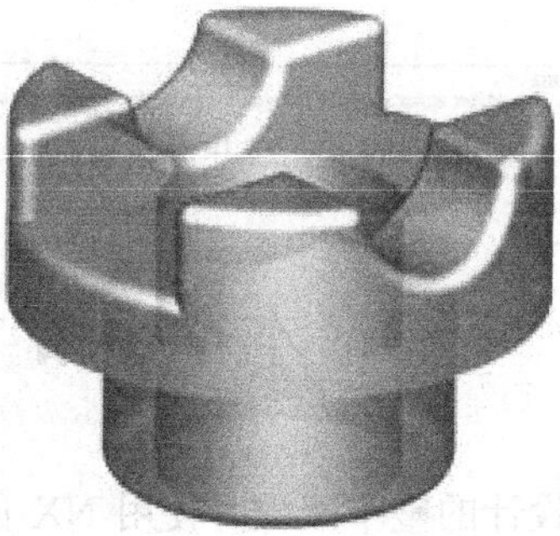

图 17-40 螺钉零件

练习内容：

（1）创建零件。

（2）模型初始化。

（3）产品分型。

（4）创建模架。

第 18 章　高手应用案例 8——数控加工应用

本章导读

数控加工就是数控机床在加工程序的驱动下，将毛坯加工成合格零件的加工过程，包括车加工、磨加工、铣加工、钻孔加工和线切割加工等。数控机床控制系统具有普通机床所没有的计算机数据处理功能、智能识别功能以及自动控制能力。数控加工与常规加工相比有着明显的区别。本章介绍的数控加工，包括平面铣削工序和型腔铣削工序，是典型的数控加工方法。

学习要求	学习目标 / 知识点	了解	理解	应用	实践
	掌握数控加工的参数设置		√	√	√
	掌握平面铣削工序		√	√	√
	掌握型腔铣削工序		√	√	√

18.1 案例分析

18.1.1 案例分析——知识链接

在加工过程中，刀具是从工件上切除材料的工具，在创建铣削、车削、点位加工操作时，必须创建刀具或者从刀具库中选择刀具。创建和选择刀具时，应该考虑加工类型、加工表面形状和加工部位的尺寸大小等因素。

在 NX 加工模块里，一般在进行具体加工操作之前会设置好三种加工的参数，方便以后直接调用。如果遇到特殊的加工情况，在其后的操作进程中也可以进行余量、转速等参数修改。加工方法就是加工工艺方法，主要是指进行粗加工、半精加工和精加工时指定加工公差、加工余量、进给量等参数的过程。

平面铣削前可以指定毛坯材料，毛坯材料就是最初还没有进行铣削加工的材料，可以是锻造件和铸造件等。指定毛坯材料后，用户还需要指定部件材料和底部面。部件材料就是用户切削加工后的零件形状，它定义了刀具的走刀范围，用户可以通过曲线、边界、平面和点等几何来指定部件材料；底部面是刀具可以铣削加工的最大切削深度。此外，用户还可以指定切削加工中的检查几何体和修剪几何体。当用户指定底部面后，系统将根据指定的毛坯材料、部件材料、检查几何体和修剪几何体，沿着刀具的轴线方向切削到底部面，从而加工得到用户需要的零件形状。

型腔铣削加工经常用来在精加工之前对某个零件进行粗加工。型腔铣削可以加工侧壁与底面不垂直的零件，还可以加工底面不是平面的零件。此外，型腔铣削还可以加工模具的型腔或者型芯。

型腔铣削加工和平面铣削加工有很多相同点和不同点，为了较好地掌握型腔铣削的特点，区分型腔铣削和平面铣削的不同点，下面将分别说明型腔铣削加工和平面铣削加工的不同点。

(1) 型腔铣削工序的刀具轴线只需要垂直于切削层平面，而平面铣削工序的刀具轴线不仅需要垂直于切削层平面,还需要垂直与部件底面。因此，平面铣削工序适合于加工侧面与底面垂直的、或岛屿顶部和腔槽底部为平面的零件。而型腔铣却可以用来加工侧面与底面不垂直的、或岛屿顶部和腔槽底部为曲面的零件。

(2) 型腔铣削一般用于零件的粗加工。而平面铣削工序既可以用于零件的粗加工，也可以用于精加工。

（3）型腔铣削工序可以通过任何几何对象，包括体、曲面区域和面（曲面或平面）等来定义加工几何体。而平面铣削工序只能通过边界来定义加工几何体，边界可以是曲线、点和平面上的边界，也可以通过选择永久边界来定义。

（4）型腔铣削工序通过部件几何体和毛坯几何体来确定切削深度。而平面铣削却是通过部件边界和底面之间的距离来确定切削深度的。

（5）型腔铣削工序不需要用户指定部件底面，但是需要用户指定切削区域。而平面铣削工序需要用户指定部件底面，切削区域通过边界来确定。

18.1.2 案例分析——设计思路

本课将介绍平板零件的平面和型腔铣削工序的创建（见图 18-1）。首先创建平板零件和毛坯零件，之后创建装配零件，对装配零件进行加工。依次创建平面铣削和型腔铣削，型腔铣削的时候，需要设置毛坯部件。

通过数控加工的创建过程，学习使用数控加工的各种命令，将熟悉如下内容。

（1）平面铣削的参数设置。

（2）型腔铣削的参数设置。

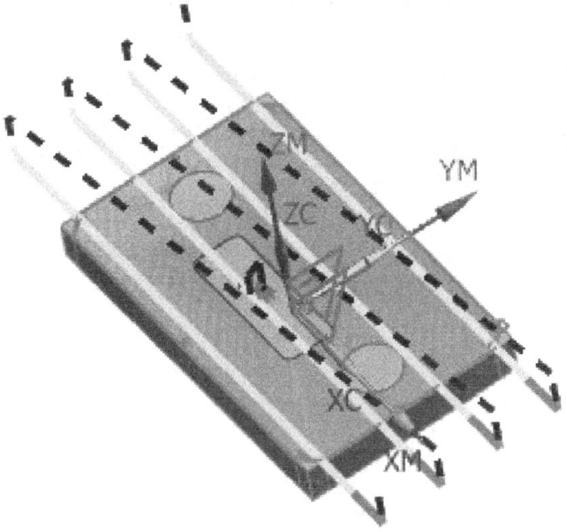

图 18-1　平板零件

18.2 案例操作

本案例完成文件：ywj/18/18-1.prt、18-2.prt、18-3.prt及数控文件

多媒体教学路径：多媒体教学→第 18 章

18.2.1 创建模具零件

创建数控加工前，先创建平板零件及其毛坯零件，使用装配的方法进行组合。

Step1 创建拉伸特征

① 单击【直接草图】工具条中的【矩形】按钮，如图 18-2 所示。

② 选择两点，绘制矩形。

③ 单击【特征】工具条中的【拉伸】按钮，创建拉伸特征，如图 18-3 所示。

④ 在绘图区，选择草图。

⑤ 在弹出的【拉伸】对话框中，设置拉伸参数。

⑥ 单击【拉伸】对话框中的【确定】按钮，完成拉伸特征。

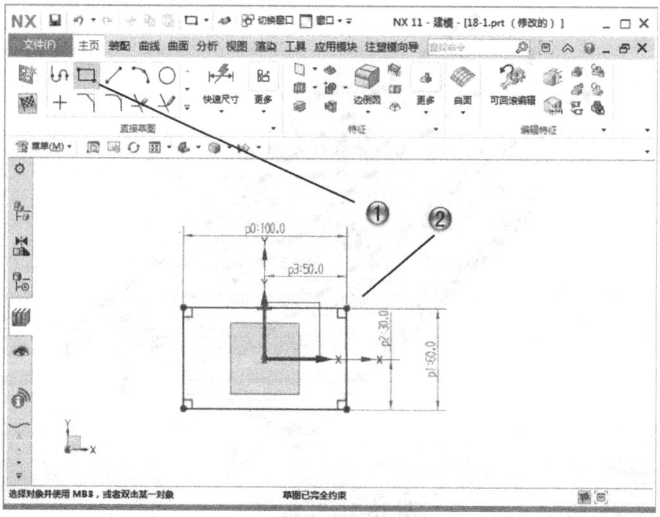

图 18-2 绘制矩形

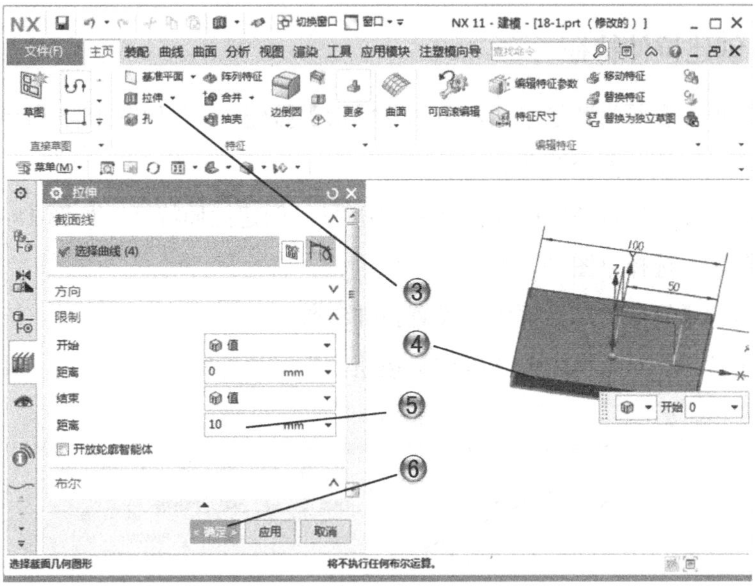

图 18-3　创建拉伸特征

Step2 创建倒斜角

① 单击【特征】工具条中的【倒斜角】按钮，创建倒斜角，如图 18-4 所示。

② 在绘图区，选择倒角的边线。

③ 在弹出的【倒斜角】对话框中，设置倒角参数。

④ 单击【倒斜角】对话框中的【确定】按钮，完成倒斜角特征。

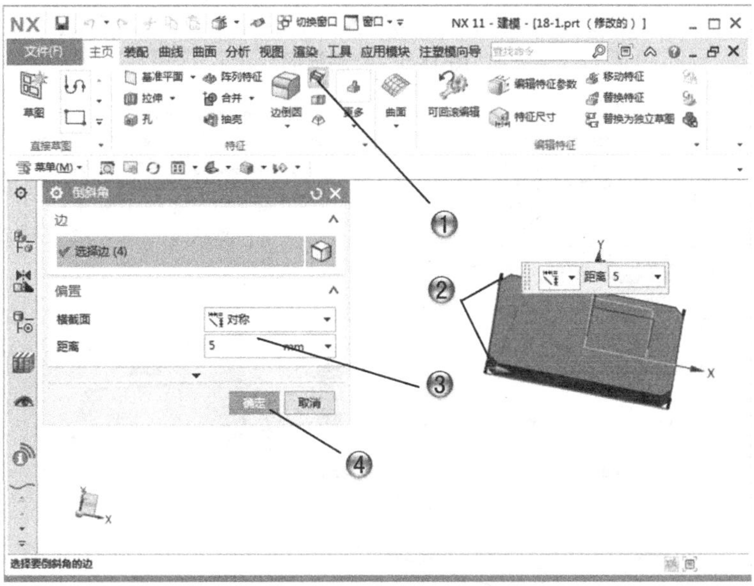

图 18-4　创建倒斜角

Step3 创建拉伸特征

① 指定矩形上表面为草绘平面，单击【圆形】按钮，如图 18-5 所示。
② 选择两点，绘制两个圆形。
③ 单击【特征】工具条中的【拉伸】按钮，创建拉伸特征，如图 18-6 所示。
④ 在绘图区，选择草图。
⑤ 在弹出的【拉伸】对话框中，设置拉伸参数。
⑥ 单击【拉伸】对话框中的【确定】按钮，完成拉伸特征。

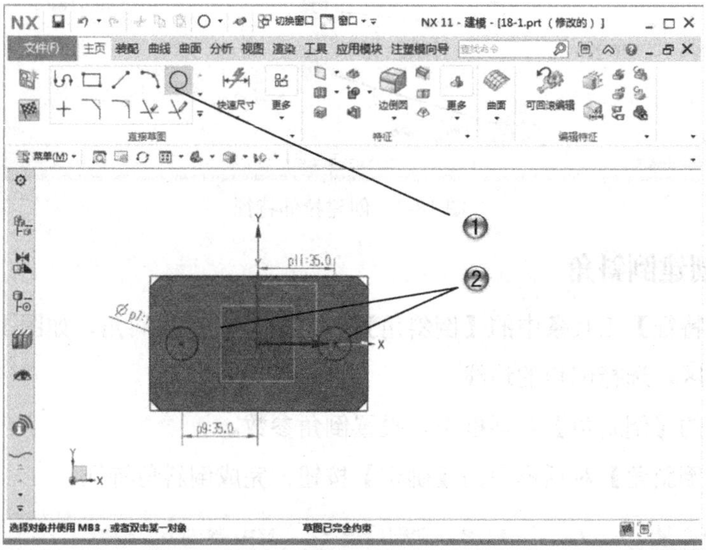

图 18-5　绘制圆形

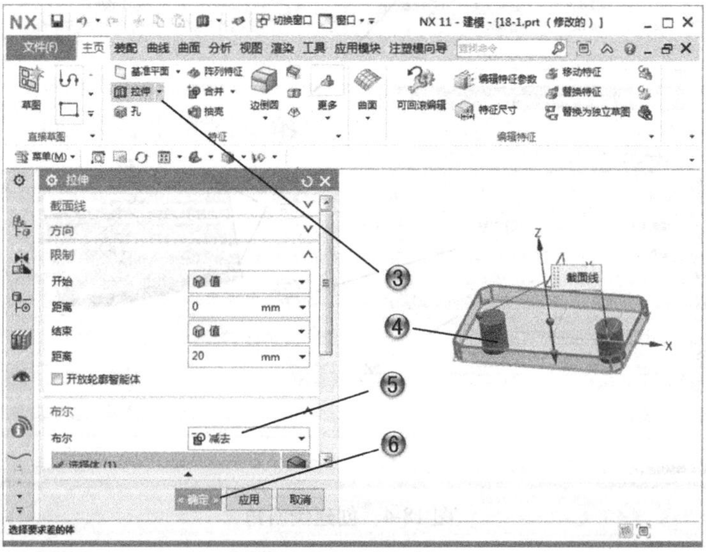

图 18-6　创建拉伸特征

Step4 创建草图

① 单击【直接草图】工具条中的【草图】按钮，创建草图，如图 18-7 所示。

② 在弹出的【创建草图】对话框中，单击【CSYS 对话框】按钮。

③ 在【CSYS】对话框中，单击【点对话框】按钮，如图 18-8 所示。

④ 在【点】对话框中，设置点的坐标，如图 18-9 所示。

⑤ 单击【点】对话框中的【确定】按钮。

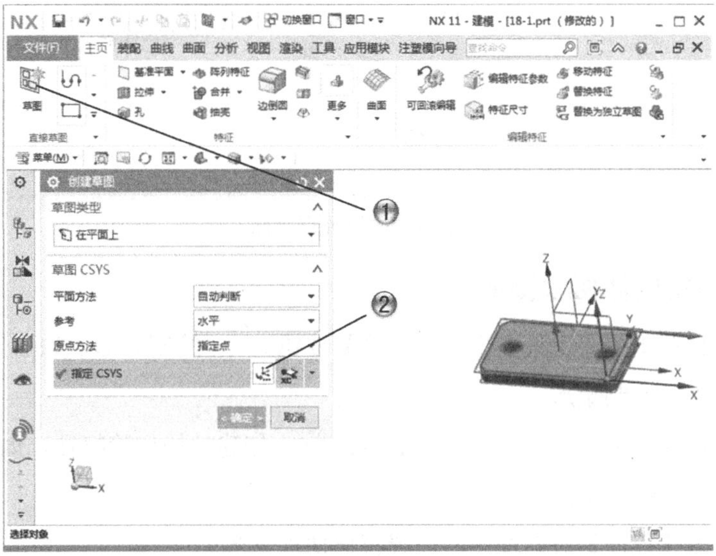

图 18-7　创建草图

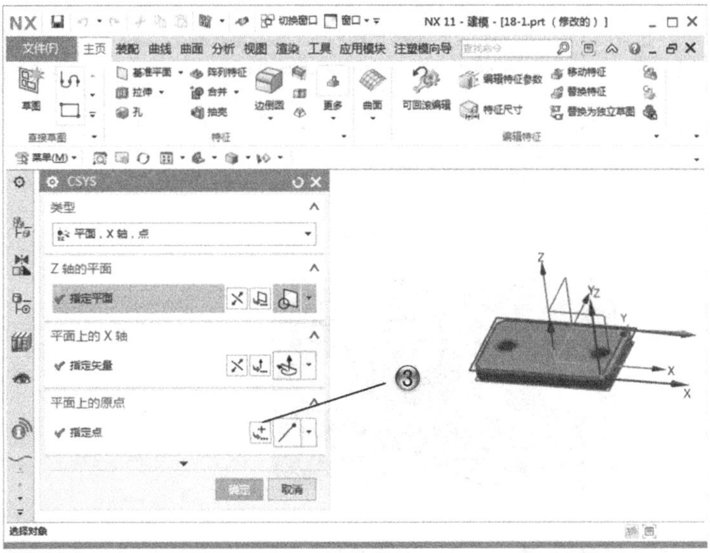

图 18-8　设置指定点

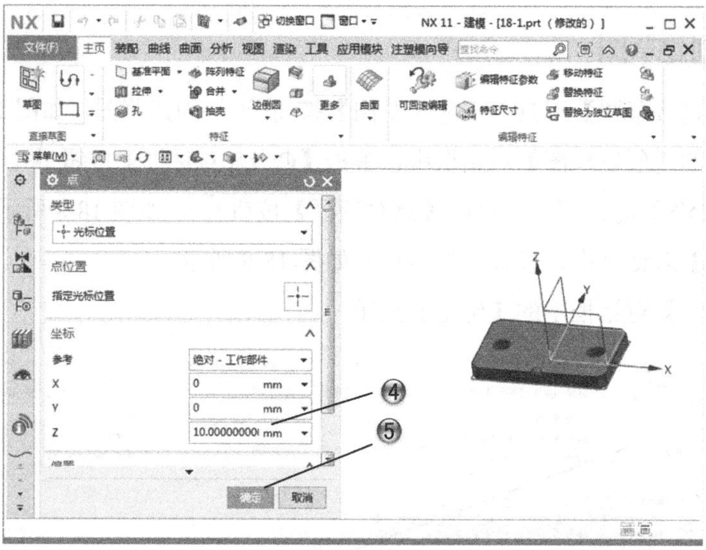

图 18-9　设置点坐标

Step5 创建拉伸切除特征

① 单击【直接草图】工具条中的【矩形】按钮，绘制矩形，如图 18-10 所示。

② 选择两点，绘制矩形。

③ 单击【特征】工具条中的【拉伸】按钮，创建拉伸切除特征，如图 18-11 所示。

④ 在绘图区，选择草图。

⑤ 在弹出的【拉伸】对话框中，设置拉伸切除参数。

⑥ 单击【拉伸】对话框中的【确定】按钮，完成拉伸切除特征。

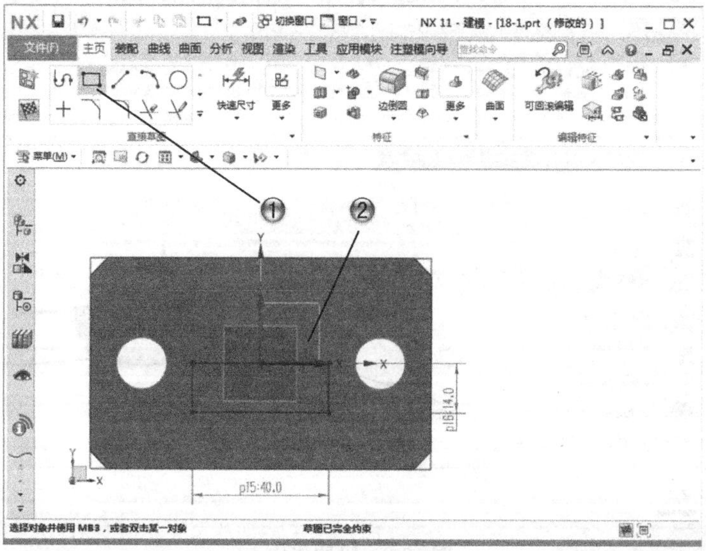

图 18-10　绘制矩形

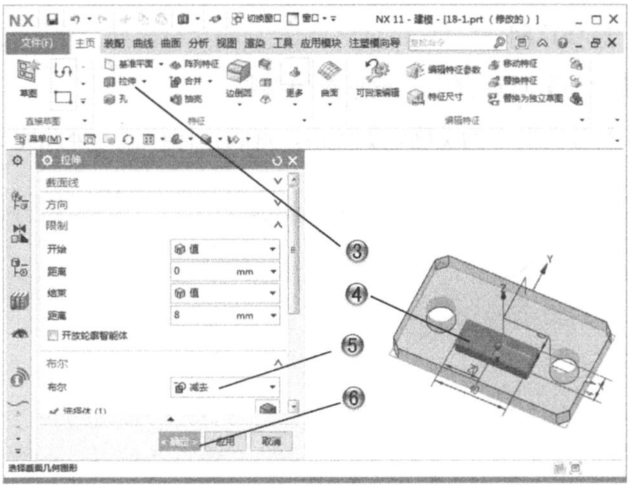

图 18-11 创建拉伸特征

Step6 创建边倒圆

① 单击【特征】工具条中的【边倒圆】按钮，创建边倒圆特征，如图 18-12 所示。

② 在绘图区，选择倒角的边线。

③ 在弹出的【边倒圆】对话框中，设置圆角参数。

④ 单击【边倒圆】对话框中的【确定】按钮，完成边倒圆特征，至此完成 18-1.prt 的创建。

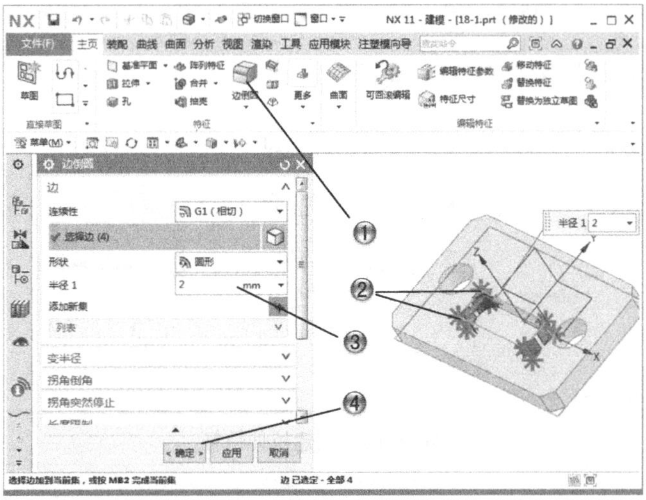

图 18-12 创建边倒圆

Step7 创建拉伸特征

① 指定草绘平面后，单击【矩形】按钮，如图 18-13 所示。

② 选择两点，绘制矩形。

③ 单击【特征】工具条中的【拉伸】按钮，创建拉伸特征，如图 18-14 所示。

④在绘图区，选择草图。

⑤在弹出的【拉伸】对话框中，设置拉伸参数。

⑥单击【拉伸】对话框中的【确定】按钮，完成拉伸特征，至此完成毛坯部件的创建。

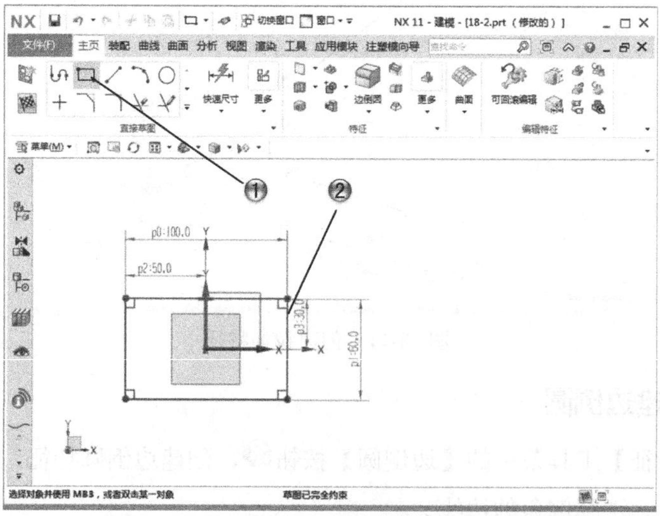

图 18-13　绘制矩形

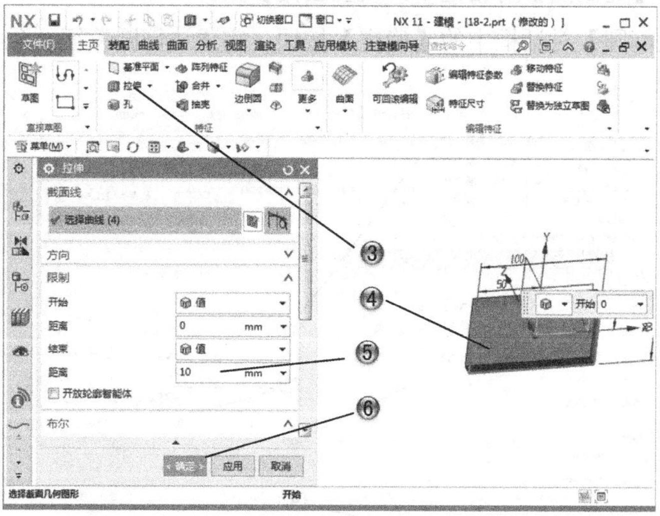

图 18-14　创建拉伸特征

提示

加工工序中需要设置毛坯部件的时候，都要进行毛坯的创建，并进行装配。

Step8 创建装配模型

① 单击【装配】工具条中的【添加】按钮，添加新组件，如图 18-15 所示。

② 在弹出的【添加组件】对话框中，选择组件和定位方式。

③ 在【添加组件】对话框中，单击【确定】按钮。

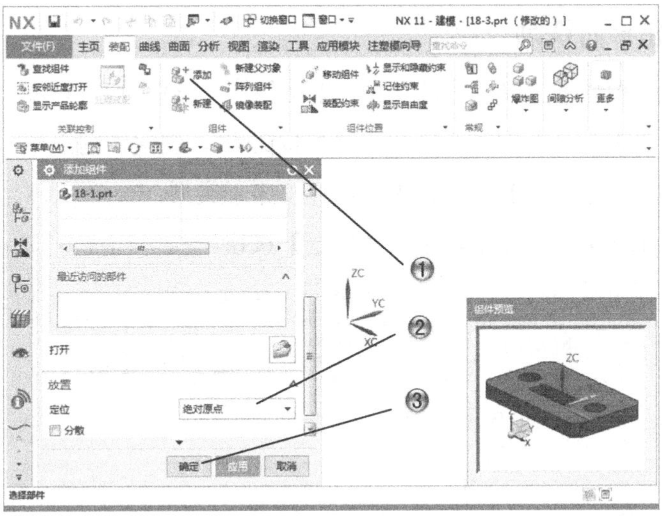

图 18-15 添加组件

Step9 添加组件

① 单击【装配】工具条中的【添加】按钮，添加新组件，如图 18-16 所示。

② 在弹出的【添加组件】对话框中，选择组件和定位方式。

③ 在【添加组件】对话框中，单击【确定】按钮。

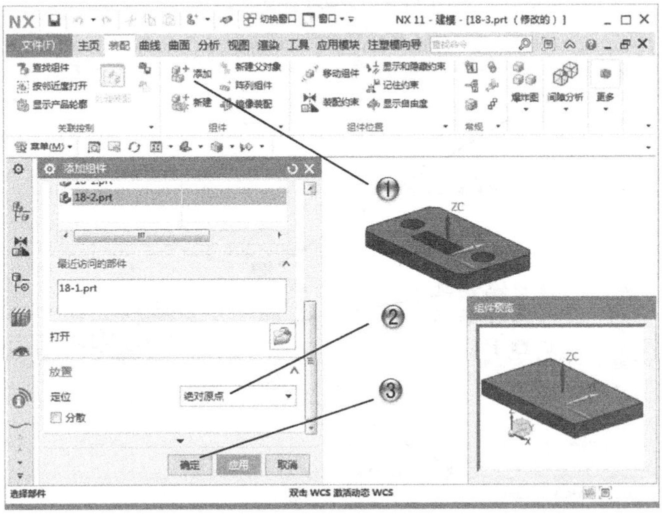

图 18-16 设置组件定位

18.2.2 创建平面铣削

创建平板零件后，创建平面铣削工序，选择部件和切削的面边界，在设置刀具后即可进行加工刀路的生成。

Step1 创建平面铣削

① 单击【应用模块】工具条中的【加工】按钮，进入加工环境，如图 18-17 所示。

② 单击【主页】工具条中的【创建工序】按钮，创建铣削工序，如图 18-18 所示。

③ 在弹出的【创建工序】对话框中，选择工序子类型。

④ 在【创建工序】对话框中，单击【确定】按钮。

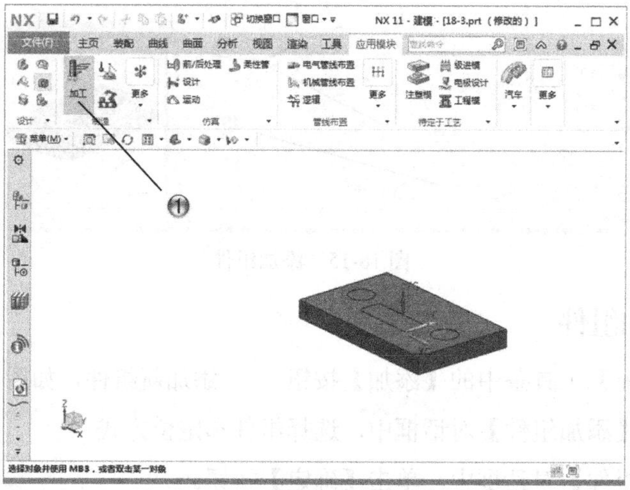

图 18-17　选择加工命令

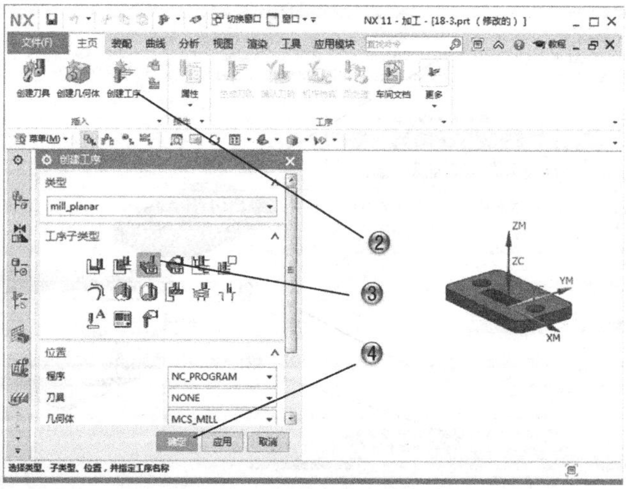

图 18-18　创建平面铣削工序

提示

如果程序、刀具、几何已经设置好，可以直接在【创建工序】对话框中进行选择，方便工序的生成。

Step2 选择部件

① 在【面铣】对话框中单击【指定部件】按钮，选择部件，如图 18-19 所示。

② 在绘图区中，选择部件几何体，如图 18-20 所示。

③ 在【部件几何体】对话框中，单击【确定】按钮。

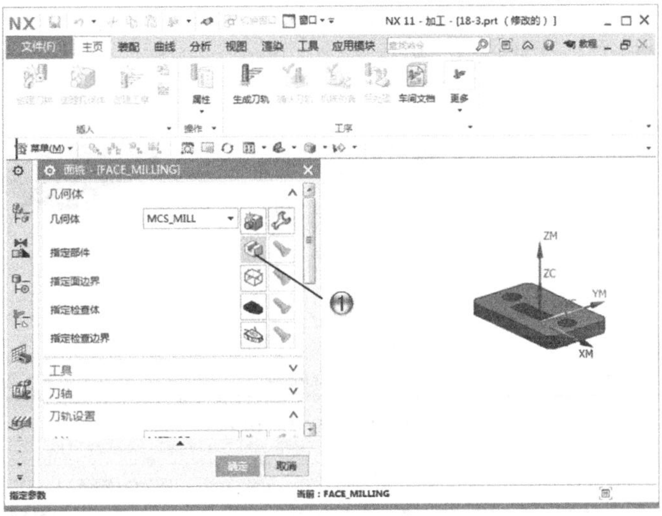

图 18-19 指定部件

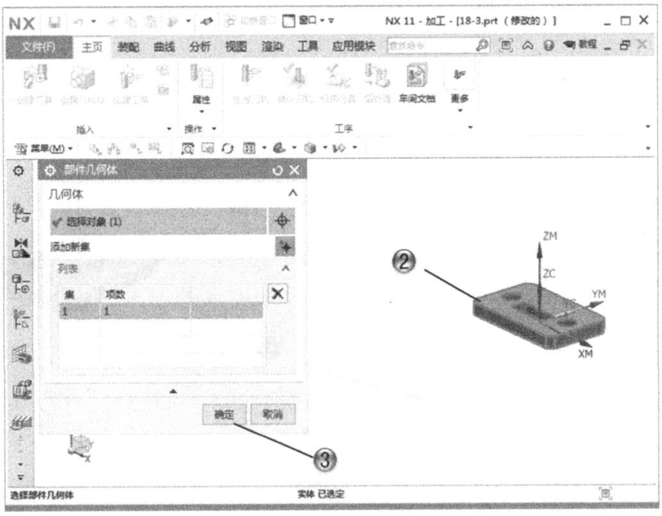

图 18-20 选择部件几何体

Step3 选择面边界

①在【面铣】对话框中单击【指定面边界】按钮，选择面边界，如图 18-21 所示。

②在绘图区中，选择面，如图 18-22 所示。

③在【毛坯边界】对话框中，单击【确定】按钮。

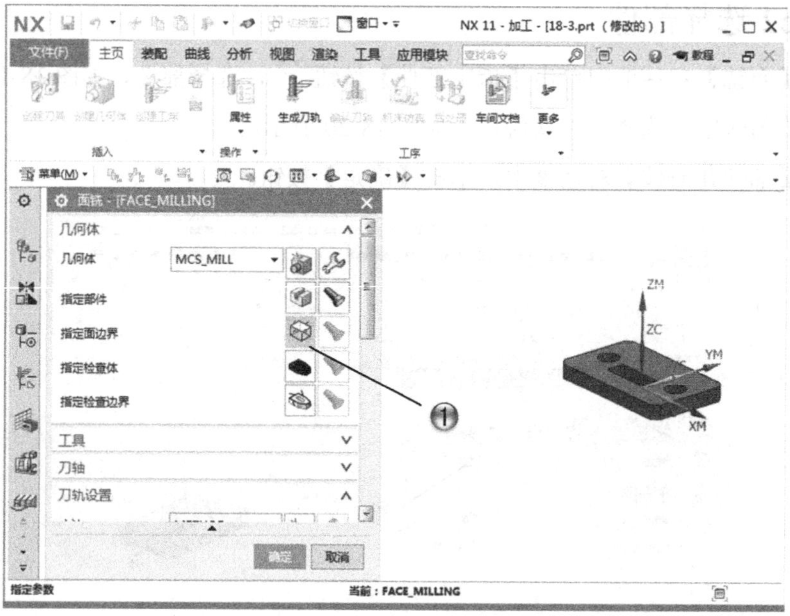

图 18-21　指定面边界

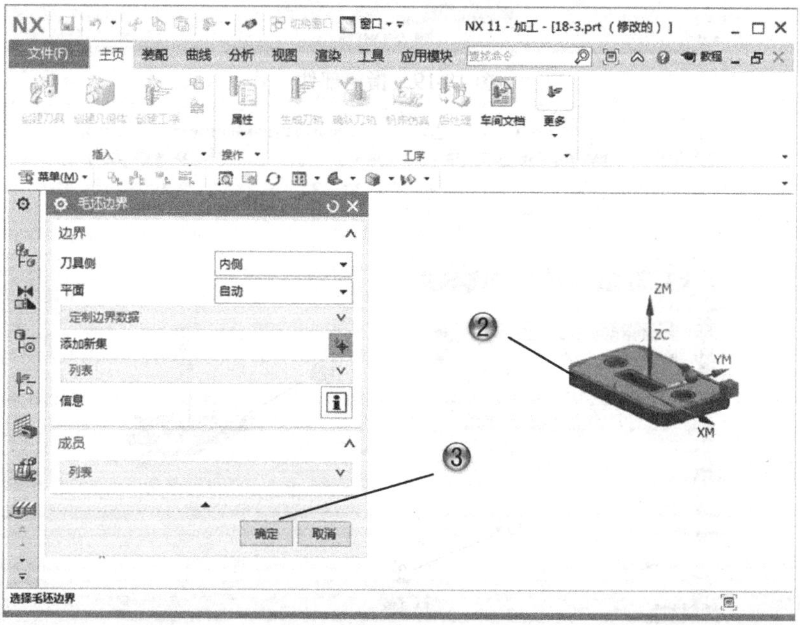

图 18-22　选择毛坯边界

Step4 创建刀具

① 单击【面铣】工具条中的【新建刀具】按钮，设置刀具，如图 18-23 所示。
② 在弹出的【新建刀具】对话框中，选择刀具类型，如图 18-24 所示。
③ 在【新建刀具】对话框中，单击【确定】按钮。
④ 在弹出的【铣刀-T 型刀】对话框中，设置刀具参数，如图 18-25 所示。
⑤ 在【铣刀-T 型刀】对话框中，单击【确定】按钮。

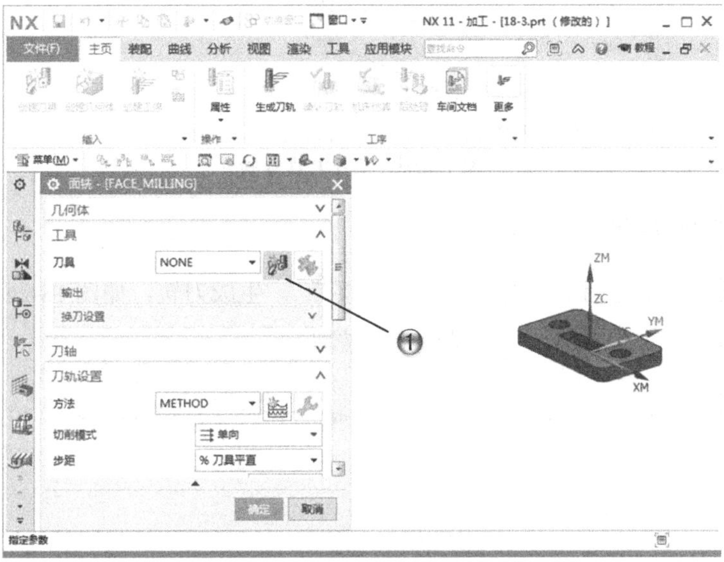

图 18-23　选择刀具命令

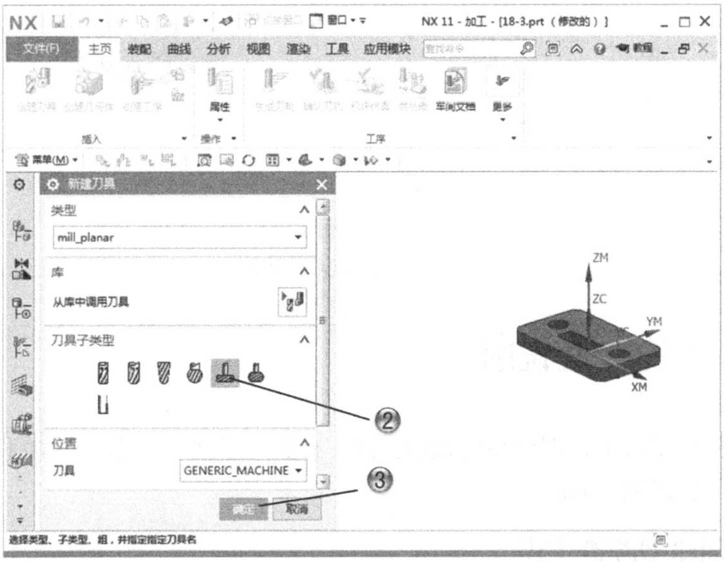

图 18-24　选择刀具

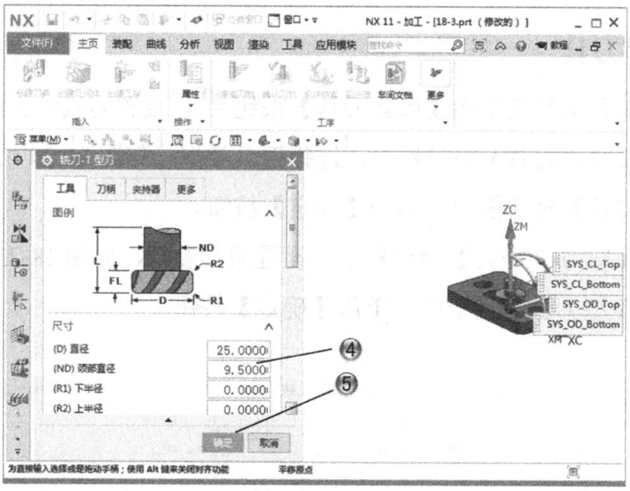

图 18-25　设置刀具参数

Step5 生成刀轨

①单击【面铣】对话框中的【生成】按钮，生成刀轨，如图 18-26 所示。

②在【面铣】对话框中，单击【确定】按钮。

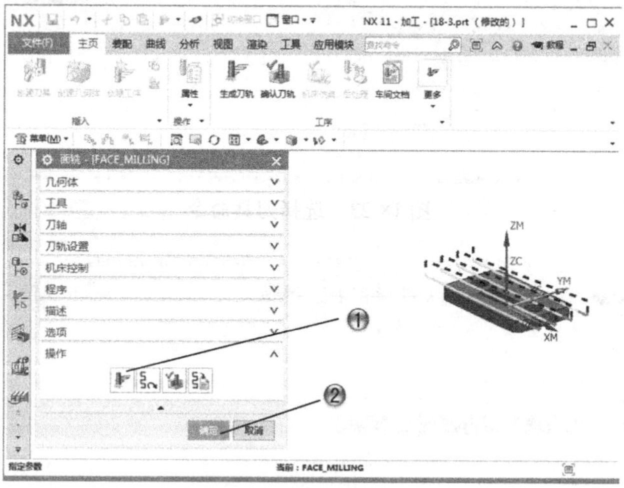

图 18-26　生成刀具轨迹

18.2.3　创建型腔铣削

在平板零件的基础上，创建型腔铣削工序，依次设置部件、加工区域和毛坯，最后设置刀具后，即可创建加工刀路。

Step1 创建型腔铣工序

①单击【主页】工具条中的【创建工序】按钮，如图 18-27 所示。

②在弹出的【创建工序】对话框中，选择工序子类型。

③在【创建工序】对话框中，单击【确定】按钮。

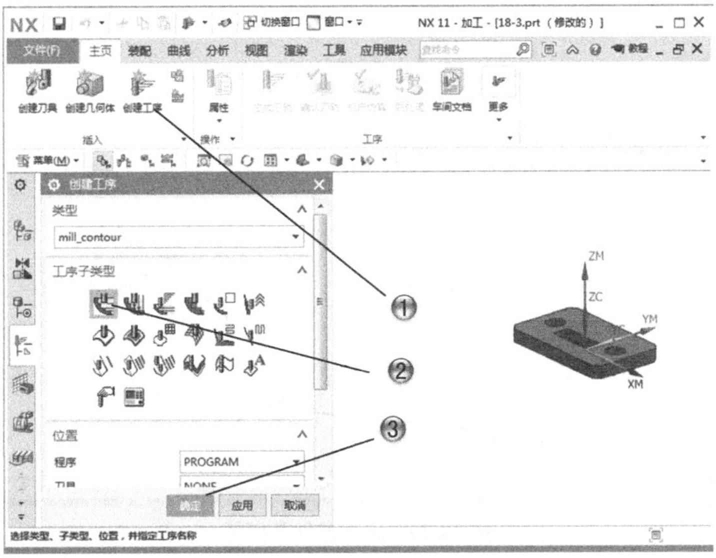

图 18-27　创建型腔铣削工序

Step2 选择部件

①在【型腔铣】对话框中单击【指定部件】按钮，选择部件，如图 18-28 所示。

②在绘图区中，选择部件几何体，如图 18-29 所示。

③在【部件几何体】对话框中，单击【确定】按钮。

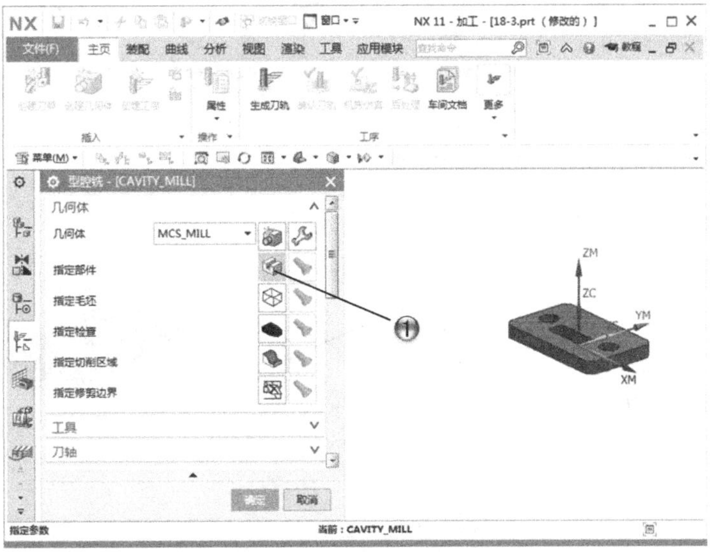

图 18-28　指定部件

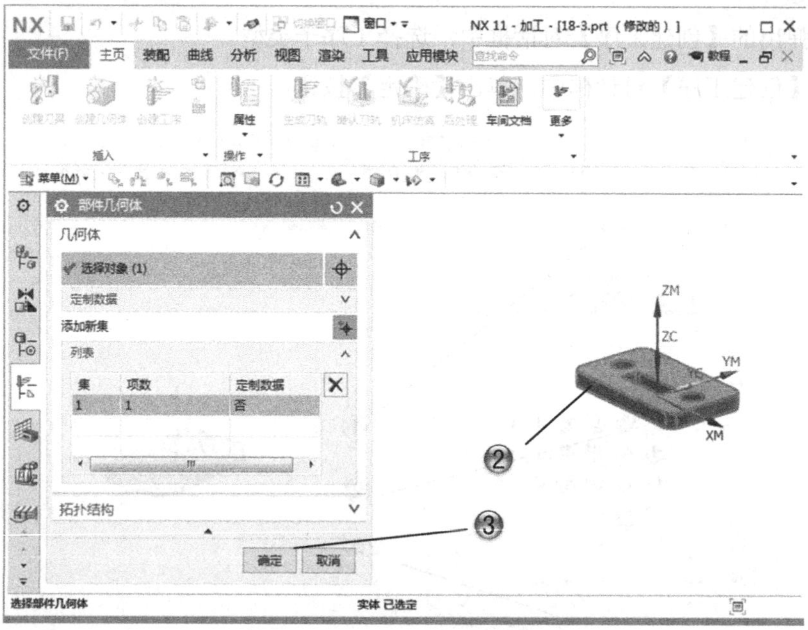

图 18-29　选择部件几何体

Step3 选择毛坯

①在【型腔铣】对话框中单击【指定毛坯】按钮，选择毛坯，如图 18-30 所示。

②在绘图区中，选择毛坯，如图 18-31 所示。

③在【毛坯几何体】对话框中，单击【确定】按钮。

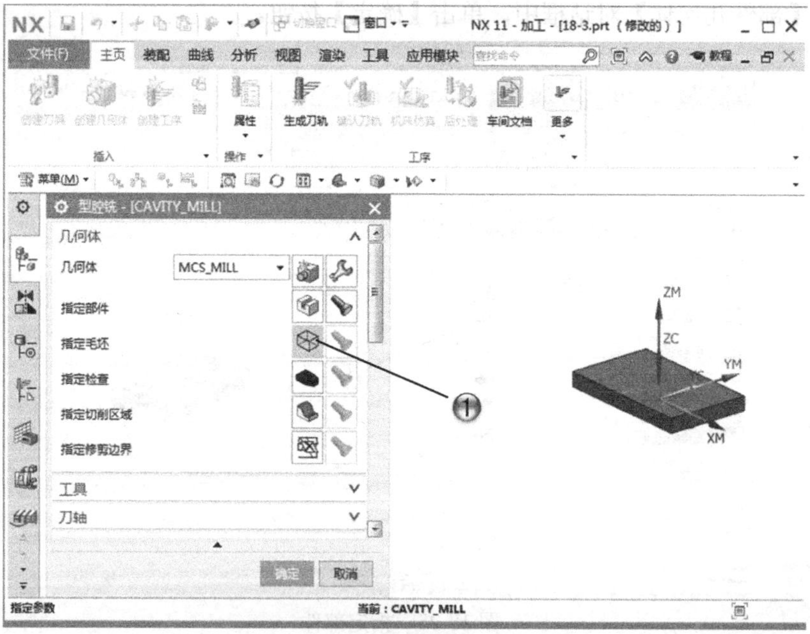

图 18-30　指定毛坯

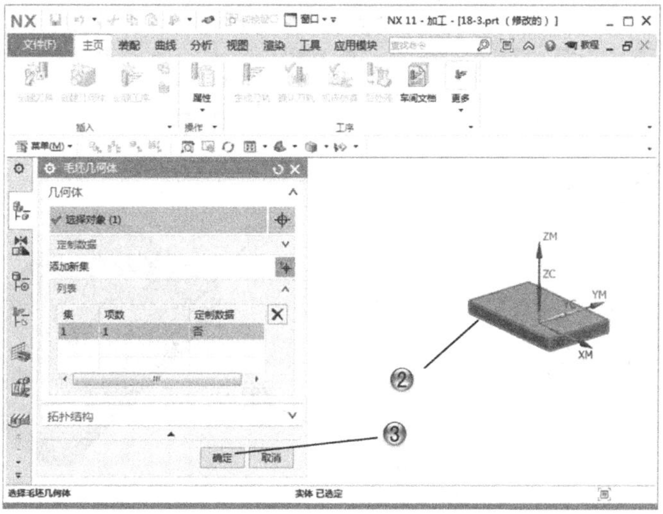

图 18-31　选择毛坯几何体

提示

选择毛坯几何体的时候，为了方便选择，可以对零件进行隐藏，之后恢复显示即可。

Step4 选择切削区域

①在【型腔铣】对话框中单击【指定切削区域】按钮，选择切削区域，如图 18-32 所示。

②在绘图区中，选择切削区域，如图 18-33 所示。

③在【切削区域】对话框中，单击【确定】按钮。

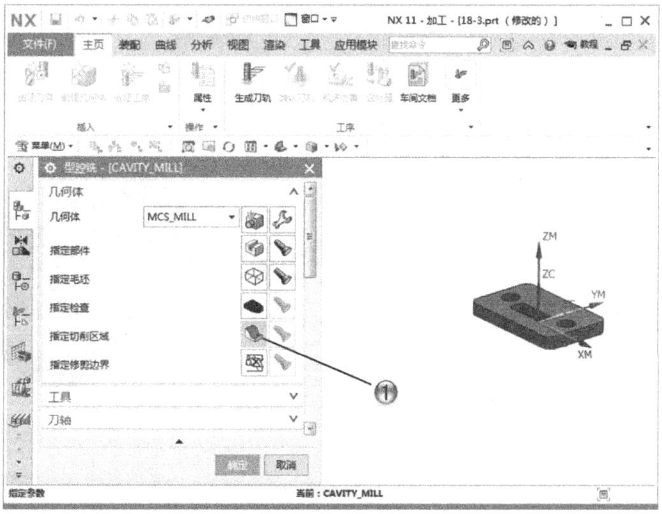

图 18-32　指定切削区域

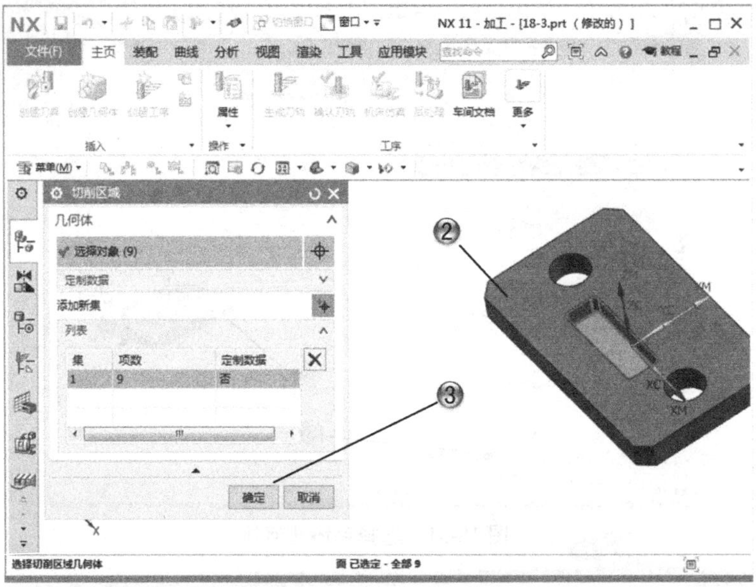

图 18-33　选择切削区域

Step5 创建刀具

① 单击【型腔铣】工具条中的【新建刀具】按钮，设置刀具，如图 18-34 所示。

② 在弹出的【新建刀具】对话框中，选择刀具类型，如图 18-35 所示。

③ 在【新建刀具】对话框中，单击【确定】按钮。

④ 在弹出的【铣刀-5 参数】对话框中，设置刀具参数，如图 18-36 所示。

⑤ 在【铣刀-5 参数】对话框中，单击【确定】按钮。

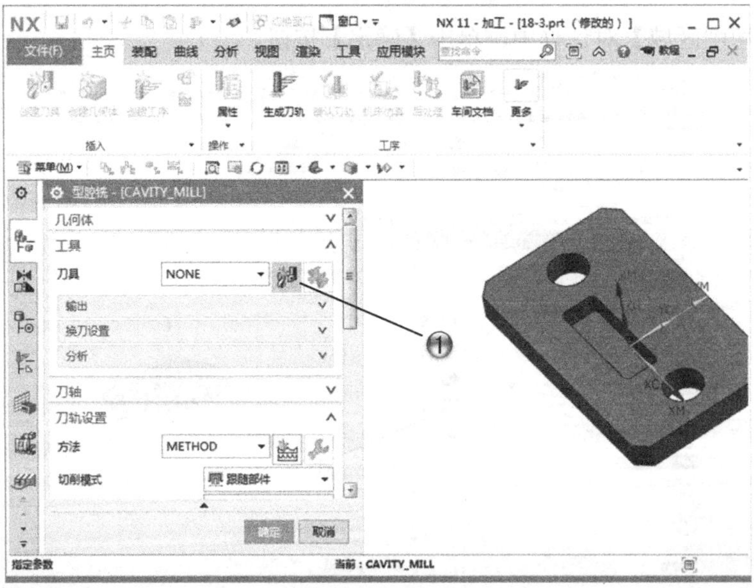

图 18-34　新建刀具

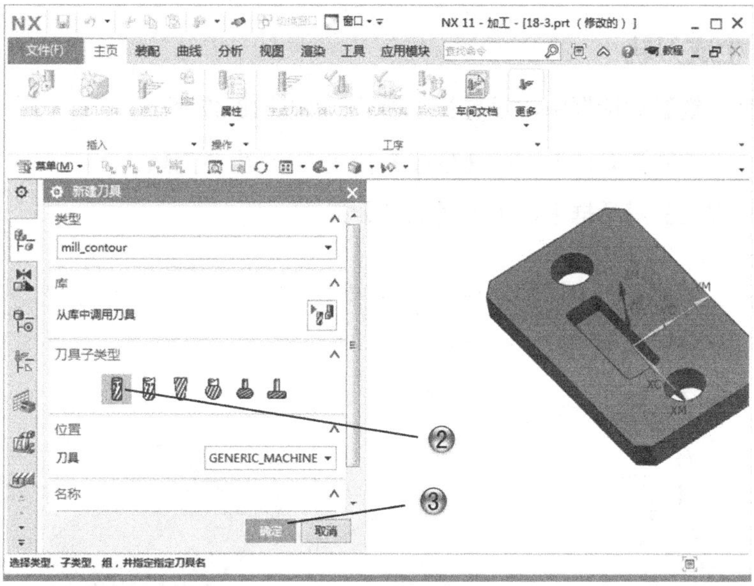

图 18-35　选择刀具类型

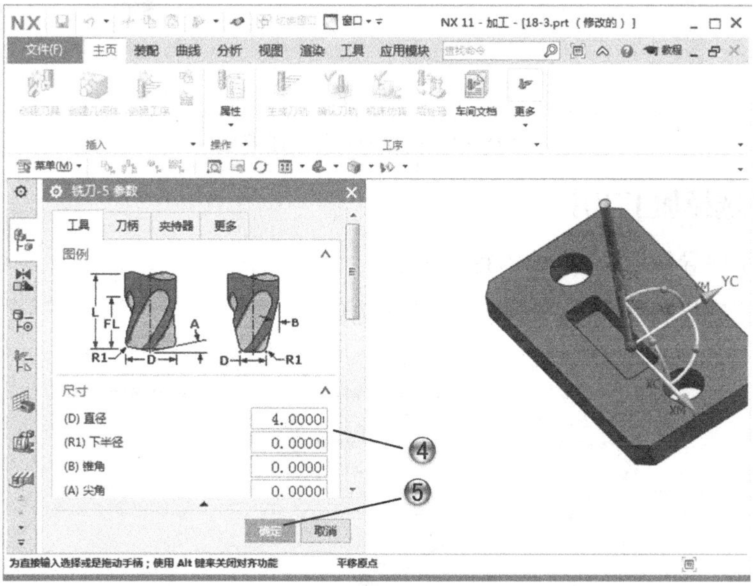

图 18-36　设置刀具参数

提示

刀具的选择按照型腔的圆角半径，小于或者等于其半径即可，过大则无法加工生成。

Step6 生成刀轨

① 在【型腔铣】对话框中，设置加工参数，如图 18-37 所示。

② 单击【型腔铣】对话框中的【生成】按钮，生成刀轨。

③ 在【型腔铣】对话框中，单击【确定】按钮。

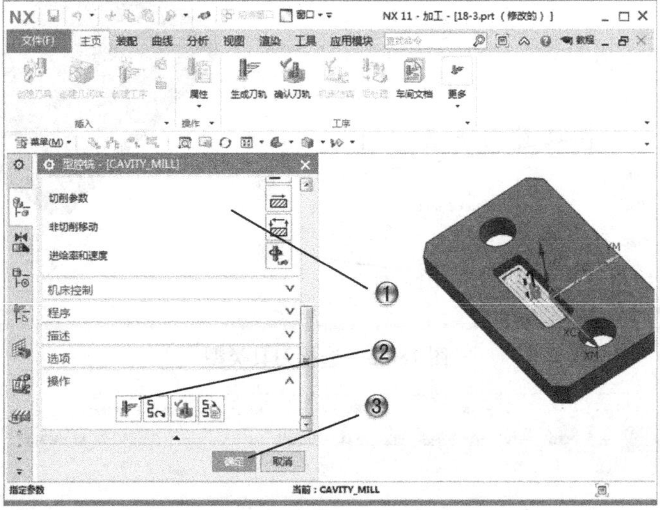

图 18-37　设置刀具并生成刀轨

Step7 选择加工工序

① 打开工序导航器，如图 18-38 所示。

② 在【工序导航器】中，选择加工工序选项。

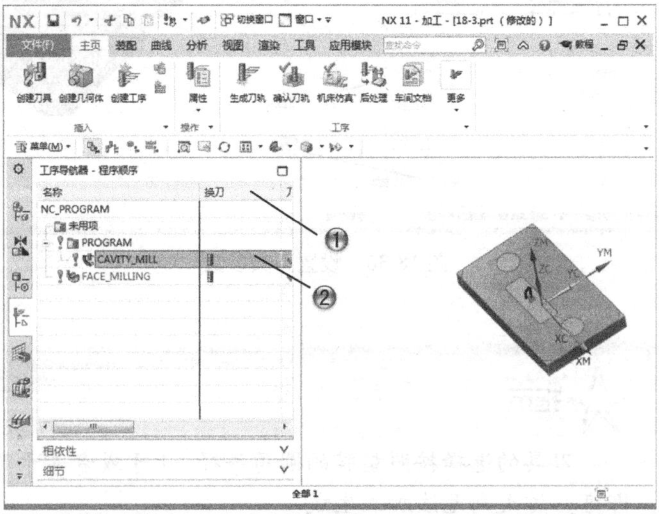

图 18-38　选择加工工序